Einheiten **A**

Flächen **B**

Körper **C**

Arithmetik **D**

Kreisfunktionen **E**

Analytische Geometrie **F**

Statistik **G**

Differential-Rechnung **H**

Integral-Rechnung **I**

Differential-Gleichungen **J**

Statik **K**

Kinematik **L**

Dynamik **M**

Hydraulik **N**

Wärme **O**

Festigkeit **P**

Maschinen-Elemente **Q**

Fertigung **R**

Elektrotechnik **S**

Regelungstechnik **T**

Chemie **U**

Strahlungsphysik einschl. Optik **V**

Umwelttechnik **W**

Tabellen **Z**

1 2 3 4 5 6 7 8

# Technische Formelsammlung

von

K. + R. Gieck

31. deutsche Auflage 2005
(78. Gesamtauflage)

Gieck Verlag GmbH
D-82110 Germering

Copyright © 2005
by Gieck Verlag GmbH, D-82110 Germering
Printed in Germany

ISBN 3 920379 25 X

# Vorwort

Die vorliegende Formelsammlung soll dem Ingenieur in knapp gefaßter, klarer und übersichtlicher Form die wichtigsten physikalischen und technischen Formeln, einschließlich dem dazugehörigen mathematischen Rüstzeug, treffsicher aufzeigen. Dabei will sie durch zusammengefaßte Begriffserläuterungen auch dann unterstützend eingreifen, wenn sich der Benutzer nur gelegentlich in ein ihm nicht mehr so geläufiges Gebiet begeben muß.

Um dem Benutzer die Möglichkeit zu geben, evtl. Ergänzungen und sonstige Bemerkungen aus seinem Spezialgebiet aufzeichnen zu können, sind die meisten Blätter nur einseitig bedruckt.

Jedes Sachgebiet ist unter einem g r o ß e n  Buchstaben zusammengefaßt. Die einzelnen Formeln jedes Sachgebietes sind unter dem jeweils gleichen, jedoch k l e i n e n  Buchstaben fortlaufend numeriert. Dies gestattet, die angewandten Formeln eines Rechnungsvorganges zu kennzeichnen.

# Vorwort
## zur 31. erweiterten Auflage

Als zusätzliches Gebiet wurde der Abschnitt W „Umwelttechnik" aufgenommen. In diesem werden Grenzwerte und Gesetzeswerke für Schadstoffe in Luft, Abwasser und Boden (Abfälle) angegeben. Ergänzend werden Angaben zum Lärmschutz mit dazugehörigen Grenzwerten gemacht.

Der Abschnitt „Elektrotechnik" wurde mit Angaben zu Kleinmotoren ergänzt und überarbeitet; außerdem wurden die neuesten Normen berücksichtigt.

Bedanken möchten wir uns bei Frau Prof. Dr.-Ing. K. Kuchta sowie bei den Herren Prof. Dr.-Ing. M. Gewerke und Prof. Dipl.-Ing. M. Otto, die bei der Erweiterung und Überarbeitung mitgewirkt haben.

Für Vorschläge zur Verbesserung und Weiterentwicklung der Technischen Formelsammlung sind die Verfasser stets dankbar. Diese können an den GIECK-Verlag GmbH D-82110 Germering, Nimrodstr. 26 gerichtet werden.

K. + R. Gieck

# Erläuterungen
zur Benutzung der Technischen Formelsammlung

## Die Bestandteile der Gleichungen
### Größen und ihre Bestandteile: Zahlenwert und Einheit

Der Zahlenwert einer Größe ist das Verhältnis der Größe zur gewählten Einheit. Der Zahlenwert ist also die Zahl, mit der man die Einheit vervielfachen muß, um die Größe zu erhalten:

$$\text{Größe} = \text{Zahlenwert} \times \text{Einheit}$$

Wählt man eine $n$-mal so große Einheit, so verkleinert sich der Zahlenwert auf den $n$-ten Teil. Das Produkt aus Zahlenwert und Einheit bleibt konstant: die Größe ist **i n v a r i a n t** gegenüber einem Wechsel der Einheit, z. B.

$$1 \text{ m} = 10^3 \text{ mm} = 10^{-3} \text{ km}$$

Die Werte der Größen werden als Produkt von Zahlenwert und Einheit geschrieben, z. B.

$$I = 3 \text{ mA}; \qquad l = 12 \text{ mm}.$$

Dabei ist die Zweckbestimmung des Formelzeichens der Größe streng von derjenigen der Einheit zu trennen. Nur das Formelzeichen gibt an, **welche Größe gemeint ist.** Zahlenwert und Einheit geben nur an, **welchen Wert die Größe hat.** Die Einheit darf also keinen Hinweis darauf enthalten, welche Größe gemeint ist. Beispiele hierzu:

| falsch | richtig |
|---|---|
| $p = 2{,}7$ atü | $p_\text{ü} \approx 2{,}7$ bar |
| $U = 220$ V$_\text{eff}$ | $U_\text{eff} = 220$ V |

Weitere deswegen in der Bundesrepublik **nicht mehr zulässige Einheiten**: ata, Nm$^3$ = m$_\text{n}^3$, BW = W$_\text{b}$, AWdg, V$_\text{ss}$.
**Ausnahmen**: °C, Var, rad, sr.

## Die Arten von Gleichungen

### Größengleichungen

In Größengleichungen bedeuten die Formelzeichen physikalische Größen. Größengleichungen gelten unabhängig von der Wahl der Einheiten. Aus ihnen läßt sich der zugrundeliegende physikalische Zusammenhang leicht erkennen. Bei der Auswertung von Größengleichungen sind für die Formelzeichen der Größen die **Produkte** aus Zahlenwert **und** Einheit einzusetzen. Dabei können Zahlenwerte und Einheiten in beliebiger (also auch bunter) Reihenfolge geschrieben werden und in Brüchen auch beliebig gekürzt werden, z. B. Formel I 23:

$$t = \frac{2\,s}{v} = \frac{2 \cdot 80 \text{ m}}{8\,\frac{\text{m}}{\text{s}}} = \frac{2 \cdot 80 \text{ m s}}{8 \text{ m}} = 20 \text{ s}.$$

### Zugeschnittene Größengleichungen

Größengleichungen, in denen jede Größe durch eine zugehörige Einheit dividiert erscheint, heißen „Zugeschnittene Größengleichungen", z. B. Formel s 88:

$$\frac{F_m}{N} \approx 40 \left(\frac{B}{T}\right)^2 \cdot \frac{A}{\text{cm}^2} = 40 \left(\frac{0,9 \text{ T}}{T}\right)^2 \frac{5 \text{ cm}^2}{\text{cm}^2} = 162$$

oder:

$$F_m \approx 40 \left(\frac{B}{T}\right)^2 \cdot \frac{A}{\text{cm}^2} \text{ N} = 40 \left(\frac{0,9 \text{ T}}{T}\right)^2 \frac{5 \text{ cm}^2}{\text{cm}^2} \text{ N} = 162 \text{ N}.$$

In diesen Gleichungen stellen die Verhältnisse von Größe und Einheit unmittelbar die Zahlenwerte bei den angegebenen Einheiten dar. Diese Gleichungen sind darum für häufig wiederkehrende Auswertungen (Tabellenrechnen) besonders geeignet.

### Einheitengleichungen

Einheitengleichungen geben die zahlenmäßigen Beziehungen zwischen Einheiten an. In ihnen treten also nur Einheiten und Zahlenwerte auf, z. B.

$$1 \text{ m} = 100 \text{ cm}; \quad 1 \text{ N} = 1 \text{ kg m/s}^2.$$

Sie werden mit Vorteil so geschrieben, daß auf ihrer linken Seite nur die Zahl 1 steht, z. B.

$$1 = \frac{1 \text{ m}}{100 \text{ cm}} = \frac{100 \text{ cm}}{1 \text{ m}}; \quad 1 = \frac{1 \text{ kg m}}{1 \text{ N s}^2} = \frac{1 \text{ N s}^2}{1 \text{ kg m}}$$

Sollen Größen in Darstellungen mit anderer Einheit umgerechnet werden, so werden diese Größen oder eine Seite der gesamten Größengleichung mit den jeweils erforderlichen besonderen Darstellungen der 1 multipliziert. Dadurch ändert sich ihr Wert ja nicht. Die Darstellungen der 1 werden wie oben angegeben gebildet, z. B. Formel m 1:

$$F = m\,a$$

$$F = 30\text{ kg }4\,\frac{\text{cm}}{\text{s}^2} = 30\text{ kg }\frac{1\text{ N s}^2}{1\text{ kg m}} \cdot 4\,\frac{\text{cm}}{\text{s}^2} \cdot \frac{1\text{ m}}{100\text{ cm}} = 1{,}2\text{ N}.$$

## Zahlenwertgleichungen

In Zahlenwertgleichungen bedeuten die Formelzeichen Zahlenwerte. Diese Gleichungen lassen sich stets auch als »Zugeschnittene Größengleichungen« darstellen. Um ein ständiges Umdenken zu vermeiden, enthält die Technische Formelsammlung keine Zahlenwertgleichungen.

## Basisgrößen und Basiseinheiten im Internationalen Einheitensystem

| Basisgröße | | Basiseinheit | |
|---|---|---|---|
| Benennung | Formelzeichen (*kursive* Schrift) | Benennung | Einheiten (senkr. Schrift) |
| Länge | $l$ | Meter | m |
| Masse | $m$ | Kilogramm | kg |
| Zeit | $t$ | Sekunde | s |
| Elektrische Stromstärke | $I$ | Ampere | A |
| Thermodynamische Temp. | $T$ | Kelvin | K |
| Stoffmenge | $n$ | Mol | mol |
| Lichtstärke | $I_V$ | Candela | cd |

### Beispiel-Einheiten

Die gelegentlich verwendete Bezeichnung **BE** bedeutet »**B**eispiel-**E**inheit« (also nicht Basiseinheit).

Bei vielen aufgeführten Formeln sind Beispiel-Einheiten angegeben. Dabei ist stets die zuerst angegebene Einheit die gesetzlich vorgeschriebene des internationalen Einheitensystems. Diese Einheiten sollte man vorzugsweise benutzen, da dadurch die Umrechnungen am einfachsten werden, bzw. überhaupt entfallen. Die zusätzlich angegebenen Einheiten sind andere Schreibweisen oder dezimale Vielfache der ersten Einheit.

Ausgelaufene Einheiten und/oder gesetzlich nicht mehr zugelassene – jedoch gelegentlich noch verwendete – Einheiten sind in runden ( ) Klammern aufgeführt.

## Griechisches Alphabet

| | | | | | | | | | | | |
|---|---|---|---|---|---|---|---|---|---|---|---|
| $\alpha$ | $\beta$ | $\gamma$ | $\delta$ | $\varepsilon$ | $\zeta$ | $\eta$ | $\vartheta$ | $\iota$ | $\varkappa$ | $\lambda$ | $\mu$ |
| $A$ | $B$ | $\Gamma$ | $\Delta$ | $E$ | $Z$ | $H$ | $\Theta$ | $I$ | $K$ | $\Lambda$ | $M$ |
| Alpha | Beta | Gamma | Delta | Epsilon | Zeta | Eta | Theta | Jota | Kappa | Lambda | My |
| $\nu$ | $\xi$ | $o$ | $\pi$ | $\varrho$ | $\sigma$ | $\tau$ | $\upsilon$ | $\varphi$ | $\chi$ | $\psi$ | $\omega$ |
| $N$ | $\Xi$ | $O$ | $\Pi$ | $P$ | $\Sigma$ | $T$ | $Y$ | $\Phi$ | $X$ | $\Psi$ | $\Omega$ |
| Ny | Xi | Omikron | Pi | Rho | Sigma | Tau | Ypsilon | Phi | Chi | Psi | Omega |

## Benutzte Formelzeichen
(weitgehend nach DIN 1304)

### Raum und Zeit

- $\alpha, \beta, \gamma \ldots$ Winkel
- $\Omega$ Raumwinkel
- $l$ Länge
- $b$ Breite
- $h$ Höhe
- $r, R$ Radius, Halbmesser Fahrstrahl
- $d, D$ Durchmesser
- $s$ Weglänge
- $s$ Dicke
- $u, U$ Umfangslänge
- $A$ Fläche, Querschnitt
- $A_m$ Mantelfläche eines Körpers
- $A_o$ Oberfläche eines Körpers
- $V$ Volumen
- $t$ Zeit, Zeitspanne
- $\omega$ Winkelgeschwindigkeit
- $\alpha$ Winkelbeschleunigung
- $v$ Geschwindigkeit
- $a$ Beschleunigung
- $g$ Fallbeschleunigung

### Periodische und verwandte Erscheinungen

- $T$ Periodendauer
- $f$ Frequenz
- $n$ Umdrehungsfrequenz (Drehzahl)
- $\omega$ Kreisfrequenz
- $\lambda$ Wellenlänge
- $\varphi$ Vor- oder Nacheilwinkel, Phasenverschiebungswinkel

### Mechanik

- $m$ Masse
- $\varrho$ Dichte
- $v$ Spezifisches Volumen
- $p$ Impuls
- $J$ Massenträgheitsmoment
- $F$ Kraft
- $F_G$ Gewichtskraft (Gewicht)
- $M$ Kraftmoment
- $M_R$ Reibungsmoment
- $T$ Drehmoment
- $p$ Druck (Kraft durch Fläche)
- $\sigma$ Zug- oder Druckspannung, Normalspannung
- $\tau$ Schubspannung Scherspannung
- $\varepsilon$ Dehnung
- $\gamma$ Schiebung
- $E$ Elastizitätsmodul
- $G$ Schubmodul
- $I$ Flächenträgheitsmoment
- $W$ Widerstandsmoment
- $H$ Statisches Moment einer Fläche
- $S$ Schwerpunkt
- $\mu$ Reibungszahl der Gleitreibung
- $\mu_o$ Reibungszahl der Haftreibung
- $\mu_q$ Querlagerreibungszahl
- $\mu_l$ Längslagerreibungszahl
- $\eta$ Dynamische Viskosität
- $\nu$ Kinematische Viskosität
- $W$ Arbeit, Energie

| | | | | |
|---|---|---|---|---|
| $P$ | Leistung | | $H$ | Magnet. Feldstärke |
| $\eta$ | Wirkungsgrad | | $\Theta$ | Elektr. Durchflutung |
| | | | $V$ | Magnet. Spannung |

## Wärme

| | | | | |
|---|---|---|---|---|
| $T$ | Kelvin-Temperatur | | $R_m$ | Magnet. Widerstand |
| $t$ | Celsius-Temperatur | | $\Lambda$ | Magnet. Leitwert |
| $\alpha$ | Längenausdehnungskoeffizient | | $\delta$ | Luftspaltlänge |
| | | | $\alpha$ | Temp.-Koeffizient des elektr. Widerstandes |
| $\gamma$ | Raumausdehnungskoeffizient | | $\gamma$ | Elektr. Leitfähigkeit |
| | | | $\varrho$ | Spez. elektrischer Widerstand |
| $\Phi$ | Wärmestrom | | | |
| $\varphi$ | Wärmestromdichte | | $\varepsilon$ | Dielektrizitätskonst. |
| $Q$ | Wärme | | $\varepsilon_o$ | Elektr. Feldkonstante |
| $c_p$ | Spez. Wärmekapazität bei konstantem Druck | | $\varepsilon_r$ | Dielektrizitätszahl |
| | | | $N$ | Windungszahl |
| $c_v$ | Spez. Wärmekapazität bei konstant. Volumen | | $\mu$ | Permeabilität ($\mu = \mu_o \cdot \mu_r$) |
| | | | $\mu_o$ | Magn. Feldkonstante |
| $q$ | Wärme, massebezogen | | $\mu_r$ | Permeabilitätszahl |
| $\lambda$ | Wärmeleitfähigkeit | | $p$ | Polpaarzahl |
| $\varkappa$ | Verhältnis der spez. Wärmekapazitäten | | $z$ | Leiterzahl |
| | | | $Q$ | Güte |
| $R$ | spezielle Gaskonstante | | $\delta$ | Verlustwinkel |
| $l_d$ | Verdampfungs- ⎫ Wärme, latent, massebezogen | | $Y$ | Scheinleitwert |
| $l_f$ | Schmelz- ⎬ | | $Z$ | Scheinwiderstand |
| $l_s$ | Sublimations- ⎭ | | $X$ | Blindwiderstand |
| | | | $P_s$ | Scheinleistung |
| $V_n$ | Normvolumen | | $Q$ | Blindleistung |
| $v$ | spezifisches Volumen | | $C_M$ | Momentenkonstante |

## Elektrizität u. Magnetismus

## Optische und verwandte elektromagnet. Strahlung

| | | | | |
|---|---|---|---|---|
| $I$ | Elektr. Stromstärke | | $I_e$ | Strahlstärke |
| $J$ | Elektr. Stromdichte | | $I_v$ | Lichtstärke |
| $U$ | Elektr. Spannung | | $\Phi_e$ | Strahlungsleistung |
| $U_q$ | Elektr. Quellenspannung | | $\Phi_v$ | Lichtstrom |
| $R$ | Elektr. Widerstand, Wirkwiderstand | | $Q_e$ | Strahlungsmenge |
| | | | $Q_v$ | Lichtmenge |
| $G$ | Elektr. Leitwert, Wirkleitwert | | $E_e$ | Bestrahlungsstärke |
| | | | $E_v$ | Beleuchtungsstärke |
| $Q$ | Elektrizitätsmenge, Ladung | | $H_e$ | Bestrahlung |
| | | | $H_v$ | Belichtung |
| $C$ | Elektr. Kapazität | | $L_e$ | Strahldichte |
| $D$ | Elektr. Flußdichte | | $L_v$ | Leuchtdichte |
| $E$ | Elektr. Feldstärke | | $c$ | Lichtgeschwindigkeit |
| $\Phi$ | Magnetischer Fluß | | $n$ | Brechzahl |
| $B$ | Magnetische Flußdichte, Induktion | | $f$ | Brennweite |
| $L$ | Induktivität | | $D$ | Brechkraft |

# Einheiten

## A 1

### Vorsätze und Vorsatzzeichen

| | | | | | | |
|---|---|---|---|---|---|---|
| da | = | Deka  | = $10^1$ | d | = Dezi  | = $10^{-1}$ |
| h  | = | Hekto | = $10^2$ | c | = Zenti | = $10^{-2}$ |
| k  | = | Kilo  | = $10^3$ | m | = Milli | = $10^{-3}$ |
| M  | = | Mega  | = $10^6$ | µ | = Mikro | = $10^{-6}$ |
| G  | = | Giga  | = $10^9$ | n | = Nano  | = $10^{-9}$ |
| T  | = | Tera  | = $10^{12}$ | p | = Piko  | = $10^{-12}$ |
| P  | = | Peta  | = $10^{15}$ | f | = Femto | = $10^{-15}$ |
| E  | = | Exa   | = $10^{18}$ | a | = Atto  | = $10^{-18}$ |

### Längen-Einheiten

| | | m | µm | mm | cm | dm | km |
|---|---|---|---|---|---|---|---|
| a 1 | 1 m  = | 1 | $10^6$ | $10^3$ | $10^2$ | 10 | $10^{-3}$ |
| a 2 | 1 µm = | $10^{-6}$ | 1 | $10^{-3}$ | $10^{-4}$ | $10^{-5}$ | $10^{-9}$ |
| a 3 | 1 mm = | $10^{-3}$ | $10^3$ | 1 | $10^{-1}$ | $10^{-2}$ | $10^{-6}$ |
| a 4 | 1 cm = | $10^{-2}$ | $10^4$ | 10 | 1 | $10^{-1}$ | $10^{-5}$ |
| a 5 | 1 dm = | $10^{-1}$ | $10^5$ | $10^2$ | 10 | 1 | $10^{-4}$ |
| a 6 | 1 km = | $10^3$ | $10^9$ | $10^6$ | $10^5$ | $10^4$ | 1 |

### Längen-Einheiten (Fortsetzung)

| | | mm | µm | nm | (Å) [1] | pm | (mÅ) [2] |
|---|---|---|---|---|---|---|---|
| a 7  | 1 mm  = | 1 | $10^3$ | $10^6$ | $10^7$ | $10^9$ | $10^{10}$ |
| a 8  | 1 µm  = | $10^{-3}$ | 1 | $10^3$ | $10^4$ | $10^6$ | $10^7$ |
| a 9  | 1 nm  = | $10^{-6}$ | $10^{-3}$ | 1 | 10 | $10^3$ | $10^4$ |
| a 10 | (1 Å) = | $10^{-7}$ | $10^{-4}$ | $10^{-1}$ | 1 | $10^2$ | $10^3$ |
| a 11 | 1 pm  = | $10^{-9}$ | $10^{-6}$ | $10^{-3}$ | $10^{-2}$ | 1 | 10 |
| a 12 | (1 mÅ) = | $10^{-10}$ | $10^{-7}$ | $10^{-4}$ | $10^{-3}$ | $10^{-1}$ | 1 |

### Flächen-Einheiten

| | | $m^2$ | $µm^2$ | $mm^2$ | $cm^2$ | $dm^2$ | $km^2$ |
|---|---|---|---|---|---|---|---|
| a 13 | 1 $m^2$  = | 1 | $10^{12}$ | $10^6$ | $10^4$ | $10^2$ | $10^{-6}$ |
| a 14 | 1 $µm^2$ = | $10^{-12}$ | 1 | $10^{-6}$ | $10^{-8}$ | $10^{-10}$ | $10^{-18}$ |
| a 15 | 1 $mm^2$ = | $10^{-6}$ | $10^6$ | 1 | $10^{-2}$ | $10^{-4}$ | $10^{-12}$ |
| a 16 | 1 $cm^2$ = | $10^{-4}$ | $10^8$ | $10^2$ | 1 | $10^{-2}$ | $10^{-10}$ |
| a 17 | 1 $dm^2$ = | $10^{-2}$ | $10^{10}$ | $10^4$ | $10^2$ | 1 | $10^{-8}$ |
| a 18 | 1 $km^2$ = | $10^6$ | $10^{18}$ | $10^{12}$ | $10^{10}$ | $10^8$ | 1 |

[1] Å = Ångström   [2] 1 mÅ = 1 XE = 1 X-Einheit

# A₂ Einheiten

## Volumen-Einheiten

|   | $m^3$ | $mm^3$ | $cm^3$ | $dm^3$ [1) | $km^3$ |   |
|---|---|---|---|---|---|---|
| 1 $m^3$ = | 1 | $10^9$ | $10^6$ | $10^3$ | $10^{-9}$ | a 19 |
| 1 $mm^3$ = | $10^{-9}$ | 1 | $10^{-3}$ | $10^{-6}$ | $10^{-18}$ | a 20 |
| 1 $cm^3$ = | $10^{-6}$ | $10^3$ | 1 | $10^{-3}$ | $10^{-15}$ | a 21 |
| 1 $dm^3$ = | $10^{-3}$ | $10^6$ | $10^3$ | 1 | $10^{-12}$ | a 22 |
| 1 $km^3$ = | $10^9$ | $10^{18}$ | $10^{15}$ | $10^{12}$ | 1 | a 23 |

## Massen-Einheiten

|   | kg | mg | g | dt | t = Mg |   |
|---|---|---|---|---|---|---|
| 1 kg = | 1 | $10^6$ | $10^3$ | $10^{-2}$ | $10^{-3}$ | a 24 |
| 1 mg = | $10^{-6}$ | 1 | $10^{-3}$ | $10^{-8}$ | $10^{-9}$ | a 25 |
| 1 g = | $10^{-3}$ | $10^3$ | 1 | $10^{-5}$ | $10^{-6}$ | a 26 |
| 1 dt = | $10^2$ | $10^8$ | $10^5$ | 1 | $10^{-1}$ | a 27 |
| 1 t = 1 Mg = | $10^3$ | $10^9$ | $10^6$ | 10 | 1 | a 28 |

## Zeit-Einheiten

|   | s | ns | µs | ms | min |   |
|---|---|---|---|---|---|---|
| 1 s = | 1 | $10^9$ | $10^6$ | $10^3$ | $16{,}66 \cdot 10^{-3}$ | a 29 |
| 1 ns = | $10^{-9}$ | 1 | $10^{-3}$ | $10^{-6}$ | $16{,}66 \cdot 10^{-12}$ | a 30 |
| 1 µs = | $10^{-6}$ | $10^3$ | 1 | $10^{-3}$ | $16{,}66 \cdot 10^{-9}$ | a 31 |
| 1 ms = | $10^{-3}$ | $10^6$ | $10^3$ | 1 | $16{,}66 \cdot 10^{-6}$ | a 32 |
| 1 min = | 60 | $60 \cdot 10^9$ | $60 \cdot 10^6$ | $60 \cdot 10^3$ | 1 | a 33 |
| 1 h = | 3600 | $3{,}6 \cdot 10^{12}$ | $3{,}6 \cdot 10^9$ | $3{,}6 \cdot 10^6$ | 60 | a 34 |
| 1 d = | $86{,}4 \cdot 10^3$ | $86{,}4 \cdot 10^{12}$ | $86{,}4 \cdot 10^9$ | $86{,}4 \cdot 10^6$ | 1440 | a 35 |

## Kraft- (Gewichtskraft-) Einheiten

|   | N [2) | kN | MN | (kp) | (dyn) |   |
|---|---|---|---|---|---|---|
| 1 N = | 1 | $10^{-3}$ | $10^{-6}$ | 0,102 | $10^5$ | a 36 |
| 1 kN = | $10^3$ | 1 | $10^{-3}$ | $0{,}102 \cdot 10^3$ | $10^8$ | a 37 |
| 1 MN = | $10^6$ | $10^3$ | 1 | $0{,}102 \cdot 10^6$ | $10^{11}$ | a 38 |

[1) 1 $dm^3$ = 1 l = 1 Liter    [2) 1 N = 1 kg m/s² = 1 Newton

# Einheiten  A 3

## Druck-Einheiten

|      |            | Pa | N/mm² | bar | (kp/cm²) | (Torr) |
|------|------------|-----|--------|------|----------|--------|
| a 39 | 1 Pa = N/m² = | 1 | $10^{-6}$ | $10^{-5}$ | $1{,}02 \cdot 10^{-5}$ | 0,0075 |
| a 40 | 1 N/mm² = | $10^{6}$ | 1 | 10 | 10,2 | $7{,}5 \cdot 10^{3}$ |
| a 41 | 1 bar = | $10^{5}$ | 0,1 | 1 | 1,02 | 750 |
| a 42 | (1 kp/cm² = 1 at) = | 98 100 | $9{,}81 \cdot 10^{-2}$ | 0,981 | 1 | 736 |
| a 43 | (1 Torr)¹⁾ = | 133 | $0{,}133 \cdot 10^{-3}$ | $1{,}33 \cdot 10^{-3}$ | $1{,}36 \cdot 10^{-3}$ | 1 |

## Arbeits-Einheiten

|      |          | J | kW h | (kp m) | (kcal) | (PS h) |
|------|----------|---|------|--------|--------|--------|
| a 44 | 1 J²⁾ = | 1 | $0{,}278 \cdot 10^{-6}$ | 0,102 | $0{,}239 \cdot 10^{-3}$ | $0{,}378 \cdot 10^{-6}$ |
| a 45 | 1 kW h = | $3{,}60 \cdot 10^{6}$ | 1 | $367 \cdot 10^{3}$ | 860 | 1,36 |
| a 46 | (1 kp m) = | 9,81 | $2{,}72 \cdot 10^{-6}$ | 1 | $2{,}345 \cdot 10^{-3}$ | $3{,}70 \cdot 10^{-6}$ |
| a 47 | (1 kcal) = | 4186,8 | $1{,}16 \cdot 10^{-3}$ | 426,9 | 1 | $1{,}58 \cdot 10^{-3}$ |
| a 48 | (1 PS h) = | $2{,}65 \cdot 10^{6}$ | 0,736 | $0{,}27 \cdot 10^{6}$ | 632 | 1 |

## Leistungs-Einheiten

|      |          | W | kW | (kp m/s) | (kcal/h) | (PS) |
|------|----------|---|----|----------|----------|------|
| a 49 | 1 W³⁾ = | 1 | $10^{-3}$ | 0,102 | 0,860 | $1{,}36 \cdot 10^{-3}$ |
| a 50 | 1 kW = | 1000 | 1 | 102 | 860 | 1,36 |
| a 51 | (1 kp m/s) = | 9,81 | $9{,}81 \cdot 10^{-3}$ | 1 | 8,43 | $13{,}3 \cdot 10^{-3}$ |
| a 52 | (1 kcal/h) = | 1,16 | $1{,}16 \cdot 10^{-3}$ | 0,119 | 1 | $1{,}58 \cdot 10^{-3}$ |
| a 53 | (1 PS) = | 736 | 0,736 | 75 | 632 | 1 |

## Massen-Einheit für Edelsteine

| a 54 | 1 Metrisches Karat (Kt) = 200 mg = $0{,}2 \cdot 10^{-3}$ kg = 1/5000 kg |

## Feingehalt-Einheit für Edelmetalle

| a 55 | 24 Karat $\triangleq$ 1000,00‰ | 18 Karat $\triangleq$ 750,00‰ |
| a 56 | 14 Karat $\triangleq$ 583,33‰ | 8 Karat $\triangleq$ 333,33‰ |

## Temperatur-Einheiten

a 57 $\quad T = \left(\dfrac{t}{°C} + 273{,}15\right) K = \dfrac{5}{9} \cdot \dfrac{T_R}{\text{Rank}} K$

a 58 $\quad T_R = \left(\dfrac{t_F}{°F} + 459{,}67\right) \text{Rank} = \dfrac{9}{5} \cdot \dfrac{T}{K} \text{Rank}$

a 59 $\quad t = \dfrac{5}{9}\left(\dfrac{t_F}{°F} - 32\right) °C = \left(\dfrac{T}{K} - 273{,}15\right) °C$

a 60 $\quad t_F = \left(\dfrac{9}{5} \cdot \dfrac{t}{°C} + 32\right) °F = \left(\dfrac{T_R}{\text{Rank}} - 459{,}67\right) °F$

$T$, $T_R$, $t$ u. $t_F$ sind die Temperaturen in der Kelvin-, Rankine-, Celsius- u. Fahrenheit-Skala.

|  | K | °C | °F | Rank |
|--|---|-----|------|------|
| Siedepunkt (Wasser) | 373,15 | 100 | 212 | 671,67 |
| Eispunkt | 273,15 | 0 | 32 | 491,67 |
| Absoluter Nullpunkt | 0 | −273,15 | −459,67 | 0 |

---

¹⁾ 1 Torr = 1/760 atm = 1,33322 mbar $\triangleq$ 1 mm Hg (mm QS) bei $t = 0\ °C$
²⁾ 1 J = 1 Nm = 1 Ws = 1 Joule  ³⁾ 1 W = 1 J/s = 1 Nm/s = 1 Watt

# A 4 — Einheiten

## Gegenüberstellung anglo-amerikanischer mit metrischen Einheiten

### Längen-Einheiten

|  | in | ft | yd | mm | m | km | |
|---|---|---|---|---|---|---|---|
| 1 in  = | 1 | 0,08333 | 0,02778 | 25,4 | 0,0254 | — | a 61 |
| 1 ft  = | 12 | 1 | 0,3333 | 304,8 | 0,3048 | — | a 62 |
| 1 yd  = | 36 | 3 | 1 | 914,4 | 0,9144 | — | a 63 |
| 1 mm  = | 0,03937 | $3281 \cdot 10^{-6}$ | $1094 \cdot 10^{-6}$ | 1 | 0,001 | $10^{-6}$ | a 64 |
| 1 m   = | 39,37 | 3,281 | 1,094 | 1000 | 1 | 0,001 | a 65 |
| 1 km  = | 39370 | 3281 | 1094 | $10^6$ | 1000 | 1 | a 66 |

### Flächen-Einheiten

|  | sq in | sq ft | sq yd | cm² | dm² | m² | |
|---|---|---|---|---|---|---|---|
| 1 sq in = | 1 | $6,944 \cdot 10^{-3}$ | $0,772 \cdot 10^{-3}$ | 6,452 | 0,06452 | $64,5 \cdot 10^{-5}$ | a 67 |
| 1 sq ft = | 144 | 1 | 0,1111 | 929 | 9,29 | 0,0929 | a 68 |
| 1 sq yd = | 1296 | 9 | 1 | 8361 | 83,61 | 0,8361 | a 69 |
| 1 cm²   = | 0,155 | $1,076 \cdot 10^{-3}$ | $1,197 \cdot 10^{-4}$ | 1 | 0,01 | 0,0001 | a 70 |
| 1 dm²   = | 15,5 | 0,1076 | 0,01196 | 100 | 1 | 0,001 | a 71 |
| 1 m²    = | 1550 | 10,76 | 1,196 | 10000 | 100 | 1 | a 72 |

### Volumen-Einheiten

|  | cu in | cu ft | cu yd | cm³ | dm³ | m³ | |
|---|---|---|---|---|---|---|---|
| 1 cu in = | 1 | $5,786 \cdot 10^{-4}$ | $2,144 \cdot 10^{-5}$ | 16,39 | 0,01639 | $1,64 \cdot 10^{-5}$ | a 73 |
| 1 cu ft = | 1728 | 1 | 0,037 | 28316 | 28,32 | 0,0283 | a 74 |
| 1 cu yd = | 46656 | 27 | 1 | 764555 | 764,55 | 0,7646 | a 75 |
| 1 cm³   = | 0,06102 | $3532 \cdot 10^{-8}$ | $1,31 \cdot 10^{-6}$ | 1 | 0,001 | $10^{-6}$ | a 76 |
| 1 dm³   = | 61,02 | 0,03532 | 0,00131 | 1000 | 1 | 0,001 | a 77 |
| 1 m³    = | 61023 | 35,32 | 1,307 | $10^6$ | 1000 | 1 | a 78 |

### Massen-Einheiten

|  | dram | oz | lb | g | kg | Mg | |
|---|---|---|---|---|---|---|---|
| 1 dram = | 1 | 0,0625 | 0,003906 | 1,772 | 0,00177 | $1,77 \cdot 10^{-6}$ | a 79 |
| 1 oz   = | 16 | 1 | 0,0625 | 28,35 | 0,02832 | $28,3 \cdot 10^{-6}$ | a 80 |
| 1 lb   = | 256 | 16 | 1 | 453,6 | 0,4531 | $4,53 \cdot 10^{-4}$ | a 81 |
| 1 g    = | 0,5643 | 0,03527 | 0,002205 | 1 | 0,001 | $10^{-6}$ | a 82 |
| 1 kg   = | 564,3 | 35,27 | 2,205 | 1000 | 1 | 0,001 | a 83 |
| 1 Mg   = | $564,3 \cdot 10^3$ | 35270 | 2205 | $10^6$ | 1000 | 1 | a 84 |

Fortsetzung siehe A 5

# Einheiten A 5

Fortsetzung von A 4

## Arbeits- (Energie-) Einheiten

| | | ft lb | kp m | J = W s | kW h | kcal | Btu |
|---|---|---|---|---|---|---|---|
| a 85 | 1 ft lb = | 1 | 0,1383 | 1,356 | $376,8 \cdot 10^{-9}$ | $324 \cdot 10^{-6}$ | $1,286 \cdot 10^{-3}$ |
| a 86 | 1 kp m = | 7,233 | 1 | 9,807 | $2,725 \cdot 10^{-6}$ | $2,344 \cdot 10^{-3}$ | $9,301 \cdot 10^{-3}$ |
| a 87 | 1 J = 1 W s = | 0,7376 | 0,102 | 1 | $277,8 \cdot 10^{-9}$ | $239 \cdot 10^{-6}$ | $948,4 \cdot 10^{-6}$ |
| a 88 | 1 kW h = | $2,655 \cdot 10^6$ | $367,1 \cdot 10^3$ | $3,6 \cdot 10^6$ | 1 | 860 | 3413 |
| a 89 | 1 kcal = | $3,087 \cdot 10^3$ | 426,9 | 4187 | $1,163 \cdot 10^{-3}$ | 1 | 3,968 |
| a 90 | 1 Btu = | 778,6 | 107,6 | 1055 | $293 \cdot 10^{-6}$ | 0,252 | 1 |

## Leistungs-Einheiten

| | | hp | kp m/s | J/s = W | kW | kcal/s | Btu/s |
|---|---|---|---|---|---|---|---|
| a 91 | 1 hp = | 1 | 76,04 | 745,7 | 0,7457 | 0,1782 | 0,7073 |
| a 92 | 1 kp m/s = | $13,15 \cdot 10^{-3}$ | 1 | 9,807 | $9,807 \cdot 10^{-3}$ | $2,344 \cdot 10^{-3}$ | $9,296 \cdot 10^{-3}$ |
| a 93 | 1 J/s = 1 W = | $1,341 \cdot 10^{-3}$ | 0,102 | 1 | $10^{-3}$ | $239 \cdot 10^{-6}$ | $948,4 \cdot 10^{-6}$ |
| a 94 | 1 kW = | 1,341 | 102 | 1000 | 1 | 0,239 | 0,9484 |
| a 95 | 1 kcal/s = | 5,614 | 426,9 | 4187 | 4,187 | 1 | 3,968 |
| a 96 | 1 Btu/s = | 1,415 | 107,6 | 1055 | 1,055 | 0,252 | 1 |

## Sonstige Einheiten

| | | | |
|---|---|---|---|
| a 97 | 1 mil = $10^{-3}$ in | = | 0,0254 mm |
| a 98 | 1 sq mil = $10^{-6}$ sq in | = | 645,2 µm² |
| a 99 | 1 englische Meile | = | 1609 m |
| a100 | 1 internationale Seemeile | = | 1852 m |
| a101 | 1 geographische Meile | = | 7420 m |
| a102 | 1 rod, pole oder perch = 5,5 yd | = | 5,092 m |
| a103 | 1 sq chain = 16 sq rods | = | 404,7 m² |
| a104 | 1 Imp. gallon (Imperial gallon) | = | 4,546 dm³ |
| a105 | 1 US. gallon (United States gallon) | = | 3,785 dm³ |
| a106 | 1 stone (GB) = 14 lb | = | 6,35 kg |
| a107 | 1 short quarter (US) | = | 11,34 kg |
| a108 | 1 long quarter (GB, US) | = | 12,70 kg |
| a109 | 1 short cwt (US) = 4 short quarter | = | 45,36 kg |
| a110 | 1 long cwt (GB, US) = 4 long quarter | = | 50,80 kg |
| a111 | 1 short ton (US) | | 0,9072 Mg |
| a112 | 1 long ton (GB, US) | | 1,0160 Mg |
| a113 | 1 Btu/cu ft = 8,9046 kcal/m³ | = | 37 284 N m/m³ |
| a114 | 1 Btu/lb = 0,556 kcal/kg | = | 2 327 N m/kg |
| a115 | 1 lb/sq ft = 4,882 kp/m² | = | 47,8924 N/m² |
| a116 | 1 lb/sq in (= 1 psi) = 0,0703 kp/cm² | = | 0,6896 N/cm² |

# B 1 — Flächen

## Quadrat

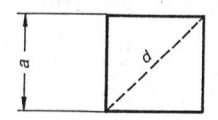

| | |
|---|---|
| $A = a^2$ | b 1 |
| $a = \sqrt{A}$ | b 2 |
| $d = a\sqrt{2}$ | b 3 |

## Rechteck

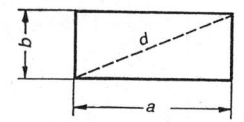

| | |
|---|---|
| $A = a \cdot b$ | b 4 |
| $d = \sqrt{a^2 + b^2}$ | b 5 |

## Parallelogramm

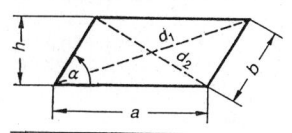

| | |
|---|---|
| $A = a \cdot h = a \cdot b \cdot \sin \alpha$ | b 6 |
| $d_1 = \sqrt{(a + h \cdot \cot \alpha)^2 + h^2}$ | b 7 |
| $d_2 = \sqrt{(a - h \cdot \cot \alpha)^2 + h^2}$ | b 8 |

## Trapez

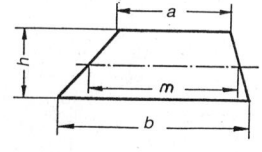

| | |
|---|---|
| $A = \dfrac{a+b}{2} h = m \cdot h$ | b 9 |
| $m = \dfrac{a+b}{2}$ | b 10 |

## Dreieck

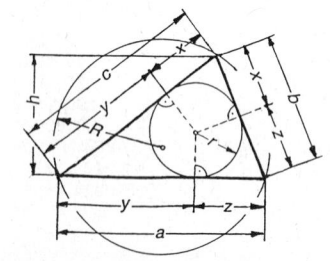

| | |
|---|---|
| $A = \dfrac{a \cdot h}{2} = r \cdot s$ | b 11/1 |
| $\phantom{A} = \sqrt{s(s-a)(s-b)(s-c)}$ | b 11/2 |
| $r = \dfrac{a \cdot h}{2s}$ ; $R = \dfrac{b \cdot c}{2h}$ | b 12 |
| $s = (a+b+c)/2$ | b 13/4 |
| $x = s - a$ | b 13/1 |
| $y = s - b$ | b 13/2 |
| $z = s - c$ | b 13/3 |

# Flächen  B 2

## Gleichseitiges Dreieck

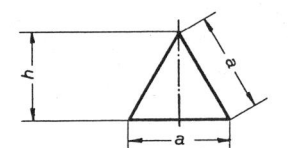

b 14 $\quad A = \dfrac{a^2}{4}\sqrt{3}$

b 15 $\quad h = \dfrac{a}{2}\sqrt{3}$

## regelmäßiges Fünfeck

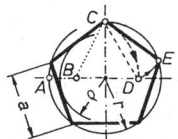

b 16 $\quad A = \dfrac{5}{8} r^2 \sqrt{10 + 2\sqrt{5}}$

b 17 $\quad a = \dfrac{1}{2} r \sqrt{10 - 2\sqrt{5}}$

b 18 $\quad \varrho = \dfrac{1}{4} r \sqrt{6 + 2\sqrt{5}}$

Konstruktion:
$\overline{AB} = 0{,}5\,r$, $\overline{BC} = \overline{BD}$, $\overline{CD} = \overline{CE}$

## regelmäßiges Sechseck

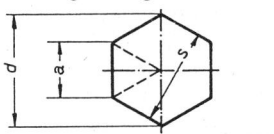

b 19 $\quad A = \dfrac{3}{2} a^2 \sqrt{3}$

b 20 $\quad d = 2a$

b 21 $\quad \phantom{d} = \dfrac{2}{\sqrt{3}} s \approx 1{,}155\,s$

b 22 $\quad s = \dfrac{\sqrt{3}}{2} d \approx 0{,}866\,d$

## regelmäßiges Achteck

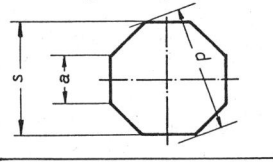

b 23 $\quad A = 2as \approx 0{,}83\,s^2$

b 24 $\quad \phantom{A} = 2s\sqrt{d^2 - s^2}$

b 25 $\quad a = s \cdot \tan 22{,}5° \approx 0{,}415\,s$

b 26 $\quad s = d \cdot \cos 22{,}5° \approx 0{,}924\,d$

b 27 $\quad d = \dfrac{s}{\cos 22{,}5°} \approx 1{,}083\,s$

## Vieleck

b 28 $\quad A = A_1 + A_2 + A_3$

b 29 $\quad \phantom{A} = \dfrac{a \cdot h_1 + b \cdot h_2 + b \cdot h_3}{2}$

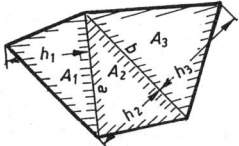

# B 3 — Flächen

## Kreis

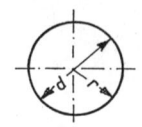

$$A = \frac{\pi}{4} d^2 = \pi r^2$$    b 30

$$\approx 0{,}785 \, d^2$$    b 31

$$U = 2\pi r = \pi d$$    b 32

## Kreisring

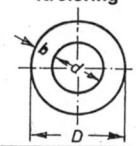

$$A = \frac{\pi}{4}(D^2 - d^2)$$    b 33

$$= \pi (d + b) \, b$$    b 34

$$b = \frac{D - d}{2}$$    b 35

## Kreisausschnitt

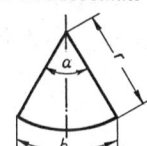

$$A = \frac{\pi}{360°} r^2 \alpha = \frac{\hat{\alpha}}{2} r^2$$    b 36

$$= \frac{b \, r}{2}$$    b 37

$$b = \frac{\pi}{180°} r \alpha$$    b 38

$$\hat{\alpha} = \frac{\pi}{180°} \alpha \quad (\hat{\alpha} \text{ im Bogenmaß}, \ \alpha \text{ in Grad})$$    b 39

## Kreisabschnitt

$$s = 2 r \cdot \sin \frac{\alpha}{2}$$    b 40

$$A = \frac{r^2}{2}(\hat{\alpha} - \sin \alpha) \approx \frac{h}{6s}(3h^2 + 4s^2)$$    b 41

$$r = \frac{h}{2} + \frac{s^2}{8h}$$    b 42

$$h = r\left(1 - \cos\frac{\alpha}{2}\right) = \frac{s}{2} \tan\frac{\alpha}{4}$$    b 43

$$\hat{\alpha} = \text{s. Formel b 39}$$    b 44

## Ellipse

$$A = \frac{\pi}{4} D d = \pi a b$$    b 45

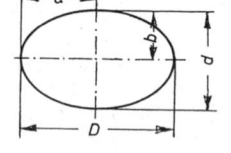

$$U \approx \frac{\pi}{2}\left[3(a+b) - 2\sqrt{ab}\right]$$    b 46

$$= \pi(a+b)\left[1 + \left(\frac{1}{2}\right)^2 \lambda^2 + \left(\frac{1}{2} \cdot \frac{1}{4}\right)^2 \lambda^4 + \left(\frac{1}{2} \cdot \frac{1}{4} \cdot \frac{3}{6}\right)^2 \lambda^6 + \left(\frac{1}{2} \cdot \frac{1}{4} \cdot \frac{3}{6} \cdot \frac{5}{8}\right)^2 \lambda^8 + \left(\frac{1}{2} \cdot \frac{1}{4} \cdot \frac{3}{6} \cdot \frac{5}{8} \cdot \frac{7}{10}\right)^2 \lambda^{10} + \ldots \right], \text{ dabei } \lambda = \frac{a-b}{a+b}$$    b 47

# Körper    $C_1$

### Würfel

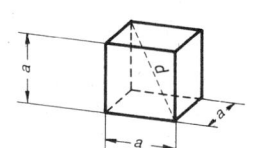

c 1    $V = a^3$

c 2    $A_o = 6\,a^2$

c 3    $d = \sqrt{3} \cdot a$

### Quader

c 4    $V = a\,b\,c$

c 5    $A_o = 2\,(ab + ac + bc)$

c 6    $d = \sqrt{a^2 + b^2 + c^2}$

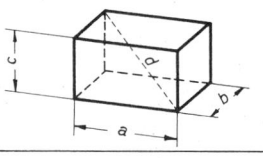

### Schiefer Quader

c 7    $V = A_1\,h$

(Prinzip von Cavalieri)

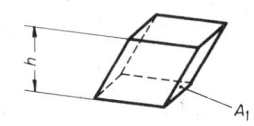

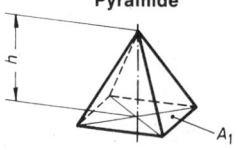

### Pyramide

c 8    $V = \dfrac{A_1\,h}{3}$

### Pyramidenstumpf

c 9    $V = \dfrac{h}{3}\left(A_1 + A_2 + \sqrt{A_1 \cdot A_2}\right)$

c 10    $\approx h\,\dfrac{A_1 + A_2}{2}$    (wenn $A_1 \approx A_2$)

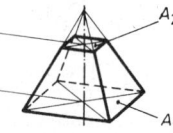

# C 2 | Körper

## Zylinder

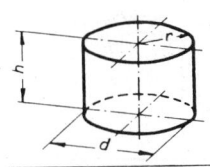

$V = \frac{\pi}{4} d^2 h$    c 11

$A_m = 2 \pi r h$    c 12

$A_o = 2 \pi r (r + h)$    c 13

## Hohlzylinder

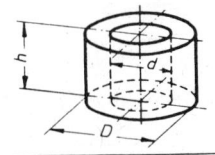

$V = \frac{\pi}{4} h (D^2 - d^2)$    c 14

## Kegel

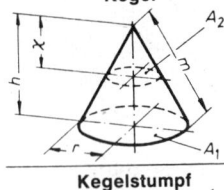

$V = \frac{\pi}{3} r^2 h$    c 15

$A_m = \pi r m$    c 16

$A_o = \pi r (r + m)$    c 17

$m = \sqrt{h^2 + r^2}$    c 18

$A_2 : A_1 = x^2 : h^2$    c 19

## Kegelstumpf

$V = \frac{\pi}{12} h (D^2 + D d + d^2)$    c 20

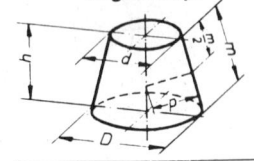

$A_m = \frac{\pi}{2} m (D + d) = 2 \pi p m$    c 21

$m = \sqrt{\left(\frac{D-d}{2}\right)^2 + h^2}$    c 22

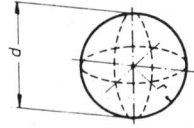

## Kugel

$V = \frac{4}{3} \pi \cdot r^3 = \frac{1}{6} \pi \cdot d^3$    c 23

$\approx 4{,}189\, r^3$    c 24

$A_o = 4 \pi r^2 = \pi d^2$    c 25

# Körper | C 3

### Kugelschicht

c 26    $V = \frac{\pi}{6} h (3a^2 + 3b^2 + h^2)$

c 27    $A_m = 2\pi r h$    (Kugelzone)

c 28    $A_o = \pi (2rh + a^2 + b^2)$

### Kugelabschnitt

c 29    $V = \frac{\pi}{6} h (\frac{3}{4} s^2 + h^2)$

        $= \pi h^2 (r - \frac{h}{3})$

c 30    $A_m = 2\pi r h$    (Kugelkappe)

c 31         $= \frac{\pi}{4} (s^2 + 4h^2)$

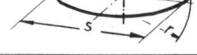

### Kugelausschnitt

c 32    $V = \frac{2}{3} \pi r^2 h$

c 33    $A_o = \frac{\pi}{2} r (4h + s)$

### zylindr. durchbohrte Kugel

c 34    $V = \frac{\pi}{6} h^3$

c 35/1    $A_o = 4\pi \sqrt{(R+r)^3 (R-r)}$

c 35/2         $= 2\pi h (R+r)$

c 35/3    $h = 2\sqrt{R^2 - r^2}$

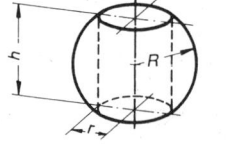

### keglig durchbohrte Kugel

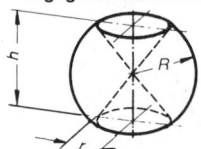

c 36    $V = \frac{2}{3} \pi R^2 h$

c 37/1    $A_o = 2\pi R \left( h + \sqrt{R^2 - \frac{h^2}{4}} \right)$

c 37/2    $h = 2\sqrt{R^2 - r^2}$

# C 4 | Körper

### Kreisring

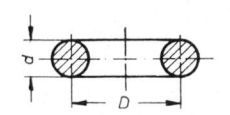

$$V = \frac{\pi^2}{4} D d^2$$ c 38

$$A_o = \pi^2 D d$$ c 39

### schief abgeschn. Zylinder

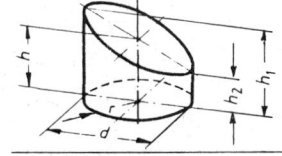

$$V = \frac{\pi}{4} d^2 h$$ c 40/1

$$A_m = \pi d h$$ c 40/2

$$A_o = \pi r \left[ h_1 + h_2 + r + \sqrt{r^2 + (h_1 - h_2)^2 / 4} \right]$$ c 40/3

### Zylinderhuf

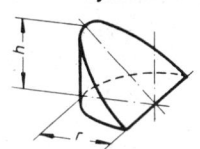

$$V = \frac{2}{3} r^2 h$$ c 41

$$A_m = 2 r h$$ c 42

$$A_o = A_m + \frac{\pi}{2} r^2 + \frac{\pi}{2} r \sqrt{r^2 + h^2}$$ c 43

### Faß

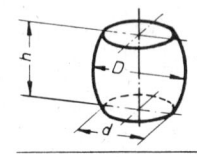

$$V \approx \frac{\pi}{12} h (2 D^2 + d^2)$$ c 44

### Prismatoid

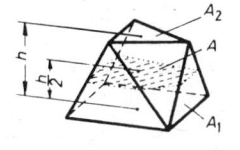

$$V = \frac{h}{6} (A_1 + A_2 + 4 A)$$ c 45

Nach dieser Formel lassen sich die auf C1 ... C3 aufgeführten Körper – demnach auch die Kugel und ihre Teile – berechnen.

# Arithmetik
## Potenzen, Wurzeln — D1

### Regeln für Potenz- und Wurzel-Rechnungen

| | allgemein | Zahlenbeispiele |
|---|---|---|
| d 1 | $p \cdot a^n \pm q \cdot a^n = (p \pm q) a^n$ | $3a^4 + 4a^4 = 7a^4$ |
| d 2 | $a^m \cdot a^n = a^{m+n}$ | $a^8 \cdot a^4 = a^{12}$ |
| d 3 | $a^m / a^n = a^{m-n}$ | $a^8 / a^2 = a^{8-2} = a^6$ |
| d 4 | $(a^m)^n = (a^n)^m = a^{mn}$ | $(a^3)^2 = (a^2)^3 = a^{2 \cdot 3} = a^6$ |
| d 5 | $a^{-n} = 1/a^n$ | $a^{-4} = 1/a^4$ |
| d 6 | $\dfrac{a^n}{b^n} = \left(\dfrac{a}{b}\right)^n$ | $\dfrac{a^3}{b^3} = \left(\dfrac{a}{b}\right)^3$ |
| d 7 | $p\sqrt[n]{a} \pm q\sqrt[n]{a} = (p \pm q)\sqrt[n]{a}$ | $4\sqrt[3]{x} + 7\sqrt[3]{x} = 11\sqrt[3]{x}$ |
| d 8 | $\sqrt[n]{a \cdot b} = \sqrt[n]{a} \cdot \sqrt[n]{b}$ | $\sqrt[4]{16 \cdot 81} = \sqrt[4]{16} \cdot \sqrt[4]{81}$ |
| d 9 | $\dfrac{\sqrt[n]{a}}{\sqrt[n]{b}} = \sqrt[n]{\dfrac{a}{b}} = \left(\dfrac{a}{b}\right)^{\frac{1}{n}}$ | $\dfrac{\sqrt{8}}{\sqrt{2}} = \sqrt{4} = 2$ |
| d10 | $\sqrt[nx]{a^{mx}} = \sqrt[n]{a^m}$ | $\sqrt[6]{a^8} = \sqrt[3]{a^4}$ |
| d11 | $\sqrt[n]{a^m} = \left(\sqrt[n]{a}\right)^m = a^{\frac{m}{n}}$ *) | $\sqrt[4]{a^3} = \left(\sqrt[4]{a}\right)^3 = a^{\frac{3}{4}}$ |
| d12 | $\sqrt{-a} = i\sqrt{a}\,;\ i = \sqrt{-1}$ | $\sqrt{-9} = i\sqrt{9} = i \cdot 3$ |

$a, b \geq 0$

*) Gilt nicht in Sonderfällen, z. B. $\sqrt{(-2)^2} = \sqrt{4} = +2$ ; $(\sqrt{-2})^2 = -2$
Exponenten von Potenzen und Wurzeln müssen stets dimensionslos sein.

### Quadratische Gleichung (Gleichung 2-ten Grades)

| | | |
|---|---|---|
| d13 | Normalform | $x^2 + px + q = 0$ |
| d14 | Lösungen | $x_{1,2} = -\dfrac{p}{2} \pm \sqrt{\dfrac{p^2}{4} - q}$ |
| d15 | Satz von Vieta | $p = -(x_1 + x_2);\quad q = x_1 \cdot x_2$ |

### Arithmetische Bestimmung einer beliebigen Wurzel

d16  Wenn $x = \sqrt[n]{A}$, dann ist $x = \dfrac{1}{n}\left[(n-1)x_0 + \dfrac{A}{x_0^{n-1}}\right]$

$x_0$ ist der zunächst geschätzte Wert von $x$. Mehrmals wiederholtes Einsetzen des erhaltenen $x$ als $x_0$ erhöht immer mehr die Genauigkeit von $x$.

# Arithmetik
Umformung algebraischer Ausdrücke, Binome | **D 2**

## Umformung gewöhnlicher algebraischer Ausdrücke

d 17 $\quad (a \pm b)^2 = a^2 \pm 2ab + b^2$

d 18 $\quad (a \pm b)^3 = a^3 \pm 3a^2 b + 3ab^2 \pm b^3$

d 19 $\quad (a+b)^n = a^n + \dfrac{n}{1}a^{n-1}b + \dfrac{n(n-1)}{1 \cdot 2}a^{n-2}b^2 + \dfrac{n(n-1)(n-2)}{1 \cdot 2 \cdot 3}a^{n-3}b^3 + \ldots b^n$

d 20 $\quad (a+b+c)^2 = a^2 + 2ab + 2ac + b^2 + 2bc + c^2$

d 21 $\quad (a-b+c)^2 = a^2 - 2ab + 2ac + b^2 - 2bc + c^2$

d 22 $\quad a^2 - b^2 = (a+b) \cdot (a-b)$

d 23 $\quad a^3 + b^3 = (a+b) \cdot (a^2 - ab + b^2)$

d 24 $\quad a^3 - b^3 = (a-b) \cdot (a^2 + ab + b^2)$

d 25 $\quad a^n - b^n = (a-b) \cdot (a^{n-1} + a^{n-2}b + a^{n-3}b^2 + \ldots + ab^{n-2} + b^{n-1})$

## Binomischer Satz

d 26 $\quad (a+b)^n = \dbinom{n}{0}a^n + \dbinom{n}{1}a^{n-1} \cdot b + \dbinom{n}{2}a^{n-2} \cdot b^2 + \dbinom{n}{3}a^{n-3} \cdot b^3 + \ldots$ *)

d 27 $\quad \dbinom{n}{k} = \dfrac{n(n-1)(n-2) \ldots (n-k+1)}{1 \cdot 2 \cdot 3 \ldots k}$ *)

*) dabei muß $n$ eine ganze Zahl sein.

d 28 $\quad (a+b)^4 = 1a^4 + \dfrac{4}{1}a^{4-1} \cdot b + \dfrac{4 \cdot 3}{1 \cdot 2}a^{4-2} \cdot b^2 + \dfrac{4 \cdot 3 \cdot 2}{1 \cdot 2 \cdot 3}a^{4-3} \cdot b^3 + b^4$

$\qquad\qquad\quad = a^4 + 4a^3 \cdot b \quad + \quad 6a^2 \cdot b^2 \quad + \quad 4a \cdot b^3 \quad + b^4$

## Schematische Auflösung

d 29 **Die Koeffizienten nach dem Pascalschen Dreieck**

```
(a+b)^0                         1
(a+b)^1                      1     1
(a+b)^2                   1     2     1
(a+b)^3                1     3     3     1
(a+b)^4             1     4     6  ↓  4     1
(a+b)^5          1     5  ↓ 10       10     5     1
(a+b)^6       1     6    15       20       15     6     1
```

Fortsetzung so, daß jede Zeile mit 1 beginnt und endet. Zweite und vorletzte Zahl entspricht dem Exponenten. Übrige Zahlen sind die Summen der jeweils rechts und links darüber stehenden Zahlen.

d 30 **Exponenten:** Die Summe der Exponenten von $a$ und $b$ jedes Gliedes ist gleich dem Binom-Exponenten $n$. Mit fallenden Potenzen von $a$ steigen die Potenzen von $b$.

d 31 **Vorzeichen:** Bei $(a+b)$ stets positiv. Bei $(a-b)$ mit + beginnend, dann von Glied zu Glied wechselnde Vorzeichen.

d 32 **Beispiele:**
$(a+b)^5 = a^5 + 5a^4 b + 10a^3 b^2 + 10a^2 b^3 + 5ab^4 + b^5$
$(a-b)^5 = + a^5 - 5a^4 b + 10a^3 b^2 - 10a^2 b^3 + 5ab^4 - b^5$

# Arithmetik

Gebrochen rationale Funktion – Partialbruchzerlegung | **D 3**

## Gebrochen rationale Funktion

$$y(x) = \frac{P(x)}{Q(x)} = \frac{a_0 + a_1 x + a_2 x^2 + \ldots + a_m x^m}{b_0 + b_1 x + b_2 x^2 + \ldots + b_n x^n} \qquad \begin{array}{l} n > m \\ n \text{ und } m \text{ ganzzahlig} \end{array}$$

Die Koeffizienten $a_\nu$, $b_\mu$ können reell oder komplex sein. Sind $n_i$ die Nullstellen von $Q(x)$, so erhält man die faktorisierte Form.

d 33 $$y(x) = \frac{P(x)}{Q(x)} = \frac{P(x)}{\alpha(x-n_1)^{k_1} \cdot (x-n_2)^{k_2} \ldots (x-n_q)^{k_q}}$$

Dabei können $k_1, k_2 \ldots k_q$-fache Nullstellen von $Q(x)$ auftreten, die reell od. komplex sein können; $\alpha$ ist ein konstanter Faktor.

## Partialbruchzerlegung

Zur einfacheren Behandlung von $y(x)$, z. B. zur Integration ist es oft zweckmäßig, $y(x)$ in Teilbrüche zu zerlegen.

d 34 $$y(x) = \frac{P(x)}{Q(x)} = \frac{A_{11}}{x-n_1} + \frac{A_{12}}{(x-n_1)^2} + \ldots + \frac{A_{1k_1}}{(x-n_1)^{k_1}} +$$
$$+ \frac{A_{21}}{x-n_2} + \frac{A_{22}}{(x-n_2)^2} + \ldots + \frac{A_{2k_2}}{(x-n_2)^{k_2}} + \ldots +$$
$$+ \frac{A_{q1}}{x-n_q} + \frac{A_{q2}}{(x-n_q)^2} + \ldots + \frac{A_{qk_q}}{(x-n_q)^{k_q}}$$

Bei reellen Koeffizienten von $Q(x)$ treten komplexe Nullstellen paarweise (konjugiert komplex) auf. Zur Zerlegung werden diese Paare zu reellen Teilbrüchen zusammengefaßt. Sind in d 33 die Nullstellen $n_2 = \bar{n}_1$ (konjugiert komplex zu $n_1$) und wird wegen ihres paarweisen Auftretens $k_1 = k_2 = k$, so lassen sich die Teilbrüche von d 34 mit den Konstanten $A_{11} \ldots A_{2k_2}$ zu folgenden Teilbrüchen zusammenfassen:

d 35 $$\frac{B_{11}x + C_{11}}{x^2 + ax + b} + \frac{B_{12}x + C_{12}}{(x^2 + ax + b)^2} + \ldots + \frac{B_{1k}x + C_{1k}}{(x^2 + ax + b)^k}$$

Die Konstanten von $A_{11}$ bis $A_{qk_q}$ bzw. $B_{11}$, $C_{11}$ bis $B_{1k}$, $C_{1k}$ erhält man durch Koeffizienten-Vergleich gleicher Potenzen in $x$ zwischen linker und rechter Seite der Gleichung, nachdem die rechte in Teilbrüche zerlegte Seite auf den Hauptnenner $Q(x)$ gebracht hat.

Beispiel:
$$y(x) = \frac{2x-1}{(x+1-2i)(x+1+2i)(x+1)^2} = \frac{2x-1}{Q(x)} = \frac{B_{11}x + C_{11}}{x^2 + 2x + 5} + \frac{A_{q1}}{x+1} + \frac{A_{q2}}{(x+1)^2}$$

$$\frac{2x-1}{Q(x)} = \frac{B_{11}x(x+1)^2 + C_{11}(x+1)^2 + A_{q1}(x+1)(x^2+2x+5) + A_{q2}(x^2+2x+5)}{Q(x)}$$

$$2x - 1 = (A_{q1} + B_{11})x^3 + (3A_{q1} + A_{q2} + 2B_{11} + C_{11})x^2 +$$
$$+ (7A_{q1} + 2A_{q2} + B_{11} + 2C_{11})x + 5A_{q1} + 5A_{q2} + C_{11}$$

Koeffizienten-Vergleich zwischen linker und rechter Seite ergibt:
$B_{11} = -1/2$; $C_{11} = 1/4$; $A_{q1} = 1/2$; $A_{q2} = -3/4$

Bei einfachen Nullstellen $n_i$ lassen sich die Konstanten $A_{11}, A_{21} \ldots A_{q1}$ von Gleichung d 34 wie folgt berechnen:

d 36 $$A_{11} = P(n_1)/Q'(n_1) \,;\; A_{21} = P(n_2)/Q'(n_2) \,;\; \ldots A_q = P(n_q)/Q'(n_q)$$

# Arithmetik
## Logarithmen

**D 4**

## Allgemeines

| | System | Logarithmus mit der Basis | Bezeichnung |
|---|---|---|---|
| d 37 | $\log_a$ | $a$ | Logarithmus zur Basis $a$ |
| d 38 | $\log_{10} = \lg$ | 10 | Zehner-Logarithmus |
| d 39 | $\log_e = \ln$ | e | Natürlicher Logarithmus |
| d 40 | $\log_2 = \text{lb}$ | 2 | Zweier-Logarithmus |

Jn $\log_a x = b$ heißt $a$ Basis
$\phantom{Jn \log_a x = b \text{ heißt }} x$ Numerus
$\phantom{Jn \log_a x = b \text{ heißt }} b$ Logarithmus

## Regeln für logarithmische Rechnungen

d 41 $\quad \log_a (x\, y) = \log_a x + \log_a y$

d 42 $\quad \log_a \dfrac{x}{y} = \log_a x - \log_a y$

d 43 $\quad \log_a x^n = n \cdot \log_a x$

d 44 $\quad \log_a \sqrt[n]{x} = \dfrac{1}{n} \log_a x$

## Exponential-Gleichung

d 45 $\quad b^x = d = e^{x \ln b}$

d 46 hieraus: $\quad x = \dfrac{\log_a d}{\log_a b} \quad\bigg|\quad b = \sqrt[x]{d}$

## Umrechnung von Logarithmen

d 47 $\quad \lg x = \lg e \cdot \ln x = 0{,}434\,294 \cdot \ln x$

d 48 $\quad \ln x = \dfrac{\lg x}{\lg e} = 2{,}302\,585 \cdot \lg x$

d 49 $\quad \text{lb}\, x = 1{,}442\,695 \cdot \ln x = 3{,}321\,928 \cdot \lg x$

Basis der natürlichen Logarithmen e = 2,718 281 828 459 ...

## Kennziffern des Zehner-Logarithmus einer Zahl

d 50 $\quad \lg 0{,}01 = -2 \quad$ oder $\quad 8. \ldots -10$
d 51 $\quad \lg 0{,}1 = -1 \quad$ oder $\quad 9. \ldots -10$
d 52 $\quad \lg 1 = 0$
d 53 $\quad \lg 10 = 1$
d 54 $\quad \lg 100 = 2$

u.s.w.

**Bemerkung:** Der Numerus eines Logarithmus muß stets dimensionslos sein.

# Arithmetik

Permutationen, Variationen, Kombinationen | **D 5**

## Permutationen oder Vertauschungen

Anzahl Vertauschungen von $n$ Elementen (mit Berücksichtigung ihrer Anordnung):

d 55
$$P_n = n! = 1 \cdot 2 \cdot 3 \ldots n\,^{*)}$$

**Beispiel:** Die $n = 3$ Elemente $a, b, c$ lassen sich auf folgende 6 Arten untereinander vertauschen:

$$a\,b\,c \quad b\,a\,c \quad c\,a\,b$$
$$a\,c\,b \quad b\,c\,a \quad c\,b\,a$$

d 56
$$P_3 = 3! = 1 \cdot 2 \cdot 3 = 6 \text{ Permutationen}$$

**Sonderfall:** Sind bei Vertauschung von $n$ Elementen $n_1$ gleiche Elemente einer Art, $n_2$ gleiche Elemente einer 2. Art usw. und $n_k$ gleiche Elemente einer $k$-ten Art, so gibt es:

d 57
$$P_{n,k} = \frac{n!}{n_1! \cdot n_2! \cdot \ldots \cdot n_k!} \text{ Permutationen}$$

Beispiel: Die $n = 3$ Elemente $a, a, b$ lassen sich auf folgende Arten vertauschen:

$$a\,a\,b \quad a\,b\,a \quad b\,a\,a$$

Hierin ist $n = 3$, $n_1 = 2$, $n_2 = 1$, also

d 58
$$P_{3,2} = \frac{3!}{2! \cdot 1!} = \frac{1 \cdot 2 \cdot 3}{1 \cdot 2 \cdot 1} = 3 \text{ Permutationen}$$

## Variationen und Kombinationen

Die Anzahl der verschiedenen Arten, auf welche man von $n$ Elementen $k$ Elemente mit Berücksichtigung ihrer Anordnung herausgreifen kann, heißt die Anzahl Variationen der $n$ Elemente.

$$V_k^n = n(n-1)(n-2)\ldots(n-k+1) = \frac{n!}{(n-k)!}; \quad n \geq k$$

Ohne Berücksichtigung der Anordnung der $k$ Elemente spricht man von Kombinationen

$$C_k^n = \frac{n!}{k!\,(n-k)!} = \binom{n}{k}^{**)}$$

Zusätzlich wird noch unterschieden, ob sich die einzelnen Elemente wiederholen oder nicht (Schreibweise $^wV_k^n$ bzw. $^wC_k^n$ bei Wiederholung).

Die Tabelle auf Seite D 6 zeigt die Gegenüberstellung von Variationen und Kombinationen **mit** und **ohne** Wiederholung der Elemente.

$^{*)}$ $n!$ sprich „$n$ Fakultät"
$^{**)}$ Berechnung gemäß d 27

# Arithmetik
## Kombinationen, Variationen  **D 6**

### Kombinationen und Variationen
(Erläuterungen siehe D 5)

| | Anzahl der Kombinationen ohne Wiederholung und ohne Berücksichtigung ihrer Anordnung | Anzahl der Kombinationen mit Wiederholung und ohne Berücksichtigung ihrer Anordnung | Anzahl der Variationen ohne Wiederholung und mit Berücksichtigung ihrer Anordnung | Anzahl der Variationen mit Wiederholung und mit Berücksichtigung ihrer Anordnung |
|---|---|---|---|---|
| Formel (d 59–d 62) | $C_k^n = \dfrac{n!}{k!(n-k)!}$ $= \binom{n}{n-k}^{*)} = \binom{n}{k}$ | $wC_k^n = \dfrac{(n+k-1)!}{k!(n-1)!}$ $= \binom{n+k-1}{k}$ | $V_k^n = C_k^n \cdot P_k = \dfrac{n!}{(n-k)!}$ $= \binom{n}{k} k!^{*)}$ | $wV_k^n = n^k$ |
| Erläuterung der Formelzeichen | $C$: Anzahl möglicher Kombinationen<br>$n$: Anzahl gegebener Elemente<br>$k$: Anzahl herausgegriffener Elemente aus $n$ gegebenen Elementen | | $V$: Anzahl möglicher Variationen | |
| **Beispiele** | | | | |
| Gegeben | $n = 3$ Elemente $a, b, c$<br>$k = 2$ herausgegriffene Elemente aus den vorstehenden 3 Elementen | | | |
| Möglichkeiten | · $ab$ $ac$<br>· · $bc$<br>· · · | $aa$ $ab$ $ac$<br>· $bb$ $bc$<br>· · $cc$ | · $ab$ $ac$<br>$ba$ · $bc$<br>$ca$ $cb$ · | $aa$ $ab$ $ac$<br>$ba$ $bb$ $bc$<br>$ca$ $cb$ $cc$ |
| Berechnung der Anzahl Möglichkeiten | $C_2^3 = \dfrac{3!}{2!(3-2)!} = 3$<br>$= \binom{3}{3-2} = \dfrac{3}{1} = 3$<br>$= \binom{3}{2} = \dfrac{3 \cdot 2}{1 \cdot 2} = 3$ | $wC_2^3 = \dfrac{(3+2-1)!}{2!(3-1)!} = 6$<br>$= \dfrac{(3+2-1)}{2}$<br>$= \binom{4}{2} = \dfrac{4 \cdot 3}{1 \cdot 2} = 6$ | $V_2^3 = \dfrac{3!}{(3-2)!} = \dfrac{3!}{1!} = 6$<br>$= \binom{3}{2} 2!$<br>$= \dfrac{3 \cdot 2}{1 \cdot 2} 2! = 6$ | $wV_2^3 = 3^2$<br>$= 9$ |
| Bemerkung | Es entsprechen z. B. $ab$ und $ba$ den gleichen Kombinationen | | Es entsprechen z. B. $ab$ und $ba$ verschiedenen Variationen | |

*) Berechnung gemäß d 27

# Arithmetik
## Determinanten u. lineare Gleichungssysteme — D 7

### Zweireihige Determinanten

d 63
$$\begin{array}{l} a_{11} \cdot x + a_{12} \cdot y = r_1 \\ a_{21} \cdot x + a_{22} \cdot y = r_2 \end{array} \quad D = \begin{vmatrix} a_{11} & a_{12} \\ a_{21} & a_{22} \end{vmatrix} = a_{11} \cdot a_{22} - a_{21} \cdot a_{12}$$

$r$-Spalte einsetzen an Stelle der

| $x$-Spalte | $y$-Spalte |
|---|---|

d 64
$$D_1 = \begin{vmatrix} r_1 & a_{12} \\ r_2 & a_{22} \end{vmatrix} = \begin{array}{l} r_1 \cdot a_{22} \\ - r_2 \cdot a_{12} \end{array} \qquad D_2 = \begin{vmatrix} a_{11} & r_1 \\ a_{21} & r_2 \end{vmatrix} = \begin{array}{l} r_2 \cdot a_{11} \\ - r_1 \cdot a_{21} \end{array}$$

$$x = \frac{D_1}{D} \qquad\qquad\qquad y = \frac{D_2}{D}$$

### Dreireihige Determinanten (Regel nach Sarrus)

d 65
$$\begin{array}{l} a_{11} \cdot x + a_{12} \cdot y + a_{13} \cdot z = r_1 \\ a_{21} \cdot x + a_{22} \cdot y + a_{23} \cdot z = r_2 \\ a_{31} \cdot x + a_{32} \cdot y + a_{33} \cdot z = r_3 \end{array}$$

d 66
$$D = \begin{vmatrix} a_{11} & a_{12} & a_{13} \\ a_{21} & a_{22} & a_{23} \\ a_{31} & a_{32} & a_{33} \end{vmatrix} \begin{matrix} a_{11} & a_{12} \\ a_{21} & a_{22} \\ a_{31} & a_{32} \end{matrix} = \begin{array}{l} a_{11} \cdot a_{22} \cdot a_{33} + a_{12} \cdot a_{23} \cdot a_{31} \\ + a_{13} \cdot a_{21} \cdot a_{32} - a_{13} \cdot a_{22} \cdot a_{31} \\ - a_{11} \cdot a_{23} \cdot a_{32} - a_{12} \cdot a_{21} \cdot a_{33} \end{array}$$

$x$-Spalte durch $r$-Spalte ersetzen:

d 67
$$D_1 = \begin{vmatrix} r_1 & a_{12} & a_{13} \\ r_2 & a_{22} & a_{23} \\ r_3 & a_{32} & a_{33} \end{vmatrix} \begin{matrix} r_1 & a_{12} \\ r_2 & a_{22} \\ r_3 & a_{32} \end{matrix} = \begin{array}{l} r_1 \cdot a_{22} \cdot a_{33} + a_{12} \cdot a_{23} \cdot r_3 \\ + a_{13} \cdot r_2 \cdot a_{32} - a_{13} \cdot a_{22} \cdot r_3 \\ - r_1 \cdot a_{23} \cdot a_{32} - a_{12} \cdot r_2 \cdot a_{33} \end{array}$$

$D_2$ bzw. $D_3$ ebenso entwickeln durch Ersetzen der $y$- bzw. $z$-Spalte durch die $r$-Spalte, dann wird:

d 68
$$x = \frac{D_1}{D}; \qquad y = \frac{D_2}{D}; \qquad z = \frac{D_3}{D}$$

Fortsetzung s. D 8

# Arithmetik
## Determinanten u. lineare Gleichungssysteme | D 8

**Mehr als zweireihige Determinanten**

(Bei einer 3-reihigen Determinante kann auch die Sarrus'sche Regel nach D 7 angewendet werden).

Matrix bilden und durch Addition oder Subtraktion zweier oder mehrerer Zeilen, die vorher evtl. durch Multiplikation oder Division umgeformt wurden, Nullen erzeugen.

Determinante nach der Zeile oder Spalte mit den meisten Nullstellen entwickeln, dabei abwechselnde Vorzeichen (bei $a_{11}$ mit + beginnend) einsetzen.

Beispiel:

$$\begin{array}{cccc} \overset{+}{a_{11}} & \overset{-}{a_{12}} & \overset{+}{a_{13}} & \overset{-}{0} \\ a_{21} & a_{22} & a_{23} & \overset{+}{a_{24}} \\ a_{31} & a_{32} & a_{33} & \overset{-}{a_{34}} \\ a_{41} & a_{42} & a_{43} & \overset{+}{0} \end{array}$$

Entwicklung nach der 4. Spalte ergibt:

$$a_{24} \begin{vmatrix} \overset{+}{a_{11}} & \overset{-}{a_{12}} & \overset{+}{a_{13}} \\ a_{31} & a_{32} & a_{33} \\ a_{41} & a_{42} & a_{43} \end{vmatrix} - a_{34} \begin{vmatrix} \overset{+}{a_{11}} & \overset{-}{a_{12}} & \overset{+}{a_{13}} \\ a_{21} & a_{22} & a_{23} \\ a_{41} & a_{42} & a_{43} \end{vmatrix}$$

Sofern sich nicht wie oben weitere Nullen erreichen lassen, ergibt sich folgende Entwicklung z. B. nach den ersten Zeilen von d 70:

d 69
$$D = a_{24} \left( a_{11} \begin{vmatrix} a_{32} & a_{33} \\ a_{42} & a_{43} \end{vmatrix} - a_{12} \begin{vmatrix} a_{31} & a_{33} \\ a_{41} & a_{43} \end{vmatrix} + a_{13} \begin{vmatrix} a_{31} & a_{32} \\ a_{41} & a_{42} \end{vmatrix} \right) - a_{34} \left( \ldots \right)$$

Für die Unterdeterminanten $D_1$, $D_2$, ...die $r$-Spalten entsprechend Blatt D 7 einsetzen und dann Entwicklung wie bei der Determinante $D$.

Ermittlung der $n$ Unbekannten $u_{1 \ldots n}$ nach den Formeln:

d 70
$$u_1 = \frac{D_1}{D}; \qquad u_2 = \frac{D_2}{D}; \quad \ldots \quad u_n = \frac{D_n}{D}$$

Anmerkung: Für die $n$-reihige Determinante Entwicklung so lange fortsetzen, bis mindestens 3-reihige Determinanten erreicht sind.

# Arithmetik

## Algebraische Gleichungen beliebigen Grades | D 9

### Definition einer algebraischen Gleichung

Eine algebraische Gleichung hat die Form:

d 71 $$f_n(x) = a_n x^n + a_{n-1} x^{n-1} + \ldots + a_2 x^2 + a_1 x + a_0.$$

Dabei können einzelne Glieder fehlen, bei denen die Koeffizienten $a_\mu = 0$ sind mit $\mu < n$.

Unter der <u>Lösung</u> einer algebraischen Gleichung versteht man die Ermittlung von Nullstellen – auch Wurzeln genannt – dieser Gleichung, für die $f_n(x) = 0$ wird.

### Eigenschaften

1. Die algebraische Gleichung $f_n(x) = 0$ vom Grade $n$ besitzt genau $n$ Nullstellen (Wurzeln).

2. Sind alle Koeffizienten $a_\nu$ reell, so können nur reelle oder konjugiert komplexe Nullstellen als Lösungen vorkommen.

3. Sind alle Koeffizienten $a_\nu \geqq 0$, so gibt es keine Lösungen, deren Realteil $> 0$ ist.

4. Bei ungeradem Grad von $n$ ist mindestens <u>eine</u> Nullstelle reell, vorausgesetzt, alle Koeffizienten $a_\nu$ sind reell.

5. Die Zusammenhänge zwischen den Nullstellen $x_\mu$ und den Koeffizienten sind folgende:

d 72 $\quad \sum x_i \qquad\qquad = -a_{n-1}/a_n \qquad$ für $\quad i = 1, 2, \ldots n$

d 73 $\quad \sum x_i \cdot x_j \qquad\quad = a_{n-2}/a_{n-1} \qquad$ für $\quad i, j = 1, 2, \ldots n$
$\qquad\qquad\qquad\qquad\qquad\qquad\qquad\qquad\quad$ wobei $\quad i \neq j$

d 74 $\quad \sum x_i \cdot x_j \cdot x_n \;\; = -a_{n-3}/a_{n-2} \qquad$ für $\quad i, j, k = 1, 2, \ldots n$
$\qquad\qquad\qquad\qquad\qquad\qquad\qquad\qquad\quad$ wobei $\quad i \neq j \neq k$

d 75 $\quad x_1 \cdot x_2 \cdot x_3 \cdot \ldots \cdot x_n = (-1)^n \cdot a_0/a_1.$

6. Die Anzahl der <u>positiv</u> reellen Wurzeln der gesuchten Gleichung ist gleich der Anzahl der Vorzeichenwechsel der Koeffizientenfolge

d 76 $\qquad\qquad a_n, a_{n-1}, a_{n-2}, \ldots, a_2, a_1, a_0 \qquad$ oder

um eine <u>gerade</u> Zahl kleiner als diese (Satz von Descartes).

d 77 $\quad$ Beispiel: $f_3(x) = 2x^3 - 15x^2 + 16x + 12 = 0$ hat die Vorzeichen
$\qquad\qquad\qquad\qquad\quad\; +\quad\;\; - \qquad\; +\quad\;\; +$
$\qquad\qquad$ und damit wegen der 2 Vorzeichenwechsel
$\qquad\qquad$ entweder 2 oder 0 positiv reelle Wurzeln.

Fortsetzung siehe D 10

# Arithmetik
## Algebraische Gleichungen beliebigen Grades | D 10

Fortsetzung von D 9

7. Die Anzahl der <u>negativ</u> reellen Wurzeln der gesuchten Gleichung wird durch Substitution $x = -z$ ermittelt:

Dabei ist die Zahl der Vorzeichenwechsel der Koeffizientenfolge $a_n^*$, $a_{n-1}^*$, $a_{n-2}^*$, ..., $a_2^*$, $a_1^*$, $a_0^*$ gleich der Zahl der negativ reellen Wurzeln oder um eine <u>gerade</u> Zahl kleiner als diese. Angewendet auf das Beispiel von D 9, Punkt 6:

d 78

d 79
$$f_3(z) = -2z^3 - 15z^2 - 16z + 12 = 0$$

hat die Vorzeichen    −    −    −    +    und damit Gleichung d 77 wegen nur <u>einem</u> Vorzeichenwechsel nur <u>eine</u> negativ reelle Wurzel.

## Allgemeine Lösung

Ist $x_1$ Nullstelle einer algebraischen Gleichung $n$-ten Grades $f_n(x) = 0$, läßt sich bei Division von $f_n(x)$ durch $(x-x_1)$ die Gleichung um einen Grad auf $f_{n-1}(x) = 0$ erniedrigen. Ist $x_2$ als weitere Nullstelle bekannt, so läßt sich die Gleichung bei Division mit $(x-x_2)$ um einen weiteren Grad erniedrigen, usw.

d 80 $\quad f_n(x) = a_n x^n + a_{n-1} x^{n-1} + a_{n-2} x^{n-2} + \ldots + a_2 x^2 + a_1 x + a_0$

d 81 $\quad f_n/(x-x_1) = f_{n-1}(x) = a_n' x^{n-1} + a_{n-1}' x^{n-2} + \ldots + a_2' x + a_1'$

d 82 $\quad f_{n-1}/(x-x_2) = f_{n-2}(x) = a_n'' x^{n-2} + a_{n-1}'' x^{n-3} + \ldots + a_2'' x + a_1''$

$\quad f_{n-2}/(x-x_3) = \ldots$ usw.

$\quad \vdots$

d 83 $\quad f_1/(x-x_n) = f_0(x) = a_n^{(n)}$.

Sind die Nullstellen im speziellen Fall konjugiert komplex, so wird nach Division der Grad der Gleichung um 2 reduziert. Die Division der algebraischen Gleichung $f_n(x)$ durch $(x-x_\mu)$ kann auf einfache Weise mit dem Horner Schema (s. D 11) durchgeführt werden.

## Horner Schema

Das Horner Schema ist ein Rechenschema, das auf das Polynom $P$ $n$-ten Grades

d 84 $\quad P_n(x) = a_n x^n + a_{n-1} \cdot x^{n-1} + \ldots + a_1 \cdot x + a_0$

für folgende Aufgaben verwendet werden kann:
- Berechnung des Wertes von $P_n(x)$ an der Stelle $x = x_0$.
- Berechnung der Werte der Ableitungen von $P_n'(x)$, $P_n''(x)$, usw. bis $P_n^{(n)}(x)$ an der Stelle $x = x_0$.
- Reduzierung des Grades von $P_n(x)$ bei bekannten Nullstellen (Wurzeln).
- Ermittlung von Nullstellen (Wurzeln).

Fortsetzung siehe D 11

# D 11 — Arithmetik
## Algebraische Gleichungen beliebigen Grades

**Horner Schema** (s. untenstehendes Schema)

Man setzt die Koeffizienten $a_\nu = a_\nu^{(0)}$ und schreibt die Koeffizienten des Polynoms $P_n(x)$ – mit dem Koeffizienten der höchsten Potenz beginnend – in die 1. Zeile. Nicht belegte Potenzen werden mit 0 eingetragen!

### Schema

| Zeile | | | | | | | | |
|---|---|---|---|---|---|---|---|---|
| 1 | $a_n^{(0)}$ | $a_{n-1}^{(0)}$ | $a_{n-2}^{(0)}$ | $a_{n-3}^{(0)}$ … | $a_2^{(0)}$ | $a_1^{(0)}$ | $a_0^{(0)}$ | d 85 |
| 2 | $x_0$ | $x_0 a_n^{(1)}$ | $x_0 a_{n-1}^{(1)}$ | $x_0 a_{n-2}^{(1)}$ … | $x_0 a_3^{(1)}$ | $x_0 a_2^{(1)}$ | $x_0 a_1^{(1)}$ | d 86 |
| 3 | | $a_n^{(1)}$ | $a_{n-1}^{(1)}$ | $a_{n-2}^{(1)}$ | $a_{n-3}^{(1)}$ … | $a_2^{(1)}$ | $a_1^{(1)}$ | $a_0^{(1)} = b_0 = P_n(x_0)$ | d 87 |
| 4 | $x_0$ | $x_0 a_n^{(2)}$ | $x_0 a_{n-1}^{(2)}$ | $x_0 a_{n-2}^{(2)}$ … | $x_0 a_3^{(2)}$ | $x_0 a_2^{(2)}$ | | d 88 |
| 5 | | $a_n^{(2)}$ | $a_{n-1}^{(2)}$ | $a_{n-2}^{(2)}$ | $a_{n-3}^{(2)}$ … | $a_2^{(2)}$ | $a_1^{(2)} = b_1 = 1/1! \cdot P_n'(x_0)$ | | d 89 |
| 6 | $x_0$ | $x_0 a_{n-1}^{(3)}$ | $x_0 a_{n-2}^{(3)}$ | $x_0 a_{n-3}^{(3)}$ … | $x_0 a_3^{(3)}$ | | | d 90 |
| | | $a_n^{(3)}$ | $a_{n-1}^{(3)}$ | $a_{n-2}^{(3)}$ | $a_{n-3}^{(3)}$ … | $a_2^{(3)} = b_2 = 1/2! \cdot P_n''(x_0)$ | | d 91 |
| | $x_0$ | $x_0 a_n^{(n)}$ | ⋮ | | | | | d 92 |
| | | $a_n^{(n)}$ | $a_{n-1}^{(n)} = b_{n-1} = 1/(n-1)! \cdot P_n^{(n-1)}(x_0)$ | | | | | d 93 |
| | $x_0$ | | | | | | | d 94 |
| | | $a_n^{(n)} = a_n = b_n = 1/n! \cdot P_n^{(n)}(x_0)$ | | | | | | d 95 |

### Beispiel 1 zum Horner Schema

Berechnung der Werte $P_n(x)$, $P_n'(x)$, $P_n''(x)$, und $P_n'''(x)$ an der Stelle $x = x_0$; $x_0 = 4$:

$$P_n(x) = x^3 - 6x^2 + 11x - 6$$

```
           a₃⁽⁰⁾  a₂⁽⁰⁾  a₁⁽⁰⁾  a₀⁽⁰⁾
            1    -6    11    -6
  x₀ = 4          4    -8    12
            1    -2     3     6   = P_n(4)
                 4      4     8
            1    2     11        = P_n'(4)
                 4      4
            1    6  = P_n''(4)·1/2!;  P_n''(4) = 1·2·6 = 12

            1 = P_n'''(4)·1/3!;  P_n'''(4) = 1·2·3·1 = 6
```

# Arithmetik
## Algebraische Gleichungen beliebigen Grades | D 12

**Erläuterung** zum Horner Schema

Der Wert eines Polynoms und seiner Ableitungen an der festen Stelle $x = x_0$ sollen berechnet werden.

In die 2. Zeile werden dazu die Ergebnisse von Multiplikationen von $x_0$ mit den Multiplikanten $a_n^{(1)}$, $a_{n-1}^{(1)}$ usw. gemäß gerasterter Linien eingetragen (z. B. $x_0 \cdot a_n^{(1)} = x_0 \, a_n^{(1)}$).

Die 3. Zeile stellt Ergebnisse der Addition von Zeile 1 u. 2 dar:

d106    z. B. $a_{n-1}^{(1)} = a_{n-1}^{(0)} + x_0 \cdot a_n^{(1)}$;     dabei $a_n^{(1)} = a_n^{(0)}$

d107    $a_{n-2}^{(1)} = a_{n-2}^{(0)} + x_0 \cdot a_{n-1}^{(1)}$

Dabei bedeutet speziell:

d108    $a_0^{(1)} = a_0^{(0)} + x_0 \cdot a_1^{(1)} = b_0 = P_n(x_0)$

den Wert des Polynoms an der Stelle $x_0$.

Führt man nach dem gleichen Schema – von Zeile 3 ausgehend – die Multiplikationen und Additionen durch, so erhält man in Zeile 5 mit

d109    $a_1^{(2)} = b_1 = P_n'(x_0)$

den Wert der ersten Ableitung von $P_n(x)$ an der Stelle $x = x_0$.

Dieses Schema läßt sich $n$-mal durchführen, da ein Polynom vom Grad $n$ genau $n$ Ableitungen besitzt.

Nach dieser Entwicklung gilt:

d110    $P_n(x) = a_0^{(1)} + a_1^{(2)}(x-x_0) + a_2^{(3)}(x-x_0)^2 + \ldots$
$\qquad + \ldots + a_{n-1}^{(n)}(x-x_0)^{n-1} + a_n^{(n)}(x-x_0)^n$

d112    $= P_n(x_0) + 1/1! \cdot P_n'(x_0) \cdot (x-x_0) + 1/2! \cdot P_n''(x_0) \cdot (x-x_0)^2 + \ldots$
$\qquad + \ldots 1/(n-1)! \cdot P_n^{(n-1)}(x_0) \cdot (x-x_0)^{n-1} + 1/n! \cdot P_n^{(n)}(x_0) \cdot (x-x_0)^n$

Beispiel 2 zum Horner Schema

Reduzierung des Grades bei bekannter Nullstelle (Wurzel) $x_0$, d. h. Bestimmung von $P_{n-1}(x)$ gemäß:

d114    $P_n(x)/(x-x_0) = P_{n-1}(x)$.

d115    Gegeben: $P_n(x) = x^3 - 6x^2 + 11x - 6$ mit Wurzel $x_0 = 1$.

d116    Schema:

| | $a_3^{(0)}$ | $a_2^{(0)}$ | $a_1^{(0)}$ | $a_0^{(0)}$ |
|---|---|---|---|---|
| d117 | 1 | −6 | 11 | −6 |
| d118 | $x_0 = 1$ | 1 | −5 | 6 |
| d119 | 1 | −5 | 6 | 0 = $P_n(1)$. |

Ergebnis $P_n(1) = 0$ beweist, daß $x_0 = 1$ eine Nullstelle von $P_n(x)$ ist.

d120    Damit $P_{n-1}(x) = 1x^2 - 5x + 6$.

Aus letzter Gleichung lassen sich die Wurzeln zu $x_1 = 2$ und $x_3 = 3$ nach d 14 sehr einfach bestimmen.

# Arithmetik
Näherungslösungen für beliebige Gleichungen | **D 13**

## Allgemeines

Nachdem die genaue Bestimmung der Nullstellen – auch Wurzeln genannt – von algebraischen oder gar transzendenten Gleichungen analytisch nur bedingt möglich ist, werden unter D14 ... D16 für Näherungslösungen folgende Verfahren erläutert:

    Newton'sches Verfahren
    Sekantenverfahren
    Lineare Interpolation (Regula falsi).

Ausgehend von einer ersten groben Näherung wird durch Iteration deren Genauigkeit beliebig erhöht.

Beispiel für eine algebraische Gleichung (Polynom):

d 122
$$x^4 - 3x^2 + 7x - 5 = 0.$$

Beispiel für eine transzendente Gleichung:

d 123
$$x \cdot \lg(x) - 1 = 0.$$

## Vorgehensweise

- Ersten Näherungswert durch Grobschätzung oder durch Aufzeichnen der Kurve nach Wertetabelle bestimmen.

- Auswahl eines der obigen 3 Verfahren. Dabei ist zu berücksichtigen, daß das Verfahren „Lineare Interpolation" immer konvergiert. Bei den beiden anderen Verfahren ist eine Konvergenz nur unter den in D14 und D15 genannten Bedingungen garantiert. Der Nachteil dieser zusätzlichen Überprüfung auf Einhaltung der Bedingungen wird beim Newton'schen und Sekantenverfahren im allgemeinen durch wesentlich raschere Konvergenz dieser Verfahren wieder ausgeglichen.

- Zur schnelleren Konvergenz ist es oft besser, zunächst mit einem geeigneten Verfahren zu beginnen und mit einem anderen fortzufahren. Dies gilt besonders dann, wenn sich mit dem anfänglich ausgewählten Verfahren nach einigen Iterationen keine besseren Ergebnisse erzielen lassen.

# Arithmetik
Näherungslösungen für beliebige Gleichungen | **D 14**

## Newton'sches Näherungsverfahren

Man wählt $x_0$ als ersten Näherungswert für die Wurzel $n_0$ der Gleichung $f(x) = 0$, legt im Punkt $y = f(x_0)$ die Tangente an, und berechnet den Schnittpunkt dieser Tangente mit der $x$-Achse. Man erhält damit einen besseren Näherungswert $x_1$ durch die folgende Vorschrift:

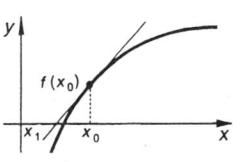

d 125
$$x_1 = x_0 - f(x_0)/f'(x_0).$$

Eine weitere Verbesserung $x_2$ ergibt sich, wenn der Wert $x_1$ entsprechend verwendet wird:

d 126
$$x_2 = x_1 - f(x_1)/f'(x_1) \quad \text{usw.}$$

Durch häufiges Wiederholen dieses Verfahrens läßt sich eine Wurzel mit beliebiger Genauigkeit bestimmen.

**Allgemeine Vorschrift:**

d 127
$$x_{k+1} = x_k - f(x_k)/f'(x_k) \quad ; \quad k = 0, 1, 2, \ldots$$

Voraussetzung für die Konvergenz dieses Verfahrens:
- $n_0$ ist eine einfache Wurzel ($f'(x_0) \neq 0$).
- Zwischen $x_0$ und $n_0$ keine Extremwerte der Funkt. $f(x)$ zulässig.

**Konvergenz:** Lokal konvergent.

**Hinweis:** Die beim Newton'schen Verfahren benötigten Werte $f(x_k)$ und $f'(x_k)$ können mit Hilfe des unter D 11 angegebenen Horner Schemas auf einfache Weise berechnet werden.

d 128
Beispiel: $f(x) = x \cdot \lg x - 1$. Der erste Näherungswert für eine Wurzel sei $x_0 = 3$, mit dem $f(x) = 0$ erfüllt wird.

d 129
1. Schritt: Da nach Gleichung d 125 der Wert der Ableitung $f'(x)$ zur Näherung benötigt wird, wird $f'(x)$ ermittelt:

d 130
$$f'(x) = \lg(x) + \lg(e) = \lg(x) + 0{,}434294.$$

d 131
2. Schritt: Ermittlung eines verbesserten Wertes $x_1$:
Nach Gleichung d 125 ergibt sich für $x_0 = 3$,
$f(x_0) = 0{,}431364$ und $f'(x_0) = 0{,}911415$ der verbesserte Wert $x_1 = 2{,}526710$.

d 132
3. Schritt: Ermittlung eines verbesserten Wertes $x_2$:
Nach Gleichung d 126 ergibt sich für $x_1 = 2{,}526710$,
$f(x_1) = 0{,}017141$ und $f'(x_1) = 0{,}836849$ der verbesserte Wert $x_2 = 2{,}506227$ ; Fehler + 0,000 036.
Mit dem Wert von $x_2$ wird die Nullstelle bis auf einen Fehler von 0,000 036 genau erreicht.

d 136
4. Schritt: Ist die Genauigkeit noch nicht ausreichend, müssen weitere Näherungsschritte ausgeführt werden.

# Arithmetik
Näherungslösungen für beliebige Gleichungen | **D 15**

## Sekantenverfahren

Die Ableitung $f'(x)$ der Newton'schen Näherung wird durch den Differentialquotienten ersetzt. Durch 2 benachbarte Punkte $f(x_0)$ und $f(x_1)$ wird eine Gerade gelegt und der Schnittpunkt $x_2$ dieser Geraden mit der $x$-Achse berechnet. Dieser Wert ist die erste Näherung für die gesuchte Nullstelle $n_0$.

d 140
$$x_2 = x_1 - f(x_1) \frac{x_1 - x_0}{f(x_1) - f(x_0)}$$

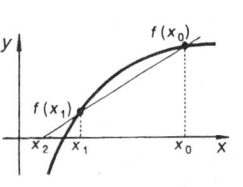

Im nächsten Schritt wird $f(x_1)$ mit $f(x_2)$ verbunden. Der Schnittpunkt dieser Geraden mit der $x$-Achse ist die nächste Näherung.

**Allgemeine Iterationsvorschrift:**

d 141
$$x_{k+1} = x_k - f(x_k) \frac{x_k - x_{k-1}}{f(x_k) - f(x_{k-1})} \qquad \begin{array}{l} k = 1, 2, \ldots \\ f(x_k) \neq f(x_{k-1}) \end{array}$$

Bemerkung: Eine besonders schnelle Konvergenz kann häufig erreicht werden, wenn zwischen Sekanten- und Newton'schem Verfahren abgewechselt wird.

**Konvergenz:** Lokal konvergent.

d 142
Beispiel: $f(x) = x \cdot \lg x - 1$;  $x_0 = 4$;  $x_1 = 3$.
$f(x_0) = 1{,}408\,240$;  $f(x_1) = 0{,}431\,364$.

d 143
1. Näherungswert: $x_2 = 3 - 0{,}431\,364 \cdot (3-4)/(0{,}431\,364 - 1{,}408\,240)$
$= 2{,}558\,425$.

d 144
Fehler  $f(x_2) = 0{,}043\,768$.

2. Näherungswert mit $x_1, x_2, f(x_1)$ und $f(x_2)$ berechnet

d 145
$x_3 = 2{,}558\,425 - 0{,}043\,768 \cdot (2{,}558\,425 - 3)/(0{,}043\,768 - 0{,}431\,364)$
$x_3 = 2{,}508\,562$

d 146
Fehler  $f(x_3) = 0{,}001\,982$.

Anstelle mit dem Sekantenverfahren fortzufahren, kann man bereits mit $x_2$ das Newton'sche Verfahren anwenden:

d 147
Dazu ist $f(x_2)$ zu berechnen:  $f'(x) = \lg x + \lg(e)$

d 148
$f'(x_2) = \lg(2{,}558\,425) + 0{,}434\,294$
$= 0{,}842\,267$.

d 149
$x_3^* = x_2 - f(x_2)/f'(x_2) = 2{,}558\,425 - 0{,}043\,768/0{,}842\,267 = 2{,}506\,460$.

d 150
Fehler: $f(x_3^*) = 0{,}000\,230$. $x_3^*$ führt demnach zu einem kleineren Fehler wie der Wert $x_3$, der allein nach dem Sekantenverfahren gewonnen wurde.

# Arithmetik

Näherungslösungen für beliebige Gleichungen

**D 16**

## Lineare Interpolation (Regula falsi)

Man wählt 2 Werte $x_0$ u. $x_1$ so, daß $f(x_0)$ u. $f(x_1)$ verschiedene Vorzeichen haben. Zwischen diesen beiden Werten liegt mindestens <u>eine</u> Wurzel $n_0$. Schnittpunkt $x_2$ der Geraden durch $f(x_0)$ u. $f(x_1)$ mit der $x$-Achse ist eine erste Näherung für $n_0$.

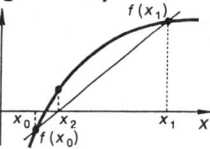

Zur Ermittlung des nächstbesseren Näherungswertes $x_3$ wird von $f(x_2)$ wiederum eine Gerade zu einem der zuletzt benutzten Punkte gezogen und erneut der Schnittpunkt mit der $x$-Achse berechnet. Dabei wird immer <u>der</u> Punkt verwendet, der gegenüber $f(x_2)$ verschiedenes Vorzeichen hat, damit

d 152 $\qquad f(x_2) \cdot f(x_1) < 0 \quad \text{oder} \quad f(x_2) \cdot f(x_0) < 0$ erfüllt wird.

**Allgemeine Vorschrift:**

d 153 $\qquad x_{k+1} = x_k - f(x_k) \cdot \dfrac{x_k - x_j}{f(x_k) - f(x_j)} \qquad \begin{array}{l} k = 1, 2, \ldots \\ 0 \leq j \leq k-1 \\ f(x_k) \neq f(x_j) \end{array}$

Dabei ist $j$ die größtmögliche Zahl, kleiner als $k$, für die $f(x_k) \cdot f(x_j) < 0$ gilt.

**Konvergenz:** Stets konvergent.

d 154 Beispiel: $f(x) = x \cdot \lg x - 1$; Wahl von $x_0 = 1$ mit $f(x_0) = -1$ und
$x_1 = 3$ mit $f(x_1) = +0,431\,364$

d 155 $\qquad$ damit ist $\quad f(x_0) \cdot f(x_1) < 0$ erfüllt.

d 156 $\quad x_2 = x_1 - f(x_1) \cdot \dfrac{x_1 - x_0}{f(x_1) - f(x_0)} = 3 - 0,431\,364 \cdot \dfrac{3-1}{0,431\,364 + 1} = 2,397\,269$

d 157 $\quad f(x_2) = 2,397\,269 \cdot \lg 2,397\,269 - 1 = -0,089\,717$. Dieser Wert stellt gleichermaßen die Genauigkeit dar, mit der $x_2$ die Nullstelle annähert.

d 158 $f(x_2) \cdot f(x_1) < 0$. Damit wird die Gerade durch $f(x_2)$ und $f(x_1)$ gelegt. Der Schnittpunkt dieser Geraden mit der $x$-Achse ist:

d 159 $\quad x_3 = x_2 - f(x_2) \dfrac{x_2 - x_1}{f(x_2) - f(x_1)} = 2,501\,044; \ f(x_3) = -0,004\,281$

d 160 $f(x_3) \cdot f(x_2) > 0; \ f(x_3) \cdot f(x_1) < 0$. Damit wird die Gerade durch $f(x_3)$ und $f(x_1)$ gelegt. Der Schnittpunkt dieser Geraden mit der $x$-Achse ist:

d 161 $\quad x_4 = x_3 - f(x_3) \cdot \dfrac{x_3 - x_1}{f(x_3) - f(x_1)} = 2,505\,947$

d 162 $\quad f(x_4) = -0,000\,197\,5$.

Zur weiteren Erhöhung der Genauigkeit muß der Schnittpunkt der Geraden durch die Punkte $f(x_4)$ und $f(x_1)$ mit der $x$-Achse berechnet werden, da wegen $f(x_4) \cdot f(x_3) > 0$ u. $f(x_4) \cdot f(x_2) > 0$ die Werte $f(x_3)$ und $f(x_2)$ nicht verwendet werden können.

# Arithmetik
## Reihen

**D 17**

### Arithmetische Reihe
Eine arithmetische Reihe ist die Summe der Glieder einer arithmetischen Folge (Differenz $d$ zweier aufeinanderfolgender Glieder ist konstant, z. B. 1, 4, 7, 10).

d 171 $\quad s_n = \dfrac{n}{2}(a_1 + a_n) = a_1 n + \dfrac{n(n-1)d}{2}$ $\qquad$ mit $d = a_n - a_{n-1}$

d 172 $\quad a_n = a_1 + (n-1)d$

**Arithmetisches Mittel:** Jedes Glied einer arithmet. Reihe ist das arithmet. Mittel $a_m$ seiner beiden Nachbarglieder $a_{m-1}$ und $a_{m+1}$.

d 173 $\quad$ Für das $m$-te Glied ist: $\quad a_m = \dfrac{a_{m-1} + a_{m+1}}{2} \qquad$ für $1 < m < n$

(z. B. ist in obiger Reihe: $a_3 = \dfrac{4+10}{2} = 7$)

### Geometrische Reihe
Eine geometrische Reihe ist die Summe der Glieder einer geometrischen Folge (Quotient $q$ zweier aufeinanderfolgender Glieder ist konstant, z. B. 1, 2, 4, 8).

d 174 $\quad s_n = a_1 \dfrac{q^n - 1}{q - 1} = \dfrac{q \cdot a_n - a_1}{q-1}$ $\qquad$ mit $q = \dfrac{a_n}{a_{n-1}}$

d 175 $\quad a_n = a_1 \cdot q^{n-1}$

Für unendliche geometrische Reihen $(n \to \infty; |q| < 1)$ wird

d 176 $\quad a_n = \lim\limits_{n \to \infty} a_n = 0; \qquad s_n = \lim\limits_{n \to \infty} s_n = a_1 \dfrac{1}{1-q}$

**Geometrisches Mittel:** Jedes Glied einer geometr. Reihe ist das geometr. Mittel $a_m$ seiner beiden Nachbarglieder $a_{m-1}$ u. $a_{m+1}$.

d 177 $\quad$ Für das $m$-te Glied ist: $\quad a_m = \sqrt{a_{m-1} \cdot a_{m+1}} \qquad$ für $1 < m < n$

(z. B. ist in obiger Reihe: $a_3 = \sqrt{2 \cdot 8} = 4$)

### Dezimal-geometrische Reihe
Anwendung zur Ermittlung von Normzahl-Reihen

Quotient zweier aufeinanderfolgender Glieder heißt „Stufensprung $\varphi$".

d 178 $\qquad\qquad\qquad\qquad \varphi = \sqrt[b]{10}. \qquad b \geq 1$, ganzzahlig.

$b$ gibt an, wieviele Glieder bzw. Normzahlen eine Reihe innerhalb einer Dekade enthalten soll. Die noch zu rundenden Werte der Glieder errechnen

d 179 sich gemäß d 177: $a_n = a_1 (\sqrt[b]{10})^{n-1} = a_n (10^{1/b})^{n-1} \qquad n = 1 \ldots b$

Dabei beginnend mit $a_1 = 1$ oder $a_1 = 10$ oder $a_1 = 100$ oder ...

Beispiele:

| $b$ | Bezeichnung | Anmerkung |
|---|---|---|
| 6, 12, 24, ... | E6, E12, E24, ... | internat. E-Reihe, s. Z 22 |
| 5, 10, 20, ... | R5, R10, R20, ... | DIN-Reihe, s. R 1 |

| | |
|---|---|
| $a_1$: Anfangsglied | $n$: Anzahl der Glieder |
| $a_n$: Endglied | $s_n$: Summe aller Glieder |
| $d$: Differenz zweier aufeinanderfolgender Glieder | $q$: Quotient zweier aufeinanderfolgender Glieder |

# Arithmetik
## Reihen

### Binomische Reihe

d 180 $$f(x) = (1 \pm x)^\alpha = 1 \pm \binom{\alpha}{1} x + \binom{\alpha}{2} x^2 \pm \binom{\alpha}{3} x^3 + \ldots$$

dabei $\alpha$ beliebig, also sowohl positiv oder negativ, als auch ganz- od. nichtganzzahlig.

Auflösung des Binomial-Koeffizienten:

$$\binom{\alpha}{n} = \frac{\alpha(\alpha-1)(\alpha-2)(\alpha-3)\ldots(\alpha-n+1)}{1 \cdot 2 \cdot 3 \ldots \cdot n}$$

**Beispiele:**

| | | für |
|---|---|---|
| d 181 | $\dfrac{1}{1 \pm x} = (1 \pm x)^{-1} = 1 \mp x + x^2 \mp x^3 + \ldots$ | $\lvert x \rvert < 1$ |
| d 182 | $\sqrt{1 \pm x} = (1 \pm x)^{1/2} = 1 \pm \dfrac{1}{2}x - \dfrac{1}{8}x^2 \pm \dfrac{1}{16}x^3 - \ldots$ | $\lvert x \rvert < 1$ |
| d 183 | $\dfrac{1}{\sqrt{1 \pm x}} = (1 \pm x)^{-1/2} = 1 \mp \dfrac{1}{2}x + \dfrac{3}{8}x^2 \mp \dfrac{5}{16}x^3 + \ldots$ | $\lvert x \rvert < 1$ |

### Taylorsche Reihe

d 184 $$f(x) = f(a) + \frac{f'(a)}{1!}(x-a) + \frac{f''(a)}{2!}(x-a)^2 + \ldots$$

hieraus Mac Laurinsche Form, also wenn $a = 0$ ist

d 185 $$f(x) = f(0) + \frac{f'(0)}{1!}x + \frac{f''(0)}{2!}x^2 + \ldots$$

**Beispiele**

| | | für |
|---|---|---|
| d 186 | $e^x = 1 + \dfrac{x}{1!} + \dfrac{x^2}{2!} + \dfrac{x^3}{3!} + \ldots$ | alle $x$ |
| d 187 | $a^x = 1 + \dfrac{x \cdot \ln a}{1!} + \dfrac{(x \cdot \ln a)^2}{2!} + \dfrac{(x \cdot \ln a)^3}{3!} + \ldots$ | alle $x$ |
| d 188 | $\ln x = 2\left[\dfrac{x-1}{x+1} + \dfrac{1}{3}\left(\dfrac{x-1}{x+1}\right)^3 + \dfrac{1}{5}\left(\dfrac{x-1}{x+1}\right)^5 + \ldots\right]$ | $x > 0$ |
| d 189 | $\ln(1+x) = x - \dfrac{x^2}{2} + \dfrac{x^3}{3} - \dfrac{x^4}{4} + \dfrac{x^5}{5} - \ldots$ | $-1 < x$ $x \leq +1$ |
| d 190 | $\ln 2 = 1 - \dfrac{1}{2} + \dfrac{1}{3} - \dfrac{1}{4} + \dfrac{1}{5} - \ldots$ | |

Fortsetzung siehe D 19

# Arithmetik
## Reihen

**D 19**

### Taylorsche Reihe
Fortsetzung von D 18

**Beispiele:**

| | | für |
|---|---|---|
| d 191 | $\sin x = x - \dfrac{x^3}{3!} + \dfrac{x^5}{5!} - \dfrac{x^7}{7!} + \ldots$ | alle $x$ |
| d 192 | $\cos x = 1 - \dfrac{x^2}{2!} + \dfrac{x^4}{4!} - \dfrac{x^6}{6!} + \ldots$ | alle $x$ |
| d 193 | $\tan x = x + \dfrac{1}{3}x^3 + \dfrac{2}{15}x^5 + \dfrac{17}{315}x^7 + \ldots$ | $|x| < \dfrac{\pi}{2}$ |
| d 194 | $\cot x = \dfrac{1}{x} - \dfrac{1}{3}x - \dfrac{1}{45}x^3 - \dfrac{2}{945}x^5 - \ldots$ | $0 < |x|$ <br> $|x| < \pi$ |
| d 195 | $\text{Arcsin } x = x + \dfrac{1}{2}\cdot\dfrac{x^3}{3} + \dfrac{1\cdot 3}{2\cdot 4}\cdot\dfrac{x^5}{5} + \dfrac{1\cdot 3\cdot 5}{2\cdot 4\cdot 6}\cdot\dfrac{x^7}{7} + \ldots$ | $|x| \leq 1$ |
| d 196 | $\text{Arccos } x = \dfrac{\pi}{2} - \text{Arcsin } x$ | $|x| \leq 1$ |
| d 197 | $\text{Arctan } x = x - \dfrac{x^3}{3} + \dfrac{x^5}{5} - \dfrac{x^7}{7} + \dfrac{x^9}{9} - \ldots$ | $|x| \leq 1$ |
| d 198 | $\text{Arccot } x = \dfrac{\pi}{2} - \text{Arctan } x$ | $|x| \leq 1$ |
| d 199 | $\sinh x = x + \dfrac{x^3}{3!} + \dfrac{x^5}{5!} + \dfrac{x^7}{7!} + \dfrac{x^9}{9!} + \ldots$ | alle $x$ |
| d 200 | $\cosh x = 1 + \dfrac{x^2}{2!} + \dfrac{x^4}{4!} + \dfrac{x^6}{6!} + \dfrac{x^8}{8!} + \ldots$ | alle $x$ |
| d 201 | $\tanh x = x - \dfrac{1}{3}x^3 + \dfrac{2}{15}x^5 - \dfrac{17}{315}x^7 + \ldots$ | $|x| < \dfrac{\pi}{2}$ |
| d 202 | $\coth x = \dfrac{1}{x} + \dfrac{1}{3}x - \dfrac{1}{45}x^3 + \dfrac{2}{945}x^5 - \ldots$ | $0 < |x|$ <br> $|x| < \pi$ |
| d 203 | $\text{arsinh } x = x - \dfrac{1}{2}\cdot\dfrac{x^3}{3} + \dfrac{1\cdot 3}{2\cdot 4}\cdot\dfrac{x^5}{5} - \dfrac{1\cdot 3\cdot 5}{2\cdot 4\cdot 6}\cdot\dfrac{x^7}{7} + \ldots$ | $|x| < 1$ |
| d 204 | $\text{arcosh } x = \ln 2x - \dfrac{1}{2}\cdot\dfrac{1}{2x^2} - \dfrac{1\cdot 3}{2\cdot 4}\cdot\dfrac{1}{4x^4} - \dfrac{1\cdot 3\cdot 5}{2\cdot 4\cdot 6}\cdot\dfrac{1}{6x^6} - \ldots$ | $|x| > 1$ |
| d 205 | $\text{artanh } x = x + \dfrac{x^3}{3} + \dfrac{x^5}{5} + \dfrac{x^7}{7} + \dfrac{x^9}{9} + \ldots$ | $|x| < 1$ |
| d 206 | $\text{arcoth } x = \dfrac{1}{x} + \dfrac{1}{3x^3} + \dfrac{1}{5x^5} + \dfrac{1}{7x^7} + \ldots$ | $|x| > 1$ |

# Arithmetik
## Fourier-Reihen

**D 20**

### Fourier-Reihen

**Allgemein:** Jede periodische Funktion $f(x)$, deren Periodizitätsintervall $-\pi \leq x \leq \pi$ sich derart in endlich viele Teilintervalle zerlegen läßt, daß $f(x)$ in jedem dieser Teilintervalle durch ein glattes Kurvenstück dargestellt wird, läßt sich in diesem Intervall in konvergente Reihen folgender Form zerlegen $(x = \omega t)$:

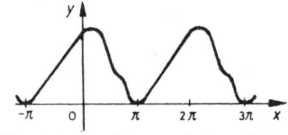

d 207
$$f(x) = \frac{a_0}{2} + \sum_{n=1}^{\infty} \left[ a_n \cos(nx) + b_n \sin(nx) \right]$$

Die einzelnen Koeffizienten errechnen sich dabei zu:

d 208
$$a_k = \frac{1}{\pi} \int_{-\pi}^{\pi} f(x) \cos(kx)\, dx \quad \bigg| \quad b_k = \frac{1}{\pi} \int_{-\pi}^{\pi} f(x) \sin(kx)\, dx$$

jeweils für $k = 0, 1, 2, \ldots$

**Vereinfachung der Koeff.-Berechnung bei Symmetrie:**

Gerade Funktion: $f(x) = f(-x)$

d 209
$$a_k = \frac{2}{\pi} \int_0^{\pi} f(x) \cos(kx)\, dx$$

für $k = 0, 1, 2, \ldots$

d 210 $\quad b_k = 0$

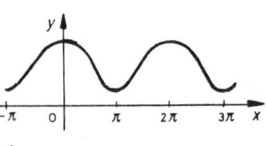

Ungerade Funktion: $f(x) = -f(-x)$

d 211 $\quad a_k = 0$

d 212
$$b_k = \frac{2}{\pi} \int_0^{\pi} f(x) \sin(kx)\, dx$$

für $k = 0, 1, 2, \ldots$

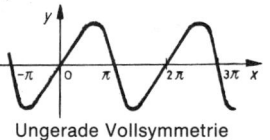

| Gerade Vollsymmetrie | Ungerade Vollsymmetrie |
|---|---|
| d 213: Falls $f(x) = f(-x)$ und | Falls $f(x) = -f(-x)$ und |
| d 214: $f(\frac{\pi}{2}+x) = -f(\frac{\pi}{2}-x)$ werden | $f(\frac{\pi}{2}+x) = f(\frac{\pi}{2}-x)$ werden |
| d 215: $a_k = \frac{4}{\pi} \int_0^{\pi/2} f(x) \cos(kx)\, dx$ | $b_k = \frac{4}{\pi} \int_0^{\pi/2} f(x) \sin(kx)\, dx$ |
| für $k = 1, 3, 5, \ldots$ | für $k = 1, 3, 5, \ldots$ |
| d 216: $a_k = 0$ für $k = 0, 2, 4, \ldots$ | $a_k = 0$ für $k = 0, 1, 2, \ldots$ |
| d 217: $b_k = 0$ für $k = 1, 2, 3, \ldots$ | $b_k = 0$ für $k = 2, 4, 6, \ldots$ |

# Arithmetik
Fourier-Reihen

**D 21**

## Tabelle von Fourier-Entwicklungen

| | | |
|---|---|---|
| d 218 | $y = a$ für $0 < x < \pi$ | |
| d 219 | $y = -a$ für $\pi < x < 2\pi$ | |

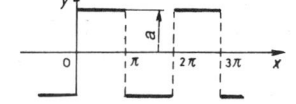

$$d\,220 \quad y = \frac{4a}{\pi}\left[\sin x + \frac{\sin(3x)}{3} + \frac{\sin(5x)}{5} + \ldots\right]$$

| | | |
|---|---|---|
| d 221 | $y = a$ für $\alpha < x < \pi - \alpha$ | |
| d 222 | $y = -a$ für $\pi + \alpha < x < 2\pi - \alpha$ | |

$$d\,223 \quad y = \frac{4a}{\pi}\left[\cos\alpha \cdot \sin x + \frac{1}{3}\cos(3\alpha)\cdot\sin(3x) + \frac{1}{5}\cos(5\alpha)\cdot\sin(5x)+\ldots\right]$$

| | | |
|---|---|---|
| d 224 | $y = a$ für $\alpha < x < 2\pi - \alpha$ | |
| d 225 | $y = f(2\pi + x)$ | |

$$d\,226 \quad y = \frac{2a}{\pi}\left[\frac{\pi-\alpha}{2} - \frac{\sin(\pi-\alpha)}{1}\cos x + \frac{\sin 2(\pi-\alpha)}{2}\cos(2x) - \frac{\sin 3(\pi-\alpha)}{3}\cos(3x) + \ldots\right]$$

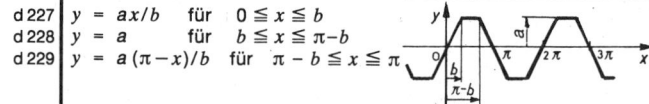

| | | |
|---|---|---|
| d 227 | $y = ax/b$ für $0 \leq x \leq b$ | |
| d 228 | $y = a$ für $b \leq x \leq \pi - b$ | |
| d 229 | $y = a(\pi-x)/b$ für $\pi - b \leq x \leq \pi$ | |

$$d\,230 \quad y = \frac{4}{\pi}\cdot\frac{a}{b}\left[\frac{1}{1^2}\sin b \cdot \sin x + \frac{1}{3^2}\sin(3b)\cdot\sin(3x) + \frac{1}{5^2}\sin(5b)\cdot\sin(5x) + \ldots\right]$$

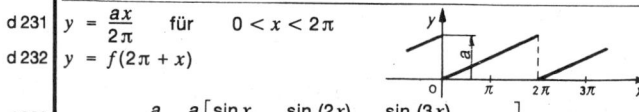

| | | |
|---|---|---|
| d 231 | $y = \dfrac{ax}{2\pi}$ für $0 < x < 2\pi$ | |
| d 232 | $y = f(2\pi + x)$ | |

$$d\,233 \quad y = \frac{a}{2} - \frac{a}{\pi}\left[\frac{\sin x}{1} + \frac{\sin(2x)}{2} + \frac{\sin(3x)}{3} + \ldots\right]$$

Fortsetzung siehe D 22

# Arithmetik
## Fourier-Reihen
**D 22**

Fortsetzung von D21

d 234   $y = 2ax/\pi$    für $0 \leq x \leq \pi/2$
d 235   $y = 2a(\pi-x)/\pi$    für $\pi/2 \leq x \leq \pi$
d 236   $y = -f(\pi+x)$

d 237   $y = \dfrac{8}{\pi^2} a \left[ \sin x - \dfrac{\sin(3x)}{3^2} + \dfrac{\sin(5x)}{5^2} - \ldots \right]$

d 238   $y = ax/\pi$    für $0 \leq x \leq \pi$
d 239   $y = a(2\pi-x)/\pi$    für $\pi \leq x \leq 2\pi$
d 240   $y = f(2\pi+x)$

d 241   $y = \dfrac{a}{2} - \dfrac{4a}{\pi^2} \left[ \dfrac{\cos x}{1^2} + \dfrac{\cos(3x)}{3^2} + \dfrac{\cos(5x)}{5^2} + \ldots \right]$

d 242   $y = a \sin x$    für $0 \leq x \leq \pi$
d 243   $y = -a \sin x$    für $\pi \leq x \leq 2\pi$
d 244   $y = f(\pi+x)$

d 245   $y = \dfrac{2a}{\pi} - \dfrac{4a}{\pi} \left[ \dfrac{\cos(2x)}{1 \cdot 3} + \dfrac{\cos(4x)}{3 \cdot 5} + \dfrac{\cos(6x)}{5 \cdot 7} + \ldots \right]$

d 246   $y = 0$    für $0 \leq x \leq \pi/2$
d 247   $y = a \sin\left(x - \dfrac{\pi}{2}\right)$    für $\dfrac{\pi}{2} \leq x \leq \dfrac{3\pi}{2}$
d 248   $y = f(2\pi+x)$

d 249   $y = \dfrac{2a}{\pi} \left[ \dfrac{1}{2} - \dfrac{\pi}{4} \cos x + \dfrac{\cos(2x)}{2^2-1} - \dfrac{\cos(4x)}{4^2-1} + \dfrac{\cos(6x)}{6^2-1} - \ldots \right]$

d 250   $y = x^2$    für $-\pi \leq x \leq \pi$
d 251   $y = f(-x) = f(2\pi+x)$

d 252   $y = \dfrac{\pi^2}{3} - 4 \left[ \dfrac{\cos x}{1^2} - \dfrac{\cos(2x)}{2^2} + \dfrac{\cos(3x)}{3^2} - \ldots \right]$

d 253   $y = ax/\pi$    für $0 \leq x \leq \pi$
d 254   $y = f(2\pi+x)$

d 255   $y = \dfrac{a}{4} - \dfrac{2a}{\pi^2} \left[ \dfrac{\cos x}{1^2} + \dfrac{\cos(3x)}{3^2} + \dfrac{\cos(5x)}{5^2} + \ldots \right]$
       $+ \dfrac{a}{\pi} \left[ \dfrac{\sin x}{1} - \dfrac{\sin(2x)}{2} + \dfrac{\sin(3x)}{3} - \ldots \right]$

# Arithmetik
Fourier-Transformation **D 23**

### Allgemeines
Bei der Fourier-Transformation $\boldsymbol{F}\{s(t)\}$ wird mit Hilfe des Fourier-Integrals eine Entwicklung der Zeitfunktion $s(t)$ in ein kontinuierliches Spektrum (Spektraldichte) $S(\omega)$ durchgeführt, wobei der Frequenz $\omega$ die Dichte des Spektrums entspricht. $s(t)$ muß dazu folgende Eigenschaften besitzen:

a) zerlegbar in endlich viele Intervalle, in denen $s(t)$ stetig und monoton ist.

d 256  b) definierte Werte an den Unstetigkeitsstellen $s(t+0)$ und $s(t)-0$ aufweisen, damit dort für

d 257  $s(t) = 1/2\,[s(t-0) + s(t+0)]$ gesetzt werden kann.

d 258  c) so beschaffen sein, daß $\int_{-\infty}^{+\infty} |s(t)| \cdot dt$ konvergiert.

Umgekehrt liefert die Rücktransformierte $\boldsymbol{F}^{-1}\{S(\omega)\}$ die Zeitfunktion.

### Definitionen

d 259 $\boldsymbol{F}\{s(t)\} = S(\omega) = \int_{-\infty}^{+\infty} s(t)\,e^{-i\omega t} \cdot dt;\qquad i = \sqrt{-1}$

d 260 $\boldsymbol{F}^{-1}\{S(\omega)\} = s(t) = \dfrac{1}{2\pi}\int_{-\infty}^{+\infty} S(\omega)\cdot e^{i\omega t}\cdot d\omega;\qquad i = \sqrt{-1}$

d 261 Spektralenergie  $\int_{-\infty}^{+\infty}|s(t)|^2\cdot dt = \dfrac{1}{2\pi}\int_{-\infty}^{+\infty}|S(\omega)|^2\cdot d\omega$

### Rechenregeln

d 262 Zeitverschiebung $\boldsymbol{F}\{s(t-\tau)\} = S(\omega)\cdot e^{-i\omega\tau};\qquad i = \sqrt{-1}$

d 263 Faltung $s_1(t) * s_2(t) = \int_{-\infty}^{+\infty} s_1(\tau)\cdot s_2(t-\tau)\cdot d\tau$

d 264 $\qquad\qquad\qquad = \int_{-\infty}^{+\infty} s_2(\tau)\cdot s_1(t-\tau)\cdot d\tau$

d 265 $\boldsymbol{F}\{s_1(t) * s_2(t)\} = S_1(\omega)\cdot S_2(\omega)$

d 266 $\boldsymbol{F}\{s(t)\} = S(\omega)$

d 267 $\boldsymbol{F}\{s(at)\} = \dfrac{1}{|a|}S\!\left(\dfrac{\omega}{a}\right)\qquad a\text{ reell} > 0$

d 268 $\boldsymbol{F}\{s_1(t) + s_2(t)\} = S_1(\omega) + S_2(\omega)$

Fortsetzung siehe D 24

# Arithmetik
## Fourier-Transformation
**D 24**

Fortsetzung von D 23

Für die Gleichung d 259 sind nachstehend für einige wichtige Zeitfunktionen die berechneten Spektraldichten angegeben. Korrespondenzen zwischen Zeitfunktion und Spektraldichte:

d 269 $\quad s(t) = \dfrac{1}{2\pi} \int_{-\infty}^{\infty} S(\omega) \cdot e^{i\omega t} \cdot d\omega \quad ; \quad S(\omega) = \int_{-\infty}^{\infty} s(t) \cdot e^{-i\omega t} \cdot dt$

| | Zeitfunktion $s(t)$ | Spektraldichte $S(\omega)$ |
|---|---|---|
| d 270 | Rechteckfunktion $A \cdot R_T(t)$ 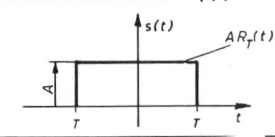 | $2\,AT \cdot \sin(\omega T)/(\omega T)$ 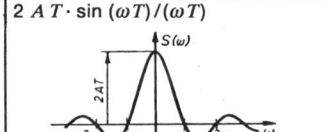 |
| d 271 | Diracimpuls $A \cdot \delta(t)$ | |
| d 272 | | $S(\omega) = A$ (Spektraldichte über $\omega$ konstant) |
| d 273 | Rechteckfunkt. mit Vorzeichen-Wechsel $\;A \cdot R_{T/2}(t-T/2) - A \cdot R_{T/2}(t+T/2)$ | |
| d 274 | | $S(\omega) = -j\,2\,AT \cdot \dfrac{\sin^2 \dfrac{\omega T}{2}}{\dfrac{\omega T}{2}}$ |
| d 275 | 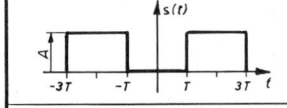 | $S(\omega) = 4AT \cdot \cos(2\omega T)\dfrac{\sin(\omega T)}{\omega T}$ |
| d 276 | $s(t) = \dfrac{A}{\pi} \omega_0 \dfrac{\sin(\omega_0 \cdot t)}{\omega_0 \cdot t}$ | $S(\omega) = A \cdot R_{\omega_0}(\omega)$ (Rechteckfunktion) |
| d 277 | mit $\omega_0 = \dfrac{2\pi}{T}$ | |

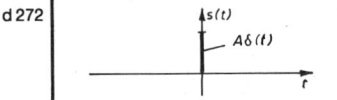

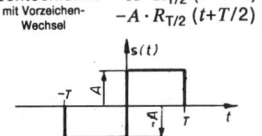

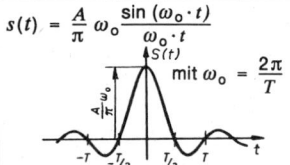

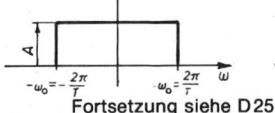

Fortsetzung siehe D 25

# Arithmetik
Fourier-Transformation

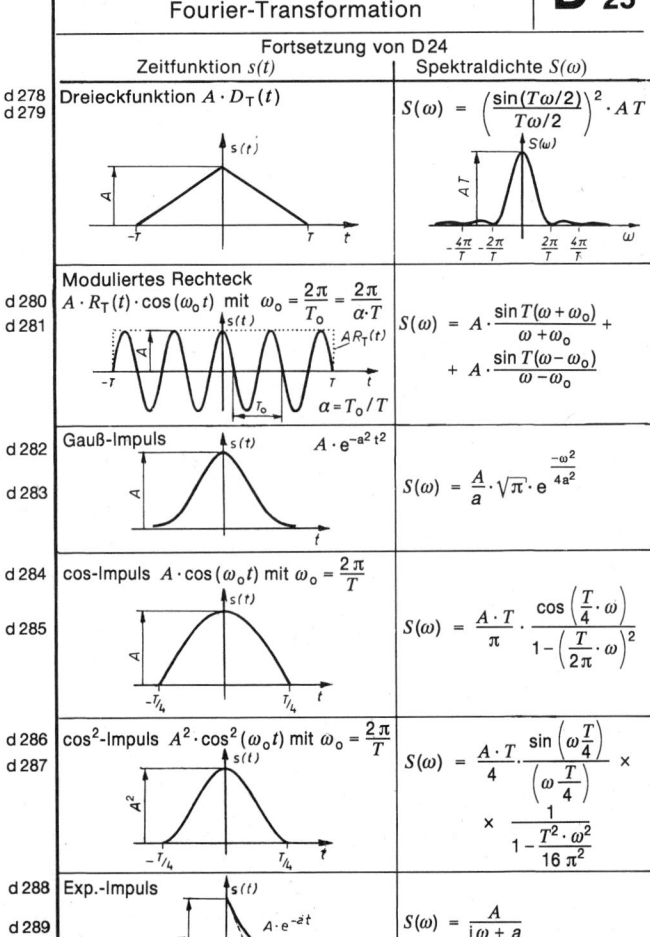

**D 25**

Fortsetzung von D 24

| | Zeitfunktion $s(t)$ | Spektraldichte $S(\omega)$ |
|---|---|---|
| d 278<br>d 279 | Dreieckfunktion $A \cdot D_T(t)$ | $S(\omega) = \left(\dfrac{\sin(T\omega/2)}{T\omega/2}\right)^2 \cdot AT$ |
| d 280<br>d 281 | Moduliertes Rechteck<br>$A \cdot R_T(t) \cdot \cos(\omega_0 t)$ mit $\omega_0 = \dfrac{2\pi}{T_0} = \dfrac{2\pi}{\alpha \cdot T}$<br>$\alpha = T_0/T$ | $S(\omega) = A \cdot \dfrac{\sin T(\omega + \omega_0)}{\omega + \omega_0} +$<br>$+ A \cdot \dfrac{\sin T(\omega - \omega_0)}{\omega - \omega_0}$ |
| d 282<br>d 283 | Gauß-Impuls $\quad A \cdot e^{-a^2 t^2}$ | $S(\omega) = \dfrac{A}{a} \cdot \sqrt{\pi} \cdot e^{\dfrac{-\omega^2}{4a^2}}$ |
| d 284<br>d 285 | cos-Impuls $A \cdot \cos(\omega_0 t)$ mit $\omega_0 = \dfrac{2\pi}{T}$ | $S(\omega) = \dfrac{A \cdot T}{\pi} \cdot \dfrac{\cos\left(\dfrac{T}{4} \cdot \omega\right)}{1 - \left(\dfrac{T}{2\pi} \cdot \omega\right)^2}$ |
| d 286<br>d 287 | cos²-Impuls $A^2 \cdot \cos^2(\omega_0 t)$ mit $\omega_0 = \dfrac{2\pi}{T}$ | $S(\omega) = \dfrac{A \cdot T}{4} \cdot \dfrac{\sin\left(\omega \dfrac{T}{4}\right)}{\left(\omega \dfrac{T}{4}\right)} \times$<br>$\times \dfrac{1}{1 - \dfrac{T^2 \cdot \omega^2}{16\pi^2}}$ |
| d 288<br>d 289 | Exp.-Impuls $\quad A \cdot e^{-at}$ | $S(\omega) = \dfrac{A}{j\omega + a}$ |

# Arithmetik
## Laplace-Transformation  **D 26**

**Allgemeines:** Bei der Laplace Transformation $\boldsymbol{L}\{f(t)\}$ wird über die Integralfunktion

d 290
$$F(s) = \int_0^\infty f(t) \cdot e^{-st} \cdot dt$$

die Zeitfunktion $f(t)$, die für $t < 0$ verschwinden und für $t \geq 0$ vollständig bekannt sein muß, in eine Bildfunktion umgewandelt. Hierin ist $e^{-st}$ ein Dämpfungsfaktor, der bewirken soll, daß das Integral für möglichst viele Zeitfunktionen konvergiert; dabei ist

d 291 $s = \sigma + i\omega$ mit $\sigma \geq 0$ eine komplexe Operationsvariable. In diesem Bildbereich können Differentialgleichungen gelöst und einmalige, nichtperiodische Vorgänge (z. B. Einschwingen) behandelt werden; das eigentliche Zeitverhalten wird dann durch Rücktransformation in den $t$-Bereich gewonnen (s. Tabelle D 28).

### Definitionen

d 292/293

$$\boldsymbol{L}\{f(t)\} = F(s) = \int_0^\infty f(t)\, e^{-st} dt \quad \Big| \quad \boldsymbol{L}^{-1}\{F(s)\} = f(t) = \frac{1}{2\pi i} \int_{\sigma_0 - i\infty}^{\sigma_0 + i\infty} F(s)\, e^{st} \cdot ds$$

abgekürzte Darstellung: $\qquad$ abgekürzte Darstellung:
$f(t) \circ\!\!-\!\!\!-\!\!\bullet F(s) \qquad\qquad F(s) \bullet\!\!-\!\!\!-\!\!\circ f(t)$

### Rechenregeln (Operationsregeln)

| | | | |
|---|---|---|---|
| d 294 | Linearität | $\boldsymbol{L}\{f_1(t) + f_2(t)\}$ | $= F_1(s) + F_2(s)$ |
| d 295 | | $\boldsymbol{L}\{c \cdot f_1(t)\}$ | $= c \cdot F_1(s)$ |
| d 296 | Verschiebungssatz | $\boldsymbol{L}\{f(t-T)\}$ | $= e^{-Ts} \cdot F(s)$ |
| d 297 | Faltungssatz | $f_1(t) * f_2(t)$ | $= \int_0^t f_1(t-\tau) \cdot f_2(\tau) \cdot d\tau$ |
| d 298 | | | $= \int_0^t f_1(\tau) \cdot f_2(t-\tau) \cdot d\tau$ |
| d 299 | | $f_1(t) * f_2(t) \circ\!\!-\!\!\!-\!\!\bullet$ | $F_1(s) \cdot F_2(s)$ |
| d 300 | Variablentransform. | $\boldsymbol{L}\left\{\dfrac{1}{a}\, f\!\left(\dfrac{t}{a}\right)\right\}$ | $= F(a \cdot s)$ |
| d 301 | Differentiation | $\boldsymbol{L}\{f'(t)\}$ | $= s \cdot F(s) - f(0^+)$ |
| d 302 | | $\boldsymbol{L}\{f''(t)\}$ | $= s^2 \cdot F(s) - s \cdot f(0^+) - f'(0^+)$ |
| d 303 | | $\boldsymbol{L}\{f^n(t)\}$ | $= s^n \cdot F(s) - \sum\limits_{k=0}^{n-1} f^{(k)}(0^+) s^{n-k-1}$ |
| d 304 | Integration | $\boldsymbol{L}\left\{\int_0^t f(t)\cdot dt\right\}$ | $= \dfrac{1}{s} F(s)$ |

# Arithmetik
## Laplace-Transformation
**D 27**

**Anwendung der L-Transformation zur Lösung von Differentialgleichungen**
Schema

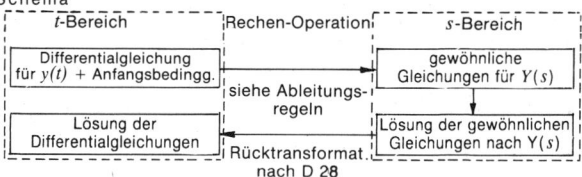

d 305

| t-Bereich | Rechen-Operation | s-Bereich |
|---|---|---|
| Differentialgleichung für $y(t)$ + Anfangsbedingg. | → siehe Ableitungsregeln | gewöhnliche Gleichungen für $Y(s)$ |
| Lösung der Differentialgleichungen | ← Rücktransformat. nach D 28 | Lösung der gewöhnlichen Gleichungen nach $Y(s)$ |

d 306

Schwierigkeit der Lösung von Differential-Gleichungen wird auf Rücktransformation verlagert. Vereinfachung durch Zerlegen von $Y(s)$ in Partialbrüche (s. D 3) oder in Teilfunktionen, für die D 28 Umwandlungen in den Zeitbereich zeigt.

d 307

Beispiel: $Ty' + y = f(t)$;    $f(t)$ ist Anregungsfunktion
$y(0^+) = 2 \triangleq$ Anfangsbedingung

nach {d 301, d 305, d 306}
$$Ts \cdot Y(s) - Ty(0^+) + Y(s) = F(s)$$
$$y(t) \circ\!\!-\!\!\bullet Y(s) = \frac{F(s) + Ty(0^+)}{1 + Ts} = \frac{1/s + Ty(0^+)}{1 + Ts}$$

Je nach $f(t) \circ\!\!-\!\!\bullet F(s)$ ergibt sich andere Lösung für $y(t)$. (Hier Annahme $f(t)$ sei Sprungfunktion. Laut d 313 ist dann $F(s) = 1/s$).

unter Anwendung von D3
$$Y(s) = \frac{1}{s(1 + Ts)} + \frac{Ty(0^+)}{1 + Ts} = \frac{1}{s} - \frac{T}{1 + Ts} + \frac{Ty(0^+)}{1 + Ts}$$

nach D 28
$$y(t) = 1 - T\frac{1}{T}e^{-t/T} + 2 \cdot T\frac{1}{T}e^{-t/T} = 1 + e^{-t/T}$$

**Anwendung des Faltungssatzes der L-Transf. auf lineare Netzwerke**

Eine Anregungsfunktion $f_1(t)$ wird über ein Netzwerk in eine Antwort $y(t)$ verwandelt. Das Netzwerk wird durch die Übertragungsfunktion $F_2(s)$ charakterisiert. $F_2(s)$ besitzt die Rücktransformierte $f_2(t)$.

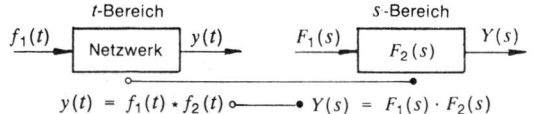

d 308

| t-Bereich | | s-Bereich | |
|---|---|---|---|
| $f_1(t) \rightarrow$ | Netzwerk | $y(t) \rightarrow$ | |
| $F_1(s) \rightarrow$ | $F_2(s)$ | $Y(s) \rightarrow$ | |

d 309

$$y(t) = f_1(t) * f_2(t) \circ\!\!-\!\!\bullet Y(s) = F_1(s) \cdot F_2(s)$$

Die Antwort $y(t)$ ist bei gegebenem Netzwerk abhängig von $f_1(t)$. $y(t)$ läßt sich so nach d 305 berechnen, indem nach Ermittlung von $Y(s)$ in Zeile d 306 begonnen wird. – Rücktransformation in $t$-Bereich geschlossen möglich, wenn $F_2(s)$ als gebrochen rationale Funktion in $s$ gegeben ist und $L$-Transformierte $F_1(s)$ aus D 28 entnommen werden kann.

# Arithmetik
## Laplace-Transformation
### D 28

**Korrespondenz-Tabelle**

d 310
$$F(s) = \int_0^\infty f(t) \cdot e^{-st} \cdot dt; \quad f(t) = \frac{1}{2\pi i} \int_{\sigma_0 - i\infty}^{\sigma_0 + i\infty} F(s) \cdot e^{st} \cdot ds$$

mit $s = \sigma + i\omega = \sigma + i2\pi f; \quad i = \sqrt{-1}$

| | Bildfunkt. $F(s)$ | Zeitfunktion $f(t)$ | Bildfunktion $F(s)$ | Zeitfunktion $f(t)$ |
|---|---|---|---|---|
| d 311 / d 312 | 1 | $\delta(t) \triangleq$ Dirac | $\dfrac{s^2}{(s^2+a^2)^2}$ | $\dfrac{1}{2a} \cdot \sin(at) +$ |
| d 313 / d 314 | $1/s$ | 1 für $t > 0$; 0 für $t < 0$ (Einheitssprungfunktion) | | $+ \dfrac{t}{2} \cdot \cos(at)$ |
| d 315 / d 316 | $1/s^2$ | $t$ | $\dfrac{s^3}{(s^2+a^2)^2}$ | $\cos(at) - \dfrac{a}{2} t \cdot \sin(at)$ |
| d 317 / d 318 | $1/s^n$ | $\dfrac{t^{n-1}}{(n-1)!}$ | $\dfrac{1}{(s-a)(s-b)}$ | für $b \neq a$: $\dfrac{e^{bt}-e^{at}}{b-a}$ |
| d 319 / d 320 | $1/(s-a)$ | $\exp(at)$ | | |
| d 321 / d 322 | $1/(s-a)^2$ | $t \cdot \exp(at)$ | $\dfrac{1}{(s+a)^2+b^2}$ | $\dfrac{1}{b} e^{-at} \cdot \sin(bt)$ |
| d 323 / d 324 | $\dfrac{a}{s(s-a)}$ | $\exp(at) - 1$ | $\dfrac{1}{\sqrt{s}}$ | $\dfrac{1}{\sqrt{\pi \cdot t}}$ |
| d 325 / d 326 | $\dfrac{1}{1+T \cdot s}$ | $\dfrac{1}{T} \exp(-t/T)$ | $\dfrac{1}{s\sqrt{s}}$ | $2\sqrt{\dfrac{t}{\pi}}$ |
| d 327 / d 328 | $\dfrac{a}{s^2-a^2}$ | $\sinh(at)$ | $\sqrt{s}$ | $-1/(2\sqrt{\pi} \cdot t^{3/2})$ |
| | | | $s\sqrt{s}$ | $3/(4\sqrt{\pi} \cdot t^{5/2})$ |
| d 329 / d 330 | $\dfrac{s}{s^2-a^2}$ | $\cosh(at)$ | $\ln \dfrac{s+b}{s+a}$ | $\dfrac{1}{t}\left(e^{-at} - e^{-bt}\right)$ |
| d 331 / d 332 | $\dfrac{a}{s^2+a^2}$ | $\sin(at)$ | $\arctan(a/s)$ | $1/t \cdot \sin(at)$ |
| d 333 / d 334 | $\dfrac{s}{s^2+a^2}$ | $\cos(at)$ | für $a > 0$: $e^{-a\sqrt{s}}$ | $\dfrac{a}{2t\sqrt{\pi t}} e^{\frac{-a^2}{4t}}$ |
| d 335 / d 336 | $\dfrac{1}{(s^2+a^2)^2}$ | $\dfrac{1}{2a^3} \sin(at) - \dfrac{1}{2a^2} t \cdot \cos(at)$ | für $a \geq 0$: $\dfrac{1}{s} e^{-a\sqrt{s}}$ | $\mathrm{erfc}\dfrac{a}{2\sqrt{t}}$ (siehe G 8) |
| d 337/338 | $\dfrac{s}{(s^2+a^2)^2}$ | $\dfrac{t}{2a} \sin(at)$ | $\dfrac{1}{\sqrt{s^2+a^2}}$ | $J_0(at)$ Besselfunktion |

# Arithmetik
Kompexe Zahlen

**D 29**

## Komplexe Zahlen

### Allgemein

$z = r e^{i\varphi} = a + ib$
$a$ = Realteil von $z$
$b$ = Imaginärteil von $z$
$r$ = Betrag von $z$
$\varphi$ = Arcus von $z$
$a$ und $b$ sind reell

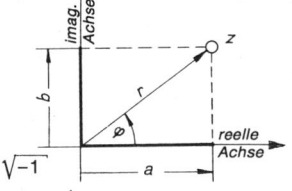

d 339 $\quad i = \sqrt{-1}$

d 340 $\quad i^1 = +i \qquad\qquad i^{-1} = -i$

d 341 $\quad i^2 = -1 \qquad\qquad i^{-2} = -1$

d 342 $\quad i^3 = -i \qquad\qquad i^{-3} = +i$

d 343 $\quad i^4 = +1 \qquad\qquad i^{-4} = +1$

d 344 $\quad i^5 = +i \qquad\qquad i^{-5} = -i$

u.s.w.

Anmerkung: In der Elektrotechnik wird zur Vermeidung von Verwechslungen i durch j ersetzt.

### Im kartesischen Koordinaten-System:

d 345 $\quad z = a + ib$

d 346 $\quad z_1 + z_2 = (a_1 + a_2) + i(b_1 + b_2)$

d 347 $\quad z_1 - z_2 = (a_1 - a_2) + i(b_1 - b_2)$

d 348 $\quad z_1 \cdot z_2 = (a_1 a_2 - b_1 b_2) + i(a_1 b_2 + a_2 b_1)$

d 349 $\quad \dfrac{z_1}{z_2} = \dfrac{a_1 a_2 + b_1 b_2}{a_2^2 + b_2^2} + i \dfrac{-a_1 b_2 + a_2 b_1}{a_2^2 + b_2^2}$

d 350 $\quad a^2 + b^2 = (a + ib)(a - ib)$

d 351 $\quad \sqrt{a \pm ib} = \sqrt{\dfrac{a + \sqrt{a^2 + b^2}}{2}} \pm i \sqrt{\dfrac{-a + \sqrt{a^2 + b^2}}{2}}$

Ist $a_1 = a_2$ und $b_1 = b_2$, so wird auch $z_1 = z_2$

Fortsetzung siehe D 30

# Arithmetik
Komplexe Zahlen

**D 30**

## Komplexe Zahlen
Fortsetzung von D 29

**Im Polar-Koordinaten-System:**

d 353 $$z = r(\cos\varphi + i\cdot\sin\varphi) = a + ib$$

d 354 $$r = \sqrt{a^2 + b^2}$$

d 355 $$\varphi = \arctan\frac{b}{a}$$

$$\sin\varphi = \frac{b}{r} \quad\bigg|\quad \cos\varphi = \frac{a}{r} \quad\bigg|\quad \tan\varphi = \frac{b}{a}$$

d 356 $$z_1\cdot z_2 = r_1\cdot r_2\,[\cos(\varphi_1+\varphi_2) + i\cdot\sin(\varphi_1+\varphi_2)]$$

d 357 $$\frac{z_1}{z_2} = \frac{r_1}{r_2}\cdot[\cos(\varphi_1-\varphi_2) + i\cdot\sin(\varphi_1-\varphi_2)] \quad (z_2 \neq 0)$$

d 358 $$z^n = r^n[\cos(n\varphi) + i\cdot\sin(n\varphi)] \qquad (n > 0, \text{ganz})$$

d 359 $$\sqrt[n]{z} = \sqrt[n]{r}\left(\cos\frac{\varphi+2\pi k}{n} + i\cdot\sin\frac{\varphi+2\pi k}{n}\right)$$

gilt für $k = 0, 1, 2, \ldots, n-1$. Dabei erhält man
für $k = 0$ den Hauptwert,
für $k = 1, 2, \ldots, n-1$ die verschiedenen
Nebenwerte ($n$: ganze Zahl).
Für $z = 1$ erhält man die $n$-ten Einheitswurzeln.
Es sind dies die $n$ Zahlen

d 360 $$z^k = \cos\frac{2\pi k}{n} + i\cdot\sin\frac{2\pi k}{n}$$

(für $k = 0, 1, 2, \ldots, n-1$; $n$: ganze Zahl),
welche die Gleichung $z^n = 1$ erfüllen.

d 361 $$e^{i\varphi} = \cos\varphi + i\cdot\sin\varphi$$

d 362 $$e^{-i\varphi} = \cos\varphi - i\cdot\sin\varphi = \frac{1}{\cos\varphi + i\cdot\sin\varphi}$$

d 363 $$|e^{\pm i\varphi}| = \sqrt{\cos^2\varphi + \sin^2\varphi} = 1$$

d 364 $$\cos\varphi = \frac{e^{i\varphi}+e^{-i\varphi}}{2} \qquad \sin\varphi = \frac{e^{i\varphi}-e^{-i\varphi}}{2i}$$

d 365 $$\ln z = \ln r + i(\varphi + 2\pi k) \qquad (k = 0, \pm1, \pm2, \ldots)$$

Ist $r_1 = r_2$ und $\varphi_1 = \varphi_2 + 2\pi k$, so wird auch $z_1 = z_2$

# Arithmetik
## Anwendung der geometrischen Reihe | D 31

### Zinseszins-Rechnung

d 366
$$k_n = k_0 \cdot q^n$$

d 367
$$n = \frac{\lg \frac{k_n}{k_0}}{\lg q}$$

$$q = \sqrt[n]{\frac{k_n}{k_0}}$$

### Renten-Rechnung

d 368
$$k_n = k_0 \cdot q^n - r \cdot q \, \frac{q^n - 1}{q - 1}$$

d 369
$$r = \frac{(k_0 \cdot q^n - k_n)(q - 1)}{(q^n - 1) q}$$

d 370
$$n = \frac{\lg \frac{r \cdot q - k_n(q - 1)}{r \cdot q - k_0(q - 1)}}{\lg q}$$

Wird $k_n = 0$, so ergeben sich die „Tilgungs-Formeln".

### Einlagen-Rechnung
(Sparkassen-Formel)

d 371
$$k_n = k_0 \cdot q^n + r \cdot q \, \frac{q^n - 1}{q - 1}$$

d 372
$$r = \frac{(k_n - k_0 \cdot q^n)(q - 1)}{(q^n - 1) q}$$

d 373
$$n = \frac{\lg \frac{k_n(q - 1) + r \cdot q}{k_0(q - 1) + r \cdot q}}{\lg q}$$

### Erläuterung der Formelzeichen

$k_0$ : Anfangs-Kapital
$k_n$ : Kapital nach $n$ Jahren
$r$ : Jahres-Rente (– Abhebung) bzw. Jahres-Einlage, jeweils am Jahres-Anfang

$n$ : Anzahl der Jahre
$q$ : $1 + p$
$p$ : Zinsfuß (z. B. 0,06 bei 6%)

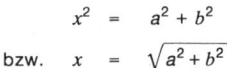

# Arithmetik
## Geometrische Lösung algebraischer Gleichungen — D 32

d 374 $$x = \frac{b \cdot c}{a}$$

d 375 $$a : b = c : x$$

$x$: 4te Proportionale (Strahlensatz)

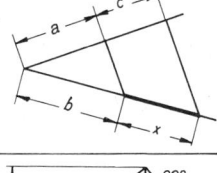

---

d 376 $$x = \frac{b^2}{a}$$

d 377 $$a : b = b : x$$

$x$: 3te Proportionale (Höhensatz)

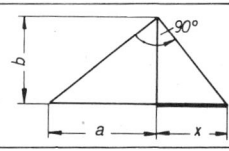

---

d 378 $$x = \sqrt{a \cdot b}$$

d 379 $$a : x = x : b$$

$x$: mittlere Proportionale

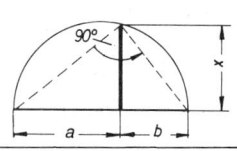

---

d 380 $$x^2 = a^2 + b^2$$

d 381 $$\text{bzw.} \quad x = \sqrt{a^2 + b^2}$$

$x$: Hypothenuse eines rechtwinkligen Dreiecks (Pythagoras-Satz)

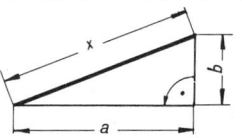

---

d 382 $$x = \frac{a}{2}\sqrt{3}$$

$x$: Höhe eines gleichseitigen Dreiecks

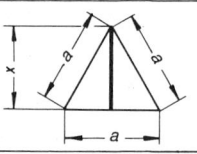

---

d 383 $$x = \frac{a}{2}(\sqrt{5} - 1)$$

d 384 $$\approx a \cdot 0{,}618$$

d 385 $$a : x = x : (a - x)$$

$x$: Größerer Abschnitt einer im goldenen Schnitt geteilten Strecke

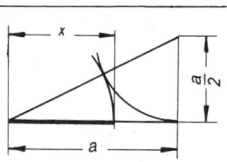

# Kreisfunktionen
## Grundbegriffe

**E 1**

### Gradmaß und Bogenmaß des ebenen Winkels

**Ausführliche Darstellung**

Einen Winkel kann man entweder im Gradmaß $a$ oder im Bogenmaß $\widehat{a}$ angeben. Zwischen beiden besteht der Zusammenhang:

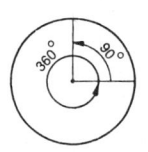

e 1  $$\widehat{\alpha} = \frac{\pi \text{ rad}}{180°} \alpha = \frac{\text{rad}}{57,2958°} \alpha$$

Einheiten für das Gradmaß: 1°; 1'; 1"

Einheiten für das Bogenmaß: –; rad; m/m

1 Radiant (rad) ist gleich dem ebenen Winkel, der als Zentriwinkel eines Kreises vom Halbmesser 1 m aus dem Kreis einen Bogen von der Länge 1 m ausschneidet. Damit gilt:

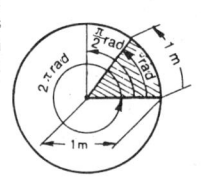

e 2  $$1 \text{ rad} = \frac{1 \text{ m}}{1 \text{ m}}$$

e 3 Da 1 m/1 m = 1 ist, wird die Einheit rad, wie z. B. in folgender Tabelle, häufig auch weggelassen.

e 4

| $\alpha$ | 0° | 15° | 30° | 45° | 60° | 75° | 90° | 180° | 270° | 360° |
|---|---|---|---|---|---|---|---|---|---|---|
| $\widehat{\alpha}$ | 0 | $\frac{\pi}{12}$ | $\frac{\pi}{6}$ | $\frac{\pi}{4}$ | $\frac{\pi}{3}$ | $\frac{5\pi}{12}$ | $\frac{\pi}{2}$ | $\pi$ | $\frac{3\pi}{2}$ | $2\pi$ |
|  | 0 | 0,26 | 0,52 | 0,79 | 1,05 | 1,31 | 1,57 | 3,14 | 4,71 | 6,28 |

**Vereinfachte übliche Darstellung**
(in diesem Buch benutzt)
Gesetzlich ist festgelegt:

e 5  $$1° = \frac{\pi \text{ rad}}{180}$$

Dadurch wird Gleichheit zwischen $a$ und $\widehat{a}$ erzwungen und die Basisgröße „Ebener Winkel" (siehe Vorwort) eingespart. Damit wird

e 6  $\alpha = \widehat{\alpha}$  und 1 rad = 57, 2958°

Einheiten: 1°; –; rad; m/m

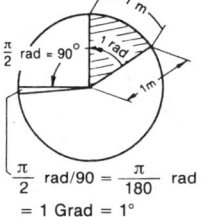

# Kreisfunktionen
## Allgemeine Begriffe

**E 2**

### Länge eines Kreisbogens

Am Kreis mit dem Radius $r$ ist die dem Mittelpunktswinkel $\alpha$ zugeordnete Bogenlänge

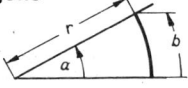

e 7
$$b = r\widehat{\alpha}$$

### Das rechtwinklige Dreieck

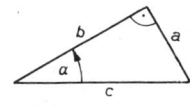

e 8 $\quad \sin \alpha = \dfrac{\text{Gegenkathete}}{\text{Hypotenuse}} = \dfrac{a}{c}$

e 9 $\quad \cos \alpha = \dfrac{\text{Ankathete}}{\text{Hypotenuse}} = \dfrac{b}{c}$

e 10 $\quad \tan \alpha = \dfrac{\text{Gegenkathete}}{\text{Ankathete}} = \dfrac{a}{b}$ $\quad\bigg|\quad$ e 11 $\quad \cot \alpha = \dfrac{\text{Ankathete}}{\text{Gegenkathete}} = \dfrac{b}{a}$

### Funktionswerte der wichtigsten Winkel

e 13

| Winkel $\alpha$ | 0° | 15° | 30° | 45° | 60° | 75° | 90° | 180° | 270° | 360° |
|---|---|---|---|---|---|---|---|---|---|---|
| $\sin \alpha$ | 0 | 0,259 | 0,500 | 0,707 | 0,866 | 0,966 | 1 | 0 | −1 | 0 |
| $\cos \alpha$ | 1 | 0,966 | 0,866 | 0,707 | 0,500 | 0,259 | 0 | −1 | 0 | 1 |
| $\tan \alpha$ | 0 | 0,268 | 0,577 | 1,000 | 1,732 | 3,732 | ∞ | 0 | ∞ | 0 |
| $\cot \alpha$ | ∞ | 3,732 | 1,732 | 1,000 | 0,577 | 0,268 | 0 | ∞ | 0 | ∞ |

### Zusammenhang zwischen der Sinus- und der Cosinusfunktion

**Grundgleichungen**

e 14 $\quad$ Sinus-Funktion $\quad y = A \sin(k\alpha - \varphi)$

e 15 $\quad$ Cosinus-Funktion $\quad y = A \cos(k\alpha - \varphi)$

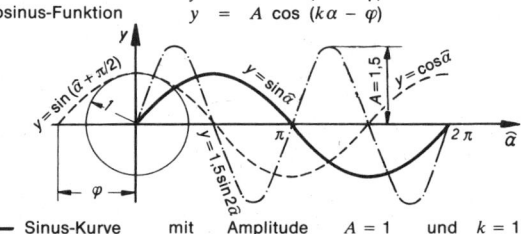

——— Sinus-Kurve mit Amplitude $A = 1$ und $k = 1$
—·—·— Sinus-Kurve mit Amplitude $A = 1,5$ und $k = 2$
- - - - - Cosinus-Kurve mit Amplitude $A = 1$ und $k = 1$
oder Sinus-Kurve mit Phasenverschiebung $\varphi = -\pi/2$

# Kreisfunktionen

## Quadranten-Beziehungen

**E 3**

| | | | | | | | |
|---|---|---|---|---|---|---|---|
| e 15 | $\sin(90° - \alpha)$ | = | $+\cos\alpha$ | $\sin(90° + \alpha)$ | = | $+\cos\alpha$ | |
| e 16 | $\cos(\ \ \ \ ")$ | = | $+\sin\alpha$ | $\cos(\ \ \ \ ")$ | = | $-\sin\alpha$ | |
| e 17 | $\tan(\ \ \ \ ")$ | = | $+\cot\alpha$ | $\tan(\ \ \ \ ")$ | = | $-\cot\alpha$ | |
| e 18 | $\cot(\ \ \ \ ")$ | = | $+\tan\alpha$ | $\cot(\ \ \ \ ")$ | = | $-\tan\alpha$ | |
| e 19 | $\sin(180° - \alpha)$ | = | $+\sin\alpha$ | $\sin(180° + \alpha)$ | = | $-\sin\alpha$ | |
| e 20 | $\cos(\ \ \ \ ")$ | = | $-\cos\alpha$ | $\cos(\ \ \ \ ")$ | = | $-\cos\alpha$ | |
| e 21 | $\tan(\ \ \ \ ")$ | = | $-\tan\alpha$ | $\tan(\ \ \ \ ")$ | = | $+\tan\alpha$ | |
| e 22 | $\cot(\ \ \ \ ")$ | = | $-\cot\alpha$ | $\cot(\ \ \ \ ")$ | = | $+\cot\alpha$ | |
| e 23 | $\sin(270° - \alpha)$ | = | $-\cos\alpha$ | $\sin(270° + \alpha)$ | = | $-\cos\alpha$ | |
| e 24 | $\cos(\ \ \ \ ")$ | = | $-\sin\alpha$ | $\cos(\ \ \ \ ")$ | = | $+\sin\alpha$ | |
| e 25 | $\tan(\ \ \ \ ")$ | = | $+\cot\alpha$ | $\tan(\ \ \ \ ")$ | = | $-\cot\alpha$ | |
| e 26 | $\cot(\ \ \ \ ")$ | = | $+\tan\alpha$ | $\cot(\ \ \ \ ")$ | = | $-\tan\alpha$ | |
| e 27 | $\sin(360° - \alpha)$ | = | $-\sin\alpha$ | $\sin(360° + \alpha)$ | = | $+\sin\alpha$ | |
| e 28 | $\cos(\ \ \ \ ")$ | = | $+\cos\alpha$ | $\cos(\ \ \ \ ")$ | = | $+\cos\alpha$ | |
| e 29 | $\tan(\ \ \ \ ")$ | = | $-\tan\alpha$ | $\tan(\ \ \ \ ")$ | = | $+\tan\alpha$ | |
| e 30 | $\cot(\ \ \ \ ")$ | = | $-\cot\alpha$ | $\cot(\ \ \ \ ")$ | = | $+\cot\alpha$ | |
| e 31 | $\sin(\ \ \ \ -\alpha)$ | = | $-\sin\alpha$ | $\sin(\alpha \pm n\cdot 360°)$ | = | $+\sin\alpha$ | |
| e 32 | $\cos(\ \ \ \ ")$ | = | $+\cos\alpha$ | $\cos(\ \ \ \ ")$ | = | $+\cos\alpha$ | |
| e 33 | $\tan(\ \ \ \ ")$ | = | $-\tan\alpha$ | $\tan(\alpha \pm n\cdot 180°)$ | = | $+\tan\alpha$ | |
| e 34 | $\cot(\ \ \ \ ")$ | = | $-\cot\alpha$ | $\cot(\ \ \ \ ")$ | = | $+\cot\alpha$ | |

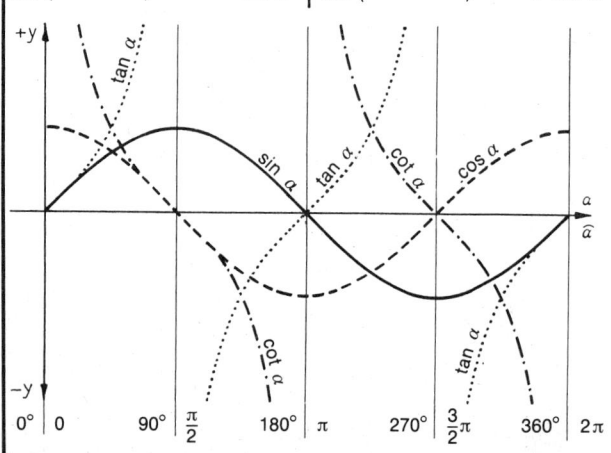

# Kreisfunktionen
## Goniometrische Umformungen | E 4

### Grundbeziehungen

e 35    $\sin^2 \alpha + \cos^2 \alpha = 1$   |   $\tan \alpha \cdot \cot \alpha = 1$

e 36    $1 + \tan^2 \alpha = \dfrac{1}{\cos^2 \alpha}$   |   $1 + \cot^2 \alpha = \dfrac{1}{\sin^2 \alpha}$

### Funktionen von Winkelsummen- und -differenzen

e 37    $\sin(\alpha \pm \beta) = \sin \alpha \cdot \cos \beta \pm \cos \alpha \cdot \sin \beta$

e 38    $\cos(\alpha \pm \beta) = \cos \alpha \cdot \cos \beta \mp \sin \alpha \cdot \sin \beta$

e 39    $\tan(\alpha \pm \beta) = \dfrac{\tan \alpha \pm \tan \beta}{1 \mp \tan \alpha \cdot \tan \beta}; \quad \cot(\alpha \pm \beta) = \dfrac{\cot \alpha \cdot \cot \beta \mp 1}{\pm \cot \alpha + \cot \beta}$

### Summe und Differenz von Winkelfunktionen

e 40    $\sin \alpha + \sin \beta = 2 \cdot \sin \dfrac{\alpha + \beta}{2} \cdot \cos \dfrac{\alpha - \beta}{2}$

e 41    $\sin \alpha - \sin \beta = 2 \cdot \cos \dfrac{\alpha + \beta}{2} \cdot \sin \dfrac{\alpha - \beta}{2}$

e 42    $\cos \alpha + \cos \beta = 2 \cdot \cos \dfrac{\alpha + \beta}{2} \cdot \cos \dfrac{\alpha - \beta}{2}$

e 43    $\cos \alpha - \cos \beta = -2 \cdot \sin \dfrac{\alpha + \beta}{2} \cdot \sin \dfrac{\alpha - \beta}{2}$

e 44    $\tan \alpha \pm \tan \beta = \dfrac{\sin(\alpha \pm \beta)}{\cos \alpha \cdot \cos \beta}$

e 45    $\cot \alpha \pm \cot \beta = \dfrac{\sin(\beta \pm \alpha)}{\sin \alpha \cdot \sin \beta}$

e 46    $\sin \alpha \cdot \cos \beta = \dfrac{1}{2} \sin(\alpha + \beta) + \dfrac{1}{2} \sin(\alpha - \beta)$

e 47    $\cos \alpha \cdot \cos \beta = \dfrac{1}{2} \cos(\alpha + \beta) + \dfrac{1}{2} \cos(\alpha - \beta)$

e 48    $\sin \alpha \cdot \sin \beta = \dfrac{1}{2} \cos(\alpha - \beta) - \dfrac{1}{2} \cos(\alpha + \beta)$

e 49    $\tan \alpha \cdot \tan \beta = \dfrac{\tan \alpha + \tan \beta}{\cot \alpha + \cot \beta} = -\dfrac{\tan \alpha - \tan \beta}{\cot \alpha - \cot \beta}$

e 50    $\cot \alpha \cdot \cot \beta = \dfrac{\cot \alpha + \cot \beta}{\tan \alpha + \tan \beta} = -\dfrac{\cot \alpha - \cot \beta}{\tan \alpha - \tan \beta}$

e 51    $\cot \alpha \cdot \tan \beta = \dfrac{\cot \alpha + \tan \beta}{\tan \alpha + \cot \beta} = -\dfrac{\cot \alpha - \tan \beta}{\tan \alpha - \cot \beta}$

### Summe zweier gleichfrequenter harmonisch. Schwingungen

e 52    $a \sin(\omega t + \varphi_1) + b \cos(\omega t + \varphi_2) = \sqrt{c^2 + d^2} \sin(\omega t + \varphi)$

mit $c = a \sin \varphi_1 + b \cos \varphi_2; \quad d = a \cos \varphi_1 - b \sin \varphi_2$

$\varphi = \arctan \dfrac{c}{d}$ und $\varphi = \arcsin \dfrac{c}{\sqrt{c^2 + d^2}}$    {beides muß erfüllt sein}

# Kreisfunktionen
## Goniometrische Umformungen | E 5

### Beziehungen zwischen einfachem, doppeltem und halbem Winkel

| | $\sin \alpha =$ | $\cos \alpha =$ | $\tan \alpha =$ | $\cot \alpha =$ |
|---|---|---|---|---|
| e 53 | $\cos(90°-\alpha)$ | $\sin(90°-\alpha)$ | $\cot(90°-\alpha)$ | $\tan(90°-\alpha)$ |
| e 54 | $\sqrt{1-\cos^2\alpha}$ | $\sqrt{1-\sin^2\alpha}$ | $\dfrac{1}{\cot\alpha}$ | $\dfrac{1}{\tan\alpha}$ |
| e 55 | $2\sin\dfrac{\alpha}{2}\cdot\cos\dfrac{\alpha}{2}$ | $\cos^2\dfrac{\alpha}{2}-\sin^2\dfrac{\alpha}{2}$ | $\dfrac{\sin\alpha}{\cos\alpha}$ | $\dfrac{\cos\alpha}{\sin\alpha}$ |
| e 56 | $\dfrac{\tan\alpha}{\sqrt{1+\tan^2\alpha}}$ | $\dfrac{\cot\alpha}{\sqrt{1+\cot^2\alpha}}$ | $\dfrac{\sin\alpha}{\sqrt{1-\sin^2\alpha}}$ | $\dfrac{\cos\alpha}{\sqrt{1-\cos^2\alpha}}$ |
| e 57 | $\sqrt{\cos^2\alpha-\cos 2\alpha}$ | $1-2\sin^2\dfrac{\alpha}{2}$ | $\sqrt{\dfrac{1}{\cos^2\alpha}-1}$ | $\sqrt{\dfrac{1}{\sin^2\alpha}-1}$ |
| e 58 | $\sqrt{\dfrac{1-\cos 2\alpha}{2}}$ | $\sqrt{\dfrac{1+\cos 2\alpha}{2}}$ | $\dfrac{\sqrt{1-\cos^2\alpha}}{\cos\alpha}$ | $\dfrac{\sqrt{1-\sin^2\alpha}}{\sin\alpha}$ |
| e 59 | $\dfrac{1}{\sqrt{1+\cot^2\alpha}}$ | $\dfrac{1}{\sqrt{1+\tan^2\alpha}}$ | | |
| e 60 | $\dfrac{2\cdot\tan\dfrac{\alpha}{2}}{1+\tan^2\dfrac{\alpha}{2}}$ | $\dfrac{1-\tan^2\dfrac{\alpha}{2}}{1+\tan^2\dfrac{\alpha}{2}}$ | $\dfrac{2\cdot\tan\dfrac{\alpha}{2}}{1-\tan^2\dfrac{\alpha}{2}}$ | $\dfrac{\cot^2\dfrac{\alpha}{2}-1}{2\cdot\cot\dfrac{\alpha}{2}}$ |

| | $\sin 2\alpha =$ | $\cos 2\alpha =$ | $\tan 2\alpha =$ | $\cot 2\alpha =$ |
|---|---|---|---|---|
| e 61 | $2\cdot\sin\alpha\cdot\cos\alpha$ | $\cos^2\alpha-\sin^2\alpha$ | $\dfrac{2\cdot\tan\alpha}{1-\tan^2\alpha}$ | $\dfrac{\cot^2\alpha-1}{2\cdot\cot\alpha}$ |
| e 62 | | $2\cos^2\alpha-1$ | $\dfrac{2}{\cot\alpha-\tan\alpha}$ | $\dfrac{1}{2}\cot\alpha-\dfrac{1}{2}\tan\alpha$ |
| e 63 | | $1-2\sin^2\alpha$ | | |

| | $\sin\dfrac{\alpha}{2} =$ | $\cos\dfrac{\alpha}{2} =$ | $\tan\dfrac{\alpha}{2} =$ | $\cot\dfrac{\alpha}{2} =$ |
|---|---|---|---|---|
| e 64 | | | $\dfrac{\sin\alpha}{1+\cos\alpha}$ | $\dfrac{\sin\alpha}{1-\cos\alpha}$ |
| e 65 | $\sqrt{\dfrac{1-\cos\alpha}{2}}$ | $\sqrt{\dfrac{1+\cos\alpha}{2}}$ | $\dfrac{1-\cos\alpha}{\sin\alpha}$ | $\dfrac{1+\cos\alpha}{\sin\alpha}$ |
| e 66 | | | $\sqrt{\dfrac{1-\cos\alpha}{1+\cos\alpha}}$ | $\sqrt{\dfrac{1+\cos\alpha}{1-\cos\alpha}}$ |

# Kreisfunktionen
## Schiefwinkliges Dreieck | E 6

**Das schiefwinklige Dreieck**

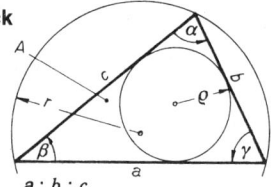

**Sinus-Satz**

e 67 $$\sin \alpha : \sin \beta : \sin \gamma = a : b : c$$

e 68 $$a = \frac{b}{\sin \beta} \sin \alpha = \frac{c}{\sin \gamma} \sin \alpha$$

e 69 $$b = \frac{a}{\sin \alpha} \sin \beta = \frac{c}{\sin \gamma} \sin \beta$$

e 70 $$c = \frac{a}{\sin \alpha} \sin \gamma = \frac{b}{\sin \beta} \sin \gamma$$

**Cosinus-Satz**

e 71 $$a^2 = b^2 + c^2 - 2bc \cdot \cos \alpha$$

e 72 $$b^2 = c^2 + a^2 - 2ac \cdot \cos \beta$$

e 73 $$c^2 = a^2 + b^2 - 2ab \cdot \cos \gamma$$

(Bei stumpfem Winkel wird Cosinus negativ)

**Tangens-Satz**

e 74 $$\frac{a+b}{a-b} = \frac{\tan \frac{\alpha+\beta}{2}}{\tan \frac{\alpha-\beta}{2}} \quad \bigg| \quad \frac{a+c}{a-c} = \frac{\tan \frac{\alpha+\gamma}{2}}{\tan \frac{\alpha-\gamma}{2}} \quad \bigg| \quad \frac{b+c}{b-c} = \frac{\tan \frac{\beta+\gamma}{2}}{\tan \frac{\beta-\gamma}{2}}$$

**Halbwinkel-Satz**

e 75 $$\tan \frac{\alpha}{2} = \frac{\varrho}{s-a} \quad \bigg| \quad \tan \frac{\beta}{2} = \frac{\varrho}{s-b} \quad \bigg| \quad \tan \frac{\gamma}{2} = \frac{\varrho}{s-c}$$

**Inhalt, Inkreis- und Umkreis-Radius**

e 76 $$A = \frac{1}{2} bc \sin \alpha = \frac{1}{2} ac \sin \beta = \frac{1}{2} ab \sin \gamma$$

e 77 $$A = \sqrt{s(s-a)(s-b)(s-c)} = \varrho s$$

e 78 $$\varrho = \sqrt{\frac{(s-a)(s-b)(s-c)}{s}}$$

e 79 $$r = \frac{1}{2} \cdot \frac{a}{\sin \alpha} = \frac{1}{2} \cdot \frac{b}{\sin \beta} = \frac{1}{2} \cdot \frac{c}{\sin \gamma}$$

e 80 $$s = \frac{a+b+c}{2}$$

# Kreisfunktionen
## Umkehrfunktionen   **E 7**

### Umkehr-Funktionen

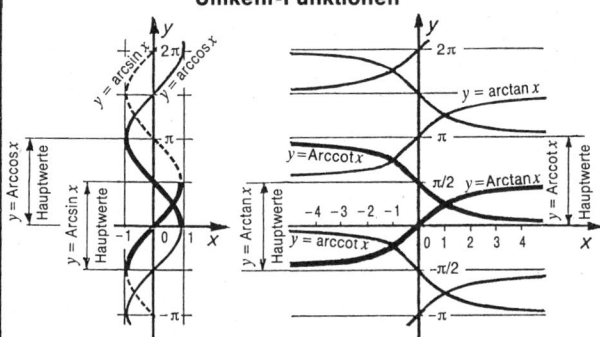

### Definition

| | Funktion $y =$ | | | |
|---|---|---|---|---|
| | arcsin $x$ | arccos $x$ | arctan $x$ | arccot $x$ |
| e 81 | gleichbedeutend mit | $x = \sin y$ | $x = \cos y$ | $x = \tan y$ | $x = \cot y$ |
| e 82 | Definitions-Bereich | $-1 \leq x \leq +1$ | $-1 \leq x \leq +1$ | $-\infty < x < +\infty$ | $-\infty < x < +\infty$ |
| e 83 | Hauptwerte[1]) im Bereich | $-\frac{\pi}{2} \leq y \leq +\frac{\pi}{2}$ | $\pi \geq y \geq 0$ | $-\frac{\pi}{2} < y < +\frac{\pi}{2}$ | $\pi > y > 0$ |

### Grundbeziehungen (gültig für Hauptwerte)[1])

| | | | |
|---|---|---|---|
| e 84 | Arccos $x = \frac{\pi}{2} -$ Arcsin $x$ | | Arccot $x = \frac{\pi}{2} -$ Arctan $x$ |
| e 85 | Arcsin $(-x) = -$ Arcsin $x$ | | Arccos $(-x) = \pi -$ Arccos $x$ |
| e 86 | Arctan $(-x) = -$ Arctan $x$ | | Arccot $(-x) = \pi -$ Arccot $x$ |

### Beziehungen zwischen den Hauptwerten der Arcus-Funktionen[2])

| | Arcsin $x =$ | Arccos $x =$ | Arctan $x =$ | Arccot $x =$ |
|---|---|---|---|---|
| e 87 | *Arccos $\sqrt{1-x^2}$ | *Arcsin $\sqrt{1-x^2}$ | Arcsin $\frac{x}{\sqrt{1+x^2}}$ | *Arcsin $\frac{1}{\sqrt{1+x^2}}$ |
| e 88 | Arctan $\frac{x}{\sqrt{1-x^2}}$ | *Arctan $\frac{\sqrt{1-x^2}}{x}$ | *Arccos $\frac{1}{\sqrt{1+x^2}}$ | Arccos $\frac{x}{\sqrt{1+x^2}}$ |
| e 89 | Arccot $\frac{\sqrt{1-x^2}}{x}$ | Arccot $\frac{x}{\sqrt{1-x^2}}$ | *Arccot $\frac{1}{x}$ | *Arctan $\frac{1}{x}$ |

[1]) Hauptwerte werden durch große Anfangsbuchstaben gekennzeichnet
[2]) Die mit * gekennzeichneten Formeln gelten nur für $x \geq 0$.

Fortsetzung siehe E 8

# Kreisfunktionen
## Umkehrfunktionen

**E 8**

## Additions-Theoreme

| | Summe und Differenz von Arcus-Funktionen | Bedingungen |
|---|---|---|
| e 90 | $\text{Arcsin}\, a + \text{Arcsin}\, b = \text{Arcsin}\,(a\sqrt{1-b^2} + b\sqrt{1-a^2})$ | $ab \leq 0$ oder $a^2 + b^2 \leq 1$ |
| | $= \pi - \text{Arcsin}\,(a\sqrt{1-b^2} + b\sqrt{1-a^2})$ | $a > 0, b > 0$ und $a^2 + b^2 > 1$ |
| | $= -\pi - \text{Arcsin}\,(a\sqrt{1-b^2} + b\sqrt{1-a^2})$ | $a < 0, b < 0$ und $a^2 + b^2 > 1$ |
| e 91 | $\text{Arcsin}\, a - \text{Arcsin}\, b = \text{Arcsin}\,(a\sqrt{1-b^2} - b\sqrt{1-a^2})$ | $ab \geq 0$ oder $a^2 + b^2 \leq 1$ |
| | $= \pi - \text{Arcsin}\,(a\sqrt{1-b^2} - b\sqrt{1-a^2})$ | $a > 0, b < 0$ und $a^2 + b^2 > 1$ |
| | $= -\pi - \text{Arcsin}\,(a\sqrt{1-b^2} - b\sqrt{1-a^2})$ | $a < 0, b > 0$ und $a^2 + b^2 > 1$ |
| e 92 | $\text{Arccos}\, a + \text{Arccos}\, b = \text{Arccos}\,(ab - \sqrt{1-a^2}\cdot\sqrt{1-b^2})$ | $a + b \geq 0$ |
| | $= 2\pi - \text{Arccos}\,(ab - \sqrt{1-a^2}\cdot\sqrt{1-b^2})$ | $a + b < 0$ |
| e 93 | $\text{Arccos}\, a - \text{Arccos}\, b = -\text{Arccos}\,(ab + \sqrt{1-a^2}\cdot\sqrt{1-b^2})$ | $a \geq b$ |
| | $= \text{Arccos}\,(ab + \sqrt{1-a^2}\cdot\sqrt{1-b^2})$ | $a < b$ |
| e 94 | $\text{Arctan}\, a + \text{Arctan}\, b = \text{Arctan}\,\dfrac{a+b}{1-ab}$ | $ab < 1$ |
| | $= \pi + \text{Arctan}\,\dfrac{a+b}{1-ab}$ | $a > 0, ab > 1$ |
| | $= -\pi + \text{Arctan}\,\dfrac{a+b}{1-ab}$ | $a < 0, ab > 1$ |
| e 95 | $\text{Arctan}\, a - \text{Arctan}\, b = \text{Arctan}\,\dfrac{a-b}{1+ab}$ | $ab > -1$ |
| | $= \pi + \text{Arctan}\,\dfrac{a-b}{1+ab}$ | $a > 0, ab < -1$ |
| | $= -\pi + \text{Arctan}\,\dfrac{a-b}{1+ab}$ | $a < 0, ab < -1$ |
| e 96 | $\text{Arccot}\, a + \text{Arccot}\, b = \text{Arccot}\,\dfrac{ab-1}{a+b}$ | $a \neq -b$ |
| e 97 | $\text{Arccot}\, a - \text{Arccot}\, b = \text{Arccot}\,\dfrac{ab+1}{b-a}$ | $a \neq b$ |

# Analytische Geometrie
## Gerade, Dreieck

**F 1**

### Gerade

| | | |
|---|---|---|
| f 1 | **Funktion** | $y = mx + b$ |
| f 2 | **Steigung** | $m = \dfrac{y_2 - y_1}{x_2 - x_1} = \tan \alpha$ *) |

**Achsenform** für $a \neq 0$; $b \neq 0$

f 3
$$\frac{x}{a} + \frac{y}{b} - 1 = 0$$

**Steigung** $m_l$ des Lotes $\overline{AB}$

f 4
$$m_l = \frac{-1}{m}$$

**2-Punkte-Form** aus 2 Punkten $P_1(x_1, y_1)$ und $P_2(x_2, y_2)$

f 5
$$\frac{y - y_1}{x - x_1} = \frac{y_2 - y_1}{x_2 - x_1}$$

**Punktrichtungs-Form** aus Punkt $P_1(x_1, y_1)$ und Steigung $m$

f 6
$$y - y_1 = m(x - x_1) \qquad *)$$

f 7 **Entfernung zweier Punkte** $\quad d = \sqrt{(x_2 - x_1)^2 + (y_2 - y_1)^2}$

**Mittelpunkt einer Strecke**

f 8
$$x_m = \frac{x_1 + x_2}{2} \quad \Big| \quad y_m = \frac{y_1 + y_2}{2}$$

**Schnittpunkt zweier Geraden** (s. Abb. Dreieck)

f 9
$$x_3 = \frac{b_2 - b_1}{m_1 - m_2} \quad \Big| \quad y_3 = m_1 x_3 + b_1 = m_2 x_3 + b_2$$

f 10 **Schnittwink. $\varphi$ zweier Geraden:** $\tan \varphi = \dfrac{m_2 - m_1}{1 + m_2 \cdot m_1}$ *) $\left(\begin{array}{c}\text{s. Abb.}\\\text{Dreieck}\end{array}\right)$

### Dreieck

| | **Schwerpunkt** $S$ | |
|---|---|---|
| f 11 | | $x_s = \dfrac{x_1 + x_2 + x_3}{3}$ |
| f 12 | | $y_s = \dfrac{y_1 + y_2 + y_3}{3}$ |

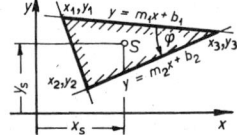

**Flächen-Inhalt**

f 13
$$A = \frac{(x_1 y_2 - x_2 y_1) + (x_2 y_3 - x_3 y_2) + (x_3 y_1 - x_1 y_3)}{2}$$

*) Voraussetzung: $x$ und $y$ von gleicher Dimension und maßstabsgleich dargestellt (siehe auch h 1).

# Analytische Geometrie
Kreis, Parabel  **F$_2$**

## Kreis

**Kreis-Gleichung**

| Mittelpunkt | |
|---|---|
| im Ursprung | in anderen Lagen |
| $x^2 + y^2 = r^2$ | $(x-x_0)^2 + (y-y_0)^2 = r^2$ |

f 14

**Grund-Gleichung**

f 15 $\quad x^2 + y^2 + ax + by + c = 0$

**Radius des Kreises**

f 16 $\quad r = \sqrt{x_0^2 + y_0^2 - c}$

**Koordinaten des Mittelpunktes** $M$

f 17 $\quad x_0 = -\dfrac{a}{2} \quad \Big| \quad y_0 = -\dfrac{b}{2}$

**Tangente** $T$ durch $P_1(x_1, y_1)$

f 18 $\quad y = \dfrac{r^2 - (x-x_0)(x_1-x_0)}{y_1 - y_0} + y_0$

## Parabel

**Parabel-Gleichung** (Umformung in diese Gleichungsform ermöglicht Entnahme von Scheitellage u. Parameter $p$)

| | Scheitel | | Parabel-Öffnung | |
|---|---|---|---|---|
| | im Ursprung | in anderen Lagen | | $F$: Brennpunkt<br>$L$: Leitlinie |
| f 19 | $x^2 = 2py$ | $(x-x_0)^2 = 2p(y-y_0)$ | oben | $S$: Scheitel-Tangente |
| f 20 | $x^2 = -2py$ | $(x-x_0)^2 = -2p(y-y_0)$ | unten | |

**Grund-Gleichung**

f 21 $\quad y = ax^2 + bx + c$

f 22 **Scheitelradius** $\quad r = p$

f 23 **Grundeigenschaft** $\quad \overline{PF} = \overline{PQ}$

**Tangente** $T$ durch $P_1(x_1; y_1)$

f 24 $\quad y = \dfrac{2(y_1 - y_0)(x - x_1)}{x_1 - x_0} + y_1$

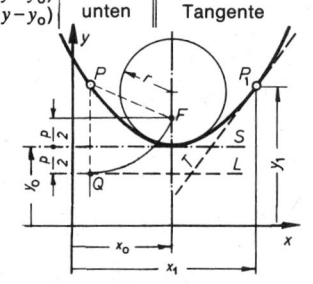

# Analytische Geometrie
## Hyperbel

**F 3**

## Hyperbel

### Hyperbel-Gleichung

| Asymptotenschnittpunkt | |
|---|---|
| im Ursprung | in anderen Lagen |
| f 25 | $\dfrac{x^2}{a^2} - \dfrac{y^2}{b^2} - 1 = 0$ | $\dfrac{(x-x_0)^2}{a^2} - \dfrac{(y-y_0)^2}{b^2} - 1 = 0$ |

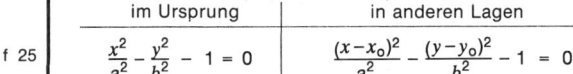

### Grund-Gleichung

f 26 $\quad Ax^2 + By^2 + Cx + Dy + E = 0$

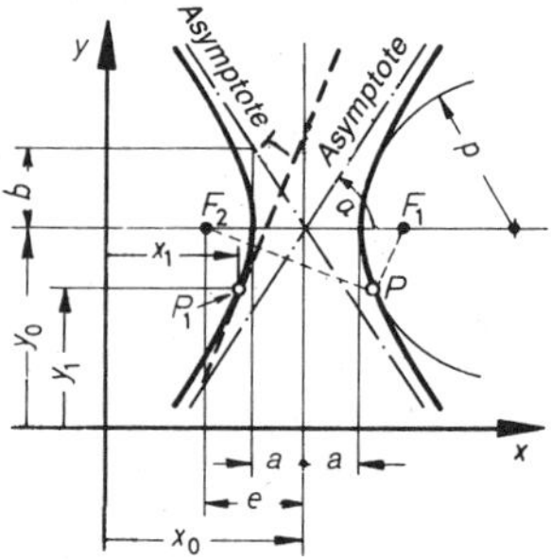

### Grund-Eigenschaft

f 27 $\quad \overline{F_2 P} - \overline{F_1 P} = 2a$

### Brennpunkt-Abstand

f 28 $\quad e = \sqrt{a^2 + b^2}$ *)

### Steigung der Asymptoten

f 29 $\quad \tan \alpha = m = \pm \dfrac{b}{a}$ *)

### Scheitel-Radius

$\quad p = \dfrac{b^2}{a}$

f 30 **Tangente** $T$ durch $P_1(x_1, y_1)$ $\quad y = \dfrac{b^2}{a^2} \cdot \dfrac{(x_1 - x_0)(x - x_1)}{y_1 - y_0} + y_1$

## Gleichseitige Hyperbel

Erklärung: Bei gleichseitiger Hyperbel ist $a = b$, daher

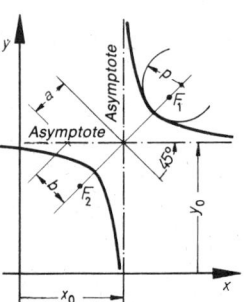

### Steigung der Asymptoten

f 31 $\quad \tan \alpha$*) $= m = \pm 1 \quad (\alpha = 45°)$

**Gleichung** (Wenn Asymptoten parallel zu $x$- und $y$-Achse):

| Asymptotenschnittpunkt | |
|---|---|
| im Ursprung | in anderen Lagen |
| f 32 | $x \cdot y = c^2$ | $(x - x_0)(y - y_0) = c^2$ |

### Scheitel-Radius

f 33 $\quad p = a \quad$ (Parameter)

*) Voraussetzungen entspr. Fußnote auf F 1

# Analytische Geometrie
Ellipse, Exponentialfunktion | **F 4**

## Ellipse

### Ellipsen-Gleichung

| Achsenschnittpunkt | |
|---|---|
| im Ursprung | in anderen Lagen |
| f 34 $\quad \dfrac{x^2}{a^2} + \dfrac{y^2}{b^2} - 1 = 0$ | $\dfrac{(x-x_0)^2}{a^2} + \dfrac{(y-y_0)^2}{b^2} - 1 = 0$ |

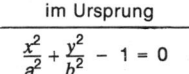

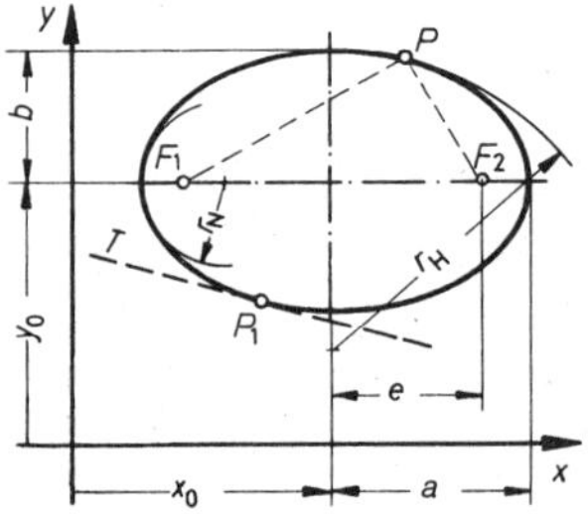

### Scheitel-Radien

f 35 $\quad r_N = \dfrac{b^2}{a} \quad \bigg| \quad r_H = \dfrac{a^2}{b}$

### Brennpunkt-Abstand

f 36 $\quad e = \sqrt{a^2 - b^2}$

### Grund-Eigenschaft

f 37 $\quad \overline{F_1 P} + \overline{F_2 P} = 2a$

### Tangente $T$ durch $P_1(x_1; y_1)$

f 38 $\quad y = -\dfrac{b_2}{a^2} \cdot \dfrac{(x_1 - x_0)(x - x_1)}{y_1 - y_0} + y_1$

Anmerkung: $F_1$ und $F_2$ sind Brennpunkte

## Exponential-Funktion

### Grund-Gleichung

f 39 $\quad y = a^x$

Hierbei ist $a$ eine positive Konstante $\neq 1$ und $x$ eine Zahl.

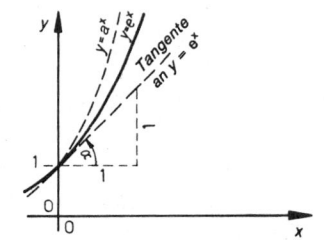

Anmerkung
Sämtliche Exponentialkurven gehen durch den Punkt $x = 0; y = 1$.

Diejenige dieser Kurven, welche in diesem Punkt die Steigung 45° ($\tan \alpha$[*] $= 1$) hat, gibt abgeleitet dieselbe Kurve. Die Konstante $a$ wird in diesem Falle e (Eulersche Zahl) genannt und ist die Basis der natürlichen Logarithmen.

$$e = 2{,}718\,281\,828\,459\ldots$$

[*]) Voraussetzungen entsprechend Fußnote auf F 1

# Analytische Geometrie
Hyperbel-Grundfunktionen | **F 5**

## Grund-Funktionen

**Definition** +)

f 40  $\sinh x = \dfrac{e^x - e^{-x}}{2}$

f 41  $\cosh x = \dfrac{e^x + e^{-x}}{2}$

f 42  $\tanh x = \dfrac{e^x - e^{-x}}{e^x + e^{-x}} = \dfrac{e^{2x} - 1}{e^{2x} + 1}$

f 43  $\coth x = \dfrac{e^x + e^{-x}}{e^x - e^{-x}} = \dfrac{e^{2x} + 1}{e^{2x} - 1}$

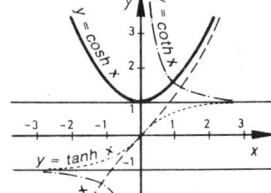

**Grundbeziehungen**

f 44  $\cosh^2 x - \sinh^2 x = 1$

f 45  $\tanh x \cdot \coth x = 1$

f 46  $\tanh x = \dfrac{\sinh x}{\cosh x} \;\bigg|\; 1 - \tanh^2 x = \dfrac{1}{\cosh^2 x} \;\bigg|\; 1 - \coth^2 x = \dfrac{-1}{\sinh^2 x}$

**Beziehungen zwischen den Hyperbel-Funktionen**

| | $\sinh x =$ | $\cosh x =$ | $\tanh x =$ | $\coth x =$ |
|---|---|---|---|---|
| f 47 | $\pm \sqrt{\cosh^2 x - 1}$ * | $\sqrt{\sinh^2 x + 1}$ | $\dfrac{\sinh x}{\sqrt{\sinh^2 x + 1}}$ | $\dfrac{\sqrt{\sinh^2 x + 1}}{\sinh x}$ |
| f 48 | $\dfrac{\tanh x}{\sqrt{1 - \tanh^2 x}}$ | $\dfrac{1}{\sqrt{1 - \tanh^2 x}}$ | $\pm \dfrac{\sqrt{\cosh^2 x - 1}}{\cosh x}$ * | $\pm \dfrac{\cosh x}{\sqrt{\cosh^2 x - 1}}$ * |
| f 49 | $\pm \dfrac{1}{\sqrt{\coth^2 x - 1}}$ * | $\dfrac{|\coth x|}{\sqrt{\coth^2 x - 1}}$ | $\dfrac{1}{\coth x}$ | $\dfrac{1}{\tanh x}$ |

Im gesamten Definitions-Bereich gilt:

f 50  $\sinh(-x) = -\sinh x \;\big|\; \cosh(-x) = +\cosh x$

f 51  $\tanh(-x) = -\tanh x \;\big|\; \coth(-x) = -\coth x$

**Additions-Theoreme**

f 52  $\sinh(a \pm b) = \sinh a \cdot \cosh b \pm \cosh a \cdot \sinh b$

f 53  $\cosh(a \pm b) = \cosh a \cdot \cosh b \pm \sinh a \cdot \sinh b$

f 54  $\tanh(a \pm b) = \dfrac{\tanh a \pm \tanh b}{1 \pm \tanh a \cdot \tanh b}$

f 55  $\coth(a \pm b) = \dfrac{\coth a \cdot \coth b \pm 1}{\coth a \pm \coth b}$

+) Exponent $x$ muß stets dimensionslos sein

* Vorzeichen + für $x > 0$; − für $x < 0$

# Analytische Geometrie
Hyperbel-Umkehrfunktionen | **F 6**

## Umkehr – (Area-) Funktionen

### Definition

| | Funktion $y =$ | | | |
|---|---|---|---|---|
| | $\operatorname{ar\,sinh} x$ | $\operatorname{ar\,cosh} x$ | $\operatorname{ar\,tanh} x$ | $\operatorname{ar\,coth} x$ |
| f 56 gleichbedeutend mit | $x = \sinh y$ | $x = \cosh y$ | $x = \tanh y$ | $x = \coth y$ |
| f 57 Beziehungen zu ln | $= \ln(x + \sqrt{x^2+1})$ | $= \pm \ln(x + \sqrt{x^2-1})$ | $= \dfrac{1}{2} \ln \dfrac{1+x}{1-x}$ | $= \dfrac{1}{2} \ln \dfrac{x+1}{x-1}$ |
| f 58 Definit.-Bereich | $-\infty < x < +\infty$ | $1 \leq x < +\infty$ | $|x| < 1$ | $|x| > 1$ |
| f 59 Werte-Bereich | $-\infty < y < +\infty$ | $-\infty < y < +\infty$ | $-\infty < y < +\infty$ | $|y| > 0$ |

### Beziehungen zwischen den Area-Funktionen

| | $\operatorname{ar\,sinh} x =$ | $\operatorname{ar\,cosh} x =$ | $\operatorname{ar\,tanh} x =$ | $\operatorname{ar\,coth} x =$ |
|---|---|---|---|---|
| f 60 | $\pm \operatorname{ar\,cosh}\sqrt{1+x^2}$ * | $\pm \operatorname{ar\,sinh}\sqrt{x^2-1}$ | $\operatorname{ar\,sinh}\dfrac{x}{\sqrt{1-x^2}}$ | $\operatorname{ar\,sinh}\dfrac{1}{\sqrt{x^2-1}}$ |
| f 61 | $\operatorname{ar\,tanh}\dfrac{x}{\sqrt{1+x^2}}$ | $\pm \operatorname{ar\,tanh}\dfrac{\sqrt{x^2-1}}{x}$ * | $\pm \operatorname{ar\,cosh}\dfrac{1}{\sqrt{1-x^2}}$ | $\pm \operatorname{ar\,cosh}\dfrac{x}{\sqrt{x^2-1}}$ * |
| f 62 | $\operatorname{ar\,coth}\dfrac{\sqrt{1+x^2}}{x}$ | $\pm \operatorname{ar\,coth}\dfrac{x}{\sqrt{x^2-1}}$ * | $\operatorname{ar\,coth}\dfrac{1}{x}$ | $\operatorname{ar\,tanh}\dfrac{1}{x}$ |

Im gesamten Definitions-Bereich gilt:

f 63  $\operatorname{ar\,sinh}(-x) = -\operatorname{ar\,sinh} x$
f 64  $\operatorname{ar\,tanh}(-x) = -\operatorname{ar\,tanh} x$ \quad\quad $\operatorname{ar\,coth}(-x) = -\operatorname{ar\,coth} x$

### Additions-Theoreme

f 65 $\quad \operatorname{ar\,sinh} a \pm \operatorname{ar\,sinh} b \;=\; \operatorname{ar\,sinh}(a\sqrt{b^2+1} \pm b\sqrt{a^2+1})$

f 66 $\quad \operatorname{ar\,cosh} a \pm \operatorname{ar\,cosh} b \;=\; \operatorname{ar\,cosh}[ab \pm \sqrt{(a^2-1)(b^2-1)}]$

f 67 $\quad \operatorname{ar\,tanh} a \pm \operatorname{ar\,tanh} b \;=\; \operatorname{ar\,tanh}\dfrac{a \pm b}{1 \pm ab}$

f 68 $\quad \operatorname{ar\,coth} a \pm \operatorname{ar\,coth} b \;=\; \operatorname{ar\,coth}\dfrac{ab \pm 1}{a \pm b}$

*Vorzeichen + für $x > 0$; – für $x < 0$

# Analytische Geometrie
## Vektoren

**F 7**

### Komponenten, Betrag, Richtungskosinusse von Vektoren

**Vektor:** Physikalische Größe mit Einheit und Richtung.

Koordinaten des Anfangspunktes $A$ des Vektors $\vec{a}$: $x_1, y_1, z_1$
Koordinaten des Endpunktes $B$ des Vektors $\vec{a}$: $x_2, y_2, z_2$

**Einheitsvektoren** über $OX, OY, OZ$: $\vec{i}, \vec{j}, \vec{k}$

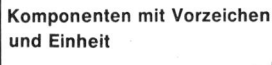

**Komponenten mit Vorzeichen und Einheit**

| | |
|---|---|
| f 69 | $a_x, a_y, a_z \gtreqless 0$ |
| f 70 | $a_x = x_2 - x_1$ |
| f 71 | $a_y = y_2 - y_1$ |
| f 72 | $a_z = z_2 - z_1$ |
| f 73 | $\vec{a} = \vec{a_x} + \vec{a_y} + \vec{a_z}$ )* |
| f 74 | $\vec{a} = a_x \vec{i} + a_y \cdot \vec{j} + a_z \cdot \vec{k}$ |

\*vektorielle Gleichungen

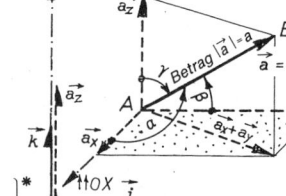

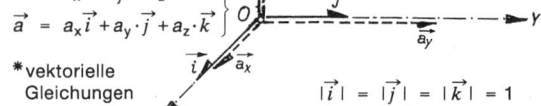

$|\vec{i}| = |\vec{j}| = |\vec{k}| = 1$

**Betrag oder Wert des Vektors:** $|\vec{a}|$ oder $a$ in der Technik

f 75   $|\vec{a}| = \sqrt{a_x^2 + a_y^2 + a_z^2}$         ($|\vec{a}|$ immer $\geq 0$)

**Richtungskosinusse des Vektors:** $\cos\alpha, \cos\beta, \cos\gamma$

$\alpha, \beta, \gamma$, Winkel zwischen dem Vektor $\vec{a}$ und den Achsen $OX, OY$ und $OZ$. ($\alpha, \beta, \gamma, = 0° \ldots 180°$).

f 76   $\cos\alpha = \dfrac{a_x}{|\vec{a}|}; \quad \cos\beta = \dfrac{a_y}{|\vec{a}|}; \quad \cos\gamma = \dfrac{a_z}{|\vec{a}|}$

f 77   mit $\cos^2\alpha + \cos^2\beta + \cos^2\gamma = 1$

**Berechnung der Komponenten,** wenn $|\vec{a}|, \alpha, \beta, \gamma$, bekannt sind:

f 78   $a_x = |\vec{a}| \cdot \cos\alpha; \quad a_y = |\vec{a}| \cdot \cos\beta; \quad a_z = |\vec{a}| \cdot \cos\gamma$

**Bemerkung:** Mit den Komponenten eines Vektors nach $OX, OY, OZ$ wird die ganze Vektorrechnung, wie Betrag, Richtungskosinusse, Summe von Vektoren und Vektorprodukte, durchgeführt.

# Analytische Geometrie
## Vektoren

**F 8**

### Vektorielle Summe (Differenz) von Vektoren

**Vektorielle Summe $\vec{s}$ von 2 freien Vektoren $\vec{a}$ und $\vec{b}$**

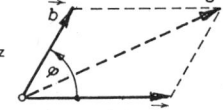

f 79  $\quad \vec{s} = \vec{a} + \vec{b} = s_x \cdot \vec{i} + s_y \cdot \vec{j} + s_z \cdot \vec{k}$

f 80  $\quad s_x = a_x + b_x; \quad s_y = a_y + b_y; \quad s_z = a_z + b_z$

f 81  $\quad |\vec{s}| = \sqrt{s_x^2 + s_y^2 + s_z^2}$

**Vektorielle Differenz $\vec{s}$ von 2 freien Vektoren $\vec{a}$ und $\vec{b}$**

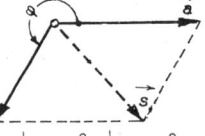

f 82  $\quad \vec{s} = \vec{a} + (-\vec{b}) \qquad (-\vec{b}) \uparrow\downarrow \vec{b}$ *)

f 83  $\quad s_x = a_x - b_x; \quad s_y = a_y - b_y; \quad s_z = a_z - b_z$

f 84  $\quad |\vec{s}| = \sqrt{s_x^2 + s_y^2 + s_z^2}$

| Wichtige Werte $|\vec{s}|$ für 2 Vektoren | $\vec{a}, \vec{b}$ | $\varphi$ 0°; 360° | 90° | 180° | 270° |
|---|---|---|---|---|---|
| f 85 | $|\vec{a}| \neq |\vec{b}|$ | $|\vec{a}| + |\vec{b}|$ | $\sqrt{|\vec{a}|^2 + |\vec{b}|^2}$ | $|\vec{a}| - |\vec{b}|$ | $\sqrt{|\vec{a}|^2 + |\vec{b}|^2}$ |
| f 86 | $|\vec{a}| = |\vec{b}|$ | $2|\vec{a}|$ | $|\vec{a}|\sqrt{2}$ | 0 | $|\vec{a}|\sqrt{2}$ |

**Vektorielle Summe $\vec{s}$ von freien Vektoren $\vec{a}$, $\vec{b}$, $-\vec{c}$, usw.:**

f 87  $\quad \vec{s} = \vec{a} + \vec{b} - \vec{c} + \ldots = s_x \cdot \vec{i} + s_y \cdot \vec{j} + s_z \cdot \vec{k}$ (Vektorielle Gleichungen)

f 88  $\quad s_x = a_x + b_x - c_x + \ldots; \quad s_y = a_y + b_y - c_y + \ldots; \quad s_z = a_z + b_z - c_z + \ldots$

f 89  $\quad |\vec{s}| = \sqrt{s_x^2 + s_y^2 + s_z^2}$

### Produkt eines Skalars mit einem Vektor

**Skalar:** Physikalische Größe mit Einheit.

**Produkt aus Skalar $k$ mit Vektor $\vec{a}$ ergibt Vektor $\vec{c}$.**

f 90  $\quad \vec{c} = k \cdot \vec{a} \qquad (k \gtreqless 0)$ (Vektorielle Gleichung)

f 91  $\quad c_x = k \cdot a_x; \quad c_y = k \cdot a_y; \quad c_z = k \cdot a_z \qquad c = k \cdot |\vec{a}| \quad (c \gtreqless 0)$

Ist $k > 0$ dann ist $\vec{c} \uparrow\uparrow \vec{a}$ also

$k < 0$ dann ist $\vec{c} \uparrow\downarrow \vec{a}$ also

*Beispiel:* Beschleunigungskraft $F_a$ = Masse $m$ mal Beschleunigg. $a$

f 92  $\quad m > 0; \quad \vec{F}_a \uparrow\uparrow \vec{a}; \quad \vec{F}_a = m \cdot \vec{a}; \quad F_a = m \cdot a$

*) Das mathematische Zeichen $\uparrow\downarrow$ bedeutet, daß die Vektoren $(-\vec{b})$ und $\vec{b}$ parallel und entgegengesetzt wirken.

# Analytische Geometrie
## Vektoren
**F 9**

### Vektorprodukte von 2 freien Vektoren

**Skalares Produkt von 2 freien Vektoren** $\vec{a}$ und $\vec{b}$ ergibt Skalar $k$.

Produktzeichen: Punkt „·"

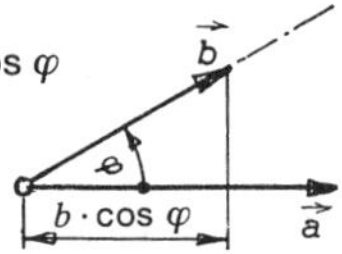

f 93 $\quad k = \vec{a}\cdot\vec{b} = \vec{b}\cdot\vec{a} = a\cdot b\cdot\cos\varphi = |\vec{a}|\cdot|\vec{b}|\cdot\cos\varphi$

f 94 $\quad k = a_x\cdot b_x + a_y\cdot b_y + a_z\cdot b_z \quad (k \gtreqless 0)$

f 95 $\quad \varphi = \arccos\dfrac{a_x\cdot b_x + a_y\cdot b_y + a_z\cdot b_z}{|\vec{a}|\cdot|\vec{b}|}$

| Wichtige Werte | $\widehat{\vec{a},\vec{b}} \quad \varphi$ | 0°; 360° | 90° | 180° | 270° |
|---|---|---|---|---|---|
| f 96 | $|\vec{a}|\cdot|\vec{b}|\cdot\cos\varphi$ | $+|\vec{a}|\cdot|\vec{b}|$ | 0 | $-|\vec{a}|\cdot|\vec{b}|$ | 0 |

Beispiel: Arbeit $W$ einer Kraft $F$ bei Weg $s$

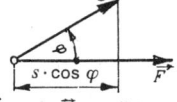

f 97 $\quad W = \text{Kraft}\cdot\text{Weg} = \vec{F}\cdot\vec{s}$

f 98 $\quad W = F\cdot s\cdot\cos\varphi \quad (W \gtreqless 0;\ F, s \geqq 0)$

**Vektorielles Produkt von 2 freien Vektoren** $\vec{a}$ und $\vec{b}$ ergibt Vektor $\vec{c}$.

Produktzeichen: Kreuz „×"

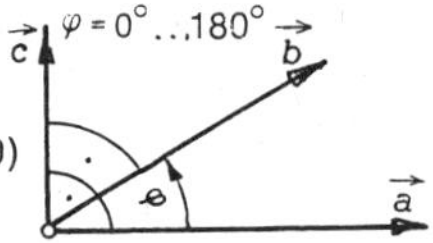

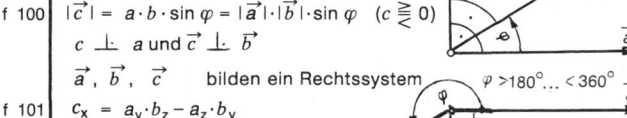

f 99 $\quad \vec{c} = \vec{a}\times\vec{b} = -(\vec{b}\times\vec{a})$

f 100 $\quad |\vec{c}| = a\cdot b\cdot\sin\varphi = |\vec{a}|\cdot|\vec{b}|\cdot\sin\varphi \quad (c \geqq 0)$

$\quad \vec{c} \perp a$ und $\vec{c} \perp \vec{b}$

$\quad \vec{a},\ \vec{b},\ \vec{c}$ bilden ein Rechtssystem

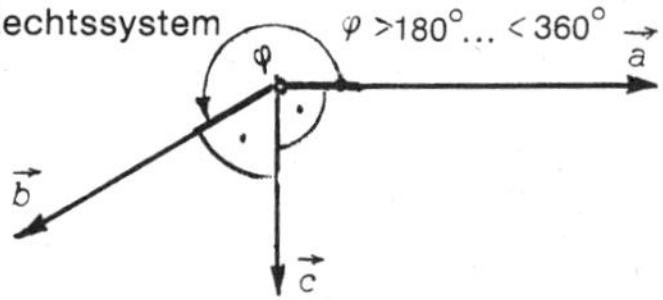

f 101 $\quad c_x = a_y\cdot b_z - a_z\cdot b_y$

f 102 $\quad c_y = a_z\cdot b_x - a_x\cdot b_z$

f 103 $\quad c_z = a_x\cdot b_y - a_y\cdot b_x$

f 104 $\quad |\vec{c}| = \sqrt{c_x^2 + c_y^2 + c_z^2}$

| Wichtige Werte | $\widehat{\vec{a},\vec{b}} \quad \varphi$ | 0°; 360° | 90° | 180° | 270° |
|---|---|---|---|---|---|
| f 105 | $|\vec{a}|\cdot|\vec{b}|\cdot\sin\varphi$ | 0 | $+|\vec{a}|\cdot|\vec{b}|$ | 0 | $-|\vec{a}|\cdot|\vec{b}|$ |

Beispiel: Moment $M$ einer Kraft $F$ mit Bezug auf einen Punkt O:

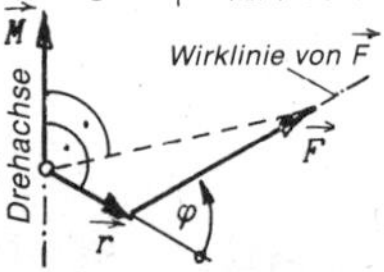

f 106 $\quad \vec{M} = \text{Radiusvekt} \times \text{Kraft} = \vec{r}\times\vec{F} = -(\vec{F}\times\vec{r})$

f 107 $\quad M = r\cdot F\cdot\sin\varphi \quad (M \geqq 0;\ r, F \geqq 0)$

# Statistik
Grundlagen der Wahrscheinlichkeitsrechnung | **G 1**

## Wahrscheinlichkeits-Axiome

g 1    $P(A)$ = Wahrscheinlichkeit von $A$

g 2    $h(A)$ = $\dfrac{\text{Zahl der Ereignisse in denen } A \text{ auftritt}}{\text{Zahl der möglichen Ereignisse}}$

          = relative Häufigkeit

g 3    $P(A) \geq 0$, das Ereignis $A$ hat die Wahrscheinlichkeit $P(A)$.

g 4    $\sum_i P(A_i) = 1$, Summe der Wahrscheinlichkeiten aller möglichen Ereignisse $A_i$ hat den Wert 1.

g 5    $P(A \cup B)$*⁾ $= P(A) + P(B) - P(A \cap B)$*⁾

          Sonderfall für unvereinbare Ereignisse:

g 6           $= P(A) + P(B)$

g 7    $P(A/B) = P(A \cap B)/P(B)$*⁾ bedeutet bedingte Wahrscheinlichkeit (Wahrscheinlichkeit von $A$ unter der Bedingung von $B$)

          Sonderfall bei unabhängigen Ereignissen, wobei $P(B)$ bzw. $P(A) \neq 0$:

g 8    $P(A/B) = P(A)$
g 9    $P(B/A) = P(B)$

g 10    $P(A \cap B) = P(A) \cdot P(B)$ bei unabhängigen Ereignissen
g 11    $P(A \cap \bar{A}) = P(A) \cdot P(\bar{A}) = 0$, da unvereinbar.

### *⁾ Venn-Diagramme zur Darstellung der Ereignisse

Rechteck bedeutet die Gesamtheit der Ereignisse $A_i$.

Großer Kreis:    Ereignis $A \triangleq (A_1)$

Kleiner Kreis:    Ereignis $B \triangleq (A_2)$

Schraffierte Fläche gibt die jeweils angegebene Verknüpfung an:

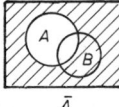

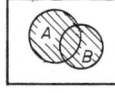

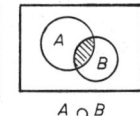

| $\bar{A}$ | $A \cup B$ | 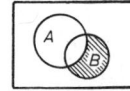 $A \cap B$ | $\bar{A} \cap B$ |
|---|---|---|---|
| ($A$ „nicht") | ($A$ „oder" $B$) | ($A$ „und" $B$) | ($A$ „nicht" „und" $B$) |

# Statistik
## Allgemeine Begriffe | G 2

### Zufallsgröße $A$

Die Zufallsgröße $A$ kann verschiedene Werte $x_i$ annehmen; jeder Wert $x_i$ ist ein zufälliges Ereignis. Man unterscheidet zwischen diskreten und kontinuierlichen Werten einer Zufallsgröße.

Verteilungsfunktion $F(x)$

Die Verteilungsfunktion $F(x)$ gibt die Wahrscheinlichkeit dafür an, daß der Wert der Zufallsgröße $A$ kleiner ist als der dazugehörige Abszissenwert $x$. Die Funktion $F(x)$ ist monoton steigend mit

$$\lim_{x \to \infty} F(x) = F(\infty) = 1$$
$$F(-\infty) = 0; \quad F(\dot{x}) \text{ wächst von 0 nach 1.}$$

$F(x)$ für diskrete Werte einer Zufallsgröße

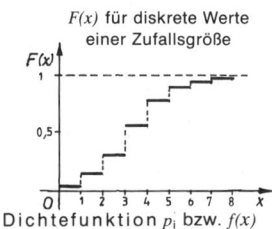

$F(x)$ für kontinuierliche Werte einer Zufallsgröße

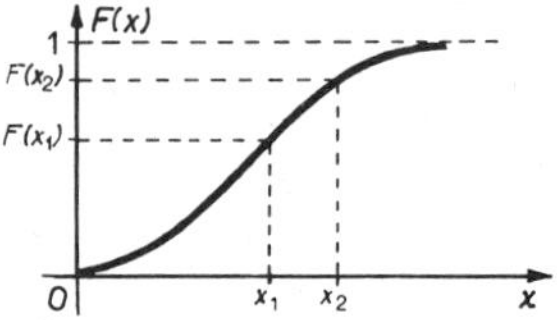

Dichtefunktion $p_i$ bzw. $f(x)$

$p_i$ für diskrete Werte einer Zufallsgröße

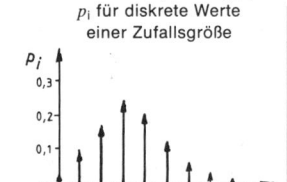

$f(x)$ für kontinuierliche Werte einer Zufallsgröße

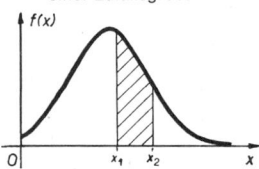

Die Dichtefunktion einer Zufallsgröße $A$ wird durch $p_i$ bzw. durch $f(x)$ angegeben; der Zusammenhang zur Verteilungsfunktion ist:

$$F(x) = \sum_{i < x} p_i \qquad\qquad F(x) = \int_{-\infty}^{x} f(x) \cdot dx$$

Die schraffierte Fläche der Dichtefunktion kennzeichnet die Wahrscheinlichkeit dafür, daß der Wert der Zufallsgröße $A$ im Intervall von $x_1$ bis $x_2$ (ohne $x_2$) liegt.

$$P(x_1 \leq A < x_2) = \int_{x_1}^{x_2} f(x) \cdot dx$$
$$= F(x_2) - F(x_1) = P(A < x_2) - P(A < x_1)$$

# Statistik
## Allgemeine Begriffe | G 3

**Mittelwert $\bar{x}$ bzw. Erwartungswert $\mu$**

| | Zufallsgröße $A$ diskret | Zufallsgröße $A$ stetig |
|---|---|---|
| g 18 | $\bar{x} = x_1 \cdot p_1 + x_2 \cdot p_2 + \ldots + x_n \cdot p_n$ | $\mu = \int_{-\infty}^{+\infty} x \cdot f(x) \cdot dx$ |
| g 19 | | |
| g 20 | $= \sum_{i=1}^{n} x_i \cdot p_i$ | |

dabei bedeuten $p_i$ diskrete und $f(x)$ stetige Werte der Wahrscheinlichkeitsdichte.

**Varianz $\sigma^2$**

| | Zufallsgröße $A$ diskret | Zufallsgröße $A$ stetig |
|---|---|---|
| g 21 | $\sigma^2 = (x_1 - \bar{x})^2 \cdot p_1 + (x_2 - \bar{x})^2 \cdot p_2 +$ | |
| g 22 | $+ \ldots + (x_n - \bar{x})^2 \cdot p_n$ | $\sigma^2 = \int_{-\infty}^{+\infty} (x - \mu)^2 \cdot f(x) \cdot dx$ |
| g 23 | $= \sum_{i=1}^{n} (x_i - \bar{x})^2 \cdot p_i$ | |
| g 24 | | $= \int_{-\infty}^{+\infty} x^2 \cdot f(x) \cdot dx - \mu^2$ |
| g 25 | $= \sum_{i=1}^{n} x_i^2 \cdot p_i - \bar{x}^2$ | |

dabei bedeuten $p_i$ diskrete und $f(x)$ stetige Werte der Wahrscheinlichkeitsdichte.

g 26  $\sigma = \sqrt{\text{Varianz}}$ wird als Streuung oder Standardabweichung bezeichnet.

**Zentraler Grenzwertsatz** (Additionsgesetz)

Wenn $A_i$ beliebig verteilte unabhängige Zufallsgrößen mit den Erwartungs-(Mittel-)werten $\mu_i$ ($x_i$) und den Varianzen $\sigma_i^2$ sind, dann besitzt

g 27  die Zufallsgröße $\qquad A = \sum_{i=1}^{n} A_i$

g 28  den Erwartungs-(Mittel-)wert $\quad \mu = \sum_{i=1}^{n} \mu_i \qquad (\bar{x} = \sum_{i=1}^{n} \bar{x}_i)$

g 29  die Varianz $\qquad \sigma^2 = \sum_{i=1}^{n} \sigma_i^2$ ;

außerdem ist $A$ annähernd normalverteilt (siehe g 39 und g 45),

g 30  $\qquad$ d. h. $\quad P(A \leq x) = \Phi\left(\dfrac{x - \mu}{\sigma}\right)$

Beispiel: Der Stapel von 10 Endmaßen, von denen jedes für sich eine Streuung $\sigma = \pm 0{,}03\ \mu m$ aufweist, besitzt dann insgesamt eine Streuung $\sigma_g$.

$\sigma_g^2 = 10\,\sigma^2$ ; $\quad \sigma_g = \pm\,\sigma\sqrt{10} \approx \pm 0{,}095\ \mu m$

# G 4 — Statistik

## Spezielle Verteilungen

| Verteilungsart | Definitions-Gleichung | | Wahrscheinlichkeitsdichte | Summenhäufigkeit, Verteilungsfunktion | Erwartungswert $\mu$, Mittelw. $\bar{x}$ | Varianz $\sigma^2$ | Verlauf der Dichtefunktion | Bemerkungen Anwendungs-Gebiet |
|---|---|---|---|---|---|---|---|---|
| | stetig | diskret | $f(x)$ $\quad$ $p_i$ | $F(x) = \int_{-\infty}^{x} f(x) \cdot dx$ $\quad$ $F(x) = \sum_{i<x} p_i$ | $\int_{-\infty}^{\infty} x \cdot f(x) \cdot dx$ $\quad$ $\sum_{i=1}^{n} x_i \cdot p_i$ | $\int_{-\infty}^{\infty} x^2 \cdot f(x) \cdot dx - \mu^2$ $\quad$ $\sum_{i=1}^{n} x_i^2 \cdot p_i - \bar{x}^2$ | | $k$: Anzahl Fehler $n$: Stichprobenumfang $x_i$: diskreter Wert einer Zufallsgröße $p$: Fehlerwahrscheinlichkeit |
| hypergeometrisch | | | $P(k) = \dfrac{\binom{pN}{k}\binom{N(1-p)}{n-k}}{\binom{N}{n}}$ | $\sum_{k<x} \dfrac{\binom{pN}{k}\binom{N(1-p)}{n-k}}{\binom{N}{n}}$ | | $n \cdot p \cdot \dfrac{N-n}{N-1}(1-p)$ | $P(k)$, $N=100$, $n=20$, $p=0{,}04$, $p=0{,}1$, $p=0{,}2$ | $N$: Losgröße $pN$: fehlerhafte Stücke in $N$ Genaue, doch aufwendige Rechnung. |
| | | | \multicolumn{6}{l|}{$P(k)$ bedeutet die Wahrscheinlichkeit, daß bei $n$ Stichproben aus Gesamtheit $N$ genau $k$ fehlerhaft sind.} |
| binomial | | | $P(k) = \binom{n}{k} p^k (1-p)^{n-k}$ | $\sum_{k<x} \binom{n}{k} p^k (1-p)^{n-k}$ | $n \cdot p$ | $n \cdot p (1-p)$ | $P(k)$, $n=20$, $p=0{,}1$, $p=0{,}2$, $p=0{,}5$ | Voraussetzung: Los $\infty$ groß. Bei Stichprobenentnahme bleibt Kollektiv erhalten. |
| | | | \multicolumn{6}{l|}{$P(k)$ bedeutet die Wahrscheinlichkeit, daß bei $n$ Stichproben genau $k$ Fehler auftreten.} |
| Poisson | | | $P(k) = \dfrac{(np)^k}{k!} \cdot e^{-np}$ | $\sum_{k<x} \dfrac{(np)^k}{k!} \cdot e^{-np}$ | $n \cdot p$ | $n \cdot p$ | $P(k)$, $n \cdot p = 2$, $n \cdot p = 5$, $n \cdot p = 10$ | Voraussetzung: Großer Stichprobenumfang und kleine Ausfallzahlen $n \cdot p = \text{const.}$ $n \to \infty$; $p \to 0$. |
| | | | \multicolumn{6}{l|}{$P(k)$ bedeutet die Wahrscheinlichkeit, daß bei $n$ Stichproben $k$ Fehler auftreten. Anwendung: Kurven für Stichproben-Bewertung siehe G 11.} |
| | g 31 | g 32 | | g 33 | | g 34 | | g 35 |

Fortsetzung siehe G 5

# Statistik

## Spezielle Verteilungen

**G 5**

| Verteilungsart | Wahrscheinlichkeitsdichte | | Summenhäufigkeit, Verteilungsfunktion | Erwartgs.-wert $\mu$ Mittelw. $\bar{x}$ | Varianz $\sigma^2$ | Verlauf der Dichtefunktion | Bemerkungen Anwendungs-Gebiet |
|---|---|---|---|---|---|---|---|
| Definitions-Gleichung | $f(x)$ stetig | $p_i$ diskret | $F(x) = \int_{-\infty}^{x} f(x) \cdot dx$  $F(x) = \sum_{i<x} p_i$ | $\int_{-\infty}^{\infty} x \cdot f(x) \cdot dx$  $\sum_{i=1}^{\infty} x_i \cdot p_i$ | $\int_{-\infty}^{\infty} x^2 \cdot f(x) \cdot dx - \mu^2$  $\sum_{i=1}^{\infty} x_i^2 \cdot p_i - \bar{x}^2$ | | $n$: Stichprobenumfang  $x_i$: diskreter Wert einer Zufallsgröße  $p$: Fehlerwahrscheinlichkeit |
| exponential | $f(x) = a \cdot e^{-ax}$  $a > 0$  $x \geq 0$ | | $1 - e^{-ax}$ | $\dfrac{1}{a}$ | $\dfrac{1}{a^2}$ | | Spezialfall der Poissonverteilung für $x = 0$. Frage nach Wahrscheinlichkeit ohne Fehler. $n \to \infty; p \to 0$. |
| | Anwendung bei Zuverlässigkeitsbetrachtungen. Ersatz von $a \cdot x$ durch Ausfallrate $\lambda$ mal Prüfzeit $t$ (siehe G 12). | | | | | | |
| normal | $f(x) = \dfrac{1}{\sigma\sqrt{2\pi}} e^{-\dfrac{(x-\mu)^2}{2\sigma^2}}$ | | $\dfrac{1}{\sigma\sqrt{2\pi}} \int_{-\infty}^{x} e^{-\dfrac{(t-\mu)^2}{2\sigma^2}} dt$ | $\mu$ | $\sigma^2$ | | Spezialfall der Binomialverteilung. $n \to \infty$ $p = 0{,}5 = $ const. |
| | Anwendung häufig in der Praxis, da dort vielfach Meßwerte mit glockenförmiger Verteilung um einen Mittelwert vorkommen. | | | | | | |
| gleich | $f(x) = \dfrac{1}{b-a}$ für $a \leq x \leq b$  $= 0$ für $x$ außerhalb | | $F(x) = 0$ für $-\infty < x < a$  $= \dfrac{x-a}{b-a}$ für $a \leq x \leq b$ | $\dfrac{a+b}{2}$ | $\dfrac{(b-a)^2}{12}$ | | Zufallsvariable $x$ kann nur Werte im Intervall $a, b$ annehmen. Dort jeder Wert gleichwahrscheinlich. |
| | Anwendung als Modell wenn nur Größt- und Kleinstwert bekannt und keine Information über Verteilung dazwischen. | | | | | | |

g 36 | g 37 | g 38 | g 39 | g 40

# Statistik
Bestimmung von $\sigma$

**G 6**

## Bestimmung von $\sigma$ bei vorliegenden diskreten Werten

### Rechnerische Methode

Nach Gleichung g 23 gilt:

g 41
$$\sigma^2 = \sum_{i=1}^{n}(x_i - \bar{x})^2 \cdot p_i \qquad \text{mit } \bar{x} = \sum_{i=1}^{n} x_i \cdot p_i$$

g 42
$$= \sum_{i=1}^{n} x_i^2 \cdot p_i - \bar{x}^2$$

dabei bedeuten $x_i$: gemessene Werte der Zufallsgröße $A$
$p_i$: zugehörige Wahrscheinlichkeit seines Auftretens.

### Graphische Methode

Geht man davon aus, daß die gemessenen Werte $x_i$ der Zufallsgröße $A$ normalverteilt sind, so läßt sich $\sigma$ mit Hilfe des Wahrscheinlichkeitsnetzes einfach ermitteln. Bei diesem Netz ist die Skaleneinteilung so gewählt, daß sich bei Normalverteilung eine Gerade ergibt.

Lösung: Die Gesamtzahl der gemessenen Werte der Zufallsgröße $A$ wird zu 100% gesetzt. Für jeden der $i$ verschiedenen Werte $x_i$ wird die %-uale Häufigkeit berechnet. Von diesen $i$-Werten werden z. B. 4, in der Zeichnung $x_4$, $x_6$, $x_7$, $x_9$, 2 davon an den Rändern und 2 mehr aus der Mitte des Wertespektrums ausgewählt. Für jeden dieser 4 Werte wird berechnet, wieviel % der gemessenen Werte kleiner sind als der jeweils betrachtete, und dieser %-Wert in das Netz eingetragen (also zu $x_4$ der Wert bei 10%, zu $x_6$ der Wert bei 38%, usw.). Durch diese Punkte wird eine Gerade gelegt, die die Häufigkeitssummen 16% und 84% schneiden. Deren Abszissenabschnitt entspricht dann $2\sigma$. Der Mittelwert liegt bei 50%.

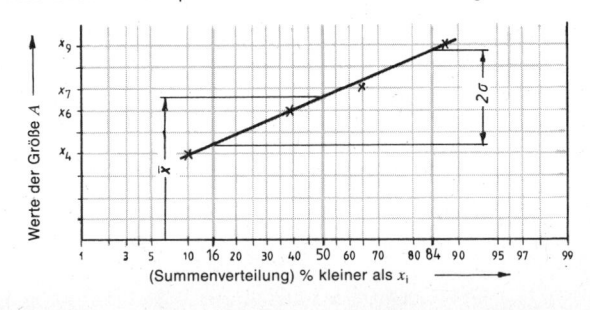

# Statistik
## Gaußsche Normalverteilung  |  G 7

**Gaußsche Normal-Verteilung** (Wahrscheinlichkeitsdichte)
Gleichung g 39 ergibt für $\sigma^2 = 1$ und $\mu = 0$ die normierte Wahrscheinlichkeitsdichte mit Mittelwert bei $\lambda = 0$.

g 43
$$\varphi(\lambda) = \frac{1}{\sqrt{2\pi}} \cdot e^{\frac{-\lambda^2}{2}}$$

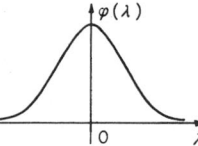

$\varphi(\lambda)$ kann den Tabellen Z 26 und Z 27 für den Wertebereich $0 \leq \lambda \leq 1{,}99$ entnommen werden, jedoch auch nach g 43 berechnet werden.

Der Zusammenhang zwischen der normierten Wahrscheinlichkeitsdichte $\varphi(\lambda)$ und der tatsächlichen Wahrscheinlichkeitsdichte $f(x)$, wenn $\mu \neq 0$ und $\sigma^2 \neq 1$, ergibt sich mit

g 44
$$\frac{x-\mu}{\sigma} = \lambda \quad \text{zu} \quad f(x) = \frac{\varphi(\lambda)}{\sigma} = \frac{1}{\sigma\sqrt{2\pi}} \cdot e^{\frac{-(x-\mu)^2}{2\sigma^2}}$$

Bei der Berechnung sucht man daher für ein bestimmtes $\lambda$ in der Tabelle den zugehörigen Wert der normierten Wahrscheinlichkeitsdichte $\varphi(\lambda)$ und findet nach anschließender Division mit $\sigma$ den zum Merkmalswert $x$ gehörigen Wert der gesuchten Wahrscheinlichkeitsdichte $f(x)$.

Die Werte von $\mu$ und $\sigma$ können nach Gleichungen g 26 und g 41 rein rechnerisch ermittelt werden. In G 6 wird eine einfache grafische Methode angegeben zur Bestimmung von $\sigma$.

**Normierte Gaußverteilung** $\Phi(\lambda)$ (Verteilungsfunktion)
Gleichung g 39 ergibt für $\sigma^2 = 1$ und $\mu = 0$ die normierte Verteilungsfunktion der Gauß-Verteilung.

g 45
$$\Phi(\lambda) = \int_{-\infty}^{\lambda} \varphi(t) \cdot dt = \frac{1}{\sqrt{2\pi}} \int_{-\infty}^{\lambda} e^{\frac{-t^2}{2}} \cdot dt$$

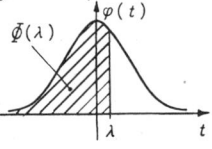

Da $\lim \Phi(\lambda) = 1$ für $\lambda \to \infty$ und $\varphi(t)$ eine symmetrische Funktion ist, gilt:

g 46
$$\Phi(-\lambda) = 1 - \Phi(\lambda)$$

Der Zusammenhang zwischen der normierten Verteilungsfunktion $\Phi(\lambda)$ und der tatsächlichen Verteilungsfunktion $F(x)$, wenn $\mu \neq 0$ und $\sigma^2 \neq 1$ ergibt sich mit

g 47/48
$$\frac{t-\mu}{\sigma} = \lambda \quad \text{zu} \quad F(x) = \frac{\Phi(\lambda)}{\sigma} = \frac{1}{\sigma\sqrt{2\pi}} \int_{-\infty}^{x} e^{\frac{-(t-\mu)^2}{2\sigma^2}} \cdot dt$$

# Statistik
## Wahrscheinlichkeits-Integral

**G 8**

### Wahrscheinlichkeits-Integral nach Gauß

Das Wahrscheinlichkeits-Integral basiert auf der normierten Gauß-Verteilung nach g 45 mit $\sigma^2 = 1$ und $\mu = 0$, stellt aber im Gegensatz zur Verteilungsfunktion die Fläche zwischen $-x$ und $+x$ der symmetrischen Dichtefunktion $\varphi(t)$ dar.

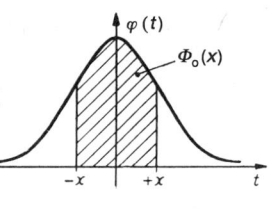

g 49
$$\Phi_o(x) = \frac{2}{\sqrt{2\pi}} \int_0^x e^{\frac{-t^2}{2}} \cdot dt$$

$\Phi_o(x)$ wird in den Tabellen Z 26 und Z 27 für $0 \leq x \leq 1{,}99$ angegeben. Für größere Werte von $x$ siehe Näherungen im folgenden Abschnitt. Der Zusammenhang zwischen $\Phi_o(x)$ und der Fehlerfunktion ist $\Phi_o(x) = \text{erf}(x/\sqrt{2})$.

g 50

### Fehlerfunktion (error function)

g 51
$$\text{erf}(x) = \Phi_o(x \cdot \sqrt{2}) = \frac{2}{\sqrt{\pi}} \int_0^x e^{-t^2} \cdot dt$$

g 52
$$= \frac{2}{\sqrt{\pi}} \cdot e^{-x^2} \sum_{n=0}^{\infty} \frac{2^n}{1 \cdot 3 \cdot \ldots \cdot (2n+1)} \cdot x^{2n+1}$$

erf$(x)$ ist in den Tabellen Z 26 und Z 27 für $0 \leq x \leq 1{,}99$ angegeben. Für $x \geq 2$ läßt sich erf$(x)$ neben obiger Reihenentwicklung auch mit Hilfe folgender Näherung berechnen:

g 53
$$\text{erf}(x) = 1 - \frac{\alpha}{x \cdot e^{x^2}} \quad \text{mit}$$

$\alpha = 0{,}515$ für $2 \leq x \leq 3$
$\alpha = 0{,}535$ für $3 \leq x \leq 4$
$\alpha = 0{,}545$ für $4 \leq x \leq 7$
$\alpha = 0{,}56$ für $7 \leq x < \infty$

Verbleibende Restfläche unter der Glockenkurve nach Abzug von erf$(x)$:

g 54
$$\text{erfc}(x) = 1 - \text{erf}(x) = \frac{2}{\sqrt{\pi}} \int_x^{\infty} e^{-t^2} \cdot dt$$

$\Phi_o(x)$ und $[1 - \Phi_o(x)]$ in % der Gesamtfläche für spezielle Werte von $x$ (gemäß g 49)

g 55

| $x$ | $\Phi_o(x)/\%$ | $[1-\Phi_o(x)]/\%$ |
|---|---|---|
| $\pm \sigma$ | 68,26 | 31,74 |
| $\pm 2\sigma$ | 95,44 | 4,56 |
| $\pm 2{,}58\sigma$ | 99 | 1 |
| $\pm 3\sigma$ | 99,73 | 0,27 |
| $\pm 3{,}29\sigma$ | 99,9 | 0,1 |

# Statistik
## Stichproben-Prüfung

**G 9**

**Stichprobenprüfung:** Aus Kostengründen wird häufig auf eine 100%-ige Prüfung verzichtet. Dafür arbeitet man mit Stichprobenentnahmen. Damit diese repräsentativ sind, müssen sie willkürlich sein und Chancengleichheit für alle Teile bieten (z. B. gute Durchmischung).

Ziel der Stichprobenentnahme: Aussage über Wahrscheinlichkeit der wirklichen Ausfallrate des Gesamtloses auf Grund von festgestellter Ausfall- oder Fehlerzahl in einer Stichprobe.

**Hypergeometrische Verteilung:** Die Wahrscheinlichkeit $P(k)$, mit der man aus dem Gesamtlos $N$ bei einer Stichprobe vom Umfang $n$ genau $k$ fehlerhafte Teile findet, wenn $p$ die angenommene Wahrscheinlichkeit für ein fehlerhaftes Stück ist und damit $p \cdot N$ die Zahl der fehlerhaften Teile in $N$ ist, errechnet sich zu:

g 56
$$P(k) = \frac{\binom{pN}{k}\binom{N(1-p)}{n-k}}{\binom{N}{n}} \; ; \qquad p N \text{ ganzzahlig}$$

Die Wahrscheinlichkeit, daß man maximal $k$ fehlerhafte Teile findet, d. h. 0, 1, 2, ... $k$ läßt sich mit der kumulativen hypergeometrischen Verteilung berechnen:

g 58
$$\sum_{x=0}^{k} P(k) = P(0) + P(1) + \ldots + P(k)$$

$$= \sum_{x=0}^{k} \frac{\binom{pN}{x}\binom{N(1-p)}{n-x}}{\binom{N}{n}} \; ; \qquad p N \text{ ganzzahlig}$$

Beispiel
Im Los von $N = 100$ Schrauben dürfen maximal $p = 3\%$, d. h. $pN = 3$, Ausschuß sein. Es werden Stichproben von $n = 20$ entnommen. Wieviele fehlerhafte Teile sind zulässig, wenn die Wahrscheinlichkeit $\Sigma P(k) \leq 90\%$ ist:

| $x$ | $P(x)$ | $\sum_{x=0}^{k} P(x)$ |
|---|---|---|
| 0 | 0,508 | 0,508 |
| 1 | 0,391 | 0,899 |
| 2 | 0,094 | 0,993 |
| 3 | 0,007 | 1,000 |

Die Rechnung zeigt, daß <u>ein</u> Teil fehlerhaft sein darf.

**Weitere spezielle Verteilungen:** Neben der hypergeometrischen Verteilung, die sehr viel Rechenarbeit erfordert, hat man für bestimmte Voraussetzungen und Randbedingungen andere spezielle Verteilungen abgeleitet. Diese sind zusammen mit der hypergeometrischen Verteilung in den Tabellen auf G 4 und G 5 angegeben und ihre besonderen Eigenschaften aufgeführt.

# Statistik

Aussagesicherheit; Annahmekennlinie

**G 10**

**Aussagesicherheit einer Stichprobe:** In einer aus dem Los der Größe $N$ entnommenen Stichprobe vom Umfang $n$ findet man $k$ fehlerhafte Teile. In dem Los sei die Wahrscheinlichkeit für ein fehlerhaftes Teil $p$. Die Wahrscheinlichkeit, in der Stichprobe mehr als $k$ Fehler zu finden, erhält man aus Gleichung g 58:

g 59
$$P(x>k) = P(k+1) + P(k+2) + \ldots + P(n) = \sum_{x=k+1}^{n} P(x)$$

Unter der Voraussetzung, daß $N$ groß ist und $p<0{,}1$, was bei technischen Prozessen meistens vorliegt, läßt sich die Berechnung (s. a. Tabelle G 4) am einfachsten mit Hilfe der Poissonverteilung durchführen:

g 60
$$P(x>k) = \sum_{x=k+1}^{x=n} \frac{(np)^x}{x!} \cdot e^{-np} = 1 - \sum_{x=0}^{x=k} \frac{(np)^x}{x!} \cdot e^{-np}$$

Für kleine Werte von $k$ berechnet man diese Wahrscheinlichkeit daher am einfachsten nach folgender Gleichung:

g 61
$$P(x>k) = 1 - \sum_{x=0}^{k} \frac{(np)^x}{x!} \cdot e^{-np} = 1 - e^{-np}\left[1 + \frac{np}{1!} + \frac{(np)^2}{2!} + \ldots + \frac{(np)^k}{k!}\right]$$

$P(x>k)$ wird auch Aussagesicherheit genannt. Mit Hilfe von Gleichung g 61 kann man ermitteln, mit welcher Aussagesicherheit $P(x>k)$ bei einer Stichprobe vom Umfang $n$ und $k$ festgestellten Fehlern der Fehleranteil im gesamten Los den Wert $p = k/n$ annimmt oder wie groß die Stichprobe $n$ sein muß, damit bei $k$ zugelassenen Fehlern und einer gewünschten Aussagesicherheit die Fehlerwahrscheinlichkeit $p$ ist.

**Annahmekennlinie oder Operationscharakteristik (OC):** Ein Verbraucher steht vor der Frage, ob ein angeliefertes Los seinen Qualitätsanforderungen genügt bzw. ob der Erzeuger die vereinbarte Qualität geliefert hat. Eine 100%-ige Prüfung ist zu aufwendig und nicht immer zerstörungsfrei möglich. Setzt man eine Fehlerwahrscheinlichkeit $p \leq p_0$ im Los voraus, so ist zu klären, ob man bei einer Stichprobe vom Umfang $n$, in der man bis zu $k = c$ fehlerhafte Teile findet, das Los annehmen kann oder nicht. Die Annahmewahrscheinlichkeit $L(p, c) \geq 1 - \alpha$, wobei $\alpha$ das Erzeugerrisiko ist, läßt sich aus der Einzelwahrscheinlichkeit $P(k)$ nach Gleichung g 58 errechnen.

g 62

g 63
$$L(p, c) = P(0) + P(1) + \ldots + P(k = c)$$

g 64 unter Voraussetzung für Poissonverteilg. nach g 35
$$= \sum_{k=0}^{c} \frac{(np)^k}{k!} e^{-np} = e^{-np}\left[1 + np + \frac{(np)^2}{2!} + \ldots + \frac{(np)^c}{c!}\right]$$

Fortsetzung siehe G 11

# Statistik
## Annahmekennlinie; AQL-Wert

**G 11**

Fortsetzung von G 10

Nach vorstehender Formel lassen sich die verschiedenen Annahmekennlinien $L(p, c)$ in Abhängigkeit des Fehleranteils $p$ im Los berechnen. Man unterscheidet dabei vornehmlich 2 Typen:

| Typ A | Typ B |
|---|---|
| $n$ = const.; $c$: Parameter | $c$ = const.; $n$: Parameter |
| Beispiel ($c = 100$, $n = 100$) | Beispiel ($n = 4$, $c = 4$) |

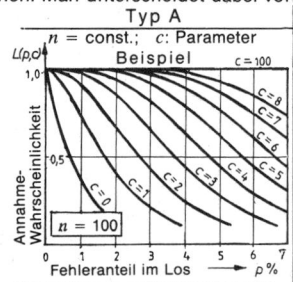

**Bemerkung:** Je kleiner die höchstens zugelassene Fehlerzahl $c$ der Stichprobe ist, desto näher rückt die Annahmekennlinie gegen ⌀-Fehleranteil im Los. $c$ muß $\leq n$ sein.

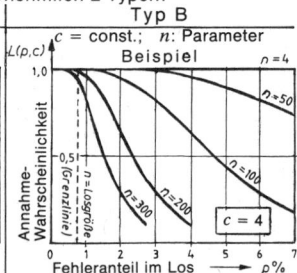

**Bemerkung:** Annahmekennlinie um so steiler, je größer Stichprobenumfang. Als Grenzlinie ergibt sich Rechteck wenn $n$ = Losgröße. Je steiler die Kennlinie verläuft, desto schärfer die Prüfung. $n$ muß $\geq c$ sein.

**AQL-Wert:** (**A**cceptable **Q**uality **L**evel od. Herstell-Grenz-Qualität)
Eindeutige Absprachen zwischen Hersteller und Abnehmer führen zum wichtigsten Punkt auf der Annahmekennlinie, der den AQL-Wert festlegt: Dieser Punkt gibt den Fehleranteil $p_o$ in % eines Loses an, bei dem dieses Los noch Chance hat, bei einer Stichprobe mit der Wahrscheinlichkeit von üblicherweise 90% (da $L(p, c) \geq 1 - \alpha$, ist in diesem Fall $\alpha = 0{,}1$ bzw. 10%) angenommen zu werden. Auf diese Annahmekennlinie vom Typ A bezogen, bedeutet dies, daß z.B. bei Stichprobenumfang $n$ höchstens $c_2$ Fehler zugelassen werden. Um weniger Retouren zu erhalten, hält der Hersteller seine Qualität (Fehleranteil im Los) weit unter dem von ihm zugesagten AQL-Wert, z.B. bei $p_o{}^*$, bei dem nur $c_1$ Fehler zugelassen sind, bzw. bei dem bezogen auf die ursprüngliche Kurve die Annahmewahrscheinlichkeit bei ca. 99% liegt. Die Praxis fordert häufig einen AQL-Wert mit $p_o = 0{,}65\%$.

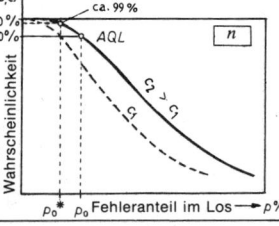

$n$: Stichprobenumfang
$c$: Zahl der höchstens zugelassenen fehlerhaften Teile

# Statistik
## Zuverlässigkeit
**G 12**

### Allgemeine Definitionen

g 65    Zuverlässigkeit
$$R(t) = \frac{n(t)}{n_0} = e^{-\int_0^t \lambda(\tau)\,d\tau}$$

g 66    Ausfallwahrscheinlichkeit
$$F(t) = 1 - R(t)$$

g 67    Ausfalldichte
$$f(t) = -\frac{dR}{dt}$$
$$= \lambda(t) \cdot e^{-\int_0^t \lambda(\tau)\,d\tau}$$

g 68    Ausfallrate
$$\lambda(t) = \frac{f(t)}{R(t)} = -\frac{1}{R(t)} \cdot \frac{dR}{dt}$$

MTTF (**m**ean **t**ime **t**o **f**ailure) bedeutet die mittlere Zeit bis zu einem Fehler.

g 69
$$\text{MTTF} = \int_0^\infty f(t) \cdot t \, dt = \int_0^\infty R(t) \cdot dt$$

Bei reparaturfähigen Systemen tritt anstelle von MTTF die mittlere Zeit zwischen 2 Fehlern, der mittlere Ausfallabstand $m$ = MTBF (**m**ean **t**ime **b**etween **f**ailure). MTTF und MTBF haben gleiche Zahlenwerte.

g 70
$$\text{MTTF} = \text{MTBF} = m = \int_0^\infty R(t) \cdot dt$$

Produktregel für die Zuverlässigkeit $R_S$:
Sind $R_1 \ldots R_n$ die Zuverlässigkeiten der Einzelelemente $1 \ldots n$, so gilt die Zuverlässigkeit des Gesamtsystems:

g 71
$$R_S = R_1 \cdot R_2 \cdot \ldots \cdot R_n = \prod_{i=1}^n R_i$$

g 72
$$= e^{-\int_0^t [\lambda_1(\tau) + \lambda_2(\tau) \ldots \lambda_n(\tau)] \cdot d\tau}$$

**Anmerkung**

Als Modelle für die Zuverlässigkeitsfunktion $R(t)$ kommen die in Tabellen G4 und G5 angegebenen Verteilungsfunktionen $F(x)$ in Betracht (Berechnung nach g 66). Die Exponentialverteilung, mathematisch einfach handbar, erfüllt dabei die Anforderungen im allgemeinen ausreichend ($\lambda$ = constant).

---

$n(t)$ : Bestand zur betrachteten Zeit $t$
$n_0$ : Anfangsbestand

# Statistik
## Zuverlässigkeit; Exponentialverteilung — G 13

### Exponentialverteilung als Zuverlässigkeitsfunktion

| | | |
|---|---|---|
| g 73 | Zuverlässigkeit | $R(t) = e^{-\lambda t}$ |
| g 74 | Ausfallwahrscheinlichkeit | $F(t) = 1 - e^{-\lambda t}$ |
| g 75 | Ausfalldichte | $f(t) = \lambda \cdot e^{-\lambda t}$ |
| g 76 | Ausfallrate | $\lambda(t) = \dfrac{f(t)}{R(t)} = \lambda = \text{const.}$ (Dimension 1/Zeit) |
| g 77 | Ausfallabstand (MTBF) | $m = \int_0^\infty e^{-\lambda t} \cdot dt = \dfrac{1}{\lambda}$ |
| g 78, g 79 | Produktregel für die Zuverlässigkeit $R_S$: | $R_S = e^{-\lambda_1 t} \cdot e^{-\lambda_2 t} \cdot \ldots \cdot e^{-\lambda_n t}$ $= e^{-(\lambda_1 + \lambda_2 + \ldots + \lambda_n)t}$ |
| g 80 | Gesamtausfallrate | $\lambda_S = \lambda_1 + \lambda_2 + \ldots + \lambda_n = \dfrac{1}{\text{MTBF}}$ |

Für kleine Werte kann die Ausfallrate durch folgende Näherung berechnet werden:

g 81
$$\lambda = \frac{\text{Ausfälle}}{\text{Anfangsbestand} \cdot \text{Betriebsdauer}}$$

$\lambda$-Angaben beziehen sich im allgemeinen auf Betriebsstunden:

g 82
$$\text{Einheit: 1 fit} = 1 \text{ Ausfall} / 10^9 \text{ Stunden}$$

### Typische Beispiele für Ausfallraten $\lambda$ in fit:

| | | | |
|---|---|---|---|
| IC-digital bipolar (SSI) | 10 | Metallschicht-Widerstand | 0,2 |
| IC-analog bipolar (OpAmp) | 10 | Drahtwiderstand | 10 |
| Transistor-Si-Universal | 5 | Klein-Übertrager | 5 |
| Transistor-Si-Leistung | 100 | HF-Spule | 1 |
| Diode-Si | 3 | Quarz | 10 |
| Tantal-Elko mit flüssigem Elektrolyt | 10 | Leuchtdiode (Ausfall = Abnahme auf 50% Leuchtkraft) | 500 |
| Tantal-Elko mit festem Elektrolyt | 0,5 | | |
| Alu-Elko | 20 | Lötverbindung (manuell) | 0,5 |
| Keramik (Vielschicht) Kondens. | 10 | Wrapverbindung | 0,0025 |
| Papierkondensator | 2 | Quetsch-Verbindung | 0,26 |
| Glimmerkondensator | 1 | Steckkontakt | 0,3 |
| Kohleschicht $\geq 100$ k$\Omega$ | 5 | Steckfassg./beschalt. Kontakt | 0,5 |
| Kohleschicht $\leq 100$ k$\Omega$ | 0,5 | Dreh-Kipp-Schiebeschalter | 5 ... 30 |

Anmerkung: Umfangreiche Angaben zur Zuverlässigkeit in SN 29 500, Teil 1 (SIEMENS-Norm), DIN 40 040 und DIN 41 611.

# Differential-Rechnung
## Differential-Quotient

**H 1**

## Begriff des Differential-Quotienten (od. Ableitung)

### Steigung einer Kurve

Bei einer Kurve $y = f(x)$ ist die Steigung im allgemeinen in jedem Punkt eine andere. Unter der Steigung in einem Kurvenpunkt $P$ versteht man die Steigung der Tangente in diesem Punkt. Sind $x$ und $y$ von gleicher Dimension – was bei den meisten technischen Diagrammen nicht der Fall ist – und maßstabsgleich dargestellt, kann man die Steigung durch den Tangens des Winkels $\alpha$ zwischen Tangente und $x$-Achse ausdrücken:

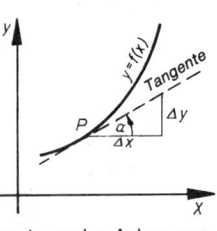

$$m = \tan \alpha$$

Stets gilt jedoch

h 1
$$\text{Steigung} \quad m = \frac{\Delta y}{\Delta x}$$

### Differenzen-Quotient

Der Differenzen-Quotient oder die mittlere Steigung der Funktion $y = f(x)$ am Kurvenstück $PP_1$ ist:

h 2
$$\frac{\Delta y}{\Delta x} = \frac{f(x + \Delta x) - f(x)}{\Delta x}$$

### Differential-Quotient, Ableitung

Macht man $\Delta x$ unendlich klein, läßt $\Delta x$ also gegen Null gehen, so wird die Steigung in $P$ der Grenzwert der Steigung einer Sekante. Diese Steigung ist die Ableitung oder der Differential-Quotient der Funktion in $P$:

h 3
$$y' = \frac{dy}{dx} = f'(x)$$

$$y' = \lim_{\Delta x \to 0} \frac{\Delta y}{\Delta x} = \lim_{\Delta x \to 0} \frac{f(x + \Delta x) - f(x)}{\Delta x} = \frac{dy}{dx} = f'(x)$$

# Differential-Rechnung
Bedeutung der Ableitung

**H 2**

## Geometrische Bedeutung der Ableitung

### Steigungskurve einer Kurve

Trägt man zu jedem $x$ einer Kurve die dazugehörige Steigung $y'$ als Ordinate auf, so erhält man das Bild der 1. Steigungskurve $y' = f'(x)$ oder die 1. Ableitung von der gegebenen Kurve $y = f(x)$.

Wird die 1. Steigungskurve $y' = f'(x)$ selbst abgeleitet, so erhält man $y'' = f''(x)$ oder die 2. Ableitung der gegebenen Kurve $y = f(x)$, usw.

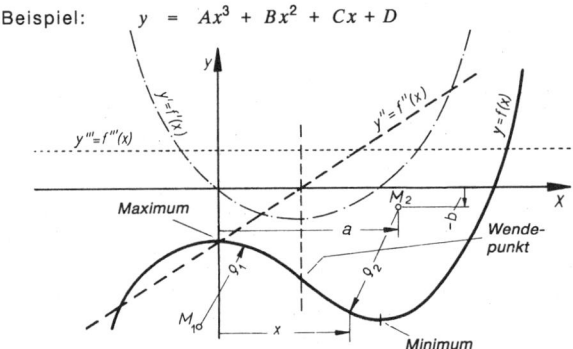

Beispiel: $\quad y = Ax^3 + Bx^2 + Cx + D$

### Krümmungsradius $\varrho$ in beliebigem Punkt $x$

h 4 $\quad \varrho = \dfrac{\sqrt{(1 + y'^2)^3}}{y''}$

### Mittelpunkts-Koordinaten für den Krümmungskreis mit dem Radius $\varrho$

h 5 $\quad a = x - \dfrac{1 + y'^2}{y''} \, y'$

h 6 $\quad b = y + \dfrac{1 + y'^2}{y''}$

Fortsetzung siehe H 3

# Differential-Rechnung
Bedeutung der Ableitung

**H 3**

## Bestimmung von Minima, Maxima und Wendepunkten

### Minima und Maxima

Setze $y' = 0$. Der erhaltene $x$-Wert heiße $a$. Dann wird $x = a$ in $y''$ eingesetzt.

| | | |
|---|---|---|
| h 7 | Ergibt sich $y''(a) > 0$, | liegt Minimum bei $x = a$ vor, |
| h 8 | ergibt sich $y''(a) < 0$, | liegt Maximum bei $x = a$ vor. |
| h 9 | Bei $y''(a) = 0$ | siehe h 19. |

### Wendepunkt

Setze $y'' = 0$. Der erhaltene $x$-Wert heiße $a$. Dann wird $x = a$ in $y'''$ eingesetzt.
Ergibt sich $y'''(a) \neq 0$, liegt Wendepunkt bei $x = a$ vor.

## Verlauf der Kurve $y = f(x)$

### Steigen und Fallen

| | | |
|---|---|---|
| h 11 | $y'(x) > 0$ | $y(x)$ nimmt mit wachsendem $x$ zu |
| h 12 | $y'(x) < 0$ | $y(x)$ nimmt mit wachsendem $x$ ab |
| h 13 | $y'(x) = 0$ | $y(x)$ hat in $x$ eine zur $x$-Achse parallele Tangente |

### Krümmung

| | | |
|---|---|---|
| h 14 | $y''(x) < 0$ | $y(x)$ zeigt sich von unten hohl |
| h 15 | $y''(x) > 0$ | $y(x)$ zeigt sich von unten bauchig |
| h 16 | $y''(x) = 0$ | mit / ohne Vorzeichenwechsel hat $y(x)$ in $x$ Wendepunkt / Flachpunkt |

### Sonderfall

Ist für eine Stelle $x = a$

h 17  $y'(a) = y''(a) = y'''(a) = \ldots y^{(n-1)}(a) = 0$, jedoch
h 18  $y^{(n)}(a) \neq 0$, dann können folgende 4 Fälle vorliegen:

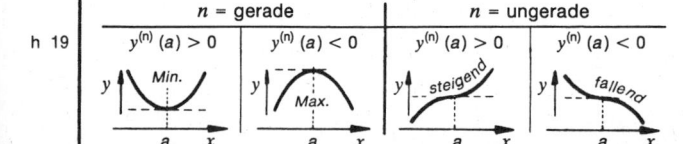

| | $n$ = gerade | | $n$ = ungerade | |
|---|---|---|---|---|
| h 19 | $y^{(n)}(a) > 0$ Min. | $y^{(n)}(a) < 0$ Max. | $y^{(n)}(a) > 0$ steigend | $y^{(n)}(a) < 0$ fallend |

# Differential-Rechnung
Grunddifferentiale | **H 4**

## Ableitungen

### Grund-Regeln

| | Funktion | Ableitung |
|---|---|---|
| h 21 | $y = c \cdot x^n + C$ | $y' = c \cdot n \cdot x^{n-1}$ |
| h 22 | $y = u(x) \pm v(x)$ | $y' = u'(x) \pm v'(x)$ |
| h 23 | $y = u(x) \cdot v(x)$ | $y' = u' \cdot v + u \cdot v'$ |
| h 24 | $y = \dfrac{u(x)}{v(x)}$ | $y' = \dfrac{u' \cdot v - u \cdot v'}{v^2}$ |
| h 25 | $y = \sqrt{x}$ | $y' = \dfrac{1}{2\sqrt{x}}$ |
| h 26 | $y = u(x)^{v(x)}$ | $y' = u^v \left( \dfrac{u' \cdot v}{u} + v' \cdot \ln u \right)$ |

### Ableitung einer Funktion von einer Funktion
(Kettenregel)

| | | |
|---|---|---|
| h 27 | $y = f[u(x)]$ | $y' = f'(u) \cdot u'(x)$ <br> $= \dfrac{dy}{dx} = \dfrac{dy}{du} \cdot \dfrac{du}{dx}$ |

### Ableitung bei Parameter-Darstellung

| | | | |
|---|---|---|---|
| h 28 | $y = f(x)$ | $\begin{cases} x = f(t) \\ y = f(t) \end{cases}$ | $y' = \dfrac{dy}{dt} \cdot \dfrac{dt}{dx} = \dfrac{\dot{y}}{\dot{x}}$ |
| h 29 | | | $y'' = \dfrac{d^2 y}{dx^2} = \dfrac{\dot{x}\ddot{y} - \dot{y}\ddot{x}}{\dot{x}^3}$ |

### Ableitung der Umkehr-Funktionen

Die Gleichung $y = f(x)$ nach $x$ aufgelöst, gibt die Umkehrfunktion $x = \varphi(y)$.

| | | |
|---|---|---|
| h 30 | $x = \varphi(y)$ | $\left. f'(x) = \dfrac{1}{\varphi'(y)} \right|_{y = f(x)}$ |

Beispiel

| | | |
|---|---|---|
| h 31 | $y = f(x) = \arccos x$ | $f'(x) = \dfrac{1}{-\sin y} = -\dfrac{1}{\sqrt{1-x^2}}$ |
| h 32 | gibt $x = \varphi(y) = \cos y$ | |

# Differential-Rechnung
## Grunddifferentiale

**H 5**

## Ableitungen

### Exponential-Funktionen

| | Funktion | Ableitung |
|---|---|---|
| h 33 | $y = e^x$ | $y' = e^x = y'' = \ldots$ |
| h 34 | $y = e^{-x}$ | $y' = -e^{-x}$ |
| h 35 | $y = e^{ax}$ | $y' = a \cdot e^{ax}$ |
| h 36 | $y = x \cdot e^x$ | $y' = e^x \cdot (1 + x)$ |
| h 37 | $y = \sqrt{e^x}$ | $y' = \dfrac{\sqrt{e^x}}{2}$ |
| h 38 | $y = a^x$ | $y' = a^x \cdot \ln a$ |
| h 39 | $y = a^{nx}$ | $y' = n \cdot a^{nx} \cdot \ln a$ |
| h 40 | $y = a^{x^2}$ | $y' = a^{x^2} \cdot 2x \cdot \ln a$ |

### Trigonometrische Funktionen

| | Funktion | Ableitung |
|---|---|---|
| h 41 | $y = \sin x$ | $y' = \cos x$ |
| h 42 | $y = \cos x$ | $y' = -\sin x$ |
| h 43 | $y = \tan x$ | $y' = \dfrac{1}{\cos^2 x} = 1 + \tan^2 x$ |
| h 44 | $y = \cot x$ | $y' = \dfrac{-1}{\sin^2 x} = -(1 + \cot^2 x)$ |
| h 45 | $y = a \cdot \sin(kx)$ | $y' = a \cdot k \cdot \cos(kx)$ |
| h 46 | $y = a \cdot \cos(kx)$ | $y' = -a \cdot k \cdot \sin(kx)$ |
| h 47 | $y = \sin^n x$ | $y' = n \cdot \sin^{n-1} x \cdot \cos x$ |
| h 48 | $y = \cos^n x$ | $y' = -n \cdot \cos^{n-1} x \cdot \sin x$ |
| h 49 | $y = \tan^n x$ | $y' = n \cdot \tan^{n-1} x \cdot (1 + \tan^2 x)$ |
| h 50 | $y = \cot^n x$ | $y' = -n \cdot \cot^{n-1} x \cdot (1 + \cot^2 x)$ |
| h 51 | $y = \dfrac{1}{\sin x}$ | $y' = \dfrac{-\cos x}{\sin^2 x}$ |
| h 52 | $y = \dfrac{1}{\cos x}$ | $y' = \dfrac{\sin x}{\cos^2 x}$ |

# Differential-Rechnung
## Grunddifferentiale

**H 6**

## Ableitungen

### Logarithmische Funktionen

| | Funktion | Ableitung |
|---|---|---|
| h 53 | $y = \ln x$ | $y' = \dfrac{1}{x}$ |
| h 54 | $y = \log_a x$ | $y' = \dfrac{1}{x \cdot \ln a}$ |
| h 55 | $y = \ln(1 \pm x)$ | $y' = \dfrac{\pm 1}{1 \pm x}$ |
| h 56 | $y = \ln x^n$ | $y' = \dfrac{n}{x}$ |
| h 57 | $y = \ln \sqrt{x}$ | $y' = \dfrac{1}{2x}$ |

### Hyperbel-Funktionen

| | Funktion | Ableitung |
|---|---|---|
| h 58 | $y = \sinh x$ | $y' = \cosh x$ |
| h 59 | $y = \cosh x$ | $y' = \sinh x$ |
| h 60 | $y = \tanh x$ | $y' = \dfrac{1}{\cosh^2 x}$ |
| h 61 | $y = \coth x$ | $y' = \dfrac{-1}{\sinh^2 x}$ |

### Arcus-Funktionen

| | Funktion | Ableitung |
|---|---|---|
| h 62 | $y = \arcsin x$ | $y' = \dfrac{1}{\sqrt{1-x^2}}$ |
| h 63 | $y = \arccos x$ | $y' = -\dfrac{1}{\sqrt{1-x^2}}$ |
| h 64 | $y = \arctan x$ | $y' = \dfrac{1}{1+x^2}$ |
| h 65 | $y = \text{arccot } x$ | $y' = -\dfrac{1}{1+x^2}$ |
| h 66 | $y = \text{arsinh } x$ | $y' = \dfrac{1}{\sqrt{x^2+1}}$ |
| h 67 | $y = \text{arcosh } x$ | $y' = \dfrac{1}{\sqrt{x^2-1}}$ |
| h 68 | $y = \text{artanh } x$ | $y' = \dfrac{1}{1-x^2}$ |
| h 69 | $y = \text{arcoth } x$ | $y' = \dfrac{1}{1-x^2}$ |

# Integral-Rechnung
## Begriff der Integration

**I 1**

### Begriff der Integration

**Integration, die Umkehrung der Differentiation**

Integration bedeutet, zu einer gegebenen Funktion $y = f(x)$ eine Funktion $F(x)$ zu finden, deren Ableitung $F'(x)$ gleich der ursprünglichen Funktion $f(x)$ ist, also

i 1
$$F'(x) = \frac{dF(x)}{dx} = f(x)$$

Hieraus ergibt sich durch Integration

**das unbestimmte Integral**

i 2
$$\int f(x)\ dx = F(x) + C$$

$C$ ist dabei eine unbestimmte Konstante, die bei der Differentiation wieder wegfällt, da die Ableitung einer Konstanten gleich Null ist.

**Geometrische Bedeutung des unbestimmten Integrals**

Wie Figur zeigt, gibt es unendlich viele Kurven $y = F(x)$ mit der Steigung $y' = f(x)$.
Alle Kurven $y = F(x)$ sind gleich, jedoch parallel zur $x$-Achse zueinander verschoben. Die Konstante $C$ legt jedoch eine bestimmte Kurve fest. Soll die Kurve durch den Punkt $x_0/y_0$ gehen, so wird

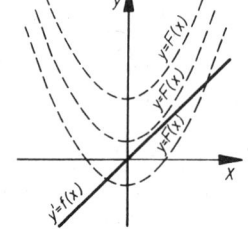

j 3
$$C = y_0 - F(x_0)$$

**Das bestimmte Integral**

Das bestimmte Integral hat die Form

i 4
$$\int_a^b f(x)\ dx = F(x)\Big|_a^b = F(b) - F(a)$$

Dabei wird zwischen den Grenzen $a$ und $b$ integriert und das zweite Substitutions-Resultat vom ersten subtrahiert. Dadurch fällt die Konstante $C$ weg.

# Integral-Rechnung
Integrations-Regeln | **I 2**

## Integration

### Grund-Regeln

i 5
$$\int x^n \, dx = \frac{x^{n+1}}{n+1} + C, \quad \text{hierbei } n \neq -1$$

i 6
$$\int \frac{dx}{x} = \ln |x| + C$$

i 7
$$\int [u(x) \pm v(x)] \, dx = \int u(x) \, dx \pm \int v(x) \, dx$$

i 8
$$\int \frac{u'(x)}{u(x)} \, dx = \ln |u(x)| + C$$

i 9
$$\int u(x) \cdot u'(x) \, dx = \frac{1}{2} \left[ u(x) \right]^2 + C$$

### Partielle Integration

i10
$$\int u(x) \cdot v'(x) \, dx = u(x) \cdot v(x) - \int u'(x) \cdot v(x) \, dx$$

### Substitutions-Methode

i11
$$\int f(x) \, dx = \int f[\varphi(z)] \cdot \varphi'(z) \, dz$$

wobei $x = \varphi(z)$ und $dx = \varphi'(z) \, dz$

Beispiel:

i12
$F(x) = \int \sqrt{3x-5} \, dx.$

Setze $3x - 5 = z,$ ergibt abgeleitet $z' = \frac{dz}{dx} = 3.$

Hieraus $dx = \frac{dz}{3}.$ Integral in $z$ ausgedrückt, lautet

$F(x) = \frac{1}{3} \int \sqrt{z} \, dz = \frac{2}{9} z \sqrt{z} + C.$ In diesen Ausdruck Wert

von $z$ einsetzen: $F(x) = \frac{2}{9} (3x-5) \sqrt{3x-5} + C$

# Integral-Rechnung
## Grundintegrale

**I 3**

### Integrale
(ohne Integrationskonstante $C$)

i 13 $\quad \int \dfrac{1}{x^n} \, dx = -\dfrac{1}{n-1} \cdot \dfrac{1}{x^{n-1}} \qquad (n \neq 1)$

i 14 $\quad \int a^{bx} \, dx = \dfrac{1}{b} \cdot \dfrac{a^{bx}}{\ln |a|}$

i 15 $\quad \int \ln x \, dx = x \ln |x| - x$

i 16 $\quad \int (\ln x)^2 \, dx = x(\ln |x|)^2 - 2x \ln |x| + 2x$

i 17 $\quad \int \dfrac{dx}{\ln x} = \ln |(\ln |x|)| + \ln |x| + \dfrac{(\ln |x|)^2}{2 \cdot 2!} + \dfrac{(\ln |x|)^3}{3 \cdot 3!} + \ldots$

i 18 $\quad \int x \, \ln x \, dx = x^2 \left[ \dfrac{\ln |x|}{2} - \dfrac{1}{4} \right]$

i 19 $\quad \int x^m \ln x \, dx = x^{m+1} \cdot \left[ \dfrac{\ln |x|}{m+1} - \dfrac{1}{(m+1)^2} \right] \qquad (m \neq -1)$

i 20 $\quad \int \dfrac{dx}{x \ln x} = \ln |(\ln |x|)|$

i 21 $\quad \int e^{ax} \, dx = \dfrac{1}{a} e^{ax}$

i 22 $\quad \int x \, e^{ax} \, dx = \dfrac{e^{ax}}{a^2} (ax - 1)$

i 23 $\quad \int x^2 \, e^{ax} \, dx = e^{ax} \left( \dfrac{x^2}{a} - \dfrac{2x}{a^2} + \dfrac{2}{a^3} \right)$

i 24 $\quad \int x^n \, e^{ax} \, dx = \dfrac{1}{a} x^n \, e^{ax} - \dfrac{n}{a} \int x^{n-1} \, e^{ax} \cdot dx$

i 25 $\quad \int \dfrac{e^{ax}}{x} \, dx = \ln |x| + \dfrac{ax}{1 \cdot 1!} + \dfrac{(ax)^2}{2 \cdot 2!} + \dfrac{(ax)^3}{3 \cdot 3!} + \ldots$

i 26 $\quad \int \dfrac{e^{ax}}{x^n} \, dx = \dfrac{1}{n-1} \left( -\dfrac{e^{ax}}{x^{n-1}} + a \int \dfrac{e^{ax}}{x^{n-1}} \, dx \right) \qquad (n \neq 1)$

i 27 $\quad \int \dfrac{dx}{1 + e^{ax}} = \dfrac{1}{a} \ln \left| \dfrac{e^{ax}}{1 + e^{ax}} \right|$

i 28 $\quad \int \dfrac{dx}{b + c \, e^{ax}} = \dfrac{x}{b} - \dfrac{1}{ab} \ln |b + c \, e^{ax}|$

Fortsetzung siehe I 4

# Integral-Rechnung
## Grundintegrale

**Integrale**

(ohne Integrationskonstante $C$)

$$\int \frac{e^{ax}\,dx}{b + c\,e^{ax}} = \frac{1}{ac} \ln |b + c\,e^{ax}| \qquad \text{i 29}$$

$$\int e^{ax} \ln x\,dx = \frac{e^{ax} \ln |x|}{a} - \frac{1}{a} \int \frac{e^{ax}}{x}\,dx \qquad \text{i 30}$$

$$\int e^{ax} \sin bx\,dx = \frac{e^{ax}}{a^2 + b^2}(a \sin bx - b \cos bx) \qquad \text{i 31}$$

$$\int e^{ax} \cos bx\,dx = \frac{e^{ax}}{a^2 + b^2}(a \cos bx + b \sin bx) \qquad \text{i 32}$$

$$\int \frac{dx}{ax + b} = \frac{1}{a} \ln |ax + b| \qquad \text{i 33}$$

$$\int \frac{dx}{(ax + b)^n} = -\frac{1}{a(n-1)(ax+b)^{n-1}} \qquad (n \ne 1) \quad \text{i 34}$$

$$\int \frac{dx}{ax - b} = \frac{1}{a} \ln |ax - b| \qquad \text{i 35}$$

$$\int \frac{dx}{(ax - b)^n} = -\frac{1}{a(n-1)(ax-b)^{n-1}} \qquad (n \ne 1) \quad \text{i 36}$$

$$\int \frac{dx}{(ax + b)(cx + d)} = \frac{1}{bc - ad} \cdot \ln \left| \frac{cx + d}{ax + b} \right| \qquad (bc-ad \ne 0) \quad \text{i 37}$$

$$\int \frac{dx}{(ax - b)(cx - d)} = \frac{1}{ad - bc} \cdot \ln \left| \frac{cx - d}{ax - b} \right| \qquad (ad-bc \ne 0) \quad \text{i 38}$$

$$\int \frac{x\,dx}{(ax + b)(cx + d)} = \frac{1}{bc - ad} \left[ \frac{b}{a} \ln |ax + b| - \frac{d}{c} \ln |cx + d| \right] \qquad \text{i 39}$$
$$(bc-ad \ne 0)$$

$$\int \frac{x\,dx}{ax + b} = \frac{x}{a} - \frac{b}{a^2} \ln |ax + b| \qquad \text{i 40}$$

$$\int \frac{x^2\,dx}{ax + b} = \frac{1}{a^3} \left[ \frac{1}{2}(ax + b)^2 - 2b(ax + b) + b^2 \ln |ax + b| \right] \qquad \text{i 41}$$

$$\int \frac{x^3\,dx}{ax + b} = \frac{1}{a^4} \left[ \frac{(ax + b)^3}{3} - \frac{3b(ax + b)^2}{2} + 3b^2(ax + b) - b^3 \ln |ax + b| \right] \qquad \text{i 42}$$

$$\int \frac{dx}{x(ax + b)} = -\frac{1}{b} \ln \left| a + \frac{b}{x} \right| \qquad \text{i 43}$$

$$\int \frac{dx}{x^2(ax + b)} = -\frac{1}{bx} + \frac{a}{b^2} \ln \left| a + \frac{b}{x} \right| \qquad \text{i 44}$$

# Integral-Rechnung
## Grundintegrale

**I 5**

### Integrale

(ohne Integrationskonstante $C$)

i 45 $\quad \displaystyle\int \frac{dx}{x^3(ax+b)} = -\frac{1}{b^3}\left[a^2 \ln\left|\frac{ax+b}{x}\right| - \frac{2a(ax+b)}{x} + \frac{(ax+b)^2}{2x^2}\right]$

i 46 $\quad \displaystyle\int \frac{x\,dx}{(ax+b)^2} = \frac{b}{a^2(ax+b)} + \frac{1}{a^2}\ln|ax+b|$

i 47 $\quad \displaystyle\int \frac{x^2\,dx}{(ax+b)^2} = \frac{1}{a^3}\left[(ax+b) - 2b\ln|ax+b| - \frac{b^2}{ax+b}\right]$

i 48 $\quad \displaystyle\int \frac{x^3\,dx}{(ax+b)^2} = \frac{1}{a^4}\left[\frac{(ax+b)^2}{2} - 3b(ax+b) + 3b^2 \ln|ax+b| + \frac{b^3}{ax+b}\right]$

i 49 $\quad \displaystyle\int \frac{x\,dx}{(ax+b)^3} = \frac{1}{a^2}\left[-\frac{1}{ax+b} + \frac{b}{2(ax+b)^2}\right]$

i 50 $\quad \displaystyle\int \frac{x^2\,dx}{(ax+b)^3} = \frac{1}{a^3}\left[\ln|ax+b| + \frac{2b}{ax+b} - \frac{b^2}{2(ax+b)^2}\right]$

i 51 $\quad \displaystyle\int \frac{x^3\,dx}{(ax+b)^3} = \frac{1}{a^4}\left[(ax+b) - 3b\ln|ax+b| - \frac{3b^2}{ax+b} + \frac{b^3}{2(ax+b)^2}\right]$

i 52 $\quad \displaystyle\int \frac{dx}{x(ax+b)^2} = -\frac{1}{b^2}\left(\ln\left|\frac{ax+b}{x}\right| + \frac{ax}{ax+b}\right) = -\frac{1}{b^2}\left[\ln\left|a + \frac{b}{x}\right| + \frac{ax}{ax+b}\right]$

i 53 $\quad \displaystyle\int \frac{dx}{x^2(ax+b)^2} = -a\left[\frac{1}{b^2(ax+b)} + \frac{1}{ab^2 x} - \frac{2}{b^3}\ln\left|\frac{ax+b}{x}\right|\right]$

i 54 $\quad \displaystyle\int \frac{dx}{x^3(ax+b)^2} = -\frac{1}{b^4}\left[3a^2\ln\left|\frac{ax+b}{x}\right| + \frac{a^3 x}{ax+b} + \frac{(ax+b)^2}{2x^2} - \frac{3a(ax+b)}{x}\right]$

i 55 $\quad \displaystyle\int \frac{dx}{a^2+x^2} = \frac{1}{a}\arctan\frac{x}{a}$

i 56 $\quad \displaystyle\int \frac{x\,dx}{a^2+x^2} = \frac{1}{2}\ln|a^2+x^2|$

i 57 $\quad \displaystyle\int \frac{x^2\,dx}{a^2+x^2} = x - a\cdot\arctan\frac{x}{a}$

i 58 $\quad \displaystyle\int \frac{x^3\,dx}{a^2+x^2} = \frac{x^2}{2} - \frac{a^2}{2}\ln|a^2+x^2|$

i 59 $\quad \displaystyle\int \frac{dx}{a^2-x^2} = -\int \frac{dx}{x^2-a^2} = \frac{1}{a}\cdot\frac{1}{2}\ln\left|\frac{a+x}{a-x}\right|$

i 60 $\quad \displaystyle\int \frac{x\,dx}{a^2-x^2} = -\int \frac{x\,dx}{x^2-a^2} = -\frac{1}{2}\ln|a^2-x^2|$

Forts. s. I 6

# Integral-Rechnung
## Grundintegrale

### Integrale
(ohne Integrationskonstante $C$)

$$\int \frac{x^2 \, dx}{a^2 - x^2} = -\int \frac{x^2 \, dx}{x^2 - a^2} = -x + a \frac{1}{2} \ln \left|\frac{a+x}{a-x}\right|$$ i 61

$$\int \frac{x^3 \, dx}{a^2 - x^2} = -\int \frac{x^3 \, dx}{x^2 - a^2} = -\frac{x^2}{2} - \frac{a^2}{2} \ln |a^2 - x^2|$$ i 62

$$\int \frac{dx}{(a^2 + x^2)^2} = \frac{x}{2a^2(a^2 + x^2)} + \frac{1}{2a^3} \arctan \frac{x}{a}$$ i 63

$$\int \frac{x \, dx}{(a^2 + x^2)^2} = -\frac{1}{2(a^2 + x^2)}$$ i 64

$$\int \frac{x^2 \, dx}{(a^2 + x^2)^2} = -\frac{x}{2(a^2 + x^2)} + \frac{1}{2a} \arctan \frac{x}{a}$$ i 65

$$\int \frac{x^3 \, dx}{(a^2 + x^2)^2} = \frac{a^2}{2(a^2 + x^2)} + \frac{1}{2} \ln |a^2 + x^2|$$ i 66

$$\int \frac{dx}{(a^2 + x^2)^n} = \frac{x}{2a^2(n-1)(a^2+x^2)^{n-1}} + \frac{2n-3}{2a^2(n-1)} \cdot \int \frac{dx}{(a^2+x^2)^{n-1}} \quad (n \neq 1)$$ i 67

$$\int \frac{dx}{(a^2 - x^2)^2} = \frac{x}{2a^2(a^2 - x^2)} + \frac{1}{2a^3} \cdot \frac{1}{2} \ln \left|\frac{a+x}{a-x}\right|$$ i 68

$$\int \frac{x \, dx}{(a^2 - x^2)^2} = \frac{1}{2(a^2 - x^2)}$$ i 69

$$\int \frac{x^2 \, dx}{(a^2 - x^2)^2} = \frac{x}{2(a^2 - x^2)} - \frac{1}{2a} \cdot \frac{1}{2} \ln \left|\frac{a+x}{a-x}\right|$$ i 70

$$\int \frac{x^3 \, dx}{(a^2 - x^2)^2} = \frac{a^2}{2(a^2 - x^2)} + \frac{1}{2} \ln |a^2 - x^2|$$ i 71

$$\int \sqrt{x} \, dx = \frac{2}{3} \sqrt{x^3}$$ i 72

$$\int \sqrt{ax + b} \, dx = \frac{2}{3a} \sqrt{(ax+b)^3}$$ i 73

$$\int x \sqrt{ax + b} \, dx = \frac{2(3ax - 2b) \sqrt{(ax+b)^3}}{15a^2}$$ i 74

$$\int x^2 \sqrt{ax + b} \, dx = \frac{2(15a^2 x^2 - 12abx + 8b^2) \cdot \sqrt{(ax+b)^3}}{105a^3}$$ i 75

$$\int \frac{dx}{\sqrt{x}} = 2 \sqrt{x}$$ i 76

# Integral-Rechnung
## Grundintegrale

**I 7**

### Integrale
(ohne Integrationskonstante $C$)

i 77 $\quad \int \dfrac{dx}{\sqrt{ax+b}} = \dfrac{2\sqrt{(ax+b)}}{a}$

i 78 $\quad \int \dfrac{x\,dx}{\sqrt{ax+b}} = \dfrac{2(ax-2b)}{3a^2}\sqrt{(ax+b)}$

i 79 $\quad \int \dfrac{x^2\,dx}{\sqrt{ax+b}} = \dfrac{2(3a^2x^2 - 4abx + 8b^2)\sqrt{(ax+b)}}{15a^3}$

i 80 $\quad \int \sqrt{a^2+x^2}\,dx = \dfrac{x}{2}\sqrt{a^2+x^2} + \dfrac{a^2}{2}\,\operatorname{arsinh}\dfrac{x}{a}$

i 81 $\quad \int x\sqrt{a^2+x^2}\,dx = \dfrac{1}{3}\sqrt{(a^2+x^2)^3}$

i 82 $\quad \int x^2\sqrt{a^2+x^2}\,dx = \dfrac{x}{4}\sqrt{(a^2+x^2)^3} - \dfrac{a^2}{8}\left(x\sqrt{a^2+x^2} + a^2\,\operatorname{arsinh}\dfrac{x}{a}\right)$

i 83 $\quad \int x^3\sqrt{a^2+x^2}\,dx = \dfrac{\sqrt{(a^2+x^2)^5}}{5} - \dfrac{a^2\sqrt{(a^2+x^2)^3}}{3}$

i 84 $\quad \int \dfrac{\sqrt{a^2+x^2}}{x}\,dx = \sqrt{a^2+x^2} - a\,\ln\left|\dfrac{a+\sqrt{a^2+x^2}}{x}\right|$

i 85 $\quad \int \dfrac{\sqrt{a^2+x^2}}{x^2}\,dx = -\dfrac{\sqrt{a^2+x^2}}{x} + \operatorname{arsinh}\dfrac{x}{a}$

i 86 $\quad \int \dfrac{\sqrt{a^2+x^2}}{x^3}\,dx = -\dfrac{\sqrt{a^2+x^2}}{2x^2} - \dfrac{1}{2a}\ln\left|\dfrac{a+\sqrt{a^2+x^2}}{x}\right|$

i 87 $\quad \int \dfrac{dx}{\sqrt{a^2+x^2}} = \operatorname{arsinh}\dfrac{x}{a}$

i 88 $\quad \int \dfrac{x\,dx}{\sqrt{a^2+x^2}} = \sqrt{a^2+x^2}$

i 89 $\quad \int \dfrac{x^2\,dx}{\sqrt{a^2+x^2}} = \dfrac{x}{2}\sqrt{a^2+x^2} - \dfrac{a^2}{2}\operatorname{arsinh}\dfrac{x}{a}$

i 90 $\quad \int \dfrac{x^3\,dx}{\sqrt{a^2+x^2}} = \dfrac{\sqrt{(a^2+x^2)^3}}{3} - a^2\sqrt{x^2+a^2}$

i 91 $\quad \int \dfrac{dx}{x\sqrt{a^2+x^2}} = -\dfrac{1}{a}\ln\left|\dfrac{a+\sqrt{a^2+x^2}}{x}\right|$

i 92 $\quad \int \dfrac{dx}{x^2\sqrt{a^2+x^2}} = -\dfrac{\sqrt{x^2+a^2}}{a^2 x}$

Fortsetzung siehe I 8

# Integral-Rechnung
## Grundintegrale

### Integrale
(ohne Integrationskonstante $C$)

$$\int \frac{dx}{x^3 \sqrt{a^2+x^2}} = -\frac{\sqrt{x^2+a^2}}{2x^2 a^2} + \frac{1}{2a^3} \ln\left|\frac{a+\sqrt{a^2+x^2}}{x}\right|$$ i 93

$$\int \sqrt{a^2-x^2}\, dx = \frac{1}{2}\left[x\sqrt{a^2-x^2} + a^2 \cdot \arcsin\frac{x}{a}\right]$$ i 94

$$\int x\sqrt{a^2-x^2}\, dx = -\frac{1}{3}\sqrt{(a^2-x^2)^3}$$ i 95

$$\int x^2 \sqrt{a^2-x^2}\, dx = -\frac{x}{4}\sqrt{(a^2-x^2)^3} + \frac{a^2}{8}\left(x\sqrt{a^2-x^2} + a^2 \arcsin\frac{x}{a}\right)$$ i 96

$$\int x^3 \sqrt{a^2-x^2}\, dx = \frac{\sqrt{(a^2-x^2)^5}}{5} - a^2 \frac{\sqrt{(a^2-x^2)^3}}{3}$$ i 97

$$\int \frac{dx}{\sqrt{a^2-x^2}} = \arcsin\frac{x}{a}$$ i 98

$$\int \frac{x\, dx}{\sqrt{a^2-x^2}} = -\sqrt{a^2-x^2}$$ i 99

$$\int \frac{x^2\, dx}{\sqrt{a^2-x^2}} = -\frac{x}{2}\sqrt{a^2-x^2} + \frac{a^2}{2}\arcsin\frac{x}{a}$$ i 100

$$\int \frac{x^3\, dx}{\sqrt{a^2-x^2}} = \frac{\sqrt{(a^2-x^2)^3}}{3} - a^2 \sqrt{a^2-x^2}$$ i 101

$$\int \frac{dx}{x\sqrt{a^2-x^2}} = -\frac{1}{a} \ln\left|\frac{a+\sqrt{a^2-x^2}}{x}\right|$$ i 102

$$\int \frac{dx}{x^2 \sqrt{a^2-x^2}} = -\frac{\sqrt{a^2-x^2}}{a^2 x}$$ i 103

$$\int \frac{dx}{x^3 \sqrt{a^2-x^2}} = -\frac{\sqrt{a^2-x^2}}{2a^2 x^2} - \frac{1}{2a^3} \ln\left|\frac{a+\sqrt{a^2-x^2}}{x}\right|$$ i 104

$$\int \sqrt{x^2-a^2}\, dx = \frac{1}{2}\left(x\sqrt{x^2-a^2} - a^2 \operatorname{arcosh}\frac{x}{a}\right)$$ i 105

$$\int x\sqrt{x^2-a^2}\, dx = \frac{1}{3}\sqrt{(x^2-a^2)^3}$$ i 106

$$\int x^2 \sqrt{x^2-a^2}\, dx = \frac{x}{4}\sqrt{(x^2-a^2)^3} + \frac{a^2}{8}\left(x\sqrt{x^2-a^2} - a^2 \operatorname{arcosh}\frac{x}{a}\right)$$ i 107

$$\int x^3 \sqrt{x^2-a^2}\, dx = \frac{\sqrt{(x^2-a^2)^5}}{5} + \frac{a^2 \sqrt{(x^2-a^2)^3}}{3}$$ i 108

# Integral-Rechnung
## Grundintegrale

**I 9**

### Integrale
(ohne Integrationskonstante $C$)

i 109 $\quad \int \dfrac{\sqrt{x^2-a^2}}{x}\,dx = \sqrt{x^2-a^2} - a\,\arccos\dfrac{a}{x}$

i 110 $\quad \int \dfrac{\sqrt{x^2-a^2}}{x^2}\,dx = -\dfrac{\sqrt{x^2-a^2}}{x} + \operatorname{arcosh}\dfrac{x}{a}$

i 111 $\quad \int \dfrac{\sqrt{x^2-a^2}}{x^3}\,dx = -\dfrac{\sqrt{x^2-a^2}}{2x^2} + \dfrac{1}{2a}\arccos\dfrac{a}{x}$

---

i 112 $\quad \int \sin ax\,dx = -\dfrac{1}{a}\cos ax$

i 113 $\quad \int \sin^2 ax\,dx = \dfrac{x}{2} - \dfrac{1}{4a}\sin 2ax$

i 114 $\quad \int \sin^3 ax\,dx = -\dfrac{1}{a}\cos ax + \dfrac{1}{3a}\cos^3 ax$

i 115 $\quad \int \sin^n ax\,dx = -\dfrac{1}{na}\cos ax \cdot \sin^{n-1} ax + \dfrac{n-1}{n}\int \sin^{n-2} ax\,dx$
$\hfill (n \text{ ganzzahlig} > 0)$

i 116 $\quad \int x \sin ax\,dx = \dfrac{\sin ax}{a^2} - \dfrac{x \cos ax}{a}$

i 117 $\quad \int x^2 \sin ax\,dx = \dfrac{2x}{a^2}\sin ax - \left(\dfrac{x^2}{a} - \dfrac{2}{a^3}\right)\cos ax$

i 118 $\quad \int x^3 \sin ax\,dx = \left(\dfrac{3x^2}{a^2} - \dfrac{6}{a^4}\right)\sin ax - \left(\dfrac{x^3}{a} - \dfrac{6x}{a^3}\right)\cos ax$

---

i 119 $\quad \int \dfrac{\sin ax}{x}\,dx = ax - \dfrac{(ax)^3}{3\cdot 3!} + \dfrac{(ax)^5}{5\cdot 5!} - \dfrac{(ax)^7}{7\cdot 7!} + \ldots$

i 120 $\quad \int \dfrac{\sin ax}{x^2}\,dx = -\dfrac{\sin ax}{x} + a\int \dfrac{\cos ax}{x}\,dx$

i 121 $\quad \int \dfrac{\sin ax}{x^n}\,dx = -\dfrac{1}{n-1}\cdot\dfrac{\sin ax}{x^{n-1}} + \dfrac{a}{n-1}\int \dfrac{\cos ax}{x^{n-1}}\,dx$

---

i 122 $\quad \int \cos ax\,dx = \dfrac{1}{a}\sin ax$

i 123 $\quad \int \cos^2 ax\,dx = \dfrac{x}{2} + \dfrac{1}{4a}\sin 2ax$

i 124 $\quad \int \cos^3 ax\,dx = \dfrac{1}{a}\sin ax - \dfrac{1}{3a}\sin^3 ax$

Forts. s. I 10

# Integral-Rechnung
## Grundintegrale

### Integrale
(ohne Integrationskonstante $C$)

| | |
|---|---|
| $\int \cos^n ax \, dx = \frac{1}{na} \sin ax \cdot \cos^{n-1} ax + \frac{n-1}{n} \int \cos^{n-2} ax \, dx$ | i 125 |
| $\int x \cos ax \, dx = \frac{\cos ax}{a^2} + \frac{x \cdot \sin ax}{a}$ | i 126 |
| $\int x^2 \cos ax \, dx = \frac{2x}{a^2} \cos ax + \left(\frac{x^2}{a} - \frac{2}{a^3}\right) \sin ax$ | i 127 |
| $\int x^3 \cos ax \, dx = \left(\frac{3x^2}{a^2} - \frac{6}{a^4}\right) \cos ax + \left(\frac{x^3}{a} - \frac{6x}{a^3}\right) \sin ax$ | i 128 |
| $\int \frac{\cos ax}{x} \, dx = \ln|ax| - \frac{(ax)^2}{2 \cdot 2!} + \frac{(ax)^4}{4 \cdot 4!} - \frac{(ax)^6}{6 \cdot 6!} + \ldots$ | i 129 |
| $\int \frac{\cos ax}{x^2} \, dx = -\frac{\cos ax}{x} - a \int \frac{\sin ax \, dx}{x}$ | i 130 |
| $\int \frac{\cos ax}{x^n} \, dx = -\frac{\cos ax}{(n-1)x^{n-1}} - \frac{a}{n-1} \int \frac{\sin ax \, dx}{x^{n-1}} \qquad (n \neq 1)$ | i 131 |
| $\int \tan ax \, dx = -\frac{1}{a} \ln|\cos ax|$ | i 132 |
| $\int \tan^2 ax \, dx = \frac{1}{a} \tan ax - x$ | i 133 |
| $\int \tan^n ax \, dx = \frac{\tan^{n-1} ax}{a(n-1)} - \int \tan^{n-2} ax \, dx \qquad (n \neq 1)$ | i 134 |
| $\int \cot ax \, dx = \frac{1}{a} \ln|\sin ax|$ | i 135 |
| $\int \cot^2 ax \, dx = -x - \frac{1}{a} \cot ax$ | i 136 |
| $\int \cot^n ax \, dx = \frac{\cot^{n-1} ax}{a(n-1)} - \int \cot^{n-2} ax \, dx \qquad (n \neq 1)$ | i 137 |
| $\int \frac{dx}{\sin ax} = \frac{1}{a} \ln\left|\tan \frac{ax}{2}\right|$ | i 138 |
| $\int \frac{dx}{\sin^2 ax} = -\frac{1}{a} \cot ax$ | i 139 |
| $\int \frac{dx}{\sin^n ax} = -\frac{1}{a(n-1)} \cdot \frac{\cos ax}{\sin^{n-1} ax} + \frac{n-2}{n-1} \int \frac{dx}{\sin^{n-2} ax} \qquad (n > 1)$ | i 140 |

# Integral-Rechnung
Grundintegrale | **I 11**

**Integrale**
(ohne Integrationskonstante $C$)

i 141 $\quad \int \dfrac{x \, dx}{\sin^2 ax} = -\dfrac{x}{a} \cot ax + \dfrac{1}{a^2} \ln |\sin ax|$

i 142 $\quad \int \dfrac{dx}{\cos ax} = \dfrac{1}{a} \ln \left| \tan \left( \dfrac{ax}{2} + \dfrac{\pi}{4} \right) \right|$

i 143 $\quad \int \dfrac{dx}{\cos^2 ax} = \dfrac{1}{a} \tan ax$

i 144 $\quad \int \dfrac{dx}{\cos^n ax} = \dfrac{1}{a(n-1)} \cdot \dfrac{\sin ax}{\cos^{n-1} ax} + \dfrac{n-2}{n-1} \int \dfrac{dx}{\cos^{n-2} ax} \qquad (n > 1)$

i 145 $\quad \int \dfrac{x \, dx}{\cos^2 ax} = \dfrac{x}{a} \tan ax + \dfrac{1}{a^2} \ln |\cos ax|$

i 146 $\quad \int \dfrac{dx}{1 + \sin ax} = \dfrac{1}{a} \tan \left( \dfrac{ax}{2} - \dfrac{\pi}{4} \right)$

i 147 $\quad \int \dfrac{dx}{1 + \cos ax} = \dfrac{1}{a} \tan \dfrac{ax}{2}$

i 148 $\quad \int \dfrac{dx}{1 - \sin ax} = -\dfrac{1}{a} \cot \left( \dfrac{ax}{2} - \dfrac{\pi}{4} \right) = \dfrac{1}{a} \tan \left( \dfrac{\pi}{4} + \dfrac{ax}{2} \right)$

i 149 $\quad \int \dfrac{dx}{1 - \cos ax} = -\dfrac{1}{a} \cot \dfrac{ax}{2}$

i 150 $\quad \int \sin ax \cdot \sin bx \, dx = -\dfrac{\sin(ax+bx)}{2(a+b)} + \dfrac{\sin(ax-bx)}{2(a-b)} \quad (|a| \neq |b|)$

i 151 $\quad \int \sin ax \cdot \cos bx \, dx = -\dfrac{\cos(ax+bx)}{2(a+b)} - \dfrac{\cos(ax-bx)}{2(a-b)} \quad (|a| \neq |b|)$

i 152 $\quad \int \cos ax \cdot \cos bx \, dx = \dfrac{\sin(ax+bx)}{2(a+b)} + \dfrac{\sin(ax-bx)}{2(a-b)} \quad (|a| \neq |b|)$

i 153 $\quad \int x^n \sin ax \, dx = -\dfrac{x^n}{a} \cos ax + \dfrac{n}{a} \int x^{n-1} \cos ax \, dx$

i 154 $\quad \int x^n \cos ax \, dx = \dfrac{x^n}{a} \sin ax + \dfrac{n}{a} \int x^{n-1} \sin ax \, dx$

i 155 $\quad \int \dfrac{dx}{\sin ax \cdot \cos ax} = \dfrac{1}{a} \ln |\tan ax|$

i 156 $\quad \int \dfrac{dx}{\sin^2 ax \cdot \cos ax} = \dfrac{1}{a} \left[ \ln \left| \tan \left( \dfrac{\pi}{4} + \dfrac{ax}{2} \right) \right| - \dfrac{1}{\sin ax} \right]$ Forts s. I 12

# Integral-Rechnung
## Grundintegrale

### Integrale
(ohne Integrationskonstante C)

$$\int \frac{dx}{\sin^3 ax \cdot \cos ax} = \frac{1}{a}\left(\ln|\tan ax| - \frac{1}{2\sin^2 ax}\right)$$ i 157

$$\int \frac{dx}{\cos^2 ax \cdot \sin ax} = \frac{1}{a}\left(\ln\left|\tan \frac{ax}{2}\right| + \frac{1}{\cos ax}\right)$$ i 158

$$\int \frac{dx}{\cos^3 ax \cdot \sin ax} = \frac{1}{a}\left(\ln|\tan ax| + \frac{1}{2\cos^2 ax}\right)$$ i 159

$$\int \frac{dx}{\sin^2 ax \cdot \cos^2 ax} = -\frac{2}{a}\cot 2ax$$ i 160

$$\int \sin^m ax \cdot \cos^n ax \; dx = \frac{1}{a(m+n)}\sin^{m+1} ax \cdot \cos^{n-1} ax +$$
$$+ \frac{n-1}{m+n}\int \sin^m ax \cdot \cos^{n-2} ax \; dx$$ i 161

Ist $n$ ungerade, so gilt für das Rest-Integral:

$$\int \sin^m ax \cdot \cos ax \; dx = \frac{\sin^{m+1} ax}{a(m+1)} \qquad (m \neq -1)$$ i 162

$$\int \arcsin x \; dx = x \arcsin x + \sqrt{1-x^2}$$ i 163

$$\int \arccos x \; dx = x \arccos x - \sqrt{1-x^2}$$ i 164

$$\int \arctan x \; dx = x \arctan x - \frac{1}{2}\ln\left|1+x^2\right|$$ i 165

$$\int \text{arccot } x \; dx = x \text{ arccot } x + \frac{1}{2}\ln\left|1+x^2\right|$$ i 166

$$\int \sinh(ax) \; dx = \frac{1}{a}\cosh(ax)$$ i 167

$$\int \sinh^2 x \; dx = \frac{1}{4}\sinh(2x) - \frac{x}{2}$$ i 168

$$\int \sinh^n x \; dx = \frac{1}{n}\cosh x \cdot \sinh^{n-1} x - \frac{n-1}{n}\int \sinh^{n-2} x \; dx \quad (n > 0)$$ i 169

$$\int \cosh(ax) \; dx = \frac{1}{a}\sinh(ax)$$ i 170

# Integral-Rechnung
## Grundintegrale

**I 13**

### Integrale
(ohne Integrationskonstante $C$)

i 171 $\quad \int \cosh^2 x \ \mathrm{d}x = \frac{1}{4} \sinh(2x) + \frac{x}{2}$

i 172 $\quad \int \cosh^n x \ \mathrm{d}x = \frac{1}{n} \sinh x \cdot \cosh^{n-1} x + \frac{n-1}{n} \int \cosh^{n-2} x \ \mathrm{d}x$
$\hfill (n > 0)$

i 173 $\quad \int \tanh(ax) \ \mathrm{d}x = \frac{1}{a} \ln |\cosh(ax)|$

i 174 $\quad \int \tanh^2 x \ \mathrm{d}x = x - \tanh x$

i 175 $\quad \int \tanh^n x \ \mathrm{d}x = -\frac{1}{n-1} \tanh^{n-1} x + \int \tanh^{n-2} x \ \mathrm{d}x \quad (n \neq 1)$

i 176 $\quad \int \coth(ax) \ \mathrm{d}x = \frac{1}{a} \ln |\sinh(ax)|$

i 177 $\quad \int \coth^2 x \ \mathrm{d}x = x - \coth x$

i 178 $\quad \int \coth^n x \ \mathrm{d}x = -\frac{1}{n-1} \coth^{n-1} x + \int \coth^{n-2} x \ \mathrm{d}x \quad (n \neq 1)$

i 179 $\quad \int \frac{\mathrm{d}x}{\sinh ax} = \frac{1}{a} \ln \left| \tanh \frac{ax}{2} \right|$

i 180 $\quad \int \frac{\mathrm{d}x}{\sinh^2 ax} = -\coth x$

i 181 $\quad \int \frac{\mathrm{d}x}{\cosh ax} = \frac{2}{a} \arctan e^{ax}$

i 182 $\quad \int \frac{\mathrm{d}x}{\cosh^2 x} = \tanh x$

i 183 $\quad \int \mathrm{arsinh} \ x \ \mathrm{d}x = x \cdot \mathrm{arsinh} \ x - \sqrt{x^2 + 1}$

i 184 $\quad \int \mathrm{arcosh} \ x \ \mathrm{d}x = x \cdot \mathrm{arcosh} \ x - \sqrt{x^2 - 1}$

i 185 $\quad \int \mathrm{artanh} \ x \ \mathrm{d}x = x \cdot \mathrm{artanh} \ x + \frac{1}{2} \ln |1 - x^2|$

i 186 $\quad \int \mathrm{arcoth} \ x \ \mathrm{d}x = x \cdot \mathrm{arcoth} \ x + \frac{1}{2} \ln |x^2 - 1|$

# Integral-Rechnung
## Anwendung des Integrierens

**I 14**

**Bogen-Differential** $\quad ds = \sqrt{dx^2 + dy^2} = \sqrt{1 + \left(\dfrac{dy}{dx}\right)^2}\, dx$

| Bogenlänge | Mantelfläche bei Drehung der Linie um die $x$-Achse |
|---|---|
| i 189 $\quad s = \displaystyle\int_a^b \sqrt{1 + y'^2}\, dx$ | $A_m = 2\pi \displaystyle\int_a^b y\sqrt{1 + y'^2}\, dx$ |

Stat. Moment einer Linie

| $x$-Achse | $y$-Achse |
|---|---|
| i 190 $\quad M_x = \displaystyle\int_a^b y\sqrt{1+y'^2}\, dx$ | $M_y = \displaystyle\int_a^b x\sqrt{1+y'^2}\, dx$ |

Schwerpunktabstand

| i 191 $\quad x_s = \dfrac{M_y}{s}$ | $y_s = \dfrac{M_x}{s}$ |
|---|---|

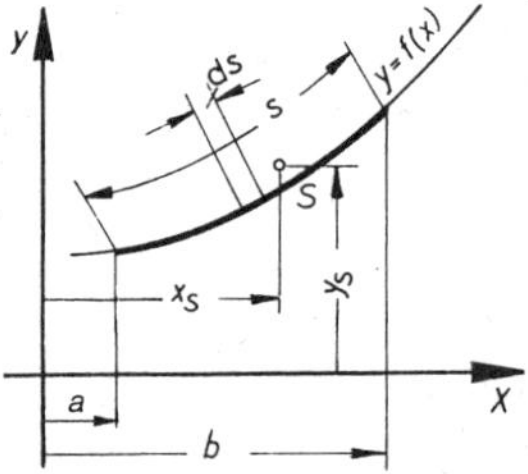

| Flächen-Inhalt | Volumen eines Rotationskörpers aus Drehung der Fläche $A$ um die $x$-Achse | Volumen eines Körpers, dessen Körperquerschnitt $A_1$ Funktion von $x$ ist |
|---|---|---|
| i 192 $\quad A = \displaystyle\int_a^b y\, dx$ | $V = \pi \displaystyle\int_a^b y^2\, dx$ | $V = \displaystyle\int_a^b A_1(x)\, dx$ |

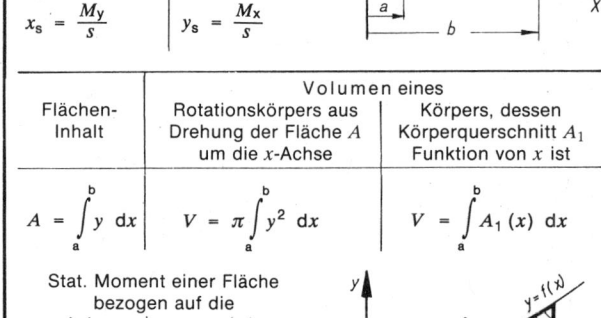

Stat. Moment einer Fläche bezogen auf die

| $x$-Achse | $y$-Achse |
|---|---|
| i 193 $\quad H_x = \displaystyle\int_a^b \dfrac{y^2}{2}\, dx$ | $H_y = \displaystyle\int_a^b xy\, dx$ |

Schwerpunktabstand

| i 194 $\quad x_s = \dfrac{H_y}{A}$ | $y_s = \dfrac{H_x}{A}$ |
|---|---|

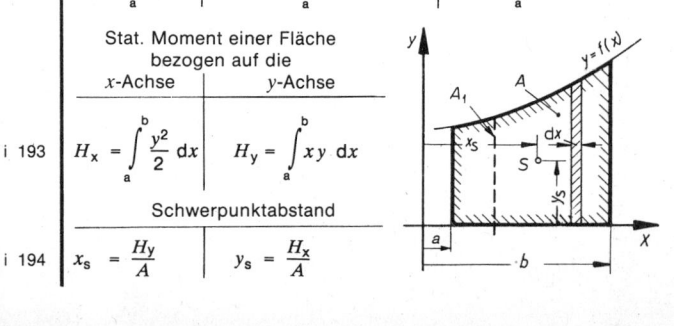

# Integral-Rechnung
## Anwendung des Integrierens

**I 15**

**Stat. Moment eines Körpers**

(bezogen auf $y$-$z$ Ebene)

i 195 $\quad M_{yz} = \pi \int_a^b x \cdot y^2 \, dx$

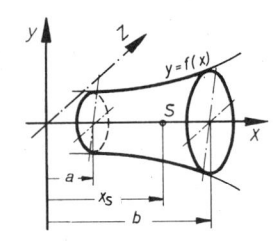

**Schwerpunkt-Abstand**

i 196 $\quad x_s = \dfrac{M_{yz}}{V}$

## Guldinsche Regeln

**Mantelfläche eines Drehkörpers**

$A_m$ = Bogenlänge $s$ mal Weg des Schwerpunktes

i 197 $\quad\quad = 2 \cdot \pi \cdot s \cdot y_s \quad\quad$ (hierzu Formeln i 189 und i 191)

**Volumen eines Drehkörpers**

$V$ = Flächeninhalt $A$ mal Weg des Schwerpunktes

i 198 $\quad\quad = 2 \cdot \pi \cdot A \cdot y_s \quad\quad$ hierzu Formeln i 192 und i 194)

## Numerische Integration

**Einteilung der Fläche** in eine gerade Anzahl $n$ gleich breiter Streifen mit der Breite

i 199 $\quad b = \dfrac{b_1 - b_0}{n}$

Flächeninhalt $A$ wird dann nach der

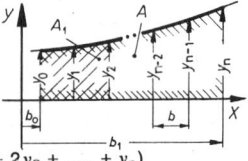

i 200 **Trapezregel** $\quad A = \dfrac{b}{2}(y_0 + 2y_1 + 2y_2 + \ldots + y_n)$

**Simpsonsche Regel** für Kurvengleichungen bis 3. Grades

i 201 $\quad A_1 = \dfrac{b}{3}(y_0 + 4y_1 + y_2)$

**Simpsonsche Regel** für Kurvengleichungen über 3. Grades bzw. für gebrochene rationale oder transzendente Funktionen.

i 202 $\quad A = \dfrac{b}{3}\left[y_0 + y_n + 2(y_2 + y_4 + \ldots + y_{n-2}) + 4(y_1 + y_3 + \ldots + y_{n-1})\right]$

# Integral-Rechnung
## Anwendung des Integrierens
## I 16

### Trägheitsmomente

**Allgemein**

Unter Trägheitsmoment, bezogen auf eine Achse $x$ oder einen Punkt $O$, versteht man allgemein die Summe der Produkte aus Linien-, Flächen-, Volumen- oder Massen-Elementen und dem Quadrat ihrer Abstände zur $x$-Achse oder zum Punkt $O$.
Z. B.

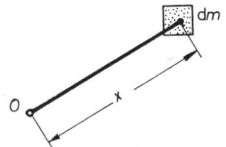

i 203
$$J = \int x^2 \, dm$$

**Steinerscher Satz** (s. a. M2)

Für das Massen-Trägheitsmoment, achsial und polar, gilt:

i 204
$$J = J_s + m \, l_s^2$$

Ebenso aufgebaute Formeln gelten für Linien-, Flächen- und Volumen-Trägheitsmomente.

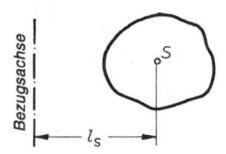

### Trägheitsmomente ebener Linien

| bezogen auf die | |
|---|---|
| $x$-Achse | $y$-Achse |
| $I_{Lx} = \int_a^b y^2 \sqrt{1+y'^2}\,dx$ | $I_{Ly} = \int_a^b x^2 \sqrt{1+y'^2}\,dx$ |

i 205

$J$ : Trägheitsmoment bezog. auf Bezugs-Achse od. -Punkt
$J_s$ : Trägheitsmoment bezogen auf den Schwerpunkt $S$
$m$ : Gesamt-Kurve, -Fläche, -Körper oder -Masse
$l_s$ : Schwerpunkt-Abstand von der Bezugsachse oder dem Bezugspunkt

# Integral-Rechnung
## Anwendung des Integrierens
### I 17

#### Trägheits- u. Zentrifugalmomente ebener Flächen

**Axiales Flächenträgheitsmoment** einer ebenen Fläche bezogen auf eine in der Ebene gelegene Achse $x$ bzw. $y$ ist die Summe der Produkte aus den Flächen-Elementen $dA$ und den Quadraten ihrer senkrechten Abstände $y$ bzw. $x$:

i 206
$$I_x = \int y^2 \, dA \; ; \quad I_y = \int x^2 \, dA$$

Ist eine Funktion $y = f(x)$ gegeben, dann gilt:
bezogen auf die

| $x$-Achse | $y$-Achse |
|---|---|
| $I_x = \int_a^b \dfrac{y^3}{3} \, dx$ | $I_y = \int_a^b x^2 y \, dx$ |

i 207

**Polares Flächenträgheitsmoment** einer ebenen Fläche bezogen auf einen in der Ebene gelegenen Bezugspunkt $O$ ist die Summe der Produkte aus den Flächenelementen $dA$ u. den Quadraten ihrer Abstände $r$ vom Bezugspunkt.

i 208
$$I_p = \int r^2 \, dA$$

Stehen die Bezugs-Achsen von $I_x$ und $I_y$ aufeinander senkrecht, so ist das polare Trägheitsmoment in Bezug auf den Pol (Schnittpunkt $O$ der Achsen $x$ und $y$):

i 209
$$I_p = \int r^2 \, dA = \int (y^2 + x^2) \, dA = I_x + I_y$$

**Zentrifugalmoment** einer ebenen Fläche bezogen auf zwei in der Ebene gelegene Achsen ist die Summe der Produkte aus den Flächenelementen $dA$ u. den Produkten aus ihren senkrechten Abständen $x$ u. $y$ von beiden Achsen:

i 210
$$I_{xy} = \int x y \, dA \gtreqless 0$$

Fällt eine der Bezugs-Achsen mit einer Symmetrieachse der ebenen Fläche zusammen, so wird $I_{xy} = 0$.

**Umrechnung auf ein um Winkel $\alpha$ gedrehtes Achsensystem:**
Sind für die rechtwinkligen Achsen $x$ und $y$ die Momente $I_x$, $I_y$ u. $I_{xy}$ bekannt, so gilt für ein um Winkel $\alpha$ gedrehtes Achsensystem:

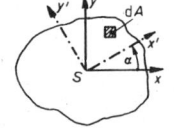

i 211
$$I_{x'} = I_x \cos^2 \alpha + I_y \sin^2 \alpha - I_{xy} \sin 2\alpha$$
$$I_{y'} = I_x \sin^2 \alpha + I_y \cos^2 \alpha + I_{xy} \sin 2\alpha$$

# Integral-Rechnung
## Anwendung des Integrierens
**I 18**

### Beispiele zu den Flächen-Momenten auf Seite I 17

**Rechteck**

i 212 $\quad I_x = \int_0^h y^2 b \, dy = b \left[\dfrac{y^3}{3}\right]_0^h = \dfrac{b h^3}{3}$

i 213 $\quad I_{x'} = I_x - A\left(\dfrac{h}{2}\right)^2 = \dfrac{b h^3}{12}$

i 214 $\quad I_y = \dfrac{b^3 h}{3}; \quad I_{y'} = \dfrac{b^3 h}{12}$

i 215 $\quad I_{po} = I_x + I_y = \dfrac{b h^3}{3} + \dfrac{b^3 h}{3} = \dfrac{b h}{3}(b^2 + h^2); \quad I_{ps} = \dfrac{b h}{12}(b^2 + h^2)$

i 216 $\quad I_{xy} = I_{x'y'} + \dfrac{b}{2} \cdot \dfrac{h}{2} A.$ Da $x'$ und/oder $y'$ Symmetrieachsen sind, wird $I_{x'y'} = 0$, damit:

i 217 $\quad I_{xy} = \dfrac{b}{2} \cdot \dfrac{h}{2}(b h) = \left(\dfrac{b h}{2}\right)^2$

**Kreis**

i 218 $\quad I_p = \int_0^R r^2 \, dA = \int_0^R r^2 \, 2\pi r \, dr$

i 219 $\quad = 2\pi \left[\dfrac{r^4}{4}\right]_0^R = \dfrac{\pi R^4}{2}$

i 220 $\quad I_x = I_y = \dfrac{I_p}{2} = \dfrac{\pi R^4}{4} = \dfrac{\pi D^4}{64}$

i 221 $\quad I_{xy} = 0$, da $x$ und $y$ Symmetrieachsen.

**Halbkreis**

i 222 $\quad I_x = \int_0^R y^2 \, dA = \int_0^R y^2 \, 2x \, dy$

i 223 $\quad = 2 \int_0^R y^2 \sqrt{R^2 - y^2} \, dy = \dfrac{\pi R^4}{8} = I_y$

i 224 $\quad I_p = 2 \dfrac{\pi R^4}{8} = \dfrac{\pi R^4}{4}; \quad I_{xy} = 0$, da $y$ Symmetrieachse.

**Regelmäßiges $n$-Eck**

i 225 $\quad I_x = I_y = \dfrac{I_p}{2} = \dfrac{n a r}{2 \cdot 48}(12 r^2 + a^2) = \dfrac{n a \sqrt{R^2 - \dfrac{a^2}{4}}}{48}(6 R^2 - a^2)$

$I_{xy} = 0 \quad | \quad a = 2R \cdot \sin(180°/n); \quad r = R \cdot \cos(180°/n)$

$r$ : Inkreisradius $\quad | \quad R$ : Umkreisradius
$a$ : Seitenlänge $\quad | \quad n$ : Anzahl der Seiten

# Integral-Rechnung
## Anwendung des Integrierens

**I 19**

### Volumen – Trägheitsmomente von Körpern

**Volumen – Trägheitsmoment des Quaders**

Ist $\dfrac{bh^3}{12} + \dfrac{b^3 h}{12}$ das polare Flächen-trägheitsmoment eines Rechtecks (s. I18), so wird im Bezug auf die $Z$-Achse:

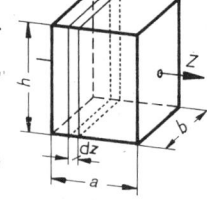

i 226
$$J_{vz} = \int_0^a \left( \frac{bh^3}{12} + \frac{b^3 h}{12} \right) dz = \frac{abh}{12}(b^2 + h^2)$$

**Volumen-Trägheitsmomente des Kreiszylinders**

in Bezug auf die $Z$-Achse:

i 227
$$J_{vz} = \int_{-\frac{h}{2}}^{+\frac{h}{2}} \frac{\pi r^4}{2} dz = \frac{\pi r^4 h}{2}$$

in Bezug auf die $X$-Achse:

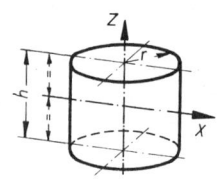

i 228
$$J_{vx} = \int_{-\frac{h}{2}}^{+\frac{h}{2}} \left( \frac{\pi r^4}{4} + \pi r^2 z^2 \right) dz = \frac{\pi r^2 h}{12}(3r^2 + h^2)$$

### Massen-Trägheitsmoment

Das Massenträgheitsmoment $J$ ist das Produkt von Volumen-Trägheitsmoment $J_v$ und Dichte $\varrho$:

i 229
$$J = J_v \varrho \qquad \text{kg m}^2, \text{N m s}^2, \text{V A s}^3$$

i 230   hierbei ist
$$\varrho = \frac{m}{V} \qquad \text{kg m}^{-3}, \text{kg dm}^{-3}$$

z. B. für Zylinder in Bezug auf $z$-Achse:

i 231
$$J_z = J_{vz} \frac{m}{V} = \frac{\pi r^4 h}{2} \cdot \frac{m}{r^2 \pi h} = \frac{m r^2}{2}$$

Weitere Massen-Trägheitsmomente s. M 3

# Differential-Gleichungen
## Allgemeine Begriffe

**J 1**

## Begriff der Differential-Gleichung (DGL)

Eine DGL ist eine Gleichung, die unbekannte Funktionen samt Ableitungen (Differentiale) der unbekannten Funktionen und unabhängige Veränderliche enthält. Man unterscheidet:

**Gewöhnliche DGL**, wenn die gesuchten Funktionen nur von **einer** unabhängigen Veränderlichen abhängen, z.B.:

j 1 $$y'' + 2x^2 y = \sin x \qquad y = f(x)$$

**Partielle DGL**, wenn die gesuchten Funktionen von **mehreren** unabhängigen Veränderlichen abhängen, z.B.

j 2 $$\frac{\partial^2 x}{\partial u \cdot \partial v} = x^2 \cdot v \cdot w \, \frac{\partial x}{\partial u} \cdot \frac{\partial x}{\partial v} \qquad x = f(u, v, w)$$

Partielle Differential-Gleichungen werden hier nicht behandelt.

## Gewöhnliche Differentialgleichungen

j 3 **Gestalt:** $F(x, y(x), y'(x), \ldots y^{(n)}(x)) = 0$.
Darin ist $y(x)$ die gesuchte Funktion. $y' \ldots y^{(n)}$ die 1-te bis $n$-te Ableitung mit $x$ als unabhängiger Veränderlicher.

j 4 $Beispiel: y'''(x) + m(x) \cdot y'(x) + n(x) y^2(x) + p(x) y = q(x)$.

j 5     Ordnung: Zahl der höchsten vorkommenden Ableitung in der DGL: im Beispiel: 3. Ordnung.

j 6     Grad: Zahl der höchsten Potenz der unbekannten Funktion und ihrer Ableitungen: im Beispiel 2. Grad.

j 7     Lineare DGL bedeutet, daß die unbekannten Funktionen und ihre Ableitungen nur in der ersten Potenz vorkommen; d.h. DGL ist vom 1. Grad.

j 8     Homogene DGL bedeutet: Störungsglied $q(x) = 0$.

j 9     Inhomogene DGL bedeutet: Störungsglied $q(x) \neq 0$.

j 10     Lösung: $y = y(x)$ einer DGL bedeutet, daß diese mit ihren Ableitungen die DGL identisch erfüllt.

j 11     Integration der DGL bedeutet das Aufsuchen von Lösungen.

j 12     Allgemeines Integral der DGL ist die Gesamtheit der Lösungen. Es enthält für eine DGL $n$-ter Ordnung $n$ beliebige Konstanten $C_1, C_2 \ldots C_n$. Diese erhalten erst dann definierte Werte, wenn man die Anfangsbedingungen $y(x_o) = y_o$;

j 13     $y'(x_o) = y_o' \ldots y^{(n-1)}(x_o) = y_o^{(n-1)}$ vorgibt (s. u.).

    Partikuläres Integral der DGL ist eine spezielle Lösung.

# Differential-Gleichungen
## Lineare Differential-Gleichungen | J 2

### Methoden zur Lösung einer DGL

1. DGL so umformen und ordnen, daß man sie bestimmten DGL-Typen zuordnen kann, zu denen es Lösungen gibt (siehe J 6, J 8 ... J 12).
2. Verwendung eines speziellen Ansatzes (siehe J 8). Damit kann eine DGL häufig auf eine DGL niedrigerer Ordnung oder niedrigeren Grades zurückgeführt werden, zu der es eine Lösung gibt (siehe J 9 ... J 12).
3. Benutzung der Operatoren-Methode, speziell der Laplace-Transformation (siehe D 18 ... D 20).

### Lineare Differentialgleichungen

| | | |
|---|---|---|
| j 15 | **Gestalt:** | $y^{(n)} + p_1(x) \cdot y^{(n-1)} + \ldots + p_{n-1}(x) \cdot y' + p_n(x) \cdot y = q(x)$. |
| j 16 | | Darin ist $y = y(x)$ die gesuchte Funktion. $y' \ldots y^{(n)}$ |
| j 17 | | die 1. bis n-te Ableitung von $y(x)$ und $p_1(x) \ldots p_n(x)$ Funktionen von $x$. |

#### Allgemeine Lösung der linearen inhomogenen DGL

j 18
$$y = y_{\text{hom}} + y_{\text{part}}$$

Lösung der homogenen DGL $y_{\text{hom}}$

$y_{\text{hom}}$ wird ermittelt, nachdem man bei der zu lösenden DGL das Störungsglied $q(x) = 0$ gesetzt hat. Jede homogene lineare DGL $n$-ter Ordnung besitzt $n$ lineare unabhängige Lösungen $y_1, y_2, \ldots y_n$ mit $n$ unabhängigen beliebigen Konstanten $C_1 \ldots C_n$.

j 19

j 20
$$y_{\text{hom}} = C_1 y_1(x) + C_2 y_2(x) + \ldots + C_n y_n(x)$$

(In J 9 ... J 12 sind Lösungen zu linearen Differential-Gleichungen 1. und 2. Ordnung angegeben).

Partikuläre Lösung der inhomogenen DGL $y_{\text{part}}$

j 21

$y_{\text{part}}$ wird ermittelt für $q(x) \neq 0$. Auf J 3, J 6 und J 7 sind Lösungswege aufgezeigt, in J 9 und J 12 werden Lösungen für $y_{\text{part}}$ bei linearen Differential-Gleichungen 1. und 2. Ordnung angegeben.

# Differential-Gleichungen
## Lineare Differential-Gleichungen

**J 3**

### Partikuläre Lösung
Ermittlung mit Hilfe der Variation der Konstanten

Ist $y_{hom}$ einer linearen DGL $n$-ter Ordnung bekannt (s. J2, j 20) so führt folgender Ansatz immer zu einer partikulären Lösung:

j 23 $\qquad y_{part} = C_1(x) \cdot y_1 + C_2(x) \cdot y_2 + \ldots + C_n(x) \cdot y_n.$

**Methode** zur Bestimmung von $C_1(x), C_2(x) \ldots C_n(x)$:

j 24 Aufstellung des Gleichungssystems:
$$C_1'(x)\, y_1 + C_2'(x)\, y_2 + \ldots + C_n'(x)\, y_n = 0$$
$$C_1'(x)\, y_1' + C_2'(x)\, y_2' + \ldots + C_n'(x)\, y_n' = 0$$
$$\vdots$$
$$C_1'(x) \cdot y_1^{(n-2)} + C_2'(x) \cdot y_2^{(n-2)} + \ldots + C_n'(x) \cdot y_n^{(n-2)} = 0$$
$$C_1'(x) \cdot y_1^{(n-1)} + C_2'(x) \cdot y_2^{(n-1)} + \ldots + C_n'(x) \cdot y_n^{(n-1)} = q(x)$$

j 25 Bestimmung von $C_i'(x)$ für $i = 1, 2, \ldots n$ aus obigem Gleichungssystem.

j 26 Integration von $C_i'(x)$ für $i = 1, 2, \ldots n$ um die gesuchten $C_i(x)$ des Ansatzes zu erhalten.

*Beispiel:* Gesucht wird $y_{part}$ der DGL:

j 27 $\qquad y'' + \dfrac{1}{x} y' = 2x.$

j 28 Nach j 121. $y_{hom} = \int C_1 e^{-\int \frac{1}{x} dx} \cdot dx + C_2 = C_1 \cdot \ln|x| + C_2$

j 29 $\qquad\qquad\qquad = C_1 \cdot y_1(x) + C_2 \cdot y_2(x)$
$\qquad\qquad\qquad$ mit $y_1(x) = \ln|x|$ und $y_2(x) = 1$

j 30 Ansatz: $y_{part} = C_1(x) \cdot y_1 + C_2(x) \cdot y_2$

j 31 Aus Gleichungssystem gemäß j 24 $\begin{cases} C_1'(x) \cdot \ln|x| + C_2'(x) \cdot 1 = 0 \\ C_1'(x) \cdot \dfrac{1}{x} + C_2'(x) \cdot 0 = 2x \end{cases}$

j 32 folgt $C_1'(x) = 2x^2; \quad C_2'(x) = -2x^2 \cdot \ln|x|$

Durch Integration von $C_1'(x)$ und $C_2'(x)$ erhält man

j 33 $\qquad C_1(x) = \dfrac{2}{3} x^3; \quad C_2(x) = -\dfrac{2}{3} x^3 \left[\ln|x| - \dfrac{1}{3}\right]$

j 34 Demnach: $y_{part} = \dfrac{2}{3} x^3 \cdot \ln|x| - \dfrac{2}{3} x^3 (\ln|x| - \dfrac{1}{3}) \cdot 1 = \dfrac{2}{9} x^3$

Allgemeine Lösung:

j 35 $\qquad y = y_{hom} + y_{part} = C_1 \cdot \ln|x| + C_2 + \dfrac{2}{9} x^3.$

Probe: $y' = \dfrac{C_1}{x} + \dfrac{2}{3} x^2 \qquad\qquad y'' = -\dfrac{C_1}{x^2} + \dfrac{4}{3} x$

$\qquad y'' + \dfrac{y'}{x} = -\dfrac{C_1}{x^2} + \dfrac{4}{3} x + \dfrac{C_1}{x^2} + \dfrac{2}{3} x = 2x$

# Differential-Gleichungen
## Lineare Differential-Gleichungen

**J 4**

## Lineare DGL 1. Ordnung

j 36 **Gestalt:** $y' + p(x)y = q(x)$.

Die Gestalt entspricht J 2, j 15 für $n = 1$: die höchste vorkommende Ableitung ist $y'$. Lösungen für $y$, $y_{hom}$ und $y_{part}$ sind in J 2 und J 9 angegeben.

j 37 *Beispiel:* $y' + \frac{y}{x} = \sin x \qquad y = y_{hom} + y_{part}$

j 38 Gemäß j 110 ist $p(x) = \frac{1}{x} \qquad q(x) = \sin x$.

Nach j 109 ist die homogene Lösung:

j 39 $$y_{hom} = C_1 \cdot e^{-\int \frac{1}{x} dx} = C_1 \cdot e^{-\ln|x|} = \frac{C_1}{x} \quad \text{mit} \quad C_1 \gtreqless 0.$$

Nach j 110 errechnet sich die partikuläre Lösung zu:

j 40
$$y_{part} = \int \sin x \cdot e^{\int \frac{1}{x} dx} \cdot dx \cdot e^{-\int \frac{1}{x} dx}$$
$$= \int (\sin x \cdot e^{\ln|x|}) \, dx \cdot e^{-\ln|x|} = \int (\sin x \cdot x) dx \cdot \frac{1}{x}$$
$$= \frac{1}{x} \sin x - \cos x$$

j 41 $$y = y_{hom} + y_{part} = \frac{1}{x}(C_1 + \sin x) - \cos x.$$

Probe: $y' = -\frac{C_1}{x^2} + \frac{x \cdot \cos x - \sin x}{x^2} + \sin x$

$y' + \frac{y}{x} = \sin x$

j 42 $C_1 \gtreqless 0$; $C_1$ erhält definierten Wert, wenn z. B.

j 43 $y(x_o) = 1$ für $x_o = \frac{\pi}{2}$ bekannt vorgegeben wird.

j 44 Dann: $1 = \frac{1}{\pi/2}(C_1 + \sin \frac{\pi}{2}) - \cos \frac{\pi}{2}$.

j 45 Daraus: $C_1 = \frac{\pi}{2} - 1$.

## Lineare DGL 2. Ordnung

j 46 **Gestalt:** $y'' + p_1(x) \cdot y' + p_2(x) \cdot y = q(x)$

Die Gestalt entspricht J 2, j 15 für $n = 2$; die höchste vorkommende Ableitung ist $y''$. Lösungen für $y$, $y_{hom}$ und $y_{part}$ sind in J 11 und J 12 angegeben.

# Differential-Gleichungen
## Lineare Differential-Gleichungen   **J 5**

### Lineare DGL 2. Ordnung mit konstanten Koeffizienten

j 47 | Wegen der großen Bedeutung von diesem DGL-Typ bei der Behandlung von Schwingungsproblemen wird im Folgenden auf Spezialfälle eingegangen.

j 48 | **Gestalt:** $y'' + 2ay' + b^2 \cdot y = q(x)$.
j 49 | $a$ und $b$ sind Konstanten $\neq 0$,
$q(x)$ ist Störfunktion.

**Allgemeine Lösung:** Gemäß J 2, j 15 ist:

j 50 | $$y = y_{\text{hom}} + y_{\text{part}}$$

j 51 | Aperiodischer Fall: $\quad k^2 = a^2 - b^2 > 0$

j 52 | $$y_{\text{hom}} = C_1 \cdot e^{(-a+k)x} + C_2 \cdot e^{(-a-k)x}$$

j 53 | $$y_{\text{part}} = \frac{e^{(-a+k)x}}{2k} \cdot \int e^{(a-k)x} \cdot q(x) \cdot dx - \frac{e^{(-a-k)x}}{2k} \cdot \int e^{(a+k)x} \cdot q(x) \cdot dx \quad {}^*)$$

j 54 | Aperiodischer Grenzfall: $k^2 = a^2 - b^2 = 0$
j 55 | $$y_{\text{hom}} = C_1 \cdot e^{-ax} + C_2 \cdot x \cdot e^{-ax}$$

j 56 | $$y_{\text{part}} = -e^{-ax} \int x \cdot e^{ax} \cdot q(x) \cdot dx + x \cdot e^{-ax} \int e^{ax} \cdot q(x) \cdot dx \quad {}^*)$$

j 57 | Periodischer Fall: $\quad k^2 = a^2 - b^2 < 0$
j 58 | $$y_{\text{hom}} = e^{-ax}[C_1 \cdot \sin(\omega x) + C_2 \cdot \cos(\omega x)]$$

$$\text{mit } \omega = \sqrt{b^2 - a^2}$$

j 59 | $$y_{\text{part}} = \frac{e^{-ax} \cdot \sin(\omega x)}{\omega} \cdot \int e^{ax} \cdot \cos(\omega x) \cdot q(x) \cdot dx - \frac{e^{-ax} \cdot \cos(\omega x)}{\omega} \cdot \int e^{ax} \cdot \sin(\omega x) \cdot q(x) \cdot dx \quad {}^*)$$

${}^*)$ Bemerkung: Für den Sonderfall $q(x) = A_0 \cdot \sin(\omega_0 x)$ wird

j 60 | $$y_{\text{part}} = A \cdot \sin(\omega_0 x - \gamma),$$

j 61 | dabei: $\quad A = \dfrac{A_0}{\sqrt{(b^2 - \omega_0^2)^2 + 4a^2 \omega_0^2}}$

j 62 | und: $\quad \gamma = \operatorname{arccot} \dfrac{b^2 - \omega_0^2}{2a\,\omega_0}$

# Differential-Gleichungen
## Lineare Differential-Gleichungen | **J 6**

### Lineare DGL $n$-ter Ordnung mit konstanten Koeffizienten

j 63 **Gestalt:** $a_n \cdot y^{(n)} + a_{n-1} \cdot y^{(n-1)} + \ldots + a_1 y' + a_0 y = q(x)$.

j 64 **Lösung der homogenen DGL $n$-ter Ordnung mit konstanten Koeffizienten** $(q(x) = 0)$.

j 65 **Ansatz:** $y = e^{rx}; \quad y' = r \cdot e^{rx}; \quad \ldots y^{(n)} = r^n \cdot e^{rx}$

eingesetzt in die homogene DGL von j 63 ergibt algebraische Gleichung

j 66 $$a_n r^n + a_{n-1} r^{n-1} + \ldots + a_1 r + a_0 = 0.$$

Hieraus lassen sich die Wurzeln $r_1, r_2, \ldots r_n$ berechnen. Abhängig von der Art der Wurzeln ergeben sich für $y_{\text{hom}}$ unterschiedliche Lösungen:

**Fall a):** Alle $r_1, r_2, \ldots r_n$ reel und voneinander verschieden:

j 67 $$y_{\text{hom}} = C_1 \cdot e^{r_1 \cdot x} + C_2 \cdot e^{r_2 \cdot x} + \ldots + C_n \cdot e^{r_n \cdot x} \quad *)$$

**Fall b):** Es treten Mehrfach- und Einfachwurzeln auf:
$$r_1 = r_2 = \ldots = r_m; \quad r_{m+1}, r_{m+2}, \ldots r_n.$$

j 68 $$y_{\text{hom}} = C_1 \cdot e^{r_1 \cdot x} + C_2 \cdot x \cdot e^{r_1 \cdot x} + C_3 x^2 \cdot e^{r_1 \cdot x} + \ldots +$$
$$+ C_m \cdot x^{m-1} \cdot e^{r_1 \cdot x} + C_{m+1} \cdot e^{r_{m+1} \cdot x} + \ldots + C_n \cdot e^{r_n \cdot x} \quad *)$$

j 69 $$= e^{r_1 \cdot x}(C_1 + C_2 \cdot x + \ldots + C_m \cdot x^{m-1}) +$$
$$+ C_{m+1} \cdot e^{r_{m+1} \cdot x} + \ldots + C_n \cdot e^{r_n \cdot x}.$$

**Fall c):** Es treten konjugiert komplexe Wurzeln auf:
$$r_1 = \alpha + i\beta; \quad r_2 = \alpha - i\beta = \overline{r_1}.$$

j 70 $$y_{\text{hom}} = C_1 \cdot e^{r_1 \cdot x} + C_2 \cdot e^{r_2 \cdot x} \quad *)$$
$$= e^{\alpha x} \cdot (A \cdot \cos \beta x + B \cdot \sin \beta x)$$

$$A = C_1 + C_2; \quad B = i(C_1 - C_2)$$

**Partikuläre Lösung der inhomogenen DGL $n$-ter Ordnung mit konstanten Koeffizienten**

j 71 $$y_{\text{part}} = g_1(x) + g_2(x) + \ldots + g_k(x).$$

Zum Auffinden von partikulären Lösungen Ansätze verwenden, die von der Gestalt von $q(x)$ abhängen. Dazu dienen die Lösungsansätze auf J 7 abhängig von $q(x)$.

Mit dem entsprechenden Ansatz für $y_{\text{part}}$ werden $y'_{\text{part}}, y''_{\text{part}}$ usw. gebildet und in die zu lösende DGL eingesetzt. Durch Koeffizientenvergleich können die Unbekannten $\alpha_\nu$ und $\beta$ bestimmt werden. (siehe Beispiel auf J 7).

*) $C_1, C_2, \ldots C_n$ sind beliebige Konstanten.

# Differential-Gleichungen
## Lineare Differential-Gleichungen | **J** 7

### Lineare DGL $n$-ter Ordnung mit konstanten Koeffizienten

| | für $q(x)$ | Ansatz $y_{part} =$ |
|---|---|---|
| j 72 | $A$ | $\alpha$ |
| j 73 | $x^m$ | $\alpha_0 + \alpha_1 x + \alpha_2 x^2 + \ldots + \alpha_m x^m$ |
| j 74 | $A_0 + A_1 x + A_2 x^2 + \ldots + A_m x^m$ | $\alpha_0 + \alpha_1 + \alpha_2 x^2 + \ldots + \alpha_m x^m$ |
| j 75 | $A \cdot e^{\lambda x}$ | $\alpha \cdot e^{\lambda x}$ |
| j 76 | $A \cdot \cos mx$ | $\alpha \cdot \cos mx + \beta \cdot \sin mx$ |
| j 77 | $B \cdot \sin mx$ | ″    +    ″ |
| j 78 | $A \cdot \cos mx + B \cdot \sin mx$ | ″    +    ″ |
| j 79 | $A \cdot \cosh mx$ | $\alpha \cdot \cosh mx + \beta \cdot \sinh mx$ |
| j 80 | $B \cdot \sinh mx$ | ″    +    ″ |
| j 81 | $A \cosh mx + B \sinh mx$ | ″    +    ″ |
| j 82 | $A \cdot e^{\lambda x} \cdot \cos mx$ | $\alpha \cdot e^{\lambda x} \cdot \cos mx + \beta e^{\lambda x} \cdot \sin mx$ |
| j 83 | $B \cdot e^{\lambda x} \cdot \sin mx$ | ″    +    ″ |
| j 84 | $A \cdot e^{\lambda x} \cdot \cos mx + B \cdot e^{\lambda x} \cdot \sin mx$ | ″    +    ″ |

j 85 *Beispiel:* $y'' - y = \cos 2x$; gemäß J 6, j 65 Ansatz für
j 86 $\quad\quad\quad y = e^{rx}; \quad y' = r \cdot e^{rx}, \quad y'' = r^2 \cdot e^{rx}$

In homogene DGL vom Beispiel (j 85) eingesetzt, ergibt:
j 87 $\quad r^2 - 1 = 0; \quad r^2 = 1; \quad r_1 = 1; \quad r_2 = -1$
j 88 $\quad y_{hom} = C_1 \cdot e^{r_1 \cdot x} + C_2 \cdot e^{r_2 \cdot x} = C_1 \cdot e^x + C_2 \cdot e^{-x}.$

Ansatz für:
j 89 $\quad y_{part} = \alpha \cdot \cos 2x + \beta \cdot \sin 2x$
j 90 $\quad y'_{part} = -2\alpha \cdot \sin 2x + 2\beta \cdot \cos 2x$
j 91 $\quad y''_{part} = -4\alpha \cdot \cos 2x - 4\beta \cdot \sin 2x;$

j 89 u. j 91 in homog. DGL von j 85 eingesetzt, ergibt:
j 92 $\quad -5\alpha \cdot \cos 2x - 5\beta \cdot \sin 2x = \cos 2x.$

Koeffizienten-Vergleich ergibt:
j 93 $\quad \beta = 0; \quad \alpha = -\frac{1}{5} \quad$ und damit $\quad y_{part} = -\frac{1}{5} \cos 2x$

Allgemeine Lösung:
j 94 $\quad y = y_{hom} + y_{part} = C_1 \cdot e^x + C_2 \cdot e^{-x} - \frac{1}{5} \cos 2x$

Probe: $y' = C_1 \cdot e^x - C_2 \cdot e^{-x} + \frac{1}{5} \sin 2x \cdot 2$

$\quad\quad\quad y'' = C_1 \cdot e^x + C_2 \cdot e^{-x} + \frac{1}{5} \cdot 4 \cdot \cos 2x$

$\quad y'' - y = C_1 \cdot e^x + C_2 \cdot e^{-x} + \frac{1}{5} \cdot 4 \cdot \cos 2x - C_1 \cdot e^x -$
$\quad\quad\quad\quad - C_2 \cdot e^{-x} + \frac{1}{5} \cos 2x = \cos 2x$

# Differential-Gleichungen — J 8
## Erniedrigung der Ordnung

### Erniedrigung der Ordnung durch Variablen-Substitution zur Lösung einer DGL $n$-ter Ordnung

| | Gestalt der DGL | Voraussetzung | Substitution | Bemerkung |
|---|---|---|---|---|
| j 95 | $y^{(n)} = f(y, y', \ldots y^{(n-1)})$ *(siehe Beispiel A)* | $x$ nicht explizit enthalten | $y' = p = \dfrac{dy}{dx}$; $\;y'' = p' = \dfrac{dp}{dy}\cdot p$ | Reduzierung von Ordnung $n$ auf Ordnung $n-1$ |
| j 96 | $y^{(n)} = f(x, y', \ldots y^{(n-1)})$ | $y$ nicht explizit enthalten | $y' = p$; $\;y'' = \dfrac{dp}{dx}$ | Reduzierung von Ordnung $n$ auf Ordnung $n-1$ |
| j 97 | $y^{(n)} = f(x, y^{(k+1)}, \ldots y^{(n-1)})$ *(siehe Beispiel B)* | 1te bis $k$-te Ableitung nicht vorhanden | $y^{(k+1)} = p$; $\;y^{(k+2)} = p' = \dfrac{dp}{dx}$ | Reduzierung von Ordnung $n$ auf Ordnung $n-k$ |

**Beispiel A:**

j 98   $y \cdot y'' - y'^2 = 0$;
j 99   Substitution: $y' = p$; $\;y'' = p\,\dfrac{dp}{dy}$
j 100   $y \cdot p \dfrac{dp}{dy} - p^2 = 0$;   $\dfrac{dp}{p} = \dfrac{dy}{y}$
j 101   $\ln|p| = \ln|y| + \ln C$
j 102   $\ln|p| = \ln C \cdot y \;\Rightarrow\; \dfrac{dy}{dx} = y'$

j 103   $\dfrac{p}{y'} = C \cdot y = y'$
j 104   $y' - C \cdot y = 0$

Probe:   $y = C_1 \cdot e^{-C \cdot x}$
        $y' = -C_1 \cdot C \cdot e^{-Cx}$
        $y'' = C_1 \cdot C^2 \cdot e^{-Cx}$

j 105   $y \cdot y'' - y'^2 = C_1 \cdot e^{-Cx} \cdot C_1 \cdot C^2 \cdot e^{-Cx} - C_1^2 \cdot e^{-Cx \cdot 2} = 0$

**Beispiel B:**

$y''' + 2y'' - 4x = 0.$

Substitution: $y'' = p$;   nach j 110:

$p' + 2p - 4x = 0,$

$p = C_1 e^{-2x} + 2x - 1 = \dfrac{d}{dx} y' = y''$

$y' = \int (C_1 e^{-2x} + 2x - 1)\, dx + C_2$

$y' = -\dfrac{C_1}{2} e^{-2x} + x^2 - x + C_2 = \dfrac{dy}{dx}$

$y = \int \left(-\dfrac{C_1}{2} e^{-2x} + x^2 - x + C_2\right) dx + C_3$

$y = \tfrac{1}{4} C_1 e^{-2x} + C_2 x + \dfrac{x^3}{3} - \dfrac{x^2}{2} + C_3$

Probe:   $y''' + 2y'' - 4x =$
$-2C_1 e^{-2x} + 2 + 2C_1 e^{-2x} + 4x - 2 - 4x = 0$

# Differential-Gleichungen
## Differential-Gleichungen 1. Ordnung — J 9

| Art | Gestalt | Substitution-Ansatz | Lösung | Bemerkung |
|---|---|---|---|---|
| Separierbare DGL | $y' = \dfrac{dy}{dx} = \dfrac{f(x)}{g(y)}$ | | $\int g(y)\cdot dy = \int f(x)\cdot dx + C$ | Die Veränderlichen $x$ und $y$ können nach links und rechts getrennt werden |
| Nicht direkt separierbare DGL | $y' = f(\alpha x + \beta y + \gamma)$ | $\alpha x + \beta y + \gamma = u$ $\dfrac{du}{dx} = \alpha + \beta y'$ $y' = \dfrac{1}{\beta}\left(\dfrac{du}{dx} - \alpha\right)$ | $\int dx = \int \dfrac{du}{\beta f(u) + \alpha}$ | Nach Integration ist Substitution rückgängig zu machen |
| Ähnlichkeits-DGL | $y' = f\left(\dfrac{y}{x}\right)$ | $\dfrac{y}{x} = u$ $y' = u + x\dfrac{du}{dx}$ | $\int \dfrac{dx}{x} = \int \dfrac{du}{f(u) - u} + C$ | DGL überprüfen ob in $f(y/x)$ überführbar |
| Homogene lineare DGL 1. Ordnung | $y' + p(x)\cdot y = 0$ | | $y = C\, e^{-\int p(x)dx} = y_{hom}$ | $y = y_{hom}$ |
| Inhomogene lineare DGL 1. Ordnung | $y' + p(x)\cdot y = q(x)$ | $y = y_{hom} + y_{part}$ $y_p = C(x)\cdot e^{-\int p(x)dx}$ $y'_p = C'(x)\cdot e^{-\int p(x)dx} - C(x)\cdot p(x)\cdot e^{-\int p(x)dx}$ | $y = e^{-\int p(x)dx}\cdot\left[C + \int q(x)\cdot e^{\int p(x)dx}\cdot dx\right]$ dabei $y_p = \int q(x)\cdot e^{\int p(x)dx}\cdot dx \cdot e^{-\int p(x)dx}$ | $y_{hom}$ siehe j 109 Partikuläre Lösungsermittlung durch Variation der Konstanten: siehe J 2, J 3 |
| Implizite DGL 1.Ordnung, kein $x$-Glied | $y = f(y')$ | $y' = p$ | $x = \int \dfrac{f'(p)\cdot dp}{p} + C$ $y = f(p)$ | Durch Elimination von $p$ ergibt sich Lösung aus der Parameter-Darstellung |

# Differential-Gleichungen
## Differential-Gleichungen 1. Ordnung

| Art | Gestalt | Substitution-Ansatz | Lösung | Bemerkung |
|---|---|---|---|---|
| Implizite DGL 1. Ordnung, kein $y$-Glied | $x = f(y')$ | $y' = p$ | $x = f(p)$ <br> $y = \int p \cdot f'(p) \cdot dp + C$ | Durch Elimination von $p$ ergibt sich Lösung aus der Parameter-Darstellung |
| Implizite DGL 1. Ord. d'Alembert | $y = x \cdot g(y') + f(y')$ | $y' = p$ | $\dfrac{dx}{dp} = \dfrac{g'(p)}{p - g(p)} x + \dfrac{f'(p)}{p - g(p)}$ | Parameter-Darstellung von $x$ und $y$. Singuläres Integral (Einhüllende) durch Elimination von $p$ |
| Clairaut'sche DGL | $y = x \cdot y' + f(y')$ | $y' = p$ <br> $f(y') = f(p)$ | mit $C_1 = y'$: <br> $y = x \cdot C_1 + f(C_1)$ (Geradenschar, allgemeines Integral) <br> $x = -f'(p)$ <br> $y = -p \cdot f'(p) + f(p)$ | |
| Bernoulli-DGL <br> DGL 1. Ordnung $n$-ten Grades | $y' + p(x) y + q(x) y^n = 0$ <br> mit $n \neq 0$; $n \neq 1$ | $z = y^{1-n}$ <br> $y = z^{\frac{1}{1-n}}$ <br> $y' = \dfrac{1}{1-n} z^{\frac{n}{1-n}} \cdot z'$ | $\dfrac{1}{1-n} z' + p(x) \cdot z = -q(x)$ <br> $z = e^{\int (1-n) p(x) \, dx} \left[ C - (1-n) \cdot \int q(x) \cdot e^{\int (1-n) p(x) \, dx} dx \right]$ <br> $y = z^{\frac{1}{1-n}} = \dfrac{1}{\sqrt[n-1]{z}}$ | Rückführung auf DGL 1. Ordnung Lösung gemäß J9, J 110 |
| Riccati-DGL <br> DGL 1. Ordnung 2. Grades | $y' + p(x) y + q(x) y^2 = r(x)$ | $y(x) = u(x) + y_1(x)$ dabei $y_1(x)$ bekannte partikuläre Lösung. <br> $z(x) = \dfrac{1}{u(x)}$ | $z' - [p(x) + 2q(x) y_1(x)] \cdot z = q(x)$ <br> $y(x) = y_1(x) + \dfrac{1}{\dfrac{e^{\int [p(x) + 2q(x) y_1(x)] dx}}{\left[ C + \int q(x) \cdot e^{-\int [p(x) + 2q(x) y_1(x)] dx} dx \right]}}$ | Inhomog. DGL in $z$: Lösung gemäß J9. Mindestens eine partikuläre Lösung muß bekannt sein |

# Differential-Gleichungen
## Differential-Gleichungen 2. Ordnung   J 11

| Art | Gestalt | Substitutions-Ansatz | Lösung | Bemerkung |
|---|---|---|---|---|
| Homogene lineare DGL 2. Ordnung Eulersche DGL | $x^2 \cdot y'' + b_1 \cdot xy' + b_0 y = 0$ | $y = x^r$ <br> $y' = r \cdot x^{r-1}$ <br> $y'' = r(r-1)x^{r-2}$ | $y(x) = C_1 x^{r_1} + C_2 \cdot x^{r_2}; \; r_1 \neq r_2$ <br> mit $r_{1,2} = \dfrac{1-b_1}{2} \pm \sqrt{\dfrac{(b_1-1)^2}{4} - b_0}$ <br> oder $y(x) = x^\alpha [A \cdot \cos(\beta \cdot \ln x) + B \sin(\beta \cdot \ln x)]$ <br> für $r_1 = \alpha + i\beta$ und $r_2 = \alpha - i\beta$ | $C_1$ und $C_2$ sind beliebige Konstanten <br> $A = C_1 + C_2$ <br> $B = i(C_1 - C_2)$ |
| $y$ und $y'$ Funktionen fehlen | $y'' = f(x)$ | | $y = C_1 + C_2 x + \int [\int f(x) \cdot dx] \cdot dx$ | Beginn der Berechnung mit innerem Integral |
| Homogene lineare DGL 2. Ordnung mit konstanten Koeffiz. | $y'' + a_1 y' + a_0 y = 0$ | $y = e^{rx}$ <br> $y' = r \cdot e^{rx}$ <br> $y'' = r^2 \cdot e^{rx}$ | $y(x) = C_1 e^{r_1 x} + C_2 e^{r_2 x}$ mit $r_1 \neq r_2$ <br> $y(x) = e^{\alpha x}(A \cdot \cos \beta x + B \cdot \sin \beta x)$ <br> mit $r_1 = \alpha + i\beta; \; r_2 = \alpha - i\beta$ <br> $y(x) = C_1 e^{r_1 x} + C_2 x e^{r_1 x}$ mit $r_1 = r_2$   mit $r_{1,2} = -\dfrac{a_1}{2} \pm \sqrt{\dfrac{a_1^2}{4} - a_0}$ oder $= \tilde{r}_1$ oder | $C_1$ und $C_2$ sind beliebige Konstanten <br> $A = C_1 + C_2$ <br> $B = i(C_1 - C_2)$ |
| Inhomogene lineare DGL 2. Ordnung mit konst. Koeffiz. | $y'' + a_1 y' + a_0 y = q(x)$ | $y = y_{hom} + y_{part}$ | $y(x) = C_1 \cdot e^{r_1 x} + C_2 \cdot e^{r_2 x} + y_{part}$ mit $r_1 \neq r_2$   u. reell $= y_{hom}$ oder <br> $y(x) = C_1 \cdot e^{r_1 x} + C_2 x e^{r_1 x} + y_{part}$ mit $r_1 = r_2$ oder <br> $y(x) = e^{\alpha x}(A \cos \beta x + B \sin \beta x) + y_{part}$ <br> mit $r_1 = \alpha + i\beta; \; r_2 = \alpha - i\beta = \tilde{r}_1$ | $y_{part}$ abhängig von $q(x)$ <br> Berechnung siehe J 6, J 7 <br> s. Bemerkung j 117 |
| Homogene linear. DGL 2. Ordnung $y$ fehlt | $y'' + p_1(x) \cdot y' = 0$ | $y' = u$ <br> $y'' = \dfrac{du}{dx}$ | $y = \int C_1 \, e^{-\int p_1(x) \, dx} \, dx + C_2 = y_{hom}$ | Durch Substitution Rückführung zunächst auf DGL 1. Ordnung, dann Lösung |

# Differential-Gleichungen
## Differential-Gleichungen 2. Ordnung — J 12

| | Art | Gestalt | Substitution Ansatz | Lösung | Bemerkung |
|---|---|---|---|---|---|
| J 122 | Inhom. lin. DGL 2. Ord. $y$ fehlt | $y'' + p_1(x)y' = q(x)$ | $y' = u$<br>$y'' = \dfrac{du}{dx}$<br>$y = y_h + y_p$ | $y = \int\left[e^{-\int p_1(x)dx}\cdot\left(C_1 + \int q(x)\cdot e^{\int p_1(x)dx}\cdot dx\right)\right]dx + C_2$<br>$y_p = \left[e^{-\int p_1(x)dx}\cdot\left(\int q(x)e^{\int p_1(x)dx}\cdot dx\right)\right]dx$ | Zur Berechnung mit inneren Integralen beginnen |
| J 123 | nichtlineare DGL 2. Ord. $y$ fehlt | $y'' + p_1(x)\cdot f(y') = 0$ | $y' = u;\quad \dfrac{du}{dx} = f(u)$<br>$y'' = \dfrac{du}{dx}$<br>$f(y') = f(u)$ | $\int \dfrac{du}{f(u)} = -\int p_1(x)\cdot dx + C_1$<br>$y = \int u\cdot dx + C_2$ | |
| J 124 | DGL 2. Ordnung $y'$ fehlt | $y'' = f(y)$ | $y' = u(y)$<br>$y'' = u(y)\cdot \dfrac{du}{dy}$ | $x = \pm \int \dfrac{dy}{\sqrt{2\int f(y)\cdot dy} + C_1};\quad y = \int u(y)\cdot dx + C_2$ | |
| J 125 | DGL 2. Ord. $y$ fehlt | $y'' = f(x, y')$ | $y' = u(x)$ | $\dfrac{du}{dx} = f(x, u)$ | Oft nicht lösbar |
| J 126 | DGL 2. Ordnung $x$ und $y$ fehlen | $y'' = f(y')$ | $y' = u$<br>$y'' = u'$<br>$f(y') = f(u)$ | $x = \int \dfrac{du}{f(u)} + C_1;\quad y = \int \dfrac{u\cdot du}{f(u)} + C_2$ | Nach Elimination von $u$ ergibt sich Lösung |
| J 127 | DGL 2. Ordnung $x$ fehlt | $y'' = f(y, y')$ | $y' = u$<br>$y'' = \dfrac{du}{dx} = u\dfrac{du}{dy}$<br>$u = u(y)$<br>$y = y(x)$ | $u\dfrac{du}{dy} = f(y, u)$<br>$x = \int \dfrac{du}{u(y)} + C$ | zuletzt wird $y' = \dfrac{dy}{dx}$ für $u$ gesetzt |
| J 128 | Homogene Lineare DGL 2. Ordnung | $y'' + p_1(x)\cdot y' + p_2(x)\cdot y = 0$ | $v(x) = \dfrac{y}{y_1(x)}$<br>$v'(x) = w = \dfrac{d}{dx}\left(\dfrac{y}{y_1(x)}\right)$ | Nach Überführung in:<br>$y_1(x)\cdot w' + [2y_1'(x) + p_1(x)\cdot y_1(x)]w = 0$<br>$y = y_1\cdot v(x)$<br>$y = y_1(x)\left[\int C_1\dfrac{1}{y_1^2(x)}e^{-\int p_1(x)dx}\cdot dx + C_2\right]$ | $y_1(x)$ muß als partikuläre Lösung bekannt sein. Dann auf lineare homog. DGL 1. Ord. überführbar. $y_1(x)$ s. J 9 |

# Statik
## Allgemeine Begriffe
**K 1**

## Allgemeines

Die Statik behandelt die äußeren Kräfte u. die Gleichgewichtsbedingungen der starren Körper sowie die Bestimmung von unbekannten Kräften (z. B. Auflagerkräfte). Inhalt der Blätter K1 ... K14 bezieht sich auf die Kräfte in <u>einer</u> Ebene.

## Die wichtigsten Größen der Statik

### Länge $l$
Ist Basisgröße, siehe Erläuterungen

### Kraft $F$ (siehe Erläuterung auf M 1)
Darstellung durch einen Vektor.
Pfeillänge: Betrag oder Größe
Richtungswinkel: Richtung von $x$
Angriffspunkt $P$: Lage

### Gewichtskraft $F_G$
Definition: Erdanziehungskraft
Angriffspunkt: Schwerpunkt $S$
Wirkungslinie: Lot des Ortes
Sinn: nach unten (gegen Erdzentrum)
Größe: Bestimmung mit der Federwaage

### Auflagerkraft $F_A$
Vom Lager $A$ auf den Körper ausgeübte Reaktionskraft.

### Resultierende Kraft $F_R$
Ermittelte Kraft, die die Wirkung anderer äußerer Kräfte ersetzt.

### Moment $M$ einer Kraft $F$ um einen Punkt $O$
Durch $O$ geht die Drehachse.

k 1    Moment $\quad M = \pm F l$

### Wirkung einer Kraft $F$ bzgl. eines Punktes $O$
Die Wirkung einer Kraft $F$ bzgl. des Punktes $O$ wird ersetzt durch das Kräftepaar $F - F''$ und die Kraft $F'$.

k 2    $F' = F; \quad F'' = -F$

Moment des Kräftepaars

k 3    $M = \pm F \cdot l$

**Momentensatz:** Das Moment der resultierenden Kraft ist gleich der Summe der Momente der äußeren Kräfte.

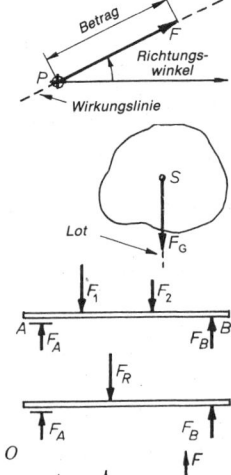

# Statik
## Kräfte-Zusammensetzung
**K 2**

### Graphische Zusammensetzung von Kräften

| Kräfteplan | Krafteck |
|---|---|

**Zwei Kräfte** (k 4)

**Mehrere Kräfte mit gemeinsamem Angriffspunkt** (k 5)

**Parallele Kräfte** (k 6) — Seileck, Seilstrahl, Pol O, Polstrahl

**Mehrere Kräfte mit beliebigem Angriffspunkt** (k 7) — Seileck, Seilstrahl, Pol O, Polstrahl

Konstruktion des Seilecks:
Krafteck zeichnen. Pol $O$ so wählen, daß sich alle Seilstrahlen in der Figur schneiden, und Polstrahlen ziehen. Seileck so konstruieren, daß Seilstrahlen parallel zu den Polstrahlen verlaufen. Dabei muß jedem Dreieck im Krafteck ein Schnittpunkt im Seileck entsprechen (z. B. zum Dreieck $F_1$–1–2 des Kraftecks gehört der Schnittpunkt $F_1$–1–2 des Kräfteplans).

# Statik
## Kräfte-Zusammensetzung
**K 3**

### Rechnerische Zusammensetzung von Kräften

**Zerlegung einer Kraft**

k 8   $F_x = F \cdot \cos \alpha$  |  $F_y = F \cdot \sin \alpha$

k 9   $F = +\sqrt{F_x^2 + F_y^2}$  |  $\tan \alpha = \dfrac{F_y}{F_x}$

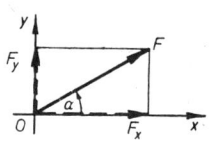

(Vorzeichen der Winkelfunktionen von $\alpha$ nach untenstehender Tabelle)

**Moment $M_O$ einer Kraft in Bezug auf einen Punkt $O$**

k 10   $M_O = \pm F \cdot l = F_y x - F_x y$

(Bestimmung von $F_x$ und $F_y$ nach k 8)

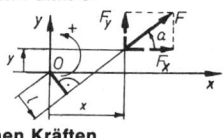

**Resultierende $F_R$ von beliebigen gegebenen Kräften**

k 11   Komponenten   $F_{Rx} = \Sigma F_x$  |  $F_{Ry} = \Sigma F_y$

k 12   Betrag   $F_R = +\sqrt{F_{Rx}^2 + F_{Ry}^2}$

k 13   Richtgs.-winkel $\alpha_R$   $\tan \alpha_R = \dfrac{F_{Ry}}{F_{Rx}}$ ;   $\sin \alpha_R = \dfrac{F_{Ry}}{F_R}$ ;   $\cos \alpha_R = \dfrac{F_{Rx}}{F_R}$

k 14   Abstand   $l_R = \dfrac{|\Sigma M_O|}{|F_R|}$     Momentensatz)

k 15   Vorzeichen von $F_R \cdot l_R$ = Vorzeichen von $\Sigma M_O$

**Vorzeichen der Winkelfunktionen in $x, y$; $F_x, F_y$; $F_{Rx}, F_{Ry}$**

| | Quadrant | $\alpha, \alpha_R$ | $\cos \alpha$ | $\sin \alpha$ | $\tan \alpha$ | $x, F_x, F_{Rx}$ | $y, F_y, F_{Ry}$ |
|---|---|---|---|---|---|---|---|
| k 16 | I | 0 … 90° | + | + | + | + | + |
| k 17 | II | 90 … 180° | − | + | − | − | + |
| k 18 | III | 180 … 270° | − | − | + | − | − |
| k 19 | IV | 270 … 360° | + | − | − | + | − |

$F_x, F_y$ : Komponenten von $F$ in $x$- und $y$-Richtung
$F_{Rx}, F_{Ry}$ : Komponenten von $F_R$ in $x$- und $y$-Richtung
$x, y$ : Koordinaten von $F$
$\alpha, \alpha_R$ : Winkel von $F$ bzw. $F_R$
$l, l_R$ : Abstand von $F$ bzw. $F_R$ vom Bezugspunkt

# Statik
## Gleichgewicht
## K 4

### Gleichgewichts-Bedingungen

Ein Körper ist im Gleichgewicht, wenn die Resultierende aller äußeren Kräfte und die Summe der Momente aller äußeren Kräfte in Bezug auf einen beliebigen Punkt Null sind.

| | Kräfte | graphisch | analytisch |
|---|---|---|---|
| k 20 | mit gemeinsamem Angriffspunkt | Krafteck geschlossen | $\Sigma F_x = 0;\ \Sigma F_y = 0$ |
| k 21 | parallel zur y-Achse | Krafteck und Seileck geschlossen | $\Sigma F_y = 0;\ \Sigma M = 0$ |
| k 22 | beliebig | | $\Sigma F_x = 0;\ \Sigma F_y = 0;\ \Sigma M = 0$ |

**Träger auf 2 Lagern**

Gegeben: Größe u. Lage von $F_1$ u. $F_2$. Gesucht: $F_A$, $F_B$

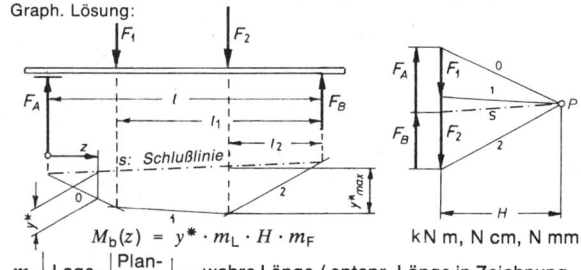

Graph. Lösung:

$$M_b(z) = y^* \cdot m_L \cdot H \cdot m_F \qquad \text{kN m, N cm, N mm}$$

| | | Plan- | |
|---|---|---|---|
| k 23 | $m_L$ | Lage- | maß- | = wahre Länge / entspr. Länge in Zeichnung |
| k 24 | $m_F$ | Kräfte- | stab | = Kraft / entspr. Länge in Zeichnung |

$H$ : Polabstand   $y^*$: vertikaler Abstand zwischen Schlußlinie $s$ und Seileck.

k 25   Rechn. Lösung: $F_A = F_1 \cdot l_1/l + F_2 \cdot l_2/l$;   $F_B = (F_1 + F_2) - F_A$.

**Streckenlasten** werden in kleinere Abschnitte unterteilt und durch entsprechende im jeweiligen Abschnittsschwerpunkt angreifende Einzelkräfte ersetzt.

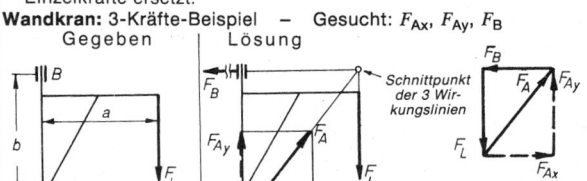

**Wandkran:** 3-Kräfte-Beispiel — Gesucht: $F_{Ax}$, $F_{Ay}$, $F_B$

Gegeben | Lösung

Schnittpunkt der 3 Wirkungslinien

$$F_{Ax} = F_B = \frac{a}{b} F_L;\quad F_{Ay} = F_L$$

# Statik
## Fachwerkträger  K 5

### Rechnerische Ermittlung der Stabkräfte
(Verfahren nach Ritter)

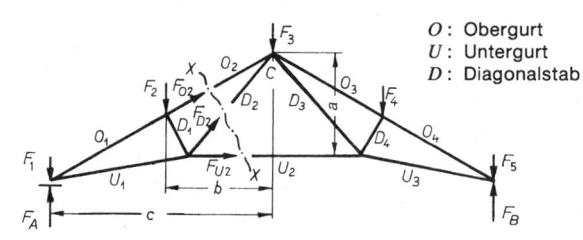

$O$: Obergurt
$U$: Untergurt
$D$: Diagonalstab

Ermittle die Auflagerkräfte nach K 4 (Träger auf 2 Lagern) und lege durch Fachwerk so einen Schnitt $X \ldots X$, daß davon der zu berechnende Stab getroffen wird und dabei nicht mehr als 3 Stäbe geschnitten werden. Es ist nun anzunehmen, alle Spannkräfte seien Zugkräfte. Dann ergeben sich Zugkräfte als positive und Druckkräfte als negative Werte.

Bilde die Momenten-Gleichung $\Sigma M = 0$ mit den äußeren und inneren Kräften bezogen auf den Schnittpunkt von 2 der unbekannten Kräfte. Die Einzelmomente der zuletzt genannten Kräfte werden dabei gleich Null.

### Regel für die Vorzeichen der Momente
Momente entgegen Uhrzeigersinn sind positiv
    "    im    "    " negativ.

### Beispiel zu obigem Träger

Aufgabe: Gesucht Kraft $F_{U2}$ in Stab $U_2$
Lösung:
Lege Schnitt $X \ldots X$ durch $O_2 - D_2 - U_2$. Da sich $O_2$ und $D_2$ in $C$ schneiden, wird $C$ als Bezugspunkt für die Momentengleichung gewählt, damit die Momente von $O_2$ und $D_2$ gleich Null werden können.

Es ist nun zu bilden
$$\Sigma M_C = 0$$
$$+ a \cdot F_{U2} + b \cdot F_2 - c(F_A - F_1) = 0$$
$$F_{U2} = \frac{-b \cdot F_2 + c(F_A - F_1)}{a}$$

# Statik
## Fachwerkträger — K 6

### Graphische Ermittlung der Kräfte in den Knoten
(Cremona-Verfahren)

k 27

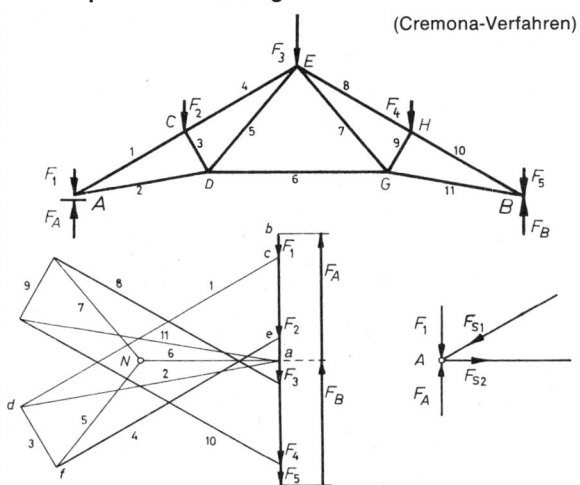

### Grundsätze
Ein Stab reicht nur von Knoten bis Knoten. Die äußeren Kräfte greifen nur in Knotenpunkten an.

### Arbeitsanleitung
Kräftemaßstab festlegen. Auflagerkräfte ermitteln. Da ein Krafteck nur 2 Unbekannte enthalten darf, mit dem Knoten $A$ beginnen. Für alle Knoten denselben Umfahrungssinn festlegen,
(z.B. $(F_A - F_1 - F_{S1} - F_{S2})$.

Knoten $A$: Krafteck $a - b - c - d - a$.
             Ob Druck- oder Zugstab, in einer Skizze oder Tabelle eintragen.
Knoten $C$: Krafteck $d - c - e - f - d$.
             u.s.w.

### Kontrolle
Durch einen Knoten im Fachwerk gehende Kräfte müssen im Cremona-Plan ein Vieleck bilden.
Durch einen Punkt im Kräfteplan gehende Kräfte müssen im Fachwerk ein Dreieck bilden.

# Statik
## Schwerpunkt
**K 7**

### Kreisbogen

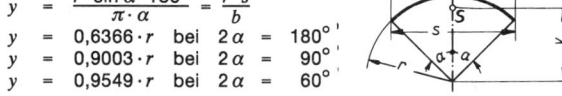

k 28 $\quad y = \dfrac{r \cdot \sin\alpha \cdot 180°}{\pi \cdot \alpha} = \dfrac{r \cdot s}{b}$

k 29 $\quad y = 0{,}6366 \cdot r \quad$ bei $\quad 2\alpha = 180°$

k 30 $\quad y = 0{,}9003 \cdot r \quad$ bei $\quad 2\alpha = 90°$

k 31 $\quad y = 0{,}9549 \cdot r \quad$ bei $\quad 2\alpha = 60°$

### Dreieck

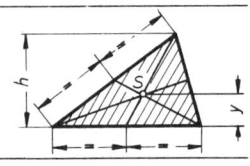

k 31 $\quad y = \dfrac{1}{3} h$

$S$ liegt im Schnittpunkt der Seitenhalbierenden

### Kreisausschnitt

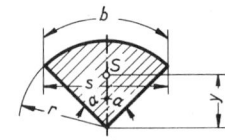

k 32 $\quad y = \dfrac{2r \cdot \sin\alpha \cdot 180°}{3 \cdot \pi \cdot \alpha} = \dfrac{2r \cdot s}{3b}$

k 33 $\quad y = 0{,}4244 \cdot r \quad$ bei $\quad 2\alpha = 180°$

k 34 $\quad y = 0{,}6002 \cdot r \quad$ bei $\quad 2\alpha = 90°$

k 35 $\quad y = 0{,}6366 \cdot r \quad$ bei $\quad 2\alpha = 60°$

### Trapez

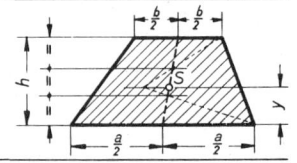

k 36 $\quad y = \dfrac{h}{3} \cdot \dfrac{a + 2b}{a + b}$

### Kreisringstück

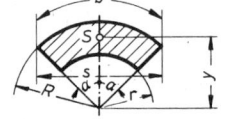

k 37 $\quad y = \dfrac{2}{3} \cdot \dfrac{R^3 - r^3}{R^2 - r^2} \cdot \dfrac{\sin\alpha}{\text{arc }\alpha}$

k 38 $\quad\phantom{y} = \dfrac{2}{3} \cdot \dfrac{R^3 - r^3}{R^2 - r^2} \cdot \dfrac{s}{b}$

### Kreisabschnitt

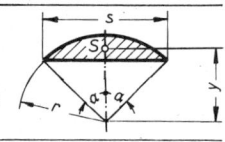

k 39 $\quad y = \dfrac{2}{3} \cdot \dfrac{r \cdot \sin^3\alpha}{\widehat{a} - \sin\alpha \cdot \cos\alpha} = \dfrac{s^3}{12 \cdot A}$

Fläche $A$ siehe unter B 3

Bestimmung des Schwerpunktes $S$ siehe auch unter I 14

# Statik
## Schwerpunkt
**K 8**

### Schwerpunkt-Ermittlung für beliebige Flächen

**Graphische Lösung:** Zerlege Gesamtfläche $A$ in Teilflächen $A_1$, $A_2 \ldots A_n$, deren Schwerpunktlagen bekannt sind. Achsenkreuz durch möglichst viele Einzelschwerpunkte legen. Die Meßzahl des Inhalts jeder Teilfläche faßt man als eine Kraft auf, die im Schwerpunkt der jeweiligen Teilfläche angreift. Mit dem Seileck gemäß K 2 bestimmt man nun in 2 beliebigen Richtungen (am besten in um $90°$ versetzten) die Lagen der Mittelkräfte $A_{Rx}$ und $A_{Ry}$. Schnittpunkt der Wirkungslinien dieser Mittelkräfte ergibt die Lage des Schwerpunktes $S$.

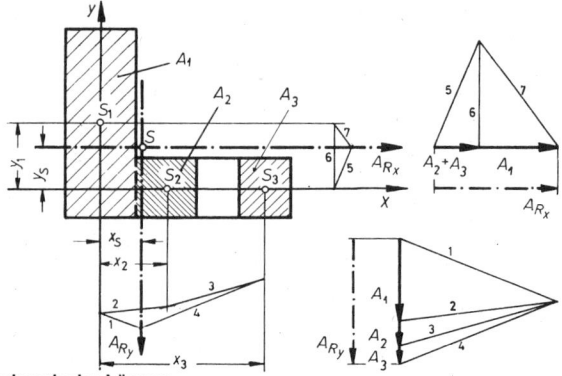

k 40

### Rechnerische Lösung

Zerlege wie oben Gesamtfläche $A$ in Teilflächen $A_1, A_2 \ldots A_n$, dann ist der

| | Abstand | allgemein | für obiges Beispiel |
|---|---|---|---|
| k 41 | $x_s =$ | $\dfrac{\sum\limits_{i=1}^{n} A_i \cdot x_i}{A}$ | $\dfrac{A_1 \cdot x_1 + A_2 \cdot x_2 + A_3 \cdot x_3}{A}$ |
| k 42 | $y_s =$ | $\dfrac{\sum\limits_{i=1}^{n} A_i \cdot y_i}{A}$ | $\dfrac{A_1 \cdot y_1 + A_2 \cdot y_2 + A_3 \cdot y_3}{A}$ |

Anmerkung: In obigem Beispiel haben die Abstände $x_1$, $y_2$ und $y_3$ den Wert Null.

# Statik
## Reibung
**K 9**

## Parallel zur Gleitebene angreifende Kraft

| | Haftreibung | Gleitgrenze | Gleitreibung |
|---|---|---|---|
| k 43 | $v = 0$ | $v = 0$ | $v > 0$ |
| k 44 | $F_{W_1} = -F_{Z_1} = F_G \tan \varrho_1$ | $F_{W_0} = -F_{Z_0} = F_G \tan \varrho_0$ | $F_W = -F_Z = F_G \tan \varrho$ |
| k 45 | $F_N = -F_G$ | $F_N = -F_G$ | $F_N = -F_G$ |
| k 46 | — | $\mu_0 = \tan \varrho_0 > \mu$ | $\mu = \tan \varrho < \mu_0$ |
| k 47 | $0 < \varrho_1 \text{ (variabel)} < \varrho_0$ | $\varrho_0 = \text{konst.} > \varrho$ | $\varrho = \text{konst.} < \varrho_0$ |

Wird $F_{Z_1}$ von null aus langsam erhöht, so steigt zunächst $F_{W_1}$, ohne daß der Körper sich bewegt. Erreicht dann $F_{Z_1}$ den Wert

k 48
$$F_{Z_0} = F_G \mu_0,$$

so beginnt der Körper zu gleiten. Damit sinkt $F_Z$ auf $F_G \mu$ ab. Ein möglicher Kraft-Überschuß dient jetzt ausschließlich der Beschleunigung.

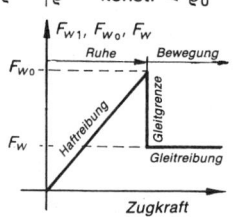

## Schräg zur Gleitebene angreifende Kraft

Notwendige Kraft $F$ zum In-Bewegung-setzen eines Körpers mit Gewicht $F_G$ ($\alpha > \varrho_0$):

k 49
$$F = F_G \frac{\mu_0}{\sin \alpha - \mu_0 \cos \alpha} = F_G \frac{\sin \varrho_0}{\sin (\alpha - \varrho_0)}$$

Die für die Bewegung mit konstanter Geschwindigkeit notwendige Kraft wird ermittelt, indem $\mu_0$ durch $\mu$ ersetzt wird. Bewegung ist unmöglich, wenn Ergebnis für $F$ negativ ($\alpha < \varrho_0$).

| $F_{W_1}, F_{W_0}, F_W$ : Reibungskraft | $-, \mu_0, \mu$: | Rei- | zahl (s. Z 7) |
|---|---|---|---|
| $F_{Z_1}, F_{Z_0}, F_Z$ : Zugkraft | $\varrho_1, \varrho_0, \varrho$: | bungs- | winkel |

# Statik
## Reibung
**K 10**

### Schiefe Ebene

**Allgemein**

Der Winkel $\alpha$, unter dem ein Körper auf einer schiefen Ebene gleichförmig abgleitet, ist gleich dem Reibungswinkel $\varrho$, hieraus

k 50

$$\tan \alpha = \tan \varrho = \mu$$

Anwendung bei der experimentellen Ermittlung des Reibungswinkels $\varrho$, bzw. der Reibungszahl

$$\mu = \tan \varrho$$

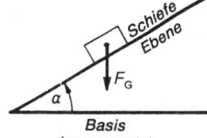

k 51 **Bedingung für Selbsthemmung:** $\alpha < \varrho$

**Reibungs-Verhältnisse**

| Bewegung nach | Zugkraft $F$ für die konstante Geschwindigkeit parallel zur | |
|---|---|---|
| | schiefen Ebene | Basis |
| oben $0 < \alpha < \alpha^*$ | $F = F_G \dfrac{\sin(\alpha + \varrho)}{\cos \varrho}$ | $F = F_G \cdot \tan(\alpha + \varrho)$ |
| unten $0 < \alpha < \varrho$ | $F = F_G \dfrac{\sin(\varrho - \alpha)}{\cos \varrho}$ | $F = F_G \cdot \tan(\varrho - \alpha)$ |
| unten $\varrho < \alpha < \alpha^*$ | $F = F_G \dfrac{\sin(\alpha - \varrho)}{\cos \varrho}$ | $F = F_G \cdot \tan(\alpha - \varrho)$ |

k 52 / k 53 / k 54

Bemerkung: Für den Fall der ruhenden Reibung $\mu$ durch $\mu_o$ bzw. $\varrho$ durch $\varrho_o$ ersetzen.

$\alpha^*$: Kippwinkel des Körpers

# Statik
Reibung

**K 11**

## Keile

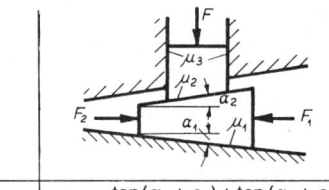

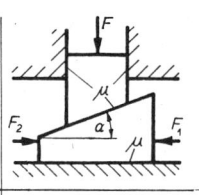

| | | | |
|---|---|---|---|
| k 55 | Eintreiben | $F_1 = F \dfrac{\tan(\alpha_1 + \varrho_1) + \tan(\alpha_2 + \varrho_2)}{1 - \tan\varrho_3 \cdot \tan(\alpha_2 + \varrho_2)}$ | $F_1 = F \cdot \tan(\alpha + 2\varrho)$ |
| k 56 | Lockern | $F_2 = F \dfrac{\tan(\alpha_1 - \varrho_1) + \tan(\alpha_2 - \varrho_2)}{1 + \tan\varrho_3 \cdot \tan(\alpha_2 - \varrho_2)}$ | $F_2 = F \cdot \tan(\alpha - 2\varrho)$ |
| k 57 | Selbsthemmung | $\alpha_1 + \alpha_2 \leqq \varrho_{0_1} + \varrho_{0_2}$ | $\alpha \leqq 2\varrho_0$ |

## Schrauben

| | | | | |
|---|---|---|---|---|
| k 58 | Moment zum | Heben | $M_1 = F \cdot r \cdot \tan(\alpha + \varrho)$ | $M_1 = F \cdot r \cdot \tan(\alpha + \varrho')$ |
| k 59 | | Senken | $M_2 = F \cdot r \cdot \tan(\alpha - \varrho)$ | $M_2 = F \cdot r \cdot \tan(\alpha - \varrho')$ |
| k 60 | Bedingung für Selbsthemmung beim Senken | | $\alpha < \varrho$ | $\alpha < \varrho'$ |
| k 61 | Wirkungsgrad einer Schraube zum | Heben | $\eta = \dfrac{\tan\alpha}{\tan(\alpha + \varrho)}$ | $\eta = \dfrac{\tan\alpha}{\tan(\alpha + \varrho')}$ |
| k 62 | | Senken | $\eta = \dfrac{\tan(\alpha - \varrho)}{\tan\alpha}$ | $\eta = \dfrac{\tan(\alpha - \varrho')}{\tan\alpha}$ |

$M_1$ : Moment zum Heben   Nm, [kpm]
$M_2$ : Moment zum Senken   Nm, [kpm]

k 63  $\alpha$ : Steigungswinkel   $(\tan\alpha = \dfrac{h}{2\pi r})$

k 64  $\varrho$ : Reibungswinkel   $(\tan\varrho = \mu)$

$\varrho'$ : Reibungswinkel bei Spitz-, Säge- oder Trapezgewinde

k 65   $(\tan\varrho' = \dfrac{\mu}{\cos\beta/2})$

$r$ : mittlerer Gewinderadius   m, mm

# Statik
## Reibung — K 12

### Lagerreibung

| Trag- oder Querlager (Tragzapfenreibung) | Spur- oder Längslager (Stützzapfenreibung) |
|---|---|
| k 66    $M_R = \mu_q \cdot r \cdot F$ | $M_R = \mu_l \dfrac{r_1 + r_2}{2} F$ |

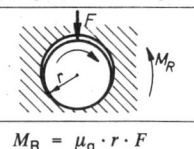

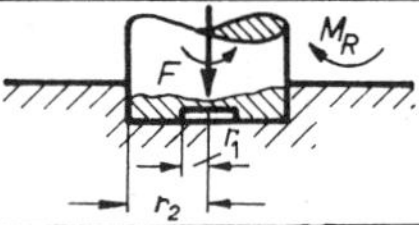

$M_R$: Reibungsmoment  
$\mu_q$ : Querlagerreibungszahl    (kein Festwert)  
$\mu_l$ : Längslagerreibungszahl    (kein Festwert)

Anmerkung: $\mu_q$ und $\mu_l$ werden experimentell als Funktion des Lagerspiels, der Schmierung und des Lagerzustandes bestimmt.

k 67    Im eingelaufenen Zustand: $\mu_0 \approx \mu_l \approx \mu_q$. Wegen Schmierung stets  
k 68    $r_1 > 0$ wählen.

### Rollende Reibung

**Rollen eines vollen Zylinders**

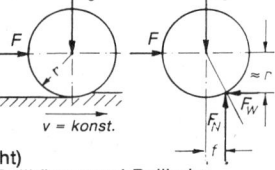

k 69    $F = \dfrac{f}{r} F_N \approx \dfrac{f}{r} F_G$

k 70    Rollbedingung: $F_W < \mu_0 F_N$

$F_W$: Rollreibungskraft  
$f$ : Hebelarm der Rollreibungskraft. Werte Z 7 (Durch Verformung von Rad und Unterlage verursacht)  
$\mu_0$ : Haftreibungszahl zwischen Rollkörper und Rollbahn

**Verschiebung einer auf Zylindern liegenden Platte**

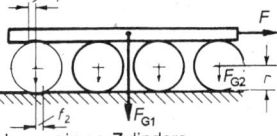

k 71    $F = \dfrac{(f_1 + f_2) F_{G1} + n f_2 F_{G2}}{2 r}$

k 72    wenn $f_1 = f_2 = f$ u. $n F_{G2} \ll F_{G1}$:

k 73    $F = \dfrac{f}{r} F_{G1}$

$F_{G1}$ bzw. $F_{G2}$: Gewicht der Platte bzw. eines Zylinders  
$F$ : Zugkraft  
$f_1$ und $f_2$ : Hebelarme der Rollreibungskraft  
$r$ : Radius der Zylinder   |   $n$ : Anzahl Zylinder

# Statik
## Reibung
**K 13**

### Seilreibung

| | Zug- und Reibungskraft, um die Last | |
|---|---|---|
| | zu heben | zu senken |
| k 75 | $F_1 = e^{\mu\hat{\alpha}} \cdot F_G$ | $F_2 = e^{-\mu\hat{\alpha}} \cdot F_G$ |
| k 76 | $F_R = (e^{\mu\hat{\alpha}} - 1) F_G$ | $F_R = (1 - e^{\mu\hat{\alpha}}) F_G$ |

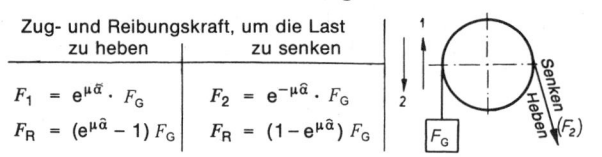

**Gesetze gelten**, wenn Zylinder fest und Seil sich mit konstanter Geschwindigkeit bewegt, z. B. Poller;

Seil fest und Zylinder in Bewegung, z. B. Bandbremse, Spilltrommel.

k 77 **Gleichgewichtsfall:** $F_2 < F < F_1$ | $F_G \cdot e^{-\mu\hat{\alpha}} < F < F_G \cdot e^{\mu\hat{\alpha}}$

($F$ : Gleichgewichtskraft ohne Reibung)

### Riementrieb

| | | |
|---|---|---|
| k 78 | $F_U = \dfrac{M_a}{r}$ | |
| k 79 | $F_U = F_R$ | |

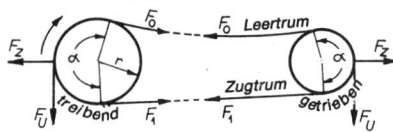

| Kräfte | in Bewegung | in Ruhe |
|---|---|---|
| k 80 | $F_0$ | $F_0 = \dfrac{F_U}{e^{\mu\hat{\alpha}} - 1}$ | $F_0 = F_1 = \dfrac{F_z}{2} \cdot \dfrac{(e^{\mu\hat{\alpha}} + 1)}{(e^{\mu\hat{\alpha}} - 1)}$ |
| k 81 | $F_1$ | $F_1 = F_U \dfrac{e^{\mu\hat{\alpha}}}{e^{\mu\hat{\alpha}} - 1}$ | |
| k 82 | $F_z$ | $F_z = F_U \dfrac{e^{\mu\hat{\alpha}} + 1}{e^{\mu\hat{\alpha}} - 1}$ | |

| | |
|---|---|
| $F_U$ : | Umfangskraft |
| $F_R$ : | Seilreibungskraft |
| $M_a$ : | Antriebsmoment |
| $\hat{\alpha}$ : | Umschlingungswinkel. Hierbei stets den kleinsten Umschlingungswinkel in Formel einsetzen |
| k 83 $\mu$ : | Gleitreibungszahl (Erfahrungswert für Lederriemen auf Stahlscheibe $\mu = 0{,}22 + 0{,}012\, v\, \text{s/m}$) |
| $v$ : | Riemengeschwindigkeit |
| $e$ = | $2{,}718281\ldots$ (Basis der natürlichen Logarithmen) |

# Statik
## Seilmaschinen

**K 14**

### Seil-Maschinen

Die nachstehenden Werte berücksichtigen nur die
Seilsteifigkeit, jedoch nicht die Lagerreibung

| | Gesucht | feste Rolle | lose Rolle | gewöhnlicher Flaschenzug | Differential-Flaschenzug |
|---|---|---|---|---|---|
| k 84 | $F_1 =$ | $\varepsilon \cdot F_G$ | $\dfrac{\varepsilon}{1+\varepsilon} F_G$ | $\dfrac{\varepsilon^n (\varepsilon - 1)}{\varepsilon^n - 1} F_G$ | $\dfrac{\varepsilon^2 - \dfrac{d}{D}}{\varepsilon + 1} F_G$ |
| k 85 | $F_0 =$ | $\dfrac{1}{\varepsilon} \cdot F_G$ | $\dfrac{\varepsilon}{1+\varepsilon} F_G$ | $\dfrac{\dfrac{1}{\varepsilon^n}\left(\dfrac{1}{\varepsilon} - 1\right)}{\dfrac{1}{\varepsilon^n} - 1} F_G$ | $\dfrac{\varepsilon}{1+\varepsilon}\left(\dfrac{1}{\varepsilon^2} - \dfrac{d}{D}\right) F_G$ |
| k 86 | $F =$ | $F_G$ | $\dfrac{1}{2} \cdot F_G$ | $\dfrac{1}{n} \cdot F_G$ | $\dfrac{1}{2}\left(1 - \dfrac{d}{D}\right) F_G$ |
| k 87 | $s =$ | $h$ | $2 \cdot h$ | $n \cdot h$ | $\dfrac{2}{1 - \dfrac{d}{D}} h$ |
| k 88 | Übersetzungs-Verhältnis $\quad i = \dfrac{\text{Kraft}}{\text{Last}} = \dfrac{F}{F_G} = \dfrac{h}{s}$ ||||| 

$F_1$ : Kraft zum Hochziehen der Last ohne Lagerreibung
$F_0$ : Kraft zum Ablassen der Last ohne Lagerreibung
$F$ : Kraft ohne Seilsteifigkeit und ohne Lagerreibung

k 89  $\varepsilon = \dfrac{1}{\eta}$ : Verlustfaktor für Seilsteifigkeit (bei Drahtseilen und Ketten $\approx 1{,}05$)

$\eta$ : Wirkungsgrad
$n$ : Anzahl der Rollen
$s$ : Weg der Kraft
$h$ : Länge des Lasthubes

# Kinematik
## Allgemeine Begriffe

**L 1**

## Allgemeines

Die Kinematik behandelt die Bewegung eines Körpers als Funktion der Zeit.

## Die wichtigsten Größen der Kinematik und deren Einheiten

**Länge** $l$, siehe K 1

**Drehwinkel** $\varphi$, siehe ebener Winkel E 1

**Zeit** $t$
 Ist Basisgröße, siehe Erläuterungen
 Einheiten: s; min; h

**Frequenz** $f$
 Die Frequenz einer Schwingung ist das Verhältnis der Zahl der Perioden (Vollschwingungen) zur Beobachtungsdauer.

I 1
$$f = \frac{\text{Zahl der Schwingungen}}{\text{Beobachtungsdauer}}$$

Einheiten: Hz (Hertz) = 1/s = c/s; 1/min

**Periodendauer** $T$
 Die Periodendauer $T$ ist die Zeit, die während des Verlaufs einer Vollschwingung vergeht. Sie ist der Kehrwert der Frequenz $f$.

I 2
$$T = \frac{1}{f}$$

Einheiten: s; min; h

**Umdrehungsfrequenz (Drehzahl)** $n$
 Die Umdrehungsfrequenz $n$ einer Welle ist das Verhältnis der Zahl der Wellenumläufe zur Beobachtungsdauer.

I 3
$$n = \frac{\text{Zahl der Wellenumläufe}}{\text{Beobachtungsdauer}} = n \frac{\min}{60 \text{ s}}$$

Einheiten: 1/s; 1/min

Der Kehrwert $1/n$ ist die Umlaufdauer.

Ist die Umlaufdauer $1/n$ einer Welle gleich der Periodendauer $1/f$ der mit der Wellendrehung fest gekoppelten Schwingung, so ist $n = f$.

Fortsetzung siehe L 2

# Kinematik
## Allgemeine Begriffe

**L 2**

Fortsetzung von L 1

### Geschwindigkeit $v$
Die Geschwindigkeit $v$ ist die 1. Ableitung der Weglänge $s$ nach der Zeit $t$:

I 4
$$v = \frac{ds}{dt} = \dot{s}$$

Bei zeitlich konstanter Geschwindigkeit gilt:

I 5
$$v = \frac{s}{t}$$

Einheiten: m/s; km/h

### Winkelgeschwindigkeit $\omega$, Kreisfrequenz $\omega$
Die Winkelgeschwindigkeit $\omega$ ist die 1. Ableitung des Drehwinkels $\varphi$ nach der Zeit $t$:

I 6
$$\omega = \frac{d\varphi}{dt} = \dot{\varphi}$$

Bei zeitlich konstanter Winkelgeschwindigkeit gilt:

I 7
$$\omega = \frac{\varphi}{t}$$

Falls $f = n$ (siehe I 3) ist die Winkelgeschwindigkeit $\omega$ gleich der Kreisfrequenz $\omega$.

I 8
$$\omega = 2\pi f = 2\pi n = \dot{\varphi}$$

Einheiten: 1/s; rad/s; 1°/s

### Beschleunigung $a$
Die Beschleunigung $a$ ist die 1. Ableitung der Geschwindigkeit $v$ nach der Zeit $t$:

I 9
$$a = \frac{dv}{dt} = \dot{v} = \frac{d^2s}{dt^2} = \ddot{s}$$

Einheiten: m/s²; km/h²

### Winkelbeschleunigung $\alpha$
Die Winkelbeschleunigung $\alpha$ ist die 1. Ableitung der Winkelgeschwindigkeit $\omega$ nach der Zeit $t$:

I 10
$$\alpha = \frac{d\omega}{dt} = \dot{\omega} = \frac{d^2\varphi}{dt^2} = \ddot{\varphi}$$

Einheiten: 1/s²; rad/s²; 1°/s²

# Kinematik
## Allgemeines

**L 3**

## Weg, Geschwindigkeit und Beschleunigung eines bewegten Massepunktes

### Weg-Zeit-Diagramm

Von dem Bewegungs-Vorgang wird ein $st$-Diagramm aufgezeichnet. Die 1. Ableitung der so aufgenommenen Funktion ergibt die Geschwindigkeit $v$ in jedem Augenblick.

$$v \approx \frac{\Delta s}{\Delta t}$$

I 11
$$v = \frac{ds}{dt} = \dot{s}$$

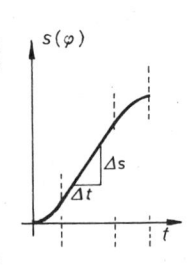

### Geschwindigkeits-Diagramm

Der zeitliche Geschwindigkeitsverlauf wird in einem $vt$-Diagramm dargestellt. Die 1. Ableitung der so dargestellten Funktion ergibt die Beschleunigung $a$ in jedem Augenblick. Damit ist die Beschleunigung die 2. Ableitung des Weg-Zeit-Diagramms.

$$a \approx \frac{\Delta v}{\Delta t}$$

I 12
$$a = \frac{dv}{dt} = \dot{v} = \ddot{s}$$

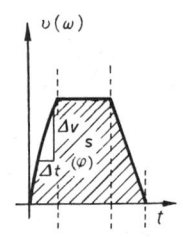

Schraffierte Fläche ist gleich dem Weg $s(t)$.

### Beschleunigungs-Diagramm

Der zeitliche Beschleunigungsverlauf wird in einem $at$-Diagramm dargestellt und läßt Extremwerte erkennen.

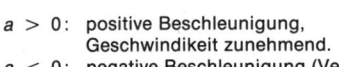

- $a > 0$: positive Beschleunigung, Geschwindigkeit zunehmend.
- $a < 0$: negative Beschleunigung (Verzögerung), Geschwindigkeit abnehmend.
- $a = 0$: Geschwindigkeit konstant

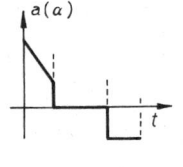

### Anmerkung zu den Figuren

Die eingeklammerten Formelzeichen gelten für Drehbewegung (siehe L 4 und L 6)

# Kinematik
## Die wichtigsten Bewegungen — L 4

### Geradlinige Bewegung oder Translation

Bahnen sind Geraden (siehe L 5). Alle Punkte eines Körpers beschreiben deckungsgleiche Bahnen.

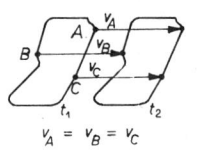

| Spezielle geradlinige Bewegungen | |
|---|---|
| gleichförmig | gleichm. beschleunigt |
| $v = v_0 =$ konst. | $a = a_0 =$ konstant |

I 15

$v_A = v_B = v_C$

### Drehbewegung um eine feste Achse oder Rotation

Bahnen sind Kreise (siehe L 6) mit Achse im Zentrum. Der Drehwinkel $\varphi$, die Winkelgeschwindigkeit $\omega$, sowie die Winkelbeschleunigung $\alpha$ haben für alle Punkte den gleichen Wert.

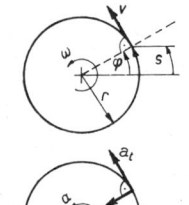

| Spezielle Drehbewegungen | |
|---|---|
| gleichförmig | gleichm. beschleunigt |
| $\omega = \omega_0 =$ konst. | $\alpha = \alpha_0 =$ konstant |

I 16

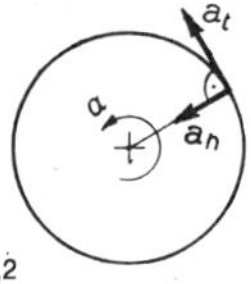

Der Weg $s$, die Geschwindigkeit $v$, sowie die tangentiale Beschleunigung $a_t$ sind dem Radius proportional:

I 17
$$s = r\hat{\varphi} \; ; \quad v = r\omega \; ; \quad a = r\alpha = a_t$$

I 18
Zentripetalbeschleunigung $\quad a_n = \omega^2 r = \dfrac{v^2}{r}$

### Harmonische Schwingung

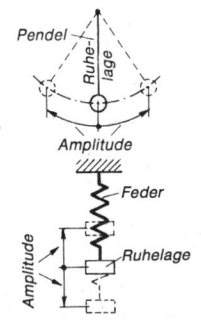

Bahnen sind Kreise (siehe M 7) oder Gerade (siehe L 7, M 6). Der Körper bewegt sich um eine Ruhelage hin und her. Der größte Ausschlag aus dieser Lage heißt „Amplitude".

Für die harmonische Schwingung sind Lage, Geschwindigkeit und Beschleunigung Sinusfunktionen der Zeit.

# Kinematik
## Geradlinige Bewegung | L 5

### Gleichförmige und gleichmäßig beschleunigte geradlinige Bewegung

| Gesucht | gleichförmig $a = 0$ $v =$ konst. | gleichmäßig beschleunigt ($a > 0$) verzögert ($a < 0$) $a =$ konstant $v_0 = 0$ | $v_0 > 0$ | BE |
|---|---|---|---|---|
| I 19  $s =$ | $v\,t$ | $\dfrac{v\,t}{2} = \dfrac{a\,t^2}{2} = \dfrac{v^2}{2a}$ | $\dfrac{t}{2}(v_0 + v) = v_0 t + \dfrac{1}{2} a\,t^2$ | m cm km |
| I 20  $v =$ | $\dfrac{s}{t}$ | $\sqrt{2as} = \dfrac{2s}{t} = a\,t$ | $v_0 + a\,t = \sqrt{v_0^2 + 2as}$ | m/s cm/s km/h |
| I 21  $v_0 =$ | konst. | 0 | $v - a\,t = \sqrt{v^2 - 2as}$ | |
| I 22  $a =$ | 0 | $\dfrac{v}{t} = \dfrac{2s}{t^2} = \dfrac{v^2}{2s}$ | $\dfrac{v - v_0}{t} = \dfrac{v^2 - v_0^2}{2s}$ | m/s² cm/h² km/h² |
| I 23  $t =$ | $\dfrac{s}{v}$ | $\sqrt{\dfrac{2s}{a}} = \dfrac{v}{a} = \dfrac{2s}{v}$ | $\dfrac{v - v_0}{a} = \dfrac{2s}{v_0 + v}$ | s min h |

**Anmerkung**

Die schraffierten Flächen stellen den während des Zeitabschnittes $t$ zurückgelegten Weg $s$ dar.

Der Tangens $\beta$ stellt die Beschleunigung $a$ dar.

# Kinematik
## Drehbewegung um eine feste Achse | L 6

### Gleichförmige und gleichmäßig beschleunigte Drehbewegung um eine feste Achse

| Gesucht | gleichförmig $\alpha = 0$ $\omega = $ konst. | gleichmäßig { beschleunigt $(\alpha > 0)$ / verzögert $(\alpha < 0)$ } $\alpha = $ konstant | | BE |
|---|---|---|---|---|
| | | $\omega_0 = 0$ | $\omega_0 > 0$ | |
| I 24 $\varphi =$ | $\omega t$ | $\dfrac{\omega t}{2} = \dfrac{\alpha t^2}{2} = \dfrac{\omega^2}{2\alpha}$ | $\dfrac{t}{2}(\omega_0 + \omega) = \omega_0 t + \dfrac{1}{2}\alpha t^2$ | – rad |
| I 25 $\omega =$ | $\dfrac{\varphi}{t}$ | $\sqrt{2\alpha\varphi} = \dfrac{2\varphi}{t} = \alpha t$ | $\omega_0 + \alpha t = \sqrt{\omega_0^2 + 2\alpha\varphi}$ | 1/s m/ms rad/s |
| I 26 $\omega_0 =$ | konst. | 0 | $\omega - \alpha t = \sqrt{\omega^2 - 2\alpha\varphi}$ | |
| I 27 $\alpha =$ | 0 | $\dfrac{\omega}{t} = \dfrac{2\varphi}{t^2} = \dfrac{\omega^2}{2\varphi}$ | $\dfrac{\omega - \omega_0}{t} = \dfrac{\omega^2 - \omega_0^2}{2\varphi}$ | 1/s² mm/s² rad/s² |
| I 28 $t =$ | $\dfrac{\varphi}{\omega}$ | $\sqrt{\dfrac{2\varphi}{\alpha}} = \dfrac{\omega}{\alpha} = \dfrac{2\varphi}{\omega}$ | $\dfrac{\omega - \omega_0}{\alpha} = \dfrac{2\varphi}{\omega_0 + \omega}$ | s min h |

### Anmerkung
Die schraffierten Flächen stellen den während des Zeitabschnittes $t$ zurückgelegten Drehwinkel $\varphi$ dar.
Drehwinkel $\varphi = 2\cdot\pi\cdot$Anzahl der Umläufe
$\qquad\qquad\quad = 360°\cdot$Anzahl der Umläufe
Der Tangens $\beta$ stellt die Winkelbeschleunigung $\alpha$ dar.

# Kinematik
## Schwingungen | L 7

### Geradlinige harmonische Schwingung

Die Bewegung eines an einer Feder aufgehängten Körpers stellt eine geradlinige harmonische Schwingung dar. Die Zeitfunktionen $s$, $v$ und $a$ dieser Bewegung sind gleich den Projektionen $s$, $v$ und $a_n$ einer gleichförmigen Drehbewegung eines Massenpunktes.

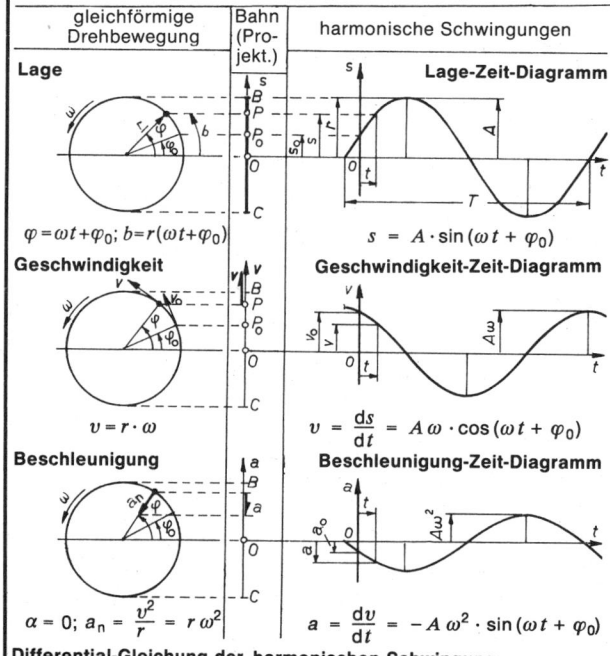

| | gleichförmige Drehbewegung | Bahn (Projekt.) | harmonische Schwingungen |
|---|---|---|---|
| | **Lage** | | **Lage-Zeit-Diagramm** |
| I 29 | $\varphi = \omega t + \varphi_0;\ b = r(\omega t + \varphi_0)$ | | $s = A \cdot \sin(\omega t + \varphi_0)$ |
| | **Geschwindigkeit** | | **Geschwindigkeit-Zeit-Diagramm** |
| I 30 | $v = r \cdot \omega$ | | $v = \dfrac{ds}{dt} = A\omega \cdot \cos(\omega t + \varphi_0)$ |
| | **Beschleunigung** | | **Beschleunigung-Zeit-Diagramm** |
| I 31 | $\alpha = 0;\ a_n = \dfrac{v^2}{r} = r\omega^2$ | | $a = \dfrac{dv}{dt} = -A\omega^2 \cdot \sin(\omega t + \varphi_0)$ |

**Differential-Gleichung der harmonischen Schwingung**

$$\text{I 32} \qquad a = \frac{d^2 s}{dt^2} = -\omega^2 s$$

$\varphi_0$: Drehwinkel zur Zeit $t = 0$
$\varphi$ : Drehwinkel zur Zeit $t$
$a_n$: Zentripetalbeschleunigung
$r$ : Radiusvektor (Anfang: Kreiszentrum-Spitze: Lage des Körpers)
$B, C$: Umkehrpunkte des schwingenden Massepunktes
$s$ : Ausschlag
$A$ : Amplitude (max. Ausschlag)
$r$ : Radius des Kreises

# Kinematik
### Freier Fall, Wurf (ohne Luftwiderstand) | L 8

## Freier Fall und senkrechter Wurf

| | freier Fall $v_0 = 0$ | senkr. Wurf $\begin{cases} \text{aufwärts } v_0 > 0 \\ \text{abwärts } v_0 < 0 \end{cases}$ |
|---|---|---|
| | Ausgangshöhe bei $0$, nach unten $-h$ | Ausgangshöhe bei $0$, nach oben $+h$ |
| I 33/1 | $h = -g \cdot t^2/2 = -v \cdot t/2 = -v^2/(2g)$ | $h = v_0 \cdot t - g \cdot t^2/2 = (v_0 + v) \cdot t/2$ |
| I 33/2 | $v = +g \cdot t = -2h/t = \sqrt{-2g \cdot h}$ | $v = v_0 - g \cdot t = \sqrt{v_0^2 - 2gh}$ |
| I 33/3 | $t = +v/g = -2h/v = \sqrt{-2h/g}$ | $t = (v_0 - v)/g = 2h/(v_0 + v)$ |
| | | $h_{\max} = v_0^2/(2g); \quad t_{h\max} = v_0/g$ |

## Schiefer Wurf (aufwärts $\varphi > 0$; abwärts $\varphi < 0$)

| I 34 | $s = v_0 \cdot t \cdot \cos\varphi$ |
|---|---|
| I 35/1 | $h = v_0 \cdot t \cdot \sin\varphi - g \cdot t^2/2$ |
| I 35/2 | $= s \cdot \tan\varphi - g \cdot s^2/(2 v_0^2 \cdot \cos^2\varphi)$ |
| I 36/1 | $v = \sqrt{v_0^2 - 2gh}$ |
| I 36/2 | $= \sqrt{v_0^2 + g^2 \cdot t^2 - 2g \cdot v_0 \cdot t \cdot \sin\varphi}$ |
| I 37 | $H = v_0^2 \cdot \sin^2\varphi / (2g)$ |
| I 38 | $W = v_0^2 \cdot \sin 2\varphi / g$ |
| I 39 | $t_H = v_0 \cdot \sin\varphi / g; \quad t_W = 2 v_0 \cdot \sin\varphi / g$ |
| I 40 | Maximalwerte bei $\varphi = 45°$: $\quad W_{\max} = v_0^2/g; \quad t_{H\max} = v_0 \sqrt{2}/(2g); \quad t_{W\max} = v_0 \sqrt{2}/g$ |
| I 41/1 | $H_1 = W_1 \cdot \tan\varphi - g \cdot W_1^2 / (2 \cdot v_0^2 \cdot \cos^2\varphi)$ |
| I 41/2 | $W_1 = \dfrac{1}{g} v_0 \cdot \cos\varphi \left( v_0 \cdot \sin\varphi \pm \sqrt{\sin^2\varphi \cdot v_0^2 - 2gH_1} \right)$ |
| I 41/3 | $\tan\varphi = \dfrac{v_0^2}{g \cdot W_1} \left[ 1 \pm \sqrt{1 - \dfrac{g}{v_0^2}\left(2H_1 + \dfrac{g \cdot W_1^2}{v_0^2}\right)} \right]$ |

## Waagerechter Wurf ($\varphi = 0$)

| I 42/1 | $s = v_0 \cdot t = v_0 \cdot \sqrt{\dfrac{2h}{g}}$ |
|---|---|
| I 42/2 | $h = -\dfrac{g}{2} t^2$ |
| I 42/3 | $v = \sqrt{v_0^2 + g^2 \cdot t^2}$ |

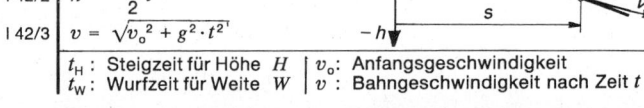

$t_H$: Steigzeit für Höhe $H$    $v_0$: Anfangsgeschwindigkeit
$t_W$: Wurfzeit für Weite $W$    $v$: Bahngeschwindigkeit nach Zeit $t$

# Kinematik
## Bewegung auf schiefer Ebene | L 9

### Gleitende Bewegung auf schiefer Ebene

| | Gesucht | ohne Reibung $\mu = 0$ | mit Reibung $\mu > 0$ |
|---|---|---|---|
| I 43 | $a =$ | $g \cdot \sin \alpha$ | $g(\sin \alpha - \mu \cdot \cos \alpha)$ |
| I 44 | | | oder $\quad g \dfrac{\sin(\alpha - \varrho)}{\cos \varrho}$ |
| I 45 | $v =$ | $at = \dfrac{2s}{t} = \sqrt{2as}$ | |
| I 46 | $s =$ | $\dfrac{at^2}{2} = \dfrac{vt}{2} = \dfrac{v^2}{2a}$ | |
| | $\alpha$ | $0 \ldots \alpha^*$ | $\varrho_0 \ldots \alpha^*$ |

### Rollende Bewegung auf schiefer Ebene

| | Gesucht | ohne Reibung $f = 0$ | mit Reibung $f > 0$ |
|---|---|---|---|
| I 47 | $a =$ | $\dfrac{g \cdot r^2}{r^2 + r_j^2} \sin \alpha$ | $gr^2 \dfrac{\sin \alpha - \dfrac{f}{r} \cos \alpha}{r^2 + r_j^2}$ |
| I 48 | $v =$ | wie oben I 45 | |
| I 49 | $s =$ | wie oben I 46 | |
| I 50 | $\alpha$ | $0 \ldots \alpha_{max}$ | $\alpha_{min}: \tan \alpha_{min} = \dfrac{f}{r}$ |
| I 51 | | $\tan \alpha = \mu_0 \dfrac{r^2 + r_j^2}{r_j^2}$ | $\alpha_{max}: \tan \alpha_{max} = \mu_0 \dfrac{r^2 + r_j^2 - f \cdot r}{r_j^2}$ |

| | Kugel | voller Zylinder | dünnwandiges Rohr |
|---|---|---|---|
| I 52 | $r_j^2 = \dfrac{2}{5} r^2$ | $r_j^2 = \dfrac{r^2}{2}$ | $r_j^2 = \dfrac{r_1^2 + r_2^2}{2} \approx r^2$ |

$\alpha^*$: Kippwinkel, wenn Schwerpunkt $S$ senkrecht über Kippkante
$\mu\ \ $: Gleitreibungszahl (siehe Z 7)
$\mu_0$: Haftreibungszahl (siehe Z 7)
I 53 $\ \varrho\ \ $: Gleitreibungswinkel ($\mu = \tan \varrho$)
I 54 $\ \varrho_0$: Haftreibungswinkel ($\mu_0 = \tan \varrho_0$)
$f\ \ $: Hebelarm der rollenden Reibung (s. Z 7 und k 69)
$r_j\ $: Trägheitsradius (siehe M 2 und M 3)
$g\ \ $: Erdbeschleunigung ($g = 9{,}81 \text{ m s}^{-2}$)

# Kinematik
## Getriebe

**L 10**

### Kurbeltrieb

I 55  $s = r(1 - \cos\varphi) + \dfrac{\lambda}{2} r \sin^2\varphi$

I 56  $v = \omega r \sin\varphi (1 + \lambda \cos\varphi)$

I 57  $a = \omega^2 r (\cos\varphi + \lambda \cos 2\varphi)$

I 58  $\lambda = \dfrac{r}{l} = \dfrac{1}{4} \cdots \dfrac{1}{6}$

I 59  $\varphi = \omega t = 2\pi n t$

($\lambda$ ist das Lenkstangen-Verhältnis)

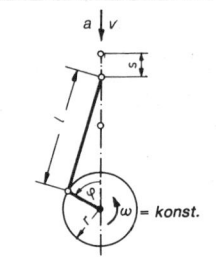

### Kreuzschleife

I 60  $s = r \sin(\omega t)$

I 61  $v = \omega r \cos(\omega t)$

I 62  $a = -\omega^2 r \sin(\omega t)$

I 63  $\omega = 2\pi n$

Bewegung: harmonische Schwingung

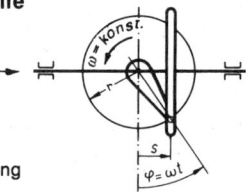

### Kreuz- (Cardan-) Gelenk

bei gleichförmigem Antrieb wird Abtrieb

| ungleichförmig | gleichförmig durch Hilfswelle $H$ | |
|---|---|---|
| Sind alle Achsen in einer Ebene, dann gilt: | | |
| I 64  $\tan\varphi_2 = \tan\varphi_1 \cdot \cos\beta$ | $\tan\varphi_3 = \tan\varphi_1$ | $\tan\varphi_3 = \tan\varphi_1$ |
| I 65  $\omega_2 = \omega_1 \dfrac{\cos\beta}{1 - \sin^2\beta \cdot \sin^2\varphi_1}$ | $\omega_3 = \omega_1$ | $\omega_3 = \omega_1$ |
| I 66  $\alpha_2 = \omega_1^2 \dfrac{\sin^2\beta \cdot \cos\beta \cdot \sin 2\varphi_1}{(1 - \sin^2\beta \cdot \sin^2\varphi_1)^2}$ | | |
| | Beide Achsen $A$ der Hilfswellengelenke müssen parallel verlaufen | |

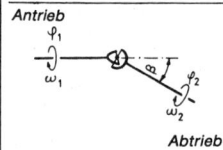

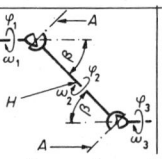

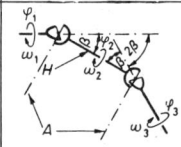

Je mehr Neigungswinkel $\beta$ wächst, um so mehr steigt die max. Winkelbeschleunigung $\alpha$ und damit auch das beschleunigende Moment $M_\alpha$ an. Deshalb praktisch $\beta \leq 45°$.

# Dynamik
## Allgemeine Begriffe

**M 1**

## Allgemeines

Die Dynamik behandelt die Kräfte an bewegten Körpern und die Begriffe „Arbeit, Energie und Leistung".

## Die wichtigsten Größen der Dynamik und deren Einheiten

**Masse** $m$ (Ist Basisgröße, siehe Erläuterungen)

Einheiten: kg; Mg = t; g    (s. a. A 2, A 3, A 4, A 5)

1 kg ist die Masse des internationalen Prototyps.
Die Balkenwaage mißt die Masse $m$ in kg, Mg = t oder g.

**Kraft** $F$ **und Gewichtskraft** $F_G$

Die Kraft $F$ ist das Produkt aus der Masse $m$ und der Beschleunigung $a$.

m 1
$$F = ma$$

Die Gewichtskraft $F_G$ ist die Wirkung der Erdbeschleunigung $g$ auf die Masse $m$.

m 2
$$F_G = mg$$

Die Federwaage mißt das Gewicht als eine Gewichtskraft $F_G$.

Einheiten: N; (kp)    (s. a. A 2)

1 N ist die Kraft, die einem Körper mit der Masse $m$ = 1 kg = = 1 N s² m⁻¹ in 1 s die Endgeschwindigkeit 1 m s⁻¹ erteilt, bzw. ihm die Beschleunigung 1 m s⁻² verleiht.

9,81 N (= 1 kp) ist die Gewichtskraft, die die Masse 1 kg im Schwerefeld der Erde erfährt.

**Arbeit** $W$

Die mechanische Arbeit ist das Produkt aus Kraft $F$ und Weg $s$, wenn die konstante Kraft $F$ auf einen geradlinig bewegten Körper in Richtung des Weges $\vec{s}$ wirkt. ($W = F s$)

Einheiten: Nm = Joule = J = W s; (kp m; kcal; PS h)    (s. a. A 3, A 5)

Wirkt eine Kraft von 1 N über den Weg 1 m, so wird die Arbeit (Energie) 1 N m umgesetzt.

**Leistung** $P$

Die Leistung $P$ ist der Differentialquotient der Arbeit nach der Zeit. Bei gleichmäßig wachsender oder abnehmender Arbeit (Energie) ist die Leistung der Quotient aus Arbeit und Zeitspanne. ($P = W/t$)

Einheiten: W (Watt); (kp m s⁻¹; kcal/h; PS)    (s. a. A 3, A 5)

1 W ist gleich der zeitlich konstanten Leistung, bei der während 1 s die Energie 1 J umgesetzt wird.

$$1 \text{ W} = 1 \text{ J/s}$$

# Dynamik
## Masse, Massenträgheitsmoment

**M 2**

### Definition des Massenträgheitsmomentes $J$
Das Massenträgheitsmom. eines Körpers um eine Achse $S$ ist die Summe der Produkte der Massenelemente mit den Quadraten ihrer Abstände zur Drehachse.

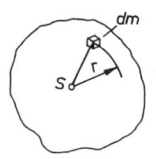

m 3  $\quad J = \Sigma r^2 \Delta m = \int r^2 \, dm \qquad$ kg m², N m s²

### Steinerscher Satz (s. a. J 9)
Ist für einen Körper mit Masse $m$ in bezug auf seine durch den Schwerpkt. verlaufende Drehachse $S$ das Massenträgheitsmoment $J_s$, so ist dieses in bezug auf die parallele Achse $O$ im Abstand $l_s$

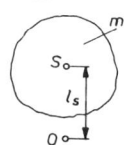

m 4  $\quad J = J_s + m l_s^2 \qquad$ kg m², N m s²

### Trägheitsradius $r_j$
Der Trägheitsradius $r_j$ ist der Radius eines unendlich dünnen Zylinders, auf dem man sich die gesamte Masse $m$ eines Körpers, der das Massenträgheitsmoment $J$ besitzt, konzentriert denkt

m 5  $\quad m r_j^2 = J, \quad$ hieraus $\quad r_j = \sqrt{\dfrac{J}{m}} \qquad$ m, cm, mm

### Schwungmoment

m 6  $\quad$ Schwungmoment $= F_G d_j^2 = 4 g J \qquad$ kg m³ s⁻², N m²

m 7  $\qquad\qquad\qquad\qquad d_j^2 = 4 r_j^2 \qquad$ (Formeln siehe M 3)

### Reduzierte Masse (für rollende Körper)

m 8  $\quad m_{red} = \dfrac{J}{r_j^2} \qquad$ kg, N m⁻¹ s²

### Grundformeln

| | Geradlinige Bewegung | | Rotation | |
|---|---|---|---|---|
| | Formel | BE | Formel | BE |
| m 9 | $F_a = m a$ | N, [kp] | $M_a = J \alpha$ | N m, [kp m] |
| m 10 | $W = F s \; (F = \text{konst.})$ | W s, [kp m] | $W = M \varphi \; (M = \text{konst.})$ | W s, [kp m] |
| m 11 | $W_K = \tfrac{1}{2} m v^2$ | W s, [kp m] | $W_K = \tfrac{1}{2} J \omega^2$ | W s, [kp m] |
| m 12 | $W_P = F_G h$ | W s, [kp m] | $\omega = 2 \pi n$ | s⁻¹, min⁻¹ |
| m 13 | $W_F = \tfrac{1}{2} F \Delta l$ | W s, [kp m] | $W_F = \tfrac{1}{2} M \Delta \beta$ | W s, [kp m] |
| m 14 | $P = \dfrac{dW}{dt} = F v$ | W, kW, [PS] | $P = \dfrac{dW}{dt} = M \omega$ | W, kW [PS] |

Formelzeichen siehe M 4

# Dynamik
## Massenträgheitsmoment — M 3

| | Bezogen auf | | Körper |
|---|---|---|---|
| | Achse $a-a$ (Drehachse) | Achse $b-b$, die durch den Schwerpunkt $S$ geht | |
| m 15 | $J = mr^2$ | $J = \frac{1}{2}mr^2$ | Kreisreifen |
| m 16 | $d_j^2 = 4r^2$ | $d_j^2 = 2r^2$ | |
| m 17 | $J = \frac{1}{2}mr^2$ | $J = \frac{m}{12}(3r^2 + h^2)$ | Zylinder |
| m 18 | $d_j^2 = 2r^2$ | $d_j^2 = \frac{1}{3}(3r^2 + h^2)$ | |
| m 19 | $J = \frac{1}{2}m(R^2 + r^2)$ | $J = \frac{m}{12}(3R^2 + 3r^2 + h^2)$ | Hohlzylinder |
| m 20 | $d_j^2 = 2(R^2 + r^2)$ | $d_j^2 = \frac{1}{3}(3R^2 + 3r^2 + h^2)$ | |
| m 21 | $J = \frac{3}{10}mr^2$ | $J = \frac{3}{80}m(4r^2 + h^2)$ | Kegel |
| m 22 | $d_j^2 = \frac{6}{5}r^2$ | $d_j^2 = \frac{3}{20}(4r^2 + h^2)$ | |
| m 23 | $J = \frac{4}{10}mr^2$ | $J = \frac{4}{10}mr^2$ | Kugel |
| m 24 | $d_j^2 = \frac{8}{5}r^2$ | $d_j^2 = \frac{8}{5}r^2$ | |
| m 25 | $J = m(R^2 + \frac{3}{4}r^2)$ | $J = m\frac{4R^2 + 5r^2}{8}$ | Kreisring |
| m 26 | $d_j^2 = 4R^2 + 3r^2$ | $d_j^2 = \frac{1}{2}(4R^2 + 5r^2)$ | |
| m 27 | Quader: $J = \frac{m}{12}(d^2 + 4l^2)$ | $J = \frac{m}{12}(d^2 + c^2)$ | Quader, dünner Stab |
| m 28 | dünner Stab $d, c \ll l$: $J = \frac{m}{3}l^2$; $d_j^2 = \frac{4}{3}l^2$ | $d_j^2 = \frac{1}{3}(d^2 + c^2)$ | |

# Dynamik
## Rotation
## M 4

**Gesamte kinetische Energie eines Körpers**

m 29
$$W_K = \frac{1}{2} m v_s^2 + \frac{1}{2} J_s \omega^2 \qquad \text{W s, [kp m]}$$

**Kinetische Energie eines rollenden Körpers** – kein Gleiten

m 30
$$W_K = \frac{1}{2}(m + m_{red}) v_s^2 \qquad \text{W s, [kp m]}$$

m 31
$$v_s = \omega r \qquad \text{m/s, km/h}$$

**Moment einer Dreh-Bewegung**

m 32
$$M = \frac{P}{\omega} = \frac{P}{2\pi n} \qquad \text{N m, [kp m]}$$

$$= \left[ 973{,}4 \, \frac{P}{n \min \text{kW}} \text{ kp m} = 716 \, \frac{P}{n \min \text{PS}} \text{ kp m} \right]$$

## Übersetzungs-Verhältnisse

**Übersetzungsverhältnis**

m 33
$$i = \frac{d_2}{d_1} = \frac{z_2}{z_1} = \frac{n_1}{n_2} = \frac{\omega_1}{\omega_2}$$

**Momentenverhältnis**

m 34
$$\frac{\text{Kraftmoment}}{\text{Lastmoment}} = \frac{M_F}{M_L} = \frac{1}{i \, \eta}$$

**Wirkungsgrad**

m 35
$$\eta = \frac{\text{abgegebene Leistung}}{\text{zugeführte Leistung}}$$

**Gesamt-Wirkungsgrad bei mehreren Übersetzungen**

m 36
$$\eta = \eta_1 \cdot \eta_2 \cdot \eta_3 \cdots$$

---

$m_{red}$ : siehe m 8
$v_s$ : Translationsgeschwindigkeit des Schwerpunktes
$F_a$ : Beschleunigungskraft — N, [kp]
$M_a$ : beschleunigendes Moment — N m, [kp m]
$W_K$ : kinetische Energie — J, [kp m]
$W_P$ : potentielle Energie — J, [kp m]
$W_F$ : Energie einer gespannten Schraubenfeder — J, [kp m]
$\Delta l$ : Längenänderung einer Schraubenfeder
$\Delta \widehat{\beta}$ : Winkeländerung einer Spiralfeder im Bogenmaß

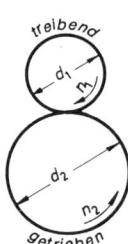

# Dynamik
## Zentrifugalkraft

**M 5**

### Fliehkraft

m 37  $F_Z = m\omega^2 r = \dfrac{mv^2}{r}$    N, kN

m 38  $\phantom{F_Z} = 4\pi^2 m n^2 r$    N, kN

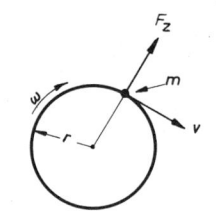

m 39  $v = 2\pi r n$    m/s, km/h

m 40  $\omega = 2\pi n$    1/s, 1/min

### Spannungen in rotierenden Körpern (Faustformeln)

**Scheibe**

m 41  $\sigma_z = \dfrac{\omega^2 r^2 \varrho}{3} = \dfrac{v^2 \varrho}{3}$

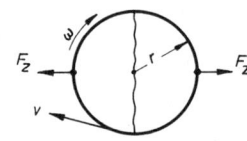

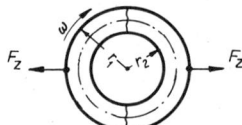

$\phantom{\sigma_z = }$ N/m², N/mm²

**Ring**

m 42  $\sigma_z = \dfrac{\omega^2 \varrho}{3}(r_1^2 + r_1 r_2 + r_2^2)$

$\phantom{\sigma_z = }$ N/m², N/mm²

---

| | |
|---|---|
| $l_S$ : Schwerpunktabstand | m, cm, mm |
| $e$ : maximaler Pendelausschlag | m, cm, mm |
| $f$ : augenblicklicher Pendelausschlag | m, cm, mm |
| $F_Z$ : Zentrifugalkraft | N, kN |
| $J_0$ : Massenträgheitsmoment bezogen auf $O$ | kg m², N m s² |
| $J_S$ : $\phantom{Massenträgheitsmoment}$ bezogen auf $S$ | kg m², N m s² |
| $M_1$: Moment bei Verdrehg. der Feder um $\Delta\varphi \approx 57{,}3° = 1$ | N m, kN m |
| $\sigma_z$ : Zugspannung | N/m², N/mm² |
| $T$ : Dauer einer Bewegung von $B$ nach $B'$ und wieder zurück nach $B$ (Periodendauer) | s, min |
| $v_E$: Geschwindigkeit in $E$ | m/s, cm/s, km/h |
| $v_F$: Geschwindigkeit in $F$ | m/s, cm/s, km/h |
| $W_{KE}$ : kinetische Energie in $E$ | N m, kN m |

# Dynamik
## Harmonische Schwingungen  | **M 6**

### Mechanische Schwingungen
(Erläuterungen siehe L 4 und L 7)

**Allgemeines**

*Bestimmung der Federkonstante c*

| m 43 | Periodendauer | $T = 2\pi\sqrt{\dfrac{m}{c}}$ | s, min |
|---|---|---|---|
| m 44 | Federkonstante | $c = \dfrac{F_G}{\Delta l}$ | N/m; [kp/m] |
| m 45 | Frequenz | $f = \dfrac{1}{T}$ (s. a. L 1) | $s^{-1}$, $min^{-1}$ |
| m 46 | Kreisfrequenz | $\omega = 2\pi f = \sqrt{\dfrac{c}{m}}$ | $s^{-1}$, $min^{-1}$ |

**Biegekritische Drehfrequenz (-zahl) $n_k$ einer Welle**

m 47
$$n_k = \frac{1}{2\pi}\sqrt{\frac{c_q}{m}}$$

m 48
$$= 300\sqrt{\frac{10\, c_q\, \text{mm}}{9{,}81\, \text{N}} \cdot \frac{\text{kg}}{m}} \quad \text{min}^{-1}$$

Federkonstante $c_q$ für Welle

| in 2 Lagern, Belastung | | mit fliegender |
|---|---|---|
| symmetrisch | unsymmetrisch | Lagerung |
| $c_q = \dfrac{48\, E\, I}{l^3}$ | $c_q = \dfrac{3\, E\, I\, l}{a^2 \cdot b^2}$ | $c_q = \dfrac{3\, E\, I}{l^3}$ |

m 49

$c_q$ : Federkonstante für elastische Quer-Schwingungen
$\Delta l$ : Durchbiegung bzw. Verlängerung der Feder
$m$ : Masse. Dabei wird bei Ermittlung der biegekritischen Drehfrequenz die Masse $m$ (z. B. die einer Riemenscheibe) als in einem Punkt vereinigt gedacht. Die Wellenmasse ist durch einen kleinen Zuschlag zu berücksichtigen.
$E$ : Elastizitätsmodul, Werte siehe Z16/Z17
$I$ : Flächenträgheitsmoment des Wellenquerschnittes

# Dynamik
## Harmonische Schwingungen

**M 7**

### Pendel
(Erläuterungen s. L 4)

#### Fliehkraft-Pendel (Kegel-Pendel)

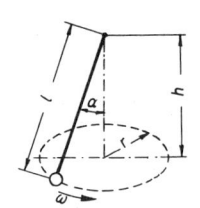

m 50 $\quad T = 2\pi\sqrt{\dfrac{h}{g}} = 2\pi\sqrt{\dfrac{l \cdot \cos\alpha}{g}} \qquad$ s, min

m 51 $\quad \tan\alpha = \dfrac{r\,\omega^2}{g} = \dfrac{r}{h}$

m 52 $\quad \omega = \sqrt{\dfrac{g}{h}} \quad\Big|\quad h = \dfrac{g}{\omega^2} \qquad$ m, cm

#### Mathematisches Pendel
Pendelarm masselos, gesamte Masse in einem Punkt zusammengefaßt.

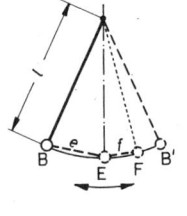

m 53 $\quad T = 2\pi\sqrt{\dfrac{l}{g}} \qquad$ s, min

m 54 $\quad v_E = e\sqrt{\dfrac{g}{l}} \quad\Big|\quad v_F = \sqrt{\dfrac{g}{l}(e^2 - f^2)} \qquad$ m/s, km/h

m 55 $\quad W_{KE} = mg\,\dfrac{e^2}{2l} \qquad$ N m, [kp cm]

#### Physikalisches Pendel

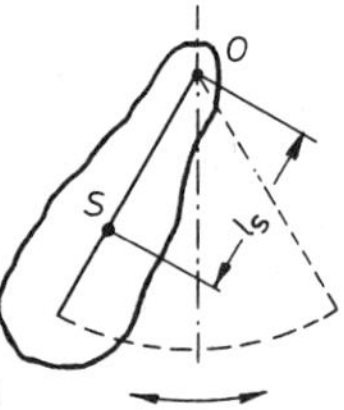

m 56 $\quad T = 2\pi\sqrt{\dfrac{J_0}{F_G\, l_S}}$

m 57 $\quad J_0 = J_S + m\, l_S^2 \qquad$ N m s², [kp cm s²]

m 58 $\quad J_S = F_G\, l_S \left(\dfrac{T^2}{4\pi^2} - \dfrac{l_S}{g}\right) \qquad$ N m s², [kp cm s²]

Wird ein Drehkörper mit Schwerpunkt $S$ im Abstand $l_S$ in $O$ als Pendel aufgehängt, sodann Periodendauer $T$ praktisch ermittelt, so liefert m 58 dessen Massenträgheitsmoment $J_S$ bezogen auf $S$.

#### Drill-Pendel

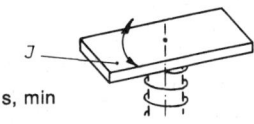

m 59 $\quad T = 2\pi\sqrt{\dfrac{J}{M_1}} \qquad$ s, min

---

Formelzeichen siehe M 5

# Dynamik
## Stoß

**M 8**

### Stoß

Prallen 2 Körper mit den Massen $m_1$ und $m_2$, sowie mit den Geschwindigkeiten $v_{11}$ und $v_{21}$ aufeinander, so bleibt der Gesamtimpuls $p = m \cdot v$ während des Stoßvorganges konstant (Geschwindigkeiten ändern sich in $v_{12}$ und $v_{22}$):

$$p = m_1 \cdot v_{11} + m_2 \cdot v_{21} = m_1 \cdot v_{12} + m_2 \cdot v_{22}$$

**Stoß-Richtungen**

| | Geschwindigkeit parallel zur Stoßnormalen gerichtet | Stoßnormale verläuft durch die Schwerpunkte beider Körper |
|---|---|---|
| Gerader und zentraler Stoß | | |
| Schiefer und zentraler Stoß | beliebig gerichtete Geschwindigkeiten | |
| Schiefer und exzentrischer Stoß | | Stoßnormale verläuft beliebig |

**Stoß-Arten**

| | Elastischer Stoß[+] | Plastischer Stoß |
|---|---|---|
| Relativ-Geschwindigkeit | vor und nach dem Stoß gleich groß | nach dem Stoß gleich Null |
| Geschwindigkeit nach dem Stoß, wenn dieser gerade und zentral | $v_{12} = \dfrac{v_{11}(m_1 - m_2) + 2m_2 \cdot v_{21}}{m_1 + m_2}$  $v_{22} = \dfrac{v_{21}(m_2 - m_1) + 2m_1 \cdot v_{11}}{m_1 + m_2}$ | $v_{02} = \dfrac{m_1 \cdot v_{11} + m_2 \cdot v_{21}}{m_1 + m_2}$ |
| Stoß-Zahl | $\varepsilon = 1$ | $\varepsilon = 0$ |

### Stoß-Zahl $\varepsilon$

Sie gibt an, um welchen Faktor sich die Relativgeschwindigkeit vor ($v_{r1}$) und nach ($v_{r2}$) dem Stoß unterscheiden:

$$\varepsilon = \frac{v_{r2}}{v_{r1}}, \qquad \text{dabei ist} \quad 0 \leq \varepsilon \leq 1$$

[+] Beim schief zentral elastischen Stoß wird der Geschwindigkeitsvektor $\vec{v}$ in Normal- und Tangential-Komponenten zerlegt. Normal-Komponente $v_n$ verursacht einen geraden Stoß (siehe o.), Tangential-Komponente $v_t$ ist für den Stoß ohne Einfluß.

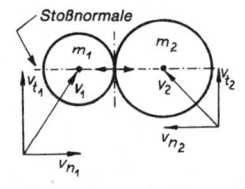

# Hydraulik
## Allgemeine Begriffe – Hydrostatik

**N 1**

## Allgemeines

Die Hydraulik behandelt das Verhalten tropfbarer Stoffe, also Flüssigkeiten. Flüssigkeiten sind näherungsweise als inkompressibel zu betrachten, d. h. ihre Dichten ändern sich infolge einer Druckänderung nur vernachlässigbar wenig.

## Größen

**Druck** $p$ siehe 0 1

**Dichte** $\varrho$ siehe 0 1  (Werte s. Z 5)

**Dynamische Viskosität** $\eta$  BE: $\text{Pa s} = \dfrac{\text{kg}}{\text{m s}} = \dfrac{\text{N s}}{\text{m}^2} = (10 \text{ P})$

Die dynamische Viskosität ist ein Stoffwert, wofür gilt:

n 1
$$\eta = f(p, t)$$

Oft kann die Druckabhängigkeit vernachlässigt werden, dann gilt

n 2
$$\eta = f(t) \qquad \text{(Werte s. Z 14)}$$

**Kinematische Viskosität** $\nu$  BE: $\text{m}^2/\text{s} = (10^4 \text{ St}) = (10^6 \text{ cSt})$

Die kinematische Viskosität ist das Verhältnis der dynamischen Viskosität $\eta$ zur Dichte $\varrho$:

n 3
$$\nu = \dfrac{\eta}{\varrho}$$

## Hydrostatik

**Druckverteilung in einer Flüssigkeit**

n 4
$$p_1 = p_0 + g \varrho h_1$$

n 5
$$p_2 = p_1 + g \varrho (h_2 - h_1)$$
$$= p_1 + g \varrho \Delta h$$

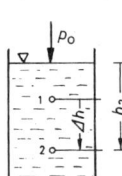

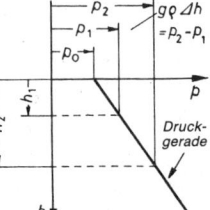

Fortsetzung siehe N 2

# Hydraulik
## Hydrostatik

**N 2**

### Flüssigkeitsdruckkraft auf ebene Flächen

Unter der Flüssigkeitsdruckkraft $F$ wird die Kraft verstanden, die allein die Flüssigkeit – also ohne Berücksichtigung des Druckes $p_0$ – auf die Wand ausübt.

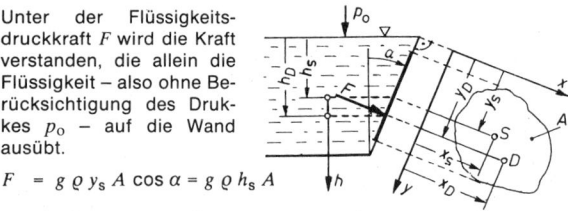

n 6 $\quad F = g \varrho \, y_s A \cos \alpha = g \varrho \, h_s A$

n 7 $\quad y_D = \dfrac{I_x}{y_s A} = y_s + \dfrac{I_s}{y_s A}; \qquad x_D = \dfrac{I_{xy}}{y_s A}$ \hfill m, mm

### Flüssigkeitsdruckkraft auf gekrümmte Flächen

Die Flüssigkeitsdruckkraft auf die gekrümmte Fläche 1,2 wird in horizontale Komponente $F_H$ und vertikale Komponente $F_V$ zerlegt.

$F_V$ ist gleich der Gewichtskraft der über der Fläche 1,2 befindlichen (*a*) oder befindlich zu denkenden (*b*) Flüssigkeit mit dem Volumen $V$. Die Wirkungslinie verläuft durch den Volumenschwerpunkt.

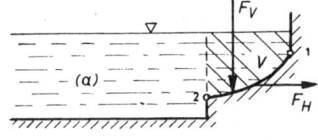

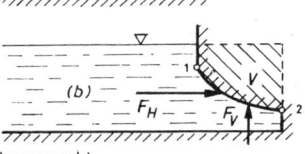

n 8 $\qquad\qquad\qquad |F_V| = g \varrho V$ \hfill N, kN

$F_H$ ist gleich der Flüssigkeitsdruckkraft auf die Projektion der betrachteten Fläche 1,2 auf die zu $F_H$ senkrechte Ebene. Berechnung erfolgt nach n 6 + n 7.

---

$S$ : Schwerpunkt der Fläche $A$
$D$ : Druckmittelpunkt = Angriffspunkt der Kraft $F$
$I_x$ : Trägheitsmoment der Fläche $A$ in bezug auf Achse $x$
$I_s$ : Trägheitsmoment der Fläche $A$ in bezug auf eine durch den Schwerpunkt parallel zur $x$-Achse verlaufende Achse (siehe I 17 und P 10)
$I_{xy}$ : Zentrifugalmoment der Fläche $A$ bezogen auf die $x$-Achse und $y$-Achse (siehe I 17)

# Hydraulik
## Hydrostatik

**N 3**

### Auftrieb

Die Auftriebskraft $F_A$ ist gleich der Gewichtskraft der verdrängten Flüssigkeiten mit den Dichten $\varrho$ und $\varrho'$.

n 9  $\quad F_A = g \varrho V + g \varrho' V' \qquad$ N, kN

Handelt es sich bei dem Fluid mit der Dichte $\varrho'$ um ein Gas, dann gilt:

n 10 $\quad F_A \approx g \varrho V \qquad$ N, kN

Mit $\varrho_k$ Dichte des Körpers gilt:

n 11 $\quad \varrho > \varrho_k \quad$ der Körper schwimmt ⎫
n 12 $\quad \varrho = \varrho_k \quad$ " " schwebt ⎬ in der schwereren Flüssigkeit
n 13 $\quad \varrho < \varrho_k \quad$ " " sinkt ⎭

### Bestimmung der Dichte $\varrho$ für feste und flüssige Körper

| Fester Körper mit | | Bei Flüssigkeiten zuerst $F_1$ und $m$ eines beliebigen Körpers in einer Flüssigkeit mit bekannter Dichte $\varrho_b$ bestimmen, dann ist: |
|---|---|---|
| größerer | kleinerer | |
| Dichte als die benutzte Flüssigkeit | | |

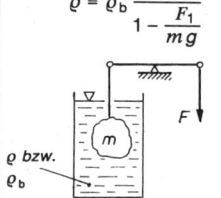

n 14
n 15
n 16

$$\varrho = \varrho_F \frac{1}{1 - \dfrac{F}{mg}} \qquad \varrho = \varrho_F \frac{1}{1 + \dfrac{F_H - F}{mg}} \qquad \varrho = \varrho_b \frac{1 - \dfrac{F}{mg}}{1 - \dfrac{F_1}{mg}}$$

(Mitte: Hilfskörper; rechts: $\varrho$ bzw. $\varrho_b$)

$m$ : Masse des in der Flüssigkeit schwebenden Körpers
$F$ : aufzubringende Gleichgewichtskraft
$F_H$ : im Vorversuch aufzubringende Gleichgewichtskraft, und zwar nur für den Hilfskörper
$\varrho_F$ : Dichte der Flüssigkeit, in der die Wägung erfolgt

# Hydraulik
Hydrodynamik

**N 4**

## Hydrodynamik
(für stationäre Strömung)

**Kontinuitätsgleichung** (Satz von der Erhaltung der Masse)

Kontinuitätsgleichung:

n 17
$$A_1 v_1 \varrho_1 = A v \varrho = A_2 v_2 \varrho_2$$

Massenstrom:

n 18
$$\dot{m} = \dot{V} \varrho \qquad \frac{kg}{s}, \frac{g}{s}$$

Volumenstrom:

n 19
$$\dot{V} = A v \qquad \frac{m^3}{s}, \frac{cm^3}{s} \qquad v \perp A$$

**Bernoullische Gleichung** (Satz von der Erhaltung der Energie)

Reibungsfreie Strömung:

n 20
$$\frac{p_1}{\varrho} + g z_1 + \frac{v_1^2}{2} = \frac{p}{\varrho} + g z + \frac{v^2}{2} = \frac{p_2}{\varrho} + g z_2 + \frac{v_2^2}{2} \qquad \frac{J}{kg}$$

$\frac{p}{\varrho}$ : massebezogene Druckenergie

$g z$ : massebezogene potentielle Energie

$\frac{v^2}{2}$ : massebezogene kinetische Energie

Reibungsbehaftete Strömung:

n 21
$$\frac{p_1}{\varrho} + g z_1 + \frac{v_1^2}{2} = \frac{p_2}{\varrho} + g z_2 + \frac{v_2^2}{2} + w_{R1,2} \qquad \frac{J}{kg}$$

$v$: Geschwindigkeit

$w_{R1,2}$: massebezogene Reibungsarbeit auf dem Weg von 1 nach 2 (Berechnung siehe N 6).

# Hydraulik
## Hydrodynamik
**N 5**

### Leistung $P$ einer hydraulischen Maschine

n 22
$$P = \dot{m}\, w_{t1,2} \qquad \text{kW, W}$$

massebezogene technische Arbeit:

n 23
$$w_{t1,2} = \frac{1}{\varrho}(p_2 - p_1) + g(z_2 - z_1) + \frac{1}{2}(v_2^2 - v_1^2) + w_{R1,2} \qquad \text{J/kg}$$

n 24 $\qquad$ bei Kraftmaschinen: $\qquad w_{t1,2} < 0$

n 25 $\qquad$ bei Arbeitsmaschinen: $\qquad w_{t1,2} > 0$

### Impulssatz

Für die durch einen ortsfesten „Kontroll"-Raum strömende Flüssigkeit gilt die Vektorgleichung:

n 26
$$\Sigma \vec{F} = \dot{m}(\vec{v_2} - \vec{v_1}) \qquad \text{N, kN}$$

$\Sigma \vec{F}$ sind die auf die im Kontrollraum befindliche Flüssigkeit wirkenden Kräfte. Dies können sein:

$\qquad$ Volumenkräfte (z. B. Gewichtskraft)
$\qquad$ Druckkräfte
$\qquad$ Reibungskräfte

$\vec{v_2}$ Austritts-Geschwindigkeit der Flüssigkeit aus dem Kontrollraum

$\vec{v_1}$ Eintritts-Geschwindigkeit der Flüssigkeit in den Kontrollraum

### Drallsatz

Durch einen ortsfesten, rotationssymmetrischen Kontrollraum wird auf die durchströmende Flüssigkeit das Moment $M$ ausgeübt:

n 27
$$M = \dot{m}(v_{2,u} \cdot r_2 - v_{1,u} \cdot r_1) \qquad \text{N m}$$

$v_{2,u}$ und $v_{1,u}$ sind die Umfangskomponenten der Austritts- bzw. Eintritts-Geschwindigkeit in den Kontrollraum.

$r_2$ bzw. $r_1$ sind die zu $v_2$ bzw. $v_1$ gehörigen Halbmesser.

# Hydraulik
## Hydrodynamik

**N 6**

### Reibungsarbeit bei der Rohrströmung

n 28   massebezogene Reibungsarbeit $\quad w_{R1,2} = \Sigma\left(\zeta \cdot a \dfrac{v^2}{2}\right) \quad$ hieraus

n 29   Druckverlust $\quad \Delta p_V = \varrho \cdot w_{R1,2}$

**Ermittlung des Widerstandsbeiwerts $\zeta$ und des Formfaktors $a$:**

(*Re*: Reynolds Zahl)

| kreisförmige Rohre | nicht kreisförmige Rohre |
|---|---|
| $Re = \dfrac{v \cdot d \cdot \varrho}{\eta}$ | $Re = \dfrac{v \cdot d_h \cdot \varrho}{\eta}$ |

n 30

n 31   Ist $Re < 2320$, herrscht laminare Strömung
n 32   Ist $Re > 2320$, herrscht turbulente Strömung

| Strömung | | Strömung | |
|---|---|---|---|
| laminar | turbulent*) | laminar | turbulent*) |
| $\zeta = \dfrac{64}{Re}$ | $\zeta = f\!\left(Re, \dfrac{k}{d}\right)$ | $\zeta = \varphi\dfrac{64}{Re}$ | $\zeta = f\!\left(Re, \dfrac{k}{d_h}\right)$ |

n 33

n 34   $a = \dfrac{l}{d}$ bei geraden Rohren $\quad\bigg|\quad a = \dfrac{l}{d_h}$ bei geraden Rohren

n 35   $a = 1$ bei Armaturen und Formstücken

**Ermittlung des Beiwertes $\varphi$**

n 36   Für ringförmige Querschnitte:

| $D/d$ | 1 | 3 | 5 | 7 | 10 | 30 | 50 | 70 | 100 | $\infty$ |
|---|---|---|---|---|---|---|---|---|---|---|
| $\varphi$ | 1,50 | 1,47 | 1,44 | 1,42 | 1,40 | 1,32 | 1,29 | 1,27 | 1,25 | 1,00 |

n 37   Für rechteckige Querschnitte:

| $a/b$ | 0 | 0,1 | 0,2 | 0,3 | 0,4 | 0,5 | 0,6 | 0,7 | 0,8 | 1,0 |
|---|---|---|---|---|---|---|---|---|---|---|
| $\varphi$ | 1,50 | 1,34 | 1,20 | 1,10 | 1,02 | 0,97 | 0,94 | 0,92 | 0,90 | 0,89 |

n 38

$d$ : lichter Rohr-$\varnothing$  |  $l$ : Rohrlänge
$d_h = 4\,A/U$ : hydraulischer Durchmesser
$A$ : von der Flüssigkeit senkrecht durchströmter Querschnitt
$U$ : benetzter Umfang
$k/d$ und $k/d_h$ : relative Rauhigkeit
$k$ : mittlere Höhe aller Rauhigkeiten   (siehe Z 9)
$\eta$ : dynamische Viskosität (s. a. N 1; Werte siehe Z 14)
*) $\zeta$ wird aus Diagramm Z 8 entnommen

# Hydraulik
## Hydrodynamik

**N 7**

### Ausfluß von Flüssigkeiten aus Gefäßen

**Gefäß mit Bodenöffnung**

n 39 $\quad v = \varphi \sqrt{2gH}$

n 40 $\quad \dot{V} = \varphi \varepsilon A \sqrt{2gH}$

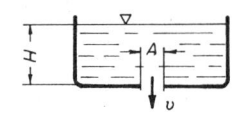

**Gefäß mit kleiner Seitenöffnung**

n 41 $\quad v = \varphi \sqrt{2gH}$

n 42 $\quad s = 2\sqrt{Hh}$

(ohne jegliche Reibwerte)

n 43 $\quad \dot{V} = \varphi \varepsilon A \sqrt{2gH}$

n 44 $\quad F = \varrho \dot{V} v$

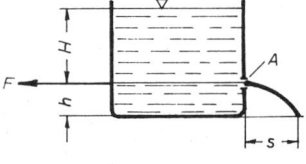

**Gefäß mit großer Seitenöffnung**

n 45 $\quad \dot{V} = \dfrac{2}{3} \varepsilon b \sqrt{2g} \, (H_2^{3/2} - H_1^{3/2})$

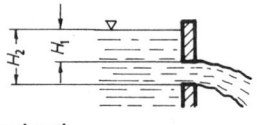

**Gefäß mit Überdruck auf Flüssigkeitsspiegel**

n 46 $\quad v = \varphi \sqrt{2\left(gH + \dfrac{p_{\ddot{u}}}{\varrho}\right)}$

n 47 $\quad \dot{V} = \varphi \varepsilon A \sqrt{2\left(gH + \dfrac{p_{\ddot{u}}}{\varrho}\right)}$

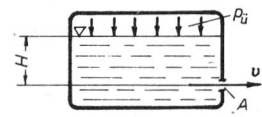

**Gefäß mit Überdruck an Ausflußstelle**

n 48 $\quad v = \varphi \sqrt{2 \dfrac{p_{\ddot{u}}}{\varrho}}$

n 49 $\quad \dot{V} = \varphi \varepsilon A \sqrt{2 \dfrac{p_{\ddot{u}}}{\varrho}}$

---

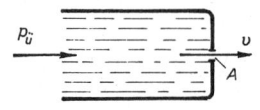

| | | |
|---|---|---|
| $v$ : | Ausflußgeschwindigkeit | m/s |
| $p_{\ddot{u}}$ : | Überdruck gegenüber Außendruck | |
| $\varphi$ : | Flüssigkeits-Reibungsbeiwert (für Wasser $\varphi = 0{,}97$) | |
| $\varepsilon$ : | Einschnürzahl ($\varepsilon = 0{,}62$ für scharfkantige Öffnung) ($\varepsilon = 0{,}97$ für gut gerundete Öffnung) | |
| $F$ : | Reaktionskraft | |
| $\dot{V}$ : | Volumenstrom | m³/s, m³/h |
| $b$ : | Öffnungsbreite | m, cm |

# Wärme
## Thermische Zustandsgrößen | O 1

Thermische Zustandsgrößen sind der Druck $p$, die Temperatur $t$ und die Dichte $\varrho$ bzw. das spezifische Volumen $v$.

**Druck** $p$  BE: N/m² = Pa; bar  (s. a. A 4, A 5)

1 Pa = 1 N/m² = $10^{-5}$ bar = $(7{,}5 \cdot 10^{-3}$ Torr) = $(1{,}019 \cdot 10^{-5}$ at)

Der Druck ist das Verhältnis der Kraft $F$ zur Fläche $A$:

o 1
$$p = \frac{F}{A}$$

Der absolute Druck kann gedeutet werden als die Gesamtwirkung der Stöße der Moleküle auf die Wand. Der mit einem Manometer gemessene Druck wird als Differenzdruck $\Delta p$ gegenüber Umgebungsdruck $p_u$ gemessen; bei Überdruck gilt $\Delta p > 0$ und bei Unterdruck $\Delta p < 0$. Insofern ergibt sich der absolute Druck $p$ zu:

o 2
$$p = p_u + \Delta p$$

**Temperatur** $T, t$  Basisgröße s. Erläuterungen

Einheit der Temperatur $T$ ist das Kelvin K, definiert durch die Gleichung

o 3
$$1\,\text{K} = \frac{T_{TR}}{273{,}15}$$

wobei $T_{TR}$ die Temperatur des Tripelpunktes von reinem Wasser ist. Neben der Kelvin-Skala ist die Celsius-Skala in Gebrauch; die Temperatur $t$ dieser Skala wurde international wie folgt vereinbart:

o 4
$$t = \left(\frac{T}{\text{K}} - 273{,}15\right){}^\circ\text{C} \; ; \quad T = \left(\frac{t}{{}^\circ\text{C}} + 273{,}15\right)\text{K}$$

**Dichte** $\varrho$  BE: kg/m³  (Werte s. Z 5)

Die Dichte ist das Verhältnis der Masse $m$ zum Volumen $V$:

o 5
$$\varrho = \frac{m}{V}$$

**Spezifisches Volumen** $v$  BE: m³/kg

Das spezifische Volumen ist das Verhältnis des Volumens $V$ zur Masse $m$:

o 6
$$v = \frac{V}{m} = \frac{1}{\varrho}$$

**Molares Volumen** $V_m$  BE: m³/mol

Das molare Volumen ist das Verhältnis des Volumens zur in dem Volumen enthaltenen Stoffmenge:

o 7
$$V_m = \frac{V}{n}$$

**Stoffmenge** $n$  Basisgröße s. Erläuterungen

# Wärme
## Erwärmung fester und flüssiger Körper | O 2

### Erwärmung fester und flüssiger Körper

**Wärme** $Q$  BE: J

Wärme ist Energie, die an der Grenze zwischen Systemen verschiedener Temperaturen auftritt, wenn diese Systeme über diatherme Wände miteinander in Berührung sind.

**Massebezogene Wärme** $q$  BE: J/kg

Die massebezogene Wärme $q$ ist das Verhältnis der Wärme $Q$ zur Masse $m$:

$$q = \frac{Q}{m}$$

**Spezifische Wärmekapazität** $c_p$  BE: J/(kg K)

Die spezifische Wärmekapazität $c_p$ gibt an, welche Wärme $Q$ einer Masse $m$ zuzuführen bzw. zu entziehen ist, um seine Temperatur um die Differenz $\Delta t$ zu ändern:

$$c_p = \frac{Q}{m \, \Delta t} = \frac{q}{\Delta t}$$

Die spezifische Wärmekapazität ist abhängig von der Temperatur. Zahlenwerte siehe Z 1 ... Z 5.

**Massebezogene latente Wärme** $l$  BE: J/kg – (Werte s. Z 10)

Latente Wärme sind solche, bei deren Zu- oder Abfuhr ein Körper ohne Temperatur-Änderung von einer Phase in eine andere überführt wird. Die latente Wärmen werden unterteilt in:

| | | | | |
|---|---|---|---|---|
| $l_f$ | Schmelzwärme | Sie ist die Wärme, die notwendig ist, um | einen festen Körper bei der Schmelztemperatur in Flüssigkeit | gleicher Temperatur umzuwandeln |
| $l_d$ | Verdampfungswärme | | Flüssigkeit bei der Siedetemperatur (abhängig vom Druck) in gesättigten Dampf | |
| $l_s$ | Sublimationswärme | | unterhalb der Tripeltemperatur einen festen Körper bei der Sublimationstemperatur (abhängig vom Druck) direkt in gesättigten Dampf | |

(Massebezogene)

# Wärme
## Erwärmung fester und flüssiger Körper | O 3

### Ausdehnung fester Körper
Ein fester Körper ändert bei Temperatur-Änderung seine Abmessungen. Mit $\alpha$ als von der Temperatur abhängigem „linearem Ausdehnungs-Koeffizienten" (Zahlenwerte siehe Z 11) gilt für:

o 13  Länge $\quad l_2 = l_1 \left[1 + \alpha(t_2 - t_1)\right]$

o 14  $\quad\quad\quad \Delta l = l_2 - l_1 \approx l_1 \alpha(t_2 - t_1)$

o 15  Fläche $\quad A_2 \approx A_1 \left[1 + 2\alpha(t_2 - t_1)\right]$

o 16  $\quad\quad\quad \Delta A = A_2 - A_1 \approx A_1 \cdot 2\alpha(t_2 - t_1)$

o 17  Volumen $\quad V_2 \approx V_1 \left[1 + 3\alpha(t_2 - t_1)\right]$

o 18  $\quad\quad\quad \Delta V = V_2 - V_1 \approx V_1 \cdot 3\alpha(t_2 - t_1)$

### Ausdehnung flüssiger Körper
Mit $\gamma$ als von der Temperatur abhängigem „Volumen-Ausdehnungs-Koeffizienten" (Zahlenwerte siehe Z 11) gilt:

o 19  $\quad V_2 = V_1 \cdot \left[1 + \gamma(t_2 - t_1)\right]$

$\quad\quad\quad \Delta V = V_2 - V_1 = V_1 \cdot \gamma(t_2 - t_1)$

### Mischung flüssiger Stoffe mit flüssigen oder/und festen Stoffen
Werden mehrere Stoffe mit den Massen $m_1, m_2, m_3, \ldots$, den entsprechenden Temperaturen $t_1, t_2, t_3, \ldots$ und den – spezifischen Wärmekapazitäten $c_{p1}, c_{p2}, c_{p3}, \ldots$ miteinander gemischt, ohne daß Wärme nach außen abgeführt noch nach innen zugeführt wird, und ohne deren Aggregatzustand sich ändert, wird die Mischtemperatur $t_m$ (ggf. Wärmemenge des Mischgefäßes mit einbeziehen):

o 20 $\quad t_m = \dfrac{m_1 \cdot c_{p1} \cdot t_1 + m_2 \cdot c_{p2} \cdot t_2 + m_3 \cdot c_{p3} \cdot t_3 + \ldots}{m_1 \cdot c_{p1} + m_2 \cdot c_{p2} + m_3 \cdot c_{p3} + \ldots}$

(Werte für $c_p$ siehe Z 1 ... Z 5).

### Wärme-Ausbiegung $A$
Eine Wärme-Ausbiegung tritt bei Bimetallstreifen auf. Letzterer krümmt sich bei Erwärmung nach der Seite, auf der sich das Metall mit der kleineren Ausdehnung befindet. Mit $\alpha_b$ als „spez. thermische Ausbiegung" ($\alpha_b \approx 14 \cdot 10^{-6}$/K, genaue Zahlenwerte siehe DIN 1715) wird die Wärme-Ausbiegung

o 21 $\quad\quad A = \dfrac{\alpha_b \, L^2 \, \Delta t}{s}$

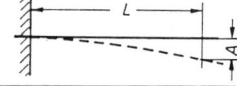

| | |
|---|---|
| $l_1$ : Länge bei $t = t_1$ | $A_1$ : Fläche bei $t = t_1$ |
| $l_2$ : Länge bei $t = t_2$ | $A_2$ : Fläche bei $t = t_2$ |
| $V_1$ : Volumen bei $t = t_1$ | $t_1$ : Temperatur vor Erwärmung |
| $V_2$ : Volumen bei $t = t_2$ | $t_2$ : Temperatur nach Erwärmung |
| $s$ : Dicke | $\Delta t$ : Temperaturdifferenz |

# Wärme
## Zustand u. Zustandsändg. von Gasen u. Dämpfen — O 4

### Thermische Zustandsgleichung für ideale Gase

Der Zustand eines Gases oder Dampfes ist durch 2 thermische Zustandsgrößen festgelegt, so daß die 3. thermische Zustandsgröße aus der thermischen Zustandsgleichung berechnet werden kann. Für ideale Gase lautet die Gleichung mit $R$ als spezieller, für jedes Gas verschiedener Gaskonstanten (siehe Z 12):

o 22
$$p\,v = RT \quad \text{oder} \quad pV = mRT \quad \text{oder} \quad p = \varrho RT$$

Bezieht man die Gaskonstante auf die Stoffmenge, dann gilt mit $R_m = 8314{,}3\ \text{J/(kmol K)}$ als universeller Gaskonstanten für alle idealen Gase:

o 23
$$p\,V_m = R_m T$$

wobei mit $M$ als Molmasse (siehe Z 12) gilt:

o 24
$$R_m = MR$$

### Thermischer Zustand für nicht ideale Gase und Dämpfe

Der thermische Zustand realer Gase und Dämpfe wird aus speziellen Gleichungen oder Diagrammen bestimmt.

### Zustandsänderungen

Zustandsänderungen werden hervorgerufen durch Wechselwirkungen des Systems mit der Umgebung. Diese Wechselwirkungen werden mit dem 1. und 2. Hauptsatz berechnet:

| 1. Hauptsatz für | | 2. Hauptsatz für alle Systeme |
|---|---|---|
| geschlossene | offene | |
| Systeme | | |
| $q_{1,2} + w_{1,2} = u_2 - u_1$ | $q_{1,2} + w_{t1,2} = h_2 - h_1$ | $q_{1,2} = \int_1^2 T\,\mathrm{d}s$ |

o 25
o 26
o 27

In diesen Formeln sind zugeführte Energien (also $q_{1,2}$, $w_{1,2}$, $w_{t1,2}$) positiv und abgeführte Energien negativ.

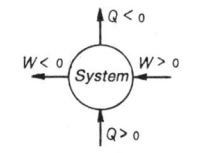

$Q < 0$, $W < 0$, $W > 0$, $Q > 0$ (System)

$h$ : massebezogene Enthalpie  
$s$ : massebezogene Entropie  
$u$ : massebezogene innere Energie  
$w_{1,2}$ : massebezogene Volumenänderungsarbeit (siehe O 7)  
$w_{t1,2}$ : massebezogene technische Arbeit (siehe O 7)

# Wärme
## Zustandsänderungen von Gasen und Dämpfen | O 5

**Zustandsänderungen idealer Gase**

Die aus den Formeln o 25 ... o 27 entwickelten Beziehungen für verschiedene Zustandsänderungen zeigt die Tabelle auf Seite O 6. Zu dieser Tabelle gehören folgende Erläuterungen:
Jede Zustandsänderung läßt sich darstellen in der Form

o 28
$$p\, v^n = \text{const.}$$

In der 1. Spalte sind die jeweiligen Polytropenexponenten $n$ angegeben.

$c_{pm}$ und $c_{vm}$ sind die mittleren spezifischen Wärmekapazitäten bei konstantem Druck bzw. konstantem Volumen zwischen den Temperaturen $t_1$ und $t_2$. Dabei gelten folgende Zusammenhänge (Werte für $c_{pm}$ s. Z 13):

o 29
$$c_{pm} = c_{pm}\Big|_{t_1}^{t_2} = \frac{c_{pm}\Big|_{0}^{t_2} t_2 - c_{pm}\Big|_{0}^{t_1} t_1}{t_2 - t_1}$$

o 30
$$c_{vm} = c_{vm}\Big|_{t_1}^{t_2} = c_{pm}\Big|_{t_1}^{t_2} - R$$

o 31
$$\varkappa = \varkappa_m = \varkappa_m\Big|_{t_1}^{t_2} \approx c_{pm}\Big|_{t_1}^{t_2} \Big/ c_{vm}\Big|_{t_1}^{t_2}$$

Die bei den Zustandsänderungen auftretende Entropieänderung ist:

o 32
$$s_2 - s_1 = c_{pm} \ln\left(\frac{T_2}{T_1}\right) - R \ln\left(\frac{p_2}{p_1}\right) = c_{vm} \ln\left(\frac{T_2}{T_1}\right) + R \ln\left(\frac{v_2}{v_1}\right)$$

**Zustandsänderungen realer Gase und Dämpfe**

Die aus den Formeln o 25 ... o 27 entwickelten Beziehungen für verschiedene Zustandsänderungen zeigt untenstehende Tabelle. Die dort auftretenden thermischen Zustandsgrößen $p$, $v$, $T$ und kalorischen Zustandsgrößen $u$, $h$, $s$ werden i. a. geeigneten Diagrammen entnommen.

| | | Massebezogene | |
|---|---|---|---|
| Zustandsänderung, Konstante Größe | Volumenänderungsarbeit $w_{1,2} = -\int_1^2 p\, dv$ | techn. Arbeit $w_{t1,2} = \int_1^2 v\, dp$ | Wärme $q_{1,2}$ |
| Isochore $v = \text{const.}$ (o 33) | 0 | $v(p_2 - p_1)$ | $u_2 - u_1 =$ $(h_2 - h_1) -$ $v(p_2 - p_1)$ |
| Isobare $p = \text{const.}$ (o 34) | $p(v_1 - v_2)$ | 0 | $h_2 - h_1$ |
| Isotherme $T = \text{const.}$ (o 35) | $(u_2 - u_1) - T(s_2 - s_1) =$ $(h_2 - h_1) - T(s_2 - s_1) -$ $(p_2 v_2 - p_1 v_1)$ | $(h_2 - h_1) - T(s_2 - s_1)$ | $T(s_2 - s_1)$ |
| Isentrope $s = \text{const.}$ (o 36) | $u_2 - u_1 =$ $(h_2 - h_1) - (p_2 v_2 - p_1 v_1)$ | $h_2 - h_1$ | 0 |

# Wärme
## Zustandsänderungen idealer Gase

**O 6**

| Zustandsänd. konst. Größe Polytropenexponent | Zusammenhg. zwischen Zustand 1 und Zustand 2 | Volumenänderungsarbeit $w_{1,2} = -\int_1^2 p\,dv$ | Massebezogene technische Arbeit $w_{t1,2} = \int_1^2 v\,dp$ | Wärme $q_{1,2}$ | $p$–$v$–Diagramm | $T$–$s$–Diagramm |
|---|---|---|---|---|---|---|
| **Isochore** $v =$ const. $n = \infty$ (o 37) | $\dfrac{p_2}{p_1} = \dfrac{T_2}{T_1}$ | $0$ | $v(p_2 - p_1)$ $= R(T_2 - T_1)$ | $c_{vm}(T_2 - T_1)$ | | |
| **Isobare** $p =$ const. $n = 0$ (o 38) | $\dfrac{v_2}{v_1} = \dfrac{T_2}{T_1}$ | $p(v_1 - v_2)$ $= R(T_1 - T_2)$ | $0$ | $c_{pm}(T_2 - T_1)$ | | |
| **Isotherme** $T =$ const. $n = 1$ (o 39) | $\dfrac{p_2}{p_1} = \dfrac{v_1}{v_2}$ | $RT \ln\dfrac{v_1}{v_2}$ $= -RT \ln\dfrac{p_2}{p_1}$ | $w_{1,2}$ | $-w_{1,2}$ | | |
| **Isentrope** $s =$ const. $n = \varkappa$ (o 40) | $\dfrac{p_2}{p_1} = \left(\dfrac{v_1}{v_2}\right)^{\varkappa}$ $\dfrac{p_2}{p_1} = \left(\dfrac{T_2}{T_1}\right)^{\frac{\varkappa}{\varkappa-1}}$ $\dfrac{v_2}{v_1} = \left(\dfrac{T_1}{T_2}\right)^{\frac{1}{\varkappa-1}}$ | $u_2 - u_1 = c_{vm}(T_2 - T_1)$ $= c_{vm} T_1\left[\left(\dfrac{p_2}{p_1}\right)^{\frac{\varkappa-1}{\varkappa}} - 1\right]$ $= \dfrac{1}{\varkappa-1} RT_1\left[\left(\dfrac{p_2}{p_1}\right)^{\frac{\varkappa-1}{\varkappa}} - 1\right]$ | $h_2 - h_1 = c_{pm}(T_2 - T_1)$ $= c_{pm} T_1\left[\left(\dfrac{p_2}{p_1}\right)^{\frac{\varkappa-1}{\varkappa}} - 1\right]$ $= \dfrac{\varkappa}{\varkappa-1} RT_1\left[\left(\dfrac{p_2}{p_1}\right)^{\frac{\varkappa-1}{\varkappa}} - 1\right]$ | $0$ | *steiler als Isotherme* | |
| **Polytrope** beliebig $n =$ const. (o 41) | $\dfrac{p_2}{p_1} = \left(\dfrac{v_1}{v_2}\right)^{n}$ $\dfrac{p_2}{p_1} = \left(\dfrac{T_2}{T_1}\right)^{\frac{n}{n-1}}$ $\dfrac{v_2}{v_1} = \left(\dfrac{T_1}{T_2}\right)^{\frac{1}{n-1}}$ | $\dfrac{1}{n-1} R(T_2 - T_1)$ $= \dfrac{1}{n-1} RT_1\left[\left(\dfrac{p_2}{p_1}\right)^{\frac{n-1}{n}} - 1\right]$ | $\dfrac{n}{n-1} R(T_2 - T_1)$ $= \dfrac{n}{n-1} RT_1\left[\left(\dfrac{p_2}{p_1}\right)^{\frac{n-1}{n}} - 1\right]$ | $c_{vm}\dfrac{n-\varkappa}{n-1}(T_2 - T_1)$ | beliebig | beliebig |

*Isentrope T-s Diagramm: flacher als Isochore*

# Wärme
## Zustandsänderungen von Gasen und Dämpfen | O 7

### $p$-$v$-Diagramm
Bei reversiblen Prozessen stellt die Fläche zwischen der Kurve der Zustandsänderung und der $v$-Achse die massebezogene Volumenänderungsarbeit, die Fläche zwischen der Kurve und der $p$-Achse die massebezogene technische Arbeit dar.

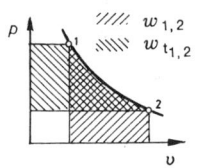

### $T$-$s$-Diagramm
Bei reversiblen Prozessen stellt die Fläche zwischen der Kurve und der $s$-Achse die massebezogene Wärme dar.

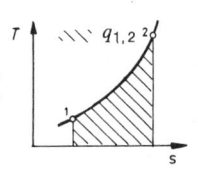

### Gesamte zu- oder abgeführte Wärme
Die einem geschlossenen System einmalig zu- oder abgeführte Wärme ist:

o 42
$$Q_{1,2} = m\, q_{1,2} \qquad \text{J}$$

Der einem offenen System kontinuierlich zu- oder abgeführte Wärmestrom ist:

o 43
$$\Phi_{1,2} = \dot{Q}_{1,2} = \dot{m}\, q_{1,2} \qquad \text{W}$$

wobei $\dot{m}$ der Massenstrom (BE: kg/s) ist.

### Gesamte zu- oder abgeführte Arbeit
Die einem geschlossenen System einmalig zu- oder abgeführte Arbeit ist:

o 44
$$W_{1,2} = m\, w_{1,2} \qquad \text{J}$$

Die einem offenen System kontinuierlich zu- oder abgeführte Leistung ist:

o 45
$$P_{1,2} = \dot{m}\, w_{t_{1,2}} \qquad \text{W}$$

# Wärme
## Mischung von Gasen — O 8

**Masse $m$ einer Mischung aus den Komponenten $m_1, m_2, \ldots$**

o 46
$$m = m_1 + m_2 + \ldots + m_n = \sum_{i=1}^{i=n} m_i$$

**Massenanteile $\xi_i$ einer Mischung**

o 47
$$\xi_i = \frac{m_i}{m} \quad \text{und} \quad \sum_{i=1}^{i=n} \xi_i = 1$$

**Stoffmenge $n$ einer Mischung aus den Komponenten $n_1, n_2, \ldots$**

o 48
$$n = n_1 + n_2 + \ldots + n_n = \sum_{i=1}^{i=n} n_i$$

**Stoffmengenanteile $\psi_i$ einer Mischung**

o 49
$$\psi_i = \frac{n_i}{n} \quad \text{und} \quad \sum_{i=1}^{i=n} \psi_i = 1$$

**Scheinbare molare Masse $M$ einer Mischung**

Für die molare Masse gilt:

o 50
$$M_i = \frac{m_i}{n} \quad \text{und} \quad M = \frac{m}{n}$$

wobei $M$ die „scheinbare" molare Masse der Mischung und wie folgt zu berechnen ist:

o 51
$$M = \sum_{i=1}^{i=n} (M_i \cdot \psi_i) \quad \text{bzw.} \quad \frac{1}{M} = \sum_{i=1}^{i=n} \left(\frac{\xi_i}{M_i}\right)$$

**Umrechnung von Massen- in Stoffmengenanteile**

o 52
$$\xi_i = \frac{M_i}{M} \psi_i$$

**Druck $p$ der Mischung und Partialdrücke $p_i$ der Komponenten**

o 53
$$p = \sum_{i=1}^{i=n} p_i \quad \text{wobei} \quad p_i = \psi_i \cdot p$$

Fortsetzung siehe O 9

# Wärme
## Mischung von Gasen | O 9

Fortsetzung von O 8

**Raumanteile $r_i$ einer Mischung**

o 54
$$r_i = \frac{V_i}{V} = \psi_i \quad \text{und} \quad \sum_{i=1}^{i=n} r_i = 1$$

Dabei versteht man unter dem Teilvolumen $V_i$ das Volumen, das die Komponente bei der Temperatur $T$ und dem Gesamtdruck $p$ des Gemisches einnähme. Für ideale Gase gilt:

o 55
$$V_i = \frac{m_i R_i T}{p} = \frac{n_i R_m T}{p} \quad \text{und} \quad \sum_{i=1}^{i=n} V_i = V$$

**Kalorische Zustandsgrößen einer Mischung**

o 56
$$u = \sum_{i=1}^{i=n} (\xi_i \cdot u_i) \;; \qquad h = \sum_{i=1}^{i=n} (\xi_i \cdot h_i)$$

Aus diesen Formeln läßt sich die Mischungstemperatur bestimmen, und zwar bei realen Gasen und Dämpfen u. a. aus Diagrammen und bei idealen Gasen wie folgt:

| | | |
|---|---|---|
| adiabates System | geschlossen | o 57: $t = \dfrac{c_{v_{m1}} \cdot t_1 m_1 + c_{v_{m2}} \cdot t_2 m_2 + \ldots + c_{v_{mn}} \cdot t_n m_n}{c_{v_m} \cdot m}$ |
| | offen | o 58: $t = \dfrac{c_{p_{m1}} \cdot t_1 m_1 + c_{p_{m2}} \cdot t_2 m_2 + \ldots + c_{p_{mn}} \cdot t_n m_n}{c_{p_m} \cdot m}$ |

wobei die spezifischen Wärmekapazitäten des Gemisches wie folgt zu bestimmen sind:

o 59
$$c_{v_m} = c_{p_m} - R$$

o 60
$$c_{p_m} = \sum_{i=1}^{i=n} (\xi_i \cdot c_{p_{mi}})$$

# Wärme
## Wärmeübertragung  O 10

Auf Grund des Temperatur-Unterschiedes zwischen zwei Punkten strömt Wärme von dem Punkt höherer Temperatur zum Punkt geringerer Temperatur. Zu unterscheiden sind folgende Arten des Wärmetransportes:

**Wärmeleitung**

o 61 in ebener Wand: $\quad \Phi = \dot{Q} = \lambda A \dfrac{t_{w1} - t_{w2}}{s}$

o 62 in Rohrwand: $\quad \Phi = \dot{Q} = \lambda A_m \dfrac{t_{w1} - t_{w2}}{s}$

Die mittlere logarithm. Fläche ist

o 63 $\quad A_m = \pi d_m L$; dabei $d_m = \dfrac{d_a - d_i}{\ln\left(\dfrac{d_a}{d_i}\right)}$; $\quad L$: Rohrlänge

– – – ebene Wand
——— Rohr

**Wärmeübertragung infolge Konvektion**

Darunter wird der Wärmetransport von einem Fluid an eine feste Wand oder umgekehrt verstanden. Die Moleküle als Träger der Masse führen die Wärme infolge ihrer Strömung mit. Bildet sich die Strömung von allein aus (Auftrieb), spricht man von freier Konvektion und, wird die Strömung erzwungen, von einer erzwungenen Konvektion.

o 64 $\quad \Phi = \dot{Q} = \alpha A (t - t_w)$

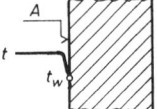

**Wärmeübergang infolge Strahlung**

Dieser Wärmetransport ist nicht an Masse gebunden (z. B. Wärmeeinstrahlung von der Sonne durch den luftleeren Raum). Die Berechnung erfolgt nach o 64.

**Wärmedurchgang**

Unter dem Wärmedurchgang versteht man die Zusammenfassung aller am Wärmetransport beteiligten Einzelvorgänge:

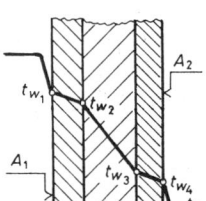

o 65 $\quad \Phi = \dot{Q} = k A (t_1 - t_2)$

Für den Wärmedurchgangskoeffizient $k$ gilt (Näherungswerte s. Z 11):

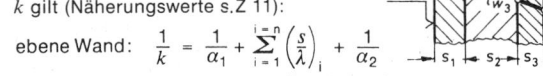

o 66 ebene Wand: $\quad \dfrac{1}{k} = \dfrac{1}{\alpha_1} + \sum\limits_{i=1}^{i=n} \left(\dfrac{s}{\lambda}\right)_i + \dfrac{1}{\alpha_2}$

o 67 Rohr: $\quad \dfrac{1}{k A} = \dfrac{1}{\alpha_1 A_1} + \sum\limits_{i=1}^{i=n} \left(\dfrac{s}{\lambda A_m}\right) + \dfrac{1}{\alpha_2 A_2}$

$\lambda$ : Wärmeleitfähigkeit (Werte siehe Z 1 ... Z 6)
$\alpha$ : Wärmeübergangskoeffizient (Berechnung siehe O 12)

# Wärme
## Wärmeübertragung

**O 11**

### Wärmeaustauscher

Wärmeaustauscher dienen dazu, Wärme von einem Fluid auf ein anderes zu übertragen. Für den Wärmestrom gilt:

$$\Phi = \dot{Q} = k \cdot A \cdot \Delta t_m$$

Dabei ist $\Delta t_m$ die mittlere logarithmische Temperaturdifferenz. Für Gleich- und Gegenstromapparate gilt:

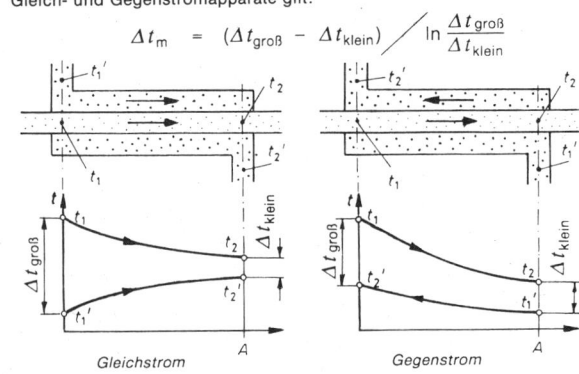

$$\Delta t_m = (\Delta t_{groß} - \Delta t_{klein}) \Big/ \ln \frac{\Delta t_{groß}}{\Delta t_{klein}}$$

*Gleichstrom*  *Gegenstrom*

Bei Gegenströmen kann $\Delta t_{groß}$ bzw. $\Delta t_{klein}$ auch auf der jeweils anderen Seite des Wärmeübertragers liegen.

### Formelzeichen für Seite O 12:

- $A_1$ : umhüllte Fläche ⎫
- $A_2$ : umhüllende Fläche ⎬ $(A_1 < A_2)$
- $d$ : Innendurchmesser des Rohres
- $D$ : Außendurchmesser des Rohres
- $C_1, C_2$ : Strahlungs-Konstanten der im Strahlungsaustausch stehenden Flächen (Werte siehe Z 12)
- $C_s \approx 5{,}67 \cdot 10^{-8}$ W/(m² K⁴): Strahlungs-Konst. des schwarzen Körpers
- $Pr$ : Prandtl-Zahl; $Pr = (\eta \cdot c_p)/\lambda$ (Werte siehe Z 14)
- $\Delta t = |t_w - t_\infty|$: absolute Temperatur-Differenz zwischen Wand und Flüssigkeit bzw. Gas im thermisch nicht beeinflußten Gebiet
- $t_\infty$ : Temperatur der ungestörten Umgebung $(T_\infty = t_\infty + 273{,}15°)$
- $\nu$ : kinematische Zähigkeit $(\nu = \eta/\varrho)$
- $\eta$ : dynamische Zähigkeit (Werte siehe Z 14)
- $\eta_{Fl}$ : dynamische Zähigkeit bei der mittleren Flüssigkeitstemp.
- $\eta_W$ : dynamische Zähigkeit bei der Wandtemperatur
- $\lambda$ : Wärmeleitfähigkeit des Fluids (Werte siehe Z 5, Z 6)
- $\gamma$ : Volumenausdehnungskoeffizient (siehe Z 11 und o 77)
- $\beta^*$ : Temperaturfaktor
- $v$ : Geschwindigkeit
- $Gr$ : Grashof'sche Zahl
- $Nu$ : Nusselt'sche Zahl
- $H$ : Plattenhöhe
- $L$ : Rohrlänge

# Wärme
## Wärmeübertragung — O 12

### Berechnung des Wärmeübergangskoeffizienten $\alpha$ [1)]

**Bei freier Konvektion** (nach Grigull)

| | | |
|---|---|---|
| o 71<br>o 72<br>o 73 | an senk-<br>rechter<br>Platte $\;\alpha = \dfrac{Nu\,\lambda}{H}$ | $Nu = 0{,}55\sqrt[4]{Gr\cdot Pr}$, wenn $1700 < Gr\cdot Pr < 10^8$<br>$Nu = 0{,}13\sqrt[3]{Gr\cdot Pr}$, wenn $\quad Gr\cdot Pr > 10^8$<br>$Gr = \dfrac{g\,\gamma\,\Delta t\,H^3}{\nu^2} = \dfrac{g\,\gamma\,\Delta t\,\varrho^2\,H^3}{\eta^2}$ |
| o 74<br>o 75 | an<br>waage-<br>rechtem<br>Rohr $\;\alpha = \dfrac{Nu\,\lambda}{D}$ | $Nu = 0{,}41\sqrt[4]{Gr\cdot Pr}$, wenn $\quad Gr\cdot Pr < 10^5$<br>$Gr = \dfrac{g\,\gamma\,\Delta t\,D^3}{\nu^2} = \dfrac{g\,\gamma\,\Delta t\,\varrho^2\,D^3}{\eta^2}$ |

o 76 Stoffwerte sind zu beziehen auf Bezugstemperatur $t_B = \dfrac{t_W + t_\infty}{2}$

o 77 Bei Gasen gilt für den Ausdehnungskoeffizienten $\gamma_{Gas} = 1/T_\infty$

**Bei erzwungener Konvektion in Rohren** (nach Hausen)

o 78 $$\alpha = Nu\,\lambda/d$$

o 79 **laminar** $Re < 2320$ (Strömung)

$$Nu = \left[3{,}65 + \dfrac{0{,}0668\left(Re\,Pr\,\dfrac{d}{L}\right)}{1 + 0{,}045\left(Re\,Pr\,\dfrac{d}{L}\right)^{2/3}}\right]\left(\dfrac{\eta_{Fl}}{\eta_W}\right)^{0{,}14}$$

o 80 wenn $10^4 > Re\cdot Pr\,\dfrac{d}{L} > 10^{-1}$, dabei $Re = \dfrac{v\,d\,\varrho}{\eta}$

o 81 **turbulent** $Re > 2320$

$$Nu = 0{,}116(Re^{2/3} - 125)\,Pr^{1/3}\left[1 + \left(\dfrac{d}{L}\right)^{2/3}\right]\left(\dfrac{\eta_{Fl}}{\eta_W}\right)^{0{,}14}$$

wenn $2320 < Re < 10^6$; $\quad 0{,}6 < Pr < 500$; $\quad 1 < L/d < \infty$

Mit Ausnahme von $\eta_W$ werden alle Stoffwerte auf die mittlere Flüssigkeitstemperatur bezogen.

Bei Gasen fällt der Faktor $(\eta_{Fl}/\eta_W)^{0{,}14}$ weg.

**Bei Strahlung** (Wärmeübergangskoeffizient: $\alpha_{Str}$)

$$\alpha_{Str} = \beta^* \, C_{1,2}$$

| | | | |
|---|---|---|---|
| o 82<br>o 83 | zwi-<br>schen | paral-<br>lelen<br>Flä-<br>chen | $\beta^* = \dfrac{T_1^4 - T_2^4}{T_1 - T_2}$ |
| o 84<br>o 85 | | um-<br>hüllen-<br>den | |

$$C_{1,2} = \dfrac{1}{\dfrac{1}{C_1} + \dfrac{1}{C_2} - \dfrac{1}{C_s}}$$

$$C_{1,2} \approx \dfrac{1}{\dfrac{1}{C_1} + \dfrac{A_1}{A_2}\left(\dfrac{1}{C_2} - \dfrac{1}{C_s}\right)}$$

[1)] $\alpha$ in J/m²s K) oder W/(m² K)
Erläuterung der Formelzeichen siehe O 11

# Festigkeit
## Allgemeine Begriffe

**P 1**

### Mechanische Spannung

Die mechanische Spannung ist die auf die beanspruchte Querschnittsfläche $A$ bezogene verursachende Kraft $F$.

**Normalspannungen** entstehen aus senkrecht (d. h. normal) zum Querschnitt angreifenden Kräften oder Kraftkomponenten.

p 1   Normalspannungen $\quad \sigma = \dfrac{F}{A} \quad$ N/mm²

Zugkraft $\implies$ Zugspannung mit positivem Wert
Druckkraft $\implies$ Druckspannung mit negativem Wert

**Tangential- oder Schubspannungen** entstehen aus tangential zum Querschnitt angreifenden Kräften oder Kraftkomponenten.

p 2   Tangentialspannungen $\quad \tau = \dfrac{F}{A} \quad$ N/mm²

**Spannungs-Dehnungs-Diagramme** (Zugversuch)

Werkstoffe mit
ausgeprägter | nicht ausgeprägter
Streckgrenze

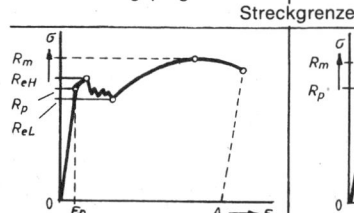

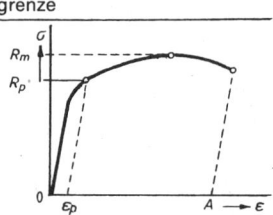

Erklärung der Formelzeichen für P 1 und P 2: Die Formelzeichen entsprechen den nach DIN 50145 genormten. Die in [ ] Klammern angegebenen Formelzeichen entsprechen den früher üblichen.

p 3   $R_m = \dfrac{F}{S_0}; \; \left[\sigma_B = \dfrac{F}{A_0}\right]$ : Zugfestigkeit, dabei
$\quad F$ : Zugkraft
$\quad S_0; [A_0]$ : Ausgangsquerschnittsfläche des unbelasteten Stabes

p 4   $\varepsilon = \dfrac{\Delta L}{L_0} \cdot 100\,\% \; \left[\varepsilon = \dfrac{\Delta l}{l_0} \cdot 100\,\%\right]$ : Dehnung, dabei
$\quad L_0; [l_0]$ : Ausgangslänge des unbelasteten Stabes
$\quad \Delta L; [\Delta l]$ : Längenänderung des unbelasteten Stabes

Fortsetzung siehe P 2

# Festigkeit
## Allgemeine Begriffe | P 2

Fortsetzung von P 1 (Spannungs-Dehnungs-Diagramm)

$R_p$; [$\sigma_p$]: Spannung bei einer näher zu definierenden, nicht-proportionalen Dehnung $\varepsilon_p$.
Technische Elastizitätsgrenze:
$\varepsilon_p = 0{,}01\ \% \Rightarrow R_{p\,0{,}01}$; [$\sigma_p$]

Streckgrenze (Fließgrenze): bei Werkstoffen mit ausgeprägter Streckgrenze
$R_{eH}$; [$\sigma_{So}$]: obere Streckgrenze
$R_{eL}$; [$\sigma_{Su}$]: untere Streckgrenze

Streckgrenze (Fließgrenze): bei Werkstoffen ohne ausgeprägte Streckgrenze wird die 0,2%-Dehnungsgrenze als solche festgelegt:
$\varepsilon_p = 0{,}2\ \% \Rightarrow R_{p\,0{,}2}$; [$\sigma_{0{,}2}$]

p 5 $\quad R_m = \dfrac{F_m}{S_0};\ \left[\sigma_B = \dfrac{F_{max}}{A_0}\right]$ Zugfestigkeit

p 6 $\quad A = \dfrac{\Delta L}{L_0} \cdot 100\ \%;\ \left[\delta = \dfrac{\Delta l_{max}}{l_0} \cdot 100\ \%\right]$ Bruchdehnung.

Abhängig vom Verhältnis Ausgangslänge zu Querschnitt des Probestabes. Kennzeichnung durch Indizes, z.B. $A_5$; [$\delta_5$] bei $L_0/d_0 = 5$; [$l_0/d_0 = 5$] mit $d_0$ als Ausgangsdurchmesser einer Probe mit Kreisquerschnitt.

### Zulässige Spannung

Sie muß unterhalb der Elastizitätsgrenze liegen. Es ist die

zulässige Beanspruchung $\quad \sigma_{zul} = \dfrac{R_m}{v}$

$R_m$: Festigkeit des Werkstoffes
$v$: Sicherheitsfaktor, stets $v > 1$.
Sicherheit gegen Bruch: $v_B = 2 \ldots 3 \ldots 4$
Sicherheit gegen Fließen: $v_S = 1{,}2 \ldots 1{,}5 \ldots 2$

### Belastungsfälle

| Belastungsfall | Beanspruchung | Belastungs-Diagramm |
|---|---|---|
| I | ruhend | $\sigma$ konstant über $t$ |
| II | schwellend | $\sigma \geq 0$, sinusförmig über $t$ |
| III | wechselnd | $\sigma$ wechselnd um 0, sinusförmig über $t$ |

# Festigkeit
## Zug- und Druckbeanspruchung | P 3

**Elastizitätsmodul** $E$: Der Zusammenhang zwischen $\sigma$ und $\varepsilon$ (Hookesches Gesetz) gilt im elastischen Bereich, also unterhalb der Elastizitätsgrenze (Werte für $E$ siehe Z 16/17).

p 7
$$\sigma = E \cdot \varepsilon = E \frac{\Delta l}{l_0}; \quad E = \frac{\sigma}{\varepsilon} = \frac{\sigma l_0}{\Delta l}$$

**Zug- und Druckspannungen** $\sigma_z$ und $\sigma_d$

p 8
$$\sigma_z = \frac{F_z}{A} \leq \sigma_{z\,zul} \; : \; \sigma_d = \frac{F_d}{A} \leq \sigma_{d\,zul}$$

**Dehnung** $\varepsilon$ **bei Zug**

p 9
$$\varepsilon = \frac{\Delta l}{l_0} = \frac{l - l_0}{l_0} = \frac{\sigma_z}{E} = \frac{F_z}{E \cdot A}$$

**Stauchung** $\varepsilon_d$ **bei Druck**

p10
$$\varepsilon_d = \frac{\Delta l}{l_0} = \frac{l_0 - l}{l_0} = \frac{\sigma_d}{E} = \frac{F_d}{E \cdot A}$$

$E \cdot A$ = Zug- bzw. Drucksteifigkeit

**Querkontraktion bei Zugbeanspruchung** (Poisson-Zahl)
Für Kreisquerschnitt:

p11
$$\mu = \frac{\varepsilon_{quer}}{\varepsilon_{längs}}; \quad \text{dabei } \varepsilon_{längs} = \frac{l - l_0}{l_0} \text{ und } \varepsilon_{quer} = \frac{d_0 - d}{d_0}$$

Die Poissonzahl kann für die meisten Metalle mit $\mu = 0{,}3$ angenommen werden.

**Wärmespannungen:** Durch verhinderte Wärmedehnung (s. a. o 13 und o 14) entstehen Zug- oder Druckspannungen:

p12
$$\sigma_{th} = E \cdot \varepsilon_{th} = E \cdot \alpha \cdot \Delta t \qquad (\varepsilon_{th} = \alpha \, \Delta t)$$

$\Delta t$ ist die Temp.-Differenz zwischen dem spannungsfreien Ausgangszustand und dem zu betrachtenden Zustand
$\Delta t > 0$ Zugspannungen mit positiven Werten
$\Delta t < 0$ Druckspannungen mit negativen Werten.

Bei vorgespannten und zusätzlich wärmebeaufschlagten Stäben setzt sich die Gesamt-Dehnung zusammen aus:

p13
$$\varepsilon_{ges} = \varepsilon_{el} + \varepsilon_{th} = F/(E \cdot A) + \alpha \cdot \Delta t; \quad \varepsilon_{el} = F/(E \cdot A)$$

**Zug- und Druckspannungen in dünnwandigen zylindrischen Hohlkörpern** (Kesselformel)

Max. Spannung wirkt tangential zum Kreisringquerschnitt:

p14  Zugspannung $\quad \sigma_{max} = p_i \, d_i / (2\,s) \quad$ gültig für $\quad \dfrac{d_a}{d_i} \leq 1{,}2$
p15  Druckspannung $\quad \sigma_{max} = - p_a \, d_a / (2\,s)$

$p_i$ bzw. $p_a$ : innerer bzw. äußerer Druck
$d_i$ bzw. $d_a$ : innerer bzw. äußerer Durchmesser
$s = 0{,}5\,(d_a - d_i)$ : Wandstärke

**Zugspannungen in rotierenden Körpern:** siehe M 5

# Festigkeit
## Zug- und Druckspannungen | P 4

**Zugspannungen in einem Schrumpfring** (Faustformeln)

Schrumpfring auf rotierender Welle:
Schrumpfkraft $F_H$ des Schrumpfringes
muß mindestens doppelt so groß sein
wie seine Fliehkraft $F_C$.

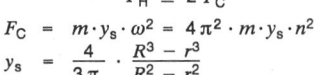

p 16  $\quad F_H \geqq 2\, F_C$

p 17  $\quad F_C = m \cdot y_s \cdot \omega^2 = 4\pi^2 \cdot m \cdot y_s \cdot n^2$

p 18  $\quad y_s = \dfrac{4}{3\pi} \cdot \dfrac{R^3 - r^3}{R^2 - r^2}$

p 19  $\quad$ Querschnitt $\quad A = \dfrac{F_H}{2 \cdot \sigma_{z\,zul}}$

p 20  $\quad$ Schrumpfmaß $\quad \lambda = \dfrac{1}{E}\, D_m \cdot \sigma_{z\,zul}$

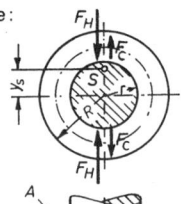

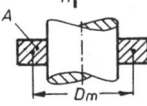

(Schrumpfringinnen-∅ ist um $\lambda$ kleiner als Wellen-∅)

Schrumpfring zum Zusammenspannen
2-geteilter und rotierender
Maschinenteile.
$F_C$ setzt sich zusammen aus:
Fliehkraft $F_{CR}$ für Schrumpfring
Fliehkraft $F_{CM}$ für zusammenzuspannende Maschinenteile.

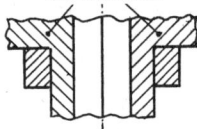

p 21  $\quad$ also $\quad F_H \geqq 2\,(F_{CR} + F_{CM})\,;\quad$ dann wie p 19 und p 20

**Formänderungsarbeit** $W_F$

Absolute, im ganzen Stab gespeicherte Formänderungsarbeit:

p 22  $\quad W_F = w \cdot V\,;\quad$ darin

p 23  $\quad w = \dfrac{1}{2}\,\sigma \cdot \varepsilon = \dfrac{1}{2}\,E \cdot \varepsilon^2 = \dfrac{\sigma^2}{2\,E}\quad$ und $V$ : Stabvolumen

**Grenzquerschnitte für gleichartige Spannungen**

Greift eine Zug- (Druck-)Kraft innerhalb der punktierten Kernfläche an, so entstehen im ganzen Querschnitt nur Zug- (Druck-) Spannungen. Andernfalls werden Biegespannungen hervorgerufen.

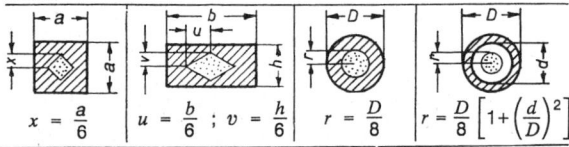

p 24  $\quad x = \dfrac{a}{6}\quad\Big|\quad u = \dfrac{b}{6}\,;\ v = \dfrac{h}{6}\quad\Big|\quad r = \dfrac{D}{8}\quad\Big|\quad r = \dfrac{D}{8}\left[1 + \left(\dfrac{d}{D}\right)^2\right]$

$S$ : Schwerpunkt des Halbringes (s. K 7)
$D_m$ : mittlerer Durchmesser $\quad(D_m = R + r)$

# Festigkeit
## Schnittgrößen

**P 5**

Alle äußeren Belastungen (einschl. Auflagerreaktionen und evtl. Eigengewicht) eines Trägers bewirken in ihm innere Kräfte bzw. Momente, die seinen Werkstoff beanspruchen. Durch „Schneiden" des Trägers an beliebiger Stelle $z$ werden dort die sog. Schnittgrößen $F_n$, $F_q$, $M_b$ und $M_t$ sichtbar.

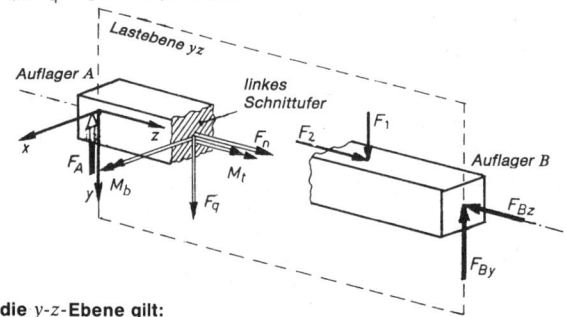

**Für die $y$-$z$-Ebene gilt:**

| Kräfte in Richtung der | $z$-Achse | bewirken | Normalkräfte | $F_n$ |
|---|---|---|---|---|
| | $y$-Achse | | Querkräfte | $F_q$ |
| Momente um die | $x$-Achse | | Biegemomente | $M_b$ |
| | $z$-Achse | | Torsionsmomente | $M_t$ |

Betrachtung der Schnittgrößen erfolgt stets am **linken Schnittufer**.

An jedem „abgeschnittenen" Trägerstück muß Gleichgewicht zwischen allen äußeren und inneren Kräften bzw. Momenten herrschen:

p 25/26
$$F_n + \sum_{i=1}^{n} F_{iz} = 0 \quad\Big|\quad F_q + \sum_{i=1}^{n} F_{iy} = 0$$

p 27/28
$$M_b + \sum_{i=1}^{n} M_{ix} = 0 \quad\Big|\quad M_t + \sum_{i=1}^{n} M_{iz} = 0$$

**Rechnungsgang:**
1. Auflagerkräfte bzw. deren Komponenten ermitteln.
2. Träger in Bereiche einteilen. Bereichsgrenzen sind:
   2.1 Angriffspunkte einer Einzellast bzw. Beginn oder Ende einer Streckenlast $q(z)$.
   2.2 Stellen, wo Trägerachse ihre Richtung ändert (z. B. Kröpfungen, Krümmungen).

Fortsetzung siehe P 6

# Festigkeit
## Schnittgrößen

**P 6**

Fortsetzung von P 5 (Rechnungsgang)

3. „Schneiden" des Trägers an der zu untersuchenden Stelle; für das linke „abgeschnittene" Trägerstück. Berechnung der Schnittgrößen nach p 25 ... p 28.
4. Wird Schnittgrößenverlauf für ganzen Träger ermittelt, erfolgt übersichtliche graphische Darstellung so, daß positive Schnittgrößen in Richtung der positiven $y$-Achse längs der Trägerachse aufgetragen werden.

**Beziehungen zwischen $q(z)$, $F_q(z)$ und $M_b(z)$ an beliebiger Stelle $z$:**

p 29/30

$$\frac{dM_b(z)}{dz} = F_q(z) \quad \bigg| \quad \frac{dF_q(z)}{dz} = -q(z)$$

**Regeln:**

$M_b$ besitzt Extremwerte dort, wo $F_q = 0$.
In Bereichen ohne Belastung ist $F_q$ = konst.

Beispiel: Gerader Träger (bei $A$ festes Gelenk).

Die Auflagerreaktionen ergeben sich zu:

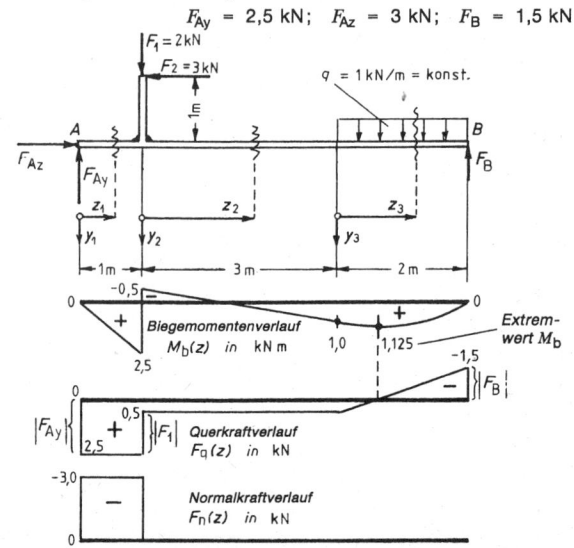

$$F_{Ay} = 2{,}5 \text{ kN}; \quad F_{Az} = 3 \text{ kN}; \quad F_B = 1{,}5 \text{ kN}$$

Berechnung siehe P 7

# Festigkeit
## Schnittgrößen

**P 7**

Fortsetzung von P 6 (Beispiel: Gerader Träger)

| Bereich 1<br>$0 \leq z_1 \leq 1\,\text{m}$<br>nach Formel p... | | | | Bereich 2<br>$0 \leq z_2 \leq 3\,\text{m}$<br>nach Formel p... | | | | Bereich 3<br>$0 \leq z_3 \leq 2\,\text{m}$<br>nach Formel p... | | | |
|---|---|---|---|---|---|---|---|---|---|---|---|
| 27 | 26 | 29 | 25 | 27 | 26 | 29 | 25 | 27 | 26 | 29 | 25 |
| *) | | | | *) | | | | **) | | | |
| $M_{b1} - F_{Ay} \cdot z_1 = 0;$ | $M_{b1} = F_{Ay} \cdot z_1 = 2{,}5\,\text{kN} \cdot z_1$ | | | $M_{b2} - F_{Ay}(1\,\text{m} + z_2) + F_1 \cdot z_2 + F_2 \cdot 1\,\text{m} = 0;$ | $M_{b2} = 0{,}5\,\text{kN} \cdot z_2 - 0{,}5\,\text{kN m}$ | | | $M_{b3} - F_{Ay}(4\,\text{m} + z_3) + F_1(3\,\text{m} + z_3) + F_2 \cdot 1\,\text{m} + q \cdot z_3 \cdot \dfrac{z_3}{2} = 0$<br>$M_{b3} = 1\,\text{kN m} + 0{,}5\,\text{kN} \cdot z_3 - 0{,}5\,\dfrac{\text{kN}}{\text{m}} z_3^2$ | | | |
| $F_{q1} - F_{Ay} = 0;$ | $F_{q1} = F_{Ay} = 2{,}5\,\text{kN} = \text{konst.}$ | | | $F_{q2} - F_{Ay} + F_1 = 0;$ | $F_{q2} = F_{Ay} - F_1 = 2{,}5\,\text{kN} - 2\,\text{kN} = 0{,}5\,\text{kN} = \text{konst.}$ | | | $F_{q3} - F_{Ay} + F_1 + q \cdot z_3 = 0;$ | $F_{q3} = F_{Ay} - F_1 - q \cdot z_3 = 2{,}5\,\text{kN} - 2\,\text{kN} - 1\,\dfrac{\text{kN}}{\text{m}} z_3 = 0{,}5\,\text{kN} - 1\,\dfrac{\text{kN}}{\text{m}} z_3$ | | | |
| oder $F_{q1} = \dfrac{d(2{,}5\,\text{kN} \cdot z_1)}{dz_1} = 2{,}5\,\text{kN} = \text{konst.}$ | | | | oder $F_{q2} = \dfrac{d(0{,}5\,\text{kN} \cdot z_2 - 0{,}5\,\text{kN m})}{dz_2} = 0{,}5\,\text{kN} = \text{konst.}$ | | | | oder $F_{q3} = \dfrac{d(1\,\text{kN m} + 0{,}5\,\text{kN} \cdot z_3 - 0{,}5\,\text{kN/m} \cdot z_3^2)}{dz_3} = 0{,}5\,\text{kN} - 1\,\dfrac{\text{kN}}{\text{m}} z_3$ | | | |
| $F_{n1} + F_{Az} = 0;$ | $F_{n1} = -F_{Az} = -3\,\text{kN}$ | | | $F_{n2} + F_{Az} - F_2 = 0;$ | $F_{n2} = F_2 - F_{Az} = 3\,\text{kN} - 3\,\text{kN} = 0$ | | | $F_{n3} + F_{Az} - F_2 = 0;$ | $F_{n3} = F_2 - F_{Az} = 3\,\text{kN} - 3\,\text{kN} = 0$ | | |

*) Geradengleichung  **) Parabelgleichung

Fortsetzung siehe P 8

# Festigkeit
## Schnittgrößen

**P 8**

Fortsetzung von P 7

Beispiel: Eingespannter gekrümmter Träger ($r$ = konst.)

Bei eingespannten Trägern ergeben sich die Auflagerreaktionen aus den an der Einspannstelle vorliegenden Schnittgrößen.

Bereichsgrenzen: $0 \leq \varphi \leq 90°$
bzw.: $0 \leq z \leq r \frac{\pi}{2}$

Biegemoment:

p 31 $\quad M_b(\varphi) + F_1 \cdot r(1 - \cos\varphi) + F_2 \cdot r \cdot \sin\varphi = 0$

p 32 $\quad M_b(\varphi) = -F_1 \cdot r + F_1 \cdot r \cdot \cos\varphi - F_2 \cdot r \cdot \sin\varphi$

$F_1$ und $F_2$ werden an die unter Winkel $\varphi$ liegende Schnittstelle parallel verschoben, dann in tangentiale und radiale Komponenten zerlegt:

Querkraft:

p 33 $\quad F_q(\varphi) + F_1 \cdot \sin\varphi + F_2 \cdot \cos\varphi = 0$

p 34 $\quad F_q(\varphi) = -F_1 \cdot \sin\varphi - F_2 \cdot \cos\varphi$ ; $\qquad$ oder nach p 30:

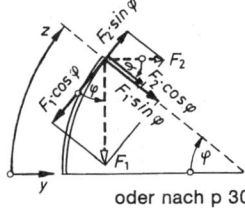

p 35 $\quad F_q(\varphi) = \dfrac{dM_b(\varphi)}{dz} = \dfrac{1}{r} \cdot \dfrac{dM_b(\varphi)}{d\varphi}$ (wegen $z = r \cdot \varphi$; $dz = r \cdot d\varphi$)

p 36 $\quad = \dfrac{1}{r} \cdot \dfrac{d(-F_1 \cdot r + F_1 \cdot r \cdot \cos\varphi - F_2 \cdot r \cdot \sin\varphi)}{d\varphi} = -F_1 \sin\varphi - F_2 \cos\varphi$

Normalkraft:

p 37 $\quad F_n(\varphi) - F_1 \cdot \cos\varphi + F_2 \cdot \sin\varphi = 0$

p 38 $\quad F_n(\varphi) = F_1 \cdot \cos\varphi - F_2 \cdot \sin\varphi$

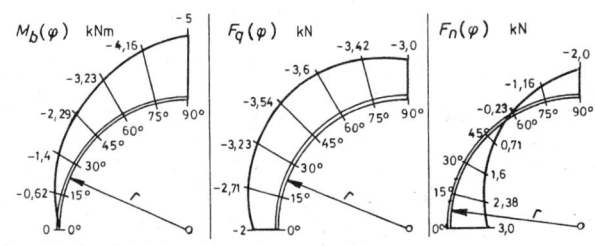

**Graphische Ermittlung des Biegemomentenverlaufs**

Siehe K 4

# Festigkeit
## Biegung

**P 9**

### Maximale Biegespannung

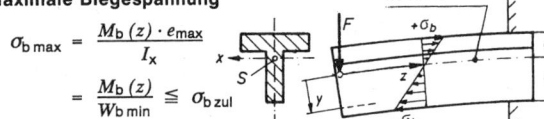

p 39
$$\sigma_{b\,max} = \frac{M_b(z) \cdot e_{max}}{I_x}$$

p 40
$$= \frac{M_b(z)}{W_{b\,min}} \leq \sigma_{b\,zul}$$

Werte für $\sigma_{b\,zul}$ s. Z 16/17

$e_{max}$ : maximaler | Randfaserabstand, gemessen von der durch den Flächen-Schwerpunkt $S$ verlaufenden $z$-Achse
$e_{min}$ : minimaler | (Nullinie oder neutrale Faser).

$I_x$ : Flächenträgheitsmoment um Schwerpunktachse $x$

### Biegespannung in beliebigem Abstand $y$ von Nullinie

p 41
$$\sigma_b(y) = \frac{M_b(z)}{I} \cdot y$$

### Widerstandsmoment $W_{b\,min}$

p 42
$$W_{b\,min} = \frac{I}{e_{max}}$$

### Flächenträgheitsmomente

Axiale Flächenträgheitsmomente s. I 17 und Tabelle P 10
Polare Flächenträgheitsmomente s. I 17
Zentrifugalmoment s. I 17

### Hauptflächenträgheitsmomente und Lage der Hauptachsen

Hauptflächenträgheitsmomente
$I_1 = I_{max}$ und $I_2 = I_{min}$ ergeben sich
bei unsymmetrischen Flächen für ein
um den Winkel $\varphi_o$ gedrehtes Hauptachsensystem.

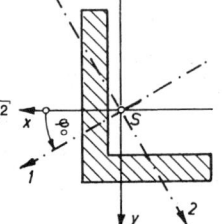

p 43
$$I_1 = I_{max} \atop 2 \quad min = \frac{1}{2}(I_y + I_x) \pm \frac{1}{2}\sqrt{(I_y - I_x)^2 + 4 I_{xy}^2}$$

p 44
$$\tan 2\varphi_o = \frac{2 I_{xy}}{I_y - I_x}$$

Berechnung von $I_{xy}$ siehe I 17/18.

Hauptträgheitsachsen stehen stets senkrecht aufeinander.

Bei symmetrischen Querschnitts-Flächen ist (sind) die Symmetrieachse(n) Hauptachse(n); z. B. $I_1 = I_x$.

# Festigkeit
## Biegung
**P 10**

### Axiale Flächenträgheitsmomente $I_x$ und $I_y$, sowie minimale Widerstandsmomente $W_{b\,min\,x}$ und $W_{b\,min\,y}$

(Schwerpunktlage bzw. Lage der Biegelinie siehe K 7)

| | $I_x$ bzw. $I_y$ um $x$- bzw. $y$-Achse | $W_{b\,min\,x}$ bzw. $W_{b\,min\,y}$ um $x$- bzw. $y$-Achse | Querschnittsform, Fläche $A$ |
|---|---|---|---|
| p 45 | $I_x = \dfrac{b \cdot h^3}{12}$ | $W_{b\,min\,x} = \dfrac{b \cdot h^2}{6}$ | |
| p 46 | $I_y = \dfrac{h \cdot b^3}{12}$ | $W_{b\,min\,y} = \dfrac{h \cdot b^2}{6}$ | |
| p 47 | $I_x = I_y = \dfrac{\pi \cdot d^4}{64}$ | $W_{b\,min\,x} = W_{b\,min\,y}$ $= \dfrac{\pi \cdot d^3}{32} \approx \dfrac{d^3}{10}$ | |
| p 48 | $I_x = I_y = \dfrac{\pi}{64}(D^4 - d^4)$ | $W_{b\,min\,x} = W_{b\,min\,y}$ $= \dfrac{\pi}{32} \cdot \dfrac{D^4 - d^4}{D} \approx \dfrac{D^4 - d^4}{10 D}$ | |
| p 49<br>p 50<br>p 51<br>p 52 | $I_x = I_y = 0{,}06014 \cdot s^4$ $= 0{,}5412 \cdot R^4$ | $W_{b\,min\,x} = 0{,}1203 \cdot s^3$ $= 0{,}6250 \cdot R^3$ $W_{b\,min\,y} = 0{,}1042 \cdot s^3$ $= 0{,}5413 \cdot R^3$ | |
| p 53 | $I_x = \dfrac{\pi \cdot a \cdot b^3}{4}$ | $W_{b\,min\,x} = \dfrac{\pi \cdot a \cdot b^2}{4}$ | |
| p 54 | $I_y = \dfrac{\pi \cdot a^3 \cdot b}{4}$ | $W_{b\,min\,y} = \dfrac{\pi \cdot a^2 b}{4}$ | |
| p 55 | $I_x = \dfrac{b \cdot h^3}{36}$ $I_x$ und $W_{b\,min\,x}$ gelten auch für nichtgleichschenklige Dreiecke. | $W_{b\,min\,x} = \dfrac{b \cdot h^2}{24}$ | $e_{max} = \tfrac{2}{3}h$ |
| p 56 | $I_y = \dfrac{b^3 \cdot h}{48}$ | $W_{b\,min\,y} = \dfrac{b^2 \cdot h}{24}$ | |
| p 57<br>p 58<br>p 59 | $I_x = \dfrac{h^3}{36} \cdot \dfrac{(a+b)^2 + 2ab}{a+b}$ $e_{max} = \dfrac{h}{3} \cdot \dfrac{2a+b}{a+b}$ $e_{min} = \dfrac{h}{3} \cdot \dfrac{a+2b}{a+b}$ | $W_{b\,min\,x} =$ $= \dfrac{h^2}{12} \cdot \dfrac{(a+b)^2 + 2ab}{2a+b}$ | |

**Steinerscher Satz:** (Umrechnung von Flächen-Trägheitsmomenten auf parallele Achsen).

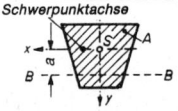

p 60    $I_{B-B} = I_x + A \cdot a^2$

# Festigkeit
## Formänderg. des Trägers durch Biegung | P 11

### Träger mit gleichbleibendem Querschnitt

**Gleichung der elastischen Linie**

Für jeden Trägerbereich (siehe P 5, Rechnungsgang Punkt 2) gilt:

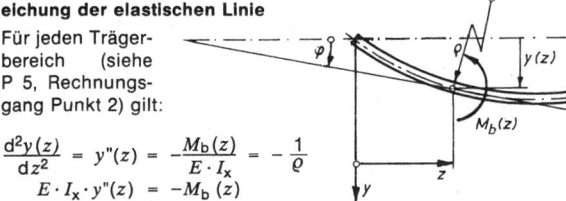

p 61 $$\frac{d^2y(z)}{dz^2} = y''(z) = -\frac{M_b(z)}{E \cdot I_x} = -\frac{1}{\varrho}$$

p 62 $$E \cdot I_x \cdot y''(z) = -M_b(z)$$

p 63 $$E \cdot I_x \cdot y'(z) = -\int M_b(z)\, dz + C_1$$

p 64 $$E \cdot I_x \cdot y(z) = -\iint M_b(z)\, dz \cdot dz + C_1 \cdot z + C_2$$

$\varrho$ : Krümmungsradius der elastischen Linie an Stelle $z$

p 65 $y'(z) = \tan \varphi(z)$: Steigung der Tangente an die elastische Linie an der Stelle $z$.

$y(z)$ = Durchbiegung des Trägers an Stelle $z$.

$C_1$ und $C_2$ aus bekannten Randbedingungen ermitteln.

Z. B. $y(z) = 0$. In den Auflagern.

$y(z)_i = y(z)_{i+1}$. Am Übergang von Bereich $i$ in Bereich $(i+1)$.

$y'(z) = 0$. Im Auflager des eingespannten Trägers. In Trägermitte bei symmetrischer Belastung.

$y'(z)_i = y'(z)_{i+1}$. Am Übergang von Bereich $i$ in Bereich $(i+1)$.

**Formänderungsarbeit $W_F$ bei Biegung**

Für ein Trägerstück der Länge $l$:

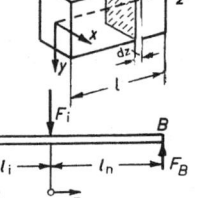

p 66 $$W_F = \frac{1}{2} \int_{z=0}^{z=l} \frac{M_b^2(z)}{E \cdot I_x}\, dz$$

Für gesamten Träger:
($n$ Bereiche)

p 67 $$W_{F\,ges} = \frac{1}{2E} \left( \int_{z_1=0}^{z_1=l_1} \frac{M_b^2(z_1)}{I_{x1}}\, dz_1 + \ldots + \int_{z_n=0}^{z_n=l_n} \frac{M_b^2(z_n)}{I_{xn}}\, dz_n \right)$$

# Festigkeit
## Formänderg. des Trägers durch Biegung — P 12

| Belastungsfall | Auflager-Reaktionen | $M_{b\,max}$ an der Stelle (...) | Gleichung elastische Linie / Biegewinkel | Durchbiegg. $y_C$ bei $C$ / $y_m \triangleq$ Max. |
|---|---|---|---|---|
| p 68 | $\uparrow F_A = F$ <br> $\Uparrow M_A = F \cdot l$ | $F \cdot l$ | (A) $y(z) = \dfrac{F l^3}{6 EI} \left(2 - 3\dfrac{z}{l} + \dfrac{z^3}{l^3}\right)$ <br> $\tan \varphi_B = -\dfrac{F l^2}{2 EI}$ | $y_m = \dfrac{F l^3}{3 EI}$ |
| p 69 | $\uparrow F_A = F \dfrac{b}{l}$ <br> $\uparrow F_B = F \dfrac{a}{l}$ | $F \dfrac{a b}{l}$ | (C) $y_1(z_1) = \dfrac{F l^3}{6 EI} \cdot \dfrac{a}{l} \cdot \dfrac{b^2}{l^2} \cdot \dfrac{z_1}{l} \left(1 + \dfrac{l}{b} - \dfrac{z_1^2}{ab}\right)$ <br> $y_2(z_2) = \dfrac{F l^3}{6 EI} \cdot \dfrac{b}{l} \cdot \dfrac{a^2}{l^2} \cdot \dfrac{z_2}{l} \left(1 + \dfrac{l}{a} - \dfrac{z_2^2}{ab}\right)$ <br> $\tan \varphi_A = \dfrac{y_C}{2a}\left(1+\dfrac{l}{a}\right)$ <br> $\tan \varphi_B = \dfrac{y_C}{2b}\left(1+\dfrac{l}{b}\right)$ | $y_C = \dfrac{F l^3}{3 EI} \cdot \dfrac{a^2}{l^2} \cdot \dfrac{b^2}{l^2}$ <br> $y_m = y_C \dfrac{l+b}{3b}\sqrt{\dfrac{l+b}{3a}}$ <br> $y_m$ an der Stelle <br> $z_1 = a\sqrt{\dfrac{l+b}{3a}}$ |
| p 70 | $\uparrow F_A = F - F_B$ <br> $\uparrow F_B = F\dfrac{a^2}{l^2}\left(\dfrac{a}{l}+\dfrac{3b}{2l}\right)$ <br> $\Uparrow M_A = \dfrac{l+b}{2}\cdot F \cdot \dfrac{a \cdot b}{l} \cdot \dfrac{a}{l}$ | $M_A$ <br> wenn $b = 0{,}414\,l$: <br> (C) $0{,}171\,Fl$ <br> (A) $-0{,}171\,Fl$ | (A) $y_1(z_1) = \dfrac{F_B\,l^3}{6 EI}\left(3\dfrac{z_1}{l}-\dfrac{z_1^3}{l^3}\right) - \dfrac{F \cdot a^2 \cdot z_1}{2 \cdot EI}$ <br> $y_2(z_2) = \dfrac{F \cdot a^3}{6 EI}\left(2 - 2\dfrac{z_2}{a} + \dfrac{z_2^3}{a^3}\right)$ <br> $\quad -\dfrac{F_B\,l^3}{6 EI}\left(2 - 3\dfrac{z_1}{l} + \dfrac{z_1^3}{l^3}\right)$ <br> $\tan \varphi_B = F a^2 b /(4 EI l)$ | $y_C = \dfrac{F_B\,l^3}{6 EI}\left(3\dfrac{b}{l}-\dfrac{b^3}{l^3}\right) - \dfrac{F a^2 b}{2 EI}$ |
| p 71 | $\uparrow F_A = F\dfrac{b^2}{l^2}\left(3 - 2\dfrac{b}{l}\right)$ <br> $\uparrow F_B = F\dfrac{a^2}{l^2}\left(3 - 2\dfrac{a}{l}\right)$ <br> $\Uparrow M_A = F a b^2 / l^2$ <br> $\Uparrow M_B = F b a^2 / l^2$ | $-F a \dfrac{b^2}{l^2}$ <br> $-F b \dfrac{a^2}{l^2}$ <br> $2 F l \dfrac{a^2 b^2}{l^2 l^2}$ | (A) $y_1(z_1) = \dfrac{F}{6 EI}\cdot\dfrac{b^2}{l^2}\left(3 a z_1^2 - 3 z_1^3 + \dfrac{b}{l} z_1^3\right)$ <br> (B) $y_2(z_2) = \dfrac{F}{6 EI}\cdot\dfrac{a^2}{l^2}\left(3 b z_2^2 - 3 z_2^3 + 2\dfrac{a}{l} z_2^3\right)$ <br> (C) $\tan \varphi_A = \tan \varphi_B = 0$ | $y_m = \dfrac{2 F l^3}{3 EI}\cdot\dfrac{b^3}{l^3}\cdot\dfrac{a^2}{l^2}\left[\dfrac{l}{2b+l}\right]^2$ <br> $y_m$ an der Stelle <br> $z_2 = \dfrac{2b}{2b+l}$ <br> $y_C = \dfrac{F}{3 EI}\cdot\dfrac{a^3 b^3}{l^3}$ |

# Festigkeit
## Formänderg des Trägers durch Biegung  **P 13**

| Belastungsfall | Auflager-Reaktionen | $M_{b\,max}$ an der Stelle (...) | Gleichung elastische Linie / Biegewinkel | Durch-biegg. | $y_C$ bei $C$ / $y_m \triangleq$ Max. |
|---|---|---|---|---|---|
| (B) | $F_A = F\dfrac{a}{l}$ ; $F_B = F\left(1+\dfrac{a}{l}\right)$ | $-F \cdot a$ | $y_1(z_1) = \dfrac{Fal}{6EI}\left(\dfrac{x^3}{l^3}-\dfrac{x}{l}\right)$ $y_2(z_2) = \dfrac{F}{6EI}(2alz_2+3az_2^2-z_2^3)$ $\tan\varphi_A = -\dfrac{Fal}{6EI}$ ; $\tan\varphi_B = \dfrac{Fal}{3EI}$ $\tan\varphi_C = \dfrac{Fa}{6EI}(2l+3a)$ | $y_{m1}=\dfrac{Fal^2}{9\sqrt{3}\,EI}$ an Stelle $z_1 = 0{,}577 \cdot l$ $y_{m2} = y_C = \dfrac{Fa^2}{3EI}(l+a)$ |
| (A) | $F_A = F_B = \dfrac{1}{2}ql$ | $\dfrac{1}{8}ql^2$ | $y(z)=\dfrac{ql^4}{24EI}\dfrac{z}{l}\left(1-2\dfrac{z^2}{l^2}+\dfrac{z^3}{l^3}\right)$ $\tan\varphi_A = \dfrac{ql^3}{24EI} = -\tan\varphi_B$ | $y_m = \dfrac{5ql^4}{384EI}$ |
| (C) | $F_A = \dfrac{3}{8}ql$ ; $F_B = \dfrac{5}{8}ql$ ; $M_A = \dfrac{1}{8}ql^2$ | $M_A$ | $y(z)=\dfrac{ql^4}{48EI}\left(\dfrac{z}{l}-3\dfrac{z^3}{l^3}+2\dfrac{z^4}{l^4}\right)$ $\tan\varphi_B = \dfrac{ql^3}{48EI}$ | $y_m = \dfrac{ql^4}{185EI}$ an Stelle $z = 0{,}4215\cdot l$ |
| (A,B) | $F_A = F_B = q\cdot l/2$ ; $M_A = M_B = q\cdot l^2/12$ | $-\dfrac{ql^2}{12}$ ; $\dfrac{ql^2}{24}$ (C) | $y(z)=\dfrac{ql^4}{24EI}\left(\dfrac{z^2}{l^2}-2\dfrac{z^3}{l^3}+\dfrac{z^4}{l^4}\right)$ $\tan\varphi_A = \tan\varphi_B = 0$ | $y_m = \dfrac{ql^4}{384EI}$ |

Formeln für $y(z)$ und $y_m$ berücksichtigen nicht den Einfluß der Verformung durch Schubkräfte

# Festigkeit
## Formänderg. des Trägers durch Biegung | P 14

### Mohrsche Analogie

**Graphisches Verfahren**

1. Ermittlung der Biegemomentkurve mittels Seileck-Konstruktion (siehe auch K 4).

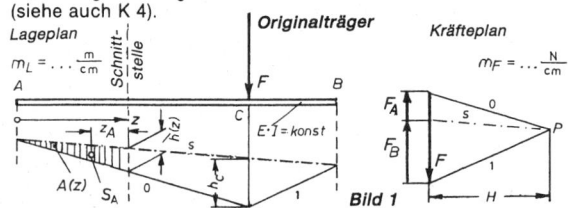

*Lageplan* — *Originalträger* — *Kräfteplan*

$m_L = \ldots \frac{m}{cm}$  $\qquad$  $m_F = \ldots \frac{N}{cm}$

**Bild 1**

2. Seileckfläche als Ersatzstreckenlast $q^*(z)$ auf Ersatzträger aufbringen. Erneute Seileckkonstruktion liefert die Tangenten an die elastische Linie.

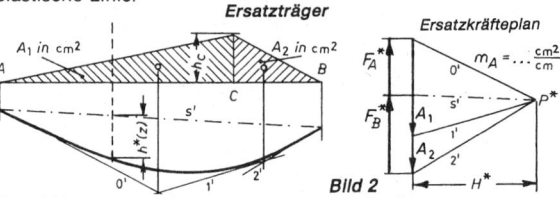

*Ersatzträger* — *Ersatzkräfteplan*

$A_1$ in cm², $A_2$ in cm² $\qquad m_A = \ldots \frac{cm^2}{cm}$

**Bild 2**

3. Durchbiegung des Originalträgers an der Stelle $z$:

p 76
$$y(z) = h^*(z) \frac{H \cdot H^*}{E \cdot I} m_F \cdot m_A \cdot m_L^3.$$

Biegewinkel in den Auflagern A und B:

p 77
$$\tan\varphi_A = F_A^* \frac{H}{E \cdot I} m_F \cdot m_A \cdot m_L^2 \quad \text{bzw.} \quad \tan\varphi_B = F_B^* \frac{H}{E \cdot I} m_F \cdot m_A \cdot m_L^2.$$

**Rechnerisches Verfahren**

p 78
1. Ersatzauflagerkraft $F_A^*$ des mit Ersatzstreckenlast $q^* = A_1 + \ldots + A_n$ belasteten Ersatzträgers berechnen (s. Bild 2).
2. An zu untersuchender Stelle $z$ Ersatzbiegemoment $M_b^*(z)$ und Ersatzquerkraft $F_q^*(z)$ ermitteln:

p 79
$$M_b^*(z) = F_A^* \cdot z - A(z) \cdot z_A; \quad F_q^*(z) = F_A^*(z) - A(z) \quad \text{(s. Bilder 1 + 2)}$$

$z_A$: Schwerpunktabstand der Ersatzstreckenlast $A(z)$ von der Schnittstelle.

p 80
3. Durchbiegung $y(z) = \dfrac{M_b^*(z)}{E \cdot I}$; Biegewinkel $\tan\varphi(z) = \dfrac{F_q^*(z)}{E \cdot I}$.

Fortsetzung siehe P 15

# Festigkeit
## Formänderg. des Trägers durch Biegung | P 15

Fortsetzung von P 14 (Mohrsche Analogie)

### Wahl des Ersatzträgers

Der Ersatzträger muß in seiner Lagerung so ausgebildet sein, daß sein maximales Ersatzbiegemoment $M_b^*{}_{max}$ an der Stelle liegt, an der der Originalträger seine maximale Durchbiegung aufweist.

|  | Originalträger | Ersatzträger |
|---|---|---|
| Stützträger | A △――――△ B | A △――――△ B |
| eingespannter Träger | A ―――――⊭B | A ⫽―――――B |

### Träger mit veränderlichem Querschnitt

*Bild 1*
*Originalträger*
*z. B. Welle*

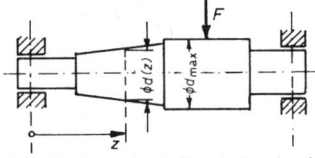

Biegemomenten-Verlauf ermitteln und als Ersatzstreckenlast $q^*(z)$ auf einen glatten Ersatzträger auftragen, dessen Querschnitt dem maximalen Flächenträgheitsmoment $I_{x\,max}$ des Original-Trägers entspricht.
(Siehe P 14, Punkt 1).

$q^*(z)$ im Verhältnis $\dfrac{I_{x\,max}}{I_x(z)}$ verzerren:

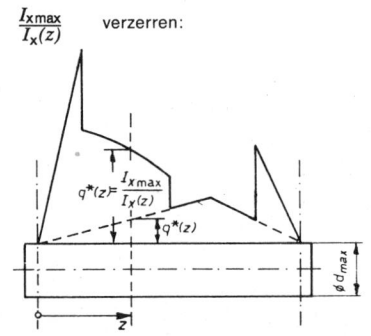

$$q^*(z) = \frac{I_{x\,max}}{I_x(z)}$$

*Bild 2*
*Ersatzträger*
*der Welle nach Bild 1*

Anschließend nach P 14 (Punkte 2 u. 3) od. p 78 ... p 80 berechnen.

# Festigkeit
## Träger gleicher Biegebeanspruchung    P 16

| | Querschnittsabmessung | Höhe $y =$ bzw. Breite $x =$ | maximale Durchbiegung $f =$ | Form des Trägers |
|---|---|---|---|---|
| p 82 | $h = \sqrt{\dfrac{6F \cdot l}{b \cdot \sigma_{b\,zul}}}$ | $\sqrt{\dfrac{6F \cdot z}{b \cdot \sigma_{b\,zul}}}$ | $\dfrac{8\,F}{b \cdot E}\left(\dfrac{l}{h}\right)^3$ | |
| p 83 | $b = \dfrac{6F \cdot l}{h^2 \cdot \sigma_{b\,zul}}$ | $\dfrac{6F \cdot z}{h^2 \cdot \sigma_{b\,zul}}$ | $\dfrac{6\,F}{b \cdot E}\left(\dfrac{l}{h}\right)^3$ | |
| p 84 | $h = \sqrt{\dfrac{3q \cdot l^2}{b \cdot \sigma_{b\,zul}}}$ | $z\sqrt{\dfrac{3q \cdot l}{b \cdot l \cdot \sigma_{b\,zul}}}$ | $\dfrac{3\,q \cdot l}{b \cdot E}\left(\dfrac{l}{h}\right)^3$ | |
| p 85 | $b = \dfrac{3q \cdot l^2}{h^2 \cdot \sigma_{b\,zul}}$ | $\dfrac{3q \cdot l \cdot z^2}{h^2 \cdot l \cdot \sigma_{b\,zul}}$ | | |
| p 86 | $h = \sqrt{\dfrac{3q \cdot l^2}{4 \cdot b \cdot \sigma_{b\,zul}}}$ | $\sqrt{\dfrac{3q \cdot l^2}{4b \cdot \sigma_{b\,zul}}\left(1 - \dfrac{4z^2}{l^2}\right)}$ | $\dfrac{q \cdot l^4}{64 \cdot E \cdot I}$ | |
| p 87 | $d = \sqrt[3]{\dfrac{32F \cdot l}{\pi \cdot \sigma_{b\,zul}}}$ | $\sqrt[3]{\dfrac{32F \cdot z}{\pi \cdot \sigma_{b\,zul}}}$ | $\dfrac{192}{5} \cdot \dfrac{F \cdot l^3}{E \cdot \pi \cdot d^4}$ | |

$F$ : Einzellast  
$q$ : Last gleichmäßig über Träger verteilt  
$\sigma_{b\,zul}$ : zulässige Biegespannung

(siehe Z 17)

# Festigkeit
## Berechnung stat. unbestimmter Systeme | P 17

Statisch unbestimmtes System (Bild 1) in statisch bestimmbares (Bild 2) umwandeln, d. h. ein Auflager durch seine Auflagerreaktion ($F_C$ in Bild 2) ersetzen.

**Bild 1**

**Bild 2**

Zerlegung in Teilsysteme 1 und 2. Ermittlung der Durchbiegungen an der Stelle des statisch unbestimmbaren Auflagers (siehe P 11 bis P 15).

**1. Teilsystem**

Da im Auflager $C$ keine Durchbiegung auftreten kann, gilt:

$$|y_{C1}| = |y_{C2}|$$

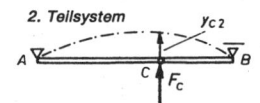

**2. Teilsystem**

Daraus die Auflager-Kraft bei $C$ und anschließend die restlichen Auflager-Reaktionen errechnen.

### Lösungssystematik für einfache statisch unbestimmte Systeme

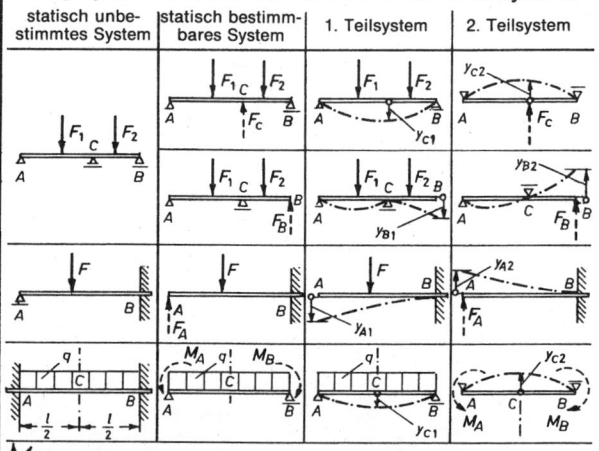

| statisch unbestimmtes System | statisch bestimmbares System | 1. Teilsystem | 2. Teilsystem |
|---|---|---|---|

$\uparrow\!\!\uparrow$ : statische unbestimmte Auflagerreaktionen und Momente

# Festigkeit
## Schub

**P 18**

### Hooksches Gesetz für Schubbeanspruchung

p 89
$$\tau = G \cdot \gamma$$

$G$: Gleitmodul
$\gamma$: Schiebung

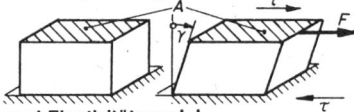

### Beziehung zwischen Gleit- und Elastizitätsmodul

p 90
$$G = \frac{E}{2(1+\mu)} \approx 0{,}385 \cdot E \qquad \text{(entspr. P 3 mit } \mu = 0{,}3\text{)}$$

### Mittlere Schubspannung $\tau_a$

p 91
$$\tau_a = \frac{F}{A} \leq \tau_{a\,zul}$$

### Zulässige Scherfestigkeit $\tau_{a\,zul}$ (Werte für $R_{p\,0,2}$ siehe Z 16)

| Belastungsart (s. P 2) | |
|---|---|
| ruhend | $R_{p\,0,2}/1{,}5$ |
| schwellend | $R_{p\,0,2}/2{,}2$ |
| wechselnd | $R_{p\,0,2}/3{,}0$ |

$\tau_{a\,zul} \approx$

### Abscherspannung $\tau_{aB}$ (Werte für $R_m$ siehe Z 16)

p 92
$$\tau_{aB} = \frac{F_{max}}{A}$$

für zähe Metalle: $\tau_{aB} \approx 0{,}8 \cdot R_m$
für Grauguß: $\tau_{aB} \approx R_m$

### Scherkraft $F$

| Schlagschere kreuzschneidend | Schlagschere parallelschneidend | Schneidwerkzeug (lochen ...) |
|---|---|---|
| $F = \dfrac{1{,}2\,\tau_{aB} \cdot s^2}{2 \tan \alpha}$ $\tan \alpha = s/l;\ l \leq L$ | $F = 1{,}2\,\tau_{aB} \cdot l \cdot s$ | $F = 1{,}2\,\tau_{aB} \cdot l_u \cdot s$ $l_u$: Schnittumfang |

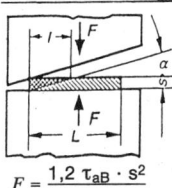

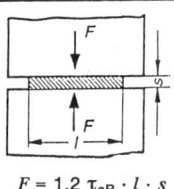

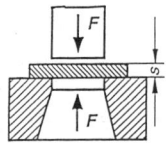

p 93

### Satz von den zugeordneten Schubspannungen:

Die Schubspannungen in zwei zueinander senkrecht stehenden Schnittebenen sind gleich groß, stehen senkrecht zu deren gemeinsamen Schnittkanten und zeigen entweder auf diese hin oder von ihnen weg.

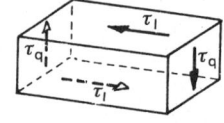

$$\tau_l = \tau_q$$

p 94

$\tau_q$: Querschubspannung (quer zur Trägerachse) als Folge der Querkraft $F_q$
$\tau_l$: Längsschubspannung (parallel zur Trägerachse)

# Festigkeit
## Schub

**P 19**

### Längsschubspannungen durch Querkräfte

p 95 $\quad \tau_l = \dfrac{F_q(z) \cdot H_x(z)}{b(y) \cdot I_x(z)} = \tau_q$

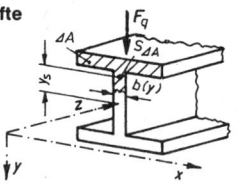

p 96 $\quad H_x(z) = \Delta A \cdot y_s$

$\tau_l = 0$ für $\sigma_b = \sigma_{b\,max}$
$\tau_{l\,max}$ tritt auf, wo $\sigma_b = 0$,
d. h. in Biegeebene $xz$.

### Maximale Schubspannung für verschiedene Querschnittsformen

$$\tau_{l\,max} = \tau_{q\,max} = k\,\dfrac{F_q(z)}{A}$$

p 97

| $k$ | $\dfrac{3}{2}$ | $\dfrac{4}{3}$ | $\dfrac{4}{3} \cdot \dfrac{d_a^2 + d_a \cdot d_i + d_i^2}{d_a^2 + d_i^2}$ |
|---|---|---|---|
| | | | wenn dünnwandig ($d_a \approx d_i$) : 2 |

### Volumenbezogene Formänderungsarbeit $w$

p 98 $\quad w = \dfrac{1}{2}\,\tau \cdot \gamma = \dfrac{\tau^2}{2G}$

### Schubverformung des Biegeträgers

p 99 $\quad y_\tau(z) = \varkappa\,\dfrac{M_b(z)}{G \cdot A} + C = \varkappa\,\dfrac{2{,}6 \cdot M_b(z)}{E \cdot A} + C$

Die Konstante $C$ ist aus bekannten Randbedingungen zu bestimmen, z. B. $y_\tau = 0$ in den Auflagern.

p100 $\quad$ Der Faktor $\quad \varkappa = A \displaystyle\int\limits_{(A)} \left[\dfrac{H_x(z)}{b(z) \cdot I_x(z)}\right]^2 dA \quad$ berücksichtigt

die Querschnittsformen. Es ist z. B. für

| | ▨ | ◯ | I 80 | I 240 | I 500 |
|---|---|---|---|---|---|
| $\varkappa =$ | 1,2 | 1,1 | 2,4 | 2,1 | 2,0 |

$F_q(z)$: Querkraft an Stelle $z$ des Trägers
$G$ : Gleitmodul
$H_x(z)$: Flächenmoment 1.Grades (statisches Moment) der „abgeschnitten" betrachteten Teilfläche $A$, bezogen auf die Biegeebene $xz$
$I_x(z)$: Flächenträgheitsmoment der gesamten Querschnittsfläche $A$ um die $x$-Achse
$b(y)$ : Schnittfläche an der Stelle $y$
$S_{\Delta A}$ : Schwerpunkt der „abgeschnittenen" Teilfläche $\Delta A$

# Festigkeit
## Verdrehung (Torsion) — P 20

### Allgemeines

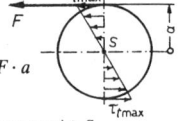

p 101 Torsionsspannung $\quad \tau_t = \dfrac{M_t}{W_t} \leq \tau_{t\,zul}$

p 102 Torsionsmoment $\quad M_t = \dfrac{P}{\omega} = \dfrac{P}{2 \cdot \pi \cdot n} = F \cdot a$

$P$ : Leistung; $\quad a$ : Abstand zwischen Randfaser und Schwerpunkt $S$

### Torsionsstäbe mit Kreis- und Ringquerschnitt

**Verdrehwinkel**

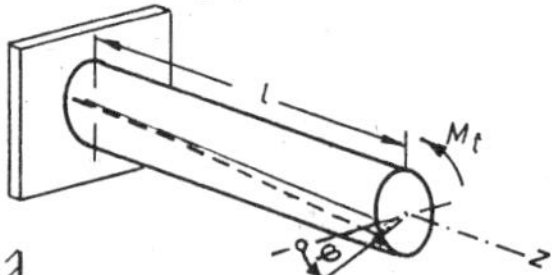

p 104 $\quad \varphi = \dfrac{M_t \cdot l}{I_p \cdot G} = \dfrac{180°}{\pi} \cdot \dfrac{M_t \cdot l}{I_p \cdot G}$ (s. e 5)

Abgesetzte Torsionsstäbe:

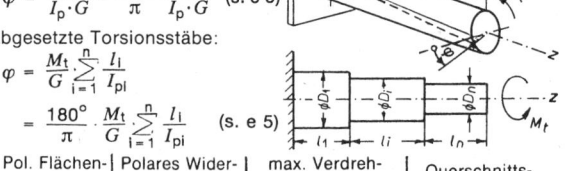

p 105 $\quad \varphi = \dfrac{M_t}{G} \cdot \sum_{i=1}^{n} \dfrac{l_i}{I_{pi}}$

p 106 $\quad = \dfrac{180°}{\pi} \cdot \dfrac{M_t}{G} \cdot \sum_{i=1}^{n} \dfrac{l_i}{I_{pi}}$ (s. e 5)

| | Pol. Flächenträgheitsmoment $I_p$ | Polares Widerstandsmoment $W_p$ | max. Verdrehspannung $\tau_{t\,max}$ | Querschnittsform |
|---|---|---|---|---|
| p 107 | $\dfrac{\pi D^4}{32}$ | $\dfrac{\pi D^3}{16}$ | $\approx 5{,}1 \cdot \dfrac{M_t}{D^3}$ |  |
| p 108 | $\dfrac{\pi}{32} \cdot (D^4 - d^4)$ | $\dfrac{\pi}{16} \cdot \dfrac{D^4 - d^4}{D}$ | $\approx 5{,}1 \cdot M_t \dfrac{D}{D^4 - d^4}$ |  |

### Torsionsstäbe mit nicht kreisförmigem Voll- oder dünnwandigem Hohlquerschnitt

p 109 **Verdrehwinkel** $\quad \varphi = \dfrac{M_t \cdot l}{I_t \cdot G} = \dfrac{180°}{\pi} \cdot \dfrac{M_t \cdot l}{I_t \cdot G}$

| | Torsionsträgheitsmoment $I_t$ | Widerstandsmoment $W_t$ | Ort und Betrag von $\tau_t$ | Querschnittsform |
|---|---|---|---|---|
| p 110 | $c_1 \cdot h \cdot b^3$ | $\dfrac{c_1}{c_2} h \cdot b^2$ | in 1: $\tau_{t1} = \tau_{t\,max} = \dfrac{c_2 \cdot M_t}{c_1 \cdot h \cdot b^2}$<br>in 2: $\tau_{t2} = c_3 \cdot \tau_{t\,max}$<br>in 3: $\tau_{t3} = 0$ | 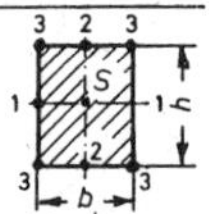 |

| $h/b =$ | 1 | 1,5 | 2 | 3 | 4 | 6 | 8 | 10 | $\infty$ |
|---|---|---|---|---|---|---|---|---|---|
| $c_1$ | 0,141 | 0,196 | 0,229 | 0,263 | 0,281 | 0,298 | 0,307 | 0,312 | 0,333 |
| $c_2$ | 0,675 | 0,852 | 0,928 | 0,977 | 0,990 | 0,997 | 0,999 | 1,000 | 1,000 |
| $c_3$ | 1,000 | 0,858 | 0,796 | 0,753 | 0,745 | 0,743 | 0,743 | 0,743 | 0,743 |

Fortsetzung siehe P 21

# Festigkeit
## Verdrehung (Torsion) — P 21

| | Torsionsträgheitsmoment $I_t =$ | Widerstandsmoment $W_t =$ | Ort und Betrag von | Querschnittsform |
|---|---|---|---|---|
| p 111<br>p 112 | $\dfrac{a^4}{46{,}19} \approx \dfrac{h^4}{26}$ | $\dfrac{a^3}{20} \approx \dfrac{h^3}{13}$ | in 1: $\tau_{t1} = \tau_{t\,max}$ $= \dfrac{20 \cdot M_t}{a^3} \approx \dfrac{13 \cdot M_t}{h^3}$<br>in 2: $\tau_{t2} = 0$ | |
| p 113<br>p 114<br>p 115 | $0{,}1154 \cdot s^4$<br>$= 0{,}0649 \cdot d^4$ | $0{,}1888 \cdot s^3$<br>$0{,}1226 \cdot d^3$ | in 1: $\tau_{t1} = \tau_{t\,max}$<br>$= 5{,}297 \cdot \dfrac{M_t}{s^3}$<br>$= 8{,}157 \cdot \dfrac{M_t}{d^3}$ | |
| p 116<br>p 117 | $\dfrac{\pi}{16} \cdot \dfrac{D^3 \cdot d^3}{D^2 + d^2}$ | $\dfrac{\pi}{16} \cdot D \cdot d^2$ | in 1: $\tau_{t1} = \tau_{t\,max}$<br>$\approx 5{,}1 \dfrac{M_t}{D \cdot d^2}$<br>in 2: $\tau_{t2} = \tau_{t\,max} \cdot \dfrac{d}{D}$ | |
| p 118<br>p 119<br>p 120 | $\dfrac{\pi}{16} \cdot \dfrac{n^3(d^4 - d_i^4)}{n^2 + 1}$<br>$D/d = D_i/d_i = n \geq 1$ | $\dfrac{\pi}{16} \cdot \dfrac{n(d^4 - d_i^4)}{d}$ | in 1: $\tau_{t1} = \tau_{t\,max}$<br>$\approx 5{,}1 \cdot \dfrac{M_t \cdot d}{n(d^4 - d_i^4)}$<br>in 2: $\tau_{t2} = \tau_{t\,max} \cdot \dfrac{d}{D}$ | |
| p 121<br>p 122<br>p 123 | bei veränderlicher Wandstärke:<br>$\dfrac{4\,A_m^2}{\displaystyle\sum_{i=1}^{n} \dfrac{\Delta U_i}{s_i}}$ | $2 \cdot A_m \cdot s_{min}$ | in 1: $\tau_{t1} = \tau_{t\,max}$<br>$= \dfrac{M_t}{2 \cdot A_m \cdot s_{min}}$<br>in 2: $\tau_{t2} = \dfrac{M_t}{2 \cdot A_m \cdot s_i}$ | Mittellinie |
| p 124 | bei gleichbleibender kleiner Wandstärke:<br>$\dfrac{4 \cdot A_m^2 \cdot s}{U_m}$ | $2 \cdot A_m \cdot s$ | $\tau_t = \dfrac{M_t}{2 \cdot A_m \cdot s}$ | |
| p 125 | $\dfrac{\eta}{3} \cdot \sum_{i=1}^{n} b_i^3 \cdot h_i$ | $\dfrac{\eta}{3\,b_{max}} \cdot \sum_{i=1}^{n} b_i^3 \cdot h_i$ | $\tau_{t\,max} = \dfrac{M_t}{W_t}$<br>in der Mitte der langen Seite $h$ der Rechteckfläche mit maximaler Dicke $b_{max}$ (z. B. Punkt 1 in Skizze) | Profile bestehen aus Rechteckquerschnitten, $h_i > b_i$ |

Korr.faktor nach A. Föppl:

| | $\mathsf{I}$ n=3 | $\mathsf{L}$ n=2 | $+$ n=2 |
|---|---|---|---|
| $\eta$ | ≈ 1,3 | ≈ 1,0 | 1,12 |
| | $\mathsf{C}$ n=3 | $+$ n=2 | |
| $\eta$ | $1 < \eta < 1{,}3$ | 1,17 | |

$A_m$ : von der Mittellinie eingeschlossene Rasterfläche
$U_m$ : Länge der Mittellinie
$s$ ($s_{min}$) Wandstärke, (minimale Wandstärke)
$\Delta U_i$ : Teillänge der Mittellinie, bei der Wandstärke $s_i$ = konst.

# Festigkeit
## Knickung — P 22

### Einspannfälle

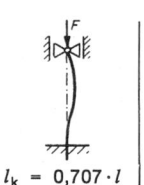

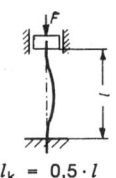

| $l_k = 2 \cdot l$ | $l_k = l$ | $l_k = 0{,}707 \cdot l$ | $l_k = 0{,}5 \cdot l$ |

### Eulersche Knickgleichung

Gültigkeit im elastischen Bereich, d. h. für Knickspannung

$$\sigma_k \leqq \sigma_{d\,0,01}$$

Kleinste Kraft bzw. Spannung, bei der Knickung auftritt:

p 126  $F_k = \dfrac{\pi^2 \cdot E \cdot I_{min}}{l_k^2} = F \cdot v_k;\quad \sigma_k = \dfrac{F_k}{A} = \dfrac{\pi^2 \cdot E \cdot I_{min}}{l_k^2 \cdot A} = \dfrac{\pi^2 \cdot E}{\lambda_g^2} = \sigma_{d\,zul} \cdot v_k$

p 127

p 128  Zul. Betriebslast $\quad F = F_k / v_k$

p 129  Schlankheitsgrad $\quad \lambda = l_k \sqrt{\dfrac{A}{I_{min}}}$

p 130  Grenz-Schlankheitsgrad $\Big\}\; \lambda_{g\,0,01} = \pi\sqrt{\dfrac{E}{\sigma_{d\,0,01}}} \quad \text{bzw.} \quad \lambda_{g\,0,2} = \pi\sqrt{\dfrac{E}{\sigma_{d\,0,2}}}$

### Tetmajer-Formel

Gültigkeit im Bereich $\sigma_{d\,0,01} \leqq \sigma_k \leqq \sigma_{d\,0,2}$

p 131  $\sigma_k = a - b \cdot \lambda + c \cdot \lambda^2 = \sigma_{d\,zul} \cdot v_k$

| Werkstoff | a | b | c | gültig für |
|---|---|---|---|---|
| | | N/mm² | | $\lambda =$ |
| Flußstahl St 37 | 289 | 0,818 | 0 | 60…100 |
| Flußstahl St 52 | 589 | 3,818 | 0 | 60…100 |
| Gußeisen GG 14 | 776 | 12,000 | 0,053 | 5…80 |
| Nadelholz | 30 | 0,20 | 0 | 2…100 |
| Eiche oder Buche | 38 | 0,25 | 0 | 0…100 |

### Rechnungsgang

Zunächst nach Euler das erforderliche minimale Flächenträgheitsmoment ermitteln:

p 132  $I_{min} = \dfrac{F_k \cdot l_k^2}{\pi^2 \cdot E};\quad F_k = v_k \cdot F.$

Damit geeignetes Profil, d. h. $I$ und $A$ auswählen.

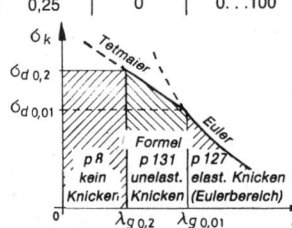

Fortsetzung siehe P 23

# Festigkeit
## Knickung

**P 23**

Fortsetzung von P 22 (Rechnungsgang)

$v_k = 3 \ldots 5$ im Tetmajer-Bereich

$\begin{array}{l} v_k = 4 \ldots 6 \\ v_k = 6 \ldots 8 \end{array}$ im Euler-Bereich $\begin{array}{|l|} \text{für große} \\ \text{für kleine} \end{array}$ Maschinen

| Schlankheitsgrad | $\lambda_{vorh}$ | errechnen | p 129 |
|---|---|---|---|
| Grenzschlankheitsgrad | $\lambda_{g\,0,01}$ und $\lambda_{g\,0,2}$ | nach | p 130 |

Knick- bzw. Druckspannung ermitteln für:

$\lambda_{vorh} \geqq \lambda_{g\,0,01}$   nach p 127

$\lambda_{g\,0,01} > \lambda_{vorh} \geqq \lambda_{g\,0,2}$   nach p 131

$\lambda_{vorh} < \lambda_{g\,0,2}$   nach p 8

Falls $\sigma_k < \dfrac{F}{A} v_k$, neue Dimensionierung mit größeren Querschnittsabmessungen.

### $\omega$-Verfahren (DIN 4114)

Vorgeschrieben für Hoch- und Brückenbau, Stahlbau, Krananlagen.

p 133   Knickzahl   $\omega = \dfrac{\sigma_{d\,zul}}{\sigma_{k\,zul}} = \dfrac{\text{zulässige Druckspannung}}{\text{zulässige Knickspannung}}$

p 134   $\sigma_\omega = \omega \dfrac{F}{A} \leqq \sigma_{d\,zul}$   mit $\omega = f(\lambda)$

| $\lambda$ | Knickzahl $\omega$ für ||||
|---|---|---|---|---|
| | St 37 | St 52 | Al Cu Mg 1 | Grauguß |
| 20 | 1,04 | 1,06 | 1,03 | 1,05 |
| 40 | 1,14 | 1,19 | 1,39 | 1,22 |
| 60 | 1,30 | 1,41 | 1,99 | 1,67 |
| 80 | 1,55 | 1,79 | 3,36 | 3,50 |
| 100 | 1,90 | 2,53 | 5,25 | 5,45 |
| 120 | 2,43 | 3,65 | 7,57 | ///////// |
| 140 | 3,31 | 4,96 | 10,30 | nicht |
| 160 | 4,32 | 6,48 | 13,45 | zulässiger |
| 180 | 5,47 | 8,21 | 17,03 | Bereich |
| 200 | 6,75 | 10,31 | 21,02 | ///////// |

Rechnungsgang:
$\omega$ schätzen, aus p 134 Querschnitt $A$ und $I_{min}$ und daraus $\lambda$ bestimmen. Mit zugehörigem neuem $\omega$ Rechnungsgang wiederholen.

# Festigkeit
Zusammengesetzte Spannungen

**P 24**

## Zusammensetzung von Normalspannungen

### Zweiachsige Biegung mit Normalkraft

Die aus Biegungen und Normalkraft sich ergebenden Spannungen $\sigma$ sind zu addieren.

p 135 $\qquad F_x = F \cdot \cos \alpha$

p 136 $\qquad F_y = F \cdot \cos \beta$

p 137 $\qquad F_z = F \cdot \cos \gamma$

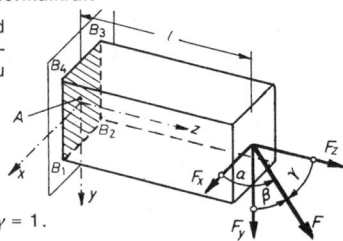

p 138 $\qquad$ mit $\cos^2 \alpha + \cos^2 \beta + \cos^2 \gamma = 1$.

Für jeden beliebigen Punkt $P(x, y)$ im Querschnitt $B_1 B_2 B_3 B_4$ ist die resultierende Normalspannung in $z$-Richtung:

p 139
$$\sigma_{z\,res} = \frac{F_z}{A} - \frac{F_y \cdot l}{I_x} y - \frac{F_x \cdot l}{I_y} x$$

Vorzeichen von $x$ und $y$ beachten! Ist $F_z$ eine Druckkraft, liegen $\alpha$, $\beta$ und $\gamma$ in anderen Quadranten. Vorzeichenregel für Cosinusfunktion siehe E 2.

Lange Träger bei Druck auf Knickung untersuchen!

Nullinie mit $\sigma_{z\,res} = 0$ ist die Gerade:

p 140
$$y = -\frac{F_x}{F_y} \cdot \frac{I_x}{I_y} \cdot x + \frac{F_z}{F_y} \cdot \frac{I_x}{A \cdot l}$$

mit den Achsenabschnitten:

p 141
$$x_0 = \frac{F_z}{F_x} \cdot \frac{I_y}{A \cdot l} \; ; \qquad y_0 = \frac{F_z}{F_y} \cdot \frac{I_x}{A \cdot l}$$

Bei nichtsymmetrischen Querschnittsflächen $F$ in die Richtungen der Hauptachsen zerlegen (siehe P 9).

### Einachsige Biegung mit Normalkraft

$F_x$ oder $F_y$ in Formeln p 139 ... 141 sind gleich null.

| Bei Biegung mit | Zug | erfolgt Verschiebung der Nullinie zur | Biegedruck- | Zone hin |
|---|---|---|---|---|
|  | Druck |  | Biegezug- |  |

# Festigkeit
## Zusammengesetzte Spannungen
**P 25**

### Spannungen am starkgekrümmten Träger ($R<5\cdot h$)

An dem am höchsten beanspruchten Querschnitt $A$ wirken die Schnittgrößen $F_n$ und $M_{bx}$ (siehe P 8).

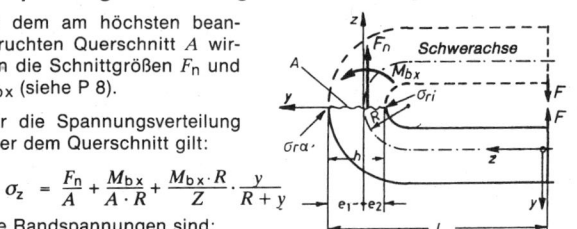

Für die Spannungsverteilung über dem Querschnitt gilt:

p 142
$$\sigma_z = \frac{F_n}{A} + \frac{M_{bx}}{A \cdot R} + \frac{M_{bx} \cdot R}{Z} \cdot \frac{y}{R+y}$$

Die Randspannungen sind:

p 143
$$\sigma_{ra} = \frac{F_n}{A} + \frac{M_{bx}}{A \cdot R} + \frac{M_{bx} \cdot R}{Z} \cdot \frac{|e_1|}{R+|e_1|} \leqq \sigma_{z\,zul}$$

p 144
$$\sigma_{ri} = \frac{F_n}{A} + \frac{M_{bx}}{A \cdot R} - \frac{M_{bx} \cdot R}{Z} \cdot \frac{|e_2|}{R-|e_2|} \leqq \sigma_{z\,zul}$$

Formeln für Beiwert $Z$:

p 145
$$Z = b \cdot R^3 \left[ \ln\left(\frac{1+\frac{h}{2R}}{1-\frac{h}{2R}}\right) - \frac{h}{R} \right]$$

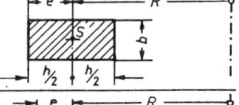

p 146
$$Z = e^2 \pi R^2 \, \frac{1-\sqrt{1-\left(\frac{e}{R}\right)^2}}{1+\sqrt{1-\left(\frac{e}{R}\right)^2}}$$

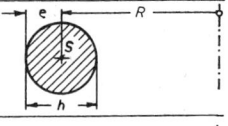

p 147
$$Z = R^4 \left[ \frac{a-b}{h}\left(1+\frac{a e_1+b e_2}{R(a-b)}\right) \times \right.$$
$$\left. \times \ln\left(\frac{1+\frac{e_1}{R}}{1-\frac{e_2}{R}}\right) - \frac{a-b}{R} - \frac{(a+b)h}{2R^2} \right]$$

Lage des Schwerpunktes, siehe K 7

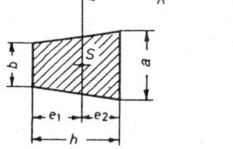

p 148
$$Z = R^4 \left[ \frac{b}{3h}\left(3+2\frac{h}{R}\right)\ln\left(\frac{3+\frac{2h}{R}}{3-\frac{h}{R}}\right) - \right.$$
$$\left. - \frac{b}{R} - \frac{bh}{2R^2} \right]$$

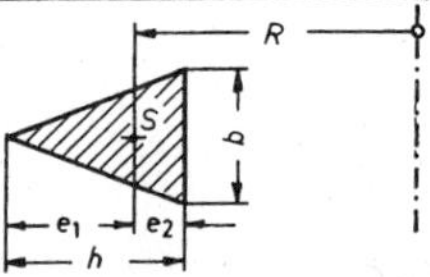

# Festigkeit
## Zusammengesetze Spannungen | P 26

### Zusammensetzung von Tangentialspannungen

Bei vernachlässigbar kleiner Biegespannung (sehr kurze Stäbe) sind die aus **Schub** und **Verdrehung** sich an jedem beliebigen Querschnittspunkt ergebenden Spannungen vektoriell zu addieren.

Die maximale Tangentialspannung $\tau_{res}$ tritt auf im Punkt 1. Sie wirkt sowohl in der Querschnittsebene als auch senkrecht dazu.

| | Maximale Tangentialspannung $\tau_{res}$ im Punkt 1 | Querschnitt |
|---|---|---|
| p 149 | $\dfrac{5{,}1 \cdot M}{d^3} + \dfrac{1{,}7 \cdot F}{d^2} \leqq \tau_{t\,zul}$ | |
| | mit $M = F\dfrac{d}{2}$ : | |
| p 150 | $4{,}244 \cdot \dfrac{F}{d^2} \leqq \tau_{t\,zul}$ | |
| p 151 | $\dfrac{5{,}1\,M \cdot D}{D^4 - d^4} + 1{,}7 \cdot F \cdot \dfrac{D^2 + D\,d + d^2}{D^4 - d^4} \leqq \tau_{t\,zul}$ | |
| | mit $M = F\dfrac{D}{2}$ : | |
| p 152 | $F\,\dfrac{4{,}244 \cdot D^2 + 1{,}7 \cdot d(D+d)}{D^4 - d^4} \leqq \tau_{t\,zul}$ | |
| | für kleine Wandstärken: | |
| p 153 | $\dfrac{5{,}1 \cdot M \cdot D}{D^4 - d^4} + \dfrac{2{,}55 \cdot F}{D^2 - d^2} \leqq \tau_{t\,zul}$ | |
| p 154 | $2{,}55 \cdot F \cdot \dfrac{2D^2 + d^2}{D^4 - d^4} \leqq \tau_{t\,zul}$ | |
| p 155 | $\dfrac{c_2}{c_1} \cdot \dfrac{M}{b^2\,h} + \dfrac{1{,}5 \cdot F}{b \cdot h} \leqq \tau_{t\,zul}$ | |
| | mit $M = F\dfrac{b}{2}$ : | |
| p 156 | $\dfrac{F}{2 \cdot b \cdot h}\left(\dfrac{c_2}{c_1} + 3\right) \leqq \tau_{t\,zul}$ | |

$\tau_{t\,zul}$ : zulässige Torsionsspannung (siehe Z 17)
$\tau_q$ : Querschubspannung
$\tau_{t\,max}$ : wirkliche maximale Torsionsspannung
$c_1$ und $c_2$ siehe P 20
$F$ : Torsion erzeugende Kraft
$M$ : durch $F$ erzeugtes wirkliches Torsionsmoment

# Festigkeit
## Zusammengesetzte Spannungen

**P 27**

### Zusammensetzung von Normal- und Schubspannungen

Werkstoff-Festigkeitswerte lassen sich nur für einachsige Spannungszustände ermitteln. Mehrachsige Spannungszustände werden deshalb unter Anwendung von Festigkeitshypothesen (siehe P 29) in einachsige Vergleichsspannungen $\sigma_V$ umgerechnet. Dann gilt je nach Art der Belastung

$$\sigma_V \leq \sigma_{z\,zul} \text{ oder } \sigma_{d\,zul} \text{ oder } \sigma_{b\,zul}$$

### Der zweiachsige (ebene) Spannungszustand

Ein Körperelement werde beansprucht durch

| Normalspannungen | Schubspannungen |
|---|---|
| $\sigma_z$ in z-Richtung | $\tau_{zy} = \tau$ |
| $\sigma_y$ in y-Richtung | $\tau_{yz} = \tau$ } in y-z-Ebene |

Durch Drehen des Körperelementes im Winkel $\varphi_\sigma$ wird der gemischte Spannungszustand umgerechnet in reine

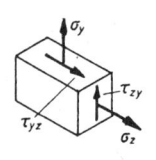

Hauptnormalspannungen

p 157
$$\sigma_1, \sigma_2 = 0{,}5\,(\sigma_z + \sigma_y) \pm 0{,}5\,\sqrt{(\sigma_z - \sigma_y)^2 + 4\tau^2}$$

Richtung der größten Hauptnormalspannung $\sigma_1$ aus

p 158
$$\tan 2\varphi_\sigma = \frac{2\tau}{\sigma_z - \sigma_y}\,{}^{*)}$$

Bei Drehwinkel $\varphi_\sigma$ wird die Schubspannung null.

Durch Drehen des Körperelementes um den Winkel $\varphi_\tau$ ergeben sich die

Hauptschubspannungen

p 159
$$\tau_{max}, \tau_{min} = \pm 0{,}5\,\sqrt{(\sigma_z - \sigma_y)^2 + 4\tau^2} = \pm 0{,}5\,(\sigma_1 - \sigma_2)$$

Gleichzeitig wirkt dabei noch die Normalspannung

p 160
$$\sigma_M = 0{,}5\,(\sigma_z + \sigma_y) = 0{,}5\,(\sigma_1 + \sigma_2)$$

Richtung der größten Hauptschubspannung $\tau_{max}$ aus

p 161
$$\tan 2\varphi_\tau = -\frac{\sigma_z - \sigma_y}{2\tau}\,{}^{*)}$$

Hauptnormal- und Hauptschubspannungen stehen unter einem Winkel von 45° zueinander.

*) Lösung ergibt 2 Winkel. Das bedeutet, daß die Extremwerte sowohl der Hauptnormal- als auch der Hauptschubspannungen jeweils in 2 zueinander senkrechten Richtungen auftreten.

# Festigkeit
## Zusammengesetzte Spannungen
**P 28**

### Der dreiachsige (räumliche) Spannungszustand

Die ungleichartigen Spannungen lassen sich ersetzen durch die

$\tau_{xy} = \tau_{yx}$
$\tau_{yz} = \tau_{zy}$
$\tau_{zx} = \tau_{xz}$

**Hauptnormalspannungen** $\sigma_1, \sigma_2, \sigma_3$
Sie sind die 3 Lösungen der Gleichung:

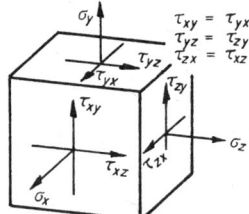

p 162   $\sigma^3 - R \cdot \sigma^2 + S \cdot \sigma - T = 0$

p 163   mit   $R = \sigma_x + \sigma_y + \sigma_z$

p 164   $S = \sigma_x \cdot \sigma_y + \sigma_y \cdot \sigma_z + \sigma_z \cdot \sigma_x - \tau_{xy}^2 - \tau_{yz}^2 - \tau_{zx}^2$

p 165   $T = \sigma_x \sigma_y \sigma_z + 2\, \tau_{xy} \tau_{yz} \tau_{zx} - \sigma_x \tau_{yz}^2 - \sigma_y \tau_{zx}^2 - \sigma_z \tau_{xy}^2$

Ermittlung der drei Lösungen $\sigma_1$, $\sigma_2$ und $\sigma_3$ der kubischen Gleichung p 162:
Auf rechter Seite 0 durch $y$ ersetzen. Dann $y = f(\sigma)$ auftragen. Schnittpunkte mit Nullinie ergeben Lösungen. Diese Werte in p 162 einsetzen und durch Probieren und Interpolieren genauere Werte errechnen.

Mit $\sigma_1 > \sigma_2 > \sigma_3$ ergibt sich die maximale Hauptschubspannung
$$\tau_{max} = 0{,}5\,(\sigma_1 - \sigma_3).$$

### Biegung mit Torsion bei Welle mit Kreisquerschnitt

Nach Hypothese der größten Gestaltänderungsarbeit ist:

p 166   Vergleichsspannung   $\sigma_{vGe} = \sqrt{\sigma_b^2 + 3(\alpha_0 \cdot \tau_t)^2} \leq \sigma_{b\,zul}$

p 167   Vergleichsmoment   $M_{vGe} = \sqrt{M_b^2 + 0{,}75\,(\alpha_0 \cdot M_t)^2}$

Zur Dimensionierung der Welle erforderliches Biegewiderstandsmoment $W_x$ ermitteln nach:

p 168   $$W_{x\,erf} = \frac{M_{vGe}}{\sigma_{b\,zul}}$$

---

$\sigma_b$ : wirkliche Biegespannung
$\tau$ : wirkliche Verdrehspannung
$M_b$ : wirkliches Biegemoment
$M_t$ : wirkliches Torsionsmoment
$\alpha_0$ : nach P 29

# Festigkeit
## Zusammengesetzte Spannungen — P 29

| | | Normalspannung | Festigkeitshypothese der größten Schubspannung | Gestaltsänderungsarbeit |
|---|---|---|---|---|
| Dreiachsiger Spannungszustand | | Zug: $\sigma_1 > 0$: $\sigma_{vN} = \sigma_1 = \sigma_{max}$<br>Druck: $\sigma_3 < 0$: $\sigma_{vN} = \sigma_3 = \sigma_{min}$ | $\sigma_{vS} = 2\,\tau_{max} = \sigma_1 - \sigma_3$ | $\sigma_{vGe} = \sqrt{0{,}5\,[(\sigma_1 - \sigma_2)^2 + (\sigma_2 - \sigma_3)^2 + (\sigma_3 - \sigma_1)^2]}$ |
| Zweiachsiger Spannungszustand | | Zug: $\sigma_1 > 0$: $\sigma_{vN} = \sigma_1 = \sigma_{max}$<br>$= 0{,}5\,[(\sigma_z + \sigma_y) + \sqrt{(\sigma_z - \sigma_y)^2 + 4(\alpha_0 \cdot \tau)^2}]$<br>Druck: $\sigma_2 < 0$: $\sigma_{vN} = \sigma_2 = \sigma_{min}$<br>$= 0{,}5\,[(\sigma_z + \sigma_y) - \sqrt{(\sigma_z - \sigma_y)^2 + 4(\alpha_0 \cdot \tau)^2}]$ | $\sigma_{vS} = 2\,\tau_{max} = \sigma_1 - \sigma_2$<br>$= \sqrt{(\sigma_z - \sigma_y)^2 + 4(\alpha_0 \cdot \tau)^2}$ | $\sigma_{vGe} = \sqrt{\sigma_1^2 + \sigma_2^2 - \sigma_1 \cdot \sigma_2}$<br>$= \sqrt{\sigma_z^2 + \sigma_y^2 - \sigma_z \cdot \sigma_y + 3(\alpha_0 \cdot \tau)^2}$ |
| Belastungsfall I, II, III für $\sigma$ und $\tau$ | gleich | $\alpha_0 = 1$ | $\alpha_0 = 1$ | $\alpha_0 = 1$ |
| | ungleich | $\alpha_0 = \dfrac{\sigma_{zul}\,I, II, III}{\tau_{zul}\,I, II, III}$<br>$= \dfrac{\sigma_{grenz}\,I, II, III}{\tau_{grenz}\,I, II, III}$ | $\alpha_0 = \dfrac{\sigma_{zul}\,I, II, III}{2 \cdot \tau_{zul}\,I, II, III}$<br>$= \dfrac{\sigma_{grenz}\,I, II, III}{2 \cdot \tau_{grenz}\,I, II, III}$ | $\alpha_0 = \dfrac{\sigma_{zul}\,I, II, III}{1{,}73 \cdot \tau_{zul}\,I, II, III}$<br>$= \dfrac{\sigma_{grenz}\,I, II, III}{1{,}73 \cdot \tau_{grenz}\,I, II, III}$ |
| Anwendung bei | Beanspruchungsart und Werkst. | Zug, Biegung, Verdrehung von spröden Werkstoffen: Grauguß, Glas, Steine | Druck bei spröden und zähen Werkstoffen. Zug, Biegung, Verdrehung bei Stahl mit ausgeprägter Streckgrenze | Alle Beanspruchungen bei zähen Werkstoffen: Walz-, Schmiedestahl, Stahlguß, Aluminium, Bronze |
| | zu erwartenden Versagen durch | Trennbruch | Schiebebruch, Fließen, Verformung | Dauer-, Schiebe-, Trennbruch, Fließen, Verformung |

*liefert die beste Übereinstimmung mit Versuchsergebnissen

$\sigma_{grenz}$, $\tau_{grenz}$ sind geeignete Werkstoffkennwerte, z. B. $R_m$; $\tau_{aB}$.

$\sigma_1, \sigma_2, \sigma_3$ siehe P 27 und P 28

# Maschinen-Elemente
## Schrauben
### Q 1

**Bewegungs-Schrauben** (siehe K 11)

**Befestigungs-Schrauben**

**Schrauben-Verbindungen** (Überschlagsrechnung)

| | vorgespannt | |
|---|---|---|
| | axiale Betriebskraft $F_A$ | reine Querkraft $F_Q$ |
| q 1 | $A_3 \approx A_s = \dfrac{F_{max}}{\sigma_{zul}}$ | Berechnung auf Reibungsschluß: |
| q 2 | $F_{max} = (1{,}3 \ldots 1{,}6)\, F_A$ | $A_3 \approx A_s = \dfrac{F_{K\,erf}}{(0{,}25 \ldots 0{,}5)\, R_{p\,0{,}2}}$ |
| | (Berücksichtigung des Verspannungs-Schaubildes) | |
| q 3 | $\sigma_{zul} = (0{,}25 \ldots 0{,}5)\, R_{p\,0{,}2}$ | $F_{K\,erf} = \dfrac{\nu \cdot F_Q}{\mu \cdot m \cdot n}$ |
| | (Berücksichtigung von Torsion und Sicherheit) | (Werte für $\mu$ siehe Z 7) |

**Hochbeanspruchte Schraubenverbindungen** (siehe VDI 2230)

**Konsolartige Anschlüsse** (exakte Rechnung nicht möglich)

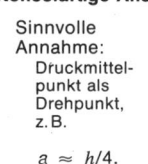

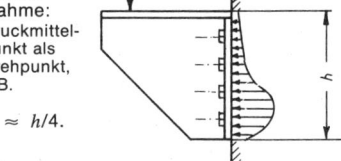

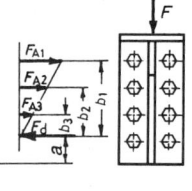

Sinnvolle Annahme: Druckmittelpunkt als Drehpunkt, z.B.

q 4  $a \approx h/4$.

Für biegesteifen (!) Anschluß gilt:

q 5  $F \cdot l = F_{A1} \cdot b_1 + F_{A2} \cdot b_2 + \ldots F_{An} \cdot b_n$

q 6  $F_{A1} : F_{A2} : \ldots F_{An} = b_1 : b_2 \ldots b_n$

Zusätzliche Querkraft $F_Q = F$ berücksichtigen! Auch unter Last muß in gesamter Anschlußebene noch Druckspannung sein.

$A_3$ : Kernquerschnitt
$A_s$ : Spannungsquerschnitt   $\left(A_s = \dfrac{\pi}{4} \cdot \left(\dfrac{d_2 + d_3}{2}\right)^2\right)$
$F_{K\,erf}$ : erforderliche Klemmkraft
$m$ : Zahl der Schrauben — Beispiele: $m = 3;\ n = 1$; $m = 3;\ n = 2$
$n$ : Zahl der Schnitte
$\nu$ : Sicherheitsbeiwert gegen Rutschen $[\nu = 1{,}5 \ldots (2)]$
$R_{p\,0{,}2}$: (Ersatz-)Streckgrenze
$\sigma_{zul}$ : zulässige Zugspannung
$d_2$ : Flankendurchmesser
$d_3$ : Kerndurchmesser

# Maschinen-Elemente
## Achsen und Wellen | Q 2

### Achsen und Wellen (Näherungsberechnung)

**Festigkeit**

| Achsen | erforderl. Widerstandsmoment gegen Biegung (äquatorial) | Vollachse mit Kreisquerschnitt ($W_b \approx d^3/10$) | zulässige Biege-Nennspannung [2] |
|---|---|---|---|
| fest [1] | $W_{b\,erf} = \dfrac{M_b}{\sigma_{b\,zul}}$ | $d = \sqrt[3]{\dfrac{10 \cdot M_b}{\sigma_{b\,zul}}}$ | $\sigma_{b\,zul} = \dfrac{\sigma_{b\,Sch}}{(3 \ldots 5)}$ |
| umlaufend | | | $\sigma_{b\,zul} = \dfrac{\sigma_{b\,W}}{(3 \ldots 5)}$ |

(q 7, q 8, q 9)

| Wellen | erforderl. Widerstandsmoment gegen Verdrehung (polar) | Durchmesser für Vollwelle ($W_p \approx d^3/5$) | zulässige Verdreh-Nennspannung [2] |
|---|---|---|---|
| reine Torsion | $W_{p\,erf} = \dfrac{T}{\tau_{t\,zul}}$ | $d = \sqrt[3]{\dfrac{5 \cdot T}{\tau_{t\,zul}}}$ | $\tau_{t\,zul} = \dfrac{\tau_{t\,Sch}}{(3 \ldots 5)}$ |
| Torsion + Biegung | | | $\tau_{t\,zul} = \dfrac{\tau_{t\,Sch}}{(10 \ldots 15)}$ |

(q 10, q 11, q 12)

**Flächenpressung**

q 13

$$\text{am Zapfen} \quad p_m = \dfrac{F}{d \cdot b} \leq p_{zul}$$

(siehe Z 18)

**Schub durch Querkraft:** Berechnung entfällt, wenn
  bei Kreis-Querschnitt $l > d/4$
  bei Rechteck-Querschnitt $l > 0{,}325 \cdot h$

**Formänderung** durch Biegung   siehe P 12
  durch Verdrehung   siehe P 20

**Schwingungen** siehe M 6

---

[1] Feste Achsen bevorzugen, da nur ruhende oder schwellende Beanspruchung und Leichtbauprofile (I, ⌷) möglich.

[2] In $\sigma_{b\,zul}$ und $\tau_{t\,zul}$ sind berücksichtigt: Formfaktor, Rauhigkeitsfaktor, Größenfaktor und Sicherheitsbeiwert.
In $\tau_{t\,zul}$ außerdem: Biegemoment.

$l$ : Hebelarm für die Kraft $F$
$M_b$, $T$ : Biege- bzw. Drehmoment
$p_m$, $(p_{zul})$ : mittlere (zul.) Flächenpressung. ($p_{zul}$ siehe Z 18)
$p_{max}$ siehe q 47 für hydrodynamisch geschmierte Gleitlager, andere
$\sigma_{b\,Sch}$, $\sigma_{b\,W}$, $\tau_{t\,Sch}$: Werte siehe Z 16.   [Fälle, siehe Z 18.

# Maschinen-Elemente
## Welle-Nabe-Verbindungen | Q 3

### Kraftschlüssige Verbindungen

**Handelsübliche Elemente** (z.B. Ringfeder-Spannelement, Spieth-Hülse, Sternscheibe, Schrumpfscheibe, Doko-Spannelement, usw.): siehe Firmenschriften.
Preßpassungen: DIN 7190 (grafische Bestimmung).

**Klemmverbindung**

q 14
$$F_n = \frac{T \cdot v}{\mu \cdot d}$$

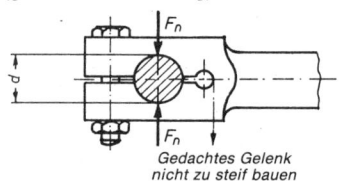

*Gedachtes Gelenk nicht zu steif bauen*

**Kegelverbindung**

q 15  Kegel $1 : x = (D - d) : l$
Kegelige Wellenenden siehe DIN 1448, 1449.

Näherungsformel für Axialkraft $F_A$ der Mutter:

q 16
$$F_A = \frac{2 \cdot T \cdot v}{\mu \cdot d_m} \tan\left(\frac{\alpha}{2} + \varrho\right)$$

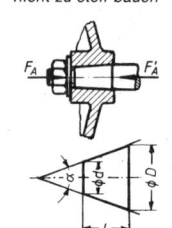

q 17
$$d_m = \frac{D + d}{2}$$

### Formschlüssige Verbindungen

**Handelsübliche Elemente** (z.B. Polygonprofil): siehe Firmenschriften.

**Paßfeder** (Überschlagsrechnung)

Berechnung erfolgt auf Flächen-Pressung in der Nut des schwächeren Werkstoffes. Unter Berücksichtigung der Wellenkrümmung und der Kantenbrechung $r_1$ kann als tragende Höhe der Paßfeder etwa $t_2$ angenommen werden.

Für die tragende Länge $l$ gilt:

q 18
$$l = \frac{2 \cdot T}{d \cdot t_2 \cdot p_{zul}}$$

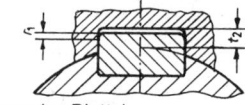

Abmessungen nach DIN 6885, vorzugsweise Blatt 1.
Bei Form A Zuschlag für Rundungen!
Exakte Berechnung nach Mielitzer, Forschungsvereinigung. Antriebstechnik e. V., Frankfurt, Forschungsheft 26, 1975.

Fortsetzung siehe Q 4

Formelzeichen siehe Q 4

# Maschinen-Elemente
## Welle-Nabe-Verbindungen | Q 4

Fortsetzung von Q 3

### Keilwelle

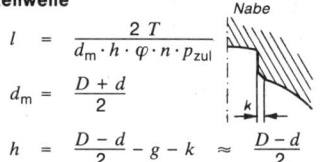

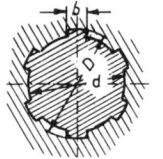

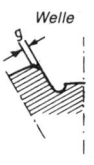

q 19 $\quad l = \dfrac{2\,T}{d_m \cdot h \cdot \varphi \cdot n \cdot p_{zul}}$

q 20 $\quad d_m = \dfrac{D + d}{2}$

q 21 $\quad h = \dfrac{D - d}{2} - g - k \approx \dfrac{D - d}{2}$

Es tragen nicht alle Flächen gleich gut. Daher Berücksichtigung des Traganteils durch Faktor $\varphi$:

| Zentrierungsart | $\varphi$ |
|---|---|
| Innenzentrierung | 0,75 |
| Flankenzentrierung | 0,9 |

Querschnittsabmessungen nach DIN ISO 14, DIN 5464.

### Nabenabmessungen

Ermittlung nach Diagramm auf Seite Q 5.

> Beispiel: Gesucht $L$ und $s$ für $T = 3000$ N m, Nabe aus GS, Paßfederverbindung.
> 1. Aufsuchen des Bereichs „Nabenlänge $L$, GS/St, Gruppe e", Grenzlinien verfolgen bis $T = 3000$ N m. Ergebnis: $L = (110 \ldots 140)$ mm.
> 2. Aufsuchen des Bereichs „Nabendicken $s$, GS/St, Gruppe I". Grenzlinien verfolgen bis $T = 3000$ N m. Ergebnis: $s = (43 \ldots 56)$ mm.

---

$F_n$ : Normalkraft der übertragenden Fläche
$l$ : tragende Länge der Verbindung
$n$ : Zahl der Keilnuten
$\mu$ : Gleitreibungsbeiwert (siehe Z 7)
$\nu$ : Sicherheitsbeiwert (siehe Q 1)
$\varrho$ : Reibungswinkel ($\varrho = \arctan \mu$)
$p_{zul}$ : zulässige Flächenpressung. Für Überschlagsrechnung gilt:

| Werkstoff | $p_{zul}$ N mm$^{-2}$ | |
|---|---|---|
| Grauguß | 40 … 50 | (in Einzelfällen höher) |
| Gußstahl, Stahl | 90 … 100 | |

# Maschinen-Elemente
## Welle-Nabe-Verbindungen

**Q 5**

### Diagramm zu Q 4

Diese Erfahrungswerte gelten in Verbindung mit einer Stahlwelle aus St 44, jedoch nicht für Sonderfälle (wie große Fliehkräfte u. ä.). Bei Kippkräften $L$ verlängern.

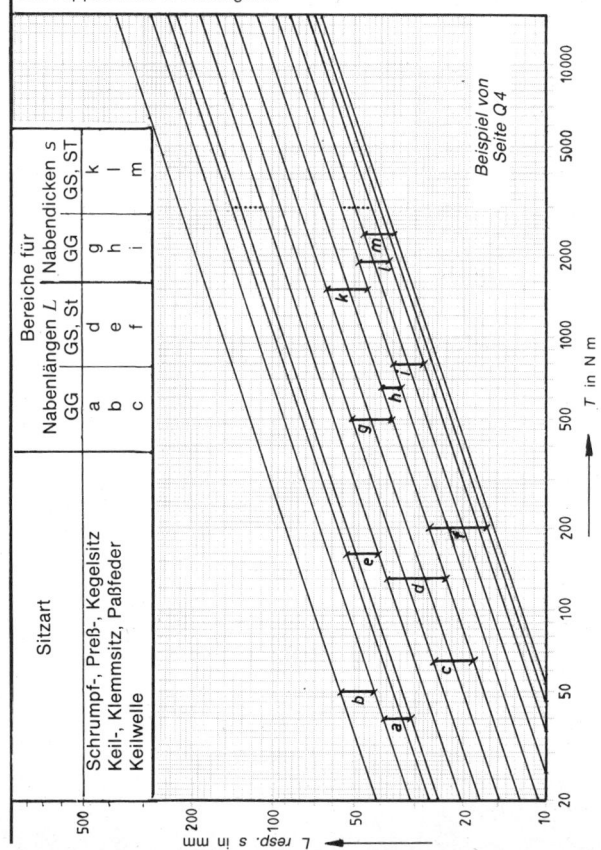

| Sitzart | Bereiche für | | | | | |
|---|---|---|---|---|---|---|
| | Nabenlängen $L$ | | | Nabendicken $s$ | | |
| | GG | GS, St | | GG | GS, St | |
| Schrumpf-, Preß-, Kegelsitz | a | d | | g | k | |
| Keil-, Klemmsitz, Paßfeder | b | e | | h | l | |
| Keilwelle | c | f | | i | m | |

$T$ in Nm

$L$ resp. $s$ in mm

Beispiel von Seite Q 4

# Maschinen-Elemente
## Federn
**Q 6**

### Federrate $R$ und Federarbeit $W$

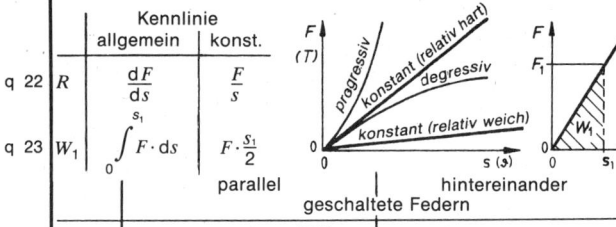

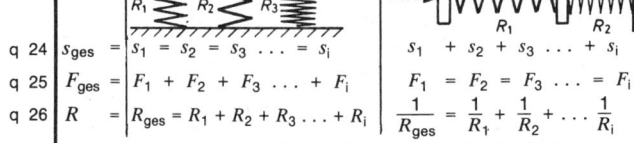

|   |   | Kennlinie allgemein | konst. |
|---|---|---|---|
| q 22 | $R$ | $\dfrac{dF}{ds}$ | $\dfrac{F}{s}$ |
| q 23 | $W_1$ | $\displaystyle\int_0^{s_1} F \cdot ds$ | $F \cdot \dfrac{s_1}{2}$ |

Kennlinien: progressiv, konstant (relativ hart), degressiv, konstant (relativ weich)

### parallel / hintereinander geschaltete Federn

|   | parallel | hintereinander |
|---|---|---|
| q 24 | $s_{ges} = s_1 = s_2 = s_3 \ldots = s_i$ | $s_1 + s_2 + s_3 \ldots + s_i$ |
| q 25 | $F_{ges} = F_1 + F_2 + F_3 \ldots + F_i$ | $F_1 = F_2 = F_3 \ldots = F_i$ |
| q 26 | $R = R_{ges} = R_1 + R_2 + R_3 \ldots + R_i$ | $\dfrac{1}{R_{ges}} = \dfrac{1}{R_1} + \dfrac{1}{R_2} + \ldots + \dfrac{1}{R_i}$ |

### Auf Zug und Druck beanspruchte Federn

Z. B. Ringfeder (Ringfeder GmbH, Krefeld)

### Auf Biegung beanspruchte Federn

**Rechteck-, Trapez-, Dreieckfedern**

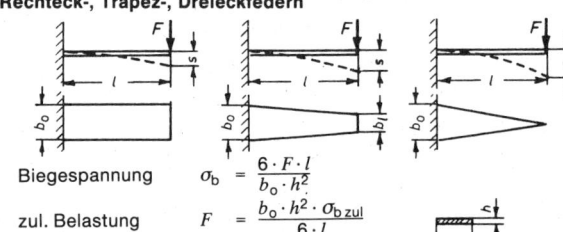

| q 27 | Biegespannung | $\sigma_b = \dfrac{6 \cdot F \cdot l}{b_o \cdot h^2}$ |
|---|---|---|
| q 28 | zul. Belastung | $F = \dfrac{b_o \cdot h^2 \cdot \sigma_{b\,zul}}{6 \cdot l}$ |
| q 29 | Federweg | $s = 4\,\psi \cdot \dfrac{l^3}{b_o \cdot h^3} \cdot \dfrac{F}{E}$ |

| $b_l/b_o$ | 1 [1] | 0,8 | 0,6 | 0,4 | 0,2 | 0 [2] |
|---|---|---|---|---|---|---|
| $\psi$ | 1,000 | 1,054 | 1,121 | 1,202 | 1,315 | 1,5 |

[1] Rechteckfeder
[2] Dreieckfeder

Fortsetzung siehe Q 7

# Maschinen-Elemente
## Federn
**Q 7**

Fortsetzung von Q 6

### Geschichtete Blattfeder

Geschichtete Blattfedern lassen sich als in Streifen geschnittene und neu angeordnete Trapezfedern auffassen (gemäß Schemaskizze mit **zwei parallel geschalteten Trapezfedern**) mit Gesamt-Federbreite:

q 30
$$b_o = z \cdot b$$

$z$: Zahl der Federblätter

Dann ist (wie q 28):

q 31
$$F \approx \frac{b_o \cdot h^2 \cdot \sigma_{b\,zul}}{6 \cdot l}$$

Haben die Federblätter 1 und 2 (wie in Zeichnung) gleiche federnde Länge, wird

q 32
$$b_l = 2b$$

Ergebnis der Rechnung berücksichtigt keine Reibung. Tatsächlich erhöht sich die Tragkraft durch Reibung um 2...12%.

Genaue Berechnung gemäß Merkblatt 394, 1. Auflage 1974 der Beratungsstelle für Stahlverwendung, Düsseldorf.

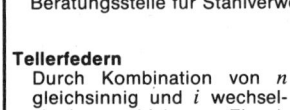

### Tellerfedern

Durch Kombination von $n$ gleichsinnig und $i$ wechselsinnig geschichteten Einzel-Tellern werden verschiedene Kennlinien erzielt

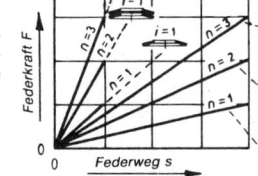

q 33
$$F_{ges} = n \cdot F_{einzeln}$$

q 34
$$s_{ges} = i \cdot s_{einzeln}$$

DIN 2092 Genaue Berechnung von Einzel-Tellerfedern
DIN 2093 Maße und Kennlinien von Norm-Tellerfedern (Reihen A und B fast linear, Reihe C Degression nicht vernachlässigbar)

**Werkstoffwerte:** Warmgeformte Stähle für Federn nach DIN 17221; z. B. für Blattfedern „51 Si 7; 50 Cr V 4".
$E$-Modul: 200 000 N/mm²
$\sigma_{b\,zul}$: statisch 910 N/mm²
schwingend (500±225) N/mm², Walzhaut entfernt, vergütet

Fortsetzung siehe Q 8

# Maschinen-Elemente
## Federn

**Q 8**

Fortsetzung von Q 7

**Schenkelfeder:** In Zeichnung ist Ausführung mit beidseitig nicht fest eingespannten Schenkeln dargestellt. Sie erfordert Führung auf Dorn. Besser sind fest eingespannte Schenkel.

q 35  zul. Belastung[1] $F_{zul} \approx \dfrac{W_b \cdot \sigma_{b\,zul}}{r}$

q 36  Ausschlagwinkel $\alpha \approx \dfrac{F \cdot r \cdot l}{I \cdot E}$

q 37  federnde Windungslänge $l \approx D_m \cdot \pi \cdot i_f$

$i_f$: Anzahl Windungen

Zusätzliche Korrektur für Durchbiegung langer Schenkel.

Genaue Berechnung siehe DIN 2088.

## Auf Verdrehung beanspruchte Federn

**Drehstabfeder**

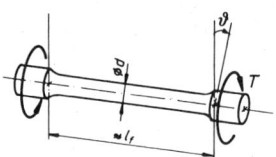

| Schubspannung | zul. Belastung | Verdrehungswinkel |
|---|---|---|
| q 38  $\tau = \dfrac{5\,T}{d^3}$ | $T = \dfrac{d^3}{5}\,\tau_{t\,zul}$ | $\vartheta = \dfrac{T \cdot l_f}{G \cdot I_p} \approx \dfrac{10\,T \cdot l_f}{G \cdot d^4}$ |

$l_f$: federnde Länge entspr. Skizze.

Zul. Spannung $\tau_{t\,zul}$ und Dauerfestigkeit $\tau_D$ in N/mm²

q 39

| | statisch | | schwingend[2] | |
|---|---|---|---|---|
| $\tau_{t\,zul}$ | nicht vorgesetzt | 700 | $\tau_D = \tau_m \pm \tau_A$ | $d = 20$ mm : $500 \pm 350$ |
| | vorgesetzt | 1020 | | $d = 60$ mm : $500 \pm 240$ |

$\tau_m$: Mittelspg.;   $\tau_A$: Spannungs-Ausschlag der Dauerfestigkeit

Genaue Berechnung, vor allem der federnden Länge, siehe DIN 2091.

---

[1] Ohne Berücksichtigung des aus Drahtkrümmung folgenden Spannungsbeiwertes.
[2] Oberfläche geschliffen und kugelgestrahlt, Edelstahl DIN 17221.

Fortsetzung siehe Q 9

# Maschinen-Elemente
## Federn

**Q 9**

Fortsetzung von Q 8
**Zylindrische Schraubenfeder** (Zug- und Druckfeder)

*Druckfeder* — *Zugfeder* — mit ——  | ohne ---  innerer Vorspannung

q 40 — Übliches Wickelverhältnis: $D/d = 5 \ldots 15$; $D = (D_e + D_i)/2$

Statische Beanspruchung:

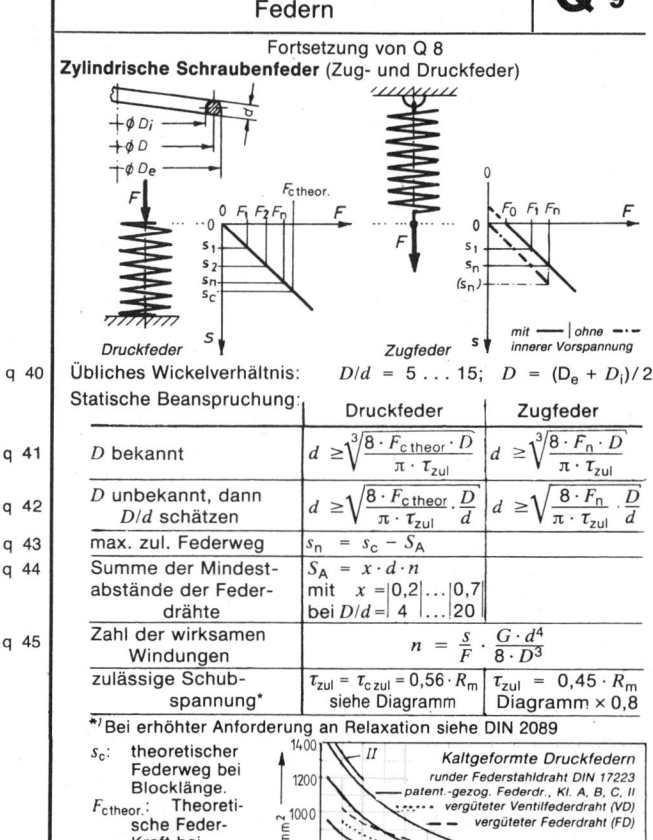

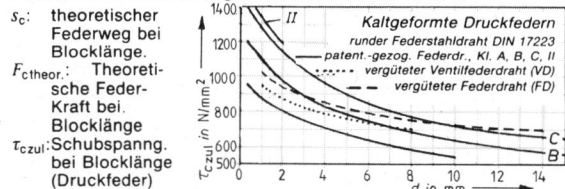

|     |     | Druckfeder | Zugfeder |
|-----|-----|-----------|----------|
| q 41 | $D$ bekannt | $d \geq \sqrt[3]{\dfrac{8 \cdot F_{c\,theor} \cdot D}{\pi \cdot \tau_{zul}}}$ | $d \geq \sqrt[3]{\dfrac{8 \cdot F_n \cdot D}{\pi \cdot \tau_{zul}}}$ |
| q 42 | $D$ unbekannt, dann $D/d$ schätzen | $d \geq \sqrt{\dfrac{8 \cdot F_{c\,theor}}{\pi \cdot \tau_{zul}} \cdot \dfrac{D}{d}}$ | $d \geq \sqrt{\dfrac{8 \cdot F_n}{\pi \cdot \tau_{zul}} \cdot \dfrac{D}{d}}$ |
| q 43 | max. zul. Federweg | $s_n = s_c - S_A$ | |
| q 44 | Summe der Mindestabstände der Federdrähte | $S_A = x \cdot d \cdot n$ mit $x = \|0,2\|\ldots\|0,7\|$ bei $D/d = \|4\|\ldots\|20\|$ | |
| q 45 | Zahl der wirksamen Windungen | $n = \dfrac{s}{F} \cdot \dfrac{G \cdot d^4}{8 \cdot D^3}$ | |
|      | zulässige Schubspannung* siehe Diagramm | $\tau_{zul} = \tau_{c\,zul} = 0{,}56 \cdot R_m$ Diagramm | $\tau_{zul} = 0{,}45 \cdot R_m$ Diagramm $\times\, 0{,}8$ |

*) Bei erhöhter Anforderung an Relaxation siehe DIN 2089

$s_c$: theoretischer Federweg bei Blocklänge.
$F_{c\,theor}$: Theoretische Federkraft bei Blocklänge.
$\tau_{c\,zul}$: Schubspann. bei Blocklänge (Druckfeder)

*Kaltgeformte Druckfedern*
runder Federstahldraht DIN 17223
—— patent.-gezog. Federdr., Kl. A, B, C, II
······ vergüteter Ventilfederdraht (VD)
— — vergüteter Federdraht (FD)

($\tau_{c\,zul}$ in N/mm² vs $d$ in mm)

Schwingende Beanspruchung:
In Rechnung einbeziehen: Beiwert $k$ für Drahtkrümmung sowie Dauerfestigkeit der Federstähle (siehe DIN 2089)

# Maschinen-Elemente
## Lager

**Q 10**

### Wälzlager

Berechnungsformeln, Tragzahlen und Abmessungen nach den Katalogen der Hersteller.

### Gleitlager

Hydrodynamisch geschmierte Radialgleitlager, stationär
(s. a. DIN 31651 und VDI 2204)

**Ziel der Rechnung**
Kein Heißlaufen und kein unzulässig hoher Verschleiß, also Trennung von Zapfen und Lager durch Schmierfilm.

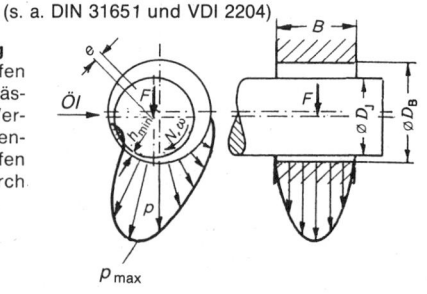

*Druckverteilung in Quer- und Längsschnitt*

**Breitenverhältnis** $B^* = B/D$

| Bereich | Anwendung |
|---|---|
| 0 – 0,5 | Kfz-Motoren, Flug-Motoren |
| 0,5 – 1,0 | Pumpen, Werkzeugmaschinen, Getriebe |
| 1,0 – 1,5 | Schiffslagerung, Dampfturbinen |
| ab 1,5 | Fettschmierung |

#### Allgemeine Eigenschaften

| schmale Lager | breite Lager |
|---|---|
| großer seitlicher Druckabfall, daher gute Kühlung bei entsprechendem Ölstrom; gut für hohe Umdrehungsfrequenzen; geringe Tragfähigkeit bei niederen Umdrehungsfrequenzen. | geringer seitlicher Druckabfall, daher zuverlässig hohe Tragkraft auch bei niederen Umdrehungsfrequenzen; schlechte Kühlmöglichkeit; Gefahr der Kantenpressung. |

Fortsetzung siehe Q 11

# Maschinen-Elemente
## Lager

**Q 11**

Fortsetzung von Q 10 (Gleitlager)

**Flächenpressung $\bar{p}$, $p_{max}$**

| q 46 | mittlere | Flächenpressung | $\bar{p} = \dfrac{F}{D \cdot B}$ |
|---|---|---|---|
| q 47 | maximale | | $p_{max} \leq \dfrac{2}{3}\sigma_{dF}$ |

Wenn $\sigma_{dF}$ unbekannt, verwende $R_{p0,2}$.

$p_{max}$ ist vor allem abhängig von der relativen Mindestschmierfilmdicke $h^*_{min}$ (siehe Sommerfeldzahl q 56).

Nebenstehendes Diagramm gibt das Verhältnis des Maximaldruckes zum mittleren Lagerdruck in Abhängigkeit von der relativen Schmierfilmdicke wieder.
(Nach Bauer – VDI 2204).

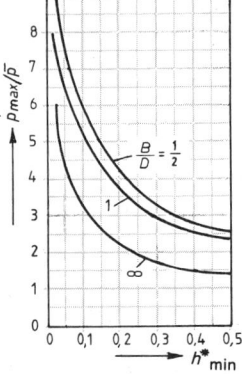

**Lagerspiel $C$, relatives Lagerspiel $\psi$**

| q 48 | $C = D_B - D_J$ ; $\quad \psi = C/D$ |

$\psi$ ist grundsätzlich das sich im Betrieb einstellende relative Lagerspiel (einschl. Wärmedehnung und elastischer Verformungen).

| q 49 | Übliche Werte $\psi = (0{,}3 \ldots 1 \ldots 3) \cdot 10^{-3}$ [1] |

Kriterien für die Wahl von $\psi$:

| | untere Werte | obere Werte |
|---|---|---|
| Lagerwerkstoff | weich (z.B. Weißmetall) | hart (z.B. Bronzen) |
| Viskosität | relativ niedrig | relativ hoch |
| Umfangsgeschwindigkeit | relativ niedrig | relativ hoch |
| Flächenpressung | relativ hoch | relativ niedrig |
| Breitenverhältnis | $B^* \leq 0{,}8$ | $B^* \geq 0{,}8$ |
| Abstützung | selbsteinstellend | starr |

| q 50 | Mindestwerte für Kunststoffe | $\psi \geq (3 \ldots 4) \cdot 10^{-3}$ |
| q 51 | Sintermetalle | $\psi \geq (1{,}5 \ldots 2) \cdot 10^{-3}$ |
| q 52 | [1] Fettgeschmierte Gleitlager: | $\psi = (2 \ldots 3) \cdot 10^{-3}$ |

Fortsetzung siehe Q 12

# Maschinen-Elemente
## Lager
## Q 12

Fortsetzung von Q 11 (Gleitlager)

### Mindestzulässige Schmierfilmdicke im Betrieb $h_{lim}$ in µm

| theoretisch | tatsächlich |
|---|---|
| q 54 | $h_{min} \geq h_{lim}$ = Wellendurchbiegung + Lagerverformung + Summe der Rauhtiefen ($R_{z.B} + R_{zJ}$) | $h_{lim} = [(1) \ldots 3{,}5 \ldots 10 \ldots (15)]$ ↓ ↓ Sonderfälle, z. B. einige Pkw-Kurbelwellenlager / kleine \| große Wellendurchmesser |

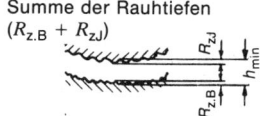

### Relative Schmierfilmdicke $h^*_{min}$

q 55
$$h^*_{min} = \frac{h_{min}}{C/2} = \frac{2\, h_{min}}{\psi \cdot D}$$

Für stationär belastete Lager:
$h^*_{min} \leq 0{,}35$
sonst Instabilität.

### Relative Exzentrizität $\varepsilon$

$$\varepsilon = \frac{e}{C/2} = 1 - h^*_{min}$$

### Sommerfeldzahl $So$
(Dimension 1)

q 56
$$So = \frac{\overline{p} \cdot \psi^2}{\eta_{eff} \cdot \omega}$$

Durch Einsetzen von $So$ in nebenstehendes Diagramm wird $h^*_{min}$ und damit auch $h_{min}$ bestimmt.

$\eta_{eff}$ in erster Näherung auf Austrittstemperatur beziehen, besser auf:
$T_{eff} = 0{,}5\,(T_{en} + T_{ex})$

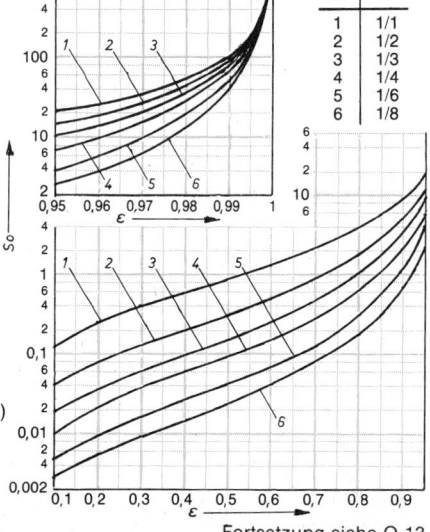

| Nr. | $B^*$ |
|---|---|
| 1 | 1/1 |
| 2 | 1/2 |
| 3 | 1/3 |
| 4 | 1/4 |
| 5 | 1/6 |
| 6 | 1/8 |

Fortsetzung siehe Q 13

# Maschinen-Elemente
## Lager
## Q 13

Fortsetzung von Q 12 (Gleitlager)

**Schmierstoffdurchsatz** infolge hydrodynamischer Druckentwicklung $Q_3$

Zur Aufrechterhaltung der hydrodynamischen Schmierung ist in 1. Näherung erforderlich (genauere Werte DIN 31652):

q 57  $Q_3 = 0,5\ B\ u\ (C - 2\ h_{min})$

Regeln: Ölzufuhr möglichst in dem sich erweiternden Teil des Gleitlagers. Ölgeschwindigkeit $v$

q 58  in Zufuhrleitungen $\quad v = 2$ m/s; $\quad p_{en} = 0,05 \ldots 0,2$ MPa
q 59  in Rücklaufleitungen $\quad v = 0,5$ m/s; $\quad p_{en} = 0$

Öltaschen, Ölnuten (Tiefe $\approx 2 \cdot C$) nie in belasteten Zonen; keine Verbindung mit Außenbereich des Lagers; bei höheren Drücken nur kurze Ölnuten oder -taschen; größere Öltaschen nur in Ausnahmefällen für größere Wärmeabfuhr.

## Wärmeabfuhr

Forderung:

q 60  Reibungsleistung $P_f = f\ F\ u = P_{th}$ (abgeführte Wärmeleistung)
(Hierzu $f$ über nachstehendes Diagramm berechnen, wobei $So$ nach q 56 ermittelt wird).

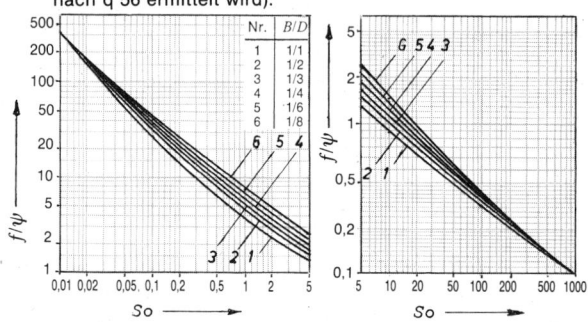

| Nr. | B/D |
|---|---|
| 1 | 1/1 |
| 2 | 1/2 |
| 3 | 1/3 |
| 4 | 1/4 |
| 5 | 1/6 |
| 6 | 1/8 |

Wärmeabfuhr durch Konvektion an der Gehäuseoberfläche $A$

q 61  $P_{th,\ amb} = k \cdot A\ (T_B - T_{amb})$ mit empirischer Formel für $k$:

$$\frac{k}{W/(m^2 K)} = 7 + 12\sqrt{\frac{w_{amb}}{m\ s^{-1}}} \qquad \begin{pmatrix}\text{zugeschnittene}\\ \text{Größengleichung}\end{pmatrix}$$

Fortsetzung siehe Q 14

Formelzeichen siehe Q 14

# Maschinen-Elemente
## Lager
## Q 14

Fortsetzung von Q 13 (Gleitlager)

Falls Größe der wärmeabgebenden Oberfläche $A$ unbekannt, Anhaltswert für Stehlager:

q 68
$$A = \pi \cdot H_H \left[ B_H + \frac{H_H}{2} \right]$$

Da $\eta$ temperaturabhängig und die sich im Betrieb einstellende Öltemperatur zunächst unbekannt, Iterationsrechnung durch vorläufiges und aus den Rechenergebnissen dann lfd. verbessertes Schätzen von $T_B$ nach q 61, bis gemäß q 60 $P_{th,\,amb} = P_f$.

**Wärmeabtuhr durch den Schmierstoff $P_{th,\,L}$:**
Ölkreislauf, ggf. mit Ölkühler (Konvektion, Strahlung, Wärmeleitung werden vernachlässigt)

q 69
$$P_{th,\,L} = Q_3 \cdot c_p \cdot \varrho \, (T_{ex} - T_{en})$$

Anhaltswerte für einfache Rechnungen bei Mineralölen:

q 70
$$c_p \cdot \varrho \approx (1{,}6 \ldots 1{,}8) \times 10^6 \, \text{J}\,\text{m}^{-3}\,\text{K}^{-1}$$

---

**Formelzeichen für Gleitlager:**

- $c_p$ : spezifische Wärmekapazität des Schmierstoffs (Werte s. Z 5)
- $f$ : Reibungszahl (Werte s. Z 7)
- $h_{min}$: minimale Schmierfilmdicke im Betrieb
- $k$ : Wärmedurchgangskoeffizient
- $p_{en}$ : Schmierstoffzuführdruck
- $\bar{p}$, $p_{max}$: mittlere, maximale Flächenpressung
- $u$ : Umfangsgeschwindigkeit des Lagerzapfens
- $w_{amb}$: Anströmgeschwindigkeit der Kühlluft
- $B_H$ : Gehäusebreite, in Achsrichtung
- $C$ : Lagerspiel
- $D$ : Lagernenndurchmesser
- $F$ : radiale Lagerkraft
- $H_H$ : Höhe des Lagergehäuses
- $N$ : Drehzahl
- $P_{th,\,amb}$: Wärmestrom an die Umgebung
- $Q_3$ : Schmierstoffdurchsatz
- $R_{zJ}$ : gemittelte Rauhtiefe der Wellengleitfläche
- $R_{zB}$ : gemittelte Rauhtiefe der Lagergleitfläche
- $T_{amb}$: Umgebungstemperatur
- $T_{en}$, $T_{ex}$: Eintritts-, Austritts-Temperatur des Schmierstoffs
- $T_B$ : Lagertemperatur (= Gehäusetemp. bei Konvektionskühlung)
- $\eta$ : dynamische Viskosität des Schmierstoffs (siehe N 1)
- $\eta_{eff}$: effektive dynamische Viskosität des Schmierstoffs
- $\varrho$ : Dichte des Schmierstoffs
- $\sigma_{dF}$ : Quetschgrenze
- $\psi$ : relatives Lagerspiel
- $\omega$ : Winkelgeschwindigkeit

# Maschinen-Elemente
## Geradführung – Kupplungen | Q 15

### Geradführung

Eine Geradführung arbeitet nur dann einwandfrei, wenn

q 71 $\quad \tan \alpha < \dfrac{l}{(2 \cdot h + l) \cdot \mu}\quad$ oder

das Längenverhältnis

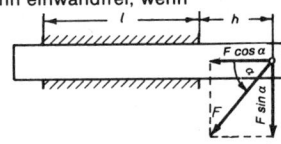

q 72 $\quad \dfrac{l}{h} = \lambda > \dfrac{2\,\mu\,\tan\alpha}{1 - \mu\,\tan\alpha}$

Werden obige Bedingungen für $\tan \alpha$ nicht erreicht, besteht Gefahr des „Eckens" bzw. „Klemmens".

### Reibschlüssige Schaltkupplungen

**Verlustarbeit und Rutschzeit je Schaltung**

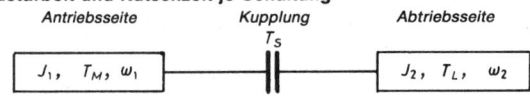

*Antriebsseite* — *Kupplung $T_S$* — *Abtriebsseite*

$J_1,\ T_M,\ \omega_1$  ——||——  $J_2,\ T_L,\ \omega_2$

Für die Überschlagsrechnung genügt ein vereinfachtes Modell mit folgenden Bedingungen:
Beschleunigung der Abtriebsseite von $\omega_2 = 0$ auf $\omega_2 = \omega_1$, $\omega_1$ = const.; $T_L$ = const.; $T_S$ = const. $> T_L$. Dann wird je Schaltung:

q 73 $\quad$ Verlustarbeit $\quad W_v = J_2 \cdot \dfrac{\omega_1^2}{2} \cdot \left(1 + \dfrac{T_L}{T_S - T_L}\right)$

q 74 $\quad$ Rutschzeit $\quad t_r = \dfrac{J_2 \cdot \omega_1}{T_S - T_L}$

**Berechnung der Reibflächen**

| Ein-flächen | ebene Zwei-flächen | Mehrflächen-Mehrscheiben-Lamellen- | kegelige | zylindrische |
|---|---|---|---|---|
| Kupplungen | | | Kupplungen | |

Zahl und Größe der Reibflächen ergeben sich aus der
zulässigen Flächenpressung $p_{zul}$ und der
zulässigen flächenbezogenen Wärmeleistung $q_{zul}$.

Fortsetzung siehe Q 16

Formelzeichen siehe Q 17

# Maschinen-Elemente
## Kupplungen
**Q 16**

Fortsetzung von Q 15
(Reibschlüssige Schaltkupplungen)

### Berechnung auf Flächenpressung $p$, $p_{zul}$ (Werte siehe Z 19)

Für alle Reibflächenformen gilt:

q 75
$$i \cdot A \geq \frac{T_S}{p_{zul} \cdot \mu_{dyn} \cdot R_m}$$

mit

q 76
$$R_m = \frac{2}{3} \cdot \frac{R_a^3 - R_i^3}{R_a^2 - R_i^2} \approx \frac{R_a + R_i}{2}$$

|  | ebene | kegelige Reibflächen | zylindrische |
|---|---|---|---|
| q 77 — axiale Schaltkraft | $F_a = A \cdot p$ | $F_a = A\, p \sin \alpha$ | — |
| q 78 | für Lamellen-Kupplungen üblich: | Bedingung: $\tan \alpha > \mu_{stat}$, sonst Festklemmen | $R_a = R_i = R_m$ |
| q 79 | $\dfrac{R_i}{R_a} = 0{,}6 \ldots 0{,}8$ | | |

Für Wellenberechnung: $T_{\ddot{u}} = T_s \cdot \dfrac{\mu_{stat}}{\mu_{dyn}}$

### Berechnung auf zulässige Erwärmung

Im SCHWERLASTANLAUF wird die höchste Temperatur bereits bei einer Schaltung erreicht. Sie ist abhängig von der Verlustarbeit, der Rutschzeit, der Wärmeleitung, der Wärmekapazität und der Kühlung. Diese Beziehungen sind nicht in einer allgemeinen Gleichung darzustellen.

Bei DAUERSCHALTUNGEN stellt sich eine konstante Temperatur erst nach mehreren Schaltvorgängen ein. Für die zulässige flächenbezogene Wärmeleistung $q_{zul}$ bei Dauerschaltungen gibt es Erfahrungswerte. (Werte siehe Z 19).

q 80    Reibungsleistung    $P_f = W_v \cdot z$

q 81    Bedingung    $i \cdot A \geq \dfrac{W_v \cdot z}{q_{zul}}$

---

Formelzeichen siehe Q 17

# Maschinen-Elemente
Reibungskupplungen und -bremsen | **Q 17**

## Reibungsbremsen

Sämtliche reibschlüssigen Schaltkupplungen können auch als Bremsen eingesetzt werden. Außerdem noch:

### (Teil-) Scheibenbremsen
mit Bremssattel oder Bremszange

q 82 $\quad T_B = 2 \cdot \mu \cdot F_S \cdot j \cdot R_m$

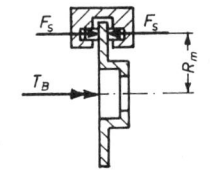

### Innenbackenbremsen

(Bild: Simplex-Bremsen, vereinfachte Darstellung der an den Backen angreifende Kräfte).

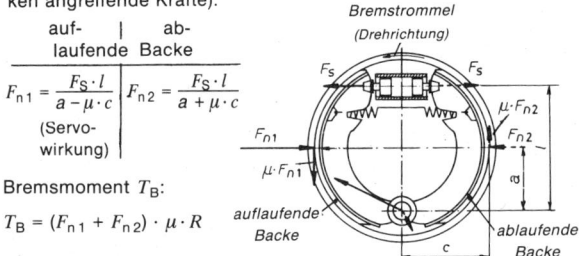

| auflaufende Backe | ablaufende Backe |
|---|---|
| $F_{n1} = \dfrac{F_S \cdot l}{a - \mu \cdot c}$ (Servowirkung) | $F_{n2} = \dfrac{F_S \cdot l}{a + \mu \cdot c}$ |

q 83/84

Bremsmoment $T_B$:

q 85 $\quad T_B = (F_{n1} + F_{n2}) \cdot \mu \cdot R$

**Bandbremsen** siehe K 13

---

Formelzeichen für Reibungskupplungen und -bremsen:

- $A$ : Flächeninhalt der Reibfläche
- $T_B$ : Bremsmoment
- $T_L$ : Lastmoment
- $T_M$ : Motordrehmoment
- $T_S$ : Schaltmoment der Kupplung
- $T_ü$ : übertragbares Moment der Kupplung
- $R$ : Reibflächenradius
- $R_m, R_a, R_i$ : mittlerer, äußerer, innerer Reibradius
- $W_V$ : Verlustarbeit je Schaltvorgang
- $i$ : Zahl der Reibflächen
- $j$ : Zahl der Bremszangen auf einer Bremsscheibe
- $z$ : Schaltfrequenz (BE: $s^{-1}$; $h^{-1}$)
- $\mu, \mu_{dyn}, \mu_{stat}$: Reibungs-, Gleitreibungs-, Haftreibungsbeiwert
- $\omega$ : Winkelgeschwindigkeit
  (Eigenschaften der Reibstoffe siehe Z 19)

# Maschinen-Elemente
## Stirnräder
### Q 18

### Zahnradgetriebe mit Evolventenverzahnung

**Stirnradgetriebe,** Geometrie

| | | |
|---|---|---|
| q 86 | Zähnezahlverhältnis | $u = \dfrac{z_2}{z_1}$ |
| q 87 | Übersetzung | $i = \dfrac{\omega_a}{\omega_b} = \dfrac{n_a}{n_b} = -\dfrac{z_b{}^{1)}}{z_a}$ |

Übersetzung in einem mehrstufigen Getriebe:

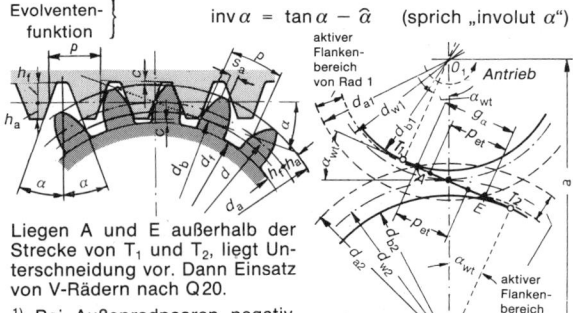

| | | |
|---|---|---|
| q 88 | | $i_{ges} = i_I \cdot i_{II} \cdot i_{III} \cdot \ldots \cdot i_n$ |
| q 89 | Evolventen-funktion | $\operatorname{inv} \alpha = \tan \alpha - \widehat{\alpha}$ (sprich „involut $\alpha$") |

Liegen A und E außerhalb der Strecke von $T_1$ und $T_2$, liegt Unterschneidung vor. Dann Einsatz von V-Rädern nach Q20.

[1)] Bei Außenradpaaren negativ, da Drehrichtungsumkehr. Bei Innenradpaaren positiv.
In der Regel kann das Vorzeichen fortgelassen werden.

*Ermittlung der Eingriffsstrecke*
*Weitere Einzelheiten s. DIN 3960*

| | | Nullräder mit Verzahnung nach DIN 867 | |
|---|---|---|---|
| | | geradverzahnt | schrägverzahnt |
| q 90 q 91 q 92 | Normalteilung Stirnteilung | $p = \dfrac{\pi \cdot d}{z} = m \cdot \pi$ | $p_n = m_n \cdot \pi$ $p_t = \dfrac{m_n \cdot \pi}{\cos \beta}$ |
| q 93 q 94 q 95 | Normalmodul Stirnmodul | $m = \dfrac{p}{\pi} = \dfrac{d}{z}$ | $m_n = \dfrac{p_n}{\pi} = \dfrac{d}{z} \cdot \cos \beta$ $m_t = \dfrac{m_n}{\cos \beta} = \dfrac{d}{z}$ |
| q 96 | Kopfhöhe | $h_a = h_{aP} = m$ | |
| q 97 | Fußhöhe | $h_f = h_{fP} = m + c$ | |
| q 98 | Kopfspiel | $c = (0{,}1 \ldots 0{,}4)\, m \approx 0{,}2 \cdot m$ | |

Fortsetzung siehe Q 19

Formelzeichen siehe Q 29, Indizes siehe Q 23

# Maschinen-Elemente
## Stirnräder
## Q 19

Fortsetzung von Q 18 (Stirnradgetriebe)

| | | Nullräder | |
|---|---|---|---|
| | | geradverzahnt | schrägverzahnt |
| q 99/100 | Teilkreis-∅ | $d = m \cdot z$ | $d = \dfrac{m_n \cdot z}{\cos \beta} = m_t \cdot z$ |
| q 101 | Kopfkreis-∅ | $d_a = d + 2 \cdot h_a$ | |
| q 102 | Fußkreis-∅ | $d_f = d - 2 \cdot h_f$ | |
| q 103 | Eingriffswinkel | $\alpha = \alpha_n = \alpha_t = \alpha_p$ | $\alpha_n = \alpha_p$ |
| q 104 | | | $\tan \alpha_t = \dfrac{\tan \alpha_n}{\cos \beta}$ |
| 105/106 | Grundkreis-∅ | $d_b = d \cdot \cos \alpha$ | $d_b = d \cdot \cos \alpha_t$ |
| q 107 | Ersatzzähnezahl | | $z_n = z \dfrac{1}{\cos^2 \beta_b \cdot \cos \beta}$ |
| q 108 | Mindest-(Grenz-)zähnezahl | | (Tabelle siehe DIN 3960) $\approx \dfrac{z}{\cos^3 \beta}$ |
| q 109 | Zur Vermeidung von Unterschnitt bei Herstellung mit Zahnstangenwerkzeug — theor. | $z_g = \dfrac{2}{\sin^2 \alpha} \approx 17$ für $\alpha_P = 20°$ | $z_{gs'} \approx 17 \cdot \cos^3 \beta$ |
| 110/111 | prakt. | $z_{g'} \approx 14$ | $z_{gs'} \approx 14 \cdot \cos^3 \beta$ |
| q 112 | Sprung | | $g_\beta = b \cdot \tan |\beta|$ |

| | | Nullgetriebe | |
|---|---|---|---|
| | | geradverzahnt | schrägverzahnt |
| 113/114 | Achsabstand | $a_d = \dfrac{d_1 + d_2}{2} = m \dfrac{z_1 + z_2}{2}$ | $a_d = \dfrac{d_1 + d_2}{2} = m_n \dfrac{z_1 + z_2}{2 \cdot \cos \beta}$ |
| q 115 | Eingriffsstrecke (Gesamtlänge) | $g_\alpha = \dfrac{1}{2} \left[ \sqrt{d_{a1}^2 - d_{b1}^2} + \sqrt{d_{a2}^2 - d_{b2}^2} - (d_{b1} + d_{b2}) \cdot \tan \alpha_t \right]$ | |
| 116/117 | Profilüberdeckung | $\varepsilon_\alpha = \dfrac{g_\alpha}{p \cdot \cos \alpha}$ | $\varepsilon_\alpha = \dfrac{g_\alpha}{p_t \cdot \cos \alpha_t}$ |
| q 118 | Sprungüberdeckung | | $\varepsilon_\beta = \dfrac{b \cdot \sin |\beta|}{m_n \cdot \pi}$ |
| q 119 | Gesamtüberdeckung | | $\varepsilon_\gamma = \varepsilon_\alpha + \varepsilon_\beta$ |

Fortsetzung siehe Q 20

Formelzeichen siehe Q 29, Indizes siehe Q 23

# Maschinen-Elemente
## Stirnräder
### Q 20

Fortsetzung von Q 19 (Stirnradgetriebe)

|  |  | V-Räder, V-Getriebe | |
|---|---|---|---|
|  |  | geradverzahnt | schrägverzahnt |
|  | $p$, $p_n$, $p_t$, $z$, $z_n$ $m$, $m_n$, $m_t$, $d$, $d_b$ | vgl. Nullräder | |
| 120/121 | Profilverschiebung | $x \cdot m$ | $x \cdot m_n$ |
| 122/123 | Profilverschiebungs-faktor / Zur Vermeidung von Unterschnitt | $x_{min} = -\dfrac{z \cdot \sin^2\alpha}{2} +$ $+\dfrac{h_{a0} \cdot \varrho_{a0}(1-\sin\alpha)}{m}$ | $x_{min} = -\dfrac{z \cdot \sin^2\alpha_t}{2 \cdot \cos\beta} +$ $+\dfrac{h_{a0} \cdot \varrho_{a0}(1-\sin\alpha_n)}{m_n}$ |
|  |  | kann um maximal 0,17 kleiner sein | |
| 124/125 | desgl.[1] | $x \approx \dfrac{14-z}{17}$ | $x \approx \dfrac{14-(z/\cos^3\beta)}{17}$ |
| q 126 | Zur Einhaltung eines Achsabstand. (Summe!) | $x_1 + x_2 = \dfrac{(z_1+z_2)\cdot(\text{inv}\,\alpha_{wt}-\text{inv}\,\alpha_t)}{2\cdot\tan\alpha_n}$ | |
| q 127 | $\alpha_{wt}$ wird errechnet aus | $\cos\alpha_{wt} = \dfrac{(z_1+z_2)\cdot m_t}{2\cdot a}\cdot\cos\alpha_t$ | |
| q 128 | oder | $\text{inv}\,\alpha_{wt} = \text{inv}\,\alpha_t + 2\cdot\dfrac{x_1+x_2}{z_1+z_2}\cdot\tan\alpha_n$ | |
| q 129 | Achsabstand | $a = a_d \cdot \dfrac{\cos\alpha_t}{\cos\alpha_{wt}}$ | |
| q 130 | Kopfhöhenänderung | $k^* \cdot m_n = a - a_d - m_n \cdot (x_1+x_2)$ [2] | |
| q 131 | Kopfhöhe | $h_a = h_{aP} + x \cdot m_n + k^* \cdot m_n$ | |
| q 132 | Fußhöhe | $h_f = h_{fP} - x \cdot m_n$ | |
| q 133 | Kopfkreis-Ø | $d_a = d + 2 \cdot h_a$ | |
| q 134 | Fußkreis-Ø | $d_f = d - 2 \cdot h_f$ | |
| q 135 | Eingriffsstrecke | $g_\alpha = \dfrac{1}{2}\left[\sqrt{d_{a1}^2 - d_{b1}^2} + \sqrt{d_{a2}^2 - d_{b2}^2} - (d_{b1}+d_{b2})\cdot\tan\alpha_{wt}\right]$ | |
| 136/137 | Profil- / überdeckung | $\varepsilon_\alpha = g_\alpha / (p \cdot \cos\alpha)$ | $\varepsilon_\alpha = g_\alpha / (p_t \cdot \cos\alpha_t)$ |
| q 138 | Sprung- | | $\varepsilon_\beta = b \cdot \sin|\beta| / (m_n \cdot \pi)$ |
| q 139 | Gesamt- | $\varepsilon_\gamma = \varepsilon_\alpha + \varepsilon_\beta$ | |

[1] für ein praktisches Grenzrad bei $\alpha_p = 20°$.
[2] Vorzeichengerecht! Bei Außenpaaren wird $k^* \cdot m_n < 0$!
Bei $k^* < 0,1$ kann häufig auf Kopfhöhenänderung verzichtet werden.

Formelzeichen siehe Q 29, Indizes siehe Q 23

# Maschinen-Elemente
## Stirnräder
**Q 21**

### Stirnradgetriebe, Auslegung

Die Abmessungen ergeben sich aus der
Zahnfuß-Tragfähigkeit und der
Flanken-Tragfähigkeit,
die jede für sich eingehalten werden müssen.

Die Nachrechnung eines Getriebes erfolgt nach DIN 3990. Durch Umformung und grobe Zusammenfassung einzelner Faktoren lassen sich Überschlagsformeln entwickeln.

**Zahnfuß-Tragfähigkeit** (Überschlagsrechnung)

Sicherheitsfaktor $S_F$ gegen Zahnfuß-Dauerbruch:

q 140
$$S_F = \frac{\sigma_{F\lim} \cdot Y_{ST} \cdot Y_{NT} \cdot Y_{\delta relT} \cdot Y_{RrelT} \cdot Y_X}{\dfrac{F_t}{b \cdot m_n} \cdot K_A \cdot K_V \cdot K_{F\alpha} \cdot K_{F\beta} \cdot \underbrace{Y_{Fa} \cdot Y_{Sa}}_{= Y_{Fs}} \cdot Y_\varepsilon \cdot Y_\beta} \geq S_{F\min}$$

Daraus mit den Vereinfachungen:
$(K_{F\alpha} \cdot Y_\varepsilon \cdot Y_\beta) \approx 1; \quad Y_{ST} = 2; \quad Y_{NT} \approx 1;$
$(Y_{\delta relT} \cdot Y_{RrelT} \cdot Y_X) \approx 1$

q 141
$$m_n \geq \frac{F_t}{b} \cdot \frac{(K_A \cdot K_V) \cdot K_{F\beta} \cdot Y_{FS} \cdot S_{F\min}}{2 \cdot \sigma_{F\lim}}$$

$Y_{FS}$: Kopffaktor für Außenverzahnung (siehe Diagramm)

q 142 $K_A \cdot K_V = 1 \ldots 3$, selten mehr, (berücksichtigt äußere Stöße und Ungleichförmigkeiten, die Nennmoment überschreiten, innere dynamische Zusatzkräfte, abhängig von Zahnfehlern und Umfangsgeschwindigkeiten)

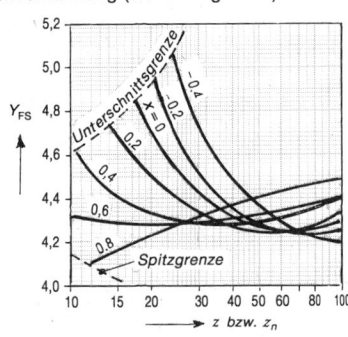

q 143 $S_{F\min} = 1{,}7$ (Anhaltswert)
q 144 $\sigma_{F\lim}$: Anhaltswerte siehe Tabelle auf Q 22

Fortsetzung siehe Q 22

Formelzeichen siehe Q 29, Indizes siehe Q 23

# Maschinen-Elemente
## Stirnräder
**Q 22**

Fortsetzung von Q 21 (Stirnradgetriebe, Auslegung)

**Flanken-Tragfähigkeit** (Überschlagsrechnung)

Sicherheitsfaktor $S_H$ gegen Grübchenbildung

q 145
$$S_H = \frac{\sigma_{H\lim} \cdot Z_{NT} \cdot (Z_L \cdot Z_v \cdot Z_R) \cdot Z_W \cdot Z_X}{\sqrt{\frac{u+1}{u} \cdot \frac{F_t}{b \cdot d_1}} \cdot Z_H \cdot Z_E \cdot Z_\varepsilon \cdot Z_\beta \cdot \sqrt{K_A \cdot K_v \cdot K_{H\alpha} \cdot K_{H\beta}}} \geq S_{H\min}$$

Für Metalle wird Elastizitätsfaktor $Z_E$ vereinfacht zu:

q 146
$$Z_E = \sqrt{0{,}175 \cdot E} \quad \text{mit} \quad E = \frac{2 \cdot E_1 \cdot E_2}{E_1 + E_2}$$

Damit wird die Überschlagsformel:

q 147
$$d_1 \geq \sqrt{\frac{2 \cdot T_1}{b} \cdot \frac{u+1}{u} \, 0{,}175 \cdot E \cdot \cos\beta} \cdot \frac{Z_H \cdot Z_E \cdot \overbrace{\sqrt{K_{H\alpha}}}^{\approx 1} \cdot \sqrt{K_A \cdot K_v} \cdot \sqrt{K_{H\beta}}}{\underbrace{(Z_L \cdot Z_v \cdot Z_R)}_{\text{s. q 151}} \cdot \underbrace{(Z_{NT} \cdot Z_W \cdot Z_X)}_{\approx 1}} \cdot \frac{S_{H\min}}{\sigma_{H\lim}}$$

Anhaltswerte für Festigkeit
*(Diagramme in DIN 3990, Teil 5)*

| Werkstoff | | $\sigma_{F\lim}$ N/mm² | $\sigma_{H\lim}$ N/mm² |
|---|---|---|---|
| GG 35 | | 80 | 360 |
| GGG 80 | | 230 | 560 |
| GS 60 | | 170 | 420 |
| St 60 | | 200 | 400 |
| CK 60 V | | 220 | 620 |
| 42 Cr Mo 4 | vergütet | 290 | 670 |
| | oberflächengehärtet | 350 | 1360 |
| | nitriert | 430 | 1220 |
| 15 Cr Ni 6 einsatzgehärtet | | 500 | 1630 |

nur gültig für $\alpha_n = 20°$

$Z_H$ für $\alpha_n = 20°$ — Schrägungswinkel am Teilzylinder $\beta$
(Diagramm mit Kurven für $(x_1 + x_2)/(z_1 + z_2)$ = -0,02; -0,015; -0,01; -0,005; 0; 0,005; 0,01; 0,02; 0,03; 0,05; 0,08; 0,1)

Fortsetzung siehe Q 23

q 148  $Z_H$ : Zonenfaktor (siehe Diagramm)
q 149  $K_A \cdot K_v$ : siehe Zahnfußtragfähigkeit (q 142)
        $S_{H\min} \approx 1{,}2$ (als Anhaltswert)
q 150  $\sigma_{H\lim}$ : Anhaltswerte siehe Tabelle
q 151  $(Z_L \cdot Z_v \cdot Z_R) \approx 0{,}85$ für wälzgefräste, -gehobelte oder -gestoßene Verzahnung
        $\approx 0{,}92$ für geschliffene oder geschabte Zähne mit $R_{z100} > 4\,\mu m$

Übrige Formelzeichen siehe Q 29, Indizes siehe Q 23

# Maschinen-Elemente
## Stirnräder

**Q 23**

Fortsetzung von Q 22 (Stirnradgetriebe, Auslegung)

In q 141, q 145 und q 147 müssen $b$ bzw. $b$ und $d$ bekannt sein. Zur Abschätzung dienen nachstehende Verhältniswerte, mit denen zunächst gerechnet werden sollte:

### Ritzelabmessungen

|  | Entweder: | $\dfrac{d_1}{d_{\text{Welle}1}}$ | Oder: aus Übersetzung $i$ und einem vorgeschriebenen Achsabstand. (Siehe q 113–114–129) |
|---|---|---|---|
| q 152 | Schaftritzel | 1,2 ... 1,5 | |
| q 153 | aufgesetztes Ritzel | 2 | |

### Zahnbreitenverhältnisse

|  | Zahn- und Lagergüte | $\dfrac{b}{m_t}$ | $\dfrac{b}{d_1}$ |
|---|---|---|---|
| q 154 | Zähne sauber gegossen oder brenngeschnitten | 6 ... 10 | |
| q 155 | Zähne bearbeitet; Lagerung auf Stahlkonstruktion oder Ritzel fliegend gelagert | (6) ... 10 ... 15 | |
| q 156 | Zähne gut bearbeitet; Lagerung in Getriebegehäuse | 15 ... 25 | |
| q 157 | Zähne fein bearbeitet; gute Lagerung und Schmierung in Getriebekasten: $n_1 \leq 50\ \text{s}^{-1}$. | 20 ... 40 | |
| q 158 | fliegendes Ritzel | | $\leq 0{,}7$ |
| q 159 | beidseitig gelagerte Welle | | $\leq 1{,}5$ |

Erläuterung der Indizes für Q 18 ... 25

- a : treibendes Rad
- b : getriebenes Rad
- m : Zahnmitte, mittlere Teilkegellänge (Kegelräder)
- n : Normalschnitt
- o : Werkzeug
- t : Stirnschnitt bzw. Tangentialrichtung
- v : Ergänzungsstirnrad (Kegelräder)
- 1 : kleines Rad
- 2 : großes Rad

Formelzeichen siehe Q 29

# Maschinen-Elemente
## Kegelräder

**Q 24**

### Kegelräder
(Geradverzahnt, für Achswinkel $\Sigma = 90°$)

**Kegelradgetriebe,** Geometrie

Es gelten die Gleichungen q 86 ... q 88, außerdem:

Teilkegelwinkel $\delta$

q 160 $\quad \tan \delta_1 = \dfrac{\sin \Sigma}{\cos \Sigma + u}$ ;

q 161 $\quad \left( \Sigma = 90° \Rightarrow \tan \delta_1 = \dfrac{1}{u} \right)$

q 162 $\quad \tan \delta_2 = \dfrac{\sin \Sigma}{\cos \Sigma + 1/u}$ ;

q 163 $\quad (\Sigma = 90° \Rightarrow \tan \delta_2 = u)$

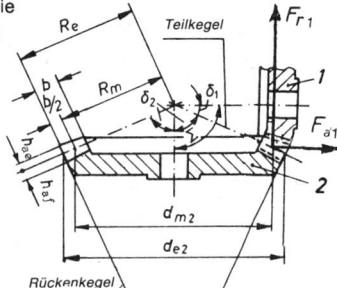

q 164 $\quad$ Achsenwinkel $\quad \Sigma = \delta_1 + \delta_2$

q 165 $\quad$ Äußere Teil-Kegellänge $\Big\}$ $R_e = \dfrac{d_e}{2 \cdot \sin \delta}$

dargestellt sind nur die Axial- und Radialkraft, die im Eingriff auf Rad 1 wirken.

Abwicklung des Rückenkegels zur Untersuchung der Eingriffsverhältnisse und zur Tragfähigkeitsberechnung ergibt das (virtuelle = Index „v") Ersatz- bzw. Ergänzungsstirnrad mit den Größen:

q 167 $\quad$ Geradzahn-Kegelrad $\quad z_v = \dfrac{z}{\cos \delta} \quad \Big| \quad u_v = \dfrac{z_{v2}}{z_{v1}} \quad \Big| \quad d_v = \dfrac{d_m}{\cos \delta}$

In der Mantelfläche des Rückenkegels gelten die Gleichungen q 92, q 95...q 100 sinngemäß (Index „e").

**Kegelradgetriebe**, Auslegung

Die Auslegung wird auf die MITTE DER ZAHNBREITE $b$ bezogen (Index „$m$") mit den Größen:

169/170 $\quad R_m = R_e - \dfrac{b}{2} \quad \Big| \quad m_{mn} = \dfrac{d_m}{z}$

171/172 $\quad d_m = 2 \cdot R_m \cdot \sin \delta \quad \Big| \quad F_{mt} = \dfrac{2 \cdot T}{d_m}$

Fortsetzung siehe Q 25

Formelzeichen siehe Q 29, Indizes siehe Q 23

# Maschinen-Elemente
## Kegelräder
**Q 25**

Fortsetzung von Q 24

### Axial- und Radialkraft im Eingriff

q 173 Axialkraft $\quad F_a = F_{mt} \cdot \tan\alpha \cdot \sin\delta$

q 174 Radialkraft $\quad F_r = F_{mt} \cdot \tan\alpha \cdot \cos\delta$

### Zahnfuß-Tragfähigkeit (Überschlagsrechnung)

Sicherheitsfaktor $S_F$ gegen Zahnfuß-Dauerbruch:

q 175
$$S_F = \frac{\sigma_{F\lim} \cdot Y_{ST} \cdot Y_{\delta\,\text{rel}\,T} \cdot Y_{R\,\text{rel}\,T} \cdot Y_X}{\dfrac{F_{mt}}{b_{eF} \cdot m_{mn}} \cdot Y_{FS} \cdot Y_\varepsilon \cdot Y_K \cdot (K_A \cdot K_v \cdot K_{F\alpha} \cdot K_{F\beta})} \geq S_{F\min}$$

Mit Ausnahme von $Y_{ST}$ werden die Faktoren $Y$ für die Ersatz-stirnräder (Index „v") ermittelt.

Daraus Überschlagsformel:

q 176
$$m_{mn} \geq \frac{F_{mt}}{\underbrace{b_{eF}}_{0{,}85\,\cdot\,b}} \cdot Y_{FS} \cdot \underbrace{Y_\varepsilon}_{\approx\,1} \cdot \underbrace{K_{F\alpha}}_{\approx\,1} \cdot Y_K \cdot (K_A \cdot K_v) \overbrace{K_{F\beta}}^{\text{s.\,q\,180}} \cdot \frac{S_{F\min}}{\underbrace{Y_{ST}}_{2} \cdot \underbrace{(Y_{\delta\,\text{rel}\,T} \cdot Y_{R\,\text{rel}\,T} \cdot Y_X)}_{\approx\,1} \cdot \sigma_{F\lim}}$$

$Y_{FS}$: Hierzu Zähnezahl des Ergänzungs-Stirnrades $z_v$ einsetzen. Dann gilt das Diagramm für Stirnräder auf Seite Q 21 auch für Kegelräder.

Alle anderen Angaben siehe q 142, q 143 und q 144.

### Flanken-Tragfähigkeit (Überschlagsrechnung)

Sicherheitsfaktor $S_H$ gegen Grübchenbildung

q 177
$$S_H = \frac{\sigma_{H\lim} \cdot (Z_L \cdot Z_v \cdot Z_R) \cdot Z_X}{\sqrt{\dfrac{F_{mt}}{d_{v1} \cdot b_{eH}} \cdot \dfrac{u_v+1}{u_v}} \cdot Z_H \cdot Z_E \cdot Z_\varepsilon \cdot Z_K \cdot \sqrt{K_A \cdot K_v \cdot K_{H\alpha} \cdot K_{H\beta}}} \geq S_{H\min}$$

Für Metalle wird Faktor $Z_E$ vereinfacht zu

q 178 $\quad Z_E = \sqrt{0{,}175 \cdot E}\quad$ mit $\quad E = \dfrac{2 E_1 \cdot E_2}{E_1 + E_2}$

Daraus Überschlagsformel:

q 179
$$d_{m1} \geq \sqrt{\frac{2 \cdot T_1 \cdot \cos\delta_1}{\underbrace{b_{eH}}_{0{,}85\,\cdot\,b}} \cdot \frac{u_v+1}{u_v} \cdot 0{,}175 \cdot E} \cdot \frac{Z_H \cdot Z_K \cdot \overbrace{Z_\varepsilon}^{\approx\,1} \sqrt{\overbrace{K_{H\alpha}}^{\approx\,1}} \cdot \sqrt{K_A \cdot K_v} \cdot \overbrace{\sqrt{K_{H\beta}}}^{\text{s.\,q\,180}} \cdot S_{H\min}}{\underbrace{(Z_L \cdot Z_v \cdot Z_R)}_{\text{s.\,q\,151}} \cdot \underbrace{Z_X}_{\approx\,1} \cdot \sigma_{H\lim}}$$

q 180 $\quad K_{H\beta} = K_{F\beta} \approx 1{,}65$ bei beidseitiger Lagerung von Ritzel und Rad
$\approx 1{,}88$ bei einer fliegenden u. einer beidseit. Lagerung
$\approx 2{,}25$ bei fliegender Lagerung von Ritzel und Rad

q 181 $\quad Z_H$: s. Diagramm für $Z_H$ (Seite Q 22), jedoch nur gültig für
$(x_1 + x_2)/(z_1 + z_2) = 0$ mit $\beta = \beta_m$.
$Z_H = 2{,}495$ bei $\alpha = 20°$ und Null- oder V-Null-Getrieben.
Alle anderen Angaben siehe q 148 ... q 151.

Formelzeichen siehe Q 29, Indizes siehe Q 23

# Maschinen-Elemente
## Umlaufgetriebe
**Q 26**

### Geschwindigkeitspläne und Winkelgeschwindigkeiten
(bezogen auf den festen Raum, nicht z.B. auf den umlfd. Steg)

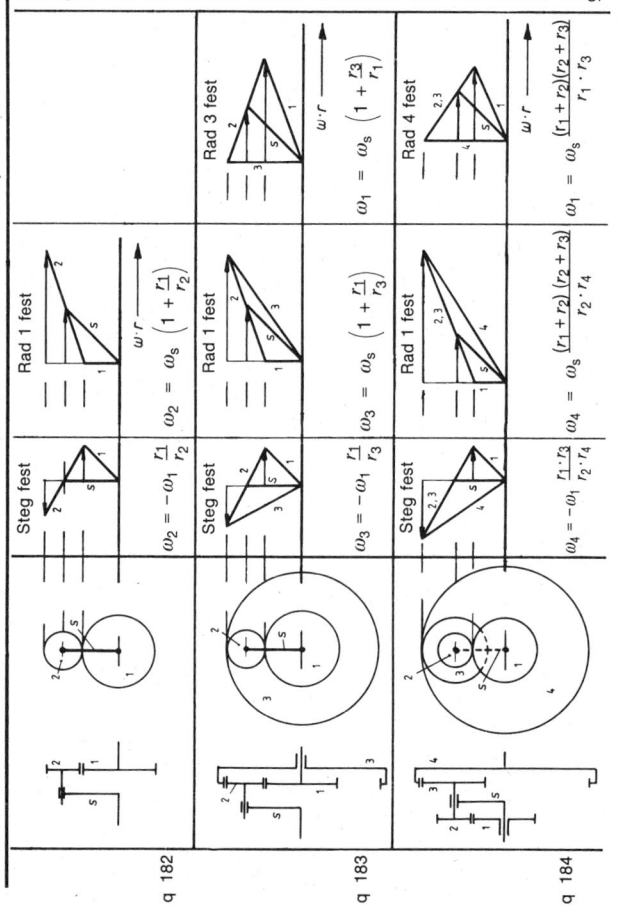

| | q 182 | q 183 | q 184 |
|---|---|---|---|
| **Rad 3 / 4 fest** | — | Rad 3 fest: $\omega_1 = \omega_s \left(1 + \dfrac{r_3}{r_1}\right)$ | Rad 4 fest: $\omega_1 = \omega_s \dfrac{(r_1 + r_2)(r_2 + r_3)}{r_1 \cdot r_3}$ |
| **Rad 1 fest** | $\omega_2 = \omega_s \left(1 + \dfrac{r_1}{r_2}\right)$ | $\omega_3 = \omega_s \left(1 + \dfrac{r_1}{r_3}\right)$ | $\omega_4 = \omega_s \dfrac{(r_1 + r_2)(r_2 + r_3)}{r_2 \cdot r_4}$ |
| **Steg fest** | $\omega_2 = -\omega_1 \dfrac{r_1}{r_2}$ | $\omega_3 = -\omega_1 \dfrac{r_1}{r_3}$ | $\omega_4 = -\omega_1 \dfrac{r_1 \cdot r_3}{r_2 \cdot r_4}$ |

# Maschinen-Elemente
## Schneckengetriebe
**Q 27**

**Schneckengetriebe**, Geometrie

(Zylinderschnecken-getriebe, Normmodul im Achsschnitt, DIN 3976, Achswinkel $\Sigma = 90°$).

Treibende Schnecke: Dargestellt sind nur die Kräfte, die im Eingriff auf die Schnecke wirken.

Im Beispiel:
$z_1 = 2$, rechts-steigend.

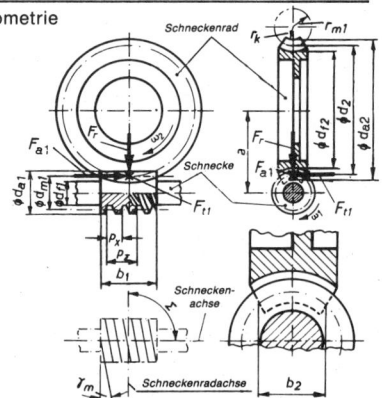

Zähnezahlverhältnis und Übersetzung nach q 86 ... q 88

|  |  | Schnecke (1) | Schneckenrad (2) |
|---|---|---|---|
| q 185 | Modul | $m_x = m = m_t$ | |
| q 186 | Teilung | $p_x = m \cdot \pi = p_2 = d_2 \pi / z_2$ | |
| q 187 | Mittenkreis-$\varnothing$ | $d_{m1} = 2 \cdot r_{m1}$ | |
| | [frei wählbar, Normwerte DIN 3976, bzw. Mittenkehlhalbmesser (2)] | | |
| q 188 | Formzahl | $q = d_{m1}/m$ | |
| q 189 | Mittensteigungswinkel | $\tan \gamma_m = \dfrac{m \cdot z_1}{d_{m1}} = \dfrac{z_1}{q}$ | |
| q 190 | Teilkreis-$\varnothing$ | | $d_2 = m \cdot z_2$ |
| q 191 | Kopfhöhe | $h_{a1} = m$ | $h_{a2} = m(1+x)$   [1] |
| q 192 | Fußhöhe | $h_{f1} = m(1 + c_1^*)$ | $h_{f2} = m(1 - x + c_2^*)$ |
| q 193 | Kopfspielfaktor | $c_1^* = (0{,}167 \ldots \underline{0{,}2} \ldots 0{,}3) = c_2^*$ | |
| q 194 | Kopfkreis-$\varnothing$ | $d_{a1} = d_{m1} + 2 h_{a1}$ | $d_{a2} = d_2 + 2 \cdot h_{a2}$ |
| q 195 | Kopfkehlhalbmesser | | $r_k = a - d_{a2}/2$ |
| q 196 | Zahnbreite | $b_1 \geq \sqrt{d_{a2}^2 - d_2^2}$ | $b_2 \approx 0{,}9 \cdot d_{m1} - 2m$ |
| q 197 | Fußkreis-$\varnothing$ | $d_{f1} = d_{m1} - 2 h_{f1}$ | $d_{f2} = d_2 - 2 \cdot h_{f2}$ |
| q 198 | Achsabstand | $a = (d_{m1} + d_2)/2 + x \cdot m$   [1] | |

[1] Profil-Verschiebungs-Faktor $x$ zur Einhaltung eines bestimmten Achsabstandes, sonst $x = 0$. Fortsetzung siehe Q 28

Formelzeichen siehe Q 29, Indizes siehe Q 23

# Maschinen-Elemente
## Schneckengetriebe

**Q 28**

Fortsetzung von Q 27

**Schneckengetriebe**, Auslegung

|  |  | Schnecke | Schneckenrad |
|---|---|---|---|
| q 199 | Umfangskraft | $F_{t1} = \dfrac{2 \cdot T_1}{d_{m1}} K_1 \cdot K_v$ | $F_{t2} = F_{a1}$ |
| q 200 | Axialkraft | $F_{a1} = F_{t1} \cdot \dfrac{1}{\tan(\gamma + \varrho)}$ | $F_{a2} = F_{t1}$ |
| q 201 | Radialkraft | $F_{r1} = F_{t1} \cdot \dfrac{\cos\varrho \cdot \tan\alpha_n}{\sin(\gamma + \varrho)}$ | $= F_r = F_{r2}$ |
| q 202 | Gleitgeschwindigkeit | $v_g = \dfrac{d_{m1}}{2} \cdot \dfrac{\omega_1}{\cos\gamma_m}$ | |

**Wirkungsgrad der Verzahnung**

| | treibende Schnecke | treibendes Schneckenrad |
|---|---|---|
| q 203 | $\eta = \tan\gamma_m / \tan(\gamma_m + \varrho)$ | $\eta' = \tan(\gamma_m - \varrho)/\tan\gamma_m$ |
| | | $(\gamma_m < \varrho) \Rightarrow$ Selbsthemmung! |

**Reibungsbeiwerte** (Anhaltswerte): $\mu = \tan\varrho$

| | $v_g \approx 1$ m/s | $v_g \approx 10$ m/s |
|---|---|---|
| Schnecke gehärtet, Flanken geschliffen | 0,04 | 0,02 |
| Schnecke vergütet gefräst oder gedreht | 0,08 | 0,05 |

**Berechnung auf Durchbiegung der Schneckenwelle** siehe P 12

**Berechnung von Modul** $m$

Zahnfuß- und Flankentragfähigkeit sowie Erwärmung werden in einer Überschlagsformel zusammengefaßt:

q 204    $F_{t2} = C \cdot b_2 \cdot p_2$ ; hierbei ist $b_2 \approx 0{,}8 \cdot d_{m1}$; $p_2 = m \cdot \pi$.

q 205
q 206    $m \approx \sqrt[3]{\dfrac{0{,}8 \cdot T_2}{C_{zul} \cdot q \cdot z_2}}$     $\begin{array}{l} F_{t2} = 2 \cdot T_2 / d_2 = 2 \cdot T_2 / (m \cdot z_2) \\ q \approx 10 \text{ für } i = 10, 20, 40 \\ q \approx 17 \text{ für } i = 80, \text{ selbsthemmend} \end{array}$

Annahme für normale, nicht künstlich gekühlte Schneckengetriebe (Schnecke St, gehärtet, geschliffen; Schneckenrad aus Bronze):

| $v_g$ | m s$^{-1}$ | 1 | 2 | 5 | 10 | 15 | 20 |
|---|---|---|---|---|---|---|---|
| $C_{zul}$ | N mm$^{-2}$ | 8 | 8 | 5 | 3,5 | 2,4 | 2,2 |

q 207    Bei guter Kühlung kann bei allen Geschwindigkeiten eingesetzt werden: $C_{zul} \geq 8$ N mm$^{-2}$

Formelzeichen siehe Q 29, Indizes siehe Q 23

# Maschinen-Elemente

Stirnräder, Kegelräder, Schneckengetr. | **Q 29**

## Erläuterung der Formelzeichen für Q 18 ... Q 28
(Erläuterung der Indizes siehe Q 23)

- $a_d$ : Achsabstand ($a_n$ : Null-Achsabstand)
- $b$ : Zahnbreite
- $b_{eF} / b_{eH}$: effekt. Zahnbreite (Zahnfuß / Flanke) bei Kegelrädern
- $h_{ao}$ : Kopfhöhe des Schneidwerkzeuges
- $h_{aP}$ : Kopfhöhe des Bezugsprofils (z. B. DIN 867)
- $h_{fP}$ : Fußhöhe des Bezugsprofils
- $k^*$ : Kopfhöhen-Änderungsfaktor
- $u$ : Zähnezahlverhältnis $z_2/z_1$
- $z$ : Zähnezahl ($z_n$ Ersatz-Zähnezahl)
- $E; E_1; E_2$: Elastizitätsmodul
- $F_t$ : Umfangskraft am Teilzylinder (Stirnschnitt)
- $K_A$ : Anwendungsfaktor („Stoßfaktor" für äußere Einflüsse)
- $K_v$ : Dynamikfaktor (berücksichtigt dyn. Zusatzkräfte aus Verzahnungsabweichungen und Zahnbiegeschwingungen)
- $K_{F\alpha} / K_{F\beta}$ : Stirn- / Breitenfaktor für Zahnfußbeanspruchung
- $K_{H\alpha} / K_{H\beta}$ : Stirn- / Breitenfaktor für Zahnflankenbeanspruchung
- $R_e / R_m$ : äußere / mittlere Teilkegellänge
- $T$ : Drehmoment
- $Y_{Fa}$ : Formfaktor für Kraftangriff am Zahnkopf
- $Y_{FS}$ : Kopffaktor
- $Y_{Sa}$ : Spannungs-Korrekturfaktor für Kraftangriff am Zahnkopf
- $Y_{ST}$ : Spannungs-Korrekturfaktor
- $Y_{NT}$ : Lebensdauerfaktor ⎫
- $Y_{R\,rel\,T}$ : relativer Oberflächenfaktor ⎬ Index „T": für Standard-Bedingungen
- $Y_{\delta\,rel\,T}$ : relative Stützziffer ⎭
- $Y_K / Y_\beta / Y_\varepsilon$: Größen- / Schrägen- / Überdeckungsfaktor für Zahnfuß
- $Z_E / Z_H / Z_L$: Elastizitäts- / Zonen- / Schmierstoffaktor
- $Z_{NT} / Z_R / Z_v$ : Lebensdauers- / Rauheits- / Geschwindigkeitsfaktor
- $Z_W$ : Werkstoffpaarungsfaktor
- $Z_K / Z_X$: Kegelrad- / Größenfaktor für Flanke
- $Z_\beta / Z_\varepsilon$: Schrägen- / Überdeckungsfaktor für Flanke
- $\alpha_n$ : Normaleingriffswinkel
- $\alpha_P$ : Profilwinkel des Bezugsprofils (DIN 867: $\alpha = 20°$)
- $\alpha_w$ : Betriebseingriffswinkel
- $\beta$ : Schrägungswinkel für Schrägungsverzahn. für Teilzylinder
- $\beta_b$ : Schrägungswinkel für Schrägverzahnung für Grundzylinder
- $\varrho$ : Gleitreibungswinkel ($\tan \varrho = \mu$).
- $\varrho_{aO}$ : Kopfkanten-Rundungshalbmesser am Werkzeug
- $\sigma_{F\,lim}$ : Dauerfestig- ⎫ Zahnfußspannung
- $\sigma_{H\,lim}$ : keitswert für ⎬ Hertz'sche Pressung (Flankenpressung)

| | | |
|---|---|---|
| Tragfähigkeitsberechnung von Stirnrädern | | DIN 3990 |
| Begriffe und Bestimmungsgrößen für | Stirnräder und Stirnradpaare | DIN 3960 |
| | Kegelräder und Kegelradpaare | DIN 3971 |
| | Zylinderschneckengetriebe | DIN 3975 |

# Fertigung
## Abspantechnik
**R 1**

**Allgemeines für Aufbau von Werkzeug-Maschinen**
Bauteile im Wirkkreis von Werkzeug-Maschinen (Gestelle mit Füge- und Führungsflächen, Schlitten und Tische, Arbeitsspindeln mit Lagern) werden nach der zugelassenen Verformung und für extreme Dauergenauigkeiten ausgelegt. Zulässige Auslenkung an der Wirkstelle (Span-Entstehungsstelle) bis ca. 0,03 mm. Dauergenauigkeit erreichbar durch kleine Reibwerte, kleine Pressungen sowie einfaches Austauschen, Nacharbeiten und/oder Nachstellen. Auslenkung $f$ von Spindeln siehe P 13, Kräfte an der Wirkstelle siehe r 4.

**Schnittantriebe** (Hauptantriebe) mit $v$ = constant im gesamten Arbeitsbereich (maximaler und minimaler Werkstück- bzw. Werkzeug-Durchmesser) nur erreichbar mit geometrischer Abstufung der Abtriebsdrehzahlen:

r 1
$$n_k = n_1 \varphi^{k-1}$$

Drehzahlen $n_1 \ldots n_k$ werden DIN 804 entnommen mit

r 2
$$\varphi = \sqrt[k-1]{\frac{n_k}{n_1}}$$

und Auswahl der Normreihe.

Genormte Stufensprünge $\varphi$: 1,12 – 1,25 – 1,4 – 1,6 – 2,0.

Drehzahl-Grundreihe $R_{20}$ mit $\varphi = \sqrt[20]{10} = 1.12$:
... 100–112–125–140–160–180–200–224–250–280–315–355–400–450–500–560–630–710–800–900–1000–... 1/min.

**Schnittgetriebe** werden nach der Wellen- u. Stufenzahl bezeichnet.

Beispiel: III/6-Getriebe besitzt 3 Wellen und 6 Abtriebs-Drehzahlen. Darstellung des Getriebes wie folgt
(für $k = 6$; $\varphi = 1,4$; $n_1 = 180$; $n_k = 1000$):

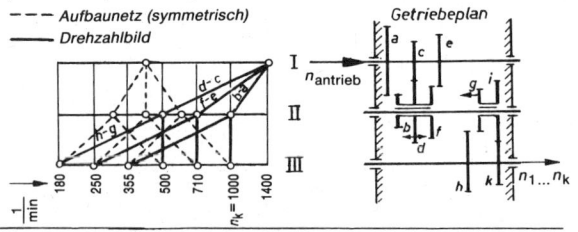

--- Aufbaunetz (symmetrisch)
— Drehzahlbild

Erläuterung der Formelzeichen siehe R 5

# Fertigung
## Abspantechnik
**R 2**

| Schnittleistung $P_c$ | | Allgemein | Bohren |
|---|---|---|---|
| r 3 | Schnittleistung | $P_c = \dfrac{F_c \cdot v}{\eta_{mech} \cdot \eta_{elektr.}}$ | $\dfrac{F_c (D+d) \pi \cdot n}{2 \cdot \eta_{mech} \cdot \eta_{elektr.}}$ |
| r 4 | Schnittkraft | $F_c = $ | $K \cdot k_{c1.1} \cdot b \left(\dfrac{h}{mm}\right)^{1-mc}$ mm $\cdot z_e$ |

Tabelle für die Werte $K$, $b$, $h$, $z_e$ ($k_{c1.1}$; $1-mc$ siehe Z 17)

| Nr. | Verfahren | Skizze | $K =$ | $b =$ | $h =$ | $z_e =$ | Hinweise |
|---|---|---|---|---|---|---|---|
| r5 | Drehen außen längs | | 1 HM + HSS | $\dfrac{a}{\sin \varkappa}$ | $s \cdot \sin \varkappa$ | 1 | |
| r6 | innen | analog r 5 | 1,2 | | | | |
| r7 | Hobeln und Stoßen | | 1,1 HM / 1,2 HSS | | | | |
| r8 | Bohren ins Volle und Aufbohren | | 0,85 HM / 1 HSS | $\dfrac{D-d}{2\sin\frac{\sigma}{2}}$ | $s_z \cdot \sin\dfrac{\sigma}{2}$ ; $s_z = 0,5\,s$ | 2 bei Spiralbohrer | $d = 0$ bei Vollbohren $\sigma = 118°$ bei Stahl |
| r9 | Walzenfräsen Gleich- und Gegenlauf | | | $B$ | $\dfrac{2a\,s_z}{D\varphi_s}$ | $\dfrac{\varphi_s z_s}{360°}$ | $\cos\varphi_s = 1-2\,a/D$ |
| r10 | Stirnfräsen Gleich- und Gegenlauf | | 1,1 HM / 1,2 HSS | $\dfrac{a}{\sin\varkappa}$ | $(\cos\varphi_1 - \cos\varphi_2) \cdot \dfrac{1}{\varphi_s} \cdot s_z \cdot \sin\varkappa$ | | $\varphi_s = \varphi_2 - \varphi_1$ $\cos\varphi_1 = \dfrac{D}{2B_1}$ $\cos\varphi_2 = \dfrac{D}{2B_2}$ $\varphi_1$ und $\varphi_2$ in Drehrichtung rechnen |

Erläuterung der Formelzeichen siehe R 5

# Fertigung
## Abspantechnik
**R 3**

| Nr. | Verfahren | Skizze | $K = b =$ | $h =$ | $z_e =$ | Hinweise |
|---|---|---|---|---|---|---|
| r 11 | Umfangschleifen, flach | | $b_w$ | $\dfrac{l_k \cdot u}{v} \sqrt{\dfrac{a}{D}}$ | | $\cos \varphi_s = 1 - 2a/D$ |
| r 12 | Rundschleifen, außen innen | | Tab. 1 | $\dfrac{l_k \cdot u}{v} \sqrt{a\left(\dfrac{1}{D} \pm \dfrac{1}{d_w}\right)}$ <br> + außen <br> − innen | $\dfrac{D \varphi_s}{2 l_k}$ | $\varphi_s = \sqrt{\dfrac{4a}{D(1 \pm D/d_w)}}$ <br> + außen <br> − innen |
| r 13 | Einstechen rund | | $b_w$ | $(\cos\varphi_1 - \cos\varphi_2) \cdot \dfrac{1}{\varphi_s} \dfrac{l_k \cdot u}{v}$ | | |
| r 14 | Stirnschleifen | | $a$ | | | Winkel $\varphi_s$ wie bei r 10 |

### Tabelle 1

| $h$ in mm | 0,001 | 0,002 | 0,003 | 0,004 |
|---|---|---|---|---|
| | Korrekturfaktor K | | | |
| 40  | 5,1 | 4,3 | 4,0 | 3,6 |
| 60  | 4,5 | 3,9 | 3,5 | 3,2 |
| 80  | 4,0 | 3,6 | 3,3 | 3,0 |
| 120 | 3,4 | 3,0 | 2,8 | 2,5 |
| 150 | 3,2 | 2,8 | 2,6 | 2,3 |
| 180 | 3,0 | 2,4 | 2,4 | 2,2 |

Körnung

### Tabelle 2

| $a$ in mm | Schruppen | | | | Schlichten | | |
|---|---|---|---|---|---|---|---|
| | 0,01 | 0,02 | 0,03 | 0,004 | 0,005 | 0,006 |
| | wirksamer Kornabstand $l_k$ | | | | | | |
| 40  | 24 | 14 | 9  | –  | –  | –  |
| 60  | 32 | 23 | 15 | 39 | 38 | 36 |
| 80  | 40 | 31 | 24 | 47 | 46 | 44 |
| 120 | 53 | 44 | 37 | 60 | 59 | 57 |
| 150 | 56 | 48 | 40 | 64 | 63 | 61 |
| 180 | 58 | 50 | 42 | 66 | 65 | 63 |

Körnung

Erläuterung der Formelzeichen siehe R 5

# Fertigung
## Abspantechnik
**R 4**

### Vorschub-Antriebe
Vorschübe in mm geometrisch gestuft nach DIN 803 mit Stufensprung $\varphi = 1{,}12 - 1{,}25 - 1{,}4 - 1{,}6 - 2{,}0$.

### Vorschub-Geschwindigkeit

| | Verfahren | Vorschub-geschwindigkeit | Hinweise |
|---|---|---|---|
| r 15 | Drehen längs (außen und innen) | $u = n \cdot s$ | |
| r 16 | Bohren | $u = n \cdot s_z \cdot z_s$ | Bei Spiralbohrern ist $z_e = z_s = 2$ $s_z = 0{,}5\, s$ |
| r 17 | Hobeln, Stoßen | $u = v$ | |
| r 18 | Fräsen, Walzen und Stirnen | $u = n \cdot s_z \cdot z_s$ | |

### Schnittzeit $t_S$

r 19
$$t_s = \frac{l_1}{u} \; ; \quad \text{dabei ist} \quad l_1 = l + l'.$$

Zur Berechnung von Zyklus- und Arbeits-Zeiten je Werkstück müssen Vorschub- und Zustellwege sowie Verfahrwege ohne Schnitt, geteilt durch die entsprechenden Geschwindigkeiten, berücksichtigt werden.

### Vorschubleistung $P_V$

r 20 Vorschubleistung $\quad P_V = \dfrac{u(F_R + F_V)}{\eta_{mech} \cdot \eta_{elektr}}$

r 21 Vorschubkraft $\quad F_V \approx 0{,}2\, F_c \; ; \quad (F_c \text{ nach r 4})$

r 22 Reibungskraft $\quad F_R = m_b \cdot g \cdot \mu$

mit $m_b$ als bewegte Masse, z. B. bei Fräsmaschinen zusammengesetzt aus Tisch- und Werkstückmasse.

Zu prüfen ist, ob die nach r 20 errechnete Vorschubleistung ausreicht zum Beschleunigen der bewegten Bauteile in einer vorgegebenen Zeit $t_b$ auf Eilgeschwindigkeit $u_E$ (bei Produktionsmaschinen $u_E \approx 0{,}2$ m/s).
Sonst gilt

r 23
$$P_V = u_E \cdot m_b \left(\mu \cdot g + \frac{u_E}{t_b}\right) \frac{1}{\eta_{mech} \cdot \eta_{elektr}}$$

Erläuterung der Formelzeichen siehe R 5

# Fertigung
## Abspantechnik

**R 5**

## Erläuterung der Formelzeichen
zu den Seiten R 1 ... R 4

- $a$ : Zustellung
- $b$ : Spanbreite
- $b_w$ : wirksame Breite
  Schruppschleifen $b_w = B_s/1{,}4$
  Schlichtschleifen $b_w = B_s/3$
- $d$ : Durchmesser der Vorbohrung
- $d_w$ : Werkstück – Außen- bzw. Innen-Durchmesser
- $g$ : Fallbeschleunigung
- $h$ : Spandicke
- $k$ : Anzahl der Abtriebs-Drehzahlen
- $k_{c1.1}$ : flächenbezogene Grund-Schnittkraft
- $l$ : Schnittweg
- $l_1$ : Arbeitsweg
- $l'$ : Vor- oder Überlaufweg mit Vorschubkraftgeschwindigkeit $u$
- $l_K$ : wirksamer Kornabstand nach Tabelle 2
- $n$ : Drehzahl
- $n_1$ : kleinste Abtriebsdrehzahl
- $n_k$ : größte Abtriebsdrehzahl
- $s$ : Vorschub
- $s_z$ : Vorschub je Schneide
- $t_b$ : Beschleunigungszeit
- $t_s$ : Schnittzeit
- $u$ : Vorschubgeschwindigkeit
- $u_E$ : Eilgangs-Geschwindigkeit
- $v$ : Schnitt-Geschwindigkeit
- $z_e$ : Anzahl der Schneiden im Eingriff
- $z_s$ : Anzahl der Schneiden am Werkzeug
- $B$ : Fräsbreite, Schleifbreite
- $B_1, B_2$ : Fräsbreite oder Schleifbreite vom Mittelpunkt des Werkzeuges gemessen
- $B_s$ : Schleifscheibenbreite
- $D$ : Werkzeug-Durchmesser
- $F_R$ : Reibungskraft
- $F_c$ : Schnittkraft
- $F_v$ : Vorschubkraft
- $K$ : Verfahrensfaktor
- $M_c$ : Schnittmoment
- $P_c$ : Schnittleistung
- $P_v$ : Vorschubleistung
- $\varepsilon_s$ : Schlankheitsgrad ($\varepsilon_s = a/s$)
- $\eta_{elektr}$ : elektrischer Wirkungsgrad
- $\eta_{mech}$ : mechan. Wirkungsgrad
- $\varkappa$ : Einstellwinkel
- $\mu$ : Reibungswert, siehe Z 7
- $\sigma$ : Spitzenwinkel am Bohrer
- $\varphi$ : Stufensprung
- $\varphi_s$ : Eingriffswinkel beim Fräsen bzw. Schleifen
- HM : Hartmetall-Schleife
- HSS : Hochleistungsstahl-Schneide

# Fertigung
## Umformtechnik — R 6

### Blechumformen (kalt)
Tiefziehen

**Ausgangsronden-Durchmesser** $D$

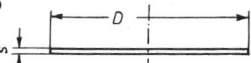

r 24
$$D = \sqrt{\frac{4}{\pi} \cdot \Sigma A_{mi}}$$

$A_{mi}$ sind die berechenbaren Mantelflächenteile des fertigen Werkstücks. Dazu dienen die Formeln b 30, c 12, c 16, c 21, c 25, c 27 und c 30. Die Mantelflächenteile an den Übergangsradien für Ziehring und Stempel werden wie folgt ermittelt:

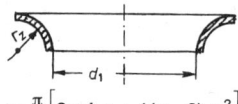

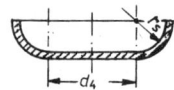

r 25
$$A_m = \frac{\pi}{4}\left[2\pi d_1 r_z + 4(\pi - 2) r_z^2\right] \qquad A_m = \frac{\pi}{4}(2\pi d_4 + 8 r_s) r_s + \frac{\pi}{4} d_4^2$$

Beispiel (Annahme $r_s = r_z = r$)

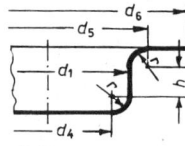

r 26
$$D = \sqrt{d_4^2 + d_6^2 - d_5^2 + 4 d_1 h + 2\pi r (d_1 + d_4) + 4\pi r^2}$$

### 1. und 2. Zug

|  | 1. Zug | 2. Zug |
|---|---|---|
| r 27 | $\beta_1 = \dfrac{D}{d_1}$ | $\beta_2 = \dfrac{d_1}{d_2}$ |
| r 28 | $\beta_{1max} = \beta_{100} + 0{,}1 - \left(\dfrac{d_1}{s} \cdot 0{,}001\right)$ | $\beta_{2max} = \beta_{100} + 0{,}1 - \left(\dfrac{d_2}{s} \cdot 0{,}001\right)$ |
| r 29 | $F_{z1} = \pi d_1 s\, k_{fm1} \varphi_1 \dfrac{1}{\eta_{F1}}$ | $F_{z2} = \dfrac{F_{z1}}{2} + \pi d_2 s\, k_{fm2} \varphi_2 \dfrac{1}{\eta_{F2}}$ |
| r 30 | $\varphi_1 = \left|\ln\sqrt{0{,}6\,\beta_1^2 - 0{,}4}\right|$ | $\varphi_2 = \left|\ln\sqrt{0{,}6\,\beta_2^2 - 0{,}4}\right|$ |

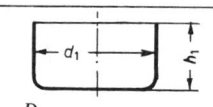

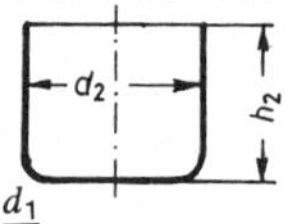

| | | ohne Zwischenglühen | $k_{fm2} = \dfrac{k_{f1} + k_{f2}}{2}$ |
|---|---|---|---|
| r 31, r 32, r 33 | $k_{fm1} = \dfrac{w}{\varphi_1}$ | mit Zwischenglühen | $k_{fm2} = \dfrac{w}{\varphi_2}$ |

Fortsetzung siehe R 7

# Fertigung
## Umformtechnik
**R 7**

Fortsetzung von R 6

Die volumenbezogene Arbeit $w$ und die Formänderungsfestigkeit $k_f$ werden für das jeweilige logarithmische Formänderungsverhältnis $\varphi$ aus den Fließkurven entnommen (siehe hierzu Z 20 oder VDI-Richtlinie 3200).

**Niederhaltekräfte** $F_{N1}$ und $F_{N2}$

| 1. Zug | 2. Zug |
|---|---|
| r 34 $\quad F_{N1} = (D^2 - d_1^2)\dfrac{\pi}{4}\dfrac{R_m}{400}\left[(\beta_1 - 1)^2 + \dfrac{d_1}{s}\right]$ | $F_{N2} = (d_1^2 - d_2^2)\dfrac{\pi}{4}\dfrac{R_m}{400}\left[(\beta_2 - 1)^2 + \dfrac{d_2}{s}\right]$ |

**Bodenreißer,** wenn

r 35
$$R_m \leq \frac{F_{z1} + 0,1\, F_{N1}}{\pi\, d_1 s} \qquad R_m \leq \frac{F_{z2} + 0,1\, F_{N2}}{\pi\, d_2 s}$$

r 36 **Grenzziehverhältnisse** $\beta$ und $R_m$-Werte

| Werkstoff | $\beta_{100}$ | ohne $\beta_{2\,max}$ | mit Zwischenglühen $\beta_{2\,max}$ | $R_m$ N/mm² |
|---|---|---|---|---|
| St 10 | 1,7 | 1,2 | 1,5 | 390 |
| USt 12 | 1,8 | 1,2 | 1,6 | 360 |
| USt 13 | 1,9 | 1,25 | 1,65 | 350 |
| USt 14 | 2,0 | 1,3 | 1,7 | 340 |
| St 37 | 1,7 | – | – | 410 |
| X 15 Cr Ni 18 9 | 2,0 | 1,2 | 1,8 | 600 |
| Al Mg Si weich | 2,05 | 1,4 | 1,9 | 150 |

Formelzeichen zu R 6 und R 7

$A_{mi}$ : Mantelfläche bzw. Oberfläche
$F_{z1}, F_{z2}$ : Ziehkraft im 1. bzw. 2. Zug
$k_{fm1}$ : mittlere Formänderungsfestigkeit 1. Zug
$k_{fm2}$ : mittlere Formänderungsfestigkeit 2. Zug
$k_{f1}, k_{f2}$ : Formänderungsfestigkeit bei $\varphi_1$ bzw. $\varphi_2$
$r$ : Radius
$r_s$ : Stempelradius
$r_z$ : Radius am Ziehring
$w$ : volumenbezogene Arbeit = $\dfrac{\text{Umformarbeit}}{\text{umgeformtes Volumen}}$

$\beta_1, \beta_2$ : Ziehverhältnis 1. bzw. 2. Zug
$\beta_{100}$ : Grenzziehverhältnis für $s = 1$ mm und $d = 100$ mm
$\beta_{1\,max}, \beta_{2\,max}$ : Grenzziehverhältnis 1. bzw. 2. Zug
$\eta_{F1}, \eta_{F2}$ : Formänderungs-Wirkungsgrad 1. bzw. 2. Zug
$\varphi_1, \varphi_2$ : logarithmisches Formänderungsverhältnis 1. bzw. 2. Zug

# Fertigung
## Umformtechnik, Schneiden — R 8

### Fließpressen

r 37 Umformkraft $\quad F = A \cdot k_{fm} \cdot \varphi_A \dfrac{1}{\eta_F}$

r 38 Umformarbeit $\quad W = V \cdot k_{fm} \cdot \varphi_A \dfrac{1}{\eta_F}$

r 39 mittlere Formänderungs-Festigkeit $\quad k_{fm} = \dfrac{W}{\varphi_A}$

|  | Vorwärts-Fließpressen | | Rückwärts-Fließpressen |
|---|---|---|---|
|  | Vollkörper | Hohlkörper |  |
| r 40 | $A = \dfrac{\pi}{4} d_0^2$ | $A = \dfrac{\pi}{4}(d_0^2 - d_1^2)$ | $A = \dfrac{\pi}{4} d_0^2$ |
| r 41 | $\varphi_A = \ln \dfrac{d_0^2}{d_1^2}$ | $\varphi_A = \ln \dfrac{d_0^2 - d_1^2}{d_2^2 - d_1^2}$ | $\varphi_A = \ln \dfrac{d_0^2}{d_0^2 - d_1^2}$ |
| r 42 | $V = \dfrac{\pi}{4} h_0 \cdot d_0^2$ | $V = \dfrac{\pi}{4} h_0 (d_0^2 - d_1^2)$ | $V = \dfrac{\pi}{4} d_0^2 h_0$ |
| r 43 | $\eta_F = 0{,}7 \ldots 0{,}8$ | $\eta_F = 0{,}6 \ldots 0{,}7$ | $\eta_F = 0{,}5 \ldots 0{,}6$ |

Maximales logarithmisches Formänderungsverhältnis $\varphi_{A\,max}$ ohne Zwischenglühen

| Werkstoff / Verfahren | Al 99,5 | Al Mg Si weich | Stahl C<0,1% | Stahl C<0,15% | Stahl C>0,15% | nieder- legiert | legiert |
|---|---|---|---|---|---|---|---|
| vorwärts | 3,9 | 3,0 | 1,4 | 1,2 | 0,9 | 0,8 | 0,7 |
| rückwärts | 4,5 | 4,0 | 1,2 | 1,1 | 1,1 | 0,95 | 0,8 |

### Schneiden
(siehe hierzu P 18, p 93)

$A$ : beaufschlagte Fläche
$\varphi_A$ : logarithmisches Formänderungs-Verhältnis
$\eta_F$ : Formänderungs-Wirkungsgrad
$V$ : umgeformtes Volumen
$w$ : volumenbezogene Umformarbeit lt. Fließkurven Z 20
$\Delta h$ : Preßweg

# Elektrotechnik
Allgemeine Begriffe — S 1

## Die wichtigsten elektrischen Größen und ihre Einheiten sowie einführende Gesetze

**Vorbemerkung zur Groß- und Kleinschreibung von Formelzeichen**

s 1

In der Elektrotechnik werden vorwiegend für zeitlich konstante Größen Großbuchstaben und für zeitlich veränderliche Größen die dazugehörigen Kleinbuchstaben oder die Großbuchstaben mit dem Index t verwendet.
Beispiele: Formeln s 8, s 9, s 13
Ausnahmen: $f, \omega, \hat{\imath}, \hat{u}, p_{Fe10}$

**Elektrische Leistung $P$**

Die elektrische Leistung $P$ ist gleich der mechanischen Leistung $P$ wie auf M 1 erläutert. Bei der Leistungsumwandlung treten jedoch Verluste auf.

Einheiten: W (Watt); kW; MW (s.a. A 3, A 5)

$$1\,W = 1\,\frac{J}{s} = 1\,\frac{Nm}{s}$$

Mit den auf S 1 und S 2 erläuterten Größen gilt

$$p = i\,u = \frac{u^2}{R} = i^2 R$$

Sind i und u konstant oder stationär (harmonische Schwingung konstanter Frequenz), ergibt sich:

s 2

$$P = \frac{U^2}{R} = I^2 R$$

**Elektrische Arbeit $W$**

Die elektrische Arbeit $W$ ist gleich der mechanischen Arbeit $W$, wie auf M 1 erläutert. Bei der Energieumwandlung treten jedoch Verluste auf.

Einheiten: Ws (Wattsekunde); kWh; MWh (s.a. A 3, A 5)

$$1\,Ws = 1\,Joule = 1\,J = 1\,Nm$$

Mit den auf S 1 und S 2 erläuterten Größen gilt ferner

$$w = \int_{\tau=0}^{\tau=t} p\,d\tau = \int_{\tau=0}^{\tau=t} u\,i\,d\tau$$

Sind i und u konstant oder stationär, ergibt sich:

s 3

$$W = I\,U\,t = \frac{U^2}{R}\,t = I^2 R\,t$$

**Frequenz $f$** siehe L 1

**Periodendauer $T$** siehe L 1;   $T = 1/f$

**Kreisfrequenz $\omega$; Winkelgeschwindigkeit $\omega$** siehe L 1

Fortsetzung siehe S 2

# Elektrotechnik
## Allgemeine Begriffe | S 2

Fortsetzung von S 1

### Elektrische Stromstärke $I$
Ist Basisgröße, siehe Erläuterungen
Einheiten: A (Ampère); mA; kA
Die Stromstärke 1 A ist über die Anziehungskraft festgelegt, die 2 stromdurchflossene parallel zueinander verlaufende Leiter aufeinander ausüben.

s 4
### Stromdichte $J$
$$J = \frac{I}{A}$$

Dies gilt nur, soweit der Strom $I$ innerhalb des Querschnittes $A$ homogen verteilt ist.
Einheiten: A/m²; A/mm²

s 5
### Elektrische Spannung $U$
$$U = \frac{P}{I}$$

Einheiten: V (Volt); mV; kV
1 V ist gleich der Spannung zwischen 2 Punkten eines elektrischen Leiters, zwischen denen bei einem zeitlich konstanten Strom von 1 A die Leistung 1 W umgesetzt wird.

$$1\,V = 1\frac{W}{A} = 1\frac{J}{sA} = 1\,A\,\Omega = 1\frac{Nm}{sA}$$

s 6
### Elektrischer Widerstand $R$
$$R = \frac{U}{I} \quad \text{(Ohmsches Gesetz)}$$

Einheiten: $\Omega$ (Ohm); k$\Omega$; M$\Omega$

1 $\Omega$ ist der elektrische Widerstand eines Leiters, durch den bei der Spannung 1 V ein Strom von 1 A fließt.

$$1\,\Omega = \frac{1\,V}{1\,A} = 1\frac{W}{A^2} = 1\frac{J}{sA^2} = 1\frac{Nm}{sA^2}$$

### Elektrischer Leitwert $G$
Der elektrische Leitwert $G$ ist der Kehrwert des Widerstandes $R$.

s 7
$$G = 1/R$$
Einheiten: S (Siemens); µS; mS; kS;
$$1\,S = 1/\Omega$$

### Elektrizitätsmenge, Ladung $Q$

s 8
$$q = \int i \cdot dt \quad \text{(Zählpfeile entspr. s 22)}$$

Bei zeitlich konstanter Stromstärke $I$ gilt

s 9
$$Q = I \cdot t$$

$Q$ ist auch proportional der Zahl der Elektronen, die ein Körper mehr als in seinem elektrisch ungeladenen Zustand besitzt.
Einheiten: C (Coulomb); pC; nC; µC; kC; Ah
1 C = 1 As; (1 Ah = 3,6 kC)

Fortsetzung siehe S 3

# Elektrotechnik
## Allgemeine Begriffe | S 3

Fortsetzung von S 2

### Elektrische Kapazität $C$

Die elektrische Kapazität $C$ eines Kondensators ist das Verhältnis der Elektrizitätsmenge $Q$ zur Spannung $U$:

s 10
$$C = \frac{Q}{U}$$

Einheiten: F (Farad); µF; nF; pF

1 F ist gleich der Kapazität eines Kondensators, der durch die Elektrizitätsmenge 1 C auf die Spannung 1 V aufgeladen wird.

$$1\,\text{F} = 1\frac{\text{C}}{\text{V}} = 1\frac{\text{A}\,\text{s}}{\text{V}} = 1\frac{\text{A}^2\,\text{s}}{\text{W}} = 1\frac{\text{A}^2\,\text{s}^2}{\text{J}} = 1\frac{\text{A}^2\,\text{s}^2}{\text{N}\,\text{m}}$$

### Magnetischer Fluss $\Phi$

s 11
$$\Phi_t = \frac{1}{N} \int u_q \, dt \quad \text{(siehe s 1)}$$

Dabei ist $N$ die Windungszahl einer Spule und $u_q$ die Spannung der Selbstinduktion, die entsteht, wenn sich der von der Spule umfasste Fluss $\Phi_t$ zeitlich ändert.

Zählpfeile entsprechend s 22

Einheiten: Wb (Weber) = Vs = $10^8$ M (Maxwell)

1 Wb ist gleich dem magnetischen Fluss, bei dessen gleichmäßiger Abnahme während der Zeit 1 s auf null in einer ihn umschlingenden Windung die Spannung 1 V induziert wird.

### Magnetische Flussdichte, Induktion $B$

Für die magnetische Flussdichte $B$ innerhalb des Querschnitts $A$ gilt:

s 12
$$B = \frac{\Phi}{A}$$

Dabei ist $A$ diejenige Querschnittsfläche, die vom homogenen magnetischen Fluss $\Phi$ senkrecht durchsetzt wird.

Einheiten: T (Tesla); µT; nT; V s/m$^2$; G (Gauß)

$$1\,\text{T} = 1\frac{\text{V}\,\text{s}}{\text{m}^2} = 10^{-4}\frac{\text{V}\,\text{s}}{\text{cm}^2} \left[ = 10^4\,\text{G} = 10^4\frac{\text{M}}{\text{cm}^2} \right]$$

1 T ist gleich der Flächendichte des homogenen magnetischen Flusses 1 Wb, der die Fläche 1 m$^2$ senkrecht durchsetzt.

Fortsetzung siehe S 4

# Elektrotechnik
## Allgemeine Begriffe | S 4

Fortsetzung von S 3

**Induktivität** $L$

s 13
$$L = N\frac{\Phi}{I} = N\frac{\Phi_t}{i} \quad \text{(siehe s 1)}$$

Dabei ist $I$ der durch eine Spule mit der Windungszahl $N$ fließende Strom und $\Phi$ der von dieser Spule umfasste magnetische Fluss.

Einheiten: H (Henry); mH
1 H ist gleich der Induktivität einer geschlossenen Windung, die, von einem elektrischen Strom der Stärke 1 A durchflossen, im Vakuum den magnetischen Fluss 1 Wb umschlingt.

$$1\,\text{H} = 1\,\frac{\text{Wb}}{\text{A}} = 1\,\frac{\text{Vs}}{\text{A}}$$

**Magnetische Feldstärke** $H$

s 14
$$H = \frac{B}{\mu_0 \mu_r}$$

Einheiten: A/m; A/cm; A/mm

**Elektrische Durchflutung** $\Theta$

s 15
$$\Theta = NI$$

Einheiten: A; kA; mA

**Magnetische Spannung** $V_i$ im $i$-ten Abschnitt eines magnetischen Kreises:

s 16
$$V_i = H_i \cdot l_i$$

Dabei ist $l_i$ die Weglänge des magnetischen Flusses im $i$-ten Abschnitt.

s 17
$$\sum_{i=1}^{n} V_i = \Theta \quad \begin{pmatrix}\text{Durchflutungs-}\\\text{gesetz}\end{pmatrix}$$

**Magnetischer Widerstand** $R_m$ eines homogenen magnetischen Kreises:

s 18
$$R_m = \frac{\Theta}{\Phi} \quad \begin{pmatrix}\text{Ohmsches Gesetz}\\\text{des magn. Kreises}\end{pmatrix}$$

Einheiten: $1/\text{H} = \text{A}/(\text{V s})$

**Magnetischer Leitwert** $\Lambda$ eines homogenen magnetischen Kreises:

s 19
$$\Lambda = \frac{1}{R_m} = \frac{\Phi}{\Theta}$$

Einheiten: $\text{H} = \text{V s}/\text{A}$

Formelzeichen nach S 18

# Elektrotechnik
## Elektrische Stromkreise | S 5

### Grundgesetze des elektrischen Stromkreises

#### Regeln für Zählpfeile

| | |
|---|---|
| s 20 | Richtung des elektrischen Stromes und Erzeuger: $-\longrightarrow+$ |
| s 21 | der Zählpfeile positiver Ströme im Verbraucher: $+\longrightarrow-$ |
| s 22 | Richtung der elektrischen Spannung und der Zählpfeile positiver Spannungen stets: $+\longrightarrow-$ |

Richtung der Strom- bzw. Spannungs-Zählpfeile

| | Erzeuger- oder Verbraucher-Eigenschaft des Bauteils sowie Polarität | Strom- und Spannungs-Zählpfeile | ergibt Rechnung positive \| negative Werte, dann ist Strom- bzw. Spannungsrichtung der Zählpfeilrichtung | |
|---|---|---|---|---|
| s 23 | bekannt | Festlegen wie oben | – | – |
| s 24 | unbekannt | annehmen | gleich | entgegengesetzt |

Zusätzliche Empfehlung
Bei Spannungsfällen an Widerständen Zählpfeilrichtung für Strom und Spannungsfall gleich annehmen. Dann Vorzeichen von Strom und Spannung wegen $R > 0$ stets gleich.

#### Ohmsches Gesetz

Strom in einem Widerstand:

s 25
$$I = \frac{U}{R} \quad \text{(siehe auch s 6)}$$

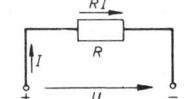

#### Leiterwiderstand $R$

s 26
$$R = \frac{\varrho \cdot l}{A} = \frac{l}{\gamma \cdot A}$$

#### Leiterwiderstand $R$ bei Celsius-Temperatur $\vartheta$

s 27
$$R = R_{20}\left[1 + \alpha\left(\vartheta - 20°C\right)\right]$$

#### Elektrische Erwärmung von Massen $m$

s 28
$$U \cdot I \cdot t \cdot \eta = c \cdot m \cdot \Delta\vartheta$$

| | | | |
|---|---|---|---|
| $\alpha$ : | Temperatur-Koeffizient | (s. Z 21) | $\Delta\vartheta$ : Temp.-Änderung |
| $\gamma$ : | elektrische Leitfähigkeit | (s. Z 21) | $t$ : Zeit |
| $\varrho$ : | spez. elektr. Widerstand | (s. Z 21) | $R_{20}$: Widerstand bei |
| $c$ : | spez. Wärmekapazität (s. o 9 und Z 1) | | $\vartheta = 20°C$ |
| $\eta$ : | Wirkungsgrad | | |

Fortsetzung siehe S 6

# Elektrotechnik
## Elektrische Stromkreise

**S 6**

Fortsetzung von S 5

### 1. Kirchhoffsches Gesetz (Knotenregel)
An einem Stromknoten ist die algebraische Summe aller Ströme null.

s 29
$$\Sigma I = 0$$

$I - I_1 - I_2 - I_3 = 0$

Dabei sind | zufließende Ströme positiv | abfließende Ströme negativ | einzusetzen.

#### Stromverhältnis
In einer Parallelschaltung von Widerständen verhalten sich der Gesamtstrom und die einzelnen Teilströme umgekehrt wie der Gesamtwiderstand $R$ und die zu den Teilströmen gehörenden Widerstände.

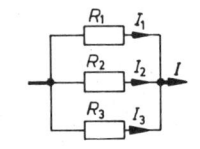

s 30
$$I : I_1 : I_2 : I_3 = \frac{1}{R} : \frac{1}{R_1} : \frac{1}{R_2} : \frac{1}{R_3}$$

#### Stromteilerregel
Teilströme bei 2 parallelen Widerständen:

s 31
$$I_1 = I \frac{G_1}{G_1 + G_2} = I \frac{R_2}{R_1 + R_2}$$

### 2. Kirchhoffsches Gesetz (Maschenregel)
In einer geschlossenen Stromkreismasche ist die algebraische Summe aller Spannungen null.

s 32
$$\Sigma U = 0.$$

Dabei sind <u>in</u> Zählpfeilrichtung durchlaufene Spannungen <u>positiv</u>, <u>gegen</u> die Zählpfeilrichtung durchlaufene <u>negativ</u> einzusetzen.

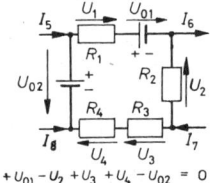

$U_1 + U_{01} - U_2 + U_3 + U_4 - U_{02} = 0$

#### Spannungsverhältnis
In einer Reihenschaltung von Widerständen verhalten sich die Teilspannungen wie die zugehörigen Widerstände.

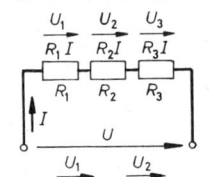

s 33
$$U_1 : U_2 : U_3 = R_1 : R_2 : R_3$$

#### Spannungsteilerregel
Teilspannungen bei 2 Widerständen:

s 34
$$U_1 = U \frac{G_2}{G_1 + G_2} = U \frac{R_1}{R_1 + R_2}$$

# Elektrotechnik
## Kombination von Widerständen | S 7

### Reihen-(Serien-) Schaltung

**Gesamtwiderstand** $R_S$ (entspr. s 26)
Allgemein

s 35 $\quad R_S = R_1 + R_2 + R_3 + \ldots$

Bei $n$ gleichen Widerständen $R$ gilt

s 36 $\quad R_S = n R$

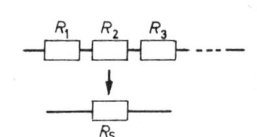

### Parallelschaltung

**Gesamtwiderstand** $R_p$ (entspr. s 30)
Allgemein

s 37 $\quad \dfrac{1}{R_p} = \dfrac{1}{R_1} + \dfrac{1}{R_2} + \dfrac{1}{R_3} + \ldots$

s 38 $\quad G_p = G_1 + G_2 + G_3 + \ldots$

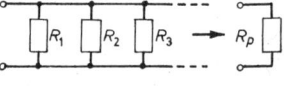

| | Bei 2 verschiedenen Widerständen | Bei 3 verschiedenen Widerständen | Bei $n$ gleichen Widerständen $R$ |
|---|---|---|---|
| s 39 | $R_p = \dfrac{R_1 R_2}{R_1 + R_2}$ | $R_p = \dfrac{R_1 R_2 R_3}{R_1 R_2 + R_2 R_3 + R_1 R_3}$ | $R_p = \dfrac{R}{n}$ |
| s 40 | $= \dfrac{1}{G_1 + G_2}$ | $= \dfrac{1}{G_1 + G_2 + G_3}$ | $= \dfrac{1}{nG}$ |

### Gruppenschaltung

Eine Gruppenschaltung aus bekannten Widerständen wird von innen nach außen in Parallel- u. Reihenschaltungen zerlegt. Diese werden einzeln umgeformt und wieder zusammengefasst, z.B.:

s 41 $\quad I = \dfrac{R_2 + R_3}{R_1 R_2 + R_1 R_3 + R_2 R_3} U = \dfrac{G_1(G_2 + G_3)}{G_1 + G_2 + G_3} U$

s 42 $\quad I_3 = \dfrac{R_2}{R_1 R_2 + R_1 R_3 + R_2 R_3} U = \dfrac{G_1 G_3}{G_1 + G_2 + G_3} U$

s 43 $\quad U_2 = \dfrac{R_2 R_3}{R_1 R_2 + R_1 R_3 + R_2 R_3} U = \dfrac{G_1}{G_1 + G_2 + G_3} U$

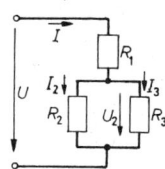

# Elektrotechnik
## Netzwerke
**S 8**

### Verfahren zur Berechnung linearer Netzwerke

**Allgemeines:** In Netzwerken lassen sich Spannungen und Ströme – unter Anwendung spezieller Verfahren – schneller ermitteln als nach den Maschen- und Knotenregeln, z. B.:

**Anwendung des Überlagerungssatzes:** In einem vermaschten Netzwerk läßt man alle Ursachen (eingeprägte Spannungen[1]) und Ströme[2]) nacheinander wirksam werden und berechnet jeweils nur die von einer Ursache ausgehende Teilwirkung. Dazu für jede zu berechnende Ursache
- alle übrigen Spannungsquellen kurzschließen und
- alle übrigen Stromquellen zu Null setzen.

Die Summe aller Teilwirkungen führt zum gesuchten Endergebnis.

Allgemeiner Ansatz zur Berechnung von $U_x$ in beliebigem Netzwerk mit Ursachen $U_0$ bis $U_\nu$ und $I_0$ bis $I_\mu$:

s 44
$$U_x = a_0 \cdot U_0 + a_1 \cdot U_1 + \ldots + a_\nu \cdot U_\nu + \\ + b_0 \cdot I_0 + b_1 \cdot I_1 + \ldots + b_\mu \cdot I_\mu$$

s 45
$$= U_{xa0} + U_{xa1} + \ldots + U_{xa\nu} + \\ + U_{xb0} + U_{xb1} + \ldots + U_{xb\mu}$$

Ermittlung der Teilergebnisse:

s 46   $U_x = U_{xaq}$ wenn $U_0 \ldots U_\nu = 0$, wobei $U_q \neq 0$, sowie $I_0 \ldots I_\mu = 0$
s 47   $U_x = U_{xbq}$ wenn $I_0 \ldots I_\mu = 0$, wobei $I_q \neq 0$, sowie $U_0 \ldots U_\nu = 0$

*Beispiel:*

s 48
$$U_x = a_0 \cdot U_0 + a_1 U_1 + b_0 \cdot I_0 \\ = U_{xa0} + U_{xa1} + U_{xb0}$$

Netzwerke zur Bestimmung der Teilwirkungen zu den Bedingungen:

s 49

| $U_0 \neq 0$; $U_1 = 0$; $I_0 = 0$ | $U_0 = 0$; $U_1 \neq 0$; $I_0 = 0$ | $U_0 = 0$; $U_1 = 0$; $I_0 \neq 0$ |
|---|---|---|

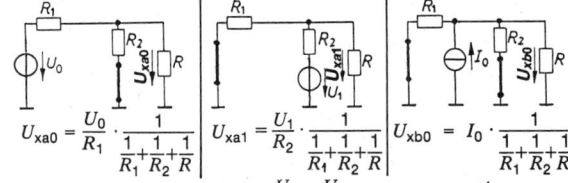

s 50
$$U_{xa0} = \frac{U_0}{R_1} \cdot \frac{1}{\frac{1}{R_1}+\frac{1}{R_2}+\frac{1}{R}} \quad \bigg| \quad U_{xa1} = \frac{U_1}{R_2} \cdot \frac{1}{\frac{1}{R_1}+\frac{1}{R_2}+\frac{1}{R}} \quad \bigg| \quad U_{xb0} = I_0 \cdot \frac{1}{\frac{1}{R_1}+\frac{1}{R_2}+\frac{1}{R}}$$

s 51   Gesuchte Spannung (gemäß S 48)
$$U_x = \left(\frac{U_0}{R_1} + \frac{U_1}{R_2} + I_0\right) \cdot \frac{1}{1/R_1 + 1/R_2 + 1/R}$$

[1], [2]) Erläuterungen siehe S 9    Fortsetzung siehe S 9

# Elektrotechnik
## Netzwerke
**S 9**

**Umwandlung in Ersatzspannungsquelle mit Innenwiderstand:**
Ein vermaschtes Netzwerk, in dem eingeprägte Spannungen[1] und Ströme[2] wirksam sind, wird durch eine Spannungsquelle $U_l$ mit Innenwiderstand $R_i$ ersetzt. Der Widerstand, an dem z. B. $U_x$ ermittelt werden soll, wird als Last $R$ betrachtet.

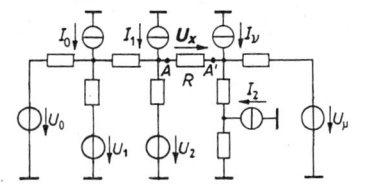

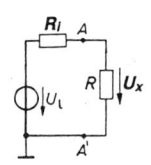

Vorgehen zur Bestimmung von $R_i$ und $U_l$:
- Netzwerk zwischen A und A′ auftrennen und $R$ entfernen,
- Widerstand zwischen A und A′ des Netzwerkes ist $R_i$
- Spannung zwischen A und A′ ist $U_l$

Hinweis: Ist $R_i$ bestimmt, läßt sich $U_l$ häufig über die Beziehung $U_l = I_k \cdot R_i$ (Kurzschlußstrom mal Innenwiderstand zwischen A und A′) ermitteln. Dazu A und A′ verbinden und $I_k$ als Strom zwischen A und A′ berechnen. Dann ist:

s 52
$$U_x = U_l \frac{R}{R+R_i} = I_k \cdot R_i \frac{R}{R+R_i} = I_k \frac{1}{1/R_i + 1/R}$$

*Beispiel*:

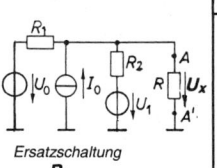

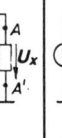

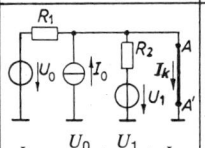

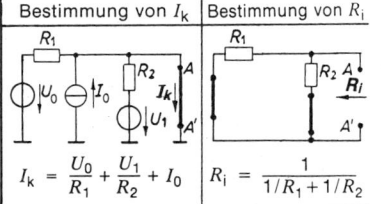

| | Bestimmung von $I_k$ | Bestimmung von $R_i$ |
|---|---|---|
| | $I_k = \dfrac{U_0}{R_1} + \dfrac{U_1}{R_2} + I_0$ | $R_i = \dfrac{1}{1/R_1 + 1/R_2}$ |

Ersatzschaltung

Damit wird: $U = I_k \cdot R_i$

s 53 Gemäß s 52: $U_x = \left(\dfrac{U_0}{R_1} + \dfrac{U_1}{R_2} + I_0\right) \cdot \dfrac{1}{1/R_1 + 1/R_2 + 1/R}$ ; s. a. Ergebnis von S 8, s 51

Erläuterungen:

| $a_0 \ldots a_v$ $b_0 \ldots b_v$ | Koeffizienten der | Spannungen, Ströme, | die durch Widerstände im Netzwerk bestimmt sind |
|---|---|---|---|
| [1] ideale Spannungsqu. [2] ideale Stromquelle | mit Innenwiderstand | $R_i = 0$ $R_i \to \infty$ | Schaltzeichen |

# Elektrotechnik
## Kombination von Widerständen — S 10

### Umwandlung einer Dreieck- in eine Sternschaltung und umgekehrt

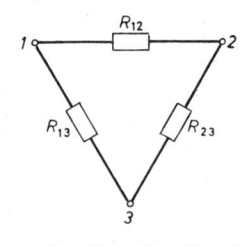

s 54 $$R_{12} = \frac{R_{10} \cdot R_{20} + R_{10} \cdot R_{30} + R_{20} \cdot R_{30}}{R_{30}} \qquad R_{10} = \frac{R_{12} \cdot R_{13}}{R_{23} + R_{12} + R_{13}}$$

s 55 $$R_{13} = \frac{R_{10} \cdot R_{20} + R_{10} \cdot R_{30} + R_{20} \cdot R_{30}}{R_{20}} \qquad R_{20} = \frac{R_{23} \cdot R_{12}}{R_{23} + R_{12} + R_{13}}$$

s 56 $$R_{23} = \frac{R_{10} \cdot R_{20} + R_{10} \cdot R_{30} + R_{20} \cdot R_{30}}{R_{10}} \qquad R_{30} = \frac{R_{23} \cdot R_{13}}{R_{23} + R_{12} + R_{13}}$$

### Spannungsteiler

Der Spannungsteiler dient zum Herunterteilen von Spannungen.

s 57 $$U_V = \frac{R_2 R_V}{R_1 R_2 + R_1 R_V + R_2 R_V} U$$

Wird bei messtechnischer Anwendung eine angenäherte Proportionalität zwischen $U_V$ und $s$ verlangt, muss

s 58 $$R_V \geqq 10 (R_1 + R_2) \text{ sein.}$$

$s$ : Weg des Schleifkontaktes

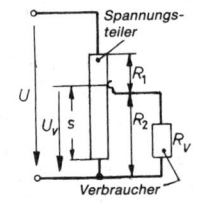

# Elektrotechnik
## Kombination von Widerständen
**S 11**

### Messtechnische Anwendungen

#### Messbereichserweiterung am Spannungsmessgerät

s 59
$$R_V = R_M \left( \frac{U_{end}}{U_{Mend}} - 1 \right)$$

$U_{end}$ : gewünschter ⎫ Mess-
$U_{Mend}$: vorhandener ⎭ bereichs-Endwert

#### Messbereichserweiterung am Strommessgerät

s 60
$$R_N = R_M \frac{I_{Mend}}{I_{end} - I_{Mend}}$$

$I_{end}$ : gewünschter ⎫ Mess-
$I_{Mend}$: vorhandener ⎭ bereichs-Endwert

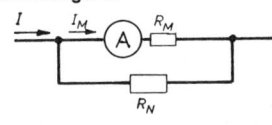

#### Wheatstonesche Brücke zur Bestimmung des Widerstandes $R_x$

Sie dient zur Bestimmung von Wirkwiderständen zwischen $0{,}1 \ldots 10^6\ \Omega$.

Der kalibrierte Schleifdraht hat eine gravierte Skala mit den Werten $a/(l-a)$. Der Schleifer wird verschoben, bis der Brückenstrom $I_B = 0$ ist. Dann gilt

s 61
$$\frac{R_x}{R} = \frac{a}{l-a}$$

hieraus

s 62
$$R_x = R \frac{a}{l-a}$$

#### Wheatstonesche Brücke als Aufnehmer

Sie dient als vergleichendes Element zur Bildung von Differenzspannungen in mannigfachen messtechnischen Anlagen.

$R_1$: mit dem zu messenden Signal $x$ (z. B. Temperatur, Weg, Drehwinkel) veränderlicher Widerstand.

$R_2$: Grundwert von $R_1$

Es gilt angenähert:

s 63
$$U_M \sim \Delta R \sim x$$

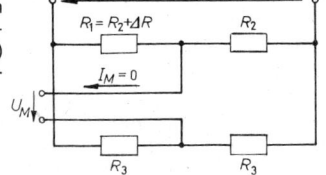

$R_M$: innerer Widerstand des Messgerätes

# Elektrotechnik
## Elektrisches Feld
**S 12**

**Kapazität $C$ eines Kondensators**

s 64
$$C = \frac{\varepsilon_0 \cdot \varepsilon_r \cdot A}{a}$$

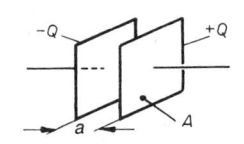

**Elektrizitätsmenge $Q$** siehe s 8

**Im elektrischen Feld gespeicherte Energie $W_C$**

s 65
$$W_C = \frac{1}{2} C \cdot U^2$$

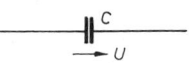

**Parallelschaltung von Kondensatoren**

Durch Parallelschalten wird die Gesamtkapazität $C$ vergrößert.

s 66
$$C = C_1 + C_2 + C_3$$

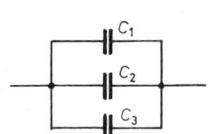

**Reihenschaltung von Kondensatoren**

Durch Reihenschalten wird die Gesamtkapazität $C$ verkleinert.

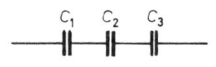

s 67
$$\frac{1}{C} = \frac{1}{C_1} + \frac{1}{C_2} + \frac{1}{C_3}$$

**Kapazität zweier koaxialer Zylinder**

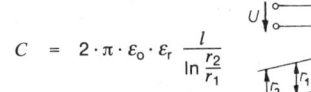

s 68
$$C = 2 \cdot \pi \cdot \varepsilon_0 \cdot \varepsilon_r \frac{l}{\ln \frac{r_2}{r_1}}$$

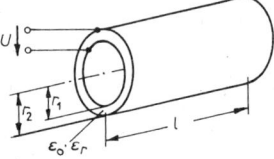

s 69
- $\varepsilon_r$ : Dielektrizitätszahl (siehe Z 22)
- $\varepsilon_0$ : elektrische Feldkonstante; $\varepsilon_0 = 8{,}85 \cdot 10^{-12}$ As/(Vm)
- $A$ : einseitige Plattenfläche
- $a$ : Dicke der Isolierschicht
- $r_1$ : Radius des inneren Zylinders
- $r_2$ : Radius des äußeren Zylinders
- $l$ : Länge des Zylinders

# Elektrotechnik
## Elektromagnetische Richtungsregeln — S 13

### Regel für Magnetnadelausschlag
s 70

Der N-Pol einer Magnetnadel wird vom magnetischen S-Pol angezogen bzw. vom magnetischen N-Pol abgestoßen.

### Regeln für feste Leiter und Spulen

s 71 **Magnetischer Fluss um stromdurchflossenen Leiter**
Denkt man sich einen Korkzieher in Richtung des Stromes in den Leiter hineinschraubt, so gibt die Drehrichtung des Korkziehers die Richtung des magnetischen Flusses an.

s 72 **Magnetischer Fluss innerhalb einer stromdurchflossenen Spule**
Denkt man sich einen Korkzieher in einer Windungsebene so aufgesetzt, daß seine Drehrichtung der Stromrichtung entspricht, so gibt die Schraubrichtung die Richtung des magnetischen Flusses an, der innerhalb der Spule vom S-Pol zum N-Pol verläuft.

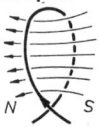

### Regeln für bewegliche Leiter und Spulen

s 73 **Regel für parallele Leiter**
Zwei gleichsinnig durchflossene parallele Leiter ziehen einander an; gegensinnig durchflossene stoßen einander ab.

s 74 **Regel für 2 Spulen**
Stehen 2 Spulen einander mit ihren Stirnseiten gegenüber und sind sie gleichsinnig durchflossen (siehe Bild), ziehen sie einander an; sind sie gegensinnig durchflossen, stoßen sie einander ab.

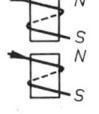

### Maschinenregeln

s 75 **Dreifingerregel für die rechte Hand** (Generatorregel)
Zeigt der Daumen in Richtung des magnetischen Flusses und der Mittelfinger in Bewegungsrichtung, so gibt der Zeigefinger die Stromrichtung an.

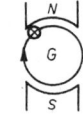

s 76 **Dreifingerregel für die linke Hand** (Motorregel)
Zeigt der Daumen in Richtung des magnetischen Flusses und der Zeigefinger in Stromrichtung, so gibt der Mittelfinger die Bewegungsrichtung an.

# Elektrotechnik
## Magnetisches Feld
## S 14

### Größen des magnetischen Kreises

**Magnetischer Fluss $\Phi$**

s 77
$$\Phi = \frac{\Theta}{R_m} = \frac{NI}{R_m} \qquad \text{(s. a. s 11)}$$

**Magnetische Flussdichte, Induktion $B$**

s 78
$$B = \frac{\Phi}{A} = \mu_r \mu_0 H \qquad \text{(s. a. s 12)}$$

**Induktivität $L$**

s 79
$$L = N\frac{\Phi}{I} = N^2 \Lambda = \frac{N^2}{R_m} \qquad \text{(s. a. s 13)}$$

Berechnung von $L$ siehe auch s 150 bis s 156

**Magnetische Feldstärke $H$**

s 80
$$H = \frac{B}{\mu_r \mu_0} = \frac{V_i}{l_i} \qquad \text{(s. a. s 14)}$$

**Elektrische Durchflutung $\Theta$**

s 81
$$\Theta = NI = \sum_{i=1}^{n} V_i \qquad \text{(s. a. s 15)}$$

**Magnetische Spannung $V_i$ im i-ten Abschnitt eines magnetischen Kreises**

s 82
$$V_i = H_i \, l_i \qquad \text{(s. a. s 16)}$$

**Magnetischer Widerstand $R_m$ eines homogenen Kreises**

s 83
$$R_m = \frac{\Theta}{\Phi} = \frac{l}{\mu_r \mu_0 A} \qquad \text{(s. a. s 18)}$$

**Magnetischer Leitwert $\Lambda$ eines homogenen Kreises**

s 84
$$\Lambda = \frac{1}{R_m} = \frac{\Phi}{\Theta} = \frac{\mu_r \mu_0 A}{l} = \frac{1}{N^2} L \qquad \text{(s. a. s 19)}$$

**Im Magnetfeld gespeicherte Energie $W_m$**

s 85
$$W_m = \frac{1}{2} NI\Phi = \frac{1}{2} L I^2$$

**Magnetischer Streufluss $\Phi_s$**

Ein Teil des magnetischen Gesamtflusses $\Phi_0$ benutzt als Weg den äußeren Luftraum und ist somit unwirksam. $\Phi_s$ wird bezogen auf den wirksamen Fluss $\Phi$. Das ergibt die

s 86  Streuzahl $\quad \sigma = \dfrac{\Phi_s}{\Phi} \qquad (0{,}1 \ldots 0{,}3)$

s 87  Gesamtfluss $\quad \Phi_0 = \Phi + \Phi_s = \Phi(1 + \sigma)$

Formelzeichen nach S 18

# Elektrotechnik
## Magnetisches Feld
**S 15**

### Magnetfeld mit seinen Kräften

**Kraft $F_m$ zwischen Magnetpolen**

In Richtung des magnetischen Flusses tritt eine Zugkraft $F_m$ auf:

s 88 $\qquad F_m = \frac{1}{2} \cdot \frac{B^2 A}{\mu_0}$ oder $F_m \approx 40 \left(\frac{B}{T}\right)^2 \cdot \frac{A}{cm^2}$ N

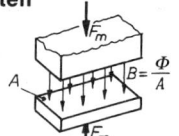

**Kraft $F_l$ auf stromdurchflossenen Leiter**

Ein vom Strom $I$ durchflossener Leiter erfährt auf seiner das magnetische Feld schneidenden Länge $l$ eine Querkraft $F_l$:

s 89 $\qquad F_l = B l I$ oder $F_l = \frac{B}{T} \cdot \frac{l}{m} \cdot \frac{I}{A}$ N

Bei Anwendung auf den Anker einer Gleichstrommaschine wird das innere Moment:

s 90 $\qquad M_i = \frac{1}{2\pi} \Phi I \frac{p}{a} z$

s 91 $\qquad$ oder $\quad M_i = \frac{1}{2\pi} \cdot \frac{\Phi}{Vs} \cdot \frac{I}{A} \cdot \frac{p}{a} z$ Nm

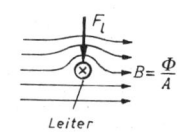

**Induzierte Quellenspannung $u_q$ (Induktionsgesetz)**

Wird eine Spule (Windungszahl $N$, Innenwiderstand $R_i$) von einem zeitlich ändernden magnetischen Fluss $\Phi$ durchsetzt, so wird in ihr die Quellenspannung

s 92 $\qquad u_q = N \frac{d\Phi_t}{dt} \qquad$ (s. a. s 11)

induziert, die ggfs. einen Strom durch den Verbraucherwiderstand $R_v$ treibt.

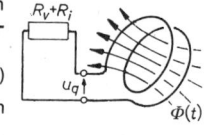

**Induzierte Quellenspannung durch**

| Bewegung eines Leiters senkrecht zu $\Phi$ | Drehung einer Leiterschleife im magnetischen Feld | Drehung eines Generatorankers |
|---|---|---|
| s 93, s 94: $u_q = B l v$ | $u_q = \omega \Phi_{max} \cdot \sin \omega t$ <br> $\Phi_{max} = l d B$ | $u_q = \Phi n z \frac{p}{a}$ <br> $= l d B \frac{zp}{2\pi a} \omega$ |

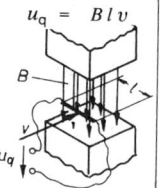

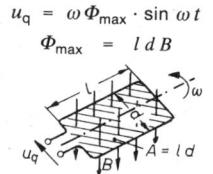

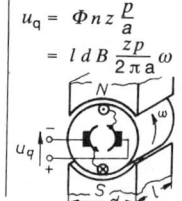

s 95 **Quellenspannung $u_q$ der Selbstinduktion:** $u_q = L \cdot di/dt$

Erläuterung auf Seite S 18

Formelzeichen nach S 18

# Elektrotechnik
## Wechselstrom
**S 16**

## Allgemeine Begriffe im Wechselstromkreis

### Winkelzählpfeil
Der bei Zeigerbildern benutzte Winkelzählpfeil ist stets entgegen dem Uhrzeigersinn gerichtet. Ihm gleich gerichtete Winkel werden positiv, ihm entgegen gerichtete Winkel werden negativ gezählt.

Beispiel

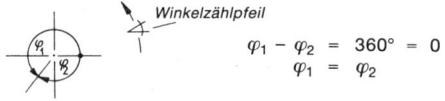

$$\varphi_1 - \varphi_2 = 360° = 0$$
$$\varphi_1 = \varphi_2$$

### Scheitelwerte (siehe auch s 1)
Der Wechselstrom ändert seine Stärke $i$ und Spannung $u$ periodisch mit der Zeit $t$ meist in Form einer Sinusschwingung. Die Höchstwerte $\hat{i}$ und $\hat{u}$ werden Scheitelwerte genannt. Bei der Kreisfrequenz $\omega = 2\pi f$ beträgt der durchlaufene Winkel nach Verlauf der Zeit $t$:

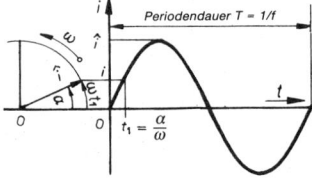

$$\alpha = \omega t = 2\pi f t$$

und damit zu diesem Zeitpunkt

der Strom $\quad i = \hat{i} \sin(\omega t) = \hat{i} \sin \alpha$

die Spannung $\quad u = \hat{u} \sin(\omega t) = \hat{u} \sin \alpha \quad$ (falls $\varphi = 0$)

### Effektivwerte
Mit diesen wird praktisch gerechnet, und sie werden meistens auch von den Messgeräten angezeigt.

| | allgemein | bei Sinusschwingungen |
|---|---|---|
| s 101 | $I = I_{\text{eff}} = \sqrt{\dfrac{1}{T}\displaystyle\int_0^T i^2 \, dt}$ | $I = I_{\text{eff}} = \dfrac{\hat{i}}{\sqrt{2}}$ |
| s 102 | $U = U_{\text{eff}} = \sqrt{\dfrac{1}{T}\displaystyle\int_0^T u^2 \, dt}$ | $U = U_{\text{eff}} = \dfrac{\hat{u}}{\sqrt{2}}$ |

Mit diesen Werten gilt auch bei Wechselstrom

$$P = U I \quad \text{(falls } \cos \varphi = 1; \text{ siehe s 115)}$$

Fortsetzung siehe S 17

# Elektrotechnik
## Wechselstrom

**S 17**

Fortsetzung von S 16

**Phasenverschiebung, Verschiebungswinkel** $\varphi$

Bei Anwesenheit von Widerständen verschiedener Art (Wirkwiderstand, Induktivität und/oder Kapazität) in einem Wechselstromkreis tritt eine Phasenverschiebung um den Verschiebungswinkel $\varphi$ zwischen Strom und Spannung auf. Der Verschiebungswinkel $\varphi$ ist im Zeigerbild stets vom Strom zur Spannung und im Bild der zeitlichen Verläufe stets von der Spannung zum Strom gerichtet.

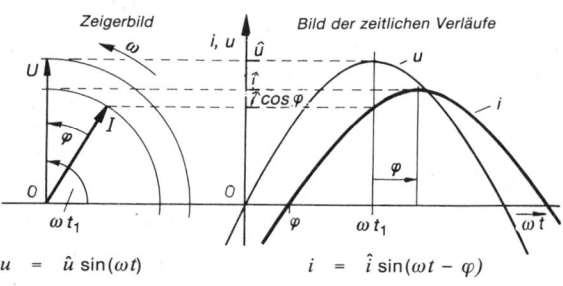

s 104
$$u = \hat{u} \sin(\omega t) \qquad i = \hat{i} \sin(\omega t - \varphi)$$

**Güte** $Q$, **Verlustfaktor** $\tan \delta$ **und Verlustwinkel** $\delta$

Die Güte $Q$ einer Schaltung ist definiert durch

s 105
$$Q = 2\pi \hat{w}/W_{VP}$$

Dabei ist $\hat{w}$ der Höchstwert der in der Schaltung gespeicherten Energie und $W_{VP}$ die während einer Periode auftretende Verlustenergie.

Der Kehrwert der Güte $Q$ heißt Verlustfaktor $\tan \delta$

s 106
$$\tan \delta = 1/Q \qquad (\delta \text{ ist der Verlustwinkel})$$

Für die Drosselspule (s 125 und s 128) und den Kondensator mit Wirkwiderstand (s 126 und s 129) ergibt diese Definition die sehr einfachen Beziehungen:

s 107  $Q = |\tan \varphi|$  $\quad \tan \delta = 1/Q = 1/|\tan \varphi|$
s 108  $\delta = 90° - |\varphi|$  $\quad\quad\quad\quad = |U_w/U_b|$ (bei Reihenschaltung)
s 109  $\quad\quad\quad\quad\quad\quad\quad\quad\quad = |I_w/I_b|$ (bei Parallelschaltung)

Formeln für $\tan \varphi$ siehe S 19 und S 20

Für die Schwingkreise ergeben sich die nicht so einfachen Formeln s 138 und s 139

# Elektrotechnik
## Wechselstrom
**S 18**

### Grundgleichungen des Wechselstromes (Einphasenstrom)

| | | |
|---|---|---|
| | Scheinwiderstand | $Z$ siehe S 19 und S 20 |
| s 110 | Scheinleitwert | $Y = 1/Z$ |
| s 111 | Spannung am Scheinwiderstand $Z$ | $U = IZ$ |
| s 112 | Strom durch Scheinwiderstand $Z$ | $I = \dfrac{U}{Z}$ |
| s 113 | Scheinleistung | $S = UI = \sqrt{P^2 + Q^2} = I^2 Z$ |
| s 114 | Blindwiderstand | $X = Z \sin \varphi$ |
| s 115 | Wirkleistung | $P = UI \cos \varphi = I^2 R$ |
| s 116 | Blindleistung | $Q = UI \sin \varphi = I^2 X$ |
| s 117 | Verschiebungsfaktor | $\cos \varphi = \dfrac{P}{UI} = \dfrac{P}{S}$ |
| s 118 | Magnetischer Wechselfluss in einer Spule | $\hat{\Phi} = \dfrac{U_L}{4{,}44\, Nf}$ |

---

s 119

$\mu_o$ : Magnetische Feldkonstante ($\mu_o = 4\pi \cdot 10^{-7}$ Vs/Am)
$\mu_r$ : Permeabilitätszahl
 für Vakuum, Gase, Flüssigkeiten und die meisten festen Stoffe gilt: $\mu_r = 1$,
 für magnetische Stoffe $\mu_r$ aus Z 23 entnehmen
$a$ : Anzahl Ankerzweigpaare
$l$ : Weglänge des Flusses
$N$ : Windungszahl der Spule
$p$ : Anzahl der Polpaare
$z$ : Anzahl der Leiter

| | | | |
|---|---|---|---|
| $R_R$ $R_P$ | Wirkwiderstand in | Reihen- Parallel- | Ersatzschaltung der Drosselspule |
| $L_R$ $L_P$ | Induktivität in | Reihen- Parallel- | |

---

### Erläuterung zu Seite S 15 ($U_q$ der Selbstinduktion)

Wird eine Spule von einem zeitlich veränderlichen Strom $i$ durchflossen, so ändert sich das von diesem Strom verursachte Magnetfeld ebenso. Dadurch wird eine Spannung $u_q$ der Selbstinduktion in der Spule induziert. Sie ist stets so gerichtet, daß sie der augenblicklichen Stromänderung entgegenwirkt.
(Lenzsches Gesetz).

# Elektrotechnik
## Wechselstrom

**S 19**

### Widerstandsarten, Reihen- und Parallelschaltungen bei Wechselstrom

| | Widerstandsart | Schaltung | Zeigerbild | Phasenlage | Versch.-winkel | Scheinwiderstand | $\tan \varphi =$ |
|---|---|---|---|---|---|---|---|
| s 120 | **ohmsch** Lampe, Heizung, bifilar gewickelte Spule | $R$, $I$, $U_R$ | $U_R$, $I$ | $I$ und $U$ gleichphasig | $\varphi = 0°$ | $Z = R$ | 0 |
| s 121 | **induktiv** ideale Induktivität | $X_L$, $I$, $U_L$ | $U_L$, $I$ | $I$ eilt $U$ um $90°$ nach | $\varphi = 90°$ | $Z = X_L = \omega L$ | $\infty$ |
| s 122 | **kapazitiv** Kondensator | $X_C$, $I$, $U_C$ | $U_C$, $I$ | $I$ eilt $U$ um $90°$ vor | $\varphi = -90°$ | $Z = X_C = -\dfrac{1}{\omega C}$ | $-\infty$ |
| s 123 | **ohmsch + induktiv + kapazitiv in Reihe** $\omega L_R < \dfrac{1}{\omega C}$ | $X_C$, $X_{LR}$, $R_R$ | $U_D$, $U_L$, $U_R$, $\varphi$, $U$, $I$ | $I$ eilt $U$ vor | $-90° < \varphi < 0°$ | $Z = \sqrt{R_R^2 + \left(\omega L_R - \dfrac{1}{\omega C}\right)^2}$ | $\dfrac{\omega L_R - \dfrac{1}{\omega C}}{R_R}$ |
| s 124 | **Drosselspule mit Kondensator in Reihe** $\omega L_R > \dfrac{1}{\omega C}$ | $X_C$, $X_{LR}$, $R_R$ | $U_D$, $U_L$, $U_R$, $\varphi$, $U$, $I$ | $I$ eilt $U$ nach | $0° < \varphi < 90°$ | | |
| s 125 | **ohmsch + induktiv in Reihe** Reih.-Ers.-Sch. der Drosselspule | $X_{LR}$, $R_R$, $U_L$, $U_R$, $U$ | $U_L$, $U$, $\varphi$, $U_R$, $I$ | $I$ eilt $U$ weniger als $90°$ nach | $0° < \varphi < 90°$ | $Z = \sqrt{R_R^2 + (\omega L_R)^2}$ | $\dfrac{\omega L_R}{R_R}$ |

Fortsetzung siehe S 20

# Elektrotechnik
## Wechselstrom

**S 20**

Fortsetzung von S 19

| | Widerstandsart | Schaltung | Zeigerbild | Phasenlage | Versch.-winkel | Scheinwiderstand | $\tan \varphi =$ |
|---|---|---|---|---|---|---|---|
| s 126 | ohmsch + kapazitiv in Reihe, Wirkwiderstand und Kondensator in Reihe | | | $I$ eilt $U$ weniger als $90°$ vor | $-90° < \varphi < 0°$ | $Z = \sqrt{R_R^2 + \left(\dfrac{1}{\omega C}\right)^2}$ | $-\dfrac{1}{R_R \omega C}$ |
| s 127 | ohmsch + induktiv + kapazitiv parallel, Drosselspule Kondens. parall. | | | $I$ eilt $U$ je nach Bauteiledaten vor/nach | $-90° < \varphi < 90°$ | $Z = \dfrac{1}{\sqrt{\left(\dfrac{1}{R_P}\right)^2 + \left(\dfrac{1}{\omega L_P} - \omega C\right)^2}}$ | $R_P \left(\dfrac{1}{\omega L_P} - \omega C\right)$ |
| s 128 | ohmsch + induktiv parallel, Parallel-Ersatzschaltung der Drosselspule | | | $I$ eilt $U$ nach | $0° < \varphi < 90°$ | $Z = \dfrac{1}{\sqrt{\left(\dfrac{1}{R_P}\right)^2 + \left(\dfrac{1}{\omega L_P}\right)^2}}$ | $\dfrac{R_P}{\omega L_P}$ |
| s 129 | ohmsch + kapazitiv parallel, Wirkwiderstand + Kond. parallel | | | $I$ eilt $U$ vor | $-90° < \varphi < 0°$ | $Z = \dfrac{1}{\sqrt{\left(\dfrac{1}{R_P}\right)^2 + (\omega C)^2}}$ | $-R_P \omega C$ |

s 130 / s 131: Sind für eine Drosselspule die Daten $R$ und $L$ bekannt, so sind dies im allgemeinen die Werte $R_R$ und $L_R$ der Reihen-Ersatzschaltung (siehe s 125). Bei Parallelschaltungen von Drosselspule und Kondensator empfiehlt es sich jedoch, die Parallel-Ersatzschaltung der Drosselspule (siehe s 128) zu benutzen. Die darin enthaltenen Werte $R_P$ und $L_P$ ergeben sich aus $R_R$ und $L_R$ mit:

$$R_P = R_R + \dfrac{(\omega L_R)^2}{R_R}$$

$$L_P = L_R + \dfrac{R_R^2}{\omega^2 L_R}$$

# Elektrotechnik
## Wechselstrom
**S 21**

### Schwingkreise

|  | Reihen- | Parallel- |
|---|---|---|
|  | \multicolumn{2}{c}{schwingkreis} | |

| | | Reihenschwingkreis | Parallelschwingkreis |
|---|---|---|---|
| | Schaltbild und allgemeines Zeigerbild | siehe s 123 | siehe s 127 |
| | Zeigerbild für Resonanzfall | $U = U_R$, $U_L$, $U_C$, $I$ | $U$, $I_C$, $I_L$, $I = I_R$ |
| s 132 | Resonanz-bedingung | $U_L = U_C$ | $I_L = I_C$ |
| s 133 | | $\omega_r L_R - \dfrac{1}{\omega_r C} = 0$ | $\dfrac{1}{\omega_r L_P} - \omega_r C = 0$ |
| s 134 | | $\omega_r^2 L_R C = 1$ | $\omega_r^2 L_P C = 1$ |
| s 135 | Resonanz-frequenz | $f_r = \dfrac{1}{2\pi \sqrt{L_R C}}$ | $f_r = \dfrac{1}{2\pi \sqrt{L_P C}}$ |
| | | \multicolumn{2}{l}{Ist Netzfrequenz $f = f_r$, tritt Resonanz auf} | |
| s 136 | Strom bei Resonanz | $I_r = \dfrac{U}{R_R}$ | $I_r = \dfrac{U}{R_P} = \dfrac{R_R C U}{L_R}$ |
| s 137 | | bei $U_b = U_L - U_C = 0$  $\varphi = 0$ | bei $I_b = I_L - I_C = 0$  $\varphi = 0$ |
| s 138 | Güte | $Q_R = \dfrac{\omega_r L_R}{R_R} = \dfrac{1}{\omega_r C R_R}$ | $Q_P = \omega_r C R_P = \dfrac{R_P}{\omega_r L_P}$ |
| s 139 | Verlust-winkel $\delta$ aus | $\tan \delta_R = \dfrac{1}{Q_R} = \dfrac{R_R}{\omega_r L_R}$ | $\tan \delta_P = \dfrac{1}{Q_P} = \dfrac{1}{\omega_r C R_P}$ |
| s 140 | Wellenlänge | \multicolumn{2}{c}{$\lambda = \dfrac{c}{f_r} = \dfrac{300 \cdot 10^6 \text{ m}}{f_r \text{ s}}$} | |
| s 141 | Schwingungs-dauer im Resonanzfall | $T_r = 2\pi \sqrt{L_R C}$ | $T_r = 2\pi \sqrt{L_P C}$ |

### Sperrkreis

Ein Parallelschwingkreis hat das Maximum seines Scheinwider-standes $Z_{max}$ bei seiner Resonanzfrequenz.
Damit wirkt er als Sperrkreis für Ströme dieser Frequenz.

s 142  $\qquad Z_{max} = R_p = \dfrac{L_R}{R_R C} \quad$ und Stromstärke $\quad I = \dfrac{U}{Z_{max}}$

Formelzeichen nach S 18

# Elektrotechnik
## Wechselstrom
**S 22**

### Wechselstrommessbrücke

Sie dient zur Ermittlung der Kapazität von Kondensatoren und der Induktivität von Spulen. Dabei sind der veränderliche Kondensator $C_2$ und der Widerstand $R_2$ so lange abzugleichen, bis der Ton in einem Kopfhörer K mit geringem Widerstand ein Minimum erreicht hat oder verschwindet. Nachstehende Schaltungen sind frequenzunabhängig.

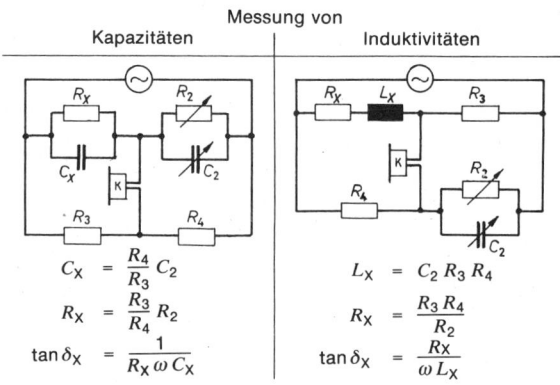

Messung von

| Kapazitäten | Induktivitäten |
|---|---|

s 143 $\quad C_X = \dfrac{R_4}{R_3} C_2 \qquad\qquad L_X = C_2 R_3 R_4$

s 144 $\quad R_X = \dfrac{R_3}{R_4} R_2 \qquad\qquad R_X = \dfrac{R_3 R_4}{R_2}$

s 145 $\quad \tan \delta_X = \dfrac{1}{R_X \omega C_X} \qquad \tan \delta_X = \dfrac{R_X}{\omega L_X}$

**Bestimmung eines unbekannten Scheinwiderstandes** durch Spannungsmessungen an diesem Scheinwiderstand und einem Hilfswiderstand:

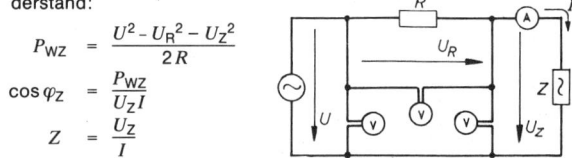

s 146 $\quad P_{WZ} = \dfrac{U^2 - U_R^2 - U_Z^2}{2R}$

s 147 $\quad \cos \varphi_Z = \dfrac{P_{WZ}}{U_Z I}$

s 148 $\quad Z = \dfrac{U_Z}{I}$

s 149 $\quad$ Hilfswiderstand $R$ so wählen, daß $\quad U_R \approx |U_Z|$

$C_X$ : gesuchte Kapazität  $\quad\quad\quad \delta_X$ : Verlustwinkel s. S 17
$L_X$ : gesuchte Induktivität $\quad\quad R_2 ...$: bekannte Widerstände
$R_X$ : gesuchter Wirkwiderstand der Spule bzw. des Kondensators
$C_2$ : verstellbare Referenzkapazität
$Z$ : unbekannter Scheinwiderstand (induktiv oder kapazitiv)

# Elektrotechnik
## Wechselstrom

**S 23**

### Induktivität $L$ von eisenlosen Spulen

**Berechnung von $L$ aus Schein- und Wirkwiderstand**

s 150 Schicke durch Spule Wechselstrom ($J = I/A \approx 3$ A/mm²) und messe Klemmenspannung $U$, Stromstärke $I$, Leistung $P$.

s 151 Scheinwiderstand $\quad Z = \dfrac{U}{I}$ ; Wirkwiderstand $\quad R = \dfrac{P}{I^2}$

s 152 $$L = \frac{1}{\omega} \sqrt{Z^2 - R^2}$$

**Berechnung von $L$ einer Ringspule**

s 153 $$L = \frac{\mu_0 \, h \, N^2}{2\pi} \ln \frac{r_2}{r_1}$$

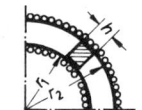

**Berechnung von $L$ einer geraden Spule**
Windungen müssen Kreisgestalt haben.

| $\dfrac{D}{u}$ | Induktivität | |
|---|---|---|
| s 154 | $< 1$ | $L = 1{,}05 \, \dfrac{D}{m} \, N^2 \, \sqrt[4]{\left(\dfrac{D}{u}\right)^3} \ \mu H$ |
| s 155 | $> 1$ | $L = 1{,}05 \, \dfrac{D}{m} \, N^2 \, \sqrt{\left(\dfrac{D}{u}\right)} \ \mu H$ |
| s 156 | $\geqq 3$ | Werte werden unzuverlässig |

$$1 \ \mu H = 10^{-6} \, \frac{V\,s}{A}$$

- $a$ : Wicklungsdicke
- $A$ : Drahtquerschnitt
- $b$ : Spulenbreite
- $d_a$ : Außendurchmesser des Drahtes mit Isolation
- $D$ : mittlerer Spulendurchmesser
- $l_o$ : Windungslänge innen
- s 157 $l_m$ : mittlere Windungslänge ($l_m = l_o + \pi a$)
- $N$ : Windungszahl
- $u$ : Umfang des Wicklungsquerschnittes
- $\alpha$ : Verhältnis $a : b$
- s 158 $\beta$ : Maß der Auflockerung $\left(\beta = \dfrac{a\,b}{N\,d_a^2}\right)$

# Elektrotechnik
## Wechselstrom

**S 24**

### Berechnung von eisenlosen Spulen mit einer vorgeschriebenen Induktivität $L$

**Hochfrequenzspulen**

| $\dfrac{D}{u}$ | Formel | |
|---|---|---|
| s 159 | $<1$ | $\left(\dfrac{D}{m}\right)^{3,5} N^{3,25} \approx \dfrac{1}{39}\left(\dfrac{d_o}{m}\right)^{1,5} \cdot \left(\dfrac{L}{H}\right)^2 \cdot 10^{14}$ |
| s 160 | $>1$ | $\left(\dfrac{D}{m}\right)^{3} N^{3,5} \approx \dfrac{1}{55}\left(\dfrac{d_o}{m}\right) \cdot \left(\dfrac{L}{H}\right)^2 \cdot 10^{14}$ |

hierbei ist:
$$d_o = \dfrac{u}{2\sqrt{N}}$$
$$= d_a(1+\alpha)\sqrt{\dfrac{\beta}{\alpha}}$$

**Niederfrequenzspulen**

s 161  Falls $\beta = 1$ und $D = u$, ist

s 162  $\quad N \approx 975\sqrt{\dfrac{L}{H}\dfrac{m}{D}}$

s 163  $\quad a \approx \dfrac{1}{4}\left(u \pm \sqrt{u^2 - 16 N d_a^{\,2}}\right); \qquad b = \dfrac{u}{2} - a$

### Ermittlung der Windungszahl $N$ einer Spule

**Aus Wicklungsquerschnitt**

s 164  $\quad N \approx \dfrac{ab}{d_a^{\,2}}$

**Aus Wirkwiderstand**

s 165  $\quad N \approx \dfrac{R\,A}{\varrho\,l_m}$

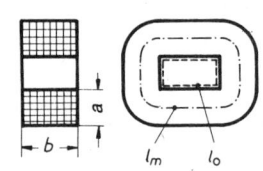

**Mittels Referenzspule**

Spule mit der unbekannten Windungszahl $N_x$ und Referenzspule mit der bekannten Windungszahl $N_o$ möglichst nahe zusammen auf einen geschlossenen Eisenkern bringen und diesen über eine Spule $N_e$ mit Wechselspannung $U_{e\sim}$ erregen. Mit Spannungsmessgerät mit möglichst hohem Widerstand die Spannungen $U_x$ und $U_o$ messen. Dann ist

s 166  $\quad N_x = N_o\,\dfrac{U_x}{U_o}$

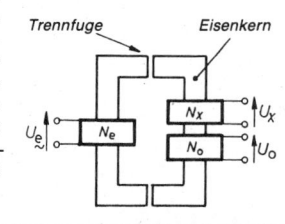

Erklärung der Formelzeichen siehe S 23

# Elektrotechnik
## Wechselstrom

**S 25**

## Hysterese

**Remanenz-Induktion** $B_r$
Sie bleibt im Eisen zurück, wenn die äußere magnetische Feldstärke $H$ verschwindet.

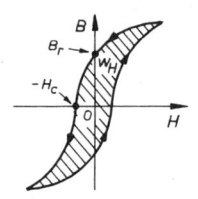

**Koerzitiv-Feldstärke** $H_c$
Sie muß aufgewendet werden, um die Flußdichte $B$ zu null zu machen.

**Ummagnetisierungs-Arbeit** $W_H$ (Hysterese-Arbeit)
Die beim einmaligen Durchlauf der Hystereseschleife auftretende Verlustarbeit $W_H$ ist gleich dem Produkt aus dem Flächeninhalt $w_H$ der Hystereseschleife und dem Eisenvolumen $V_{Fe}$:

s 167
$$W_H = w_H V_{Fe}$$

**Ummagnetisierungs-Leistung** $P_{VH}$ (Hysterese-Leistung)

s 168
$$P_{VH} = W_H f = w_H V_{Fe} f$$

## Wirbelströme

Nach dem Induktionsgesetz werden auch im Eisen Wechselspannungen induziert, die abhängig vom elektrischen Widerstand des Eisens Induktionsströme zur Folge haben. Diese werden Wirbelströme genannt. Durch Lamellierung (Aufbau eines Wechselflusskerns aus gegeneinander isolierten, etwa 0,3 bis 1 mm starken Blechen) des Eisens werden sie klein gehalten.

## Eisenverluste

**Massenbezogene Eisenverlust-Leistung**
In ihr werden die massebezogenen Hysterese- und Wirbelstromverluste zusammengefasst. Sie wird beim Induktionsscheitelwert $\hat{B} = 1$ T = 10 kG bzw. 1,5 T = 15 kG und der Frequenz $f = 50$ Hz gemessen und dann $P\,1{,}0$ bzw. $P\,1{,}5$ genannt. Werte siehe Z 24.

**Eisenverlust-Leistung** $P_{Fe}$

s 169
$$P_{Fe} = P\,1{,}0 \left(\frac{\hat{B}}{\text{T}} \cdot \frac{f}{50\text{ Hz}}\right)^2 m_{Fe}\,(1 + \varkappa)$$

---

$m_{Fe}$: Eisenmasse | $\varkappa$: Zuschlag für Stanzgrat usw. (0,1 ... 1,0)

# Elektrotechnik
## Wechselstrom
**S 26**

### Drosselspule

#### Drosselspule als Vorwiderstand

Sie dient in einem Wechselstromkreis zur Verringerung der Netzspannung $U$ auf den Wert $U_V$ für einen reinen Wirkverbraucher $R_V$.

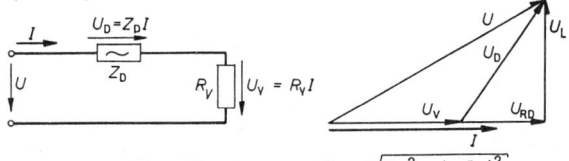

| | | |
|---|---|---|
| s 170 | Scheinwider- \| Drossel | $Z_D = \sqrt{R_R^2 + (\omega \cdot L_R)^2}$ |
| s 171 | stand der \| gesamten Schaltung | $Z = \sqrt{(R_R + R_V)^2 + (\omega \cdot L_R)^2}$ |
| s 172 | Erforderliche Induktivität | $L_R = \dfrac{1}{\omega}\sqrt{\left(\dfrac{U \cdot R_V}{U_V}\right)^2 - (R_V + R_R)^2}$ |

Bei einer Überschlagsrechnung von $L_R$ kann man den zunächst unbekannten Wirkwiderstand $R_R$ der Drossel vernachlässigen. Nach der Auslegung der Drossel ist $R_R$ bekannt und $Z$ genau zu bestimmen. Dann ist $U_V$ nach

s 173

$$U_V = \frac{U \cdot R_V}{Z}$$

zu kontrollieren. Evtl. ist eine zweite Drosselauslegung mit geänderter Induktivität erforderlich.

#### Drosselspule ohne Eisenkern und mit konstanter Induktivität

Auslegung nach S 23. Dabei Werte $r_2/r_1$ (Ringspule) bzw. $D$ und $u$ (gerade Spule) zunächst annehmen. Reicht Wickelraum nicht aus oder ergeben sich eine ungünstige Windungszahl und/oder ungünstige Abmessungen, Rechnung mit anderen Annahmen wiederholen. Schließlich Wirkwiderst. der Drossel nach s 26 ermitteln.

#### Drosselspule mit Eisenkern und konstanter Induktivität

Der Eisenkern dient hauptsächlich dazu, den magnetischen Fluss räumlich zu führen und soll möglichst viele durch Zwischenlagen ausgefüllte Einzelluftspalte $\delta_1$ besitzen. Der Bedarf des Eisenkerns an magnetischer Spannung wird vernachlässigt. Man rechnet stets mit den Scheitelwerten von $H$ und $B$. Ein Maß für die Schwankung der Indukti-

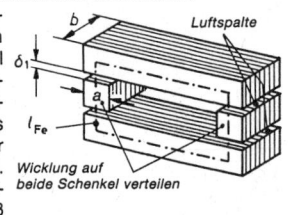

Wicklung auf beide Schenkel verteilen

Fortsetzung siehe S 27

# Elektrotechnik
## Wechselstrom
### S 27

Fortsetzung von S 26

vität $L_R$ ist die maximale stromabhängige Induktivitätsänderung

s 174
$$g_L = \frac{|L_{R\,ges} - L_R|}{L_R} \quad ; \quad \frac{1}{g_L} = \frac{A_{Fe}\,\hat{B}_{Fe}\,\delta}{\hat{H}_{Fe}\,l_{Fe}\,\mu_0\,A_L} + 1$$

Ist $g_L > g_{L\,erf}$, Dimensionierung mit größerem $A_{Fe}$ und kleinerem $\hat{B}_{Fe}$ bei unverändertem Produkt $\hat{B}_{Fe} \cdot A_{Fe}$ wiederholen.

**Dimensionierung.** Es sei gegeben: $L_r$, $f$, $g_{L\,erf}$, $U_{L\,eff}$ oder $I_{eff}$, dann sind die

| | | vorläufigen | endgültigen |
|---|---|---|---|
| | | \multicolumn{2}{c}{Abmessungen} | |
| s 175 s 176 | Wirksamer Eisenquerschnitt | $A_{Fe}' = \sqrt{K\,I_{eff}\,U_{L\,eff}}$ mit $I_{eff} = \dfrac{U_{L\,eff}}{2\pi f L_R}$ | $A_{Fe}$ DIN 41302 entnehmen |
| s 177 | Windungszahl | \multicolumn{2}{c}{$N = \dfrac{U_{L\,eff}}{4{,}44\,f\,\hat{B}_{Fe}\,A_{Fe}}$} |
| s 178 | Luftspaltquerschnitt | $A_L' = ab + 5\,\text{cm}\,(a+b)$ | $[A_L = ab + 5(a+b)\delta_1]$ |
| s 179 | Gesamt-luftspaltlänge | $\delta' = \dfrac{N^2\,\mu_0\,A_L'}{L_R}$ | $\delta = \dfrac{a\,b\,n\,N^2\,\mu_0}{n\,L_R - 5\,N^2\,\mu_0(a+b)}$ |
| s 180 | Einzel- | $\delta_1' = \delta'/n < 1\,\text{cm}$ | $\delta_1 = \delta/n < 1\,\text{cm}$ |
| s 181 | Drahtdurchmesser | $d' = 2\sqrt{\dfrac{I}{J'\pi}}$ | $d$ auf Norm-$\varnothing$ aufrunden $d_a$ einschl. Isolierung |
| s 182 | Wicklungsquerschnitt | \multicolumn{2}{c}{$A_W = 1{,}12\,d_a^2\,N$} |
| | Schenkellänge | \multicolumn{2}{l}{$l_s$ aus Abmessungen des Kernschnittes und $A_W$ ermitteln} |

### Drosselspule mit Eisenkern und stromabhängiger Induktivität

Diese Drossel hat einen Eisenkern, jedoch keinen Luftspalt. Nur für Sonderzwecke, z.B. als Magnetverstärker.

$K$ : Leistungsbeiwert der Drossel
 $\approx 0{,}24\,\text{cm}^4/\text{VA}$ für Trockendrosseln } Kernschnittform
 $\approx 0{,}15\,\text{cm}^4/\text{VA}$ für Öldrosseln     siehe S 26
 für ⊡-Kernschnittform gelten um 75% höhere Werte

$J'$ : vorläufige Stromdichte, für Trockendrossel $J' = 2\,\text{A}/\text{mm}^2$
 für Öldrossel $J' \approx 3\ldots 4\,\text{A}/\text{mm}^2$

$\hat{B}_{Fe}$ : Induktion im Eisen (etwa $1\ldots 1{,}2$ T wählen)
$\hat{H}_{Fe}$ : Feldstärke im Eisen für $\hat{B}_{Fe}$ bei der gewählten Eisensorte aus Z 23 entnehmen
$n$ : Zahl der Einzelluftspalte, Vergrößerung verringert Streufluss
$R_{Cu}$ : Wirkwiderstand der Wicklung nach s 26
$R_R$ : Wirkwiderstand der Drossel einschl. Eisenverlustwiderstand ($R_R \approx 1{,}3\,R_{Cu}$)
$l_{Fe}$ : mittlere Weglänge des Flusses im Eisen

# Elektrotechnik
## Wechselstrom
### S 28

## Transformator

### Benennung der Wicklungen

| | Unterscheidung nach | |
|---|---|---|
| den Nennspannungen | der Funktion in der Gesamtschaltung (der Leistungs-Übertragungsrichtung) | |
| Wicklung mit höherer \| geringerer Nennspannung | Leistung- aufnehmende \| abgebende Wicklung | |
| Ober- \| Unter- spannungsseite | Primärseite | Sekundärseite |

### Nenndaten (Index N)

s 183  Nennleistung $\quad S_N = U_{1N} \cdot I_{1N} = U_{2N} \cdot I_{2N}$

s 184  Nennübersetzung $\quad ü = U_{1N}/U_{20} = I_{2N}/I_{1N}$

Als Nennsekundärspannung $U_{2N}$ wird nicht die Sekundärspannung bei Nennlast, sondern diejenige bei Leerlauf bezeichnet ($N_{2N} = U_{2O}$).

### Eisenverlustleistung $P_{Fe}$ und Leerlaufversuch

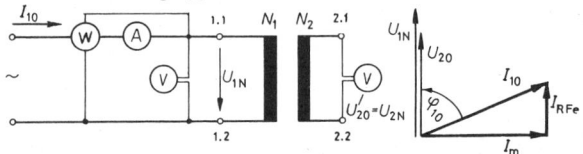

Die Eisenverlustleistung $P_{Fe}$ hängt nur von der Primärspannung $U_1$ und der Frequenz $f$, jedoch nicht von der Belastung ab.

s 185
$$P_{10} = P_{Fe}$$

Die Eisenverlustleistung $P_{Fe}$ wird – wie auch das Nenn-Übersetzungsverhältnis $ü$ – im Leerlaufversuch (siehe Schaltung, Sekundärklemmen offen, Daten mit Index 0) ermittelt. Die Wirkkomponente $I_{RFe}$ des Primärstroms deckt dann die Eisenverluste; die Blindkomponente ist der Magnetisierungsstrom $I_m$. Die Kupferverluste sind vernachlässigbar klein. Die Eisenverlustleistung $P_{Fe}$ wird bei der Berechnung der Betriebsverlustleistung und des Wirkungsgrades benötigt.

Fortsetzung siehe S 29

# Elektrotechnik
## Wechselstrom

**S 29**

Fortsetzung von S 28

**Kupferverlustleistung $P_{Cu}$ und Kurzschlußversuch**

$P_{Cu}$ hängt nur vom Primärstrom $I_1$ ab und wird im Kurzschlußversuch (siehe Schaltung, Daten mit Index κ) ermittelt. Dabei wird die Primärspannung $U_1$ bei kurzgeschlossenen Sekundärklemmen auf den Wert $U_{1K}$ eingestellt, bei dem die Ströme ihre Nennwerte haben. $U_{1K}$ ist so klein, daß dabei $I_{RFe}$ und $I_m$ vernachlässigbar sind. Die Primär-Kurzschlussleistung $P_{1K}$ ist dann gleich der Nenn-Kupferverlustleistung $P_{CuN}$ des gesamten Trafos bei Nennstrom. $P_{1K}$ wird bei der Berechnung der Betriebsverlustleistung und des Wirkungsgrades benötigt.

s 186 $\qquad P_{1K} = P_{CuN}$

Aus den Messwerten ermittelt man die auf den Leistungsschildern größerer Trafos stets angegebene relative Kurzschlussspannung $u_K$:

s 187 $\qquad u_K = 100\,(U_{1K}/U_{1N})\,\%$.

Aus dem Zeigerbild lassen sich bestimmen:

s 188 $\quad R_{Cu} = U_R/I_{1N}$; $\quad L = U_L/\omega I_{1N}$; $\quad \cos\varphi_{1K} = U_R/U_{1K} = \dfrac{P_{CuN}}{u_K\,P_{SN}}$

**Betriebsverhalten**

Zur Ermittlung der Betriebsspannung $U_2$ für jeden Belastungsfall rechnet man zunächst die Größen der Sekundärseite in die eines sonst gleichen Trafos um, der $ü = 1{:}1$ hätte (Index '):

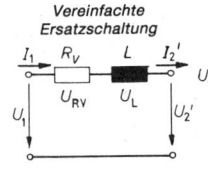

s 189 $\quad U_2' = ü\,U_2$; $\quad I_2' = I_2/ü$; $\quad R_2' = ü^2 R_2$

Lastabhängige Änderung $\Delta U$ von $U_2'$ (Näherung für $u_K \leqq 4\%$)

s 190 $\quad \Delta U = U_{1K} \cdot (\cos\varphi_{1K}\,\cos\varphi_2 + \sin\varphi_{1K}\cdot\sin\varphi_2)\,I_2/I_{2N}$
$\qquad \approx U_{1K} \cos(\varphi_{1K} - \varphi_2)\cdot I_2/I_{2N}$

Sekundärspannung $U_2$

s 191 $\quad U_2' \approx U_1 - \Delta U$; $\qquad U_2 = U_2'/ü$

# Elektrotechnik
Dreiphasensysteme

**S 30**

## Grundsätzliche Schaltungen

### Sternschaltung

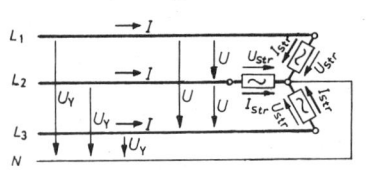

s 192 $\quad U = U_{Str}\sqrt{3}$

s 193 $\quad I = I_{Str}$

### Dreieckschaltung

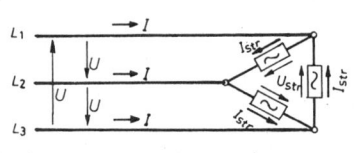

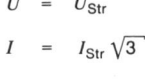

s 194 $\quad U = U_{Str}$

s 195 $\quad I = I_{Str}\sqrt{3}$

## Messung der Dreiphasenleistung

### Bei symmetrischer Belastung

Schaltung

| mit Mittelleiter (Vierleitersystem) 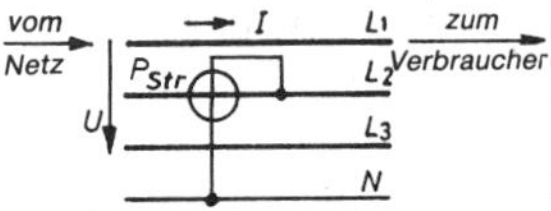 | ohne Mittelleiter (Dreileitersystem) 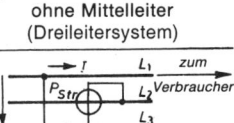 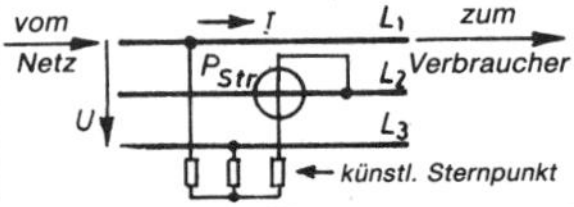 |
|---|---|

s 196 $\quad$ Gesamt-Wirkleistung $\quad P = 3 \cdot P_{Str} = \sqrt{3} \cdot U \cdot I \cdot \cos\varphi$

### Bei unsymmetrischer Belastung (Aronschaltung)

Anwendbar für Dreiphasen-Dreileitersystem ohne Mittelleiter. (Also auch für symmetrische Belastung ohne Mittelleiter).

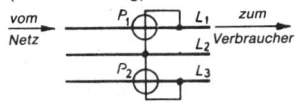

s 197 $\quad$ Gesamtwirkleistung $\quad P = P_1 + P_2$

---

$I_{Str}$ : Strangstromstärke
$I$ : Leiterstromstärke
$L_1, L_2, L_3$: Außenleiter
$N$ : Mittelleiter
$P_{Str}$ : Wirkleistung eines Stranges

$U_{Str}$ : Strangspannung
$U$ : Außenleiterspannung

# Elektrotechnik
Dreiphasensysteme | **S 31**

## Blind- und Wirkleistung, Verschiebungsfaktor
bei symmetrischer Belastung

| | | |
|---|---|---|
| s 198 | Blindleistung | $Q = \sqrt{3}\,U I \sin \varphi$ |
| s 199 | Wirkleistung | $P = \sqrt{3}\,U I \cos \varphi$ |
| s 200 | Verschiebungsfaktor | $\cos \varphi = \dfrac{P}{\sqrt{3}\,U I}$ |

## Blindstromkompensation
für induktive Verbraucher

### Allgemein
Zur Verringerung der Verlustleistung und der Kosten für Anschlussleistung den Verschiebungsfaktor $\cos \varphi$ bis auf $\cos \varphi \approx 0{,}95$ verbessern. Dabei große Verbraucher einzeln direkt, kleine Verbraucher zentral an Haupt- oder Unterverteilung kompensieren.

### Berechnung der erforderlichen Kondensatorleistung
Verschiebungsfaktor $\cos \varphi$ nach Formel s 117 berechnen, wobei $P$ durch Leistungsmessgerät (Schaltung nach S 30) oder mit dem elektrischen Arbeitszähler zu ermitteln ist; dann wird

| | | |
|---|---|---|
| s 201 | Kondensatorleistung | $Q = (\tan \varphi_1 - \tan \varphi_2)\,P$ |
| s 202 | Verlustwirkleistung des Kondensators | $P_c \approx 0{,}003\,Q$ |

### Zahlentafel

| $\cos \varphi$ | $\tan \varphi$ | $\cos \varphi$ | $\tan \varphi$ | $\cos \varphi$ | $\tan \varphi$ | $\cos \varphi$ | $\tan \varphi$ |
|---|---|---|---|---|---|---|---|
| 0,42 | 2,161 | 0,62 | 1,265 | 0,81 | 0,724 | 0,91 | 0,456 |
| 0,44 | 2,041 | 0,64 | 1,201 | 0,82 | 0,698 | 0,92 | 0,426 |
| 0,46 | 1,930 | 0,66 | 1,138 | 0,83 | 0,672 | 0,93 | 0,395 |
| 0,48 | 1,828 | 0,68 | 1,078 | 0,84 | 0,646 | 0,94 | 0,363 |
| 0,50 | 1,732 | 0,70 | 1,020 | 0,85 | 0,620 | 0,95 | 0,329 |
| 0,52 | 1,643 | 0,72 | 0,964 | 0,86 | 0,593 | 0,96 | 0,292 |
| 0,54 | 1,559 | 0,74 | 0,909 | 0,87 | 0,567 | 0,97 | 0,251 |
| 0,56 | 1,479 | 0,76 | 0,855 | 0,88 | 0,540 | 0,98 | 0,203 |
| 0,58 | 1,405 | 0,78 | 0,802 | 0,89 | 0,512 | 0,99 | 0,142 |
| 0,60 | 1,333 | 0,80 | 0,750 | 0,90 | 0,484 | 1 | 0,000 |

$\tan \varphi_1$ bzw. $\tan \varphi_2$ ergeben sich aus obiger Zahlentafel, wobei $\cos \varphi_2$ der zu erzielende Verschiebungsfaktor, $\cos \varphi_1$ der Verschiebungsfaktor des Verbrauchers ist.

# Elektrotechnik
## Motoren

**S 32**

### Gleichstrommaschine
(Motor und Generator)

**Allgemeines**

| s 203 | Momentenkonstante | $C_M = \dfrac{p\,z}{2\pi\,a}$ |
|---|---|---|
| s 204 | Rotatorische Quellenspannung | $U_q = C_M \Phi \omega = 2\pi C_M \Phi n$ |
| s 205 | Drehmoment | $M = C_M \Phi I_a$ |
| s 206 | Ankerstrom | $I_a = \dfrac{\pm(U - U_q)}{R_a}$ *) |
| s 207 | Klemmenspannung | $U = U_q \pm I_a R_a$ *) |
| s 208 | Umdrehungsfrequenz (Drehzahl) | $n = \dfrac{U \mp I_a R_a}{2\pi C_M \Phi}$ **) |
| s 209 | Innere Leistung | $P_i = M_i \omega = U_q I_a$ |
| s 210 | aufgenommene mechanische Leistung des Generators | $P_G = \dfrac{1}{\eta} U I_{ges}$ |
| s 211 | abgegebene mechanische Leistung des Motors | $P_M = \eta\, U I_{ges}$ |

**Nebenschlussmotor** (Schaltbild nach S 33)
Guter Anlauf, Umdrehungsfrequenz (Drehzahl) bleibt bei Belastung annähernd konstant und ist in gewissen Grenzen leicht verstellbar.

**Reihenschlussmotor** (Schaltbild nach S 33)
Guter Anlauf mit sehr hohem Anzugsmoment. Umdrehungsfrequenz (Drehzahl) stark von der Belastung abhängig. Bei völliger Entlastung besteht Gefahr des Durchgehens.

**Doppelschlussmotor** (Schaltbild nach S 33)
Arbeitet annähernd wie der Nebenschlussmotor. Die Reihenschlusswicklung sorgt für hohes Anzugsmoment.

| $a$ : Anzahl der Ankerzweigpaare | $z$ : Anzahl der Leiter |
|---|---|
| $p$ : Anzahl der Polpaare | $R_a$ : Ankerwiderstand |
| $\Phi$ : Magnetischer Fluss | |

| *) + Motor | **) − Motor |
|---|---|
| − Generator | + Generator |

# Elektrotechnik
## Gleichstrommaschinen mit Wendepolen | S 33

| Drehsinn | Motoren | | Generatoren | |
|---|---|---|---|---|
| | Rechtslauf | Linkslauf | Rechtslauf | Linkslauf |
| s 212 — mit Nebenschlusswicklung | | | | |
| s 213 — mit Reihenschlusswicklung | | | | |
| s 214 — mit Doppelschlusswicklung | | | | |

# Elektrotechnik
## Motoren
**S 34**

### Dreiphasenmotor

**Synchrone Umdrehungsfrequenz** (Synchrondrehzahl)
Je nach Anzahl $p$ der Polpaare wird bei Frequenz $f$ die

s 215
$$\left.\begin{array}{r}\text{Synchrone}\\ \text{Umdrehungsfrequenz}\end{array}\right\} \quad n_s = \frac{f}{p} = \frac{60\,f\,s}{p} \cdot \frac{1}{\min}$$

**Schaltung**
Sind sämtliche Wicklungsanfänge und -enden am Motorklemmenbrett zugänglich, so lassen sich die Dreiphasenmotoren sowohl im Stern als auch im Dreieck schalten.

|  | Strangspannung | |
|---|---|---|
|  | im Stern | im Dreieck |
| s 216 | $U_{Str} = \dfrac{U}{\sqrt{3}}$ | $U_{Str} = U$ |

Ein Motor mit der Bezeichnung 690/400 V hat seine Nenndaten von Strom, Moment und Leistung bei Anschluss an

s 217    $U = 400$ V    im Dreieck, dann $U_{Str} = U = 400$ V

s 218    $U = 690$ V    im Stern, dann $U_{Str} = \dfrac{U}{\sqrt{3}} = \dfrac{690\text{ V}}{\sqrt{3}} = 400$ V

**Stern-Dreieckschaltung**
Motoren größerer Leistung laufen meist im Dreieck. Zur Vermeidung von zu großen Einschaltströmen bei schwachen Netzen werden sie im Stern angelassen und dann auf Dreieck umgeschaltet. Wird z.B. ein Motor mit 690/400 V Nennspannung zunächst in Sternschaltung an ein Netz 400/230 V gelegt, so erhält er nur den $1/\sqrt{3}$-ten Teil seiner Nennstrangspannung.

**Asynchronmotor**
In der Wicklung des Läufers entsteht durch Induktion von seiten des Ständerdrehfeldes Spannung und Strom. Er wird daher auch Induktionsmotor genannt. Umdrehungsfrequenz etwa 3...5% kleiner (= Schlupf) als die des Drehfeldes; sie bleibt bei Belastung nahezu konstant.

**Synchronmotor**
Er braucht zur Erregung Gleichstrom und wird über einen Dämpferkäfig auf die synchrone Umdrehungsfrequenz (= Umdrehungsfrequenz des Drehfeldes) gebracht. Lässt sich ohne weiteres auch als Generator verwenden.

# Elektrotechnik
## Kleinmotoren

**S 35**

### Einphasenwechselstrommotor

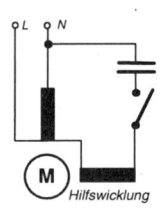

Dreiphasenasynchronmotor, der nur über **zwei** Klemmen an das Wechselstromnetz angeschlossen ist. Betriebsverhalten wie Dreiphasenasynchronmotor (s. S 34), jedoch Leistung und max. Drehmoment nur etwa 2/3 so groß. Zum Anlaufen besondere Hilfswicklung bzw. Hilfs – einrichtung mit zusätzlichem Widerstand oder Kondensatoren (s.Bild) erforderlich, um gegenüber der Hauptwicklung eine örtliche und zeitliche Phasenverschiebung zu erzeugen und damit ein elliptisches Drehfeld zu erreichen. Nach dem Anlaufen werden diese Hilfen abgeschaltet es wird dann auf den Betriebszustand umgeschaltet.

Änderung der Drehrichtung: Vertauschen der beiden Hilfs – oder Hauptwicklungsanschlüsse.

Einsatz: Bei kleinen Haushalts - und Bürogeräten.

### Spaltpolmotor

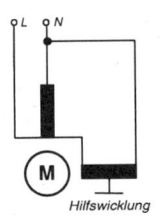

Der Spaltpolmotor ist ein zweiphasiger Asynchronmotor. Hilfsphase umfasst Teil des Wechselfeldes und ist kurzgeschlossen. Mit dem dort entstehenden phasenverschobenen Teilfeld wird ein elliptisches Drehfeld erreicht, das den Kurzschlussläufer in Richtung vom Haupt – zum Spaltpol antreibt.

Anwendung: Ventilator, kurzzzeitiger Einsatz, Antrieb von Plattenspielern.

### Universalmotoren

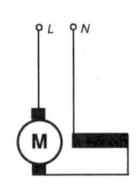

Kleine Reihenschlussmotoren mit Leistungen bis etwa 500 W werden in vollgeblechter Ausführung als Universalmotoren gleichsam für Gleich - oder einphasige Wechselstromspeisung ausgeführt. Lamellierter Ständer notwendig. Erreger - und Ankerwicklung liegen in Reihe, daher Drehrichtung unabhängig von Stromrichtung. Drehmoment/Drehzahlkennlinie ist der des Reihenschlussmotors (s. S 32) gleich.

Änderung der Drehrichtung: Umpolen der Erreger - oder Ankerwicklung.

Einsatz: Bei kleinen Antrieben und Haushaltsgeräten.

Merkmal: Kleine Baugröße trotz höherer Umdrehungsfrequenz (Drehzahl).

# Elektrotechnik
## Schaltgruppen für Trafos
**S 36**

### Gebräuchliche Schaltgruppen für Transformatoren

| | Bezeichnung | | Zeigerbild | | Schaltung | | Übersetzung |
| --- | --- | --- | --- | --- | --- | --- | --- |
| | Kennzahl | Schaltgruppe | OS | US | OS | US | $U_1 : U_2$ |
| | | | Dreiphasen-Leistungstransformatoren | | | | |
| s 219 | 0 | D d 0 | | | | | $\dfrac{N_1}{N_2}$ |
| s 220 | 0 | Y y 0 | | | | | $\dfrac{N_1}{N_2}$ |
| s 221 | 0 | D z 0 | | | | | $\dfrac{2 N_1}{3 N_2}$ |
| s 222 | 5 | D y 5 | | | | | $\dfrac{N_1}{\sqrt{3}\, N_2}$ |
| s 223 | 5 | Y d 5 | | | | | $\dfrac{\sqrt{3}\, N_1}{N_2}$ |
| s 224 | 5 | Y z 5 | | | | | $\dfrac{2 N_1}{\sqrt{3}\, N_2}$ |
| s 225 | 6 | D d 6 | | | | | $\dfrac{N_1}{N_2}$ |
| s 226 | 6 | Y y 6 | | | | | $\dfrac{N_1}{N_2}$ |
| s 227 | 6 | D z 6 | | | | | $\dfrac{2 N_1}{3 N_2}$ |
| s 228 | 11 | D y 11 | | | | | $\dfrac{N_1}{\sqrt{3}\, N_2}$ |
| s 229 | 11 | D d 11 | | | | | $\dfrac{\sqrt{3}\, N_1}{N_2}$ |
| s 230 | 11 | Y z 11 | | | | | $\dfrac{2 N_1}{\sqrt{3}\, N_2}$ |
| | | | Einphasen-Leistungstransformatoren | | | | |
| s 231 | 0 | I i 0 | | | | | $\dfrac{N_1}{N_2}$ |

OS: Oberspannung  
US: Unterspannung  

| D/d | Dreieck | Y/y | Stern | –/z | Zickzack |

**Kennzahl** dient zur Berechnung des Verschiebungswinkels ($\varphi$ = Kennzahl × 30°), der zwischen der Ober- und Unterspannung liegt, z.B. beträgt der Verschiebungswinkel bei Dy 5: $\varphi = 5 \times 30° = 150°$.

**Anmerkung:** Eingerahmte Schaltgruppen bevorzugen.

# Elektrotechnik

## Messgeräte

**S 37**

### Die wichtigsten Messgeräte

| Symbol | Art des Messwerks | Aufbau | Primär gemessene Größe | Skalenteilung | zur Messung von |
|---|---|---|---|---|---|
| | Drehspul-Messwerk | Drehspule in radial-homogenem Dauermagnetfeld, 2 Spiralfedern oder 2 Spannbänder für Gegenmoment und Stromzuführung | Gleichwert (arithmetischer Mittelwert) | linear | $I$ und $U$ |
| | Drehspul-Messwerk mit Gleichrichter | ohne Gegenmoment | Gleichrichtwert | ≈ linear | $I$ und $U$ [1)2)] |
| | Kreuzspul-Messwerk | 2 fest miteinander verbundene Spulen in inhomogenem Dauermagnetfeld, 2 Zuführungsbänder ohne Gegenmoment | $\frac{I_1}{I_2}$ | nicht linear | $\frac{I_1}{I_2}$ |
| | Drehspul-Messwerk mit Thermoumformer | Thermoelement mit Heizdraht verschweißt oder in engen Wärmekontakt gebracht. Thermospannung speist Drehspulmesswerk | Effektivwert | fast quadratisch | $I$ und $U$ [2)3)] |
| | Dreheisen-Messwerk | 1 drehbares und 1 festes Weicheisenstück, feste Spule, Spiralfeder für Gegenmoment | Effektivwert | nicht linear | $I$ und $U$ [2)4)] |
| | Elektrodynamisches Messwerk | Drehspule, feste Spule, 2 Spiralfedern oder 2 Spannbänder für Gegenmoment und Stromzuführung, magnetische Abschirmung | $I_1 \cdot I_2 \cdot \cos\varphi$ | quadr. für $I$ und $U$, linear für $P$ | $I, U, P$ und $\cos\varphi$ [2)] |
| | Elektrostatisches Messwerk | Je eine feste und bewegliche Kondensatorplatte | Effektivwert | nicht linear | $U$ ab 100 V [2)] |

[1)] nur bei sinusförmigen Wechselgrößen  [2)] auch bei nicht sinusförmigen Wechselgrößen
[3)] auch bei Hochfrequenzgrößen  [4)] $f < 500$ Hz

# Elektrotechnik
## Installation
**S 38**

### Dauerstrombelastbarkeit $I_z$
PVC-isoliert, nicht im Erdreich verlegte Cu-Leitungen
und deren Absicherung bei Umgebungstemperaturen von 30°C[1)]

| Nenn-Querschnitt mm² | | 1 | 1,5 | 2,5 | 4 | 6 | 10 | 16 | 25 | 35 | 50 |
|---|---|---|---|---|---|---|---|---|---|---|---|
| Gruppe 1 | $I_z$ in A | 11 | 15 | 20 | 25 | 33 | 45 | 61 | 83 | 103 | 132 |
|          | $I_n$ in A |  6 | 10 | 16 | 20 | 25 | 35 | 50 | 63 |  80 | 100 |
| Gruppe 2 | $I_z$ in A | 15 | 18 | 26 | 34 | 44 | 61 | 82 | 108 | 135 | 168 |
|          | $I_n$ in A | 10 | 10[2)] | 20 | 25 | 35 | 50 | 63 |  80 | 100 | 125 |
| Gruppe 3 | $I_z$ in A | 19 | 24 | 32 | 42 | 54 | 73 | 98 | 129 | 158 | 198 |
|          | $I_n$ in A | 20 | 20 | 25 | 35 | 50 | 63 | 80 | 100 | 125 | 160 |
| Nenn-Cu-Draht-∅ in mm, ca | | 1,1 | 1,4 | 1,8 | 2,3 | 2,8 | 3,6 | mehradrig | | | |

Gruppe 1: Eine oder mehrere in Rohr verlegte einadrige Leitungen
"       2: Mehradrige Leitungen (auch Stegleitungen)
"       3: Einadrige frei in Luft verlegte Leitungen (Zwischenraum mindestens wie Draht-∅)

[1)] Bei abweichenden Umgebungstemperaturen verringert (erhöht) sich der $I_z$-Wert um ca. 7% je 5 K Temperaturerhöhung (-reduzierung). Maximum 50°C nicht überschreiten!

[2)] Für Leitungen mit nur 2 belasteten Adern kann mit einer Überstromschutzeinrichtung (L) oder (gL) mit $I_n$ = 16 A abgesichert werden.

### Umschalter

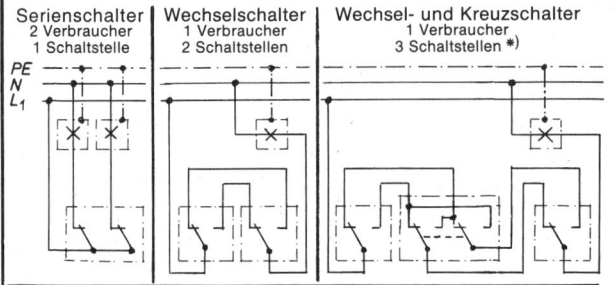

| Serienschalter | Wechselschalter | Wechsel- und Kreuzschalter |
|---|---|---|
| 2 Verbraucher | 1 Verbraucher | 1 Verbraucher |
| 1 Schaltstelle | 2 Schaltstellen | 3 Schaltstellen *) |

$I_n$ : Nennstrom für Schmelzsicherungen Typ gL und Sicherungsautomaten Typ L.

$I_z$ : Strombelastbarkeit der Leitung. Auch max. Einstellwert von Überstromschutzeinrichtungen Typ B, C od. K (wenn $I_n \leq I_z$).

$L_1$ : Phase    N: Nulleiter    PE: Schutzleiter

*) jede weitere Schaltstelle erfordert einen zusätzlichen Kreuzschalter

Teilweise angelehnt an: IEC 364-5-523, Ausgabe 1983

# Regelungstechnik

Begriffe der Regelungstechnik

**T 1**

## Regelung

Die Regelung ist ein Vorgang, bei dem fortlaufend eine Größe, die Regelgröße (die zu regelnde Größe) erfaßt, mit einer anderen Größe, der Führungsgröße, verglichen und im Sinne einer Angleichung an die Führungsgröße beeinflußt wird. Kennzeichen für das Regeln ist der geschlossene Wirkungsablauf, bei dem die Regelgröße im Wirkungsweg des Regelkreises fortlaufend sich selbst beeinflußt. (Wirkungsablauf s. unten).

Vorbemerkung

Benennung und Definition der nachfolgend angegebenen Begriffe lehnen sich sehr stark an diejenigen in der Normenreihe DIN 19226, Fassung 2/1994, an.

## Funktionen, Größen und Sinnbilder zur Beschreibung des Verhaltens von Übertragungsgliedern und Systemen

### Eingangsgröße $u$

Die Eingangsgröße $u$ ist eine Größe, die auf das betrachtete System einwirkt, ohne selbst – durch den Anschluß des Systems an ihre Quelle – von ihm beeinflußt zu werden.

### Ausgangsgröße $v$

Die Ausgangsgröße $v$ ist eine erfaßbare Größe eines Systems, die nur von ihm und seinen Eingangsgrößen beeinflußt wird.

### Verzögerungszeit $T$, Zeitkonstante $T$

Das P-$T_1$-Glied, Verzögerungsglied 1. Ordnung, ist eine Funktionseinheit mit dem Übertragungsverhalten

t 1
$$v(t) + T\dot{v}(t) = K_p\, u(t)$$

Darin ist $T$ die Verzögerungszeit, die auch Zeitkonstante genannt wird. (Lösung dieser Differentialgleichung s. J 4, J 9).

### Kennkreisfrequenz $\omega_0$, Dämpfungsgrad $\vartheta$

Das P-$T_2$-Glied, Verzögerungsglied 2. Ordnung, ist eine Funktionseinheit mit dem Übertragungsverhalten

t 2
$$v(t) + (2\vartheta/\omega_0)\,\dot{v}(t) + (1/\omega_0)^2\,\ddot{v}(t) = K_p u(t)$$

Darin ist $\omega_0$ die Kennkreisfrequenz und $\vartheta$ der Dämpfungsgrad. (Lösung dieser Differentialgleichung s. J 5, J 11).

### Eigenkreisfrequenz $\omega_d$

Die Eigenkreisfrequenz $\omega_d$ ergibt sich aus Kennkreisfrequenz $\omega_0$ und Dämpfungsgrad $\vartheta$ durch nachstehende Formel:

t 3
$$\omega_d = \omega_0 \cdot \sqrt{1-\vartheta^2}$$

Erläuterung der Formelzeichen siehe T 35

# Regelungstechnik
## Begriffe der Regelungstechnik

**T 2**

### Sprungantwort
Die Sprungantwort ist der zeitliche Verlauf der Ausgangsgröße eines Übertragungsglieds bei einer Sprungfunktion als Eingangsgröße (siehe Bild 1).

### Verzugszeit $T_u$
Die Verzugszeit $T_u$ ist die Zeitspanne, die durch den Zeitpunkt $t_0$ und den Schnittpunkt der ersten Wendetangente der Sprungantwort mit der Abszissenachse bestimmt ist (siehe Bild 1).

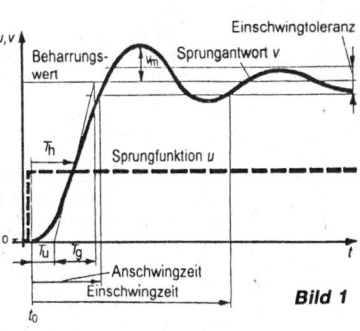

*Bild 1 — Sprungantwort eines Übertragungsgliedes*

### Ausgleichszeit $T_g$
Die Ausgleichszeit $T_g$ ist die Zeitspanne, die durch die Schnittpunkte der ersten Wendetangente der Sprungantwort mit der Abszissenachse und der Abszissenparallelen durch den Beharrungswert bestimmt ist (s. Bild 1).

### Überschwingweite $v_m$
Die Überschwingweite $v_m$ ist die größte Abweichung der Sprungantwort vom Beharrungswert nach dem erstmaligen Überschreiten einer der Grenzen der Einschwingtoleranz (s. Bild 1).

### Anstiegsantwort
Die Anstiegsantwort ist der zeitliche Verlauf der Ausgangsgröße bei einer Anstiegsfunktion vorgegebener Änderungsgeschwindigkeit als Eingangsgröße (Anstiegserregung).

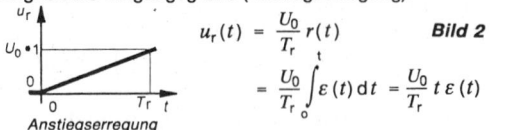

*Bild 2 — Anstiegserregung*

$$u_r(t) = \frac{U_0}{T_r} r(t) \quad \text{Bild 2} \quad \text{t 4}$$

$$= \frac{U_0}{T_r} \int_0^t \varepsilon(t)\,dt = \frac{U_0}{T_r} t\,\varepsilon(t) \quad \text{t 5}$$

Dabei ist $T_r$ die Anstiegszeit und $\varepsilon(t)$ die Einheitssprungerregung:

$$\varepsilon(t) = \begin{cases} 0 \text{ für } t < 0 \\ 1 \text{ für } t \geq 0 \end{cases} \quad \text{t 6}$$

### Übergangsfunktion
Wird die Sprungantwort durch Quotientenbildung auf die Sprunghöhe der Eingangsgröße bezogen, entsteht die **bezogene** Sprung-

# Regelungstechnik
## Begriffe der Regelungstechnik
## T 3

antwort, genannt Übergangsfunktion $h(t)$; sie charakterisiert das dynamische Verhalten des Übertragungsglieds. Übergangsfunktionen der wichtigsten Übertragungsglieder s. T 14 ... T 17.

### Übertragungsfunktion $F(s)$
Die Übertragungsfunktion $F(s)$ ist der Quotient aus der Laplacetransformierten $v(s)$ der Ausgangsgröße und der Laplacetransformierten $u(s)$ der Eingangsgröße des Übertragungsglieds. Übertragungsfunktionen der wichtigsten Übertragungsglieder siehe T 14 ... T 17.

### Frequenzgang $F(j\omega)$
Der Frequenzgang $F(j\omega)$ ist das Verhältnis des Zeigers der sinusförmigen Ausgangsgröße eines Übertragungsglieds zum Zeiger der angelegten sinusförmigen Eingangsgröße des Übertragungsglieds im periodisch stationären Verhalten in Abhängigkeit von der Kreisfrequenz $\omega$ oder der Frequenz $f$; ($j = \sqrt{-1}$, siehe D 29).

### Betragsgang (Amplitudengang) $F(\omega)$
Der Betragsgang $F(\omega)$ ist der Betrag des Frequenzgangs $F(j\omega)$ in Abhängigkeit von der Kreisfrequenz $\omega$.

### Phasengang arc $F(j\omega)$
Der Phasengang ist der Phasenwinkel arc $F(j\omega)$ des Frequenzgangs $F(j\omega)$ in Abhängigkeit von der Kreisfrequenz $\omega$.

### Frequenzkennlinien (Bodediagramm)
Betragsgang (logarithmisch oder in dB) und Phasengang (proportional) gemeinsam graphisch dargestellt in Abhängigkeit von dem logarithmisch abgebildeten Wert der Kreisfrequenz $\omega$ oder der normierten Kreisfrequenz $\omega/\omega_1$ bilden die Frequenzkennlinien (Bodediagramm).

### Eckkreisfrequenz $\omega_n$
Die Eckkreisfrequenz $\omega_n$ ($n = 1, 2, 3 ...$) ist die Kreisfrequenz, bei der der Asymptotenzug des Betragsgangs im Bodediagramm um ein ganzzahliges Vielfaches von 20 dB je Dekade nach unten oder oben abknickt.

## Der Wirkungsplan

Der Wirkungsplan ist die sinnbildliche Darstellung der Gesamtheit aller Wirkungen in einem betrachteten System.

### Elemente des Wirkungsplans
Elemente des Wirkungsplans sind die Wirkungslinie, der Block, die Addition und die Verzweigung.

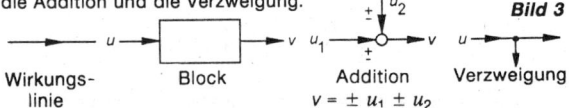

**Bild 3**

| Wirkungslinie | Block | Addition | Verzweigung |
|---|---|---|---|
| $u \longrightarrow$ | $u \rightarrow \boxed{\phantom{xx}} \rightarrow v$ | $v = \pm u_1 \pm u_2$ | |

$u, u_1, u_2$: verursachende Größen $\qquad v$: beeinflußte Größe

# T 4 — Regelungstechnik
## Begriffe der Regelungstechnik

### Grundstrukturen des Wirkungsplans
Grundstrukturen des Wirkungsplans sind die Reihen-, Parallel- und Kreisstruktur.

### Regeln für die Addition im Wirkungsplan
Eine Addition hat genau eine abgehende Wirkungslinie (Ausgangsgröße).

Die Vorzeichen stehen in Pfeilrichtung gesehen rechts neben der jeweiligen Wirkungslinie. Das Minuszeichen bleibt dabei jedoch stets ein vom Betrachter aus gesehen waagerechter Strich; es wird nicht hoch- oder schräggestellt.

### Regeln für die Darstellung eines Systems durch einen Wirkungsplan
Jede Systemgleichg. wird nur einmal im Wirkungsplan dargestellt.

Eine Negierung (Umpolung, Vorzeichenumkehr) muß an einer vorhandenen oder zusätzlich eingefügten Addition dargestellt werden und darf nicht im Koeffizienten eines Blocks versteckt sein.

Im Wirkungsplan eines passiven Systems tritt keine Mitkopplung auf.

Bei der abschließenden Umzeichnung des Wirkungsplans in eine übersichtliche Form legt man den kürzesten Weg (Vorwärtsweg) zwischen Eingangsgröße (links oben) und Ausgangsgröße (rechts oben) in eine gerade waagerechte Linie.

Soweit als möglich vermeidet man Differenzierglieder. Dazu stellt man die zur betr. Schleife gehörigen Gleichungen um.

### Bestandteile des Regelkreises und darin auftretende Größen
Bild 4 zeigt den typischen Wirkungsplan einer Regelung mit seinen verschiedenen Funktionseinheiten.

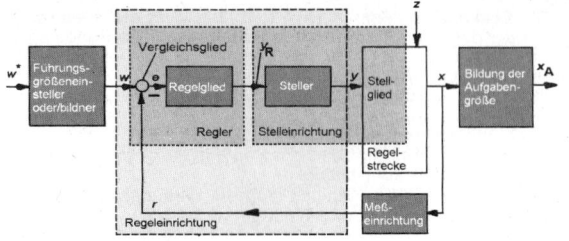

*Typischer Wirkungsplan einer Regelung* — **Bild 4**

### Regelstrecke
Die Regelstrecke ist der aufgabengemäß zu beeinflussende Teil des Regelkreises.

# Regelungstechnik
## Begriffe der Regelungstechnik

**T 5**

### Meßort der Regelgröße, Regelgröße $x$

Der Meßort der Regelgröße ist der Ort der Regelstrecke, an dem der Wert der Regelgröße $x$ erfaßt wird (s. Bild 4). Die Regelgröße $x$ ist diejenige Größe der Regelstrecke, die zum Zwecke des Regelns erfaßt und über die Meßeinrichtung der Regeleinrichtung zugeführt wird. Sie ist die Ausgangsgröße der Regelstrecke und Eingangsgröße der Meßeinrichtung.

### Bildung der Aufgabengröße, Aufgabengröße $x_A$

Die Aufgabengröße $x_A$ ist die Größe, die zu beeinflussen Aufgabe der Regelung ist. Ist sie leicht meßtechnisch erfaßbar, wird sie zugleich Regelgröße $x$ und dann über die Meßeinrichtung zum Vergleichsglied zurückgeführt. Nur wenn sie meßtechnisch nicht oder nur mit großem Aufwand erfaßbar ist, tritt sie als selbständige Größe neben der Regelgröße auf.

In dem Bild 4 – Typischer Wirkungsplan einer Regelung – dargestellten Fall erfolgt die Bildung der Aufgabengröße $x_A$ aus der Regelgröße $x$. Dies geschieht meistens im räumlichen Anschluß an die Regelstrecke. Hier tritt die Aufgabengröße außerhalb des Regelkreises auf. Bei ihrer Bildung einwirkende Störgrößen können nicht ausgeregelt werden.

Beispiel:
Aufgabengröße: Temperatur des Kochguts in einem Kochtopf.
Regelgröße: Temperatur der Kochplatte.

Die Aufgabengröße $x_A$ kann auch innerhalb der Regelstrecke und damit innerhalb des Regelkreises auftreten. In diesem Falle wird die Regelgröße aus der Aufgabengröße gebildet. Dabei einwirkende Stößgrößen können ausgeregelt werden.

Beispiel:
Aufgabengröße: Mischungsverhältnis zweier Flüssigkeiten.
Regelgröße: Spezifischer elektrischer Widerstand.

### Meßeinrichtung, Rückführgröße $r$

Die Meßeinrichtung ist die Gesamtheit aller zum Aufnehmen, Weitergeben, Anpassen und Ausgeben von Größen bestimmten Funktionseinheiten (s. Bild 4). Die Rückführgröße $r$ ist die Größe, die aus der Messung der Regelgröße $x$ hervorgeht.

### Führungsgrößeneinsteller, Führungsgröße $w$

Der Führungsgrößeneinsteller ist eine Funktionseinheit, die aus der von Hand eingestellten Zielgröße $w^*$ die Führungsgröße $w$ vorgibt (s. Bild 4).

Die Führungsgröße $w$ wird von der betreffenden Regelung nicht beeinflußt; die Ausgangsgröße der Regelung soll ihr in der vorgegebenen Abhängigkeit folgen.

Hinweis: Häufig sind Zielgröße und Führungsgröße identisch.

# Regelungstechnik
## Begriffe der Regelungstechnik

**Führungsgrößenbildner, Zielgröße $w^*$**
 Der Führungsgrößenbildner ist eine Funktionseinheit, die bei Anlegen einer Zielgröße $w^*$ am Eingang eine daraus abgeleitete Führungsgröße $w$ am Ausgang in der Weise bildet, daß kritische Grenzwerte der Führungsgröße – oder von deren zeitlicher Ableitung – oder einer anderen Prozeßgröße nicht überschritten werden (s. Bild 4). Die Zielgröße $w^*$ wird von außen vorgegeben und von der betreffenden Regelung nicht beeinflußt; die Aufgabengröße der Regelung soll ihr in der vorgegebenen Abhängigkeit folgen.

**Vergleichsglied, Regeldifferenz $e$**
 Das Vergleichsglied ist eine Funktionseinheit, die die Regeldifferenz $e$ aus der Führungsgröße $w$ und der Rückführgröße $r$ bildet (s. Bild 4). Die Regeldifferenz $e$ ist die Differenz zwischen Führungsgröße $w$ und Rückführgröße $r$.   $e = w - r$   t 8

**Regelglied, Regler, Reglerausgangsgröße $y_R$**
 Das Regelglied ist eine Funktionseinheit, die aus der vom Vergleichsglied zugeführten Regeldifferenz $e$ als Eingangsgröße die Ausgangsgröße $y_R$ des Reglers so bildet, daß im Regelkreis die Regelgröße $x$ – auch beim Auftreten von Störgrößen – der Führungsgröße $w$ so schnell und genau wie möglich nachgeführt wird (s. Bild 4). Der Regler besteht aus Vergleichsglied und Regelglied (s. Bild 4). Die Reglerausgangsgröße $y_R$ ist die Eingangsgröße der Stelleinrichtung.

**Steller**
 Der Steller ist eine Funktionseinheit, die aus der Reglerausgangsgröße $y_R$ die zur Aussteuerung des Stellglieds erforderliche Stellgröße $y$ bildet (s. Bild 4).

**Stellglied, Stellgröße $y$**
 Das Stellglied ist ein am Eingang der Strecke angeordnete zur Regelstrecke gehörende Funktionseinheit, die in den Massenstrom oder Energiefluß eingreift. Ihre Eingangsgröße ist die Stellgröße $y$ (s. Bild 4). Diese überträgt die steuernde Wirkung der Einrichtung auf die Regelstrecke.

**Stelleinrichtung**
 Die Stelleinrichtung besteht aus Steller u. Stellglied (s. Bild 4).

**Regeleinrichtung**
 Die Regeleinrichtung ist jener Teil des Wirkungswegs, der die aufgabengemäße Beeinflussung der Regelstrecke über das Stellglied bewirkt; das Stellglied wird der Strecke zugeordnet (s. Bild 4).

**Stellort**
 Der Stellort ist der Angriffspunkt der Stellgröße $y$ (s. B. 4).

**Störort, Störgröße $z$**
 Der Störort ist der Angriffspunkt einer Störgröße $z$, die von außen wirkt und die die beabsichtigte Beeinflussung in der Regelung beeinträchtigt (s. Bild 4).

# Regelungstechnik

Größen und Funktionen

**T 7**

## Größen und Funktionen zur Beschreibung des dynamischen Verhaltens von Regelkreisen.

### Kreisübertragungsfunktion $F_o(s)$

Die Kreisübertragungsfunktion $F_o(s)$ ist das Produkt der Übertragungsfunktionen aller in Reihenschaltung liegenden Glieder eines Regelkreises oder einer Schleife.

Beispiel:

t 9

$$F_0(s) = F_1(s) \cdot F_2(s)$$

### Kreisverstärkung $V_o$

Die Kreisverstärkung $V_o$ ist der Wert der Kreisübertragungsfunktion $F_o(s)$ im Wert Null der Laplacevariablen $s$. Dieser Begriff nur auf Regelkreise und Schleifen **ohne** I-Verhalten anwendbar. Je größer die Kreisverstärkung, um so genauer ist die Regelung.

### Regelfaktor $R_F(0)$

Der Regelfaktor $R_F(0)$ ist der Kehrwert der um Eins vergrößerten Kreisverstärkung $V_o$.

t 10

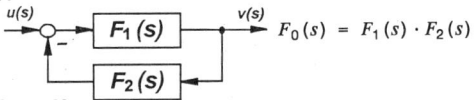

$$R_F(0) = 1/(1 + V_o)$$

### Durchtrittskreisfrequenz $\omega_D$

Die Durchtrittsfrequenz $\omega_D$ ist diejenige Kreisfrequenz, bei der der Betragsgang (Amplitudengang) des aufgeschnittenen Regelkreises den Wert Eins annimmt.

### Phasenschnittkreisfrequenz $\omega_\pi$

Die Phasenschnittkreisfrequenz $\omega_\pi$ ist diejenige Kreisfrequenz, bei der der Phasengang des aufgeschnittenen Regelkreises den Wert $-180°$ annimmt.

### Phasenreserve $\delta$

Die Phasenreserve $\delta$ ist die Differenz des Phasengangs des aufgeschnittenen Regelkreises zu $-180°$ bei der Durchschnittskreisfrequenz $\omega_D$. Die im Regelkreis erforderliche Vorzeichenumkehr bleibt unberücksichtigt.

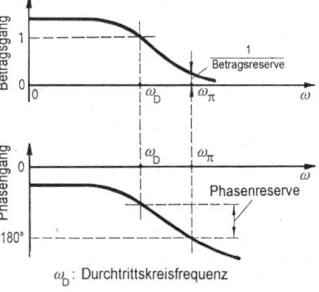

$\omega_D$: Durchtrittskreisfrequenz

$\omega_\pi$: Phasenschnittkreisfrequenz

**Bild 5**

*Darstellung von Betrags- und Phasengang (nicht logarithmisch) eines aufgeschnittenen Regelkreises*

# Regelungstechnik
## Größen und Funktionen

### Betragsreserve $\varepsilon$
Die Betragsreserve $\varepsilon$ ist der reziproke Wert des Betragsgangs (Amplitudengangs) des aufgeschnittenen Regelkreises bei der Phasenschnittkreisfrequenz $\omega_\pi$.

### Anregelzeit $t_{anR}$
Die Anregelzeit $t_{anR}$ ist die Zeitspanne, die beginnt, wenn der Wert der Regelgröße $x$ nach einem Sprung der Führungsgröße $w$ oder einer Störgröße $z$ einen vorgegebenen Toleranzbereich der Regelgröße verläßt, und die endet, wenn er in diesen Bereich erstmals wieder eintritt (s. Bild 6 + 7).

**Bild 6**

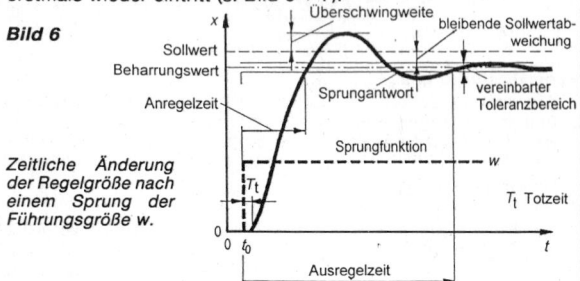

*Zeitliche Änderung der Regelgröße nach einem Sprung der Führungsgröße w.*

Beim Sprung der Führungsgröße verlagert sich der Toleranzbereich der Regelgröße sprungartig.

### Überschwingweite $x_m$ der Regelgröße
Die Überschwingweite $x_m$ der Regelgröße $x$ ist die größte vorübergehende Sollwertabweichung während des Übergangs von einem Beharrungszustand in einen neuen nach einer sprungförmigen Änderung der Führungsgröße $w$ oder einer Störgröße $z$ (s. Bild 7).

**Bild 7**

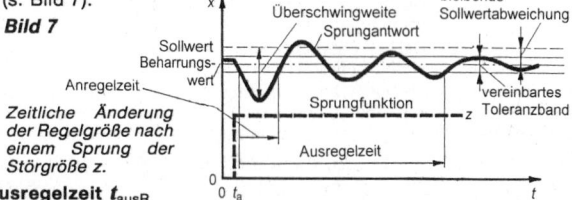

*Zeitliche Änderung der Regelgröße nach einem Sprung der Störgröße z.*

### Ausregelzeit $t_{ausR}$
Die Ausregelzeit $t_{ausR}$ ist die Zeitspanne, die beginnt, wenn der Wert der Regelgröße $x$ nach einem Sprung der Führungsgröße $w$ oder einer Störgröße $z$ einen vorgegebenen Toleranzbereich der Regelgröße verläßt, und die endet, wenn er in diesen Bereich zum dauernden Verbleib wieder eintritt (s. Bild 6 + 7).

# Regelungstechnik
## Regeln

**T 9**

### Regeln zur Ermittlung der Übertragungsfunktion für den gesamten Regelkreis

Die Gesamtübertragungsfunktion wird aus den Übertragungsfunktionen der einzelnen Übertragungsglieder gebildet.

**Serienschaltung**

t 11

$$F(s) = F_1(s) \cdot F_2(s)$$

**Parallelschaltung**

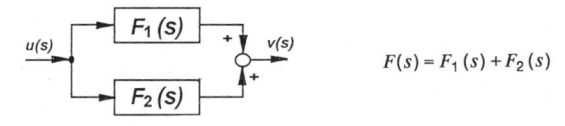

t 12

$$F(s) = F_1(s) + F_2(s)$$

**Rückführungsregel**

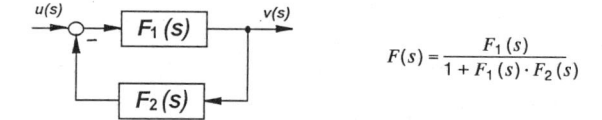

t 13

$$F(s) = \frac{F_1(s)}{1 + F_1(s) \cdot F_2(s)}$$

Bemerkung: Im Nenner von $F(s)$ steht das dem Vorzeichen an der Additionsstelle im Wirkungsplan entgegengesetzte Vorzeichen.
Bei "+" Vorzeichen der Rückführung an der Additionsstelle spricht man von Mitkopplung.
Bei "−" Vorzeichen der Rückführung an der Additionsstelle spricht man von Gegenkopplung.

Enthalten $F_1(s)$ und/oder $F_2(s)$ auch Vorzeichenumkehrungen, liegt eine Gegenkopplung (Mitkopplung) vor, wenn die Zahl der Vorzeichenumkehrungen in der gesamten Schleife ungerade (gerade) ist.

Sonderfall: $F_2(s) = 1$ (direkte Rückführung).

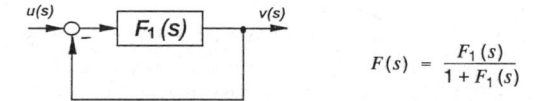

t 14

$$F(s) = \frac{F_1(s)}{1 + F_1(s)}$$

# Regelungstechnik
## Regeln
**T 10**

### Erweiterte Rückführungsregel

Liegen zwischen den Verzweigungsstellen eines Wirkungsplans keine Additionsstellen, so läßt sich die Übertragungsfunktion $F_{ges}(s)$ für das gesamte System mit folgender Formel sehr einfach bestimmen:

t 15
$$F_{ges}(s) = \frac{v(s)}{u(s)} = \frac{F_{Vges}(s)}{1 + \sum_{i=1}^{n} F_{oi}(s)} \quad \text{mit } F_{Vges}(s) = \prod_{k=1}^{m} F_{Vk}$$

$F_{oi}(s)$ bedeutet dabei die Kreisübertragungsfunktion der einzelnen Regelkreise oder Schleifen im vorliegenden Wirkungsplan; dabei gehen $F_{oi}$ von Mitkopplungsschleifen mit **negativem** Vorzeichen in die Summe im Nenner von $F_{ges}$ ein.

t 16
$F_{Vges}(s) = \prod_{k=1}^{m} F_{Vk}$ ist das Produkt aller Übertragungsfunktionen der Übertragungsglieder, die **im Vorwärtsweg** liegen.

Überschneidungen von Wirkungslinien sind für die Anwendung der erweiterten Rückführungsregel unschädlich.

Beispiel:

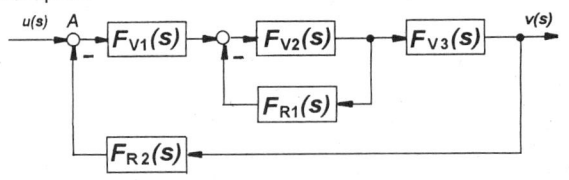

t 17
$$F_{ges}(s) = \frac{v(s)}{u(s)} = \frac{F_{V1}(s) \cdot F_{V2}(s) \cdot F_{V3}(s)}{1 + F_{V2}(s) \cdot F_{R1}(s) + F_{V1}(s) \cdot F_{V2}(s) \cdot F_{V3}(s) \cdot F_{R2}(s)}$$

### Bestimmung der Übertragungsfunktion nach der Rückbenennungs-Methode

Bei dieser wird – beginnend mit $v(s)$ am Ausgang – der Wirkungsplan in Richtung Eingangsgröße bzw. zur Bezugs-Additionsstelle $A$ durchlaufen und die Laplacetransformierte der jeweiligen Zeitfunktion vor und hinter den einzelnen Übertragungsgliedern ermittelt und markiert eingetragen. An der Bezugs-Additionsstelle A kann dann aus den dort bekannten Laplacetransformierten $F_{ges}(s)$ berechnet werden.

# Regelungstechnik
## Regeln

**T 11**

Beispiel:

Zur Darstellung der Rückbenennungsmethode wird im nachfolgenden Beispiel die Laplacetransformierte der jeweiligen Zeitfunktion an den Stellen ① bis ⑥ ermittelt.

t 18
$$x_④(s) = x_③(s) + x_②(s) = \left[\frac{1}{F_{V2} \cdot F_{V3}} + \frac{F_{V1}}{F_{V3}}\right] \cdot v(s); \quad x_③(s) = \frac{1}{F_{V2} \cdot F_{V3}} \cdot v(s)$$

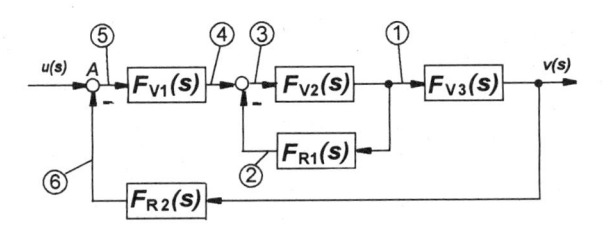

t 19
$$x_⑥(s) = F_{R2} \cdot v(s) \qquad x_②(s) = \frac{F_{R1}}{F_{V3}} \cdot v(s)$$

t 20
$$x_⑤(s) = \frac{x_④(s)}{F_{V1}} = \frac{1}{F_{V1}(s)} \left[\frac{1}{F_{V2}(s) \cdot F_{V3}(s)} + \frac{F_{R1}(s)}{F_{V3}(s)}\right] \cdot v(s)$$

An der Bezugs-Additionsstelle A erhält man dann folgenden Zusammenhang:

t 21
$$u(s) - x_⑥(s) = x_⑤(s); \quad x_⑥(s) \text{ und } x_⑤(s) \text{ mit den oben gewonnenen Werten:}$$

t 22
$$u(s) - F_{R2} \cdot v(s) = \frac{1}{F_{V1}(s)} \left[\frac{1}{F_{V2}(s) \cdot F_{V3}(s)} + \frac{F_{R1}(s)}{F_{V3}(s)}\right] \cdot v(s)$$

Durch Auflösung erhält man schließlich die unter t 17 gewonnene Lösung:

t 23
$$F_{ges}(s) = \frac{v(s)}{u(s)} = \frac{F_{V1}(s) \cdot F_{V2}(s) \cdot F_{V3}(s)}{1 + F_{V2}(s) \cdot F_{R1}(s) + F_{V1}(s) \cdot F_{V2}(s) \cdot F_{V3}(s) \cdot F_{R2}(s)}$$

# Regelungstechnik
## Regeln
**T 12**

**Regeln für die Normalform der Übertragungsfunktion $F(s)$**

Die Normalform der Übertragungsfunktion ermöglicht es, den **Typ und die Kenndaten** des Übertragungsglieds **unmittelbar** abzulesen. Um eine Übertragungsfunktion in ihre Normalform umzurechnen, muß durch gezieltes Erweitern, Ausklammern und Zusammenfassen dafür gesorgt werden, daß **Zähler und Nenner** der Übertragungsfunktion **Polynome der Laplacevariablen $s$** oder Produkte von Polynomen von $s$ sind, in denen

a) **keine negativen Potenzen von $s$** mehr auftreten (das bedeutet u. a., daß weder Zähler noch Nenner der Übertragungsfunktion einen Bruch enthalten darf, in dessen Nenner $s$ auftritt)

b) **die niedrigste Potenz von $s$ den Koeffizienten eins** hat und

c) es kein gemeinsames Teilerpolynom gibt.

Beispiel:

t 24
$$F_1(s) = \frac{v(s)}{u(s)} = a_0 \frac{(1 + a_1 s + a_2 s^2 + \ldots)(1 + c_1 s + c_2 s^2 + \ldots)(\ldots)}{(1 + b_1 s + b_2 s_2 + \ldots)(1 + d_1 s + d_2 s^2 + \ldots)(\ldots)}$$

Ausnahme: Beim Auftreten eines PI- oder PID-Faktors ist auch eine Form, in der dieser Faktor [im Beisp. $1/(T_n \cdot s) + 1$] erhalten bleibt, eine zugelassene Normalform.

Beispiel:

t 25
$$F_2(s) = \frac{v(s)}{u(s)} = K_P \frac{1/(T_n s) + 1}{1 + Ts} = \frac{K_P}{T_n s} \cdot \frac{1 + T_n s}{1 + Ts}$$

Aus der Tafel der wichtigsten Übertragungsglieder lassen sich für diese vorstehende Umrechnung die folgenden Typbezeichnungen ablesen: (PI)-$T_1$ → I-(PD)-$T_1$.

Nachstehende Tabelle zeigt die verschiedenen Arten der Normalform:

| Art der Normalform | Darstellung | Anwendung |
|---|---|---|
| Produktnormalform | Nenner und Zähler in Faktoren zerlegt | Arbeiten mit Bodediagramm und bei der Reihenstabilisierung von Regelkreisen. |
| Summennormalform | Nenner und Zähler als Summen geschrieben | Hurwitzkriterium |
| Gemischte Normalform | Nenner so weit wie möglich oder sinnvoll in Faktoren zerlegt. Zähler als Summe | Ermittlung der Sprung- und Anstiegsantwort. |

Die Produktnormalform hat Vorrang vor den anderen Darstellungen, da diese durch Ausmultiplizieren der Produktnormalform ermittelt werden können. Um spätere Kürzungen zu ermöglichen, sollen Klammerausdrücke – wenn überhaupt – so spät wie möglich ausmultipliziert werden.

# Regelungstechnik
Regeln | **T 13**

**Beispiel für die Bestimmung der Normalform einer Übertragungsfunktion.**

Für den nachstehenden Wirkungsplan gesucht:
$$F(s) = b(s)/F_k(s)$$

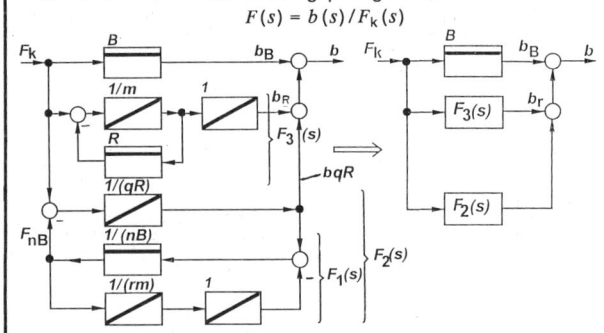

t 26

t 27  nacheinander werden
t 28  
t 29  
$$F_1(s) = F_{nB}(s)/b_{qR}(s)$$
$$F_2(s) = b_{qR}(s)/F_k(s)$$
$$\text{und } F_3(s) = b_R(s)/F_k(s)$$

ermittelt; hieraus

t 30
$$F(s) = B + F_2(s) + F_3(s)$$

t 31
$$F_1(s) = \frac{F_{nB}(s)}{b_{qR}(s)} = \frac{1/(nB)}{1 + 1/(nB) \cdot 1/(rms^2)} = \frac{rms^2}{1 + nrmBs^2}$$

t 32
$$F_2(s) = \frac{b_{qR}(s)}{F_k(s)} = \frac{1/(qRs)}{1 + \frac{1}{qRs} F_1(s)} = \frac{1}{qRs + F_1(s)} = \frac{1}{qRs + \frac{rms^2}{1 + nrmBs^2}}$$

t 33
$$= \frac{1 + nrmBs^2}{qRs\left[1 + nrmBs^2 + rms/(qR)\right]}$$

t 34
$$F_3(s) = \frac{b_R(s)}{F_k(s)} = \frac{1/(ms)}{1 + R/(ms)} \cdot \frac{1}{s} = \frac{1}{Rs\left[1 + ms/R\right]}$$

t 35
$$F(s) = B + \frac{1}{Rs\left[1 + ms/R\right]} + \frac{1 + nrmBs^2}{qRs \cdot \left[1 + rms/(qR) + nrmBs^2\right]}$$

Aus dieser Darstellung von $F(s)$ ergibt sich, daß das System, das zu dem vorliegenden Wirkungsplan geführt hat, eine Parallelschaltung aus einem P-Glied ($B$), einem I-$T_1$-Glied (erster Bruch) und einem I-(PD)-$T_2$-Glied (zweiter Bruch) ist.

# T 14 — Regelungstechnik
## Elementare Glieder
### Verzögerungsglied 1. Ordnung

| Kennzeichen / Symbol im Wirkungsplan | Zeitgleichung | Struktur / Beispiele |
|---|---|---|
| P — $K_P$ | $v = K_P \cdot u$ | Proportionalglied |
| I — $K_I$ | $v = K_I \int u\, dt$ $= K_I \int_0^t u\, dt + v(0)$ $\dot v = K_I \cdot u$ | Integrierglied |
| D — $K_D$ | $v = K_D \cdot \dot u$ $\int v\, dt = K_D \cdot u$ | Differenzierglied |
| $T_t$ | $v(t) = u(t - T_t)$ | Totzeitglied |
| P–$T_1$ — $K_P$, $T$ | $v + T\,\dot v = K_P \cdot u$ | |

Erläuterung der Formelzeichen siehe T 35

# Regelungstechnik
Elementare Glieder
Verzögerungsglied 1. Ordnung

**T 14**

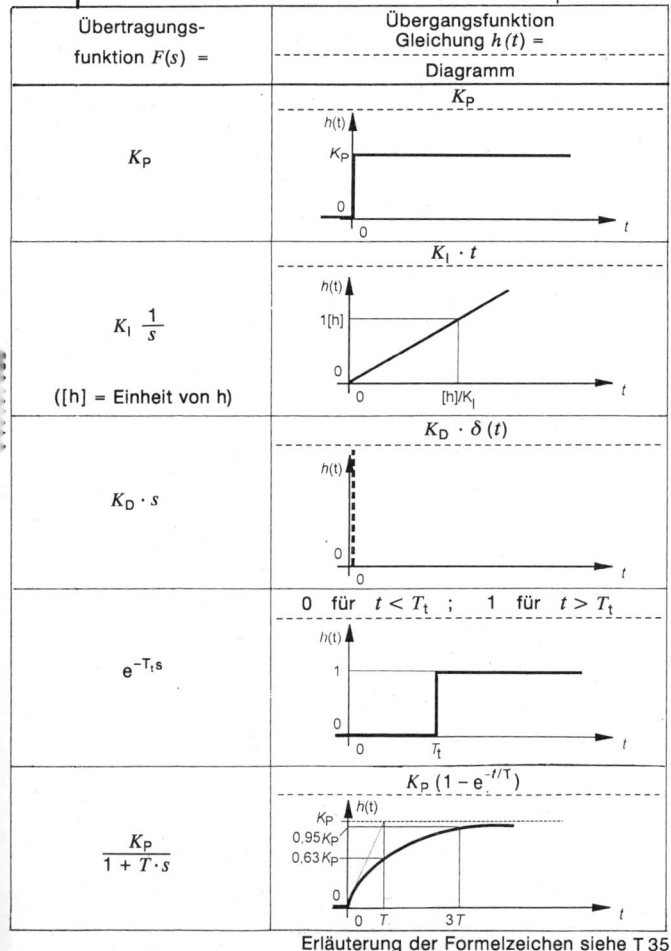

| Übertragungsfunktion $F(s)$ = | Übergangsfunktion Gleichung $h(t)$ = / Diagramm |
|---|---|
| $K_P$ | $K_P$ |
| $K_I \dfrac{1}{s}$  ([h] = Einheit von h) | $K_I \cdot t$ |
| $K_D \cdot s$ | $K_D \cdot \delta(t)$ |
| $e^{-T_t s}$ | 0 für $t < T_t$ ; 1 für $t > T_t$ |
| $\dfrac{K_P}{1 + T \cdot s}$ | $K_P (1 - e^{-t/T})$ |

Erläuterung der Formelzeichen siehe T 35

# Regelungstechnik
## T 15 — Verzögerungsglied 2. Ordnung / Parallelschaltungsglied PI

| Kennzeichen / Symbol im Wirkungsplan | Zeitgleichung | Struktur / Beispiele |
|---|---|---|
| P–T$_2$  ($K_P$, $\vartheta$, $\omega_0$) | $v + 2\dfrac{\vartheta}{\omega_0}\dot v + \left(\dfrac{1}{\omega_0}\right)^2 \ddot v = K_P \cdot u$  ($\vartheta < 1$) | |
| P–T$_2$  ($K_P$, $\vartheta$, $\omega_0$) | ($\vartheta > 1$) | |
| PI  ($K_P$, $T_n$) | $v = K_I \int u\,\mathrm{d}t + K_P \cdot u$ $= K_P \left(\dfrac{1}{T_n}\int u\,\mathrm{d}t + u\right)$ mit $T_n = K_P/K_I$ | |

Erläuterung der Formelzeichen siehe T 35

# Regelungstechnik
Verzögerungsglied 2. Ordnung
Parallelschaltungsglied PI

**T 15**

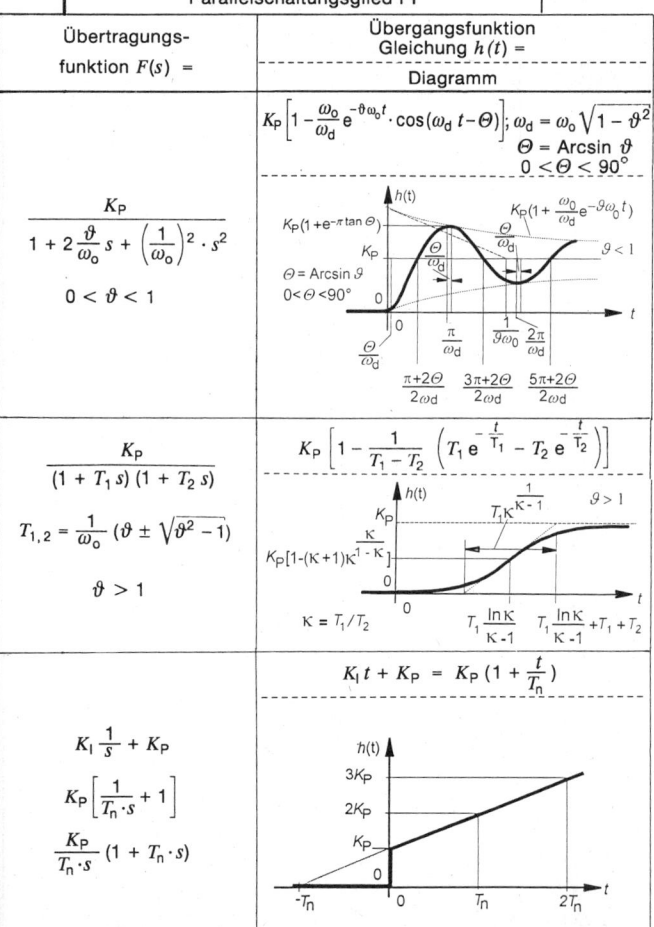

| Übertragungs-funktion $F(s)$ = | Übergangsfunktion Gleichung $h(t)$ = / Diagramm |
|---|---|
| $\dfrac{K_P}{1 + 2\dfrac{\vartheta}{\omega_o} s + \left(\dfrac{1}{\omega_o}\right)^2 \cdot s^2}$  $0 < \vartheta < 1$ | $K_P\left[1 - \dfrac{\omega_o}{\omega_d} e^{-\vartheta \omega_o t} \cdot \cos(\omega_d t - \Theta)\right];\ \omega_d = \omega_o\sqrt{1 - \vartheta^2}$  $\Theta = \text{Arcsin}\,\vartheta,\ 0 < \Theta < 90°$ |
| $\dfrac{K_P}{(1 + T_1 s)(1 + T_2 s)}$  $T_{1,2} = \dfrac{1}{\omega_o}(\vartheta \pm \sqrt{\vartheta^2 - 1})$  $\vartheta > 1$ | $K_P\left[1 - \dfrac{1}{T_1 - T_2}\left(T_1 e^{-\tfrac{t}{T_1}} - T_2 e^{-\tfrac{t}{T_2}}\right)\right]$  $\kappa = T_1/T_2$ |
| $K_I \dfrac{1}{s} + K_P$  $K_P\left[\dfrac{1}{T_n \cdot s} + 1\right]$  $\dfrac{K_P}{T_n \cdot s}(1 + T_n \cdot s)$ | $K_I t + K_P = K_P\left(1 + \dfrac{t}{T_n}\right)$ |

Erläuterung der Formelzeichen siehe T 35

# T 16 — Regelungstechnik
**Parallelschaltungsglieder PD, PID**
**Reihenschaltungsglieder I-T$_1$ und D-T$_1$**

| Kennzeichen / Symbol im Wirkungsplan | Zeitgleichung | Struktur / Beispiele |
|---|---|---|
| **PD** — $u \to [K_P\ T_v] \to v$ | $v = K_P \cdot u + K_D \cdot \dot{u}$ <br> $= K_P (u + T_v \cdot \dot{u})$ <br> $T_v = \dfrac{K_D}{K_P}$ | |
| **PID** — $u \to [K_P\ T_n, T_v] \to v$ | $v = K_I \int u\,dt + K_P \cdot u + K_D \cdot \dot{u}$ <br> $= K_P \left[\dfrac{1}{T_n}\int u\,dt + u + T_v \cdot \dot{u}\right]$ <br> $T_n = \dfrac{K_P}{K_I}\,;\quad T_v = \dfrac{K_D}{K_P}$ <br> $T_n \geq 4\,T_v$ | |
| **I-T$_1$** — $u \to [K_I\ T] \to v$ | $v + T\,\dot{v} = K_I \int u\,dt$ | |
| **D-T$_1$** — $u \to [K_D\ T] \to v$ | $v + T\,\dot{v} = K_D \cdot \dot{u}$ | |

Erläuterung der Formelzeichen siehe T 35

# Regelungstechnik
Parallelschaltungsglieder PD, PID
Reihenschaltungsglieder I-T$_1$ und D-T$_1$

**T 16**

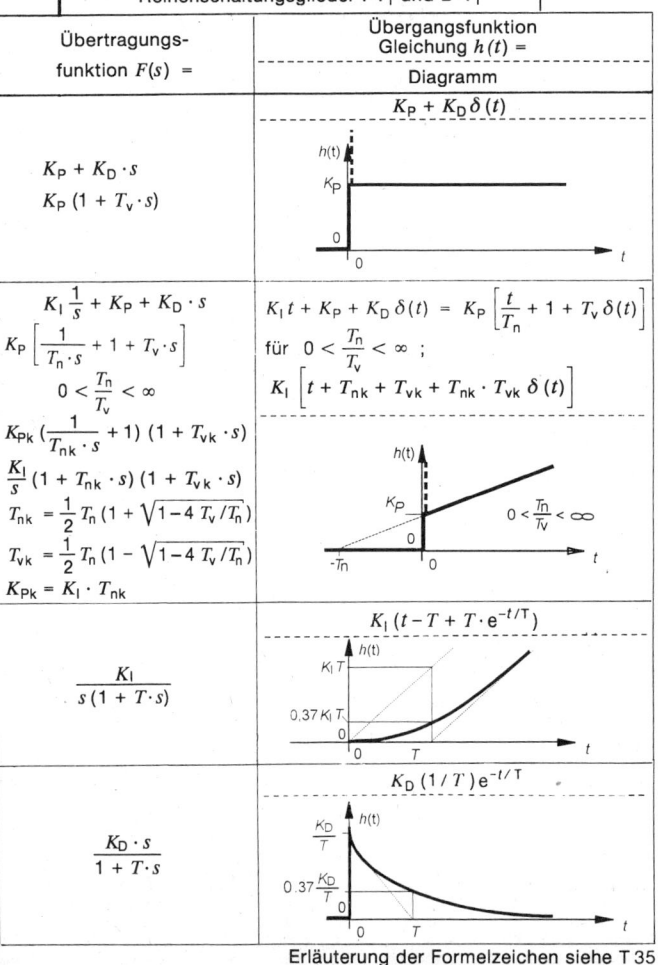

| Übertragungsfunktion $F(s) =$ | Übergangsfunktion Gleichung $h(t) =$ / Diagramm |
|---|---|
| $K_P + K_D \cdot s$ <br> $K_P (1 + T_v \cdot s)$ | $K_P + K_D \delta(t)$ <br><br> Diagramm: $h(t)$ startet bei $K_P$ mit Dirac-Impuls, konstant $K_P$ |
| $K_I \frac{1}{s} + K_P + K_D \cdot s$ <br> $K_P \left[ \frac{1}{T_n \cdot s} + 1 + T_v \cdot s \right]$ <br> $0 < \frac{T_n}{T_v} < \infty$ <br> $K_{Pk} (\frac{1}{T_{nk} \cdot s} + 1)(1 + T_{vk} \cdot s)$ <br> $\frac{K_I}{s}(1 + T_{nk} \cdot s)(1 + T_{vk} \cdot s)$ <br> $T_{nk} = \frac{1}{2} T_n (1 + \sqrt{1 - 4 T_v / T_n})$ <br> $T_{vk} = \frac{1}{2} T_n (1 - \sqrt{1 - 4 T_v / T_n})$ <br> $K_{Pk} = K_I \cdot T_{nk}$ | $K_I t + K_P + K_D \delta(t) = K_P \left[ \frac{t}{T_n} + 1 + T_v \delta(t) \right]$ <br> für $0 < \frac{T_n}{T_v} < \infty$; <br> $K_I \left[ t + T_{nk} + T_{vk} + T_{nk} \cdot T_{vk} \delta(t) \right]$ <br><br> Diagramm: Gerade mit Sprung $K_P$ bei $t=0$, Achsenschnitt bei $-T_n$; $0 < \frac{T_n}{T_v} < \infty$ |
| $\dfrac{K_I}{s(1 + T \cdot s)}$ | $K_I (t - T + T \cdot e^{-t/T})$ <br><br> Diagramm: $h(t)$ mit Asymptote $K_I T$, Wert $0{,}37 K_I T$ bei $t=T$ |
| $\dfrac{K_D \cdot s}{1 + T \cdot s}$ | $K_D (1/T) e^{-t/T}$ <br><br> Diagramm: $h(t)$ startet bei $\frac{K_D}{T}$, fällt exponentiell auf $0{,}37 \frac{K_D}{T}$ bei $t=T$ |

Erläuterung der Formelzeichen siehe T 35

# T 17 — Regelungstechnik
### Reihenschaltungsglied
### Gruppenschaltungsglieder (PD)-$T_1$ und (PID)-$T_1$

| Kennzeichen / Symbol im Wirkungsplan | Zeitgleichung | Struktur / Beispiele |
|---|---|---|
| D-$T_2$ <br> $K_D, \vartheta, \omega_0$ | $v + 2\dfrac{\vartheta}{\omega_0}\dot{v} + \left(\dfrac{1}{\omega_0}\right)^2 \ddot{v} =$ <br> $= K_D \cdot \dot{u}$ | |
| (PD)-$T_1$ <br> $K_P, T_v, T$ | $v + T\dot{v} = K_P \cdot u + K_D \dot{u}$ <br> $= K_P\left[u + T_v \cdot \dot{u}\right]$ <br> $T_v = \dfrac{K_D}{K_P}$ | $T_v^* = T_v - T$ |
| (PID)-$T_1$ <br> $K_P, T, T_n, T_v$ | $v + T\dot{v} = K_I \int u\,dt +$ <br> $+ K_P \cdot u + K_D \cdot \dot{u}$ <br> $= K_P\left[\dfrac{1}{T_n}\int u\,dt +$ <br> $+ u + T_v \cdot \dot{u}\right]$ <br> $T_v = \dfrac{K_D}{K_P}$ | |

Erläuterung der Formelzeichen siehe T 35

# Regelungstechnik
### Reihenschaltungsglied
### Gruppenschaltungsglieder (PD)-$T_1$ und (PID)-$T_1$

**T 17**

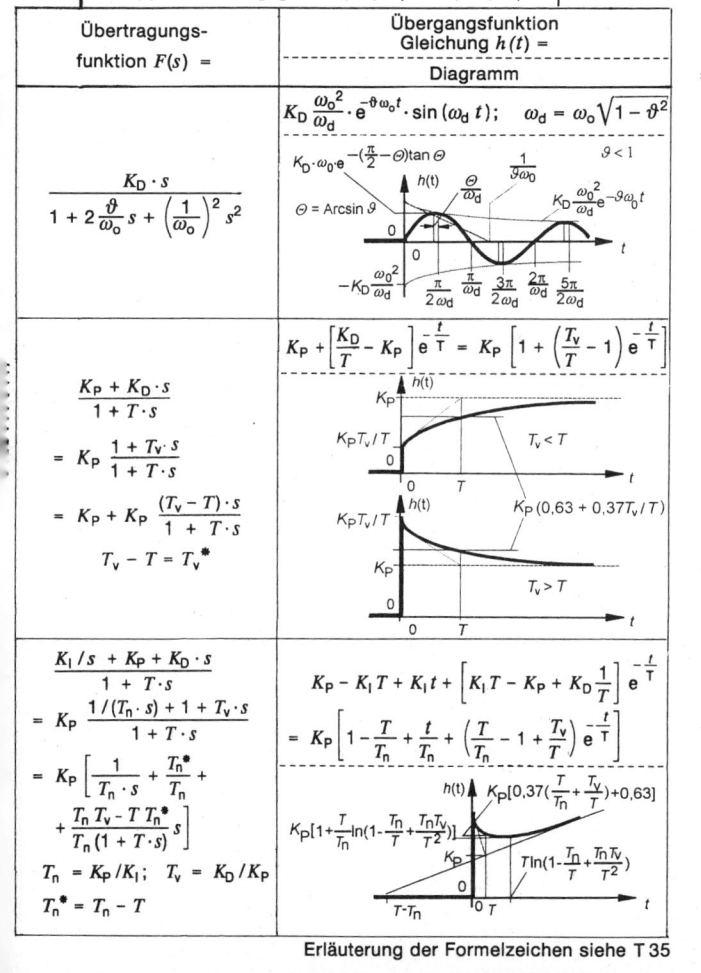

| Übertragungs-funktion $F(s)$ = | Übergangsfunktion Gleichung $h(t)$ = / Diagramm |
|---|---|
| $\dfrac{K_D \cdot s}{1 + 2\dfrac{\vartheta}{\omega_o} s + \left(\dfrac{1}{\omega_o}\right)^2 s^2}$ | $K_D \dfrac{\omega_o^2}{\omega_d} \cdot e^{-\vartheta \omega_o t} \cdot \sin(\omega_d t); \quad \omega_d = \omega_o\sqrt{1-\vartheta^2}$ <br><br> $K_D \cdot \omega_0 \cdot e^{-(\frac{\pi}{2}-\Theta)\tan\Theta}$, $\dfrac{1}{\vartheta\omega_0}$, $\vartheta < 1$ <br> $\Theta = \text{Arcsin }\vartheta$, $\dfrac{\Theta}{\omega_d}$, $K_D\dfrac{\omega_0^2}{\omega_d}e^{-\vartheta\omega_0 t}$ <br> $-K_D\dfrac{\omega_0^2}{\omega_d}$; $\dfrac{\pi}{2\omega_d},\dfrac{\pi}{\omega_d},\dfrac{3\pi}{2\omega_d},\dfrac{2\pi}{\omega_d},\dfrac{5\pi}{2\omega_d}$ |
| $\dfrac{K_P + K_D \cdot s}{1 + T \cdot s}$ <br> $= K_P \dfrac{1 + T_v \cdot s}{1 + T \cdot s}$ <br> $= K_P + K_P \dfrac{(T_v - T) \cdot s}{1 + T \cdot s}$ <br> $T_v - T = T_v^*$ | $K_P + \left[\dfrac{K_D}{T} - K_P\right]e^{-\frac{t}{T}} = K_P\left[1 + \left(\dfrac{T_v}{T} - 1\right)e^{-\frac{t}{T}}\right]$ <br><br> $h(t)$: $K_P$, $K_PT_v/T$, $T_v < T$ <br> $h(t)$: $K_PT_v/T$, $K_P(0{,}63 + 0{,}37 T_v/T)$, $K_P$, $T_v > T$ |
| $\dfrac{K_I/s + K_P + K_D \cdot s}{1 + T \cdot s}$ <br> $= K_P \dfrac{1/(T_n \cdot s) + 1 + T_v \cdot s}{1 + T \cdot s}$ <br> $= K_P\left[\dfrac{1}{T_n \cdot s} + \dfrac{T_n^*}{T_n} + \dfrac{T_n T_v - T T_n^*}{T_n (1 + T \cdot s)}s\right]$ <br> $T_n = K_P/K_I; \quad T_v = K_D/K_P$ <br> $T_n^* = T_n - T$ | $K_P - K_I T + K_I t + \left[K_I T - K_P + K_D \dfrac{1}{T}\right]e^{-\frac{t}{T}}$ <br> $= K_P\left[1 - \dfrac{T}{T_n} + \dfrac{t}{T_n} + \left(\dfrac{T}{T_n} - 1 + \dfrac{T_v}{T}\right)e^{-\frac{t}{T}}\right]$ <br><br> $K_P\left[0{,}37\left(\dfrac{T}{T_n}+\dfrac{T_v}{T}\right)+0{,}63\right]$ <br> $K_P\left[1+\dfrac{T}{T_n}\ln\left(1-\dfrac{T_n}{T}+\dfrac{T_nT_v}{T^2}\right)\right]$, $K_P$, $T\ln\left(1-\dfrac{T_n}{T}+\dfrac{T_nT_v}{T^2}\right)$, $T - T_n$, $0$, $T$ |

Erläuterung der Formelzeichen siehe T 35

# Regelungstechnik

Stabilität – Verfahren zur Überprüfung | **T 18**

## Stabilität des Regelkreises und Reglerdimensionierung allgemein
(für lineare Regelkreise)

### Definition der Stabilität

Stabilität ist gegeben, wenn die Regelgröße nach Änderung der Führungsgröße oder nach Auftreten einer Störgröße wieder einem festen Wert zustrebt.

Bemerkung: Eine häufig auftretende Art von Instabilität ist das Weglaufen der Regelgröße an einen ihrer Begrenzungswerte bei der ersten Inbetriebnahme. Die Ursache hierfür ist häufig eine Verpolung des Anschlusses der Rückführgröße an das Vergleichsglied.

### Verfahren zur Überprüfung des Regelkreises auf Stabilität

Voraussetzungen:
* Führungs- oder Störübertragungsfunktion des (geschlossenen) Regelkreises oder Übergangsfunktion bekannt.
* Kreisübertragungsfunktion des aufgeschnittenen Regelkreises bekannt.

#### 1. Kriterium von Hurwitz

Liegt die Führungs- oder Störübertragungsfunktion des (geschlossenen) Regelkreises nur in Form eines Gesamtpolynoms vor, kann man anhand des Hurwitzkriteriums feststellen, ob der Regelkreis stabil ist:

Stabilität des Regelkreises ist gegeben, wenn die Koeffizienten der charakteristischen Gleichung (Nennerpolynom der Übertragungsfunktion = 0)

$$a_0 + a_1 s + a_2 s^2 + \ldots + a_n s^n = 0$$

folgenden Bedingungen genügen:
* Es müssen alle Koeffizienten $a_v$ positiv sein (s. a. D 9);
* Die Koeffizienten haben untereinander bestimmte Abhängigkeiten zu erfüllen.

Die Bedingungen für Gleichungen bis zum Grade 5:

| Gleichung | Bedingungen für die Koeffizienten |
|---|---|
| 1. Grades | $a_0$ und $a_1 > 0$ |
| 2. Grades | $a_0, a_1, a_2 > 0$ |
| 3. Grades | $a_1 a_2 - a_3 a_0 > 0$ |
| 4. Grades | $a_1 a_2 a_3 - a_3^2 a_0 - a_1^2 a_4 > 0$; $a_2 a_3 - a_1 a_4 > 0$ |
| 5. Grades | $A = a_1 a_2 a_3 a_4 + a_0 a_1 a_4 a_5 - a_1 a_2^2 a_5 - a_1^2 a_4^2 > 0$ |
| | $B = a_0 a_1 a_4 a_5 + a_0 a_2 a_3 a_5 - a_0 a_3^2 a_4 - a_0^2 a_5^2$ |
| | $D_{n-1} = A - B > 0$ |

Für Polynome höheren Grades s. Ebel, Tjark, Regelungstechnik, 6. Aufl., Stuttgart Teubner 1991, S. 38 ff.

# Regelungstechnik
## Stabilität – Verfahren zur Überprüfung | T 19

Vorteil: Die Methode führt zu rascher und genauer Aussage über die Stabilität eines vorgegebenen Regelkreises.

Nachteile: Das Hurwitzkriterium liefert weder eine Aussage über die Sicherheit des Regelkreises gegen Instabilität noch über die Auswirkung von Änderungen seiner Kenndaten noch über sein dynamisches Verhalten; deshalb werden ihm im allgemeinen andere Verfahren vorgezogen.

### 2. Zerlegung in Einzelpolynome

Umformung der Führungs- oder Störübertragungsfunktion in eine Summe aus Einzelpolynomen höchstens 2. Ordnung (s. Partialbruchzerlegung D 3):
Bei einem stabilen Regelkreis enthält die Summe nur stabile Übertragungsglieder. Das sind im wesentlichen reine oder verzögerte P-Glieder und verzögerte PD-Glieder.

Tritt ein I-, I-$T_1$- oder I-(PD)-Glied oder auch nur ein Ausdruck 2. Ordnung mit einem negativen mittleren Summanden des Nennerpolynoms $(1 - b_1 s + b_2 s^2)$ auf, ist der Regelkreis instabil (s. Hurwitzkriterium); dann liegt mindestens ein Pol im Pol-Nullstellendiagramm der Übertragungsfunktion auf oder rechts der imaginären Achse der $s$-Ebene.

Vorteile: Im stabilen wie im instabilen Fall erlaubt die Auswertung der wie beschrieben umgeformten Führungs- oder Störübertragungsfunktion auch eine Aussage über den Grad der Stabilität oder Instabilität des Regelkreises. Dazu überlagert man die Übertragungsfunktionen der einzelnen Summenglieder.

Die Auswertung der Führungs- od. Störübergangsfunk. kann ebenso erfolgen. Auch sie muß zuvor in Summanden zerlegt sein. Treten Ausdrücke $K_I t$ (I-Glied), $K_I(t - T + T e^{-1/T})$ (I-$T_1$-Glied) oder $K_P e^{+t/T} \sin(\omega_d t - \varphi)$ (konstante oder aufklingende Schwingung) auf, ist der Regelkreis instabil.

Nachteile: Man erkennt nicht, wie sich die Einführung eines bestimmten Regelglieds auswirkt und welche seiner Kenndaten wie verändert werden müssen, um das gewünschte Verhalten des Regelkreises zu erreichen. Nach jeder Änderung des Regelglieds muß der rechnerische Übergang vom aufgeschnittenen Regelkreis zum (geschlossenen) Regelkreis erneut durchgeführt werden.

### 3. Nyquistkriterium

Das Nyquistkriterium besagt, daß der (geschlossene) Regelkreis stabil ist, wenn die Ortskurve des Frequenzgangs $F_o(j\omega)$ des aufgeschnittenen Regelkreises – im Sinne steigender Werte der Kreisfrequenz $\omega$ durchlaufen – den kritischen Punkt -1 der komplexen Ebene stets links liegen läßt. Je

# Regelungstechnik

## Stabilität – Wahl des Regelgliedtyps

größer der Abstand der Ortskurve vom kritischen Punkt -1 ist, um so sicherer ist der Regelkreis gegen unvorhergesehene Änderungen der Kenndaten und um so weicher läuft die Regelgröße nach einer Änderung der Führungsgröße oder einer Störgröße in den Beharrungszustand ein. Der Sicherheitsabstand gegen Instabilität wird durch zwei Kenngrößen angegeben:
Die Phasenreserve $\delta$ (s. T7) und die Betragsreserve $\varepsilon$ (siehe T 8).
Die Ermittlung der tatsächlichen Werte beider Kenngrößen erfolgt meistens im Bodediagramm. Dasselbe

**Bild 8**

gilt für die Verwirklichung der für die beiden Kenngrößen geforderten Werte durch Einfügung eines geeigneten Regelglieds.

Empfehlenswert für die Phasenreserve $\delta$ : $30° \ldots 60°$
Empfehlenswert für die Betragsreserve $\varepsilon$ : $8\,dB \ldots 16\,dB$
(entspricht den Faktoren $2{,}5 \ldots 6{,}3$).

**Vorteile:** Durch die Untersuchung der Kreisübertragungsfunktion $F_o(s)$ des aufgeschnittenen Regelkreises – speziell des zu ihr gehörenden Frequenzgangs $F_o(j\omega)$ (Ersatz von $s$ durch $j\omega$) – ist leicht feststellbar, ob der Regelkreis stabil ist, wie groß die Sicherheit gegen Instabilität – besonders bei unbeabsichtigten Änderungen der Kenndaten des Regelkreises – ist, wie sich eine Änderung von Typ und Kenndaten des einfach in Reihenschaltung in den Regelkreis gelegten Regelglieds auswirkt und welchen Charakter das dynamische Verhalten des Regelkreises danach hat.

## Wahl des Typs des Regelglieds

### Allgemeines
In den meisten Regelkreisen sind Regelstrecke und Meßeinrichtung insgesamt vom Typ (PD)-$T_n$ d. h. sie sind Reihenschaltungen aus einer Anzahl von PD-Gliedern und Verzögerungsgliedern. Die Vorhaltzeiten $T_V = K_D / K_P$ der PD-Glieder sind dabei stets wesentlich < als die Verzögerungszeiten der Verzögerungsglieder: In praktisch vorkommenden Strecken Faktor >10.

### Die wichtigsten Regelglieder
Als Regelglieder spielen bei linearen Regelkreisen nur das P-, PI-, (PD)-$T_1$ und (PID)-$T_1$-Glied eine wesentliche Rolle.

### Eigenschaften eines Regelkreises mit P- oder (PD)-$T_1$-Regelglied
Nur endliche Genauigkeit hinsichtlich des Einflusses von zwischen Regelglied und Meßort angreifenden Störgrößen erreichbar. Genauigkeit ergibt sich aus dem Wert des Regelfaktors $R_F(0)$.

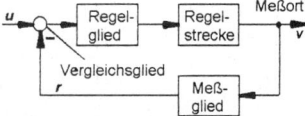

# Regelungstechnik
## Grafische Reglerdimensionierung
**T 21**

**Eigenschaften eines Regelkreises mit PI- oder (PID)-$T_1$-Regelglied**
Vollständige Ausregelung der zwischen Regelgliedausgang und Meßort angreifenden Störgrößen. Enthält die Regelstrecke ein nicht gegengekoppeltes I-Glied, werden zwischen Strecken-I-Gliedausgang und Meßort angreifende Störgrößen auch dann vollständig ausgeregelt, wenn im Regelglied kein I-Faktor oder -Summand enthalten ist.

Hinweis: Zwischen Meßort und Regelgliedausgang angreifende Störgrößen können durch kein Regelglied verringert werden.

## Grafische Dimensionierung eines linearen Reglers nach dem Nyquistkriterium

### Allgemeines

Die Dimensionierung wird im Bodediagramm vorgenommen. Dazu ist einmal erforderlich, das Bodediagramm der Reihenschaltung von Regelstrecke und Meßeinrichtung und zum anderen dasjenige des Regelglieds zu konstruieren.

Das Bodediagramm der Gesamtschaltung entsteht durch Addition der beteiligten Betrags- und Phasengänge der einzelnen in Reihe liegenden Übertragungsglieder bzw. multiplikativen Bestandteile der Übertragungsglieder (s. dazu Tabellen auf T 22 und T 23). Das ist möglich, da der Betragsgang über die dB-Umrechnung logarithmisch dargestellt ist.

Zur Darstellung wird halblogarithmisches Papier mit 4 Dekaden auf der Abszissenachse benutzt.

Vorgehensweise:

* Festlegung des Bereichs der Kreisfrequenz $\omega$, für den das Bodediagramm erstellt werden soll; dazu Darstellung aller interessierenden Knickstellen.
* Als darzustellende Faktoren des Frequenzgangs läßt man nur die der Typen I, P, D, $T_t$, P-$T_1$, PD und P-$T_2$ mit Dämpfungsgrad $\vartheta < 1$ zu (s. T 22 und T 23).
* PI-Glieder werden durch Herausziehen des I-Faktors in I-PD und PID-Glieder mit $T_n/T_v > 4$ durch Herausziehen des I-Faktors und Zerlegung in eine I-PD-PD-Struktur umgerechnet.
* Alle in der Reihenschaltung vorkommenden Integrier-($K_I$), Proportional-($K_P$) oder Differenzierbeiwerte ($K_D$) werden zu **einem** Beiwert zusammengefaßt.
* Darstellung des Betragsgangs $F(\omega)$.
* Darstellung des Phasengangs Arc $F(j\omega)$.
* Ergänzung durch Regelglied.

Nachfolgend werden tabellarisch die Bodediagramme für P, I, D, $T_t$, P-$T_1$, P-$T_2$ und das PD-Glied angegeben. Mit ihnen wird die Dimensionierung von Betrags- und Phasengang durchgeführt.

# Regelungstechnik
## Bodediagramme für Elementarglieder und P-T$_1$-Glied

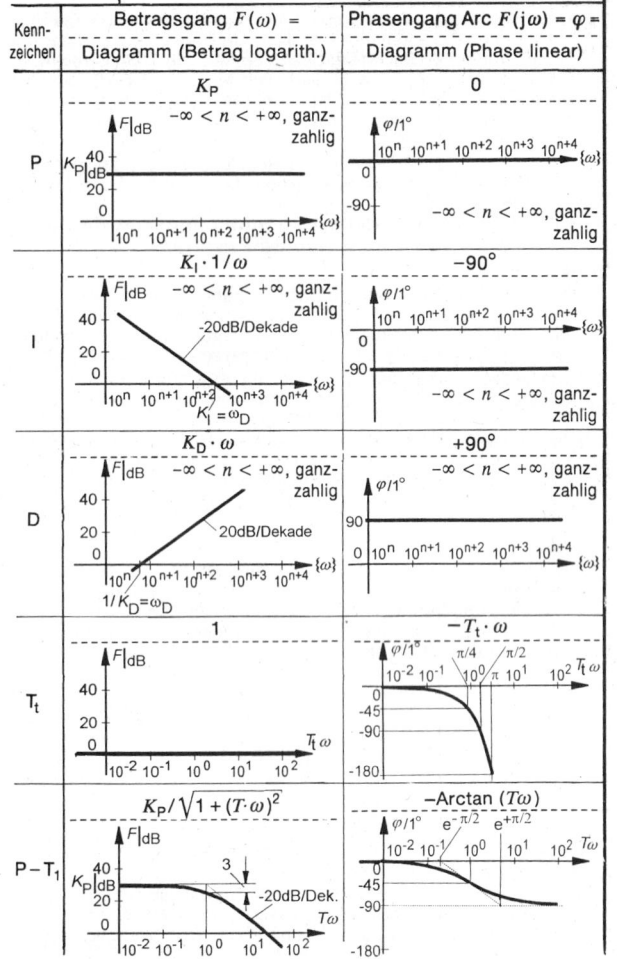

**T 22**

| Kenn-zeichen | Betragsgang $F(\omega)$ =<br>Diagramm (Betrag logarith.) | Phasengang Arc $F(j\omega) = \varphi$ =<br>Diagramm (Phase linear) |
|---|---|---|
| P | $K_P$<br>$-\infty < n < +\infty$, ganzzahlig | $0$<br>$-\infty < n < +\infty$, ganzzahlig |
| I | $K_I \cdot 1/\omega$<br>$-\infty < n < +\infty$, ganzzahlig<br>$-20$dB/Dekade<br>$K_I = \omega_D$ | $-90°$<br>$-\infty < n < +\infty$, ganzzahlig |
| D | $K_D \cdot \omega$<br>$-\infty < n < +\infty$, ganzzahlig<br>$20$dB/Dekade<br>$1/K_D = \omega_D$ | $+90°$<br>$-\infty < n < +\infty$, ganzzahlig |
| $T_t$ | $1$ | $-T_t \cdot \omega$ |
| $P - T_1$ | $K_P / \sqrt{1 + (T \cdot \omega)^2}$<br>$-20$dB/Dek. | $-\text{Arctan}(T\omega)$<br>$e^{-\pi/2}$ ... $e^{+\pi/2}$ |

# Regelungstechnik
Bodediagramme für P-T$_2$- und PD-Glied | **T 23**

| Kenn-zeichen | Betragsgang $F(\omega) =$ --- Diagramm (Betrag logarith.) | Phasengang Arc $F(j\omega) = \varphi =$ --- Diagramm (Phase linear) |
|---|---|---|
| P–T$_2$ | $0 < \vartheta < 1$ $$\frac{K_P}{\sqrt{\left[1-\left(\frac{\omega}{\omega_o}\right)^2\right]^2 + 4\vartheta^2\left(\frac{\omega}{\omega_o}\right)^2}}$$ | $\text{Arctan}\left(\frac{1-\left(\frac{\omega}{\omega_o}\right)^2}{2\vartheta\frac{\omega}{\omega_o}}\right) - 90°$ $0 < \vartheta < 1 \quad \omega > 0$ |
| PD | $\sqrt{K_P{}^2 + (K_D \cdot \omega)^2}$ $= K_P \sqrt{1 + (T_v\omega)^2}$ mit $T_v = K_D/K_P$ | $\text{Arctan}(T_v\omega)$ |

# Regelungstechnik
## Bodediagramme für (PD)-$T_1$- und (PID)-$T_1$-Glied

**T 24**

| Kennzeichen | Betragsgang $F(\omega)$ = <br> Diagramm (Betrag logarith.) | Phasengang Arc $F(j\omega) = \varphi$ = <br> Diagramm (Phase linear) |
|---|---|---|
| (PD)-$T_1$ | $\sqrt{\dfrac{K_P^2 + (K_D\omega)^2}{1+(T\omega)^2}}$ <br> $= K_P\sqrt{\dfrac{1+(T_v\omega)^2}{1+(T\omega)^2}}$ | Arctan$(T_v\omega)$ − Arctan$(T\omega)$ |
| (PID)-$T_1$ | $\sqrt{\dfrac{K_P^2 + (K_D\omega - K_I/\omega)^2}{1+(T\omega)^2}}$ <br> $= K_P\sqrt{\dfrac{1+[T_v\omega - 1/(T_n\omega)]^2}{1+(T\omega)^2}}$ | Arctan$\left[T_v\omega - \dfrac{1}{T_n\omega}\right]$ − Arctan$(T\omega)$ <br> $0 < T_n/T_v < \infty \qquad \omega > 0$ <br> $=$ Arcsin $\dfrac{T_v\omega - 1/(T_n\omega)}{\sqrt{1+[T_v\omega-1/(T_n\omega)]^2}}$ − Arctan$(T\omega)$ <br> $0 < T_n/T_v < \infty \qquad \omega \geq 0$ |

# Regelungstechnik

## Betragsgang

**T 25**

**Methode zur Darstellung des Betragsgangs für die Gesamtschaltung**

Vorbemerkung: Die Knickstellen des Betragsgangs werden durch am oberen Papierrand angebrachte Pfeile gekennzeichnet.

Ein Pfeil mit **einer** nach unten zeigenden Spitze kennzeichnet eine Steigungsänderung um **−20 dB/Dekade** nach unten, wie sie ein P-$T_1$-Faktor (s. T 14) an der Stelle $1/T$ verursacht.

Ein Pfeil mit **zwei** nach unten zeigenden Spitzen kennzeichnet eine Steigungsänderung um **−40 dB/Dekade**, wie sie ein P-$T_2$-Faktor (s. T 15) mit $\vartheta < 1$ an der Stelle $\omega_o$ verursacht. P-$T_2$-Faktoren mit $\vartheta > 1$ werden in je zwei P-$T_1$-Faktoren zerlegt.

PD-Faktoren (+20 dB/Dekade an der Stelle $1/T_v$) mit positiven Steigungsänderungen werden entsprechend durch nach oben zeigende Pfeilspitzen gekennzeichnet.

Nach Abschätzung der Änderung des Betragsgangs im Bereich der 4 darzustellenden Dekaden der Kreisfrequenz $\omega$ wird der Maßstab so festgelegt, daß der interessante Bereich mit größtmöglicher Auflösung dargestellt wird; aus dem voraussichtlich größten Wert des Betragsgangs ergibt sich dann der Nullpunkt.

Anschließend wird der Wert des Betragsgangs am linken Diagrammrand bestimmt: Enthält die darzustellende Reihenschaltung einen I- bzw. D-Faktor, bestimmt dieser den Anfangswert und die Anfangssteigung, sonst der P-Faktor. Der Anfangswert wird aus der Beziehung $F|_{dB} = 20 \lg (K_I/\omega)$ (I-Faktor), $F|_{dB} = 20 \lg (K_D \omega)$ (D-Faktor) bzw. $F|_{dB} = 20 \lg K_P$ (P-Faktor) ermittelt (s. T 22 und T 23).

Bemerkung: Evtl. in $K_I$, $K_D$ oder $K_P$ enthaltene physikalische Einheiten werden hier weggelassen und bei der späteren Auswertung wieder hinzugefügt.

Die Steigung des Betragsgangs beträgt bis zur ersten Knickstelle −20 dB/Dek. (I-Faktor), +20 dB/Dek. (D-Faktor) oder 0 (P-Faktor). Der Asymptotenzug des Betragsgangs wird von Knickstelle zu Knickstelle gezeichnet, indem die oben angegebenen Änderungen entsprechend den eingetragenen Pfeilen berücksichtigt werden. Der $T_t$-Faktor hat keinen Einfluß auf den Betragsgang.

Zum Schluß werden Korrekturen an den Knickstellen angebracht: Beim P-$T_1$-Faktor wird der Asymptotenzug an den Stellen $\omega_E/2$ und $2 \cdot \omega_E$ um −1 dB, bei der Eckkreisfrequenz $\omega_E$ selbst um −3 dB korrigiert.

Bei dem zum P-$T_1$-Faktor inversen PD-Faktor erfolgen im Bereich der Knickstelle $\omega_E = 1/T_v$ dieselben Korrekturen nach oben.

In der Umgebung der Knickstelle eines P-$T_2$-Faktors mit $\vartheta < 1$ wird der Asymptotenzug um $-10 \lg [1 - (\omega/\omega_o)^2 + (2 \vartheta \omega/\omega_o)^2]$ korrigiert.

# Regelungstechnik
## Phasengang

**T 26**

### Darstellung des Phasengangs

Der Phasengang der Gesamtschaltung wird durch Addition der Phasengänge der in Reihenschaltung liegenden Glieder oder Frequenzgangfaktoren ermittelt:

Die einzelnen Faktoren ergeben folgende Beiträge (s. a. T 22/23):

| Faktor | Beitrag | |
|---|---|---|
| P | $0°$ | |
| I | $-90°$ | ***Tabelle A*** |
| D | $+90°$ | |
| $T_t$ | $-T_t \omega$ | |
| $P-T_1$ | $- \text{Arctan}(T\omega)$ | |
| PD | $+ \text{Arctan}(T_v \omega)$ | |
| $P-T_2$ mit $\vartheta < 1$ | $\text{Arctan}\left(\dfrac{1-(\omega/\omega_0)^2}{2\vartheta\omega/\omega_0}\right) - 90°$ | |
| PI = I – PD | $-90° + \text{Arctan}(T_n \omega)$ | |

Bemerkung: Der P-Faktor liefert keinen, der $T_t$-Faktor einen sehr starken mit $\omega$ wachsenden Beitrag.

Hinweis: Nach Aufstellung der Summengleichung werden die Werte des Phasengangs z. B. mit dem Formelspeicher eines Taschenrechners ermittelt. Dabei muß der Phasengang des $T_t$-Faktors im allgemeinen noch mit dem Faktor $180°/\pi$ versehen werden, um die Summe einheitlich im Gradmaß zu erhalten.

Zum Schluß werden der Maßstab und der Nullpunkt für die Darstellung des Phasengangs so festgelegt, daß der interessante Bereich mit größtmöglicher Auflösung dargestellt wird; der Phasengang wird in dasselbe Diagrammblatt wie der Betragsgang eingezeichnet. Der Ordinatenmaßstab wird dabei an den rechten Diagrammrand gelegt.

### Dimensionierung des Regelglieds

Aufgabe: Dimensionierung so, daß sowohl die Phasenreserve $\delta$ als auch die Betragsreserve $\varepsilon$ eingehalten werden.

Gemäß T 20, Bild 8 bedeutet das, daß der Frequenzgangzeiger des fertig dimensionierten aufgeschnittenen Regelkreises in der Umgebung des kritischen Punktes -1 sowohl bei derjenigen Kreisfrequenz, bei der er den Betrag 1 hat (Durchtrittskreisfrequenz $\omega_D$) mindestens den Winkelabstand $\delta$ zum negativen Ast der reellen Achse hat, als auch bei derjenigen Kreisfrequenz, bei der er den Phasenwinkel $-180°$ hat, (der Phasenschnittkreisfrequenz $\omega_\pi$) höchstens den Betrag $1/\varepsilon$ hat.

Fortsetzung siehe T 27

# Regelungstechnik
## Phasengang
**T 27**

Vorgehensweise

① Zunächst werden die Quotienten zwischen den zu den charakteristischen Zeiten des Regelgliedes gehörenden Eckkreisfrequenzen $\omega_E$ und der Durchtrittskreisfrequenz $\omega_D$ (Verwirklichung der Phasenreservevorschrift) bzw. der Phasenschnittkreisfrequenz $\omega_\pi$ (Verwirklichung der Betragsreservevorschrift) gewählt.

Bemerkung: Da die $\omega$-Skala logarithmisch geteilt ist, ergeben sich feste Abstände zwischen den Knickstellen des Betragsgangs des Regelglieds und den genannten Dimensionierungskreisfrequenzen.

Folgende Wertebereiche haben sich in der Praxis bewährt:

*Tabelle B*

| Typ des Regelglieds | $T_n \omega_D$ bzw. $T_n \omega_\pi$ | $T_v \omega_D$ bzw. $T_v \omega_\pi$ | $T_{nk}/T_{vk}$ | $T_{vk} \omega_D$ bzw. $T_{vk} \omega_\pi$ | $1/(T \omega_D)$ bzw. $1/(T \omega_\pi)$ |
|---|---|---|---|---|---|
| P | – | – | – | – | – |
| PI | 4...10 | – | – | – | – |
| (PD)-$T_1$ | – | 4...10 | – | – | 8...20 |
| (PID)-$T_1$ | – | – | 2...10 | 4...10 | 8...20 |

Die tatsächlichen Werte der charakteristischen Zeiten des Regelglieds ergibt erst die weitere Dimensionierung.

Nach der Wahl dieser Quotienten liegen die **Formen** der Betragskurve und der Phasenkurve des Regelglieds fest.

Die endgültige **Position** der Betrags- und Phasenkurve im Diagramm wird über die weitere Dimensionierung erreicht:

Verschiebung in Abszissenrichtung durch die Ermittlung der Durchtrittskreisfrequenz $\omega_D$ bzw. der Phasenschnittkreisfrequenz $\omega_\pi$. Verschiebung der Ordinatenrichtung (nur Betragskurve) durch die Ermittlung der Proportionalverstärkung $K_{PR}$[*] bzw. des Integrierbeiwerts $K_{IR}$[*] des Regelglieds.

Ebenso liegt jetzt auch der Phasenwinkel $\varphi_R$[*] $(\omega_D)$ für die Phasenreserve- und $\varphi_R$[*] $(\omega_\pi)$ für die Betragsreservedimensionierung, wobei $\varphi_R$[*] $(\omega_D) = \varphi_R$[*] $(\omega_\pi)$ ist, fest, den das Regelglied bei der noch unbekannten Durchtrittskreisfrequenz $\omega_D$ bzw. bei der ebenfalls noch unbekannten Phasenschnitt-
② kreisfrequenz $\omega_\pi$ hat. Man ermittelt ihn rechnerisch (siehe Tab. A auf T 26) oder benutzt Erfahrungswerte, die dann die oben beschriebene Wahl der Quotienten bereits enthalten.

[*] Der Index $_R$ kennzeichnet Werte, die zum Regelglied gehören.

○ Schrittnummern für Beispiele auf T 31 und T 33

# Regelungstechnik

## Phasenreservebedingung

**T 28**

### Verwirklichung der Phasenreservebedingung

(3) Phasenreserve $\delta$ und der negierte Wert $-\varphi_R$*) des Phasenwinkels $\varphi_R$*) des Regelglieds zu $-180°$ hinzuaddiert ergeben den Phasenwinkel $\varphi_\delta$.

Bemerkung: Je negativer der Phasenwinkel $\varphi_R$*) des Regelglieds ist, desto weniger negativ darf der Phasenwinkel $\varphi_y$**) der Reihenschaltung von Regelstrecke und Meßeinrichtung sein.

(4) Im Phasengang $\varphi_y(\omega)$**) der Reihenschaltung von Regelstrecke und Meßeinrichtung wird diejenige Kreisfrequenz ermittelt, bei der der Phasenwinkel $\varphi_\delta$ beträgt. Diese Kreisfrequenz muß die Durchtrittskreisfrequenz $\omega_{D\delta}$ werden. Bei ihr muß der Betragsgang $F_{o\delta}$ des fertig dimensionierten offenen Regelkreises durch die 0-dB-Linie gehen.

(7) Dies wird dadurch erreicht, daß man den inversen Betragsgang des Regelglieds so zeichnet, daß er bei der Durchtrittskreisfrequenz $\omega_{D\delta}$ den Betragsgang $F_y(\omega)$**) der Reihenschaltung von Regelstrecke und Meßeinrichtung schneidet.

Die Konstruktion des inversen Betragsgangs $F_R(\omega)^{-1}$*) des Regelglieds erfolgt nach T 25, wobei die Inversion durch Negierung der Steigungswerte unter Beibehaltung aller Knickstellen erreicht wird und man von der Durchtrittskreisfrequenz $\omega_D$ aus nach beiden Seiten hin fortschreitet.

(5) Die Lage der Knickstellen erhält man durch Anwendung der anfangs gewählten Quotienten auf den im Diagramm ermittelten Wert der Durchtrittskreisfrequenz $\omega_{D\delta}$.

(6) Die Steigung der Asymptotenabschnitte des Betragsgangs $F_R(\omega)^{-1}$*) überträgt man durch Parallelverschiebung von 2 Hilfslinien, die man zuvor an einer freien Stelle des Bodediagramms gezeichnet hat. Das Anbringen der Korrekturen ist nur erforderlich, wenn der Schnittpunkt in ihrem Bereich liegt.

(8) Dem so gezeichneten inversen Betragsgang $F_R(\omega)^{-1}$**) des Regelglieds entnimmt man den Proportional $K_{PR}$*) – bzw. Integrierbeiwert $K_{IR}$*) des Regelglieds; mit diesen Werten können die Regelglieder vom Typ P, PI, (PD)-$T_1$ dimensioniert werden. Im

(9) Falle des (PID)-$T_1$-Regelglieds ergeben sich dabei die Reihenschaltungswerte $K_{Pk}$, $T_{nk}$ und $T_{vk}$, die nach den folgenden Beziehungen noch in die Parallelschaltungswerte $K_{PR}$*), $T_n$ und $T_v$ umgerechnet werden müssen. Bei großen Werten des Quotienten $(T_{nk}/T_{vk})$, $(T_{nk}/T_{vk} > 10)$ kann man auf die Umrechnung verzichten.

$$K_{PR} = \frac{K_{Pk}}{T_{nk}} \cdot (T_{nk} + T_{vk}); \quad T_n = T_{nk} + T_{vk}; \quad K_{IR} = \frac{K_{PkR}}{T_{nk}}; \quad T_v = \frac{T_{nk} \cdot T_{vk}}{T_{nk} + T_{vk}}$$

*) Der Index $_R$ kennzeichnet Werte, die zum Regelglied gehören.
**) Der Index $_y$ kennzeichnet Werte, die zur Regelstrecke gehören.
○ Schrittnummern für Beispiele auf T 31 und T 33

# Regelungstechnik

## Betragsreservebedingung

**T 29**

### Verwirklichung der Betragsreservebedingung

Sie ist derjenigen der Phasenreservebedingung sehr ähnlich:

⑪ – Ermittlung des Phasenwinkels $\varphi_\varepsilon = -\varphi_R{}^{*)} - 180°$.

⑫ – Ermittlung der Phasenschnittkreisfrequenz $\omega_{\pi\varepsilon}$, bei der im Phasengang $\varphi_y(\omega)^{**)}$ der Reihenschaltung von Regelstrecke und Meßeinrichtung der Phasenwinkel $\varphi_\varepsilon$ erreicht wird; bei dieser geht der Phasengang $\varphi(\omega)$ des fertig dimensionierten offenen Regelkreises durch die $-180°$-Linie.

⑬ – Ermittlung der Lage der Knickstellen durch Anwendung der anfangs gewählten Quotienten auf den im Diagramm ermittelten Wert der Phasenschnittkreisfrequenz $\omega_{\pi\varepsilon}$.

⑭ – Ermittlung der Steigung $m_F$ des inversen Betragsgangs
⑮ $F_R(\omega)^{-1*)}$ des Regelglieds in der Umgebung der Phasenschnittkreisfrequenz $\omega_{\pi\varepsilon}$. Mit dieser Steigung legt man einen Asymptotenabschnitt durch den bei der Phasenschnittkreisfrequenz $\omega_{\pi\varepsilon}$ liegenden Wert des Betragsgangs $F_y(\omega)^{**)}$ von Regelstrecke und Meßeinrichtung.

⑯ – Im Abstand $\varepsilon|_{dB}$ oberhalb dieses Asymptotenabschnitts zeichnet man dann wie bei der Verwirklichung der Phasenreservebedingung den inversen Betragsgang $F_R(\omega)^{-1*)}$ des Regelglieds und wertet ihn ebenso aus.

⑰ – Im Falle des (PID)-$T_1$-Regelglieds wird wie bei ⑨ verfahren.
⑱ Hinweis: Es empfiehlt sich, hierbei zusätzlich auch die Durchtrittskreisfrequenz $\omega_{D\varepsilon}$ zu ermitteln. Sie liegt beim Schnittpunkt des Betragsgangs $F_y(\omega)^{**)}$ der Reihenschaltung von Regelstrecke und Meßeinrichtung einerseits und des inversen Betragsgangs $F_{R\varepsilon}(\omega)^{-1*)}$ des Regelglieds andererseits.

### Entscheidung für eines der beiden erhaltenen Regelglieder

㉑ Sowohl die Verwirklichung der Phasen- als auch die der Betragsreservebedingung führt jeweils zur Dimensionierung eines Regelglieds. Gewählt wird dasjenige von beiden, das den kleineren der erhaltenen Proportional- bzw. Integrierbeiwerte aufweist. Von seltenen Ausnahmefällen abgesehen, wird damit dasjenige Regelglied gewählt, bei dessen Einsatz auch die jeweils andere Dimensionierungsvorschrift eingehalten wird.

### Vergleich zwischen den nach der Wahl unterschiedlicher Quotienten erhaltenen Regelgliedern

Unter den nach der Wahl unterschiedlicher Quotienten erhaltenen Regelgliedern ergibt dasjenige das beste Verhalten, zu dem der größte Wert der Durchtrittskreisfrequenz $\omega_D$ gehört. Diese für den aufgeschnittenen Regelkreis ermittelte Kreisfrequenz stellt ein Maß für die Einschwinggeschwindigkeit des geschlossenen Regelkreises dar.

---

*) Der Index $_R$ kennzeichnet Werte, die zum Regelglied gehören.
**) Der Index $_y$ kennzeichnet Werte, die zur Regelstrecke gehören.

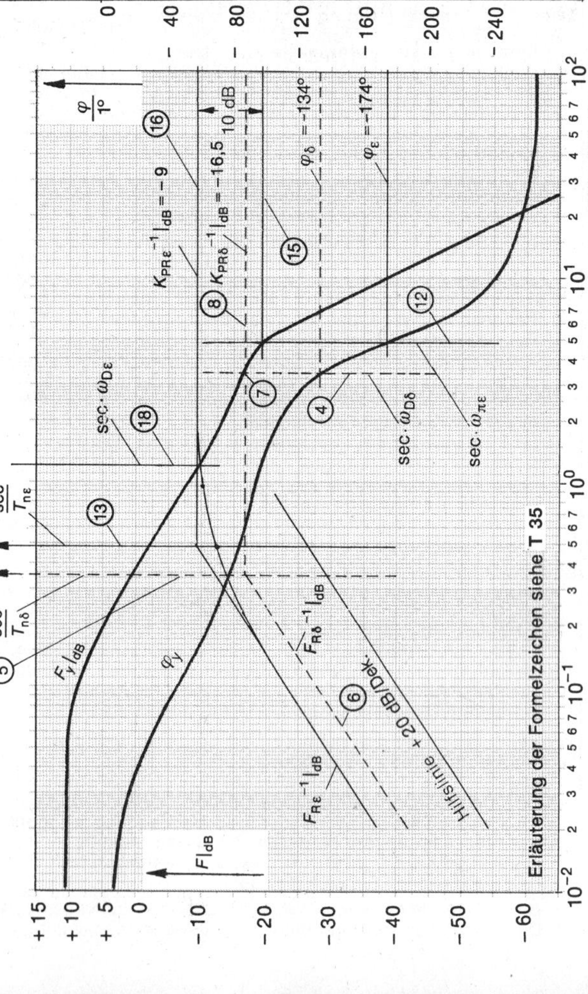

# Regelungstechnik
## T 30 — Beispiele

**Bodediagramm zu Beispiel 1**

Erläuterung der Formelzeichen siehe T 35

Labels visible in the diagram:
- $F_\gamma|_{dB}$, $\varphi_\gamma$
- $F_{R\varepsilon}|_{dB}$, $F_{R\delta}|_{dB}$
- Hilfslinie +20 dB/Dek.
- $\dfrac{\sec}{T_{n\delta}}$, $\dfrac{\sec}{T_{n\varepsilon}}$
- $\sec \cdot \omega_{D\varepsilon}$, $\sec \cdot \omega_{D\delta}$, $\sec \cdot \omega_{\pi\varepsilon}$
- $K_{PR\varepsilon}^{-1}|_{dB} = -9$
- $K_{PR\delta}^{-1}|_{dB} = -16{,}5$; 10 dB
- $\varphi_\delta = -134°$
- $\varphi_\varepsilon = -174°$
- $F|_{dB}$, $\varphi/1°$, $\sec \cdot \omega$

Circled reference numbers in figure: ④ ⑤ ⑥ ⑦ ⑧ ⑫ ⑬ ⑮ ⑯ ⑱

# Regelungstechnik

Beispiele

**T 31**

## Beispiel 1: Dimensionierung eines PI- oder P-Regelglieds

Aufgabe: Für einen Regelkreis, in dem die Reihenschaltung von Regelstrecke und Meßeinrichtung P-T$_3$-Verhalten (P-T$_1$-T$_2$) mit der Übertragungsfunktion

$$F(s) = \frac{r(s)}{y(s)} = \frac{4}{(1+10\sec\cdot s)\,[1+0{,}8/(5\sec)s + 1/(25\sec^2)s^2]}$$

hat, soll ein PI-Glied mit der Vorgabe $T_n = 10/\omega_D$; $T_n = 10/\omega_\pi$ dimensioniert werden. Die Phasenreserve $\delta$ soll mindestens 40°, die Betragsreserve $\varepsilon$ mindestens 3,16 (entspricht 10 dB) betragen.

Lösung: Zunächst entnimmt man aus $F(s)$ der Reihenschaltung entsprechend T 13...T 17 die Kenndaten $K_{Py} = 4$; $T = 10$ sec; $\omega_0 = 5\sec^{-1}$ und konstruiert entsprechend T 22 Betragsgang $F_y$ und Phasengang $\varphi_y$ der Reihenschaltung.

Dann folgen die Dimensionierungsschritte, die auf den Seiten T 27...T 29 am linken Rand mit Ziffern (in Kreisen) gekennzeichnet sind; diese Schrittnummern sind in nebenstehendem Bodediagramm (T 30) an den entsprechenden Stellen eingetragen. Als Ergebnisse erhält man an den Schrittnummern:

2 $\varphi_R(\omega_D) = \varphi_R(\omega_\pi) = -90° + \text{Arctan}\,[(10/\omega_D)\cdot\omega_D] \approx -6°$
3 $\varphi_\delta = -180° + 40° + 6° = -134°$
4 $\omega_{D\delta} = 3{,}4\sec^{-1}$
5 Nach Vorgabe $T_n = 10/\omega_D \to 1/T_{n\delta} = 0{,}34\sec^{-1} \to T_{n\delta} = 2{,}94$ sec
8 $K_{PR\delta}$ in dB = 16,5 $\to K_{PR\delta} = 6{,}68 \to K_{IR\delta} = 2{,}23\sec^{-1}$
11 $\varphi_\varepsilon = -180° + 6° = -174°$
12 $\omega_{\pi\varepsilon} = 4{,}8\sec^{-1}$
13 Nach Vorgabe $T_n = 10/\omega_\pi \to 1/T_{n\varepsilon} = \omega_{\pi\varepsilon}/10 = 0{,}48\sec^{-1}$
    $\to T_{n\varepsilon} = 2{,}08$ sec
14 $m_F = 0$
16 $K_{PR\varepsilon}$ in dB = 9 $\to K_{PR\varepsilon} = 2{,}82 \to K_{IR\varepsilon} = 1{,}32\sec^{-1}$
18 $\omega_{D\varepsilon} = 1{,}2\sec^{-1}$
21 $K_{PR\varepsilon} < K_{PR\delta} \to K_{PR} = 2{,}82$.

Der gesuchte PI-Regler besitzt damit die Kenndaten:
$K_{PR} = 2{,}82$; $T_n = 2{,}08$ sec.

Die Einschwinggeschwindigkeit des damit entstehenden Regelkreises wird durch $\omega_D = 1{,}2\sec^{-1}$ charakterisiert.

Die Dimensionierung des **P-Glieds** verläuft in ähnlicher Weise wie eines PI-Regelglieds:

Als Ergebnisse erhält man an den Schrittnummern:

| | |
|---|---|
| 3 $\varphi_\delta = -180° + 40° = -140°$ | 11 $\varphi_\varepsilon = -180°$ |
| 4 $\omega_{D\delta} = 3{,}4\sec^{-1}$ | 12 $\omega_{\pi\varepsilon} = 5\sec^{-1}$ |
| 8 $K_{PR\delta}$ in dB = -16,5 $\to K_{PR\delta} = 6{,}7$ | 16 $K_{PR\varepsilon}$ in dB = -10 $\to K_{PR\varepsilon} = 3{,}16$ |

Fortsetzung siehe T 33

# Regelungstechnik
## Beispiele

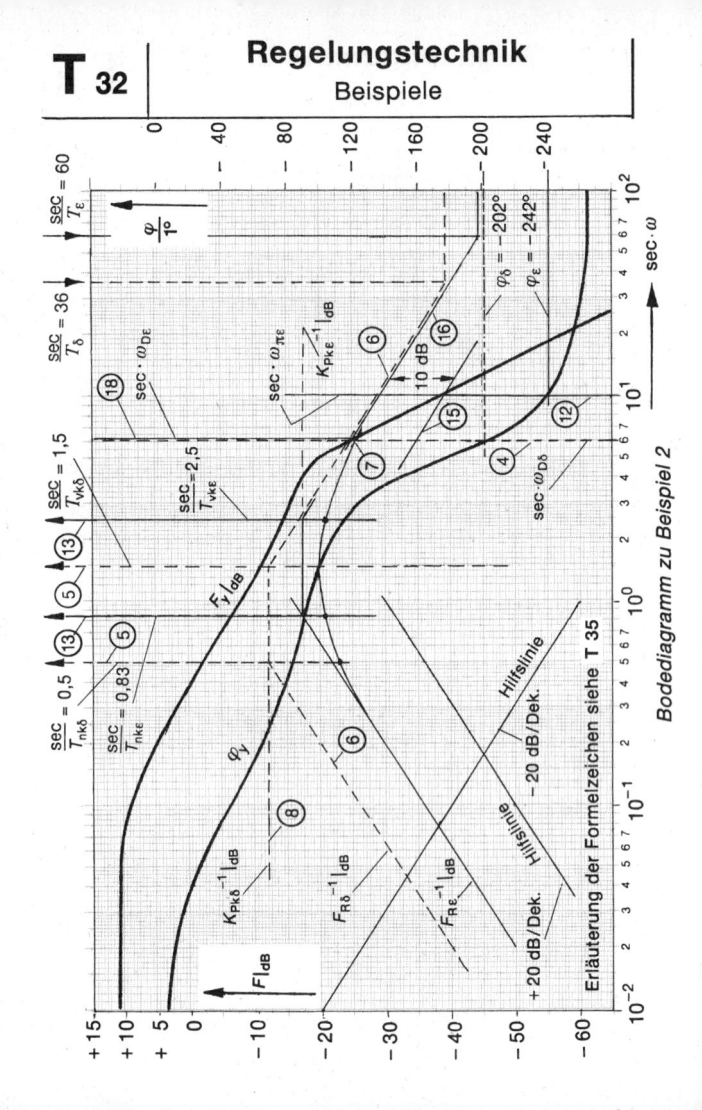

**T 32**

*Bodediagramm zu Beispiel 2*

# Regelungstechnik
## Beispiele

**T 33**

18 $\omega_{D\epsilon} = 1{,}3 \text{ sec}^{-1}$

21 $K_{PR\epsilon} < K_{PR\delta} \to K_{PR} = 3{,}16$;
$V_o = K_{PR} \cdot K_{Py} = 3{,}16 \cdot 4 = 12{,}6 \to R_F(0) = 1/(1+V_o) = 7{,}3\%$.
Die Schritte 1, 2, 5, 6, 9, 13, 14 und 17 entfallen. Die Schritte 7 und 15 werden nur im Bodediagramm ausgeführt.

Bemerkung: Der Regelfaktor $R_F(0)$ ist der Faktor, mit dem zwischen Ausgang des Regelglieds und Meßort angreifende Störgrößen verringert werden. Sie werden im Regelkreis mit P-Regelglied nicht – wie im Regelkreis mit PI-Regelglied – voll ausgeregelt.

**Beispiel 2: Dimensionierung eines (PID)-T$_1$-Regelglieds**

Aufgabe: Für einen Regelkreis mit der im Beispiel 1 beschriebenen Reihenschaltung aus Regelstrecke und Meßeinrichtung soll ein (PID)-T$_1$-Regelglied mit den Vorgaben

$1/T_{nk\delta} = \omega_{D\delta}/12$    $1/T_{vk\delta} = \omega_{D\delta}/4$    $1/T_\delta = 6\,\omega_{D\delta}$
$1/T_{nk\epsilon} = \omega_{\pi\epsilon}/12$    $1/T_{vk\epsilon} = \omega_{\pi\epsilon}/4$    $1/T_\epsilon = 6\,\omega_{\pi\epsilon}$

dimensioniert werden, Phasen- und Betragsreserve sollen dieselben Werte wie in Beispiel 1 haben.

Lösung: Betrags- und Phasengang werden von Beispiel 1 übernommen. Dann folgen die Dimensionierungsschritte, die auf Seiten T 27 ... T 29 am linken Rand mit Ziffern (in Kreisen) gekennzeichnet sind; die Schrittnummern sind in nebenstehendem Bodediagramm (T 32) an den entsprechenden Stellen eingetragen. Als Ergebnisse erhält man an den Schrittnummern:

2 $\varphi_{R\delta} = -90° + \text{Arctan}(12\,\omega_D/\omega_D) + \text{Arctan}(4\,\omega_D/\omega_D) - \text{Arctan}[(1/6) \cdot (\omega_D/\omega_D)] = 62°$

3 $\varphi_\delta = -180° + \delta - \varphi_R = -180° + 40° - 62° = -202°$

4 $\omega_{D\delta} = 6{,}0 \text{ sec}^{-1}$

5 $1/T_{nk\delta} = \omega_{D\delta}/12 = 6/(12 \text{ sec}) = 0{,}5 \text{ sec}^{-1}$; $T_{nk\delta} = 2 \text{ sec}$;
$1/T_{vk\delta} = \omega_D/4 = 6/(4 \text{ sec}) = 1{,}5 \text{ sec}^{-1}$; $T_{vk\delta} = 0{,}67 \text{ sec}$;
$1/T_\delta = 6\,\omega_D = 36 \text{ sec}^{-1} \to T_\delta = 28 \text{ msec}$

8 $K_{PkR\delta}$ in dB = 12 → $K_{PkR\delta} = 4$

9 $K_{PR\delta} = (4/2) \cdot 2{,}67 = 5{,}34$
$T_{n\delta} = (2 + 0{,}67) \text{ sec} = 2{,}67 \text{ sec}$; $T_{v\delta} = 2 \cdot 0{,}67 \text{ sec}/2{,}67 = 0{,}5 \text{ sec}$

11 $\varphi_\epsilon = -180° - \varphi_{R1} = -242°$

12 $\omega_{\pi\epsilon} = 10 \text{ sec}^{-1}$

13 $1/T_{nk\epsilon} = \omega_{\pi\epsilon}/12 = 10/12 \text{ sec}^{-1} = 0{,}83 \text{ sec}^{-1}$; $T_{nk\epsilon} = 1{,}2 \text{ sec}$.
$1/T_{vk\epsilon} = \omega_{\pi\epsilon}/4 = 10/4 \text{ sec}^{-1} = 2{,}5 \text{ sec}^{-1}$; $T_{vk\epsilon} = 0{,}4 \text{ sec}$;
$1/T_\epsilon = 6\,\omega_{\pi\epsilon} = 60 \text{ sec}^{-1}$; $T_\epsilon = 17 \text{ msec}$

14 $m_F = -20 \text{ dB/Dek}$.

16 $K_{PkR\epsilon}$ in dB = 17 → $K_{PkR\epsilon} = 7{,}1$

17 $K_{PR\epsilon} = 7{,}1/1{,}2 \cdot (1{,}2 + 0{,}4) = 9{,}47$; $T_{n\epsilon} = (1{,}2 + 0{,}4) \text{ sec} = 1{,}6 \text{ sec}$;
$T_{v\epsilon} = 1{,}2 \cdot 0{,}4/(1{,}2 + 0{,}4) \text{ sec} = 0{,}3 \text{ sec}$.

18 $\omega_{D\epsilon} = 6{,}2 \text{ sec}^{-1}$

21 $K_{PR\delta} < K_{PR\epsilon} \to K_{PR} = 5{,}34$      Fortsetzung siehe T 34

# Regelungstechnik

## Einstellregeln

**T 34**

Fortsetzung von T 33

Das gesuchte (PID)-$T_1$-Regelglied besitzt damit die Kenndaten:
$K_{PR}$ = 5,34; $T_n$ = 2,67 sec; $T_v$ = 0,5 sec.

Die Einschwinggeschwindigkeit des damit entstehenden Regelkreises wird durch $\omega_D$ = 6,0 sec$^{-1}$ charakterisiert.

## Bewährte Einstellregeln für P-, PI- und PID-Regelglieder

Von *Ziegler* und *Nichols* werden für Regelstrecken, die ein Verzögerungsglied 1. Ordnung und ein Totzeitglied enthalten – also Regelstrecken ohne I-Anteile oder I-Faktoren – folgende Kenndaten für obige Regelglieder empfohlen:

$K_{Py}$, $T_y$ und $T_{ty}$ der Strecke sind bekannt:

*Tabelle C*

| Regler | $K_{PR}$ | $T_n$ | $T_v$ |
|---|---|---|---|
| P | $\dfrac{T_y}{K_{Py} \cdot T_{ty}}$ | | |
| PI | $0{,}9 \dfrac{T_y}{K_{Py} \cdot T_{ty}}$ | $3{,}3\, T_{ty}$ | |
| PID | $1{,}2 \dfrac{T_y}{K_{Py} \cdot T_{ty}}$ | $2\, T_{ty}$ | $0{,}5\, T_{ty}$ |

Kenndaten der Strecke sind <u>nicht</u> bekannt:

*Tabelle D*

| Regler | $K_{PR}$ | $T_n$ | $T_v$ |
|---|---|---|---|
| P | $0{,}5\, K_{PR\,krit}$[*] | | |
| PI | $0{,}45\, K_{PR\,krit}$[*] | $0{,}83\, T_{krit}$[**] | |
| PID | $0{,}6\, K_{PR\,krit}$[*] | $0{,}5\, T_{krit}$[**] | $0{,}125\, T_{krit}$[**] |

[*] $K_{PR\,krit}$: $K_{PR}$-Wert, bei dem im Regelkreis Dauerschwingungen auftreten.

[**] $T_{krit}$: Schwingungsperiodendauer, wenn Dauerschwingungen bei $K_{PR\,krit}$ auftreten.

# Regelungstechnik

## Abkürzungen und Formelzeichen

**T 35**

### Übertragungsgliedtypen

| | |
|---|---|
| D-Glied: Differenzierglied | PI-Glied: Proportional-Integrierglied |
| D-$T_1$: Differenzierglied mit Verzögg. 1. Ordn. | PID-Glied: Proport.-Integr.-Diff.glied |
| D-$T_2$: Differenzierglied mit Verzögg. 2. Ordn. | P-$T_1$-Glied: Verzögerungsglied 1. Ordn. |
| I-Glied: Integrierglied | P-$T_2$-Glied: Verzögerungsglied 2. Ordn. |
| I-$T_1$-Glied: Integrierglied mit Verzögg. 1. Ordn. | (PD)-$T_1$: Vorhalteglied mit Verzögg. 1. Ordn. |
| P-Glied: Proportionalglied | (PID)-$T_1$ PID-Glied mit Verzögg. 1. Ordn. |
| PD-Glied: Proportional-Differenzierglied | $T_t$-Glied: Totzeitglied |

### Formelzeichen für die Dimensionierung von Regelgliedern

$e$ : Regeldifferenz
$m_F$ : Steigung der Betragskurve im Bodediagramm
$r$ : Rückführgröße
$t_{anR}$ : Anregelzeit
$t_{ausR}$ : Ausregelzeit
$u$ : Eingangsgröße
$v$ : Ausgangsgröße
$v_m$ : Überschwingweite der Übergangsfunktion eines Übertragungsgliedes
$w$ : Führungsgröße
$w^*$ : Zielgröße
$x$ : Regelgröße
$x_A$ : Aufgabengröße
$x_m$ : Überschwingweite der Regelgröße
$y$ : Stellgröße
$z$ : Störgröße
$F(j\omega)$ : Frequenzgang
$F(s)$ : Übertragungsfunktion
$F(\omega)$ : Betragsgang
$F_o(j\omega)$ : Frequenzgang des aufgeschnittenen Regelkreises
$F_o(s)$ : Übertragungsfunktion des aufgeschnitt. Regelkreises
$F_o(\omega)$ : Betragsgang des aufgeschnittenen Regelkreises
$F_R(\omega)$ : Betragsgang des Regelglieds
$F_y(\omega)$ : Betragsgang der Reihenschaltung Regelstrecke – Meßeinrichtung
$K_D$ : Differenzierbeiwert
$K_I$ : Integrierbeiwert
$K_P$ : Proportionalbeiwert
$R_F(0)$ : Regelfaktor
$K_{P_k}(\omega)$ : Proportionalbeiwert in der Reihenschaltungsdarstellung des PID-Gliedes mit $T_n > 4 T_v$
$K_{IR}(\omega)$ : Integrierbeiwert des Regelglieds
$K_{PR}$ : Proportionalbeiwert des Regelglieds
$T$ : Verzögerungszeit
$T_g$ : Ausgleichszeit
$T_h$ : Halbwertszeit
$T_n$ : Nachstellzeit
$T_u$ : Verzugszeit
$T_v$ : Vorhaltezeit
$T_{nk}$, ($T_{vk}$): Nachstellzeit (Vorhaltezeit) in der Reihenschaltungsdarstellung des PID-Glieds mit $T_n > 4 T_v$
$T_{nk\delta}$ ($T_{vk\delta}$): Nachstellzeit (Vorhaltezeit) in der Reihenschaltungsdarstellung des nach der Phasenvorgabe dimensionierten PID-Glieds mit $T_n > 4 T_v$
$T_{nk\varepsilon}$ ($T_{vk\varepsilon}$): Nachstellzeit (Vorhaltezeit) in der Reihenschaltungsdarstellung des nach der Betragsreservevorgabe dimensionierten PID-Glieds mit $T_n > 4 T_v$
$\varepsilon$ : Betragsreserve
$\delta$ : Phasenreserve
$\varphi_\delta$ : Phasenwinkel der Reihenschaltung Regelstrecke – Meßeinrichtung bei der Durchtrittskreisfrequenz $\omega_D$ und Einhalten der Phasenreserve $\delta$
$\varphi_\varepsilon$ : Phasenwinkel der Reihenschaltung Regelstrecke – Meßeinrichtung bei der Phasenschnittkreisfrequenz $\omega_\pi$
$\varphi(\omega)$ : Phasengang
$\varphi_o(\omega)$ : Phasengang des aufgeschnittenen Regelkreises
$\varphi_R(\omega)$ : Phasengang des Regelgliedes
$\varphi_y(\omega)$ : Phasengang der Reihenschaltung Regelstrecke – Meßeinrichtung
$\vartheta$ : Dämpfungsgrad
$\omega$ : Kreisfrequenz
$\omega_0$ : Kennkreisfrequenz
$\omega_d$ : Eigenkreisfrequenz
$\omega_D$ : Durchtrittskreisfrequenz
$\omega_E$ : Eckkreisfrequenz
$\omega_{D\delta}$ : Durchtrittskreisfrequenz bei Verwirklichung der Phasenreservebedingung
$\omega_{D\varepsilon}$ : Durchtrittskreisfrequenz bei Verwirklichung der Betragsreservebedingung
$\omega_\pi$ : Phasenschnittkreisfrequenz
$\omega_{\pi\varepsilon}$ : Phasenschnittkreisfrequenz bei Einhalten der Betragsreserve $\varepsilon$.

# Chemie
## Elemente

**U 1**

| Element | Symbol | Atomare Masse in u | Element | Symbol | Atomare Masse in u |
|---|---|---|---|---|---|
| Aluminium | Al | 26,9815 | Neodym | Nd | 144,240 |
| Antimon | Sb | 121,75 | Neon | Ne | 20,183 |
| Argon | Ar | 39,948 | Nickel | Ni | 58,71 |
| Arsen | As | 74,9216 | Niob | Nb | 92,906 |
| Astat | At | 210 | Osmium | Os | 190,2 |
| Barium | Ba | 137,34 | Palladium | Pd | 106,4 |
| Beryllium | Be | 9,0122 | Phosphor | P | 30,9738 |
| Blei | Pb | 207,19 | Platin | Pt | 195,09 |
| Bor | B | 10,811 | Plutonium | Pu | 242 |
| Brom | Br | 79,909 | Praseodym | Pr | 140,907 |
| Cadmium | Cd | 112,40 | Quecksilber | Hg | 200,59 |
| Calcium | Ca | 40,08 | Radium | Ra | 226,04 |
| Californium | Cf | 251 | Rhenium | Re | 186,2 |
| Cäsium | Cs | 132,905 | Rhodium | Rh | 102,905 |
| Cer | Ce | 140,12 | Rubidium | Rb | 85,47 |
| Chlor | Cl | 35,453 | Ruthenium | Ru | 101,07 |
| Chrom | Cr | 51,996 | Samarium | Sm | 150,35 |
| Einsteinium | Es | 254 | Sauerstoff | O | 15,9994 |
| Eisen | Fe | 55,847 | Scandium | Sc | 44,956 |
| Erbium | Er | 167,26 | Schwefel | S | 32,064 |
| Europium | Eu | 151,96 | Selen | Se | 78,96 |
| Fluor | F | 18,9984 | Silber | Ag | 107,870 |
| Gadolinium | Gd | 157,25 | Silicium | Si | 28,086 |
| Gallium | Ga | 69,72 | Stickstoff | N | 14,0067 |
| Germanium | Ge | 72,59 | Strontium | Sr | 87,62 |
| Gold | Au | 196,967 | Tantal | Ta | 180,948 |
| Helium | He | 4,0026 | Tellur | Te | 127,60 |
| Indium | In | 114,82 | Thallium | Tl | 204,37 |
| Iridium | Ir | 192,2 | Thorium | Th | 232,038 |
| Jod | J | 126,9044 | Thulium | Tm | 168,934 |
| Kalium | K | 39,102 | Titan | Ti | 47,90 |
| Kobalt | Co | 58,9332 | Uran | U | 238,03 |
| Kohlenstoff | C | 12,0112 | Vanadin | V | 50,942 |
| Krypton | Kr | 83,80 | Wasserstoff | H | 1,008 |
| Kupfer | Cu | 63,54 | Wismut | Bi | 208,980 |
| Lanthan | La | 138,91 | Wolfram | W | 183,85 |
| Lutetium | Lu | 174,970 | Xenon | Xe | 131,30 |
| Lithium | Li | 6,939 | Ytterbium | Yb | 173,04 |
| Magnesium | Mg | 24,312 | Yttrium | Y | 88,905 |
| Mangan | Mn | 54,9381 | Zink | Zn | 65,37 |
| Molybdän | Mo | 95,94 | Zinn | Sn | 118,69 |
| Natrium | Na | 22,9898 | Zirkonium | Zr | 91,22 |

u : Atomare Masseneinheit ($1 \text{ u} = 1,66 \cdot 10^{-27}$ kg)

# U 2 — Chemie
## Chemikalien

### Bezeichnung von Chemikalien

| Handels-Benennung | Chemische Benennung | Chemische Formel |
|---|---|---|
| Aceton | Dimethylketon | $(CH_3)_2 \cdot CO$ |
| Äther | Äthyläther | $(C_2H_5)_2O$ |
| Ätzkali | Kaliumhydroxid | $KOH$ |
| Ammoniak | Ammoniak | $NH_3$ |
| Ammoniumhydroxid | Ammoniumhydroxid | $NH_4OH$ |
| Anilin | Amidobenzol | $C_6H_5 \cdot NH_2$ |
| Azetylen | Acetylen | $C_2H_2$ |
| Bauxit | Aluminiumoxid | $Al_2O_3 \cdot 2H_2O$ |
| Bittersalz | Magnesiumsulfat | $MgSO_4 \cdot H_2O$ |
| Blausäure | Cyanwasserstoffsäure | $HCN$ |
| Bleiglätte | Blei (II)-oxid | $PbO$ |
| Bleiglanz | Bleisulfid | $PbS$ |
| Blei(II)-nitrat | Blei(II)-nitrat | $Pb(NO_3)_2$ |
| Bleiweiß | basisches Bleicarbonat | $2PbCO_3 \cdot Pb(OH)_2$ |
| Blutlaugensalz, gelb | Kaliumhexacyanoferrat II | $K_4[Fe(CN)_6]$ |
| Blutlaugensalz, rot | Kaliumhexacyanoferrat III | $K_3[Fe(CN)_6]$ |
| Borax | Natriumtetraborat | $Na_2B_4O_7 \cdot 10H_2O$ |
| Braunstein | Mangandioxid | $MnO_2$ |
| Bromkali | Kaliumbromid | $KBr$ |
| Bromsilber | Silberbromid | $AgBr$ |
| Cadmiumsulfat | Cadmiumsulfat | $CdSO_4$ |
| Carbid [Wortmarke] | Calciumcarbid | $CaC_2$ |
| Carborund [Wortmarke] | Siliciumcarbid | $SiC$ |
| Chlorkalk | Calcium-chlorid-hypochlorit | $CaOCl_2$ |
| Chlorkalzium | Calciumchlorid | $CaCl_2$ |
| Chlors. Kalium | Kaliumchlorat | $KClO_3$ |
| Chromkali, gelb | Kaliumchromat | $K_2CrO_4$ |
| Chromkali, rot | Kaliumdichromat | $K_2Cr_2O_7$ |
| Cyankali | Kaliumcyanid | $KCN$ |
| Eisenchlorür | Eisen(II)chlorid | $FeCl_2 \cdot 4H_2O$ |
| Eisenvitriol | Eisen(II)sulfat | $FeSO_4 \cdot 7H_2O$ |
| Fixiersalz | Natriumthiosulfat | $Na_2S_2O_3 \cdot 5H_2O$ |
| Flußsäure | Fluorwasserstoffsäure | $HF$ |
| Gips | Calciumsulfat | $CaSO_4 \cdot 2H_2O$ |
| Glaubersalz | Natriumsulfat | $Na_2SO_4 \cdot 10H_2O$ |
| Glycerin | Trihydroxypropan | $C_3H_5(OH)_3$ |
| Glykol | Äthylenglykol | $CH_2OH-CH_2OH$ |
| Grafit | kristalliner Kohlenstoff | $C$ |
| Harnstoff | Carbamid | $CO(NH_2)_2$ |
| Heizgas | Propan | $C_3H_8$ |

Fortsetzung siehe U 3.

# Chemie
## Chemikalien

**U 3**

Fortsetzung von U 2

| Handels-Benennung | Chemische Benennung | Chemische Formel |
|---|---|---|
| Höllenstein | Silbernitrat | $AgNO_3$ |
| Jodkalium | Kaliumjodid | $KJ$ |
| Kaliumchlorid | Kaliumchlorid | $KCl$ |
| Kalk, gebrannt | Calciumoxid | $CaO$ |
| Kalk, gelöscht | Calciumhydroxid | $Ca(OH)_2$ |
| Kalksalpeter | Calciumnitrat | $Ca(NO_3)_2$ |
| Kalkstein, Kreide | Calciumcarbonat | $CaCO_3$ |
| Karbolsäure | Phenol | $C_6H_5OH$ |
| Kohlensäure | Kohlensäure | $H_2CO_3$ |
| Kochsalz | Natriumchlorid | $NaCl$ |
| Kupfervitriol | Kupfersulfat | $CuSO_4 \cdot 5 H_2O$ |
| Lachgas | Distickstoffoxid | $N_2O$ |
| Magnesia | Magnesiumoxid | $MgO$ |
| Mennige | Bleioxid | $Pb_3O_4$ |
| Methanol | Methylalkohol | $CH_3OH$ |
| Natriumoxid | Natriumoxid | $Na_2O$ |
| Natronlauge | Natriumhydroxid | $NaOH$ |
| Per | Tetrachloräthylen | $C_2Cl_4$ |
| Phosphorsäure | Ortophosphorsäure | $H_3PO_4$ |
| Pottasche | Kaliumcarbonat | $K_2CO_3$ |
| Ruß | Kohlenstoff | $C$ |
| Salmiak | Ammoniumchlorid | $NH_4Cl$ |
| Salmiakgeist | wässrige Ammoniaklösung | $NH_3^+$ |
| Salpetersäure | Salpetersäure | $HNO_3$ |
| Salzsäure | Chlorwasserstoffsäure | $HCl$ |
| Scheidewasser | Salpetersäure | $HNO_3$ |
| Schwefeleisen | Eisen(II)sulfid | $FeS$ |
| Schwefelsäure | Schwefelsäure | $H_2SO_4$ |
| Schwefelwasserstoff | Schwefelwasserstoff | $H_2S$ |
| Soda | Natriumcarbonat | $Na_2CO_3 \cdot 10 H_2O$ |
| Spiritus | Äthylalkohol | $C_2H_5OH$ |
| Tri | Trichloräthylen | $C_2HCl_3$ |
| Wasser | Wasser | $H_2O$ |
| Zinkblende | Zinksulfid | $ZnS$ |
| Zinkbutter | Zinkchlorid | $ZnCl_2 \cdot 3 H_2O$ |
| Zinkvitriol | Zinksulfat | $ZnSO_4 \cdot 7 H_2O$ |
| Zinkweiß | Zinkoxid | $ZnO$ |
| Zinnober | Quecksilber(II)sulfid | $HgS$ |
| Zinnsalz | Zinn(II)chlorid | $SnCl_2 \cdot 2H_2O$ |
| Zinnstein, Zinnasche | Zinndioxid | $SnO_2$ |

# Chemie
## $pH$-Wert

### $pH$-Wert

Der negative Zehner-Logarithmus der Wasserstoff-Ionen-Konzentration $c_{H^+}$ ergibt den $pH$-Wert:

$$pH\text{-Wert} = -\lg c_{H^+}$$ u1

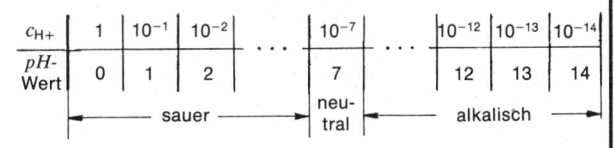

| $c_{H^+}$ | 1 | $10^{-1}$ | $10^{-2}$ | ... | $10^{-7}$ | ... | $10^{-12}$ | $10^{-13}$ | $10^{-14}$ |
|---|---|---|---|---|---|---|---|---|---|
| $pH$-Wert | 0 | 1 | 2 | | 7 | | 12 | 13 | 14 |
| | sauer | | | | neutral | | alkalisch | | |

### Säure-Base-Indikatoren

| Indikator | Umschlaggebiet $pH$ | Farbänderung |
|---|---|---|
| Thymolblau | 1,2...2,8 | rot – gelb |
| 4-Dimethylaminoazobenzol | 2,9...4,0 | rot – gelborange |
| Bromphenolblau | 3,0...4,6 | gelb – rotviolett |
| Kongorot | 3,0...5,2 | blauviolett – rotorange |
| Methylorange | 3,1...4,4 | rot – gelborange |
| Bromkresolgrün | 3,8...5,4 | gelb – blau |
| Methylrot | 4,4...6,2 | rot – orangegelb |
| Lackmus | 5,0...8,0 | rot – blau |
| Bromkresolpurpur | 5,2...6,8 | gelb – purpur |
| Bromphenolrot | 5,2...6,8 | orangegelb – purpur |
| Bromthymolblau | 6,0...7,6 | gelb – blau |
| Phenolrot | 6,4...8,2 | gelb – rot |
| Neutralrot | 6,4...8,0 | bläulichrot – orangegelb |
| Kresolrot | 7,0...8,8 | gelb – purpur |
| m-Kresolpurpur | 7,4...9,0 | gelb – purpur |
| Thymolblau | 8,0...9,6 | gelb – blau |
| Phenolphthaleïn | 8,2...9,8 | farblos – rotviolett |
| Alizaringelb GG | 10...12,1 | hellgelb – bräunlichgelb |

# Chemie
## Reagenzien, Chemikalien, Kältemischungen — U 5

### Reagenzien

|      | Stoff | Reagens | Färbung |
|------|-------|---------|---------|
| u 2  | Säuren | blaues Lackmuspapier | rot |
| u 3  |        | rotes Phenolphthaleïn | farblos |
| u 4  |        | gelbes Methylorange | rot |
| u 5  | Basen  | rotes Lackmuspapier | blau |
| u 6  |        | farbloses Phenolphthaleïn | rot |
| u 7  |        | rotes Methylorange | gelb |
| u 8  | Ozon | Jodkaliumstärkepapier | blau-schwarz |
| u 9  | $H_2S$ | Bleipapier | braun-schwarz |
| u 10 | Salmiakgeist | Salzsäure | Nebelbildung |
| u 11 | Kohlensäure | Calciumhydroxid | Niederschlag |

### Herstellung von Chemikalien

|      | Herstellung von | nach der Gleichung |
|------|-----------------|--------------------|
| u 12 | Ammoniak | $CO(NH_2)_2 + H_2O \rightarrow 2\,NH_3 + CO_2$ |
| u 13 | Bleisulfid | $Pb(NO_3)_2 + H_2S \rightarrow PbS + 2\,HNO_3$ |
| u 14 | Cadmiumsulfid | $CdSO_4 + H_2S \rightarrow CdS + H_2SO_4$ |
| u 15 | Chlor | $CaOCl_2 + 2\,HCl \rightarrow Cl_2 + CaCl_2 + H_2O$ |
| u 16 | Kohlensäure | $CaCO_3 + 2\,HCl \rightarrow H_2CO_3 + CaCl_2$ |
| u 17 | Natronlauge | $Na_2O + H_2O \rightarrow 2\,NaOH$ |
| u 18 | Salmiak | $NH_4OH + HCl \rightarrow NH_4Cl + H_2O$ |
| u 19 | Salmiakgeist | $NH_3 + H_2O \rightarrow NH_4OH$ |
| u 20 | Sauerstoff | $2\,KClO_3 \xrightarrow{erh} 3\,O_2 + 2\,KCl$ |
| u 21 | Schwefelwasserstoff | $FeS + 2\,HCl \rightarrow H_2S + FeCl_2$ |
| u 22 | Wasserstoff | $H_2SO_4 + Zn \rightarrow H_2 + ZnSO_4$ |
| u 23 | Zinksulfid | $ZnSO_4 + H_2S \rightarrow ZnS + H_2SO_4$ |

### Herstellung von Kältemischungen

|      | Senken der Temperatur von °C | auf °C | Kältemischung (Die Zahlen bedeuten Gewichts-Teile) |
|------|------|------|--------------------------------------|
| u 24 | +10  | −12  | $4\,H_2O + 1\,KCl$ |
| u 25 | +10  | −15  | $1\,H_2O + 1\,NH_4NO_3$ |
| u 26 | + 8  | −24  | $1\,H_2O + 1\,NaNO_3 + 1\,NH_4Cl$ |
| u 27 | 0    | −21  | 3,0 Eis gemahlen $+ 1\,NaCl$ |
| u 28 | 0    | −39  | 1,2 Eis gemahlen $+ 2\,CaCl_2 \cdot 6\,H_2O$ |
| u 29 | 0    | −55  | 1,4 Eis gemahlen $+ 2\,CaCl_2 \cdot 6\,H_2O$ |
| u 30 | +15  | −78  | 1 Methanol + 1 feste Kohlensäure |

# U 6 — Chemie
## Luft-Feuchtigkeit u. -Trocknung, Wasserhärte

### Herstellung einer konstanten Luftfeuchtigkeit in geschlossenen Gefäßen

| Relative Luftfeuchtigkeit über der Lösung (%) 20° C | Gesättigte wäßrige Lösung mit viel Bodenkörpern | |
|---|---|---|
| 92 | $Na_2CO_3 \cdot 10H_2O$ | u 31 |
| 86 | $KCl$ | u 32 |
| 80 | $(NH_4)_2SO_4$ | u 33 |
| 76 | $NaCl$ | u 34 |
| 63 | $NH_4NO_3$ | u 35 |
| 55 | $Ca(NO_3)_2 \cdot 4H_2O$ | u 36 |
| 45 | $K_2CO_3 \cdot 2H_2O$ | u 37 |
| 35 | $CaCl_2 \cdot 6H_2O$ | u 38 |

### Trocknungsmittel für Exsikkator

| Wasserrückstand nach Trocknung bei 25°C, g/m³ Luft | Trocknungsmittel Benennung | Formel | |
|---|---|---|---|
| 1,4 | Kupfer(II)sulfat, wasserfrei | $CuSO_4$ | u 39 |
| 0,8 | Zinkchlorid, geschmolzen | $ZnCl_2$ | u 40 |
| 0,14…0,25 | Calciumchlorid, granuliert | $CaCl_2$ | u 41 |
| 0,16 | Natriumhydroxid | $NaOH$ | u 42 |
| 0,008 | Magnesiumoxid | $MgO$ | u 43 |
| 0,005 | Calciumsulfat, wasserfrei | $CaSO_4$ | u 44 |
| 0,003 | Aluminiumoxid | $Al_2O_3$ | u 45 |
| 0,002 | Kaliumhydroxid | $KOH$ | u 46 |
| 0,001 | Kieselgel | $(SiO_2)_x$ | u 47 |
| 0,000025 | Phosphorpentoxid | $P_2O_5$ | u 48 |

### Wasserhärte

$$1° \text{ deutsche Härte} \triangleq 1°d \triangleq \frac{10 \text{ mg CaO}}{1 \text{ l Wasser}} \triangleq \frac{7{,}19 \text{ mg MgO}}{1 \text{ l Wasser}}$$  u 49

$1°d = 1{,}25°$ englische Härte $= 1{,}78°$ französische Härte  u 50
$= 17{,}8°$ amerikanische Härte (1,00 ppm $CaCO_3$)  u 51

#### Härteeinteilung

| | | | | |
|---|---|---|---|---|
| 0…4°d | sehr weich | 12…18°d | ziemlich hart | u 52 |
| 4…8°d | weich | 18…30°d | hart | u 53 |
| 8…12°d | mittelhart | über 30°d | sehr hart | u 54 |

### Mischungsregel für Flüssigkeiten (Mischungskreuz)

$\dfrac{a}{\dfrac{c}{b}}$ Gehalt der $\dfrac{\text{Ausgangs-}}{\text{gemischten Zusatz-}^{x)}}$ Flüssigkeit in Gewichts-%

$$a \searrow \phantom{c} \nearrow x = |b - c|$$
$$\phantom{a} c \phantom{x}$$
$$b \nearrow \phantom{c} \searrow y = |c - a|$$

u 55
u 56

x) für Wasser ist b = 0.

Beispiel: a = 54%; b = 92%; c soll 62% werden. Es sind also 30 Gewichtsteile von a mit 8 von b zu mischen.

# Strahlungsphysik

## im optischen Bereich und Lichttechnik | V 1

## Allgemeines

Jeder lichttechnischen Größe entspricht eine strahlungsphysikalische Größe, für die untereinander jeweils dieselben Zusammenhänge gelten. Unterscheidung durch Index $v$ (visuell) und Index $e$ (energetisch).

| | Lichttechnik | | | Strahlungsphysik | | |
|---|---|---|---|---|---|---|
| | Größe | Formelzeichen | gesetzliche Einheit | Größe | Formelzeichen | gesetzliche Einheit |
| v 1 | Lichtstärke | $I_v$ | Candela cd | Strahlstärke | $I_e$ | $\dfrac{W}{sr}$ |
| v 2 | Lichtstrom | $\Phi_v = \Omega \cdot I_v$ | Lumen lm = cd sr | Strahlungsleistung | $\Phi_e = \Omega \cdot I_e$ | W = J/s |
| v 3 | Lichtmenge | $Q_v = \Phi_v \cdot t$ | Lumensekunde lm s, auch lm h | Strahlungsenergie, Strahlungsmenge | $Q_e = \Phi_e \cdot t$ | J = W s |
| v 4 | Leuchtdichte | $L_v = \dfrac{I_v}{A_1 \cdot \cos \varepsilon_1}$ | $\dfrac{cd}{m^2}$ | Strahldichte | $L_e = \dfrac{I_e}{A_1 \cdot \cos \varepsilon_1}$ | $\dfrac{W}{sr\, m^2}$ |
| v 5 | Beleuchtungsstärke | $E_v = \dfrac{\Phi_v}{A_2}$ | Lux lx = $\dfrac{lm}{m^2}$ | Bestrahlungsstärke | $E_e = \dfrac{\Phi_e}{A_2}$ | $\dfrac{W}{m^2}$ |
| v 6 | Belichtung | $H_v = E_v \cdot t$ | lx s | Bestrahlung | $H_e = E_e \cdot t$ | $\dfrac{W\,s}{m^2}$ |

**Definition der Basiseinheit „Candela" (cd)**
1 cd gibt ein schwarzer Strahler mit 1/600 000 m² (= 1⅔ mm²) Oberfläche bei der Temperatur $T = 2042$ K ab.

**Photometrisches Strahlungsäquivalent $K_m$ bei $\lambda = 555$ nm**

v 7
$$K_m = 680 \frac{lm}{W} = 680 \frac{cd\, sr}{W} = 680 \frac{lx\, m^2}{W}$$

**Lichtstrom-Aufwand für Beleuchtung** (Werte siehe Z 25)
Eine Fläche $A_2$, ausgeleuchtet mit Beleuchtungsstärke $E_v$, erfordert eine Summe der Lichtströme $\Sigma \Phi_v$ aller in der Beleuchtungsanlage installierten Lampen.

v 8
$$\Sigma \Phi_v = \frac{A_2 \cdot E_v}{\eta}$$

Erläuterung der Formelzeichen siehe V 2

# Strahlungsphysik
## Entfernungsgesetz, Lichtbrechung | V 2

### Lichttechnisches Entfernungsgesetz

Die Beleuchtungsstärke $E_v$ einer Fläche $A$ ist dem Quadrat ihres Abstandes $r$ von der Lichtquelle umgekehrt proportional:

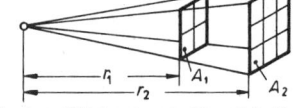

v 9
$$\frac{E_{v1}}{E_{v2}} = \frac{r_2^2}{r_1^2} = \frac{A_2}{A_1}$$

Bei gleicher Beleuchtungsstärke $E_v$ einer Fläche $A$ verhalten sich die Lichtstärken $I_v$ zweier Lichtquellen wie die Quadrate ihrer Abstände $r$ von der Fläche:

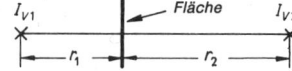

v 10
$$\frac{I_{v1}}{I_{v2}} = \frac{r_1^2}{r_2^2}$$

### Lichtbrechung

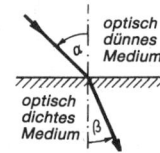

v 11
$$\frac{n_b}{n_a} = \frac{\sin \alpha}{\sin \beta}$$

v 12
$\quad$ = konst. für alle Winkel.

v 13 Wenn $\sin \beta \geqq \frac{n_a}{n_b}$, dann Totalreflexion.

**Brechzahlen** für gelbes Natriumlicht mit $\lambda = 589{,}3$ nm:

| feste Stoffe | | flüssige Stoffe | | gasförmige Stoffe | |
|---|---|---|---|---|---|
| bezogen auf Luft | | | | bezogen auf Luftleere | |
| Plexiglas | 1,49 | Wasser | 1,33 | Wasserstoff | 1,000139 |
| Quarz | 1,54 | Alkohol | 1,36 | Sauerstoff | 1,000271 |
| Kronglas | 1,56 | Glyzerin | 1,47 | Luft | 1,000292 |
| Diamant | 2,41 | Benzol | 1,50 | Stickstoff | 1,000297 |

$A_1$: Fläche, aus der Strahlung austritt
$A_2$: Fläche, in die Strahlung eintritt
$A_1 \cdot \cos \varepsilon_1$: Projektion der leuchtenden Fläche $A_1$ senkrecht zur Ausstrahlungsrichtung
$n_\alpha$, $(n_b)$: Brechzahl des dünneren (dichteren) Stoffes
$\varepsilon_1$ : Winkel zwischen austretendem Lichtstrahl und Lot auf die leuchtende Fläche $A_1$
$\Omega$ : Raumwinkel $\Omega$ ist das Verhältnis des vom Mittelpunkt her durchstrahlten Stückes $A_k$ einer Kugeloberfläche zum Quadrat des Kugelhalbmessers $r_k$:

v 14 $\quad \Omega = A_k / r_k^2$ ; $\quad$ Einheit sr = m²/m².
v 15 $\quad$ Der volle Raumwinkel ist $\Omega = 4 \cdot \pi \cdot$ sr = 12,56 sr
$\eta$ : Beleuchtungs-Wirkungsgrad (siehe Tabelle Z 25)

# Strahlungsphysik
## Wellenlängen, Spiegel

**V 3**

### Wellenlängen (in Luft)

| Strahlenart | | Wellenlänge $\lambda = c/f$ *) |
|---|---|---|
| Röntgenstrahlung | hart | 0,0057 nm... 0,08 nm |
| | weich | 0,08 nm... 2,0 nm |
| | ultraweich | 2,0 nm... 37,5 nm |
| optische Strahlung | UV–C...IR–C | 100 nm... 1 mm |
| Ultraviolettstrahlung | UV–C | 100 nm...280 nm |
| | UV–B | 280 nm...315 nm |
| | UV–A | 315 nm...380 nm |
| sichtbare Strahlung, Licht | violett | 380 nm...420 nm |
| | blau | 420 nm...490 nm |
| | grün | 490 nm...530 nm |
| | gelb | 530 nm...650 nm |
| | rot | 650 nm...780 nm |
| Infrarotstrahlung | IR–A | 780 nm... 1,4 µm |
| | IR–B | 1,4 µm... 3,0 µm |
| | IR–C | 3,0 µm... 1 mm |

### Spiegel

**Ebener Spiegel**

Das virtuelle Bild $B$ ist aufrecht und liegt so weit hinter dem Spiegel, wie der Gegenstand $G$ davor:

$$g = -b$$

**Hohlspiegel**

$$\frac{1}{f} = \frac{1}{g} + \frac{1}{b}$$

Je nach Abstand $g$ des Gegenstandes $G$ ist das Bild $B$ reell oder virtuell.

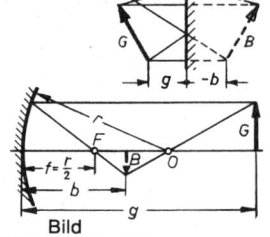

| $g$ | $b$ | Bild |
|---|---|---|
| $\infty$ | $f$ | punktförmig |
| $> 2f$ | $f < b < 2f$ | reell, umgekehrt, kleiner |
| $2f$ | $2f$ | reell, umgekehrt, gleich groß |
| $2f > g > f$ | $> 2f$ | reell, umgekehrt, größer |
| $< f$ | negativ | virtuell, aufrecht, größer |
| $f$ | $\infty$ | kein Bild |

**Wölbspiegel**

Gibt nur virtuelle aufrechte kleinere Bilder $B$.

Wie Hohlspiegel mit $f = -\frac{r}{2}$

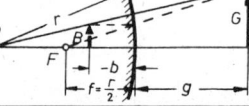

*) $c$ = 299 792 458 m/s (Lichtgeschwindigkt.) | $f$ : Frequenz 1/s
Erläuterung der Formelzeichen für Spiegel siehe V 4

# Strahlungsphysik
## Linsen

**V 4**

### Linsen

**Brechkraft $D$ einer Linse**

v 20 $\quad D = \dfrac{1}{f} \qquad\qquad$ Einheit: 1 dpt = 1 Dioptrie = $\dfrac{1}{m}$

**Linsengleichung** (nur für dünne Linsen)

v 21 $\quad \dfrac{1}{f} = \dfrac{1}{b} + \dfrac{1}{g}$

v 22 $\quad\phantom{\dfrac{1}{f}} = (n-1)\left(\dfrac{1}{r_1} + \dfrac{1}{r_2}\right)$

v 23 $\quad v = \dfrac{B}{G} = \dfrac{b}{g}$

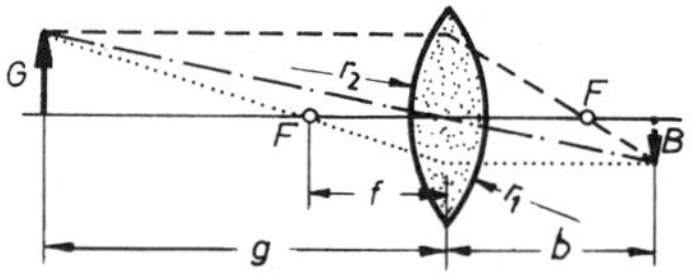

Befinden sich 2 Linsen mit den Brennweiten $f_1$ und $f_2$ unmittelbar hintereinander, dann beträgt die Gesamtbrennweite:

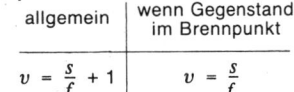

v 24 $$\dfrac{1}{f} = \dfrac{1}{f_1} + \dfrac{1}{f_2}$$

**Lupe**

| allgemein | wenn Gegenstand im Brennpunkt |
|---|---|
| v 25 $\quad v = \dfrac{s}{f} + 1$ | $v = \dfrac{s}{f}$ |

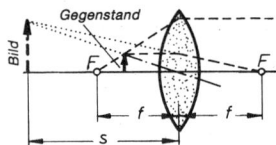

**Mikroskop**
Gesamtvergrößerung:

v 26 $\quad v = \dfrac{t \cdot s}{f_1 \cdot f_2}$

v 27 $\quad\phantom{v} = v_1 \cdot v_2$

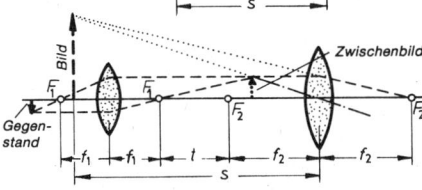

**Makro-Photographie**

v 28 $\quad$ Kamera-Auszug $\quad a = f(v+1)$

v 29 $\quad$ Objektabstand $\quad c = \dfrac{a}{v} = f\left(1 + \dfrac{1}{v}\right)$

---

| | |
|---|---|
| $B$ : Bildgröße | $n$ : Brechzahl (siehe V 2) |
| $F$ : Brennpunkt | $r$ : Krümmungsradius |
| $f$ : Brennweite | $t$ : optische Tubuslänge |
| $G$ : Gegenstandsgröße | $v$ : Vergrößerung |
| $s$ : deutliche Sehweite (= 25 cm für normales Auge) | |

# Strahlungsphysik
## Ionisierende Strahlung

**V 5**

### Ionisierende Strahlung

Ionisierende Strahlung ist eine Strahlung, die aus Teilchen besteht, die ein permanentes Gas unmittelbar (direkt) oder mittelbar (indirekt) durch Stoß zu ionisieren vermögen.

| | Integralgrößen | Einheiten | zeitbezogene Größen | Einheiten |
|---|---|---|---|---|
| v30<br>v31 | Ionendosis (Meßwert)<br>$J = \dfrac{Q}{m}$ | $1\,\dfrac{A\,s}{kg} = 1\,\dfrac{C}{kg}$<br>[ 1 Röntgen =<br>1 R = 258 $\dfrac{\mu C}{kg}$ ] | Ionendosisleistung, -rate<br>$j = \dfrac{J}{t} = \dfrac{I}{m}$ | $1\,\dfrac{A}{kg}$<br>[ $1\,\dfrac{R}{s} = 258\,\dfrac{\mu A}{kg}$<br>$1\,\dfrac{R}{a} = 8{,}2\,\dfrac{pA}{kg}$ ] |
| v32<br>v33 | Energiedosis<br>$D = f \cdot J$<br>$= \dfrac{W}{m}$ | 1 Gray = 1 Gy<br>$= 1\,\dfrac{V\,A\,s}{kg} = 1\,\dfrac{W\,s}{kg}$<br>$= 1\,\dfrac{J}{kg}$<br>[ 1 Rad = 1 rd<br>$= \dfrac{cJ}{kg} = 0{,}01$ Gy<br>$= 6{,}242 \cdot 10^{16}\,\dfrac{eV}{kg}$ ] | Energiedosisleistung, -rate<br>$\dot{D} = \dfrac{D}{t} = \dfrac{P}{m}$ | $1\,\dfrac{Gy}{s} = 1\,\dfrac{W}{kg}$<br>$= 31{,}56 \cdot 10^6\,\dfrac{J}{kg\,a}$<br>[ $1\,\dfrac{rd}{s} = 10\,\dfrac{mW}{kg}$<br>$= 0{,}01\,\dfrac{Gy}{s}$ ] |
| v34<br>v35 | Äquivalentdosis (berechnete Wirkung)<br>$H = D_q = q \cdot D$<br>$= q \cdot f \cdot J$ | 1 Sievert = 1 Sv<br>$= 1\,\dfrac{V\,A\,s}{kg} = 1\,\dfrac{W\,s}{kg}$<br>$= 1\,\dfrac{J}{kg}$<br>[ 100 rem = 1 Sv ] | Äquivalentdosisleistung, -rate<br>$\dot{H} = \dot{D}_q = \dfrac{D_q}{t}$<br>$= q \cdot \dot{D}$ | $1\,\dfrac{W}{kg} = 1\,\dfrac{Gy}{s}$<br>[ $1\,\dfrac{rem}{s} = 10\,\dfrac{mW}{kg}$<br>$1\,\dfrac{rem}{a} = 317\,\dfrac{pW}{kg}$ ] |

**Ionenstrom** $I$: Werden Luftmoleküle durch Strahlung ionisiert und wird eine Spannung angelegt, so fließt der Ionenstrom $I$. (Meßgerät: Ionisierungskammer).

**Ladung** $Q$: Fließt während der Zeit $t$ ein Ionenstrom $I$, ergibt dies die freigesetzte Ladung

v36
$$Q = I \cdot t$$

Einheiten in [ ] entsprechen früheren Einheiten

Fortsetzung siehe V 6

# Strahlungsphysik
## Ionisierende Strahlung
**V 6**

v 37 **Dosis** $J$: Als Dosis $J$ bezeichnet man eine auf die Masse $m$ bezogene Größe, z. B. $J = Q/m$.

**Strahlungsenergie** $W$: $W$ ist die Strahlungsenergie, die zum Ionisieren benötigt wird. Jedes Ionenpaar der Luftmoleküle erfordert die Energie
v 38     $W_L = 33{,}7$ eV.
v 39     (Ladung eines Elektrons: $1\ e = 1{,}602 \cdot 10^{-19}$ As)
v 40     (1 Elektronvolt: $1\ \text{eV} = 1{,}602 \cdot 10^{-19}\ \text{As} \cdot 1\ \text{V} = 1{,}602 \cdot 10^{-19}\ \text{J}$)

**Aktivität** $A$: Die Aktivität $A$ ist der Quotient aus der Anzahl der zerfallenen Atome $N$ und der dazu benötigten Zeit $t$
v 41     $A = -dN/dt = \lambda \cdot N$

Einheiten: Bq (Becquerel) [1 Curie = 1 Ci = $37 \cdot 10^9$ Bq]

1 Bq ist 1 Zerfall eines radioaktiven Atoms in 1 s.

v 42 **Zerfallskonstante** $\lambda$:   $\lambda = \ln 2 / T_{1/2}$

Die Halbwertzeit $T_{1/2}$ gibt an, nach welcher Zeit $t$ die Hälfte des radioaktiven Stoffes zerfallen ist.

Einheiten: $s^{-1}, \min^{-1}, h^{-1}, d^{-1}, a^{-1}$

**Halbwertzeiten** einiger natürlicher und künstlicher Isotope

| Ordnungs-zahl $Z^{1)}$ | Element | relative [2)] Atommasse $A_r$ | Halbwert-zeit $T_{1/2}$ | Ordnungs-zahl $Z^{1)}$ | Element | relative [2)] Atommasse $A_r$ | Halbwert-zeit $T_{1/2}$ |
|---|---|---|---|---|---|---|---|
| 1  | Tritium    | 3   | 12 a              | 55 | Zäsium    | 134 | 2,1 a               |
| 19 | Kalium     | 40  | $1{,}3 \cdot 10^9$ a | 55 | Zäsium    | 137 | 30 a                |
| 19 | Kalium     | 42  | 12,4 h            | 88 | Radium    | 226 | 1600 a              |
| 27 | Kobalt     | 60  | 5,3 a             | 90 | Thorium   | 232 | $14 \cdot 10^9$ a   |
| 38 | Strontium  | 90  | 29 a              | 92 | Uran      | 238 | $4{,}5 \cdot 10^9$ a |
| 53 | Jod        | 131 | 8,0 d             | 94 | Plutonium | 239 | 24 000 a            |

Erläuterung der Formelzeichen
$m$: Masse ist Basisgröße  |  $T_{1/2}$: Halbwertzeit
$N$: Anzahl der radioaktiven Atome

v 43   $q$: Bewertungsfaktor für $\beta$-, $\gamma$- und Röntgenstrahlen   $q = 1$
v 44       für andere Strahlen   $q = 1 \ldots 20$
v 45   $f$: Ionisierungskonstante für Körpergewebe   $f = f_L$
v 46     für Knochen   $f = (1 \ldots 4) f_L$
v 47   $f_L$: Ionisierungskonstante für Luft   $f_L = W_L/e = 33{,}7$ V)

Erläuterung der Einheiten
v 48  A: Ampere | C: Coulomb | J: Joule | a: Jahr (1 Jahr = 1 a = $31{,}56 \cdot 10^6$ s)

**Strahlenbelastung** (Äquivalent-Dosis): Im Jahre 1991 erhielt der Normalbürger der Bundesrepublik Deutschland im Durchschnitt aus

| Art | $H$ in mSv | [mrem] |
|---|---|---|
| natürlicher Strahlung | < 2,4 | 240 |
| medizinischen Gründen | < 0,5 | 50 |
| sonstiger künstlicher Strahlung* | < 0,1 | < 10 |
| *lt. Strahlenschutz-Verordnung zulässig | ≤ 0,3 | ≤ 30 |

[1)] Anzahl der Protonen    [2)] Anzahl der Protonen und Neutronen

# Umwelttechnik
Begriffe und Abkürzungen

**W1**

## Vorbemerkung

Die in dem Kapitel Umwelttechnik zu den Themen Luft, Abwasser, Boden (Abfälle) und Lärmschutz aufgelisteten Tabellen und Daten dienen dazu, dem Leser einen Einblick in das Gebiet der Umwelttechnik, deren Grenz-/Prüfwerte und Gesetzeswerke zu ermöglichen. Die angegebenen Werte gelten zum Zeitpunkt des Erscheinens zwar exakt für Deutschland, sind aber mit geringen Abweichungen auch für die Schweiz und Österreich gültig. Im Rahmen der EU-Harmonisierung wird jedoch sicherlich eine Angleichung erfolgen.

Mit den ausgewählten Gesetzeswerken und Verordnungen soll der Leser in der Lage sein, weitere Schritte zu planen bzw. gezielt in bestimmten Bereichen weiterzuarbeiten.

Für eine emissions- bzw. immissionsrechtliche Auslegung einer Anlage oder eines Systems sind die Angaben jedoch **nicht** geeignet.

Hinweis: Sowohl die angegebenen Grenz-/Prüfwerte als auch die Gesetze/Verordnungen werden im Laufe der Zeit dem jeweiligen Stand der Technik angepasst werden.

## Begriffe und Abkürzungen der Umwelttechnik:

**a. a. R. d. T.**: **A**llgemein **a**nerkannte **R**egeln **d**er **T**echnik. Techniknivau eines Verfahrens, das in der praktischen Anwendung erprobt worden ist, wobei die Mehrheit der auf einem speziellen Gebiet arbeitenden Fachleute dieses Verfahren als richtig und sinnvoll ansieht.

**Abfall**: Im Sinne des KrW-/AbfG (s.u.) sind Abfälle alle beweglichen Sachen, deren sich ihr Besitzer entledigt, entledigen will oder entledigen muss.

**AbwV**: **Abw**asserverordnung. Verordnung über Anforderungen an das Einleiten von Abwasser in Gewässer.

**Alarmschwelle**: Eine Ozonkonzentration in der Luft, bei deren Überschreitung bei kurzfristiger Exposition ein Risiko für die Gesundheit der Gesamtbevölkerung besteht.

**AOT40**: **a**ccumulation **o**ver **t**hreshold. Summe der Differenz zwischen Konzentrationen über $80\,\mu g/(h\,m^3)$ (= 40ppb) als 1-Std.-Mittelwert und $80\,\mu g/(h\,m^3)$ während einer gegebenen Zeitspanne unter ausschließlicher Verwendung der 1-Std.- Mittelwerte zwischen 8 Uhr und 20 Uhr MEZ an jedem Tag.

Fortsetzung siehe W 2

# W2 Umwelttechnik
## Begriffe und Abkürzungen

Fortsetzung von W1

**AOX- Wert**: **A**bsorbierbare **o**rganische Halogenverbindungen. (DIN 38409, Teil 14). Summarische Größe für eine Gruppe organischer Verbindungen, die schwer abbaubar sind und als gefährlich im Sinne des § 7a des Wasserhaushaltsgesetzes gelten.

**BBodSchG**: **B**undes-**Bod**en**sch**utz**g**esetz. Gesetz zum Schutz vor schädlichen Bodenveränderungen und zur Sanierung von Altlasten.

**BBodSchV**: **B**undes-**Bod**en**sch**utz- und Altlastenverordnung. Verordnung zur Durchführung des Bundesbodenschutzgesetzes (BodBSchG), konkretisiert die Vorgaben aus dem Gesetz.

**BImSchG**: **B**undes - **Im**missions**sch**utz**g**esetz. Übergeordnetes Gesetz zum Schutz vor schädlichen Umwelteinwirkungen durch Luftverunreinigungen, Geräusche, Erschütterungen und ähnliche Vorgänge.

**BImSchV**: **V**erordnung zum **B**undes-**Im**missions**sch**utzgesetz. Verordnung zur Durchführung des Bundes-Immissionsschutzgesetzes, konkretisiert die Vorgaben aus dem BImSchG.

**BImSchVwV**: **V**erwaltungs**v**orschrift zum **B**undes-**Im**missions**sch**utzgesetz.

**BSB$_5$-Wert**: **B**iochemischer **S**auerstoff**b**edarf in fünf Tagen. Summenparameter zur Erfassung der Belastung eines Wassers oder Abwassers mit biologisch abbaubaren Substanzen. Der BSB Wert gibt an, welche Menge Sauerstoff in einer bestimmten Zeiteinheit verbraucht wird, um die in dem Wasser vorhandenen organischen Substanzen durch Mikroorganismen abzubauen.

**CSB**: **C**hemischer **S**auerstoff**b**edarf. Summenparameter zur Erfassung organischer Wasser- und Abwasserinhaltsstoffe. Der CSB-Wert gibt Aufschluss über den Sauerstoffverbrauch eines Wassers zur Oxidation fast aller wasserlöslichen organischen Substanzen.

**Emissionen**: Sind im Sinne des BImSchG die von einer Anlage ausgehenden Luftverunreinigungen, Geräusche, Erschütterungen, Licht und ähnliche Erscheinungen.

**G$_{EI}$**: Giftigkeit gegenüber Fisch**ei**ern. Verdünnungsfaktor, bei dem Abwasser im Fischtest nicht mehr giftig ist (DIN 38415-T6 (8-03)).

**Immissionen**: Sind im Sinne des BImSchG auf Menschen, Tiere und Pflanzen, den Boden, das Wasser etc. einwirkende Luftverunreinigungen, Geräusche, Erschütterungen, Licht und ähnliche Umwelteinwirkungen.

Fortsetzung siehe W 3

# Umwelttechnik
Begriffe und Abkürzungen

**W₃**

**Informationsschwelle**: Eine Ozonkonzentration in der Luft, bei deren Überschreitung bei kurzfristiger Exposition ein Risiko für die Gesundheit besonders empfindlicher Bevölkerungsgruppen besteht.

**KrW-/AbfG**: **Kr**eislauf**w**irtschafts- und **Ab**fall**g**esetz. Rahmengesetz zur Förderung der Kreislaufwirtschaft und Sicherung der umweltverträglichen Beseitigung von Abfällen.

**Maßnahmenwerte**: Sind im Sinne der BBodSchV Werte für Einwirkungen oder Belastungen, bei deren Überschreiten unter Berücksichtigung der jeweiligen Bodennutzung in der Regel von einer schädlichen Bodenveränderung oder Altlast auszugehen ist und Maßnahmen erforderlich sind.

**Mischprobe**: Probe, die in einem bestimmten Zeitraum kontinuierlich oder diskontinuierlich entnommen und gemischt wird.

**Prüfwerte**: Sind im Sinne der BBodSchV Werte, bei deren Überschreitung unter Berücksichtigung der Bodennutzung eine einzelfallbezogene Prüfung durchzuführen und festzustellen ist, ob eine schädliche Bodenveränderung oder Altlast vorliegt.

**Qualifizierte Stichprobe**: Mischprobe aus mindestens 5 Stichproben, die während einer Zeitspanne von höchstens 2 Stunden im Abstand von nicht weniger als 2 Minuten entnommen und gemischt werden.

**S.d.T.**: **S**tand **d**er **T**echnik: Entwicklungsstand technisch und wirtschaftlich durchführbarer fortschrittlicher Verfahren, Einrichtungen oder Betriebsweisen, die als beste verfügbare Techniken zur Begrenzung von Emissionen praktisch geeignet sind.

**Stichprobe**: Einmalige Probennahme z.B. aus einem Abwasserstrom.

**TA-Luft**: **T**echnische **A**nleitung zur Reinhaltung der **Luft**. Erste Allgemeine Verwaltungsvorschrift zum BImSchG / 4.BImSchV zur Prüfung und Erteilung von Genehmigungen zur Errichtung und zum Betrieb von Anlagen.

**TA-Siedlungsabfall**: **T**echnische **A**nleitung zur Verwertung, Behandlung und sonstigen Entsorgung von **Siedlungsabfällen**; Dritte allgemeine Verwaltungsvorschrift zum KrW-/AbfG.

**WHG**: **W**asser**h**aushalts**g**esetz. Gesetz zur Ordnung des Wasserhaushaltes.

**Zielwert**: Eine Ozonkonzentration in der Luft, die mit dem Ziel festgelegt wird, schädliche Auswirkungen auf die menschliche Gesundheit oder der Umwelt langfristig zu vermeiden, und die so weit wie möglich in einem bestimmten Zeitraum erreicht werden muss.

# W4 Umwelttechnik
## Immission (ausgewählte Gesetze / Verordnungen)

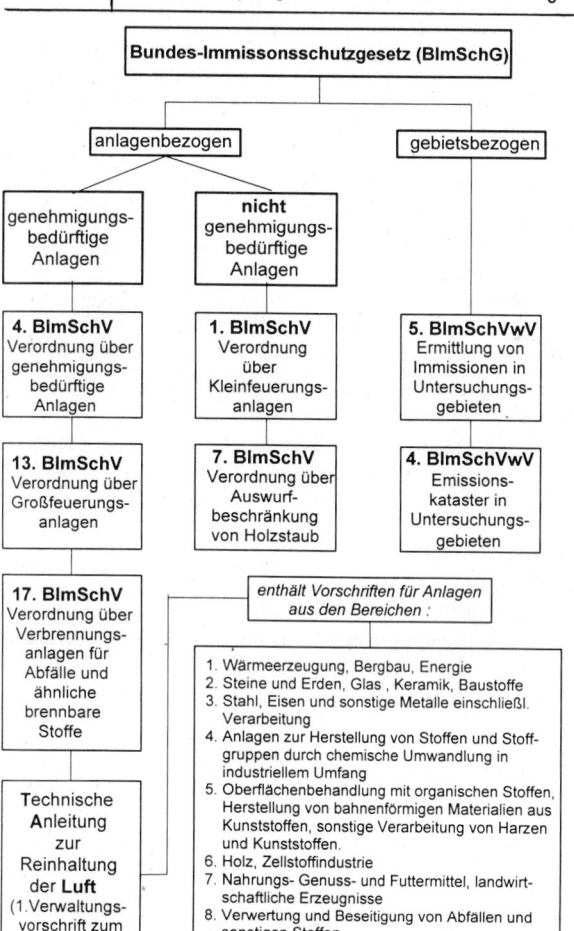

**Bundes-Immissionsschutzgesetz (BImSchG)**

- anlagenbezogen
  - genehmigungsbedürftige Anlagen
  - **nicht** genehmigungsbedürftige Anlagen
- gebietsbezogen

**4. BImSchV**
Verordnung über genehmigungsbedürftige Anlagen

**13. BImSchV**
Verordnung über Großfeuerungsanlagen

**17. BImSchV**
Verordnung über Verbrennungsanlagen für Abfälle und ähnliche brennbare Stoffe

**Technische Anleitung zur Reinhaltung der Luft**
(1. Verwaltungsvorschrift zum BImSchG)

**1. BImSchV**
Verordnung über Kleinfeuerungsanlagen

**7. BImSchV**
Verordnung über Auswurfbeschränkung von Holzstaub

**5. BImSchVwV**
Ermittlung von Immissionen in Untersuchungsgebieten

**4. BImSchVwV**
Emissionskataster in Untersuchungsgebieten

*enthält Vorschriften für Anlagen aus den Bereichen:*

1. Wärmeerzeugung, Bergbau, Energie
2. Steine und Erden, Glas, Keramik, Baustoffe
3. Stahl, Eisen und sonstige Metalle einschließ. Verarbeitung
4. Anlagen zur Herstellung von Stoffen und Stoffgruppen durch chemische Umwandlung in industriellem Umfang
5. Oberflächenbehandlung mit organischen Stoffen, Herstellung von bahnenförmigen Materialien aus Kunststoffen, sonstige Verarbeitung von Harzen und Kunststoffen.
6. Holz, Zellstoffindustrie
7. Nahrungs- Genuss- und Futtermittel, landwirtschaftliche Erzeugnisse
8. Verwertung und Beseitigung von Abfällen und sonstigen Stoffen
9. Lagerung, Be- und Entladen von Stoffen und Zubereitungen

# Umwelttechnik

Immission (ausgewählte Gesetze / Verordnungen)

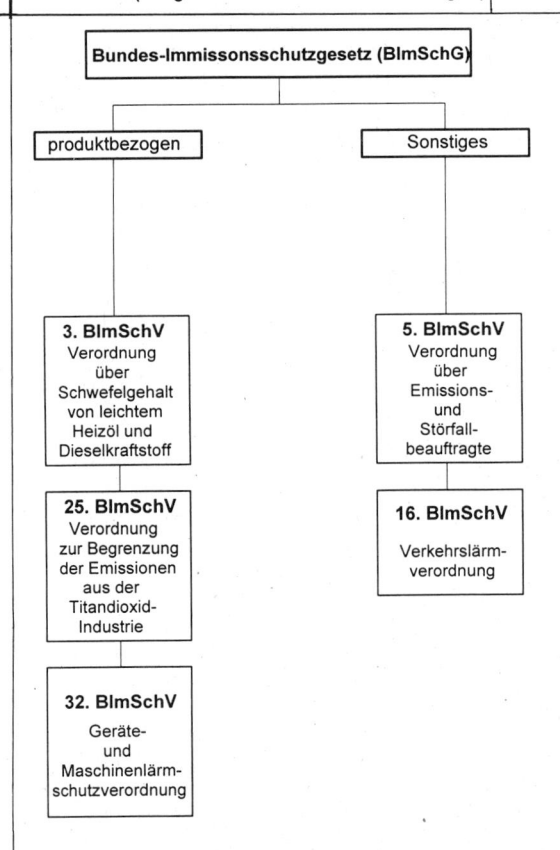

**W 4**

---

## Bundes-Immissonsschutzgesetz (BImSchG)

### produktbezogen

**3. BImSchV**
Verordnung über Schwefelgehalt von leichtem Heizöl und Dieselkraftstoff

**25. BImSchV**
Verordnung zur Begrenzung der Emissionen aus der Titandioxid-Industrie

**32. BImSchV**
Geräte- und Maschinenlärmschutzverordnung

### Sonstiges

**5. BImSchV**
Verordnung über Emissions- und Störfallbeauftragte

**16. BImSchV**
Verkehrslärmverordnung

# Umwelttechnik

**W 5** — Luftreinhaltung (ausgewählte Emissionsgrenzwerte)

| Emittierte Stoffe | TA- Luft/ 4. BImSchV | 17. BImSchV |
|---|---|---|
| | Allgemeine Anforderungen z. Emissionsbegrenzung[6] in mg/m³ | Tagesmittelwert in mg/m³ [2] |
| Gesamtstaub | < 20 oder < 0,2 kg/h (staubförmige anorg. Stoffe: s.u.) | < 10 |
| $SO_2$; $SO_3$ (angegeben als $SO_2$) | < 350 oder < 1,8 kg/h | < 50 |
| NO; $NO_2$ (angegeben als $NO_2$) | < 350 oder < 1,8 kg/h | < 200 |
| CO | -- | < 50 |
| staubförmige anorganische Stoffe (und deren Verbindungen) | < 0,05 (Hg, Tl) [3] oder < 0,25 g/h < 0,5 (Pb,Co,Ni,Se,Te) [3] oder < 2,5 g/h < 1 (Sb,Cr,CN,F,Cu,Mn,V,Sn) [3] oder < 5 g/h | < 0,05 (Cd, Tl) [3], [4] < 0,5 (Sb,As,Pb,Cr,Co,Cu,Mn,Ni,V,Sn) [3], [4] < 0,05 (As, Benzo(a)pyren, Cd,Co,Cr) [3], [4] |
| gasförmige anorganische Chlorverbindungen (angeg. als Chlorwasserstoffe) | < 30 | < 10 |
| gasförmige anorganische Fluorverbindungen (angeg. als Fluorwasserstoffe) | < 3 | < 1 |
| Hg ; Hg – Verbindungen (angegeben als Hg) | Siehe staubförmige anorganische Stoffe | < 0,03 |
| gasförmige anorganische Stoffe (soweit nicht schon oben erwähnt) | < 0,5 bis < 350 oder 2,5 g/h bis 1,8 kg/h [7] | -- |
| organische Stoffe (angegeben als Gesamtkohlenstoff) | < 50 bis < 20 oder 0,5 kg/h bis 0,1 kg/h [7] (ausgenommen staubförmig) | < 10 |
| krebserregende Stoffe | < 0,05 bis <1 oder 0,15 g/h bis 2,5 g/h [7] | -- |
| Fasern | < 10⁴ bis 5·10⁴ Fasern /m³ [7] | -- |
| erbgutverändernde Stoffe | < 0,05 oder 0,15 g/h | -- |
| Dioxine und Furane [1] | < 0,1 ng/m³ oder 2,5 µg/h | < 0,1 ng/m³ |
| Bezugssauerstoff in Vol % | | 11% 3% beim Verbrennen von Altölen |

Erläuterungen der Indizes s. W 5 rechte Seite

# Umwelttechnik

## Luftreinhaltung (ausgewählte Emissionsgrenzwerte) — W5

| Emittierte Stoffe | 13. BImSchV [14] | | |
|---|---|---|---|
| | Grenzwert für eine Feueranlage mit | | |
| | festem Brennstoff in mg/m³ [2] | flüssigem Brennstoff in mg/m³ [2],[9] | gasförmigem Brennstoff in mg/m³ [2] |
| Gesamtstaub | < 20 (staubförmige anorg. Stoffe: s.u.) | < 20 (staubförmige anorg. Stoffe: s.u.) | < 5<br>< 10 (Hochofen- oder Koksofengas) |
| $SO_2$; $SO_3$ (angegeben als $SO_2$) | < 850 (>50 MW;<100MW)<br>< 200 (>100MW) [5],[8] | < 850 (>50 MW;<100MW)<br>< 400 – 200 (>100 MW; <300MW) [10]<br>< 200 (>300 MW) [11] | < 5 (Flüssiggas)<br>< 350 (Koksofengas)<br>< 200 (Hochofengas)<br>< 35 (sonst. Brennst.) |
| NO; $NO_2$ (angegeben als $NO_2$) | < 400 (>50 MW;<100MW)<br>< 200 (>100MW) [5] | < 350 (> 50 MW;<100MW)<br>< 200 (>100 MW;<300MW)<br>< 150 (>300 MW) | < 200 (>50 MW;<300MW)<br>< 100 (>300 MW) [13] |
| CO | 150 (>50 MW;<100MW)<br>200 (>100MW) [5] | < 80 | < 50 (Gase f. öffentliche Gasversorgung)<br>< 100 (Hochofen- oder Koksofengas)<br>< 80 (sonst. Brennst.) |
| staubförmige anorganische Stoffe (und deren Verbindungen.) | < 0,05 (Cd, Tl) [3],[4],[15]<br>< 0,5 (Sb,As,Pb,Cr, Co,Cu,Mn,Ni, V,Sn) [3],[4],[15]<br>< 0,05 (As, Benzo(a)pyren, Cd,Co, Cr) [3],[4],[15] | < 0,05 (Cd, Tl) [3],[4],[12]<br>< 0,5 (Sb,As,Pb,Cr, Co,Cu,Mn,Ni, V,Sn) [3],[4],[12]<br>< 0,05 (As, Benzo(a)pyren, Cd,Co, Cr) [3],[4],[12] | -- |
| Hg ; Hg – Verbindungen (angegeb. als Hg) | < 0,03 | -- | -- |
| Dioxine und Furane [1] | < 0,1 ng/m³ | < 0,1 ng/m³ | |
| Bezugssauerstoff in Vol % | 6% | 3% | 3% |

**Erläuterungen der Indizes:** (Angaben bezüglich der Leistung in MW beziehen sich auf die Feuerungsleistung bzw. die Feuerungswärmeleistung der Anlagen)

1) angegeben als Summenwert verschiedener Dioxinverbindungen
2) neben den in dieser Tabelle dargestellten Tagesmittel-Grenzwerten sind gem.13. BImSchV / 17. BImSchV Halbstundenmittelwerte und bestimmte Massenkonzentrationen einzuhalten.
3) inklusive Verbindungen
4) als Mittelwert über Probenahmezeitraum
5) bei Einsatz von naturbelassenem Holz, sonstigen Biobrennstoffen oder Wirbelschichtfeuerungen: gesonderte Grenzwerte in der 13. BImSchV beachten.
6) je nach Art der genehmigungspflichtigen Anlage (siehe W4) werden die Grenzwerte zum Schutz vor erheblichen Belästigungen und Nachteilen sowie schädlichen Einwirkungen auf die menschliche Gesundheit, die Umwelt, die Vegetation und die Ökosysteme anlagenspezifisch modifiziert.
7) je nach Gefährdungspotenzial des Stoffes in Klassen eingeteilt.
8) in Abhängigkeit von Feuerungswärmeleistung sind höhere Tagesmittelwerte zulässig, wenn Mindestabscheidegrade für Schwefel eingehalten werden.
9) bei Einsatz von leichtem Heizöl: gesonderte Grenzwerte in der 13. BImSchV beachten.
10) lineare Abnahme
11) Feuerungswärmeleistg > 100 MW: Schwefelabscheidegrad von mind. 85 % darf nicht unterschritten werden.
12) für Anlagen, in denen Destillations- und Konversionsrückstände zum Eigenverbrauch in Raffinerien eingesetzt werden: gesonderte Grenzwerte in der 13. BImSchV beachten.
13) bei Einsatz von Gasen der öffentl. Gasversorgung: gesonderte Grenzwerte in der 13. BImSchV beachten.
14) Altanlagen: gesonderte Grenzwerte in der 13. BImSchV beachten.
15) Emissionswerte gelten nicht für den Einsatz von Kohle, naturbelassenem Holz sowie Holzabfällen.

# Umwelttechnik

Ozon (Schwell- und Zielwerte)

**W6**

**Ozon (Schwell - und Zielwerte)**

Schwellwerte für Ozon gemäß Richtlinie 2002/3/EG des Europäischen Parlamentes und des Rates und der 33. BImSchV

## 1. Informationsschwelle und Alarmschwelle für bodennahes Ozon:

|  | Parameter | Schwelle |
|---|---|---|
| Informationsschwelle | 1-Stunden-Mittelwert | 180 µg/m$^3$ |
| Alarmschwelle | 1-Stunden-Mittelwert | 240 µg/m$^3$ |

Bei festgestellter oder vorhergesagter Überschreitung der Informations- oder der Alarmschwelle ist die Öffentlichkeit hinreichend zu informieren.

Hinweis zur Mittelwertermittlung:
Mittelwerte sind arithmetische Mittelwerte über die Zeit.
Beispiel: Ozonbelastung von 12.00 bis 12.30   230 µg/m$^3$
 von 12.30 bis 13.00   218 µg/m$^3$
Mittelwert: (0,5h x 230µg/m$^3$ + 0,5h x 218µg/m$^3$) / 1h = 224µg/m$^3$

## 2. Zielwerte für bodennahes Ozon:

|  | Parameter | Ziel für das Jahr 2010 |
|---|---|---|
| Zielwert für den Schutz der menschlichen Gesundheit | Höchster 8-Stunden[1]- Mittelwert eines Tages | 120 µg /m$^3$<br><br>darf an höchstens 25 Tagen pro Kalenderjahr überschritten werden (gemittelt über 3 Jahre) |
| Zielwert für den Schutz der Vegetation | AOT40, berechnet aus 1-Std.-Mittelwerten von Mai bis Juli[2] | 18000 µg/(h m$^3$) gemittelt über 5 Jahre |

[1] Wegen der unter 1. angegebenen Mittelwertermittlung werden bei einem 8-h-Mittelwert – durch die Integration über einen längeren Zeitraum - höhere Spitzenwerte ausgeglichen.

[2] AOT40: (accumulation over threshold): Summe der Differenz zwischen Konzentrationen über 80 µg/(h m$^3$) (= 40 ppb) als 1 -Std.-Mittelwert und 80 µg/(h m$^3$) während einer gegebenen Zeitspanne unter ausschließlicher Verwendung der 1-Std.-Mittelwerte zwischen 8 Uhr und 20 Uhr MEZ an jedem Tag.

# Umwelttechnik
## Abgasgrenzwerte (für Kraftfahrzeuge)

**W7**

## Euro Normen - Abgasgrenzwerte für PKW und Motorräder (Motorräder gem. EU-Richtl. 2002/51/EG)

| Abgasnorm (Richtlinie) | Gültig ab [1] für PKW | Gültig ab [4] für Motorräder | CO in g/km Benzin | CO in g/km Diesel | HC in g/km Benzin | HC in g/km Diesel | $NO_x$ in g/km Benzin | $NO_x$ in g/km Diesel | HC + $NO_x$ in g/km Benzin | HC + $NO_x$ in g/km Diesel | Partikelmasse in g/km Diesel |
|---|---|---|---|---|---|---|---|---|---|---|---|
| Euro 1 (91/441/EWG) | 1.7.1992 | 1.1.2000 | 3,16 | 3,16 | -- | -- | -- | -- | 1,13 | 1,13 | 0,18 |
| Euro 2 (94/12/EG) | 1.1.1996 | 1.7.2004 [5] / 1.7.2005 [6] | 2,2 | 1,0 | -- | -- | -- | -- | 0,5 | 0,7 | 0,08 |
| Euro 3 [2] (98/69/EG) | 1.1.2000 | 1.7.2007 | 2,3 | 0,64 | 0,2 | -- | 0,15 | 0,5 | -- | 0,56 | 0,05 |
| Euro 4 [2] (98/69/EG) | 1.1.2005 | | 1,0 | 0,5 | 0,1 | -- | 0,08 | 0,25 | -- | 0,3 | 0,025 |

## Abgasgrenzwerte für PKW und leichte Nutzfahrzeuge bis 3,5 t Gesamtgewicht
gem. Euro 4 (EU-Richtlinie 98/69/EG) [2]

| Gültig ab [1] | Fahrzeugklasse-gruppe Klasse | Fahrzeugklasse-gruppe Gruppe | Bezugsmasse RW [3] in kg | CO in g/km Benzin | CO in g/km Diesel | HC in g/km Benzin | HC in g/km Diesel | $NO_x$ in g/km Benzin | $NO_x$ in g/km Diesel | HC + $NO_x$ in g/km Benzin | HC + $NO_x$ in g/km Diesel | Partikelmasse in g/km Diesel |
|---|---|---|---|---|---|---|---|---|---|---|---|---|
| 1.1.2005 | PKW | -- | alle | 1,0 | 0,5 | 0,1 | -- | 0,08 | 0,25 | -- | 0,3 | 0,025 |
| 1.1.2005 | Leichte Nutzfahrzeuge | I | RW ≤1305 | 1,0 | 0,5 | 0,1 | -- | 0,08 | 0,25 | -- | 0,3 | 0,025 |
| | | II | 1305< RW ≤1760 | 1,81 | 0,63 | 0,13 | -- | 0,1 | 0,33 | -- | 0,39 | 0,04 |
| 1.1.2006 | | III | 1760 < RW | 2,27 | 0,74 | 0,16 | -- | 0,11 | 0,39 | -- | 0,46 | 0,06 |

(1) Datum für neue Typgenehmigungen
(2) Gegenüber Euro 1 und Euro 2 geändertes (verschärftes) Prüfverfahren
(3) Die Bezugsmasse RW ist die Leermasse des Fahrzeugs, vermehrt um eine einheitliche Masse von 100 kg
(4) Datum für die Neuzulassung eines Motorrades
(5) Ausgenommen Enduros und Trial- Krafträder
(6) Auch für Enduros und Trial- Krafträder

# Umwelttechnik
## Lärmschutz

**W8**

**Lärmschutzvorschriften für Maschinen bei Verwendung im Freien**

Auszug aus der 32. BImSchV (Maschinenlärmschutzverordnung) in Zusammenhang mit der Richtlinie 2000/14/EG des Europäischen Parlamentes.

| Geräte/ Maschinentyp (gem. Art. 12 Richtlinie 2000/14/EG) | Installierte Nutzleistung P in kW bzw. Schnittbreite L in cm | Zulässiger Leistungspegel in dB (A) / 1pW[1] | |
|---|---|---|---|
| | | Stufe I ab 3.1.2002 | Stufe II ab 3.1.2006 |
| Planierraupen, Kettenlader,... | P ≤ 55 | 106 | 103 |
| | P > 55 | $87 + 11 \lg P$ | $84 + 11 \lg P$ |
| Bagger, Bauaufzüge, Bauwinden,... | P ≤ 15 | 96 | 93 |
| | P > 15 | $83 + 11 \lg P$ | $80 + 11 \lg P$ |
| Turmdrehkräne | | $98 + \lg P$ | $96 + \lg P$ |
| Kompressoren | P ≤ 15 | 99 | 97 |
| | P > 15 | $97 + 2 \lg P$ | $95 + 2 \lg P$ |
| Rasenmäher, Rasentrimmer, Rasenkantenschneider | L ≤ 50 | 96 | 94[2] |
| | 50 < L ≤ 70 | 100 | 98 |
| | 70 < L ≤ 120 | 100 | 98[2] |
| | L > 120 | 105 | 103[2] |

[1] Der (A- bewertete) Schallleistungspegel kennzeichnet die von einer Schallquelle in den umgebenden Raum abgestrahlte Schallleistung gemäß folgender Gleichung:

$$L_{WA} = 10 \lg \frac{W}{W_0} \; dB(A)$$

darin bedeuten $L_W$ : Schallleistungspegel in dB (dezibel)
$L_{WA}$ : Schallleistungspegel in dB(A) Index A: mit einer A-Bewertung an das menschlich subjektive Hörverhalten angepasst
$W$ : Schallleistung in Watt
$W_0$ : Bezugsschallleistung in $10^{-12}$ Watt (pW)

Verfahren zur Ermittlung des Luftschalls o.g.Geräte und Maschinen siehe Anhang III der Richtlinie 2000/14/EG.

[2] Richtwert; endgültige Werte können noch verändert werden.

Fortsetzung siehe W 9

# Umwelttechnik
## Lärmschutz
**W9**

Fortsetzung von W 8

### Lärmschutzvorschriften für Maschinen bei Verwendung im Freien

Auswahl von Geräten, die der Kennzeichnungspflicht (gem. Art. 13 Richtlinie 2000/14/EG) für den abgegebenen Schallleistungspegel unterliegen, welcher nach Anhang III der Richtlinie 2000/14/EG zu ermitteln ist :

- Bauaufzüge für Materialtransport (mit E- Motor)
- Laubbläser
- Pistenraupen
- Tragbare Motorkettensägen
- Baustellenkreissägen
- Beton- und Mörtelmischer

| Einsatzgebiet | **Nicht** zugelassene Betriebszeiten für o.g. Maschinen |
|---|---|
| Reines, allgemeines Wohngebiet Kleinsiedlungsgebiet Erholungsgebiet … | an Sonn- und Feiertagen ganztägig |
| | an Werktagen in der Zeit von 20.00 bis 7.00 Uhr |

Anmerkungen: (Ausnahmen, Einzelheiten, siehe 32. BImSchV)
Weitergehende landesrechtl. Vorschriften bleiben unberührt. Gem. 32. BImSchV können die Länder Einschränkungen bzw. Ausnahmen treffen ( z.B. Festlegung v. Zeiten zur Durchführung spez. Gartenarbeiten).

### Lärmschutzvorschrift für zugelassene Verkehrsgeräusche

Gemäß 16. BImSchV (Verkehrslärmverordnung) liegt der einzuhaltende Immissionsgrenzwert durch **Verkehrsgeräusche** beim Bau oder bei wesentlichen Änderungen von **öffentlichen Straßen oder Schienenwegen** bei nachstehenden Werten:

| | Tag in dB (A) [1] | Nacht in dB (A) [1] |
|---|---|---|
| Krankenhäuser, Schulen, Kurheime, Altenheime [2] | 57 | 47 |
| Reine und allgemeine Wohngebiete, Kleinsiedlungsgebiete [2] | 59 | 49 |
| Kerngebiete, Dorfgebiete, Mischgebiete [2] | 64 | 54 |
| Gewerbegebiete [2] | 69 | 59 |

[1] A-bewerteter Schallleistungspegel; Erläuterung siehe W7
[2] gemäß Festsetzung in den Bebauungsplänen.

Der Beurteilungspegel für Straßen und Schienenwege berechnet sich nach Anlage 1 bzw. 2 der **16. BImSchV**

# Umwelttechnik
## Einleiten von Abwasser

**W 10**

### Einleiten von Abwasser

Grenzwerte für Schadstoffe beim Einleiten von Abwasser in Gewässer (Direkt- oder Indirekteinleiter) sind festgelegt im Wasserhaushaltsgesetz **WHG** bzw. in der Verordnung über „Anforderungen an das Einleiten von Abwasser in Gewässer" **AbwV**. Generell gilt gemäß §7a WHG: „Eine Erlaubnis für das Einleiten von Abwasser darf nur erteilt werden, wenn die Schadstofffracht des Abwassers so gering gehalten wird, wie dies bei Einhaltung der jeweils in Betracht kommenden Verfahren **nach dem Stand der Technik** möglich ist."

Beispiel: Abwasser, dessen Schadstofffracht im Wesentlichen aus folgenden **Herkunftsbereichen** stammt (gem. AbwV, Anhang 40):

1. Feuerverzinkerei/Feuerverzinnerei
2. Härterei
3. Leiterplattenherstellung
4. Mechanische Werkstätten
5. Lackierbetriebe

Allgemeine Anforderungen:
Um die Schadstofffracht so gering wie möglich zu halten, sind spezielle Maßnahmen mittels geeigneter Verfahren bei Prozessbädern (z.B. Membranfiltration, Ionenaustauscher, etc.), beim Rückhalten von Badinhaltsstoffen, bei der Mehrfachnutzung von Spülwasser, etc. vorgeschrieben.

Spezielle Anforderungen an das Abwasser für die Einleitungsstelle:
(Qualifizierte Stichprobe oder 2-h-Mischprobe)

| Herkunftsbereiche | 1 | 2 | 3 | 4 | 5 | Analysen- und Messverfahren gemäß (Ausgabe) |
|---|---|---|---|---|---|---|
| Aluminium in mg/l | - | - | - | 3 | 3 | DIN EN ISO 11885 (4-98) |
| N aus $NH_4$-Verbindungen in mg/l | 30 | 50 | 50 | 30 | - | DIN EN ISO 11732 (9-97) |
| CSB in mg/l | 200 | 400 | 600 | 400 | 300 | DIN 38409-H 41 (12-80) |
| Eisen in mg/l | 3 | 3 | 3 | 3 | 3 | DIN EN ISO 11885 (4-98) |
| Fluorid in mg/l | 50 | - | 50 | 30 | - | DIN 38405-D 4-2 (7-85) |
| $N_2$ aus Nitrit in mg/l | - | 5 | - | 5 | - | DIN EN 26777 (4-93) |
| Kohlenwasserstoffe [1] in mg/l | 10 | 10 | 10 | 10 | 10 | DIN EN ISO 9377-2 (7-01) |
| Phosphor in mg/l | 2 | 2 | 2 | 2 | 2 | DIN EN 1189 (12-96) |
| Giftigkeit gegenüb. Fischeiern $G_{EI}$; Verdünnungsfaktor | 6 | 6 | 6 | 6 | 6 | DIN 38415-T6 (8-03) |

[1] Anforderungen an Kohlenwasserstoffe beziehen sich auf die Stichprobe

# Umwelttechnik
## Einleiten von Abwasser
**W 11**

Spezielle Anforderungen an das Abwasser vor Vermischung
(Qualifizierte Stichprobe oder 2-h-Mischprobe) [1]

| Herkunfts-bereiche | 1 | 2 | 3 | 4 | 5 | Analysen- und Mess-verfahren gemäß (Ausgabe) |
|---|---|---|---|---|---|---|
| AOX in mg/l | 1 | 1 | 1 | 1[3] | 1 | DIN EN 1485 (11-96) [4] <br> DIN 38409-H22 (2-02) [5] |
| Arsen in mg/l | - | - | 0,1 | - | - | DIN EN ISO 11969 (11-96) |
| Barium in mg/l | - | 2 | - | - | - | DIN EN ISO 11885 (4-98) |
| Blei in mg/l | 0,5 | - | 0,5 | 0,5 | 0,5 | DIN EN ISO 11885 (4-98) |
| Cadmium in mg/l | 0,1 | - | - | 0,1 | 0,2 | DIN EN ISO 11885 (4-98) |
| freies Chlor in mg/l | - | 0,5 | - | 0,5 | - | DIN 38408-G 4-1 (6-84) |
| Chrom in mg/l | - | - | 0,5 | 0,5 | 0,5 | DIN EN ISO 11885 (4-98) |
| Chrom VI in mg/l | - | - | 0,1 | 0,1 | 0,1 | DIN 38405-D 24 (5-87) |
| Cyanid, leicht freisetzbar in mg/l | - | 1 | 0,2 | 0,2 | - | DIN 38405-D 13-2 (2-81) |
| Cobalt in mg/l | - | - | - | - | - | DIN EN ISO 11885 (4-98) |
| Kupfer in mg/l | - | - | 0,5 | 0,5 | 0,5 | DIN EN ISO 11885 (4-98) |
| Nickel [2] in mg/l | - | - | 0,5 | 0,5 | 0,5 | DIN EN ISO 11885 (4-98) |
| Quecksilber in mg/l | - | - | - | - | - | DIN EN 1483 (8-97) |
| Selen in mg/l | - | - | - | - | - | DIN 38405-D 23-2 (10-94) |
| Silber in mg/l | - | - | 0,1 | - | - | DIN EN ISO 11885 (4-98) |
| Sulfid in mg/l | - | - | 1 | - | - | DIN 38405-D 27 (7-92) |
| Zink in mg/l | 2 | - | - | 2 | 2 | DIN EN ISO 11885 (4-98) |
| Zinn in mg/l | 2 | - | 2 | - | - | DIN EN ISO 11885 (4-98) |

[1] Anforderungen an AOX und freies Chlor sowie Chargenanlagen beziehen sich auf eine Stichprobe

[2] Bei chemisch-reduktiver Nickelabscheidung: 1 mg/l

[3] Ausnahmen: siehe **AbwV**, Anhang 40

[4] für Chloridgehalt in Originalprobe < 5g/l

[5] für Chloridgehalt in Originalprobe > 5g/l

Hinweis:
- weitere Mindestanforderungen: siehe **AbwV**, Anhang 40
- die Grenzwerte können für die Genehmigung im Einzelfall auch schärfer festgelegt werden.
- für die Direkteinleitung von Abwasser ist zusätzlich eine immissions-schutzrechtliche Betrachtung erforderlich.
- Kommunale Abwassersatzungen (z. B. das „Hamburgische Abwassergesetz" und die „Allgemeinen Einleitbedingungen der Stadt Hamburg") sind ebenfalls zu berücksichtigen.

# W 12 — Umwelttechnik
## Abfall (ausgewählte Gesetze / Verordnungen)

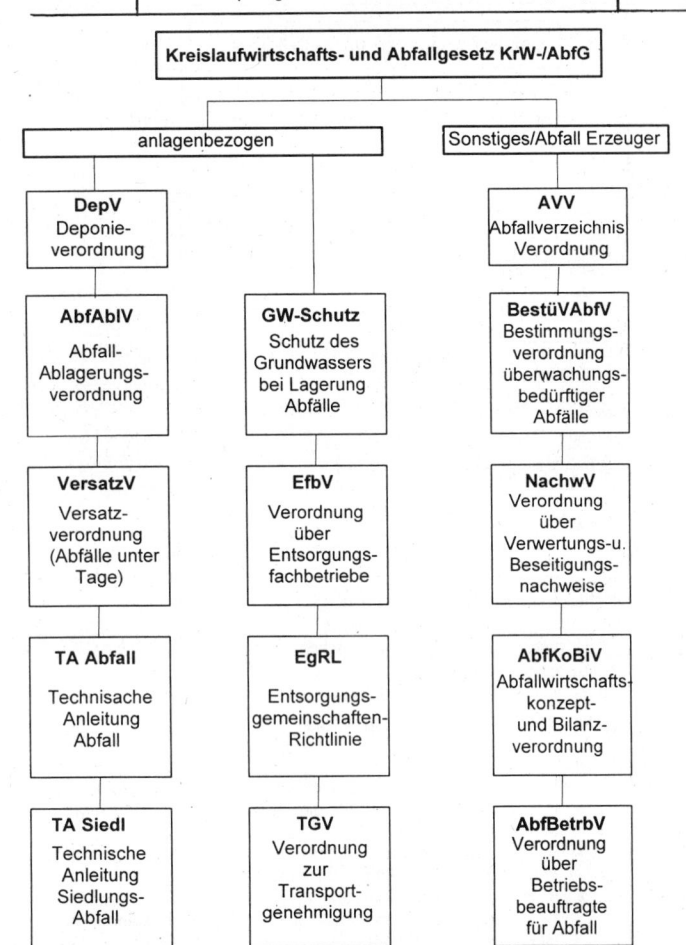

**Kreislaufwirtschafts- und Abfallgesetz KrW-/AbfG**

### anlagenbezogen

- **DepV** — Deponieverordnung
- **AbfAblV** — Abfall-Ablagerungsverordnung
- **VersatzV** — Versatzverordnung (Abfälle unter Tage)
- **TA Abfall** — Technische Anleitung Abfall
- **TA Siedl** — Technische Anleitung Siedlungsabfall

- **GW-Schutz** — Schutz des Grundwassers bei Lagerung Abfälle
- **EfbV** — Verordnung über Entsorgungsfachbetriebe
- **EgRL** — Entsorgungsgemeinschaften-Richtlinie
- **TGV** — Verordnung zur Transportgenehmigung

### Sonstiges/Abfall Erzeuger

- **AVV** — Abfallverzeichnis Verordnung
- **BestüVAbfV** — Bestimmungsverordnung überwachungsbedürftiger Abfälle
- **NachwV** — Verordnung über Verwertungs- u. Beseitigungsnachweise
- **AbfKoBiV** — Abfallwirtschaftskonzept- und Bilanzverordnung
- **AbfBetrbV** — Verordnung über Betriebsbeauftragte für Abfall

# Umwelttechnik
Abfall (ausgewählte Gesetze / Verordnungen)

**W 12**

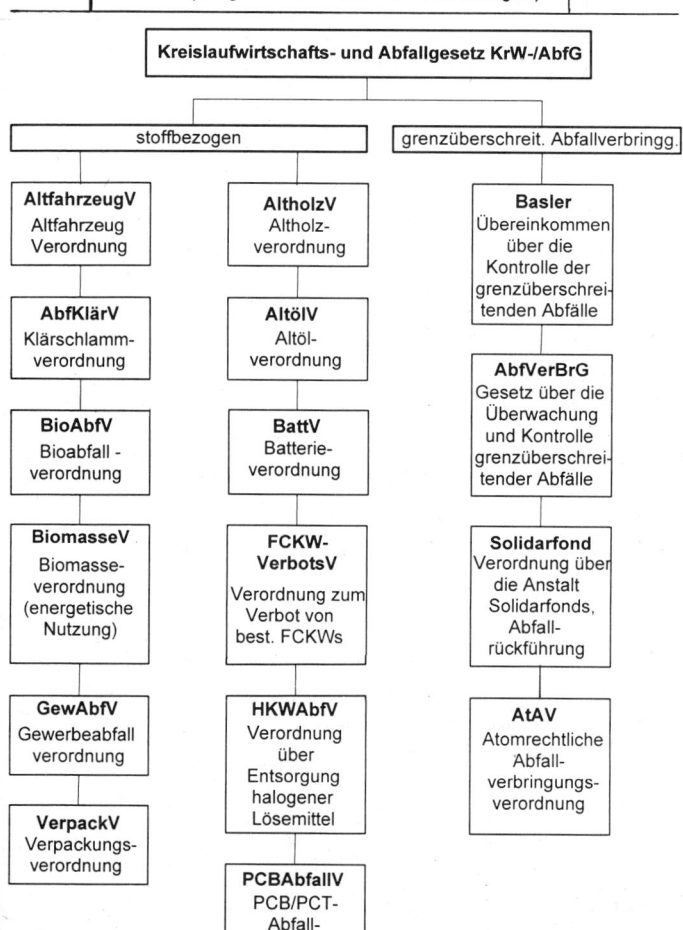

## Kreislaufwirtschafts- und Abfallgesetz KrW-/AbfG

### stoffbezogen

**AltfahrzeugV**
Altfahrzeug Verordnung

**AbfKlärV**
Klärschlammverordnung

**BioAbfV**
Bioabfallverordnung

**BiomasseV**
Biomasseverordnung (energetische Nutzung)

**GewAbfV**
Gewerbeabfallverordnung

**VerpackV**
Verpackungsverordnung

**AltholzV**
Altholzverordnung

**AltölV**
Altölverordnung

**BattV**
Batterieverordnung

**FCKW-VerbotsV**
Verordnung zum Verbot von best. FCKWs

**HKWAbfV**
Verordnung über Entsorgung halogener Lösemittel

**PCBAbfallV**
PCB/PCT-Abfall-Verordnung

### grenzüberschreit. Abfallverbringg.

**Basler**
Übereinkommen über die Kontrolle der grenzüberschreitenden Abfälle

**AbfVerBrG**
Gesetz über die Überwachung und Kontrolle grenzüberschreitender Abfälle

**Solidarfond**
Verordnung über die Anstalt Solidarfonds, Abfallrückführung

**AtAV**
Atomrechtliche Abfallverbringungsverordnung

# Umwelttechnik
## Abfall - Verwertung / Kreislauf

**W 13**

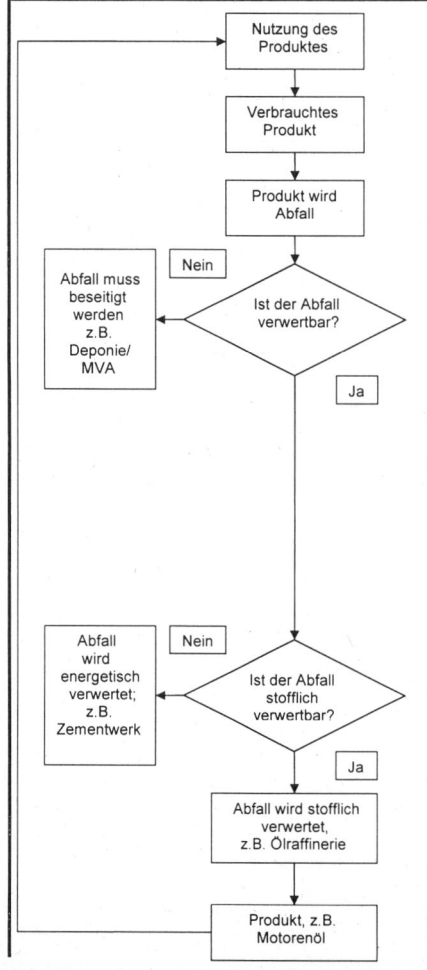

```
         ┌──────────────────┐
    ┌───▶│ Nutzung des      │
    │    │ Produktes        │
    │    └────────┬─────────┘
    │             ▼
    │    ┌──────────────────┐
    │    │ Verbrauchtes     │
    │    │ Produkt          │
    │    └────────┬─────────┘
    │             ▼
    │    ┌──────────────────┐
    │    │ Produkt wird     │
    │    │ Abfall           │
    │    └────────┬─────────┘
    │             ▼
┌──────────┐  Nein  ◇
│ Abfall   │◀──────╱ Ist der ╲
│ muss     │       ╲ Abfall  ╱
│ beseitigt│        ╲verwert╱
│ werden   │         ╲bar? ╱
│ z.B.     │           │ Ja
│ Deponie/ │           ▼
│ MVA      │
└──────────┘

┌──────────┐  Nein  ◇
│ Abfall   │◀──────╱ Ist der ╲
│ wird     │       ╲ Abfall  ╱
│energetisch│       ╲stofflich╱
│ verwertet;│        ╲verwert╱
│ z.B.     │         ╲bar? ╱
│Zementwerk│           │ Ja
└──────────┘           ▼
             ┌──────────────────┐
             │ Abfall wird      │
             │ stofflich        │
             │ verwertet,       │
             │ z.B. Ölraffinerie│
             └────────┬─────────┘
                      ▼
             ┌──────────────────┐
             │ Produkt, z.B.    │
             │ Motorenöl        │
             └──────────────────┘
```

## Kommentare:

(Ablauf mit Verantwortlichkeiten)

Besitzer will sich vom Produkt entledigen.

Besitzer wird Abfallerzeuger, ist verantwortlich für die umweltverträgliche Entsorgung. Abfallerzeuger deklariert Abfall nach der Abfallverzeichnisverordnung **AVV**.

Abfallerzeuger prüft Verwertung (Grundlage: Bestimmungsverordngg. Überwachungsbedürftiger Abfälle zur Verwertung (**BestüVAbfV**) und ökolog./ ökonomische Bewertung (§ 5 KrW-/AbfG) und übergibt den Abfall an Abfallentsorger. Bei Übergabe an einen Entsorgungsfachbetrieb (**EfbV**) endet die Haftung des Abfallerzeugers.

Abfallentsorger bescheinigt umweltverträgliche Beseitigung/Verwertung mit Entsorgungsnachweis (Verordnung über Verwertungs- und Beseitigungsnachweise **NachwV**)

Vorrang der stofflichen Verwertung nach § 6 **KrW-/AbfG**. Energetische Verwertung möglich, wenn Heizwert >11.000kJ/kg und Wärmenutzung erfolgt, Feuerungswirkungsgrad >75% und Rückstände der Verwertung ablagerbar.

Rückführung in den Wirtschaftskreislauf

# Umwelttechnik
## Abfall - Prüfwerte / Maßnahmenwerte
### (für direkte Aufnahme von Schadstoffen)

**W 14**

Gem. Bundesbodenschutzgesetz (BBodSchG) und Bundesbodenschutz – und Altlastenverordnung (BBodSchV) gilt:

## Bsp: Wirkungspfad Boden-Mensch

Prüfwerte nach der Bundes-Bodenschutz- und -Altlastenverordnung für die direkte Aufnahme von Schadstoffen.

| Stoff | Prüfwerte in mg / kg Trockenmasse | | | |
|---|---|---|---|---|
| | Kinderspielflächen | Wohngebiete | Park- und Freizeitanlagen | Industrie- und Gewerbegrundstücke |
| Arsen | 25 | 50 | 125 | 140 |
| Blei | 200 | 400 | 1000 | 2000 |
| Cadmium | 10 [1] | 20 [1] | 50 | 60 |
| Chrom | 200 | 400 | 1000 | 1000 |
| Cyanide | 50 | 50 | 50 | 100 |
| Nickel | 70 | 140 | 350 | 900 |
| Quecksilber | 10 | 20 | 50 | 80 |
| Aldrin | 2 | 4 | 10 | -- |
| Benzo(a)pyren | 2 | 4 | 10 | 12 |
| DDT | 40 | 80 | 200 | -- |
| Hexachlorbenzol | 4 | 8 | 20 | 200 |
| Hexachlorcyclohexan (HCH-Gemisch oder Beta-HCH) | 5 | 10 | 25 | 400 |
| Penachlorphenol | 50 | 100 | 250 | 250 |
| Polychlorierte Biphenyle $(PCB_6)$ [2] | 0,4 | 0,8 | 2 | 40 |

[1] In Haus- und Kleingärten, die sowohl als Aufenthaltsbereiche für Kinder als auch für den Anbau von Nahrungspflanzen genutzt werden. Prüfwert: 2 mg/kg Trockenmasse.

[2] Soweit PCB- Gesamtgehalte bestimmt werden, sind die ermittelten Messwerte durch die Zahl 5 zu teilen.

Fortsetzung siehe W 15

# Umwelttechnik
## Abfall - Prüfwerte / Maßnahmenwerte
### (für direkte Aufnahme von Schadstoffen)

**W 15**

Fortsetzung von W 14

## Bsp: **Wirkungspfad Boden-Mensch**

Maßnahmenwerte nach der Bundes- Bodenschutz- und Altlastenverordnung für die direkte Aufnahme von Dioxinen/Furanen

| Stoff | Maßnahmenwerte in ng 1-Teq/kg Trockenmasse [1] | | | |
|---|---|---|---|---|
| | Kinderspielflächen | Wohngebiete | Park- und Freizeitanlagen | Industrie- und Gewerbe-Grundstücke |
| Dioxine/Furane (PCDD/F) | 100 | 1000 | 1000 | 10000 |

[1] Summe der 2,3,7,8 - TCDD- Toxizitätsäquivalente (engl.: **T**oxicity **E**quivalence Factor).

Erläuterung: Von einer internationalen Arbeitsgruppe der NATO wurde eine Äquivalenzliste erstellt, in der Wichtungsfaktoren verschiedener Dioxine / Furane - bezogen auf das 2,3,7,8 Tetrachlordibenzodioxin – definiert sind. Während in dieser 2,3,7,8 - Tetrachlordibenzodioxin (TCDD) als Bezugswert den Äquivalenzfaktor 1 aufweist, besitzt z.B. 2,3,7,8 – Tetrachlordibenzo**furan** den Äquivalenzfaktor 0,1 und Octachlordibenzofuran den Äquivalenzfaktor 0,001.

Weitere Anmerkungen:
Neben dem Wirkungspfad Boden – Mensch gibt es u.a. noch
den Wirkungspfad Boden – Nutzpflanze (relevant für Ackerbauflächen und Grünland)
und den Wirkungspfad Boden – Grundwasser

Die dafür geltenden Prüf- und Maßnahmenwerte sind der Bundes- Bodenschutz- und Altlastenverordnung zu entnehmen.

Die Anforderungen an Probenahme, Analytik, Qualitätssicherung und anzuwendende Untersuchungsmethoden / Verfahrensweisen sind der Bundes- Bodenschutz- und Altlastenverordnung (Anhang 1) zu entnehmen.

Die spez. Länderregelungen (Landesgesetze und Verordnungen) sind ebenfalls zu berücksichtigen.

# Tabellen

Werte für feste Stoffe

**Z 1**

## Stoffwerte gelten bei folgenden Bedingungen:

**Dichte** $\varrho$ bei $t = 20°C$.

**Siede-Temperatur** $t$: Werte in Klammern gelten für Sublimation, also unmittelbaren Übergang vom festen in den gasförmigen Zustand.

**Wärmeleitfähigkeit** $\lambda$ bei $t = 20°C$.

**Spez. Wärmekapazität** $c_p$ bei dem Temperatur-Bereich $0 < t < 100°C$ und $p = 1{,}0132$ bar.

| Stoff | Dichte $\varrho$ | Schmelz-Temperatur $t$ | Siede-Temperatur $t$ | Wärmeleitfähigkeit $\lambda$ | spezifische Wärmekapazität $c_p$ |
|---|---|---|---|---|---|
| | kg/dm³ | °C | °C | W/(m K)[1] | kJ/(kg K)[2] |
| Achat        | ~2,6     | ~1600 | ~2600  | 11,20    | 0,80 |
| Aluminium, geg. | 2,6   | 658   | ~2200  | 204      | 0,879 |
| "     , gewalzt | 2,7   | 658   | ~2200  | 204      | 0,879 |
| "     -Bronze | 7,7     | 1040  | ~2300  | 128      | 0,435 |
| Antimon      | 6,67     | 630   | 1635   | 22,5     | 0,209 |
| Arsen        | 5,72     | .     | (613)  | .        | 0,348 |
| Asbest       | ~2,5     | ~1300 | .      | .        | 0,816 |
| Barium       | 3,59     | 704   | 1700   | .        | 0,29 |
| Basalt       | 2,7...3,2 | .    | .      | 1,67     | 0,86 |
| Bernstein    | ~1,0     | ~300  | .      | .        | . |
| Beryllium    | 1,85     | 1280  | 2970   | 165      | 1,02 |
| Beton        | ~2,0     | .     | .      | ~1,0     | 0,88 |
| Blei         | 11,3     | 327,4 | 1740   | 34,7     | 0,130 |
| Borax        | 1,72     | 740   | .      | .        | 0,996 |
| Bronze (Cu Sn 6) | 8,83 | 910   | 2300   | 64       | 0,37 |
| Chrom        | 7,1      | 1800  | 2700   | 69       | 0,452 |
| Chromoxid    | 5,21     | 2300  | .      | 0,42     | 0,75 |
| Deltametall  | 8,6      | 950   | .      | 104,7    | 0,384 |
| Diamant      | 3,5      | .     | (3540) | .        | 0,52 |
| Eis          | 0,92     | 0     | 100    | 2,33[3]  | 2,09[3] |
| Eisenoxid    | 5,1      | 1570  | .      | 0,58     | 0,67 |
| Eisen, rein  | 7,86     | 1530  | 3070   | 81       | 0,456 |
| Gips         | 2,3      | 1200  | .      | 0,45     | 1,1 |
| Glas, Fenster- | ~2,5   | ~700  | .      | 0,81     | 0,84 |
| Glaswolle    | ~0,15    | .     | .      | ~0,04    | 0,84 |
| Glimmer      | ~2,8     | .     | .      | 0,35     | 0,87 |
| Gold         | 19,29    | 1063  | 2700   | 310      | 0,130 |

[1] 1 W/(m K) = 0,8598 kcal/(h m K)
[2] 1 kJ/(kg K) = 0,2388 kcal/(kg K)
[3] bei $t = -20°C \ldots 0°C$

# Z 2 — Tabellen
## Werte für feste Stoffe

| Stoff | Dichte $\varrho$ kg/dm³ | Schmelz-Temperatur $t$ °C | Siede-Temperatur $t$ °C | Wärmeleitfähigkeit $\lambda$ W/(m K)[1] | spezifische Wärmekapazität $c_p$ kJ/(kg K)[2] |
|---|---|---|---|---|---|
| Graphit | 2,24 | ~3800 | ~4200 | 168 | 0,71 |
| Grauguß | 7,25 | 1200 | 2500 | 58 | 0,532 |
| Hartgummi | ~1,4 | . | . | 0,17 | 1,42 |
| Hartmetall | 14,8 | 2000 | ~4000 | 81 | 0,80 |
| Hartschaum | 0,015 | . | . | 0,04 | |
| Holz, Ahorn | ~0,75 | . | . | 0,16 | 1,6 |
| " , Birke | ~0,65 | . | . | 0,142 | 1,9 |
| " , Buche | ~0,72 | . | . | 0,17 | 2,1 |
| " , Eiche | ~0,85 | . | . | 0,17 | 2,4 |
| " , Erle | ~0,55 | . | . | 0,17 | 1,4 |
| " , Esche | ~0,75 | . | . | 0,16 | 1,6 |
| " , Fichte | ~0,45 | . | . | 0,14 | 2,1 |
| " , Kiefer | ~0,75 | . | . | 0,14 | 1,4 |
| " , Lärche | ~0,75 | . | . | 0,12 | 1,4 |
| " , Pappel | ~0,50 | . | . | 0,12 | 1,4 |
| Holzkohle | ~0,4 | . | . | 0,084 | 0,84 |
| Iridium | 22,5 | 2450 | 4800 | 59,3 | 0,134 |
| Jod | 4,95 | 113,5 | 184 | 0,44 | 0,218 |
| Kadmium | 8,64 | 321 | 765 | 92,1 | 0,234 |
| Kalium | 0,86 | 63,6 | 760 | 110 | 0,80 |
| Kalkstein | 2,6 | . | . | 2,2 | 0,909 |
| Kalzium | 1,55 | 850 | 1439 | . | 0,63 |
| Kautschuk, roh | 0,95 | 125 | . | 0,20 | |
| Kesselstein | ~2,5 | ~1200 | ~2800 | 1,2...3 | 0,80 |
| Kobalt | 8,8 | 1490 | ~3100 | 69,4 | 0,435 |
| Kochsalz | 2,15 | 802 | 1440 | . | 0,92 |
| Kohlenstoff | 3,51 | ~3600 | (3540) | 8,9 | 0,854 |
| Kolophonium | 1,07 | 100...300 | . | 0,317 | 1,30 |
| Konstantan | 8,89 | 1600 | 2400 | 23,3 | 0,410 |
| Kork | 0,2...0,3 | . | . | ~0,05 | ~2,0 |
| Kreide | 1,8...2,6 | . | . | 0,92 | 0,84 |
| Kupfer, gegossen | 8,8 | 1083 | ~2500 | 384 | 0,394 |
| " , gewalzt | 8,9 | 1083 | ~2500 | 384 | 0,394 |
| " , rein | 8,93 | 1083 | ~2500 | 384 | 0,394 |
| Leder, trocken | 0,9...1,0 | . | . | 0,15 | ~1,5 |

[1] 1 W/(m K) = 0,8589 kcal/(h m K)
[2] 1 kJ/(kg K) = 0,2388 kcal/(kg K)

# Tabellen
## Werte für feste Stoffe Z3

| Stoff | Dichte $\varrho$ kg/dm³ | Schmelz-Temperatur $t$ °C | Siede-Temperatur $t$ °C | Wärme-leitfähigkeit $\lambda$ W/(m K)[1] | spezifische Wärmekapazität $c_p$ kJ/(kg K)[2] |
|---|---|---|---|---|---|
| Lithium | 0,53 | 179 | 1372 | 301,2 | 0,36 |
| Magnesium | 1,74 | 657 | 1110 | 157 | 1,05 |
| Mangan | 7,43 | 1221 | 2150 | . | 0,46 |
| Marmor | 2,6...2,8 | . | . | 2,8 | 0,84 |
| Mennige, Blei- | 8,6...9,1 | . | . | 0,7 | 0,092 |
| Messing, gegossen | 8,4 | 900 | ~1100 | 113 | 0,385 |
| "    , gewalzt | 8,5 | 900 | ~1100 | 113 | 0,385 |
| Molybdän | 10,2 | 2600 | 5500 | 145 | 0,27 |
| Monelmetall | 8,8 | ~1300 | . | 19,7 | 0,43 |
| Natrium | 0,98 | 97,5 | 880 | 126 | 1,26 |
| Neusilber | 8,7 | 1020 | . | 48 | 0,398 |
| Nickel | 8,9 | 1452 | 2730 | 59 | 0,46 |
| Osmium | 22,5 | 2500 | 5300 | . | 0,13 |
| Palladium | 12,0 | 1552 | 2930 | 70,9 | 0,24 |
| Papier | 0,7...1,1 | . | . | 0,14 | 1,336 |
| Paraffin | 0,9 | 52 | 300 | 0,26 | 3,26 |
| Pech | 1,25 | . | . | 0,13 | . |
| Phosphor | 1,82 | 44 | 280 | . | 0,80 |
| "    -bronze | 8,8 | 900 | . | 110 | 0,36 |
| Platin | 21,5 | 1770 | 4400 | 70 | 0,13 |
| Polyamid | 1,1 | . | . | 0,31 | . |
| Polyvinylchlorid | 1,4 | . | . | 0,16 | . |
| Porzellan | 2,2...2,5 | ~1650 | . | ~1 | ~1 |
| Quarz | ~2,5 | ~1500 | 2230 | 9,9 | 0,80 |
| Radium | 5 | 960 | 1140 | . | . |
| Rhenium | 21 | 3175 | ~5500 | 71 | 0,14 |
| Rhodium | 12,3 | 1960 | 2500 | 88 | 0,24 |
| Roheisen | 7,0...7,8 | 1560 | 2500 | 52 | 0,54 |
| Rotguß | 8,8 | 950 | 2300 | 127,9 | 0,381 |
| Rubidium | 1,52 | 39 | 700 | 58 | 0,33 |
| Ruß | 1,6...1,7 | . | . | 0,07 | 0,84 |
| Sand, trocken | 1,4...1,6 | ~1550 | 2230 | 0,58 | 0,80 |
| Sandstein | 2,1...2,5 | ~1500 | . | 2,3 | 0,71 |
| Schamotte | 1,8...2,3 | ~2000 | . | ~1,2 | 0,80 |
| Schiefer | 2,6...2,7 | ~2000 | . | ~0,5 | 0,76 |

[1] 1 W/(m K) = 0,8598 k cal/(h m K)
[2] 1 kJ/(kg K) = 0,2388 k cal/(kg K)

# Tabellen

## Z 4 — Werte für feste Stoffe

| Stoff | Dichte $\varrho$ [kg/dm³] | Schmelz-Temperatur $t$ [°C] | Siede-Temperatur $t$ [°C] | Wärmeleitfähigkeit $\lambda$ [W/(m K)][1)] | spezifische Wärmekapazität $c_p$ [kJ/(kg K)][2)] |
|---|---|---|---|---|---|
| Schmirgel | 4 | 2200 | 3000 | 11,6 | 0,96 |
| Schnee | 0,1 | 0 | 100 | . | 4,187 |
| Schwefel, krist. | 2,0 | 115 | 445 | 0,20 | 0,70 |
| Selen | 4,4 | 220 | 688 | 0,20 | 0,33 |
| Silber | 10,5 | 960 | 2170 | 407 | 0,234 |
| Silizium | 2,33 | 1420 | 2600 | 83 | 0,75 |
| "   -karbid | 3,12 | . | . | 15,2 | 0,67 |
| Stahl, unlegiert | 7,9 | 1460 | 2500 | 47...58 | 0,49 |
| "   ,rostbeständig | 7,9 | 1450 | . | 14 | 0,51 |
| Steatit | 2,6...2,7 | ~1600 | . | ~2 | 0,83 |
| Steinkohle | 1,35 | . | . | 0,24 | 1,02 |
| Strontium | 2,54 | 797 | 1366 | . | 0,23 |
| Talg, Rinder- | 0,9...1,0 | 40...50 | ~350 | . | 0,88 |
| Tantal | 16,6 | 2990 | 4100 | 54 | 0,138 |
| Tellur | 6,25 | 455 | 1300 | 4,9 | 0,201 |
| Thorium | 11,7 | ~1800 | ~4000 | 38 | 0,14 |
| Titan | 4,5 | 1670 | 3200 | 15,5 | 0,47 |
| Tombak | 8,65 | 1000 | ~1300 | 159 | 0,381 |
| Ton, trocken | 1,8...2,1 | ~1600 | . | ~1 | 0,88 |
| Torfmull, trocken | 0,2 | . | . | 0,08 | 1,9 |
| Uran | 19,1 | 1133 | ~3800 | 28 | 0,117 |
| Vanadium | 6,1 | 1890 | ~3300 | 31,4 | 0,50 |
| Vulkanfiber | 1,28 | . | . | 0,21 | 1,26 |
| Wachs | 0,96 | 60 | . | 0,084 | 3,34 |
| Weichgummi | 1,08 | . | . | 0,14...0,24 | . |
| Wismut | 9,8 | 271 | 1560 | 8,1 | 0,13 |
| Wolfram | 19,2 | 3410 | 5900 | 130 | 0,13 |
| Zement, abgeb. | 2...2,2 | . | . | 0,9...1,2 | 1,13 |
| Ziegelmauerwerk | ~1,8 | . | . | 1,0 | 0,92 |
| Zink, gegossen | 6,86 | 419 | 906 | 110 | 0,38 |
| "  , gewalzt | 7,15 | 419 | 906 | 113 | 0,40 |
| "  , spritzgeg. | 6,8 | 393 | ~1000 | 140 | 0,38 |
| Zinn, gegossen | 7,2 | 232 | 2500 | 64 | 0,24 |
| "  , gewalzt | 7,28 | 232 | 2500 | 65 | 0,24 |
| Zirkonium | 6,5 | 1850 | ~3600 | 22 | 0,29 |

[1)] 1 W/(m K) = 0,8598 kcal/(h m K)
[2)] 1 kJ/(kg K) = 0,2388 kcal/(kg K)

# Tabellen

## Werte für flüssige Stoffe

**Z 5**

### Stoffwerte gelten bei folgenden Bedingungen:

**Dichte** $\varrho$ bei $t = 20°C$ und $p = 1,0132$ bar.

**Schmelz- und Siedetemperatur** $t$ bei $p = 1,0132$ bar.

**Wärmeleitfähigkeit** $\lambda$ bei $t = 20°C$. Bei anderen Temperaturen siehe Z 15.

**Spezifische Wärmekapazität** $c_p$ bei dem Temperatur-Bereich $0 < t < 100°C$ und $p = 1,0132$ bar.

| Stoff | Dichte $\varrho$ | Schmelz-Temperatur $t$ | Siede-Temperatur $t$ | Wärmeleitfähigkeit $\lambda$ | spezifische Wärmekapazität $c_p$ |
|---|---|---|---|---|---|
| | kg/dm³ | °C | °C | W/(m K)[1] | kJ/(kg K)[2] |
| Äthyläther | 0,713 | −116 | 35 | 0,13 | 2,28 |
| Äthylalkohol | 0,79 | −110 | 78,4 | . | 2,38 |
| Azeton | 0,791 | − 95 | 56 | 0,16 | 2,22 |
| Benzin | ~0,73 | −30...−50 | 25...210 | 0,13 | 2,02 |
| Benzol | 0,879 | 5,5 | 80 | 0,15 | 1,70 |
| Chloroform | 1,490 | − 70 | 61 | . | . |
| Dieselkraftstoff | ~0,83 | − 30 | 150...300 | 0,15 | 2,05 |
| Essigsäure | 1,04 | 16,8 | 118 | . | . |
| Flußsäure | 0,987 | − 92,5 | 19,5 | . | . |
| Glyzerin | 1,260 | 19 | 290 | 0,29 | 2,37 |
| Heizöl EL | ~0,83 | − 10 | >175 | 0,14 | 2,07 |
| Leinöl | 0,93 | − 15 | 316 | 0,17 | 1,88 |
| Methylalkohol | 0,8 | − 98 | 66 | . | 2,51 |
| Perchloräthylen | 1,62 | − 20 | 119 | . | 0,904 |
| Petroläther | 0,66 | −160 | > 40 | 0,14 | 1,76 |
| Petroleum | 0,81 | − 70 | >150 | 0,13 | 2,16 |
| Quecksilber | 13,55 | − 38,9 | 357 | 10 | 0,138 |
| Rüböl | 0,91 | 0 | 300 | 0,17 | 1,97 |
| Salpeters. konz. | 1,51 | − 41 | 84 | 0,26 | 1,72 |
| Salzsäure, 40% | 1,20 | . | . | . | . |
| Schmieröl | 0,91 | − 20 | >360 | 0,13 | 2,09 |
| Schwefels. konz. | 1,83 | ~10 | 338 | 0,47 | 1,42 |
| "    " , 50% | 1,40 | . | . | . | . |
| Trafoöl | 0,88 | − 30 | 170 | 0,13 | 1,88 |
| Trichloräthylen | 1,463 | − 86 | 87 | 0,12 | 0,93 |
| Toluol | 0,867 | − 95 | 110 | 0,14 | 1,67 |
| Wasser | 0,998 | 0 | 100 | 0,60 | 4,187 |

[1] 1 W/(m K) = 0,8598 kcal/(h m K)
[2] 1 kJ/(kg K) = 0,2388 kcal/(kg K)

# Z 6 — Tabellen
## Werte für gasförmige Stoffe

**Stoffwerte gelten bei folgenden Bedingungen:**

**Dichte** $\varrho$ bei $t = 0°C$ und $p = 1{,}0132$ bar. Wenn sich Gase ideal verhalten, kann bei anderen Drücken und/oder anderen Temperaturen $\varrho$ berechnet werden aus: $\varrho = p/(R \cdot T)$.
**Schmelz- und Siedetemperatur** $t$ bei $p = 1{,}0132$ bar.
**Wärmeleitfähigkeit** $\lambda$ bei $t = 0°C$ und $p = 1{,}0132$ bar. Bei anderen Temperaturen siehe Z 15.
**Spezifische Wärmekapazität** $c_p$ und $c_v$ bei $t = 0°C$ und $p = 1{,}0132$ bar. $c_p$ bei anderen Temperaturen siehe Z 13.

| Stoff | Dichte $\varrho$ | Schmelz-temperatur $t$ | Siede-temperatur $t$ | Wärme-leitfähigkeit $\lambda$ | Spez. Wärmekapazität $c_p$ | $c_v$ |
|---|---|---|---|---|---|---|
|  | kg/m³ | °C | °C | W/(m K)[1] | kJ/(kg K)[3] |  |
| Äthylen | 1,26 | −169,5 | −103,7 | 0,017 | 1,47 | 1,173 |
| Ammoniak | 0,77 | − 77,9 | − 33,4 | 0,022 | 2,056 | 1,568 |
| Argon | 1,78 | −189,3 | −185,9 | 0,016 | 0,52 | 0,312 |
| Azethylen | 1,17 | − 83 | − 81 | 0,018 | 1,616 | 1,300 |
| Butan, n- | 2,70 | −135 | 1 | . | . | . |
| Butan, iso- | 2,67 | −145 | − 10 | . | . | . |
| Chlor | 3,17 | −100,5 | − 34,0 | 0,0081 | 0,473 | 0,36 |
| Chlorwasserstoff | 1,63 | −111,2 | − 84,8 | 0,013 | 0,795 | 0,567 |
| Gichtgas | 1,28 | −210 | −170 | 0,02 | 1,05 | 0,75 |
| Helium | 0,18 | −270,7 | −268,9 | 0,143 | 5,20 | 3,121 |
| Kohlendioxid | 1,97 | − 78,2 | − 56,6 | 0,015 | 0,816 | 0,627 |
| Kohlenmonoxid | 1,25 | −205,0 | −191,6 | 0,023 | 1,038 | 0,741 |
| Krypton | 3,74 | −157,2 | −153,2 | 0,0088 | 0,25 | 0,151 |
| Leuchtgas | ~0,58 | −230 | −210 |  | 2,14 | 1,59 |
| Luft, trocken | 1,293 | −213 | −192,3 | 0,02454 | 1,005 | 0,718 |
| Methan | 0,72 | −182,5 | −161,5 | 0,030 | 2,19 | 1,672 |
| Neon | 0,90 | −248,6 | −246,1 | 0,046 | 1,03 | 0,618 |
| Ozon | 2,14 | −251 | −112 | . | . | . |
| Propan | 2,01 | −187,7 | − 42,1 | 0,015 | 1,549 | 1,360 |
| Sauerstoff | 1,43 | −218,8 | −182,9 | 0,024 | 0,909 | 0,649 |
| Schwef.kohl.st. | 3,40 | −111,5 | 46,3 | 0,0069 | 0,582 | 0,473 |
| "   . "  dioxid | 2,92 | − 75,5 | − 10,0 | 0,0086 | 0,586 | 0,456 |
| "      "  was.st. | 1,54 | − 85,6 | − 60,4 | 0,013 | 0,992 | 0,748 |
| Stickstoff | 1,25 | −210,5 | −195,7 | 0,024 | 1,038 | 0,741 |
| Wasserdampf[2] | 0,77 | 0,00 | 100,00 | 0,016 | 1,842 | 1,381 |
| Wasserstoff | 0,09 | −259,2 | −252,8 | 0,171 | 14,05 | 9,934 |
| Xenon | 5,86 | −111,9 | −108,0 | 0,0051 | 0,16 | 0,097 |

[1] 1 W/(m K) = 0,8598 kcal/(h m K)
[2] bei $t = 100°C$
[3] 1 kJ/(kg K) = 0,2388 kcal/(kg K)

# Tabellen

Reibungszahlen

**Z 7**

## Reibungszahlen der Gleit- und Haftreibung

| Werkstoff | auf Werkstoff | Gleitreibung $\mu$ trocken | mit Wasser | geschmiert | Haftreibung $\mu_0$ trocken | mit Wasser | geschmiert |
|---|---|---|---|---|---|---|---|
| Bronze | Bronze | 0,20 | 0,10 | 0,06 | | | 0,11 |
| | Grauguß | 0,18 | | 0,08 | | | |
| | Stahl | 0,18 | | 0,07 | 0,19 | | 0,10 |
| Eiche | Eiche ‖ | 0,20...0,40 | 0,10 | 0,05...0,15 | 0,40...0,60 | | 0,18 |
| | Eiche + | 0,15...0,35 | 0,08 | 0,04...0,12 | 0,50 | | |
| Grauguß | Grauguß | | 0,31 | 0,10 | | | 0,16 |
| | Stahl | 0,17...0,24 | | 0,02...0,05 | 0,18...0,24 | | 0,10 |
| Gummi | Asphalt | 0,50 | 0,30 | 0,20 | | | |
| | Beton | 0,60 | 0,50 | 0,30 | | | |
| Hanfseil | Holz | | | | 0,50 | | |
| Lederriemen | Eiche | 0,40 | | | 0,50 | | |
| | Grauguß | | 0,40 | | 0,40 | 0,50 | 0,12 |
| Stahl | Eiche | 0,20...0,50 | 0,26 | 0,02...0,10 | 0,50...0,60 | | 0,11 |
| | Eis | 0,014 | | | 0,027 | | |
| | Stahl | 0,10...0,30 | | 0,02...0,08 | 0,15...0,30 | | 0,10 |
| | PE-W [1] | 0,40...0,50 | | | | | |
| | PTFE [2] | 0,03...0,05 | | | | | |
| | PA 66 [3] | 0,30...0,50 | | | 0,10 | | |
| | POM [4] | 0,35...0,45 | | | | | |
| PE-W [1] | PE-W [1] | 0,50...0,70 | | | | | |
| PTFE [2] | PTFE [2] | 0,035...0,055 | | | | | |
| POM [4] | POM [4] | 0,40...0,50 | | | | | |

## Rollende Reibung

| Werkstoff-Paarung | Hebelarm $f$ der Rollreibungskraft in mm |
|---|---|
| Gummi auf Asphalt | 0,10 |
| Gummi auf Beton | 0,15 |
| Pockholz auf Pockholz | 0,50 |
| Stahl auf Stahl (hart: Wälzlager) | 0,005...0,01 |
| Stahl auf Stahl (weich) | 0,05 |
| Ulmenholz auf Pockholz | 0,8 |

‖ : Bewegung in Richtung der Faser beider Körper
+ : Bewegung senkrecht gegen Faser des gleitenden Körpers

[1] Polyethylene mit Weichmacher (z. B. Lupolen von BASF)
[2] Polytetraflourethylen (z. B. Teflon C 126 von Dupont)
[3] Polyamid (z. B. Ultramit CA von BASF)
[4] Polyoxymethylen (z. B. Hostaflon C 2520 von Hoechst)

# Tabellen

**Z 8** — Widerstandszahlen $\zeta = f(Re, \frac{k}{d})$

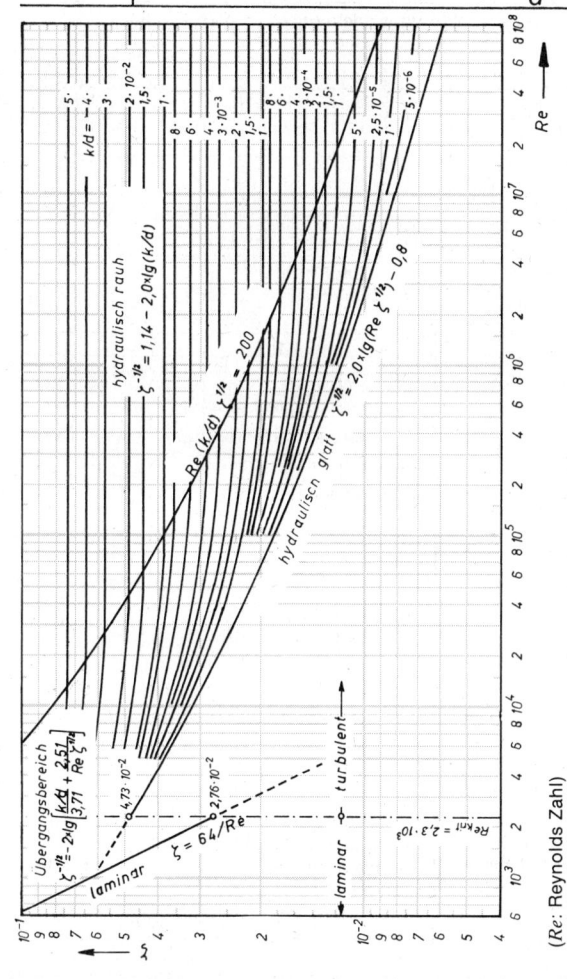

*(Re: Reynolds Zahl)*

**Anmerkung:** Für nicht kreisförmige Rohre ist $k/d$ durch $k/d_h$ zu ersetzen.

# Tabellen
## Werte für Hydrodynamik | Z 9

### Verzinkte Wasserleitungsrohre nach DIN 2444
(Näherungswerte)

| Gewinde-Durchmesser | | R⅛ | R¼ | R⅜ | R½ | R¾ | R1 | R1¼ | R1½ | R2 |
|---|---|---|---|---|---|---|---|---|---|---|
| Gangzahl/Zoll | | 28 | 19 | 19 | 14 | 14 | 11 | 11 | 11 | 11 |
| Außen-Durchmesser | mm | 10,2 | 13,5 | 17,2 | 21,3 | 26,9 | 33,7 | 42,4 | 48,3 | 60,3 |
| Innen-Durchmesser | mm | 6,2 | 8,8 | 12,3 | 16 | 21,6 | 27,2 | 35,9 | 41,8 | 53 |
| Fließ-Querschnitt | mm$^2$ | 30 | 61 | 123 | 200 | 366 | 581 | 1012 | 1371 | 2205 |
| Verhältnis zum Fließquerschnitt R½ | | 0,15 | 0,3 | 0,6 | 1 | 1,8 | 2,9 | 5 | 6,8 | 11 |

### Rauhigkeit $k$
(nach Richter, Rohrhydraulik)

| Werkstoff und Rohrart | Zustand | $k$ in mm |
|---|---|---|
| Nahtlose Stahlrohre gewalzt oder gezogen neu (handelsüblich) | typische Walzhaut | 0,02...0,06 |
| | gebeizt | 0,03...0,04 |
| | sauber verzinkt (Tauchverfahren) | 0,07...0,10 |
| | handelsübl. Verzinkung | 0,10...0,16 |
| Stahlrohre, gebraucht | gleichmäßige Rostnarben | etwa 0,15 |
| | mäßig verrostet, leichte Verkrustung | 0,15...0,4 |
| | mittelstarke Verkrustung | etwa 1,5 |
| | starke Verkrustung | 2...4 |
| | nach längerem Gebrauch gereinigt | 0,15...0,20 |
| Gußeiserne Rohre | neu, typische Gußhaut | 0,2 ...0,6 |
| | neu, bituminiert | 0,1 ...0,13 |
| | gebraucht, angerostet | 1 ...1,5 |
| | verkrustet | 1,5 ...4 |
| | nach mehrjährigem Betrieb gereinigt | 0,3 ...1,5 |
| | Mittelwert in städtischen Kanalisationsanlagen | 1,2 |
| | stark verrostet | 4,5 |
| Aus Stahlblech gefalzte oder genietete Rohre | neu, gefalzt | etwa 0,15 |
| | neu, je nach Nietart u. Ausführung, leichte Nietung | etwa 1 |
| | schwere Nietung | bis 9 |
| | 25 Jahre altes, stark verkrustetes, genietetes Rohr | 12,5 |

# Tabellen
## Wärmetechnische Werte

### Massebezogene Schmelzwärme $l_f$

| Stoff | kJ/kg | Stoff | kJ/kg | Stoff | kJ/kg |
|---|---|---|---|---|---|
| Aluminium | 377 | Kadmium | 46 | Phenol | 109 |
| Antimon | 164 | Kalium | 59 | Platin | 113 |
| Äthyläther | 113 | Kobalt | 243 | Quecksilber | 11,7 |
| Blei | 23 | Kupfer | 172 | Schwefel | 38 |
| Chrom | 134 | Mangan | 155 | Silber | 109 |
| Eis | 335 | Messing | 168 | Stahl | 205 |
| Glyzerin | 176 | Naphtalin | 151 | Woodmetall | 33,5 |
| Gold | 67 | Nickel | 234 | Zink | 117 |
| Gußeisen | 126 | Paraffin | 147 | Zinn | 59 |

### Massebezogene Verdampfungswärme $l_d$
bei 1,0132 bar (= 760 Torr)

| Stoff | kJ/kg | Stoff | kJ/kg | Stoff | kJ/kg |
|---|---|---|---|---|---|
| Ammoniak | 1410 | Kohlendioxid | 595 | Stickstoff | 201 |
| Alkohol | 880 | Quecksilber | 281 | Toluol | 365 |
| Chlor | 293 | Sauerstoff | 214 | Wasser | 2250 |
| Chlormethyl | 406 | Schwefeldioxid | 402 | Wasserstoff | 503 |

### Heizwert $Hu$
(Mittelwerte)

| feste Stoffe | $Hu$ MJ/kg | flüssige Stoffe | $Hu$ MJ/kg | gasförmige Stoffe | $Hu$ MJ/kg | $Hu$ MJ/m³ |
|---|---|---|---|---|---|---|
| Anthrazit | 33,4 | Äthylalkohol | 26,9 | Acetylen | 48,2 | 56,4 |
| Braunkohle | 9,6 | Benzol | 40,2 | Butan | 45,3 | 122,3 |
| Fettkohle | 31,0 | Dieselkraftstoff | 42,1 | Erdgas, trock.* | 40,9 | 32,7 |
| Gaskoks | 29,2 | Heizöl EL | 41,8 | Gichtgas | 4,1 | 5,2 |
| Holz, trocken | 13,3 | Kfz-Benzin | 42,5 | Methan | 50,0 | 36,0 |
| Magerkohle | 31,0 | Methylalkohol | 19,5 | Propan | 46,3 | 93,1 |
| Torf, trocken | 14,6 | Petroleum | 40,8 | Stadtgas | 18,3 | 11,3 |
| Zechenkoks | 30,1 | Spiritus (95%) | 25,0 | Wasserstoff | 119,9 | 10,8 |

*Herkunft: Deutschland (Weser/Ems)

1 kWh = 3,6 MJ (s. a. A 3)

# Tabellen
## Wärmetechnische Werte — Z 11

### Längen-Ausdehnungskoeffizient $\alpha$ in 1/K
bei $t = 0 \dots 100\,°C$

| Stoff | $\alpha/10^{-6}$ | Stoff | $\alpha/10^{-6}$ | Stoff | $\alpha/10^{-6}$ |
|---|---|---|---|---|---|
| Aluminium | 23,8 | Messing | 18,5 | Quarzglas | 0,5 |
| Blei | 29,0 | Molybdän | 5,2 | Silber | 19,7 |
| Bronze | 17,5 | Neusilber | 18,0 | Stahl, Fluß- | 12,0 |
| Gold | 14,2 | Nickel | 13,0 | Steatit | 8,5 |
| Gußeisen | 10,5 | Nickelstahl | 1,5 | Wismut | 13,5 |
| Kadmium | 30,0 | = Invar mit 36% Ni | | Wolfram | 4,5 |
| Konstantan | 15,2 | Platin | 9,0 | Zink | 30,0 |
| Kupfer | 16,5 | Porzellan | 4,0 | Zinn | 23,0 |

### Volumen-Ausdehnungskoeffizient $\gamma$ in 1/K
bei $t = 15\,°C$

| Stoff | $\gamma/10^{-3}$ | Stoff | $\gamma/10^{-3}$ | Stoff | $\gamma/10^{-3}$ |
|---|---|---|---|---|---|
| Alkohol | 1,1 | Glyzerin | 0,5 | Terpentinöl | 1,0 |
| Äther | 1,6 | Petroleum | 1,0 | Toluol | 1,08 |
| Benzin | 1,0 | Quecksilber | 0,18 | Wasser | 0,18 |

### Wärmedurchgangskoeffizient $k$ in W/(m²K)
(Näherungswerte bei beiderseits leicht bewegter Luft)

| Stoff | 3 | 10 | 20 | 50 | 100 | 120 | 250 | 380 | 510 |
|---|---|---|---|---|---|---|---|---|---|
| Eisenbeton | | | | 4,3 | 3,7 | 3,5 | 2,4 | | |
| Porenbeton (Gasbeton) | | | | | | | | | |
| $\sigma_d = 2{,}45$ N/mm² | | | | | | 1,2 | 0,7 | 0,5 | |
| $\sigma_d = 4{,}9$ N/mm² | | | | | | 1,6 | 0,9 | 0,7 | |
| $\sigma_d = 7{,}35$ N/mm² | | | | | | 1,7 | 1,0 | 0,7 | |
| Glas | 5,8 | 5,3 | | | | | | | |
| Glas-, Steinwolle Hartschaum | 4,1 | 2,4 | 1,5 | 0,7 | 0,4 | | | | |
| Holzwand | | | | 3,8 | 2,4 | 1,8 | 1,7 | | |
| Kalksandstein | | | | | | 3,1 | 2,2 | 1,7 | 1,4 |
| Kiesbeton | | | | 4,1 | 3,6 | 3,4 | 2,2 | 1,7 | 1,4 |
| Schlackenbetonst. | | | | | | 2,7 | 1,7 | 1,4 | 1,0 |
| Ziegelstein | | | | | | 2,9 | 2,0 | 1,5 | 1,3 |

| | |
|---|---|
| Wärmedämmglas, 2- bzw. 3-fach | 2,6 bzw. 1,9 |
| Einfachfenster | 5,8 |
| Doppelfenster, 20 mm Scheibenabstand, verkittet[x)] | 2,9 |
| Doppelfenster, 120 mm Scheibenabstand, verkittet[x)] | 2,3 |
| Ziegeldach, ohne bzw. mit Fugendichtung | 11,6 bzw. 5,8 |

[x)] auch für Fensterflügel mit abgedichteten Luftspalten

# Tabellen
## Wärmetechnische Werte

### Gaskonstante $R$ und Molmasse $M$

| Stoff | $R$ in $\frac{J}{kg\,K}$ | $M$ in $\frac{kg}{kmol}$ | Stoff | $R$ in $\frac{J}{kg\,K}$ | $M$ in $\frac{kg}{kmol}$ |
|---|---|---|---|---|---|
| Ammoniak | 488 | 17 | Sauerstoff | 260 | 32 |
| Azetylen | 319 | 26 | Stickstoff | 297 | 28 |
| Kohlenmonoxid | 297 | 28 | Schwefeldioxid | 130 | 64 |
| Kohlendioxid | 189 | 44 | Wasserdampf | 462 | 18 |
| Luft | 287 | 29 | Wasserstoff | 4124 | 2 |

### Strahlungskonstante $C$ bei 20°C

| Stoff | $C$ in $W/(m^2 K^4)$ | Stoff | $C$ in $W/(m^2 K^4)$ |
|---|---|---|---|
| Silber, poliert | $0{,}17 \cdot 10^{-8}$ | Kupfer, oxidiert | $3{,}60 \cdot 10^{-8}$ |
| Aluminium, poliert | $0{,}23 \cdot 10^{-8}$ | Wasser | $3{,}70 \cdot 10^{-8}$ |
| Kupfer, poliert | $0{,}28 \cdot 10^{-8}$ | Holz, gehobelt | $4{,}40 \cdot 10^{-8}$ |
| Messing, poliert | $0{,}28 \cdot 10^{-8}$ | Porzellan, glasiert | $5{,}22 \cdot 10^{-8}$ |
| Zink, poliert | $0{,}28 \cdot 10^{-8}$ | Glas, glatt | $5{,}30 \cdot 10^{-8}$ |
| Stahl, poliert | $0{,}34 \cdot 10^{-8}$ | Mauerwerk | $5{,}30 \cdot 10^{-8}$ |
| Zinn, poliert | $0{,}34 \cdot 10^{-8}$ | Ruß, glatt | $5{,}30 \cdot 10^{-8}$ |
| Aluminium, matt | $0{,}40 \cdot 10^{-8}$ | Zink, matt | $5{,}30 \cdot 10^{-8}$ |
| Nickel, poliert | $0{,}40 \cdot 10^{-8}$ | Stahl, matt | $5{,}40 \cdot 10^{-8}$ |
| Messing, matt | $1{,}25 \cdot 10^{-8}$ | absolut | |
| Eis | $3{,}60 \cdot 10^{-8}$ | schwarze Fläche | $5{,}67 \cdot 10^{-8}$ |

### Dynamische Viskosität $\eta$ von Motorölen in $N\,s/m^2$ [*] bei 1,0132 bar

| | $t$ in °C | 0 | 20 | 50 | 100 |
|---|---|---|---|---|---|
| SAE | 10 | 0,31 | 0,079 | 0,020 | 0,005 |
| | 20 | 0,72 | 0,170 | 0,033 | 0,007 |
| | 30 | 1,53 | 0,310 | 0,061 | 0,010 |
| | 40 | 2,61 | 0,430 | 0,072 | 0,012 |
| | 50 | 3,82 | 0,630 | 0,097 | 0,015 |

[*] $1\,N\,s/m^2 = 1\,kg/(m\,s) = 1\,Pa\,s = 1000\,cP$

# Tabellen
Wärmetechnische Werte | Z 13

**Mittlere spezifische Wärmekapazität $c_{pm}\big|_0^t$ idealer Gase in kJ/(kg K) als Funktion der Temperatur**

| $t$ °C | CO | $CO_2$ | $H_2$ | $H_2O$ | $N_2$ rein | $N_2$ aus Luft | $O_2$ | $SO_2$ | Luft |
|---|---|---|---|---|---|---|---|---|---|
| 0 | 1,039 | 0,8205 | 14,38 | 1,858 | 1,039 | 1,026 | 0,9084 | 0,607 | 1,004 |
| 100 | 1,041 | 0,8689 | 14,40 | 1,874 | 1,041 | 1,031 | 0,9218 | 0,637 | 1,007 |
| 200 | 1,046 | 0,9122 | 14,42 | 1,894 | 1,044 | 1,035 | 0,9355 | 0,663 | 1,013 |
| 300 | 1,054 | 0,9510 | 14,45 | 1,918 | 1,049 | 1,041 | 0,9500 | 0,687 | 1,020 |
| 400 | 1,064 | 0,9852 | 14,48 | 1,946 | 1,057 | 1,048 | 0,9646 | 0,707 | 1,029 |
| 500 | 1,075 | 1,016 | 14,51 | 1,976 | 1,066 | 1,057 | 0,9791 | 0,721 | 1,039 |
| 600 | 1,087 | 1,043 | 14,55 | 2,008 | 1,076 | 1,067 | 0,9926 | 0,740 | 1,050 |
| 700 | 1,099 | 1,067 | 14,59 | 2,041 | 1,087 | 1,078 | 1,005 | 0,754 | 1,061 |
| 800 | 1,110 | 1,089 | 14,64 | 2,074 | 1,098 | 1,088 | 1,016 | 0,765 | 1,072 |
| 900 | 1,121 | 1,109 | 14,71 | 2,108 | 1,108 | 1,099 | 1,026 | 0,776 | 1,082 |
| 1000 | 1,131 | 1,126 | 14,78 | 2,142 | 1,118 | 1,108 | 1,035 | 0,784 | 1,092 |
| 1100 | 1,141 | 1,143 | 14,85 | 2,175 | 1,128 | 1,117 | 1,043 | 0,791 | 1,100 |
| 1200 | 1,150 | 1,157 | 14,94 | 2,208 | 1,137 | 1,126 | 1,051 | 0,798 | 1,109 |
| 1300 | 1,158 | 1,170 | 15,03 | 2,240 | 1,145 | 1,134 | 1,058 | 0,804 | 1,117 |
| 1400 | 1,166 | 1,183 | 15,12 | 2,271 | 1,153 | 1,142 | 1,065 | 0,810 | 1,124 |
| 1500 | 1,173 | 1,195 | 15,21 | 2,302 | 1,160 | 1,150 | 1,071 | 0,815 | 1,132 |
| 1600 | 1,180 | 1,206 | 15,30 | 2,331 | 1,168 | 1,157 | 1,077 | 0,820 | 1,138 |
| 1700 | 1,186 | 1,216 | 15,39 | 2,359 | 1,174 | 1,163 | 1,083 | 0,824 | 1,145 |
| 1800 | 1,193 | 1,225 | 15,48 | 2,386 | 1,181 | 1,169 | 1,089 | 0,829 | 1,151 |
| 1900 | 1,198 | 1,233 | 15,56 | 2,412 | 1,186 | 1,175 | 1,094 | 0,834 | 1,156 |
| 2000 | 1,204 | 1,241 | 15,65 | 2,437 | 1,192 | 1,180 | 1,099 | 0,837 | 1,162 |
| 2100 | 1,209 | 1,249 | 15,74 | 2,461 | 1,197 | 1,186 | 1,104 | | 1,167 |
| 2200 | 1,214 | 1,256 | 15,82 | 2,485 | 1,202 | 1,191 | 1,109 | | 1,172 |
| 2300 | 1,218 | 1,263 | 15,91 | 2,508 | 1,207 | 1,195 | 1,114 | | 1,176 |
| 2400 | 1,222 | 1,269 | 15,99 | 2,530 | 1,211 | 1,200 | 1,118 | | 1,181 |
| 2500 | 1,226 | 1,275 | 16,07 | 2,552 | 1,215 | 1,204 | 1,123 | | 1,185 |
| 2600 | 1,230 | 1,281 | 16,14 | 2,573 | 1,219 | 1,207 | 1,127 | | 1,189 |
| 2700 | 1,234 | 1,286 | 16,22 | 2,594 | 1,223 | 1,211 | 1,131 | | 1,193 |
| 2800 | 1,237 | 1,292 | 16,28 | 2,614 | 1,227 | 1,215 | 1,135 | | 1,196 |
| 2900 | 1,240 | 1,296 | 16,35 | 2,633 | 1,230 | 1,218 | 1,139 | | 1,200 |
| 3000 | 1,243 | 1,301 | 16,42 | 2,652 | 1,233 | 1,221 | 1,143 | | 1,203 |

Umgerechnet aus Angaben in E. Schmidt:
Einführung in die Technische Thermodynamik, 11. Auflage, Berlin/Göttingen/Heidelberg: Springer 1975.

# Z 14 — Tabellen
## Wärmetechnische Werte

### Flüssigkeiten *)

| Stoff | $t$ (°C) | $\varrho$ (kg/m³) | $c_p$ (kJ/kg K) | $\lambda$ (W/m K) | $10^6 \eta$ (Pa s) | $Pr$ (—) |
|---|---|---|---|---|---|---|
| Wasser | 0 | 999,8 | 4,217 | 0,5620 | 1791,8 | 13,44 |
|  | 20 | 998,3 | 4,182 | 0,5996 | 1002,6 | 6,99 |
|  | 50 | 988,1 | 4,181 | 0,6405 | 547,1 | 3,57 |
|  | 100 | 958,1 | 4,215 | 0,6803 | 281,7 | 1,75 |
|  | 200 | 864,7 | 4,494 | 0,6685 | 134,6 | 0,90 |
| Oktan $C_8H_{18}$ | −25 | 738 | 2,064 | 0,144 | 1020 | 14,62 |
|  | 0 | 719 | 2,131 | 0,137 | 714 | 11,11 |
| Ethanol $C_2H_5OH$ | −25 | — | 2,093 | 0,183 | 3241 | 37,07 |
|  | 0 | 806 | 2,232 | 0,177 | 1786 | 22,52 |
|  | 20 | 789 | 2,395 | 0,173 | 1201 | 16,63 |
|  | 50 | 763 | 2,801 | 0,165 | 701 | 11,90 |
|  | 100 | 716 | 3,454 | 0,152 | 326 | 7,41 |
| Benzol $C_6H_6$ | 20 | 879 | 1,729 | 0,144 | 649 | 7,79 |
|  | 50 | 847 | 1,821 | 0,134 | 436 | 5,93 |
|  | 100 | 793 | 1,968 | 0,127 | 261 | 4,04 |
|  | 200 | 661 | — | 0,108 | 113 | — |
| Toluol $C_7H_8$ | 0 | 885 | 1,612 | 0,144 | 773 | 8,65 |
|  | 20 | 867 | 1,717 | 0,141 | 586 | 7,14 |
|  | 50 | 839 | 1,800 | 0,136 | 419 | 5,55 |
|  | 100 | 793 | 1,968 | 0,128 | 269 | 4,14 |
|  | 200 | 672 | 2,617 | 0,108 | 133 | 3,22 |
| Schwefeldioxid $SO_2$ | 0 | 1435 | 1,33 | 0,212 | 368 | 2,31 |
|  | 20 | 1383 | 1,37 | 0,199 | 304 | 2,09 |
|  | 50 | 1296 | 1,48 | 0,177 | 234 | 1,96 |
| Ammoniak $NH_3$ | −50 | 695 | 4,45 | 0,547 | 317 | 2,58 |
|  | 0 | 636 | 4,61 | 0,540 | 169 | 1,44 |
|  | 20 | 609 | 4,74 | 0,521 | 138 | 1,26 |
|  | 50 | 561 | 5,08 | 0,477 | 103 | 1,10 |
| Spindelöl | 20 | 871 | 1,85 | 0,144 | 13060 | 168 |
|  | 50 | 852 | 2,06 | 0,143 | 5490 | 79 |
|  | 100 | 820 | 2,19 | 0,139 | 2000 | 32 |
| Trafoöl | 20 | 866 | — | 0,124 | 31609 | 482 |
|  | 60 | 842 | 2,09 | 0,122 | 7325 | 125 |
|  | 100 | 818 | 2,29 | 0,119 | 3108 | 60 |
| Quecksilber Hg | 0 | 13546 | 0,139 | 9,304 | 1558 | 0,02 |
| Glyzerin $C_3H_8O_3$ | 20 | 1260 | 2,366 | 0,286 | $1,5 \times 10^6$ | $1,24 \times 10^4$ |

\*) Erläuterung der Formelzeichen siehe O 11

# Tabellen
## Wärmetechnische Werte

**Z 15**

### Gase (für 1000 mbar) *)

| Stoff | $t$ | $\varrho$ | $c_p$ | $\lambda$ | $10^6 \eta$ | $Pr$ |
|---|---|---|---|---|---|---|
| | °C | $\frac{kg}{m^3}$ | $\frac{kJ}{kg\,K}$ | $\frac{W}{m\,K}$ | Pa s | – |
| Luft (trocken) | −20 | 1,377 | 1,006 | 0,023 | 16,15 | 0,71 |
| | 0 | 1,275 | 1,006 | 0,025 | 17,10 | 0,70 |
| | 20 | 1,188 | 1,007 | 0,026 | 17,98 | 0,70 |
| | 100 | 0,933 | 1,012 | 0,032 | 21,60 | 0,69 |
| | 200 | 0,736 | 1,026 | 0,039 | 25,70 | 0,68 |
| | 400 | 0,517 | 1,069 | 0,053 | 32,55 | 0,66 |
| Kohlendioxid $CO_2$ | −30 | 2,199 | 0,800 | 0,013 | 12,28 | 0,78 |
| | 0 | 1,951 | 0,827 | 0,015 | 13,75 | 0,78 |
| | 25 | 1,784 | 0,850 | 0,016 | 14,98 | 0,78 |
| | 100 | 1,422 | 0,919 | 0,022 | 18,59 | 0,77 |
| | 200 | 1,120 | 0,997 | 0,030 | 26,02 | 0,76 |
| Chlor Cl | 0 | 3,13 | 0,473 | 0,0081 | 12,3 | 0,72 |
| | 25 | 2,87 | 0,477 | 0,0093 | 13,4 | 0,69 |
| | 100 | 2,29 | 0,494 | 0,012 | 16,8 | 0,69 |
| Ammoniak $NH_3$ | 0 | 0,76 | 2,056 | 0,022 | 9,30 | 0,87 |
| | 25 | 0,70 | 2,093 | 0,024 | 10,0 | 0,87 |
| | 100 | 0,56 | 2,219 | 0,033 | 12,8 | 0,86 |
| | 200 | 0,44 | 2,366 | 0,047 | 16,5 | 0,83 |
| Sauerstoff $O_2$ | −50 | 1,73 | 0,903 | – | 16,3 | – |
| | 0 | 1,41 | 0,909 | 0,024 | 19,2 | 0,73 |
| | 25 | 1,29 | 0,913 | 0,026 | 20,3 | 0,71 |
| | 100 | 1,03 | 0,934 | 0,032 | 24,3 | 0,71 |
| | 200 | 0,81 | 0,963 | 0,039 | 28,8 | 0,71 |
| Schwefeldioxid $SO_2$ | 0 | 2,88 | 0,586 | 0,0086 | 11,7 | 0,80 |
| | 25 | 2,64 | 0,607 | 0,0099 | 12,8 | 0,78 |
| | 100 | 2,11 | 0,662 | 0,014 | 16,3 | 0,77 |
| Stickstoff $N_2$ | 0 | 1,23 | 1,038 | 0,024 | 16,6 | 0,72 |
| | 25 | 1,13 | 1,038 | 0,026 | 17,8 | 0,71 |
| | 100 | 0,90 | 1,038 | 0,031 | 20,9 | 0,70 |
| | 200 | 0,71 | 1,047 | 0,037 | 24,7 | 0,70 |
| Wasserstoff $H_2$ | −50 | 0,11 | 13,50 | 0,141 | 7,34 | 0,70 |
| | 0 | 0,09 | 14,05 | 0,171 | 8,41 | 0,69 |
| | 25 | 0,08 | 14,34 | 0,181 | 8,92 | 0,71 |
| | 100 | 0,07 | 14,41 | 0,211 | 10,4 | 0,71 |
| | 200 | 0,05 | 14,41 | 0,249 | 12,2 | 0,71 |
| Wasserdampf (bei Sättigung) | 0 | 0,0049 | 1,864 | 0,0165 | 9,22 | 1,041 |
| | 50 | 0,0830 | 1,907 | 0,0203 | 10,62 | 0,999 |
| | 100 | 0,5974 | 2,034 | 0,0248 | 12,28 | 1,007 |
| | 200 | 7,865 | 2,883 | 0,0391 | 15,78 | 1,163 |
| | 300 | 46,255 | 6,144 | 0,0718 | 19,74 | 1,688 |

*) Erläuterung der Formelzeichen siehe O 11

## Z 16 — Tabellen
### Festigkeitswerte in N/mm² *)

| Werkstoff | DIN | E-Modul N/mm² | Zugfestigkeit $R_m$ | Streckgrenze; 0,2-Grenze $R_e$; $R_{p0,2}$ | Zug-Druck W- $\sigma_{zdW}$ | Zug-Druck Sch- $\sigma_{zdSch}$ | Dauerfestigkeitswerte Biegung W- $\sigma_{bW}$ | Biegung Sch- $\sigma_{bSch}$ | Torsion W- $\tau_{tW}$ | Torsion Sch- $\tau_{tSch}$ | $d$ mm |
|---|---|---|---|---|---|---|---|---|---|---|---|
| St 37–2 | 17100 | 210000 | 340 | 235 | 150 | 235 | 170 | 290 | 100 | 140 | |
| St 44–2 | 17100 | 210000 | 410 | 275 | 180 | 275 | 200 | 350 | 120 | 160 | |
| St 50–2 | 17100 | 210000 | 470 | 295 | 210 | 295 | 240 | 410 | 140 | 170 | |
| St 60–2 | 17100 | 210000 | 570 | 335 | 250 | 335 | 280 | 470 | 160 | 190 | |
| St 70–2 | 17100 | 210000 | 670 | 360 | 300 | 365 | 330 | 510 | 190 | 210 | |
| C 45 V | 17200 | 205000 | 650 | 430 | 290 | 390 | 350 | 530 | 170 | 210 | >16...≦ 40 |
| C 45 V | 17200 | 205000 | 630 | 370 | 280 | 350 | 310 | 520 | 170 | 210 | >40...≦100 |
| 41 Cr 4 V | 17200 | 207000 | 900 | 660 | 360 | 550 | 400 | 690 | 230 | 320 | >16...≦ 40 |
| 42 Cr Mo 4 V | 17200 | 205000 | 1000 | 750 | 400 | 700 | 450 | 770 | 260 | 400 | >16...≦ 40 |
| 42 Cr Mo 4 V | 17200 | 205000 | 900 | 650 | 400 | 700 | 450 | 770 | 260 | 400 | >40...≦100 |
| GGG-40 | 1693 | 165000 | 400 | 250 | 130 | 230 | 210 | 360 | 120 | 290 | |
| GGG-60 | 1693 | 170000 | 600 | 380 | 180 | 320 | 280 | 510 | 170 | — | |
| GGG-70 | 1693 | 185000 | 700 | 440 | 210 | 380 | 350 | 600 | 200 | 340 | |

W- : Wechsel-  
Sch-: Schwell-  ⎤ Erläuterung siehe P 2

*) für zulässige Spannungen „Sicherheit" berücksichtigen (siehe z.B. P 2 und P 18)

Die Festigkeitswerte sind abhängig vom Durchmesser, besonders bei Vergütungsstählen.

# Tabellen
## Festigkeitswerte, Kennwerte der Zerspanung  Z 17

### Zulässige Biege- und Verdrehspannungen, sowie $E$- und $G$-Modul für federnde Werkstoffe in N/mm²

| Werkstoff | Elastizitätsmodul $E$ | Belastungsfall[1)] | $\sigma_{b\,zul}$ A | B | C | Gleitmodul $G$ | $\tau_{t\,zul}$ |
|---|---|---|---|---|---|---|---|
| Vergüteter Ventilfederstahldraht VD DIN 17222, Bl. 2[2)] | 210000 | I<br>II<br>III | 1000<br>750<br>500 | 500<br>350<br>250 | 150<br>120<br>80 | 80000 | 650<br>500<br>350 |
| Messing CuZn37 HV 150 | 110000 | I<br>II<br>III | 200<br>150<br>100 | 100<br>80<br>50 | 40<br>30<br>20 | 42000 | 120<br>100<br>80 |
| Neusilber CuNi18 Zn20 HV 160 | 142000 | I<br>II<br>III | 300<br>250<br>200 | 150<br>120<br>90 | 50<br>40<br>30 | 55000 | 200<br>180<br>150 |
| Zinnbronze CuSn6 Zn HV 190 | 110000 | I<br>II<br>III | 200<br>150<br>100 | 100<br>80<br>50 | 40<br>30<br>20 | 42000 | 120<br>100<br>80 |
| Zinnbronze CuSn8 HV 190 | 117000 | I<br>II<br>III | 300<br>220<br>150 | 150<br>110<br>80 | 50<br>40<br>30 | 45000 | 200<br>180<br>150 |

A/B/C: einfache/gebogene und gekröpfte/nachwirkungsfreie Federn (Sicherheit ≈1,5/3/10)
[1)] Erklärung siehe P 1
[2)] Für zylindrische Schraubenfedern Diagramm auf Q 9 bevorzugen

### Kenngrößen der Zerspanung
(Beim Drehen außen längs ermittelt)

| Werkstoff | Festigkeit bzw. Härte N/mm² | $mc$ | $1 - mc$ | $k_{c\,1.1}$ N/mm² |
|---|---|---|---|---|
| St 50 | 520 | 0,26 | 0,74 | 1990 |
| St 70 | 720 | 0,30 | 0,70 | 2260 |
| Ck 45 | 670 | 0,14 | 0,86 | 2220 |
| Ck 60 | 770 | 0,18 | 0,82 | 2130 |
| 16 Mn Cr 5 | 770 | 0,26 | 0,74 | 2100 |
| 18 Cr Ni 6 | 630 | 0,30 | 0,70 | 2260 |
| 34 Cr Mo 4 | 600 | 0,21 | 0,79 | 2240 |
| 42 Cr Mo 4 | 730 | 0,26 | 0,74 | 2500 |
| 50 Cr V 4 | 600 | 0,26 | 0,74 | 2220 |
| 55 Ni Cr Mo V 6 geglüht | 940 | 0,24 | 0,76 | 1740 |
| 55 Ni Cr Mo V 6 vergütet | HB 352 | 0,24 | 0,76 | 1920 |
| Mehanite A | 360 | 0,26 | 0,74 | 1270 |
| Hartguß | HRC 46 | 0,19 | 0,81 | 2060 |
| GG 26 | HB 200 | 0,26 | 0,74 | 1160 |

Angegebene Werte gelten unmittelbar für Drehen mit Hartmetall
Schnittgeschwindigkeit $v = 90\ldots125$ m/min
Spandicke $h = 0,05$ mm $\leq h \leq 2,5$ mm | Schlankeitsgrad $\varepsilon_S = 4$
Spanwinkel $\gamma = 6°$ bei Stahl- und $\gamma = 2°$ bei Gußbearbeitung

# Tabellen

**Z 18** — Zul. Flächenpressung $p_{zul}$ in N/mm² (RICHTWERTE)

## Zulässige Flächenpressung $p_{zul}$ in N/mm² (Richtwerte)

### Zapfen und Lager, Lagerbleche (vgl. q 13)

NICHT GLEITEND: Lochleibungsdruck bei Gelenkbolzen (Hochbau DIN 18800)

| Werkstoff | | $p_{zul}$ | Werkstoff | | $p_{zul}$ |
|---|---|---|---|---|---|
| St 37 | Lastfall H | 210 | St 52 | Lastfall H | 320 |
|  | Lastfall HZ | 240 |  | Lastfall HZ | 360 |

GLEITEND: hydrodynamisch geschmiert siehe q 47.

GLEITEND (Mischreibung, Welle gehärtet und geschliffen)[1,2]

| Werkstoff | $v$ m/s | $p_{zul}$ | Werkstoff | $v$ m/s | $p_{zul}$ |
|---|---|---|---|---|---|
| Grauguß |  | 5 | Cu Sn 8 P: |  |  |
| G-Cu Sn7 Zn Pb |  | 8...12 | Fettschmierung | <0,03 | 4...12 |
|  | 1 | 20[3] | hochwert. Lagerung | <1 | 60 |
| G-Cu Pb15 Sn | 0,3 ...1 | 15[3] | PA 66 (Polyamid) | →0 | 15 |
|  |  |  | Trockenlauf[5] | 1 | 0,09 |
| Sintereisen | <1 | 6 | Fettschmierung[5] | 1 | 0,35 |
|  | 3 | 1 | HDPE (hochmolek. | →0 | 2...4 |
| Sintereisen kupferhaltig | <1 | 8 | Polyäthylen |  |  |
|  | 3 | 3 | hoher Dichte) | 1 | 0,02 |
| Sinterbronze | <1 | 12 | PTFE (Polytetra- | →0 | 30 |
|  | 3 | 6 | fluoräthylen) |  |  |
|  | 5 | 4 | allseitig gefaßt | 1 | 0,06 |
| Zinn-Bronze/ |  | 20 | PTFE + Blei | <0,005 | 80...140[4] |
| Grafit | <1 | ⋮ | + Bronze |  |  |
| (DEVA-Metall) |  | 90[4] | (DU-Lager) | 0,5...5 | <1 |

### Allgemein, nicht gleitende Flächen

Höchstwerte bis zur Quetschgrenze $\sigma_{dF}$ der Werkstoffe möglich ($\sigma_{dF} \approx R_e$)! Übliche Werte für $p_{zul}$ jedoch niedriger

| Werkstoff | übliche Werte für $p_{zul}$ bei Belastung | | |
|---|---|---|---|
|  | ruhend | schwellend | stoßend |
| Stahl | 80...150 | 60...100 | 30...50 |
| Grauguß | 70... 80 | 45... 55 | 20...30 |
| Temperguß | 50... 80 | 30... 55 | 20...30 |
| Bronze | 30... 40 | 20... 30 | 10...15 |
| Rotguß | 25... 35 | 15... 25 | 8...12 |

[1] $(p \cdot v)_{zul}$ stark abhängig von Wärmeabfuhr, Beanspruchung, Schmierung
[2] bei hydrodynamischer Schmierung teilweise wesentlich höher belastbar (vor allem Lagermetalle)
[3] begrenzte Lebensdauer (Verschleißteile)
[4] extreme Sonderfälle
[5] für Wanddicke 1 mm

# Tabellen
## Werte für Kupplungen und Bremsen — Z 19

### Eigenschaften von Reibstoffen
(zu Q 15…Q 17)

| Reibpaarung | | Gleitreibungsbeiwert $\mu_{Gleit}$[3] | Höchsttemperatur dauernd °C | Höchsttemperatur kurzzeitig °C | Flächenpressung $p_{zul}$ N/mm² | flächenbezogene Wärmeleistung $q_{zul}$ kW/m² |
|---|---|---|---|---|---|---|
| Trockenlauf | Organischer Reibbelag/St, GG allgemein[4] | 0,2…0,65 | 150…300 K H | 300…600 K H | 0,1…10 | 2,2…30 |
| | Einscheiben-Reibkupplung | 0,35…0,4 | 150…300 | 400 | 1 | 12…23 |
| | PKW-Trommelbremse | 0,2…0,3 | 250…300 | 350…450 | 0,5…1,5 2,0 | |
| | PKW-Scheibenbremse | 0,3…0,4 | 400 | 600 | 10 (Notbremsung) | |
| | GG/St | 0,15…0,2 | 300 | | 0,8…1,4 | |
| | Sinterbronze/St | 0,05…0,3 | 400…450 | 500…600 | 1 | 5,5 |
| Naßlauf | Sinterbronze/St | 0,05…0,1[1] | 180 | 500…600 | 3 | 12…23 |
| | St/St | 0,06…0,1[2] | 200…250 | | 1 | 3,5…5,5[5] |

[1] $\mu_{Haft} = (1,3…1,5)\, \mu_{Gleit}$
[2] $\mu_{Haft} = (1,8…2,0)\, \mu_{Gleit}$
[3] häufig: $\mu_{Haft} \approx 1,25\, \mu_{Gleit}$
[4] K = Kautschukbinder; H = Kunstharzbinder
[5] Tauchschmierung niedriger, Innenölung höher

# Z 20 Tabellen
## Arbeit $w$ und Formänderungsfestigkeit $k_f$

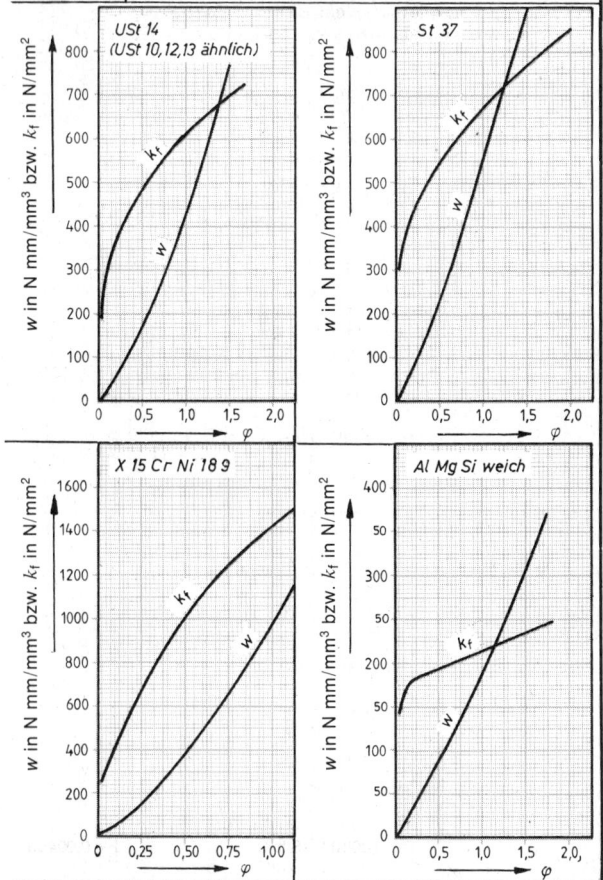

**USt 14** (USt 10, 12, 13 ähnlich)

**St 37**

**X 15 Cr Ni 18 9**

**Al Mg Si weich**

Nachdruck mit Genehmigung der VDI-Verlag-GmbH, Düsseldorf – VDI-Richtlinie 3200

$\varphi$ : Logarithmisches Formänderungs-Verhältnis
$w$ : volumenbezogene Arbeit  |  $k_f$ : Formänderungsfestigkeit
Diagramme für weitere Werkstoffe siehe VDI-Richtlinie 3200

# Tabellen
Elektrische Werte | **Z 21**

## Spezifischer elektrischer Widerstand $\varrho$ und Leitfähigkeit $\gamma$ von Leitern bei $t = 20°C$

| Werkstoff | $\varrho$ $\frac{\Omega\,mm^2}{m}$ | $\gamma = 1/\varrho$ $\frac{m}{\Omega\,mm^2}$ | Werkstoff | $\varrho$ $\frac{\Omega\,mm^2}{m}$ | $\gamma = 1/\varrho$ $\frac{m}{\Omega\,mm^2}$ |
|---|---|---|---|---|---|
| Aluminium   | 0,0278 | 36    | Magnesium     | 0,0435 | 23    |
| Antimon     | 0,417  | 2,4   | Manganin      | 0,423  | 2,37  |
| Blei        | 0,208  | 4,8   | Messing Ms 58 | 0,059  | 17    |
| Chrom-Ni-Fe | 0,10   | 10    | Messing Ms 63 | 0,071  | 14    |
| Eisen, rein | 0,10   | 10    | Neusilber     | 0,369  | 2,71  |
| Flußstahl   | 0,15   | 6,7   | Nickel        | 0,087  | 11,5  |
| Gold        | 0,0222 | 45    | Nickelin      | 0,5    | 2,0   |
| Graphit     | 8,00   | 0,125 | Platin        | 0,111  | 9     |
| Gußeisen    | 1      | 1     | Quecksilber   | 0,941  | 1,063 |
| Kadmium     | 0,076  | 13,1  | Silber        | 0,016  | 62,5  |
| Kohle       | 40     | 0,025 | Wolfram       | 0,055  | 18,2  |
| Konstantan  | 0,48   | 2,08  | Zink          | 0,061  | 16,5  |
| Kupfer, E-Cu| 0,0175 | 57    | Zinn          | 0,11   | 9,1   |

## Spezifischer elektrischer Widerstand $\varrho$ von Isolatoren

| Werkstoff | $\varrho$ $\Omega\cdot m$ $(=10^6 \Omega\cdot mm^2/m)$ | Werkstoff | $\varrho$ $\Omega\cdot m$ $(=10^6 \Omega\cdot mm^2/m)$ |
|---|---|---|---|
| Bakelit       | $10^{12}$ | Paraffinöl        | $10^{16}$ |
| Glas          | $10^{13}$ | Plexiglas         | $10^{13}$ |
| Glimmer       | $10^{15}$ | Polystyrol        | $10^{14}$ |
| Hartgummi     | $10^{14}$ | Porzellan         | $10^{12}$ |
| Marmor        | $10^{8}$  | Preßbernstein     | $10^{16}$ |
| Paraffin, rein| $10^{16}$ | Wasser, destilliert| $10^{5}$ |

## Elektrischer Temperatur-Koeffizient $\alpha_{20}$ bei $t = 20°C$

| Werkstoff | $\alpha_{20}$ 1/K | Werkstoff | $\alpha_{20}$ 1/K |
|---|---|---|---|
| Aluminium  | + 0,00390  | Neusilber   | + 0,00070 |
| Flußstahl  | + 0,00660  | Nickel      | + 0,00500 |
| Gold       | + 0,00398  | Nickelin    | + 0,00023 |
| Graphit    | − 0,00020  | Platin      | + 0,00390 |
| Kohle      | − 0,00030  | Quecksilber | + 0,00090 |
| Konstantan | − 0,00003  | Silber      | + 0,00406 |
| Kupfer     | + 0,00380  | Wolfram     | + 0,00480 |
| Manganin   | ± 0,00001  | Zink        | + 0,00417 |
| Messing    | + 0,00155  | Zinn        | + 0,00480 |

# Tabellen
## Elektrische Werte

### Dielektrizitätszahl $\varepsilon_r$

| Isolierstoff | $\varepsilon_r$ | Isolierstoff | $\varepsilon_r$ | Isolierstoff | $\varepsilon_r$ |
|---|---|---|---|---|---|
| Araldit | 3,6 | Marmor | 8 | Preßspan | 4 |
| Bakelit | 3,6 | Mikanit | 5 | Quarz | 4,5 |
| Ebonit | 2,5 | Ölpapier | 4 | Rizinusöl | 4,7 |
| Glas | 5 | Olivenöl | 3 | Schellack | 3,5 |
| Glimmer | 6 | Papier | 2,3 | Steatit | 6 |
| Guttapercha | 4 | Papier, imprägniert | 5 | Schiefer | 4 |
| Hartgummi | 4 | Paraffin | 2,2 | Teflon | 2 |
| Hartpapier | 4,5 | Paraffinöl | 2,2 | Terpentinöl | 2,2 |
| Isolation von | | Petroleum | 2,2 | Trafoöl, mineral. | 2,2 |
|   Starkstromkabel | 4,2 | Phenolharz | 8 | Trafoöl, vegetab. | 2,5 |
| Isolation von | | Plexiglas | 3,2 | Vakuum, Luft | 1 |
|   Fernsprechkabel | 1,5 | Polyamid | 5 | Vulkanfieber | 2,5 |
| Kabelvergußmasse | 2,5 | Polystyrol | 3 | Wasser | 80 |
| Luft, Vakuum | 1 | Porzellan | 4,4 | Weichgummi | 2,5 |

### Elektrochemische Spannungsreihe
Spannung gegen Wasserstoffelektrode bei 25°C

| Stoff | $U$ Volt | Stoff | $U$ Volt | Stoff | $U$ Volt |
|---|---|---|---|---|---|
| Kalium | −2,93 | Chrom | −0,74 | Wasserstoff | 0,00 |
| Kalzium | −2,87 | Wolfram | −0,58 | Antimon | +0,10 |
| Natrium | −2,71 | Eisen | −0,41 | Kupfer | +0,34 |
| Magnesium | −2,37 | Kadmium | −0,40 | Silber | +0,80 |
| Beryllium | −1,85 | Kobalt | −0,28 | Quecksilber | +0,85 |
| Aluminium | −1,66 | Nickel | −0,23 | Platin | +1,20 |
| Mangan | −1,19 | Zinn | −0,14 | Gold | +1,50 |
| Zink | −0,76 | Blei | −0,13 | Fluor | +2,87 |

### Normalzahlen bei Stufung nach E-Reihen
(Dargestellt von E 6 … E 24)

| E 6 Reihe ($\approx \sqrt[6]{10}$) | | | E 12 Reihe ($\approx \sqrt[12]{10}$) | | | E 24 Reihe ($\approx \sqrt[24]{10}$) | | |
|---|---|---|---|---|---|---|---|---|
| 1,0 | 2,2 | 4,7 | 1,0 | 2,2 | 4,7 | 1,0 | 2,2 | 4,7 |
| | | | | | | 1,1 | 2,4 | 5,1 |
| | | | 1,2 | 2,7 | 5,6 | 1,2 | 2,7 | 5,6 |
| | | | | | | 1,3 | 3,0 | 6,2 |
| 1,5 | 3,3 | 6,8 | 1,5 | 3,3 | 6,8 | 1,5 | 3,3 | 6,8 |
| | | | | | | 1,6 | 3,6 | 7,5 |
| | | | 1,8 | 3,9 | 8,2 | 1,8 | 3,9 | 8,2 |
| | | | | | | 2,0 | 4,3 | 9,1 |
| 10 | 22 | 47 | 10 | 22 | 47 | 10 | 22 | 47 |
| usw. | | | usw. | | | usw. | | |

# Tabellen
## Werte für Magnetisierung — Z 23

**Magnetische Feldstärke $H$ und Permeabilitätszahl $\mu_r$ als Funktion der gewünschten Induktion $B$**

| Induktion $B$ | | Gußeisen | | Dynamoblech und -band $P\,1{,}0 = 3{,}6\,\frac{W}{kg}$ und Gußstahl | | Legiertes Blech und Band $P\,1{,}0 = 1{,}3\,\frac{W}{kg}$ | |
|---|---|---|---|---|---|---|---|
| $T = \frac{Vs}{m^2}$ (Tesla) | $G$ (Gauß) | $H$ A/m | $\mu_r$ — | $H$ A/m | $\mu_r$ — | $H$ A/m | $\mu_r$ — |
| 0,1 | 1000  | 440   | 181 | 30     | 2650 | 8,5    | 9390 |
| 0,2 | 2000  | 740   | 215 | 60     | 2650 | 25     | 6350 |
| 0,3 | 3000  | 980   | 243 | 80     | 2980 | 40     | 5970 |
| 0,4 | 4000  | 1250  | 254 | 100    | 4180 | 65     | 4900 |
| 0,5 | 5000  | 1650  | 241 | 120    | 3310 | 90     | 4420 |
| 0,6 | 6000  | 2100  | 227 | 140    | 3410 | 125    | 3810 |
| 0,7 | 7000  | 3600  | 154 | 170    | 3280 | 170    | 3280 |
| 0,8 | 8000  | 5300  | 120 | 190    | 3350 | 220    | 2900 |
| 0,9 | 9000  | 7400  | 97  | 230    | 3110 | 280    | 2550 |
| 1,0 | 10000 | 10300 | 77  | 295    | 2690 | 355    | 2240 |
| 1,1 | 11000 | 14000 | 63  | 370    | 2360 | 460    | 1900 |
| 1,2 | 12000 | 19500 | 49  | 520    | 1830 | 660    | 1445 |
| 1,3 | 13000 | 29000 | 36  | 750    | 1380 | 820    | 1260 |
| 1,4 | 14000 | 42000 | 29  | 1250   | 890  | 2250   | 495  |
| 1,5 | 15000 | 65000 | 18  | 2000   | 600  | 4500   | 265  |
| 1,6 | 16000 |       |     | 3500   | 363  | 8500   | 150  |
| 1,7 | 17000 |       |     | 7900   | 171  | 13100  | 103  |
| 1,8 | 18000 |       |     | 12000  | 119  | 21500  | 67   |
| 1,9 | 19000 |       |     | 19100  | 79   | 39000  | 39   |
| 2,0 | 20000 |       |     | 30500  | 52   | 115000 | 14   |
| 2,1 | 21000 |       |     | 50700  | 33   |        |      |
| 2,2 | 22000 |       |     | 130000 | 13   |        |      |
| 2,3 | 23000 |       |     | 218000 | 4    |        |      |

——— praktische Grenze

Erläuterung für $P\,1{,}0$ siehe Z 24

# Z 24 — Tabellen
## Werte für Magnetisierung

**Werte für Dynamobleche und -bänder**
(Weitere Angaben siehe DIN 46400)

| | | | unlegierte Bleche, Bänder | schwach | mittelstark | hoch- | |
|---|---|---|---|---|---|---|---|
| | | | | legierte Bleche und Bänder | | | |
| Verlustleistung bei 1,0 T in W/kg | | | 3,6 | 3,0 | 2,3 | 1,5 | 1,3 |
| Dicke in mm | | | 0,5 | | | 0,35 | |
| Dichte kg/dm$^3$ | | | 7,8 | 7,75 | 7,65 | 7,6 | |
| massebezogene Verlustleistung (Maximum) bei $f$ = 50 Hz W/kg | $P$ 1,0 | | 3,6 | 3,0 | 2,3 | 1,5 | 1,3 |
| | $P$ 1,5 | | 8,6 | 7,2 | 5,6 | 3,7 | 3,3 |
| Magn. Flußdichte (Minimum) | $B_{25}$ | V s/m$^2$ [Gauss] | 1,53 [15 300] | 1,50 [15 000] | 1,47 [14 700] | 1,43 [14 300] | |
| | $B_{50}$ | V s/m$^2$ [Gauss] | 1,63 [16 300] | 1,60 [16 000] | 1,57 [15 700] | 1,55 [15 500] | |
| | $B_{100}$ | V s/m$^2$ [Gauss] | 1,73 [17 300] | 1,71 [17 100] | 1,69 [16 900] | 1,65 [16 500] | |
| | $B_{300}$ | V s/m$^2$ [Gauss] | 1,98 [19 800] | 1,95 [19 500] | 1,93 [19 300] | 1,85 [18 500] | |

Erläuterungen

$B_{25}$ = 1,53 V s/m$^2$ heißt, daß mindestens die magnetische Flußdichte 1,53 V s/m$^2$ [oder 15 300 Gauss] bei einer Feldstärke von 25 A/cm erreicht wird. Ein Kraftflußweg von z. B. 5 cm erfordert also eine Durchflutung von 5 × 25 A = 125 A.

| $P$ 1,0 | ist die massenbezogene Verlustleistung bei der Induktion | 1,0 V s/m$^2$ = [10 000 G] |
|---|---|---|
| $P$ 1,5 | | 1,5 V s/m$^2$ = [15 000 G] |

# Tabellen
## Werte für Beleuchtung — Z 25

### Richtwerte für Beleuchtungsstärke $E_v$ in lx = lm/m²

| Art der Anlage | | Nur Allgemein-beleuchtung | Allgemein mit Platzbeleuchtung Allgemein | Arbeitsplatz |
|---|---|---|---|---|
| Arbeits-stätten bei Arbeitsart | grob | 100 | 50 | 200 |
| | mittelfein | 200 | 100 | 500 |
| | fein | 300 | 200 | 1000 |
| | sehr fein | 500 | 300 | 1500 |
| Büros | Normal-raum | 500 | | |
| | Großraum- | 750 | | |
| Wohnräume Beleuchtung | mittel | 200 | | |
| | stark | 500 | | |
| Straßen und Plätze mit Verkehr | schwach | 20 | | |
| | mittel | 50 | | |
| | stark | 100 | | |
| Fabrikhöfe mit Verkehr | schwach | 20 | | |
| | stark | 50 | | |

### Werte für Beleuchtungs-Wirkungsgrad $\eta$

| Beleuchtungsart | Farbton der zu beleuchtenden Fläche | | |
|---|---|---|---|
| | hell | mittel | dunkel |
| direkt | 0,60 | 0,45 | 0,30 |
| indirekt | 0,35 | 0,25 | 0,15 |
| Straßen- und Platzbeleuchtung | Tief- | Breit-strahler | Hoch- |
| | 0,45 | 0,40 | 0,35 |

### Lichtstrom $\Phi_v$ von Lampen

| Normal-Glühlampen mit Einfachwendel (Werte bei Betriebsspannung 220 V) | $P_{el}$ | W | 15 | 25 | 40 | 60 | 75 | 100 |
|---|---|---|---|---|---|---|---|---|
| | $\Phi_v$ | klm | 0,12 | 0,23 | 0,43 | 0,73 | 0,96 | 1,39 |
| | $P_{el}$ | W | 150 | 200 | 300 | 500 | 1000 | 2000 |
| | $\Phi_v$ | klm | 2,22 | 3,15 | 5,0 | 8,4 | 18,8 | 40,0 |

| Leuchtstoff-lampen, Werte für Lichtfarben „Warmton", „Hellton" | Rohrform-∅ | | | | | | | |
|---|---|---|---|---|---|---|---|---|
| | 26 mm | $P_{el}$ | W | | 18 | 36 | 58 | |
| | | $\Phi_v$ | klm | | 1,45 | 3,47 | 5,4 | |
| | 38 mm | $P_{el}$ | W | 15 | 20 | 40 | 65 | |
| | | $\Phi_v$ | klm | 0,59 | 1,20 | 3,1 | 5,0 | |

| Hochdrucklampen mit Leuchtstoff (HQL) | $P_{el}$ | W | 125 | 250 | 400 | 700 | 1000 | 2000 |
|---|---|---|---|---|---|---|---|---|
| | $\Phi_v$ | klm | 6,5 | 14 | 24 | 42 | 60 | 125 |

# Z 26

## Tabellen
### Werte zur Statistik

$$\varphi(x) = \frac{1}{\sqrt{2\pi}} e^{-\frac{x^2}{2}}; \quad \Phi_0(x) = \frac{2}{\sqrt{2\pi}} \int_0^x e^{-\frac{t^2}{2}} \cdot dt; \quad \text{erf}(x) = \frac{2}{\sqrt{\pi}} \int_0^x e^{-t^2} \cdot dt$$

| $x$ | $\varphi(x)$ | $\Phi_0(x)$ | erf $(x)$ | $x$ | $\varphi(x)$ | $\Phi_0(x)$ | erf $(x)$ |
|---|---|---|---|---|---|---|---|
| 0,00 | 0,398 942 | 0,000 000 | 0,000 000 | 0,50 | 0,352 065 | 0,382 925 | 0,520 500 |
| 0,01 | 0,398 922 | 0,007 979 | 0,011 283 | 0,51 | 0,350 292 | 0,389 949 | 0,529 244 |
| 0,02 | 0,398 862 | 0,015 957 | 0,022 565 | 0,52 | 0,348 493 | 0,396 936 | 0,537 899 |
| 0,03 | 0,398 763 | 0,023 933 | 0,033 841 | 0,53 | 0,346 668 | 0,403 888 | 0,546 464 |
| 0,04 | 0,398 623 | 0,031 907 | 0,045 111 | 0,54 | 0,344 818 | 0,410 803 | 0,554 939 |
| 0,05 | 0,398 444 | 0,039 878 | 0,056 372 | 0,55 | 0,342 944 | 0,417 681 | 0,563 323 |
| 0,06 | 0,398 225 | 0,047 845 | 0,067 622 | 0,56 | 0,341 046 | 0,424 521 | 0,571 616 |
| 0,07 | 0,397 966 | 0,055 806 | 0,078 858 | 0,57 | 0,339 124 | 0,431 322 | 0,579 816 |
| 0,08 | 0,397 668 | 0,063 763 | 0,090 078 | 0,58 | 0,337 180 | 0,438 085 | 0,587 923 |
| 0,09 | 0,397 330 | 0,071 713 | 0,101 281 | 0,59 | 0,335 213 | 0,444 809 | 0,595 937 |
| 0,10 | 0,396 953 | 0,079 656 | 0,112 463 | 0,60 | 0,333 225 | 0,451 494 | 0,603 856 |
| 0,11 | 0,396 536 | 0,087 591 | 0,123 623 | 0,61 | 0,331 215 | 0,458 138 | 0,611 681 |
| 0,12 | 0,396 080 | 0,095 517 | 0,134 758 | 0,62 | 0,329 184 | 0,464 742 | 0,619 412 |
| 0,13 | 0,395 585 | 0,103 434 | 0,145 867 | 0,63 | 0,327 133 | 0,471 306 | 0,627 047 |
| 0,14 | 0,395 052 | 0,111 340 | 0,156 947 | 0,64 | 0,325 062 | 0,477 828 | 0,634 586 |
| 0,15 | 0,394 479 | 0,119 235 | 0,167 996 | 0,65 | 0,322 972 | 0,484 308 | 0,642 029 |
| 0,16 | 0,393 868 | 0,127 119 | 0,179 012 | 0,66 | 0,320 864 | 0,490 746 | 0,649 377 |
| 0,17 | 0,393 219 | 0,134 990 | 0,189 992 | 0,67 | 0,318 737 | 0,497 142 | 0,656 628 |
| 0,18 | 0,392 531 | 0,142 847 | 0,200 936 | 0,68 | 0,316 593 | 0,503 496 | 0,663 782 |
| 0,19 | 0,391 806 | 0,150 691 | 0,211 840 | 0,69 | 0,314 432 | 0,509 806 | 0,670 840 |
| 0,20 | 0,391 043 | 0,158 519 | 0,222 702 | 0,70 | 0,312 254 | 0,516 073 | 0,677 801 |
| 0,21 | 0,390 242 | 0,166 332 | 0,233 522 | 0,71 | 0,310 060 | 0,522 296 | 0,684 666 |
| 0,22 | 0,389 404 | 0,174 129 | 0,244 296 | 0,72 | 0,307 851 | 0,528 475 | 0,691 433 |
| 0,23 | 0,388 529 | 0,181 908 | 0,255 022 | 0,73 | 0,305 627 | 0,534 610 | 0,698 104 |
| 0,24 | 0,387 617 | 0,189 670 | 0,265 700 | 0,74 | 0,303 389 | 0,540 700 | 0,704 678 |
| 0,25 | 0,386 668 | 0,197 413 | 0,276 326 | 0,75 | 0,301 137 | 0,546 745 | 0,711 156 |
| 0,26 | 0,385 683 | 0,205 136 | 0,286 900 | 0,76 | 0,298 872 | 0,552 746 | 0,717 537 |
| 0,27 | 0,384 663 | 0,212 840 | 0,297 418 | 0,77 | 0,296 595 | 0,558 700 | 0,723 822 |
| 0,28 | 0,383 606 | 0,220 522 | 0,307 880 | 0,78 | 0,294 305 | 0,564 609 | 0,730 010 |
| 0,29 | 0,382 515 | 0,228 184 | 0,318 283 | 0,79 | 0,292 004 | 0,570 472 | 0,736 103 |
| 0,30 | 0,381 388 | 0,235 823 | 0,328 627 | 0,80 | 0,289 692 | 0,576 289 | 0,742 101 |
| 0,31 | 0,380 226 | 0,243 449 | 0,338 908 | 0,81 | 0,287 369 | 0,582 060 | 0,748 003 |
| 0,32 | 0,379 031 | 0,251 032 | 0,349 126 | 0,82 | 0,285 036 | 0,587 784 | 0,753 811 |
| 0,33 | 0,377 801 | 0,258 600 | 0,359 279 | 0,83 | 0,282 694 | 0,593 461 | 0,759 524 |
| 0,34 | 0,376 537 | 0,266 143 | 0,369 365 | 0,84 | 0,280 344 | 0,599 092 | 0,765 143 |
| 0,35 | 0,375 240 | 0,273 661 | 0,379 382 | 0,85 | 0,277 985 | 0,604 675 | 0,770 668 |
| 0,36 | 0,373 911 | 0,281 153 | 0,389 330 | 0,86 | 0,275 618 | 0,610 211 | 0,776 100 |
| 0,37 | 0,372 548 | 0,288 617 | 0,399 206 | 0,87 | 0,273 244 | 0,615 700 | 0,781 440 |
| 0,38 | 0,371 154 | 0,296 054 | 0,409 009 | 0,88 | 0,270 864 | 0,621 141 | 0,786 687 |
| 0,39 | 0,369 728 | 0,303 463 | 0,418 739 | 0,89 | 0,268 477 | 0,626 534 | 0,791 843 |
| 0,40 | 0,368 270 | 0,310 843 | 0,428 392 | 0,90 | 0,266 085 | 0,631 880 | 0,796 908 |
| 0,41 | 0,366 782 | 0,318 194 | 0,437 969 | 0,91 | 0,263 688 | 0,637 178 | 0,801 883 |
| 0,42 | 0,365 263 | 0,325 514 | 0,447 468 | 0,92 | 0,261 286 | 0,642 427 | 0,806 768 |
| 0,43 | 0,363 714 | 0,332 804 | 0,456 887 | 0,93 | 0,258 881 | 0,647 629 | 0,811 563 |
| 0,44 | 0,362 135 | 0,340 063 | 0,466 225 | 0,94 | 0,256 471 | 0,652 782 | 0,816 271 |
| 0,45 | 0,360 527 | 0,347 290 | 0,475 482 | 0,95 | 0,254 059 | 0,657 888 | 0,820 891 |
| 0,46 | 0,358 890 | 0,354 484 | 0,484 656 | 0,96 | 0,251 644 | 0,662 945 | 0,825 424 |
| 0,47 | 0,357 225 | 0,361 645 | 0,493 745 | 0,97 | 0,249 228 | 0,667 954 | 0,829 870 |
| 0,48 | 0,355 533 | 0,368 773 | 0,502 750 | 0,98 | 0,246 809 | 0,672 914 | 0,834 231 |
| 0,49 | 0,353 812 | 0,375 866 | 0,511 668 | 0,99 | 0,244 390 | 0,677 826 | 0,838 508 |

# Tabellen

Werte zur Statistik

**Z 27**

$$\varphi(x) = \frac{1}{\sqrt{2\pi}} e^{-\frac{x^2}{2}}; \quad \Phi_0(x) = \frac{2}{\sqrt{2\pi}} \int_0^x e^{-\frac{t^2}{2}} \cdot dt; \quad \text{erf}(x) = \frac{2}{\sqrt{\pi}} \int_0^x e^{-t^2} \cdot dt$$

| $x$ | $\varphi(x)$ | $\Phi_0(x)$ | erf $(x)$ | $x$ | $\varphi(x)$ | $\Phi_0(x)$ | erf $(x)$ |
|---|---|---|---|---|---|---|---|
| 1,00 | 0,241 971 | 0,682 689 | 0,842 701 | 1,50 | 0,129 518 | 0,866 336 | 0,966 105 |
| 1,01 | 0,239 551 | 0,687 505 | 0,846 810 | 1,51 | 0,127 583 | 0,868 957 | 0,967 277 |
| 1,02 | 0,237 132 | 0,692 272 | 0,850 838 | 1,52 | 0,125 665 | 0,871 489 | 0,968 414 |
| 1,03 | 0,234 714 | 0,696 990 | 0,854 784 | 1,53 | 0,123 763 | 0,873 983 | 0,969 516 |
| 1,04 | 0,232 297 | 0,701 660 | 0,858 650 | 1,54 | 0,121 878 | 0,876 440 | 0,970 586 |
| 1,05 | 0,229 882 | 0,706 282 | 0,862 436 | 1,55 | 0,120 009 | 0,878 858 | 0,971 623 |
| 1,06 | 0,227 470 | 0,710 855 | 0,866 144 | 1,56 | 0,118 157 | 0,881 240 | 0,972 628 |
| 1,07 | 0,225 060 | 0,715 381 | 0,869 773 | 1,57 | 0,116 323 | 0,883 585 | 0,973 603 |
| 1,08 | 0,222 653 | 0,719 858 | 0,873 326 | 1,58 | 0,114 505 | 0,885 893 | 0,974 547 |
| 1,09 | 0,220 251 | 0,724 287 | 0,876 803 | 1,59 | 0,112 704 | 0,888 165 | 0,975 462 |
| 1,10 | 0,217 852 | 0,728 668 | 0,880 205 | 1,60 | 0,110 921 | 0,890 401 | 0,976 348 |
| 1,11 | 0,215 458 | 0,733 001 | 0,883 533 | 1,61 | 0,109 155 | 0,892 602 | 0,977 207 |
| 1,12 | 0,213 069 | 0,737 286 | 0,886 788 | 1,62 | 0,107 406 | 0,894 768 | 0,978 038 |
| 1,13 | 0,210 686 | 0,741 524 | 0,889 971 | 1,63 | 0,105 675 | 0,896 899 | 0,978 843 |
| 1,14 | 0,208 308 | 0,745 714 | 0,893 082 | 1,64 | 0,103 961 | 0,898 995 | 0,979 622 |
| 1,15 | 0,205 936 | 0,749 856 | 0,896 124 | 1,65 | 0,102 265 | 0,901 057 | 0,980 376 |
| 1,16 | 0,203 571 | 0,753 951 | 0,899 096 | 1,66 | 0,100 586 | 0,903 086 | 0,981 105 |
| 1,17 | 0,201 214 | 0,757 999 | 0,902 000 | 1,67 | 0,098 925 | 0,905 081 | 0,981 810 |
| 1,18 | 0,198 863 | 0,762 000 | 0,904 837 | 1,68 | 0,097 282 | 0,907 043 | 0,982 493 |
| 1,19 | 0,196 520 | 0,765 953 | 0,907 608 | 1,69 | 0,095 657 | 0,908 972 | 0,983 153 |
| 1,20 | 0,194 186 | 0,769 861 | 0,910 314 | 1,70 | 0,094 049 | 0,910 869 | 0,983 790 |
| 1,21 | 0,191 860 | 0,773 721 | 0,912 956 | 1,71 | 0,092 459 | 0,912 734 | 0,984 407 |
| 1,22 | 0,189 543 | 0,777 535 | 0,915 534 | 1,72 | 0,090 887 | 0,914 568 | 0,985 003 |
| 1,23 | 0,187 235 | 0,781 303 | 0,918 050 | 1,73 | 0,089 333 | 0,916 370 | 0,985 578 |
| 1,24 | 0,184 937 | 0,785 024 | 0,920 505 | 1,74 | 0,087 796 | 0,918 141 | 0,986 135 |
| 1,25 | 0,182 649 | 0,788 700 | 0,922 900 | 1,75 | 0,086 277 | 0,919 882 | 0,986 672 |
| 1,26 | 0,180 371 | 0,792 331 | 0,925 236 | 1,76 | 0,084 776 | 0,921 592 | 0,987 190 |
| 1,27 | 0,178 104 | 0,795 915 | 0,927 514 | 1,77 | 0,083 293 | 0,923 273 | 0,987 691 |
| 1,28 | 0,175 847 | 0,799 455 | 0,929 734 | 1,78 | 0,081 828 | 0,924 924 | 0,988 174 |
| 1,29 | 0,173 602 | 0,802 949 | 0,931 899 | 1,79 | 0,080 380 | 0,926 546 | 0,988 641 |
| 1,30 | 0,171 369 | 0,806 399 | 0,934 008 | 1,80 | 0,078 950 | 0,928 139 | 0,989 090 |
| 1,31 | 0,169 147 | 0,809 804 | 0,936 063 | 1,81 | 0,077 538 | 0,929 704 | 0,989 524 |
| 1,32 | 0,166 937 | 0,813 165 | 0,938 065 | 1,82 | 0,076 143 | 0,931 241 | 0,989 943 |
| 1,33 | 0,164 740 | 0,816 482 | 0,940 015 | 1,83 | 0,074 766 | 0,932 750 | 0,990 347 |
| 1,34 | 0,162 555 | 0,819 755 | 0,941 914 | 1,84 | 0,073 407 | 0,934 232 | 0,990 736 |
| 1,35 | 0,160 383 | 0,822 984 | 0,943 762 | 1,85 | 0,072 065 | 0,935 687 | 0,991 111 |
| 1,36 | 0,158 225 | 0,826 170 | 0,945 562 | 1,86 | 0,070 740 | 0,937 115 | 0,991 472 |
| 1,37 | 0,156 080 | 0,829 313 | 0,947 313 | 1,87 | 0,069 433 | 0,938 516 | 0,991 821 |
| 1,38 | 0,153 948 | 0,832 413 | 0,949 016 | 1,88 | 0,068 144 | 0,939 892 | 0,992 156 |
| 1,39 | 0,151 831 | 0,835 471 | 0,950 673 | 1,89 | 0,066 871 | 0,941 242 | 0,992 479 |
| 1,40 | 0,149 727 | 0,838 487 | 0,952 285 | 1,90 | 0,065 616 | 0,942 567 | 0,992 790 |
| 1,41 | 0,147 639 | 0,841 460 | 0,953 853 | 1,91 | 0,064 378 | 0,943 867 | 0,993 090 |
| 1,42 | 0,145 564 | 0,844 392 | 0,955 376 | 1,92 | 0,063 157 | 0,945 142 | 0,993 378 |
| 1,43 | 0,143 505 | 0,847 283 | 0,956 857 | 1,93 | 0,061 952 | 0,946 393 | 0,993 656 |
| 1,44 | 0,141 460 | 0,850 133 | 0,958 297 | 1,94 | 0,060 765 | 0,947 620 | 0,993 922 |
| 1,45 | 0,139 431 | 0,852 941 | 0,959 695 | 1,95 | 0,059 595 | 0,948 824 | 0,994 179 |
| 1,46 | 0,137 417 | 0,855 710 | 0,961 054 | 1,96 | 0,058 441 | 0,950 004 | 0,994 426 |
| 1,47 | 0,135 418 | 0,858 438 | 0,962 373 | 1,97 | 0,057 304 | 0,951 162 | 0,994 664 |
| 1,48 | 0,133 435 | 0,861 127 | 0,963 654 | 1,98 | 0,056 183 | 0,952 297 | 0,994 892 |
| 1,49 | 0,131 468 | 0,863 776 | 0,964 898 | 1,99 | 0,055 079 | 0,953 409 | 0,995 111 |

# Stichwort-Verzeichnis

| | |
|---|---|
| Abfall | W1, W12, W13, W14, W 15 |
| Abfall - bewertet - | W 8 |
| Abfall- Verwertung/ Kreislauf | W 13 |
| Abfall (ausgewählte Gesetze/ Verordnungen) | W 12 |
| – Prüfwerte/ Maßnahmenwerte | W 15 |
| Abgasgrenzwerte (für Kraftfahrzeuge) | W 7 |
| Abgasgrenzwerte Leichte Nutzfahrzeuge | W 7 |
| Abgasgrenzwerte Motorräder | W 7 |
| Abgasgrenzwerte PKW | W 7 |
| Ableitung | H 1, H 2, H 3 |
| Ableitung, Grundregeln | H 4 |
| Abscherspannung | P 18 |
| Abschneiden | R 8, P 18 |
| Abspantechnik | R 1...R 5 |
| Abstufung DIN-Reihe | R 1 |
| – E-Reihe | Z 22 |
| Abwasser für die Einleitungsstelle | W 10 |
| Abwasser vor Vermischung | W 11 |
| Achsen | Q 2 |
| Achteck, regelmäßiges | B 2 |
| Ähnlichkeits-Differentialgleichung | J 9 |
| Äquivalentdosis | V 5 |
| – leistung | V 5 |
| Aktivität | V 5, V 6 |
| Alarmschwelle | W 1, W 6 |
| Algebraische Ausdrücke | D 2 |
| Algebraische Gleichungen | D 9, D 10 |
| – – allgemeine Lösung | D 10 |
| – – Definition | D 9 |
| – – Eigenschaften | D 9 |
| – – Nullstellen | D 9, D 10 |
| – – Wurzeln | D 9, D 10 |
| Amplitude | E 2 |
| Amplitudengang | T 3 |
| Amplitudenschnittkreisfrequenz | T 7 |
| Anglo-amerikanische Einheiten | A 4, A 5 |
| Ångström | A 1 |
| Anlagen-Wirkungsgrad | Z 25 |
| Annahmekennlinie | G 10, G 11 |
| Anregelzeit | T 8 |
| Anschwingzeit | T 2 |
| Anstiegsantwort | T 2 |
| Anstiegserregung | T 2 |
| AQL-Wert | G 11 |
| Arbeit | M 1 |
| –, elektrische | S 1 |
| – s-Einheiten | A 3 |
| Arcus-Funktionen | E 7, H 6 |
| Area-Funktionen | F 6 |
| Arithmetische Bestimmung einer beliebigen Wurzel | D 1 |
| – Reihe | D 7 |
| – s Mittel | D 7 |
| Aronschaltung | S 30 |
| Asymptote | F 3 |
| Asynchronmotor | S 34 |
| Atomare Masse | U 1 |
| Aufbaunetz | R 1 |
| Aufgabengröße | T 5 |
| –, Bildung | T 5 |
| Auflager-Reaktion | P 12, P 13 |
| Auftrieb | N 3 |
| Ausbiegung, Wärme- | O 3 |
| Ausdehnung | O 3 |
| – s-Koeffizient | O 3, Z 11 |
| Ausfallabstand | G 12 |
| – dichte | G 12 |
| – rate | G 12 |
| – wahrscheinlichkeit | G 12 |
| Ausfluß von Flüssigkeiten | N 7 |
| Ausgangsgröße | T 5 |
| Ausgangsronden-Durchm. | R 6 |
| Ausgleichszeit | T 5 |
| Ausregelzeit | T 8 |
| Aussagesicherheit | G 10 |
| Axiales Trägheitsmoment | P 10 |
| Bahngeschwindigkeit (Wurf) | L 8 |
| Bandbremsen | Q 17 |
| Becquerel | V 5 |
| Beharrungswert | T 2, T 8 |
| Belastungsfälle | P 2 |
| Beleuchtungsstärke | V 1, Z 25 |
| Beleuchtungs-Wirkungsgrad | V 2, Z 25 |
| Bernoulli-Differentialgleichung | J 10 |
| Bernoullische Gleichung | N 4 |
| Beschleunigung | L 2, L 5 |
| Beschleunigungs-Diagramm | L 3 |
| Bestandteile des Regelkreises | T 4 |
| Bestimmungsgleichung 2. Grades | D 1 |
| Bestrahlung | V 1 |
| – sstärke | V 1 |

| | |
|---|---|
| Betrag | F 7 |
| Betragsgang | T 3, T 7 |
| – , Darstellung | T 24 |
| – , invers | T 24, T 26, T 27 |
| – , Knickstelle | T 24, T 25 |
| – , Steigung | T 24 |
| Betragsreserve | T 7, T 8, T 20 |
| – bedingung, Verwirklichung | T 28, T 30, T 31 |
| Bewegung, beschleunigte | L 5 |
| – , Dreh | L 5 |
| – , fortschreitende | L 4, L 5 |
| – , gleichförmige | L 5 |
| Bezugsschalleistung | W 8 |
| Biegefedern | Q 5 |
| Biegemoment | P 9 |
| Biegespannung | P 9 |
| Biegung | P 9 |
| – , einachsig | P 24 |
| – , zweiachsig | P 24 |
| Biegungs-Feder | Q 6 |
| Biegungs-Feder, gewunden | Q 6 |
| – -Spannung | P 6 |
| – – , zul. | Z 16, Z 17 |
| Biegung mit Torsion | P 28 |
| Bildfunktion | D 26, D 28 |
| Binomische Reihe | D 10 |
| – r Satz | D 2 |
| Blattfeder, geschichtet | Q 7 |
| Blechbearbeitung | R 6...R 8 |
| Blindleistung | S 18, S 31 |
| – stromkompensation | S 31 |
| Bodediagramm | T 3, T 22, T 23, T 29, T 31 |
| Bodenreißer | R 7 |
| Bogen-Differential | J 7 |
| Bogenmaß | B 3, E 1 |
| Bohren | R 2 |
| Brechkraft | V 4 |
| Brechzahlen | V 2 |
| Bremsen | Q 17 |
| Brennweite | V 4 |
| Bruchdehnung | P 1, P 2 |
| Candela | V 1 |
| Cardan-Gelenk | L 10 |
| Cavalieri, Prinzip von | C 1 |
| Celsius-Skala | O 1 |
| Celsius, Umrechnung | A 3 |
| Charakteristische Gleichung | T 18 |
| Chemikalien | U 2, U 3 |
| Chemische Elemente | U 1 |
| Clairaut´sche Differentialgleichung | J 10 |
| Cosinus-Funktion | E 2 |
| Cosinus-Satz | E 6 |
| Coulomb | S 2 |
| Cremona-Verfahren | K 6 |
| Curie | T 5 |
| Dämpfe | O 4 |
| Dämpfungsgrad | T 1 |
| d´Alembert Diff. Gleichung | J 10 |
| Dampfgemische | O 8 |
| Darstellung des Betragsgangs | T 24 |
| – Phasengangs | T 25 |
| Dauerstrombelastbarkeit | S 38 |
| Dehnung | P 1, P 3 |
| – sgrenze | P 2 |
| Descartes, Satz von | D 9 |
| Determinanten | D 7, D 8 |
| Deutsche Härte | U 6 |
| Dezimal-geometrische Reihe | D 17 |
| Dichte | N 1, O 1, Z 1, Z 5, Z 6 |
| – -Bestimmung | N 3 |
| Dichtefunktion | G 2, G 7, G 8 |
| Dielektrizitätszahl | S 12, Z 22 |
| Differential-Flaschenzug | K 14 |
| – Gleichung | D 8, J 1...J 12 |
| – – Ähnlichkeits- | J 9 |
| – – allg. Integral | J 9 |
| – – Bernoulli | J 10 |
| – – Clairaut´sche | J 10 |
| – – Erniedrigung der Ordnung | J 8 |
| – – 1. Ordnung d´Alembert | J 10 |
| – – gewöhnliche- | J 1 |
| – – homogene | J 1 |
| – – inhomogene | J 1, J 2 |
| – – lineare | J 2, J 4...J 7, J 9...J 12 |
| – – mit konstanten Koeffizienten | J 5, J 6, J 7, J 11 |
| – – partielle | J 1 |
| – – partikuläre Lösung | J 3 |
| – – partikuläres Integral | J 1, J 3, J 6 |
| – – Ricatti | J 10 |
| – – Separierbar | J 9 |
| – – -Quotient | H 1 |
| Differenzen-Quotient | H 1 |
| Dimensionierung des Regelglieds | T 25 |

| | |
|---|---|
| Dimensionierung eines linearen Reglers, grafisch | T 21...T 32 |
| DIN-Reihe | R 1 |
| Dioptrie | V 4 |
| Dirac-Impuls | D 28 |
| Doppelschlussmotor | S 32, S 33 |
| Drallsatz | N 5 |
| Drehbewegung | L 4 |
| −, beschleunigte | L 6 |
| −, gleichförmige | L 5 |
| Dreheisen-Instrument | S 37 |
| Drehen | R 2 |
| Drehfrequenz | L 1 |
| Drehmagnet-Instrument | S 37 |
| Drehmasse | J 11, M 1, M 2, M 3 |
| Drehmoment | M 2 |
| Drehspul-Instrument | S 37 |
| Drehstab-Feder | Q 8 |
| Drehwinkel | L 1 |
| Drehzahl-Abstufung | R 1 |
| −, biegekritische | M 6 |
| −-Grundreihe | R 1 |
| Dreieck | B 1 |
| −, analytisch | F 1 |
| −, gleichseitiges | B 2, D 21 |
| Dreieck, Innenkreis | B 1 |
| − , rechtwinkliges | D 32, E 2 |
| − schaltung | S 30 |
| − − , bei Trafo | S 36 |
| − − −, Umwandlung in Sternschaltung | S 10 |
| −, schiefwinkliges | E 5 |
| −, Schwerpunkt | K 7 |
| Dreieck, Umkreis | B 1 |
| Dreifingerregel | S 13 |
| Dreiphasenleistung | S 30 |
| Dreiphasensysteme | S 30, S 31 |
| Drill-Pendel | M 7 |
| Dritte Proportionale | D 24 |
| Drosselspule | S 26, S 27 |
| Druck | O 1 |
| − auf ebene Flächen | N 2 |
| − auf gekrümmte Flächen | N 2 |
| − -Einheiten | A 3 |
| − -feder | Q 9 |
| − in Flüssigkeit | N 1 |
| − spannungen | P 3 |
| − − zul. | Z 16 |
| − − Verteilung in Flüssigkeiten | N 1 |
| Durchbiegung | P 12, P 13 |
| Durchtrittskreisfrequenz | T 7, T 25 |
| Dynam. Verhalten v. Regelkreisen | T 7, T 8 |
| − − v. Regelgrößen | T 7 |
| Dynam. Viskosität | N 1 |
| − − von Gasen | Z 15 |
| − − von Motorölen | Z 12 |
| − − von Ölen | Z 14 |
| − − von Wasser | Z 14 |
| Dynamobleche, Werte | Z 24 |
| Eckkreisfrequenz | T 3, T 23 |
| Effektivwert | S 16 |
| Eigenkreisfrequenz | T 1 |
| Eingangsgröße | T 1 |
| Eingeprägte Spannung | S 9 |
| Eingeprägter Strom | S 9 |
| Einheitsvektoren | F 7 |
| Einlagen-Rechnung | D 31 |
| Einleiten von Abwasser | W 10, W 11 |
| Einphasenstrom | S 16 bis S 29 |
| Einphasenwechselstrommotor | S 35 |
| Einschwinggeschwindigkeit | T 27 |
| Einschwingtoleranz | T 2 |
| Einschwingzeit | T 2 |
| Einstellregeln f. P, PI, PID-Regelglieder (prakt. Werte) | T 33 |
| Einzelpolynome, Zerlegung in | T 19 |
| Eisenlose Spulen | S 23, S 24 |
| − verlust | S 25 |
| Elastizitätsgrenze | P 2 |
| − modul | P 2, T 16, Z 17 |
| Elektrische Arbeit | S 1 |
| Elektrische Durchflutung | S 4, S 14 |
| − Erwärmung | S 5 |
| − Kapazität | S 3, S 12 |
| − Leistung | S 1 |
| − s Leitwerk | S 2 |
| − Spannung | S 2 |
| − r Stromkreis | S 5 |
| − Stromstärke | S 2 |
| − r Temperatur-Koeff. | Z 21 |
| − r Widerstand | S 2 |
| Elektrizitätsmenge | S 2 |
| Elektrochem. Spannungsreihe | Z 22 |
| − dynamometer | S 37 |
| − magn. Richtungsregeln | S 11 |
| − statisches Instrument | S 37 |
| Elemente, chemische | U 1 |
| Ellipse | B 3 |
| −, analytisch | F 4 |
| −, Brennpunkt | F 4 |

| | |
|---|---|
| Emissionen | W 2, W 5 |
| Energiedosis | V 5 |
| – -leistung | V 5 |
| – -Einheiten | A 3 |
| – -Gleichung | M 4 |
| – , magnetische | S 12 |
| Entfernungsgesetzt, lichttechn. | V 2 |
| Entropie | O 5 |
| Erdbeschleunigung | L 9 |
| Ereignis | G 1 |
| – unabhängiges | G 1 |
| – unvereinbares | G 1 |
| E-Reihe | Z 22 |
| Error function | G 8 |
| Ersatzspannungsquelle | S 9 |
| Erwärmung fester und flüssiger Körper | O 2 |
| Erwartungswert | G 3...G 5 |
| Euler-Knickgleichung | P 22 |
| Eulersche Zahl | F 4 |
| Euro Norm (Abgase) | W 7 |
| Exponential-Funktion | F 4, H 5 |
| – -Gleichung | D 4 |
| Fahrenheit, Umrechnung | A 3 |
| Faltung – Fourier Transf. | D 23 |
| – – Laplace Transf. | D 26 |
| Faltungssatz-Anwendung | D 27 |
| Farad | S 3 |
| Faß | C 4 |
| Federn | Q 6...Q 9 |
| Fehleranteil im Los | G 11 |
| Fehlerfunktion | G 8, Z 26, Z 27 |
| Feingehalt, Einheit | A 3 |
| Feldstärke | S 4 |
| – , magnetische | Z 23 |
| Feste Rolle | K 14 |
| Fit | G 13 |
| Flächen-Einheiten | A 1 |
| Flächendruck, zulässiger | Z 18 |
| – integrale | I 14 |
| – pressung | Q 2, Q 11 |
| – trägheitsmoment, – axiales | I 17 |
| – trägheitsmoment, – polares | I 17 |
| Flanken-Tragfähigkeit | Q 22 |
| Flaschenzug | K 14 |
| Fliehkraft | M 5 |
| – -Pendel | M 7 |
| Fließgrenze | P 2 |
| Fließpressen | R 8 |
| Flüssigkeiten, Ausfluß von | N 7 |
| – Wärmewerte | Z 14 |
| Formänderungs-Arbeit | P 11, P 19 |
| – – durch Biegung | P 11...P 15 |
| Formänderungs-Festigkeit | R 6 |
| – -Verhältnis | R 7, Z 20 |
| Formfaktor | N 6 |
| Fortschreitende Bewegung | L 4 |
| Fourier-Reihen | D 20, D 21, D 22 |
| – -Transf. | D 23, D 24, D 25 |
| – -Rechenregeln | D 23 |
| Freier Fall | L 8 |
| Frequenz | L 1 |
| Frequenzgang | T 3 |
| Frequenzkennlinie | T 3 |
| Führungsgröße | T 5 |
| Führungsgrößenbildner | T 6 |
| Führungsgrößeneinsteller | T 5 |
| Führungsübergangsfunktion | T 19 |
| Führungsübertragungsfunktion | T 18 |
| Fünfeck, regelmäßiges | B 2 |
| Gase – , Wärmewerte | O 4 |
| Gas-Gemische | O 8 |
| – -Gesetze | O 4 |
| – -Konstante | O 4, Z 12 |
| – – , universelle | O 4 |
| Gauß'sche Normalverteilung | G 7 |
| – – -Tabellen | Z 26, Z 27 |
| Gebrochen rationale Funktion | D 3 |
| Gekrümmter Träger | P 25 |
| Generatorregeln | S 13 |
| Geometrische Reihe | D 17 |
| – s Mittel | D 17 |
| Gerade, analytisch | F 1 |
| Geradführung | Q 15 |
| Geschwindigkeit | L 2 |
| Geschwindigkeits-Diagramm | L 3 |
| Getriebeplan | R 1 |
| Gewichtskraft-Einheiten | A 2 |
| Gewöhnliche Differential-Gleichung | J 1 |
| Gleichgewichts-Bedingung | K 4 |
| Gleichstromgenerator | S 32, S 33 |
| Gleichstrommotor | S 32, S 33 |
| Gleichungen, algebraische | D 9, D 10 |
| Gleitende Bewegung | L 9 |
| Gleitgrenze | K 9 |
| Gleitlager | Q 10 |
| – , Reibung | K 12 |
| – modul | P 18, Z 17 |
| – reibung | K 9, Z 7 |

| | |
|---|---|
| Goldener Schnitt | D 32 |
| Gradmaß | E 1 |
| Grenzzieh-Verhältnis | R 7 |
| Grundlagen der Wahrscheinlichkeitsrechnung | G 1 |
| Guldinsche Regel | I 15 |
| | |
| Härte, deutsche | U 6 |
| Häufigkeit, relative | G 1 |
| Häufigkeitsdichte | G 7 |
| Haft-Reibung | K 9, Z 7 |
| Halbwertzeit | V 5, V 6 |
| Halbwinkel-Satz | E 7 |
| Heizwerte von Stoffen | Z 10 |
| Henry | S 4 |
| Herstell-Grenz-Qualität | G 11 |
| Hitzdraht-Instrument | S 37 |
| Hobeln | R 2 |
| Hochdrucklampen | Z 25 |
| Hochfrequenzspulen | S 24 |
| Höhensatz | D 32 |
| Hohlkörper, Spannungen in | P 3 |
| – -Spiegel | V 3 |
| – zylinder | C 2 |
| – , Drehmasse | M 3 |
| Hookesches Gesetz | P 3 |
| Horner Schema | D 10, D 11, D 12 |
| Hurwitz-Kriterium | T 18, T 19 |
| Hydraulische Maschinen | N 5 |
| Hydrodynamik | N 4 |
| – statik | N 1 |
| Hyperbel, analytisch | F 3 |
| – -Funktion | F 5, H 6 |
| – gleichseitige | F 3 |
| Hysterese | S 25 |
| Hysterese-Verluste | S 25 |
| | |
| Immissionen | W 2, W 4 |
| – (ausgewählte Gesetze/Verordnungen) | W 4 |
| Impulssatz | N 5 |
| Indikatoren, chemische | U 4 |
| Induktion | S 3 |
| Induktionsgesetz | S 15 |
| Induktivität | S 4, S 14, S 24 |
| Informationsschwelle | W 3 |
| Inkreis-Radius | E 6 |
| Innenbackenbremsen | Q 17 |
| Innenwiderstand-Bestimmung | S 9 |
| Instabilität | T 18...T 20 |
| Installation | S 38 |
| Integral | I 3...I 13 |

| | |
|---|---|
| Integral, bestimmtes | I 1 |
| – , Gauß´sches Wahrscheinlichkeits- | G 5 |
| – , unbestimmtes | I 1 |
| Integration | I 1 |
| Ionendosis | V 5 |
| – -leistung | V 5 |
| – strom | V 6 |
| Ionentauscher | U 6 |
| Ionisierende Strahlung | V 5 |
| Ionisierungs-Konstante | V 6 |
| Isentrope | O 6 |
| Isobare | O 6 |
| Isochore | O 6 |
| Isotherme | O 6 |
| | |
| Joule, Arbeits-Einheit | A 3, M 1 |
| | |
| Kältemischungen, Herstellung von | U 5 |
| Kalorische Zustandsgrößen | O 9 |
| Karat-Gewicht | A 3 |
| Kartesisches Koordinaten-System | D 21 |
| Kennkreisfrequenz | T 1 |
| Kegel | C 2 |
| – , Drehmasse | M 3 |
| – -Pendel | M 7 |
| – -Räder | Q 24 |
| – -radgetriebe | Q 24 |
| – – , Axialkraft | Q 25 |
| – – , Radialkraft | Q 25 |
| – -Stumpf | C 2 |
| – -Verbindung | Q 3 |
| Keile | K 11 |
| Keilwelle | Q 4 |
| Kelvin-Skala | Q 1 |
| – , Umrechnung | A 3 |
| Kesselformel | P 3 |
| Kinematische Viskosität | N 1 |
| Kirchhoffsche Gesetze | S 6 |
| Klemmverbindung | Q 3 |
| Knickung | P 22 |
| Knickzahl | P 23 |
| Körper-Integral | I 14 |
| – , Spannungen in rotierenden – | M 5 |
| Koerzitiv-Feldstärke | S 25 |
| Kombinationen | D 5, D 6 |
| Komplexe Zahlen | D 29, D 30 |
| Komponenten | F 7 |
| Koaxialer Zylinder | S 12 |

| | |
|---|---|
| Kondensator | S 12 |
| – in Wechselstromkreis | S 19, S 20 |
| Kontinuitätsgleichung | N 4 |
| Konus-Kupplung | Q 11 |
| Konvektion | O 10 |
| Konvektion, erzwungene | O 12 |
| –, freie | O 12 |
| Korkzieherregel, elektromagnetische | S 13 |
| Kraft | M 1 |
| – -eck | K 2 |
| – -Einheiten | A 2 |
| – auf stromdurchflossene Leiter | S 15 |
| – zwischen Magnetpolen | S 15 |
| Kreis | B 3 |
| – -Abschnitt | B 3 |
| – –, Schwerpunkt | K 7 |
| –, analytisch | F 2 |
| – -Ausschnitt | B 3 |
| – -Ausschnitt, Schwerpunkt | K 7 |
| – -Bogen, Schwerpunkt | K 7 |
| – -Frequenz | M 6 |
| – -Reif, Drehmasse | M 3 |
| – -Ring | B 3, C 4 |
| – –, Drehmasse | M 3 |
| – -Ringstück, Schwerpunkt | K 7 |
| Kreisübertragungsfunktion | T 7, T 20 |
| Kreisverstärkung | T 7 |
| Kreuzend Schneiden | R 8 |
| Kreuz-Gelenk | L 10 |
| Kreuzschalter | S 38 |
| Kreuzschleife | L 10 |
| Kritische Drehfrequenz | M 6 |
| Krümmung | H 3 |
| Krümmungsradius | H 2 |
| Kühlung, Gleitlager | Q 14 |
| Kugel | C 2 |
| – -Abschnitt | C 3 |
| – -Ausschnitt | C 3 |
| –, Drehmasse | M 3 |
| –, zylindrisch durchbohrt | C 3 |
| –, keglig durchbohrt | C 3 |
| – -Sektion | C 3 |
| – -Schicht | C 3 |
| Kupplungen | Q 15 |
| Kurbelbetrieb | L 10 |
| Kurzschlußstrom | S 9 |
| Kurzschlußversuch | S 29 |
| | |
| Lackmuspapier | U 5 |
| Längenänderung | P 3 |
| – -Ausdehnungskoeff. | Z 11 |

| | |
|---|---|
| Längeneinheiten | A 1 |
| Lärmschutz | W 8, W 9 |
| Lärmschutzvorschriften | W 8, W 9 |
| – für zugelassene Verkehrsgeräusche | W 9 |
| – im Freien | W 8, W 9 |
| Lagerreibung | K 12 |
| – -Spiel | Q 11 |
| Lamellen-Kupplung | Q 15 |
| Laminare Strömung | N 6 |
| Laplace Transformation | D 26 |
| – –, Differentiation | D 26 |
| – –, Faltung | D 26 |
| – –, Integration | D 26 |
| – –, Korrespondenztabelle | D 28 |
| – –, Linearität | D 26 |
| – –, Rechenregeln | D 26 |
| – –, Variablentransformation | D 26 |
| – –, Verschiebungssatz | D 26 |
| Latente Wärmen | O 2 |
| Leerlaufspannung | S 9 |
| Leerlaufversuch | S 28 |
| Leistung | M 1 |
| – s-Einheiten | A 3 |
| – s-Faktor | S 18 |
| – s-Umrechnung | S 1 |
| Leitfähigkeit, spezifische elektrische | Z 21 |
| Leiterwiderstand | S 5 |
| Lenkstangen-Verhältnis | L 10 |
| Lenzsches Gesetz | S 18 |
| Leuchtdichte | V 1 |
| Leuchtstofflampen | Z 25 |
| Licht | V 3 |
| Lichtbrechung | V 2 |
| – -geschwindigkeit | V 1 |
| – -menge | V 1 |
| – -stärke | V 1 |
| – -strom | V 1 |
| – – -Aufwand | V 1 |
| – – von Lampen | Z 25 |
| – -technik | V 1 |
| Lineare Interpolation | D 16 |
| Linsen | V 2 |
| – -Gleichung | V 4 |
| Lochen | R 8, P 18 |
| Logarithmen, Umrechnung | D 4 |
| Logarithmische Funktionen | H 6 |
| Logarithmische Rechnungen | D 4 |
| Logarithmus | D 4 |
| –, natürlicher | D 4 |
| –, Zehner- | D 4 |

| | |
|---|---|
| Logarithmus, Zweier- | D 4 |
| Lose Rolle | K 14 |
| Luftfeuchtigkeit, Herstellung von konstanter | U 6 |
| Luftreinhaltung (ausgewählte Emissionsgrenzwerte) | W 5 |
| Lupe | V 4 |
| | |
| Mac Laurinsche Form | D 18 |
| Magnetfeld | S 14 |
| Magnetische Energie | S 14 |
| – Feldstärke | S 4, Z 23 |
| – r Fluss | S 3, S 14 |
| – Flussdichte | S 3, S 14 |
| – r Leitwert | S 4, S 14 |
| – Spannung | S 4 |
| – r Streufluss | S 14 |
| – r Widerstand | S 4, S 14 |
| Makro-Photographie | V 4 |
| Maschinen-Regeln | M 1, M 2 |
| Masse | |
| – , atomare | U 1 |
| – -Einheiten | A 2 |
| – bezogene Wärme | O 2 |
| Massenanteile | O 8 |
| – strom | O 7 |
| – -Trägheitsmoment | I 19 |
| Maßnahmenwerte | W 3, W 14, W 15 |
| – für direkte Aufnahme von Dioxinen/Furanen | W 15 |
| Mathematisches Pendel | M 7 |
| Maxima der Ableitung | H 3 |
| Mean time between failure MTBF | G 12, G 13 |
| – – to failure MTTF | G 12, G 13 |
| Mechanische Spannung | P 1 |
| Meile, englische | A 5 |
| – Geographische | A 5 |
| Messbereichänderung, elektrische | S 11 |
| Messbrücke, Gleichstrom | S 11 |
| – , Wechselstrom | S 22 |
| Messgeräte, elektrische | S 37 |
| Messort d. Regelgröße | T 5 |
| Methode zur Darstellung des Betragsgangs | T 24 |
| Methylorange | U 5 |
| Mikroskop | V 4 |
| Minima der Ableitung | H 3 |
| Mischprobe | W 3 |
| Mischung | |
| – von Gasen | O 8 |
| – von Luft und Wasserdampf | O 8 |
| Mischungstemperatur | O 9 |
| Mittelpunktleiter | S 30 |
| Mittelwert | G 3...G 5 |
| Mittlere Proportionale | D 32 |
| Mohrsche Analogie | P 14 |
| Molares Volumen | O 1 |
| Molare Masse, scheinbare | O 8 |
| Molmasse | O 4, Z 12 |
| Momenten-Gleichung | K 5 |
| Motor, Dreiphasen- | S 34 |
| – , Gleichstrom- | S 33 |
| – -Öle | Z 12 |
| – -regel | S 13 |
| Näherungslösungen | D 13...D 16 |
| Natürliche Logarithmen, Basis | D 4 |
| Nebenschlussmotor | S 32, S 33 |
| Netzwerke, Berechnung | S 8, S 9 |
| Newton-Einheit | A 2 |
| Newtonsches Näherungsverfahren | D 13, D 14 |
| Nichtperiodischer Vorgang | D 26 |
| Niederfrequenzspulen | S 24 |
| Niederhaltekraft | R 7 |
| Normalspannungen, Zusammensetzung | P 24 |
| Normal- u. Tangential-Spannungen, Zusammensetzung | P 27 |
| Normalverteilung, Gauß'sche | G 4, G 10 |
| Normzahl-Reihen-Ermittlung | D 17 |
| Nullgetriebe | Q 19 |
| – räder | Q 18 |
| – stellen | D 3 |
| Numerische Integration | I 15 |
| Nyquistkriterium | T 19, T 20 |
| – Regler Dimensionierung | T 21 |
| | |
| Öldrossel | S 27 |
| Ohmsches Gesetz | S 5 |
| Operationscharakteristik | G 7 |
| Operationsvariable | D 26 |
| optische Strahlung | V 3 |
| Ortskurve | T 19, T 20 |
| – kritischer Punkt | T 19 |
| Ozon | W 6 |
| – bodennahes | W 6 |
| – Schwell- u. Zielwerte | W 6 |
| | |
| Parabel, analytisch | F 2 |
| Parallelogramm | B 1 |
| Partialbruchzerlegung | D 3 |

| | |
|---|---|
| Partialdrücke | O 8 |
| Partielle Differentialgleichung | J 1 |
| Partielle Integration | I 2 |
| Pascal, Druck-Einheit | A 3 |
| Pascalsches Dreieck | D 2 |
| p-Bereich, Laplace-Transform. | D 27 |
| Pendel | M 7 |
| (PD)-$T_1$-Glied | T 17, T 20 |
| Permeabilität | S 18, Z 23 |
| Permutationen | D 5 |
| P-Glied | T 14, T 20 |
| Phasenverschiebung | S 17 |
| Photometrisches Strahlungsäquivalent | V 1 |
| Phasengang | T 3, T 7 |
| –, Darstellung | T 24, T 25 |
| – reserve | T 17, T 20 |
| – – Bedingung, Verwirklichung | T 27, T 30, T 31 |
| Phasenschnittkreisfrequenz | T 7, T 25...T 27 |
| ph-Wert | U 4 |
| Physikalisches Pendel | M 7 |
| PI-Glied | T 15, T 20 |
| (PID)-$T_1$-Glied | T 17, T 20 |
| Planeten-Getriebe | Q 26 |
| Polares Trägheitsmoment | J 10 |
| – Widerstandsmoment | P 20 |
| Polar-Koordinaten-System | D 30 |
| Polytrope | O 6 |
| Polytropen-Exponent | O 5, O 6 |
| Potenz-Rechnung | D 1 |
| Prandtl-Zahl | O 11, Z 14, Z 15 |
| Prismatoid | C 4 |
| Prüfwerte | W 3 |
| Prüfwerte/Maßnahmenwerte f. direkte Aufnahme von Schadstoffen | W 14 |
| Pyramide | C 1 |
| – nstumpf | C 1 |
| Pythagoras-Satz | D 32 |
| Quader, schiefer | C 1 |
| –, Trägheitsmoment | I 19 |
| Quadrat | B 1 |
| Quadratische Gleichung | D 2 |
| Qualifizierte Stichprobe | W 3, W 10, W 11 |
| Querkeil-Verbindung | Q 6 |
| Querkraft, magnetische | S 15 |
| Querkontraktion | P 3 |
| Radialgleitlager | Q 10 |
| Rationale Funktion, gebrochen | D 3 |
| Raumanteile einer Mischung | O 9 |
| Rauhigkeit in Rohren | Z 9 |
| Raum-Winkel, optischer | V 2 |
| Reagenzien | U 5 |
| Rechteck | B 1 |
| Referenzspule | S 24 |
| Regeldifferenz | T 6 |
| – einrichtung | T 6 |
| – faktor | T 7, T 20 |
| – glied | T 6 |
| – charakter. Zeiten, in Praxis bewährt | T 26 |
| – –, Wahl des Typs | T 20, T 21 |
| – glieder, wichtigste | T 20, T 21 |
| – größe | T 5 |
| – –, Messort | T 5 |
| – Kreis, aufgeschnitten | T 19, T 20 |
| – –, Bestandteile | T 4 |
| – – Eigenschaften | T 20, T 21 |
| – – (geschlossen) | T 18, T 19 |
| – Strecke | T 4 |
| Regelung | T 1 |
| Regler | T 6 |
| – ausgangsgröße | T 6 |
| – dimensionierung | T 21...T 32 |
| – Beispiele | T 29...T 32 |
| – – P-Regler | T 30, T 31 |
| Regler, Beispiele | T 29...T 32 |
| – – PI-Regler | T 29, T 30 |
| – – (PID)-$T_1$-Regler | T 31, T 32 |
| Regulafalsi-Näherungsverfahren | D 16 |
| Reibstoffe | Z 19 |
| Reibung | K 9, K 12 |
| –, Flüssigkeits- | N 6 |
| Reibungsarbeit bei Rohrströmung | N 6 |
| Reibungskupplung | Q 15 |
| – leistung | K 12 |
| – winkel | K 9 |
| – zahlen | K 9, Z 7 |
| Reihenschlussmotor | S 32, S 33 |
| Relative Häufigkeit | G 1 |
| rem-Einheit | V 5 |
| Remanenz-Induktion | S 25 |
| Renten-Rechnung | D 31 |
| Resonanz, Schwingkreis | S 21 |
| Reynoldsche Zahl | N 6 |
| Ricatti Differentialgleichung | J 10 |
| Richtungskosinus | F 7 |
| Riemenzug | K 13 |

| | |
|---|---|
| Ringspule | S 23 |
| Ritter-Verfahren | K 5 |
| Ritzel | Q 23 |
| Röntgen-Einheit | A 1, V 5 |
| – -Strahlung | V 3, V 6 |
| Rohrrauhigkeit | Z 9 |
| Rollende Bewegung | L 9 |
| Rollwiderstand | K 12 |
| Ronden-Durchmesser | R 6 |
| Rotierende Körper, Spannung in | M 5 |
| Rückführgröße | T 5 |
| Rücktransformierte-Fourier | D 23 |
| – – -Laplace | D 23 |
| | |
| SAE-Öle | Z 12 |
| Schallleistungspegel | W 8 |
| Schaltgruppen für Trafos | S 36 |
| Schaltkupplungen | Q 15 |
| Scheinleistung | S 18 |
| Scheinwiderstand | S 18, S 19, S 20 |
| – , Bestimmung | S 22 |
| Schenkelfeder | Q 8 |
| Scherfestigkeit | P 18 |
| Scherkraft | P 18 |
| Scherschneiden | R 8, P 18 |
| Schiefe Ebenen | K 10, L 9 |
| Schiefer Quader | C 1 |
| – Zylinder | C 4 |
| Schlankheitsgrad | P 22 |
| Schleifen | R 2 |
| Schmelzsicherung | S 38 |
| Schmelztemperatur | Z 1 |
| Schmelzwärme | O 2, Z 10 |
| Schmierfilmdicke | Q 12 |
| Schneckengetriebe | Q 27 |
| Schneiden | R 8, P 18 |
| Schnitt-Antrieb | R 1 |
| – -Getriebe | R 1 |
| – -Größen | P 10 |
| – -Kraft | R 2 |
| – -Leistung | R 2 |
| – -Zeit | R 2 |
| Schrauben | K 11 |
| – -Beanspruchung | Q 17 |
| Schrumpfmaß | P 4 |
| Schrumpfring | P 4 |
| Schub | P 18, Z 17 |
| Schubkoeffizient | P 18 |
| Schubspannung | P 18 |
| – , Längs- | P 19 |
| – , Quer- | P 18 |
| Schwerpunkt | I 14, K 7, K 8 |
| Schwingkreis | S 21 |
| Schwingungen | L 7, M 6 |
| – , harmonische | E 4 |
| Sechseck | B 2 |
| Seil-Maschinen | K 14 |
| Seil-Reibung | K 13 |
| Sekautenverfahren – Näherungsverfahren | D 15 |
| Selbsthemmung | K 11, Q 28 |
| Selbstinduktion | S 15, S 18 |
| Serienschalter | S 38 |
| Sicherheitsabstand gegen Instabilität | T 20 |
| Siedetemperaturen | Z 1...Z 6 |
| Simpsonsche Regel | I 15 |
| Sinus-Funktion | E 2 |
| – -Satz | E 5 |
| Skalares Produkt | F 8, F 9 |
| Sommerfeldzahl | Q 12 |
| Spaltmotor | S 35 |
| Spannungen, gleichartige | P 4 |
| Spannungs-Dehnungs-Diagramm | P 1 |
| – teiler | S 10 |
| Spannungs-Zustand, – – zweiachsig | P 27, P 29 |
| – – dreiachsig | P 28, P 29 |
| Spektraldichte | D 23 |
| – energie | D 23 |
| Spektrum | D 23 |
| Spez. Wärmekapazität | Z 1...Z 6 |
| Spiegel | V 3 |
| Sprungantwort | T 2 |
| Sprungfunktion | D 28 |
| Spurlager, Reibung | K 12 |
| Stab. Drehmasse | M 3 |
| Stabilität | T 18...T 22 |
| – , Verfahren zur Überprüfung | T 18...T 20 |
| Stat. Moment einer Fläche | I 14 |
| – – eines Körpers | I 15 |
| – – einer Linie | I 14 |
| – – unbestimmte Systeme | P 17 |
| Statistik | G 1...G 13 |
| Stauchung | P 3 |
| Stegleitung | S 38 |
| Steigzeit | L 9 |
| Stelleinrichtung | T 6 |
| Steller | T 6 |
| Stellglied | T 6 |
| Stellgröße | T 6 |

| | |
|---|---|
| Stellort | T 6 |
| Stern-Dreieckschaltung | S 34 |
| – -schaltung | S 30 |
| – - bei Trafo | S 36 |
| – - – Umwandlung in Dreieckschaltung | S 8 |
| Stichprobe | |
| – qualifizierte | W 3, W 10, W 11 |
| Stichproben | G 6, G 8 |
| – prüfung | G 6, G 8 |
| Stirnfräsen | R 2 |
| Stirnradgetriebe | Q 18 |
| Stirnräder | Q 18 |
| – , Eingriffsstrecke | Q 19 |
| – , Unterschneidung | Q 18, Q 19 |
| Störgröße | T 6 |
| – ort | T 6 |
| – übertragungsfunktion | T 18 |
| – übergangsfuktion | T 19 |
| Stoffmenge | O 1 |
| Stoffmengenanteile | O 8 |
| Stoffwerte, feste Körper | Z 1...Z 4 |
| – , flüssige Körper | Z 5 |
| – , gasförmige Körper | Z 6 |
| Stoß | M 8 |
| – , elastischer | M 8 |
| Stoßen | R 2 |
| Stoß-Kraftvektor | M 8 |
| – , plastischer | M 8 |
| – , schiefer | M 8 |
| – -Zahl | M 8 |
| – , zentraler | M 8 |
| Strahldichte | V 1 |
| – en-Belastung | V 6 |
| – – -Physik | V 1 |
| Strahlensatz | D 32 |
| – – -Schutz-Verordnung | V 6 |
| – stärke | V 1 |
| Strahlung | V 3 |
| – , ionisierende | V 5 |
| Strahlungsäquivalent | V 1 |
| – energie | V 1, V 6 |
| – konstante | Z 12 |
| – leistung | V 1 |
| – menge | V 1 |
| Strangstromstärke | S 30 |
| Strecke, stetig geteilt | D 32 |
| Streckgrenze | P 2 |
| Streufluss | S 14 |
| Streuinduktivität | S 29 |
| Streuung, | G 3 |
| – Bestimmung, grafisch | G 11 |
| – Bestimmung, rechnerisch | G 11 |
| Strömung, laminare | N 6 |
| – , reibungsfreie | N 4 |
| – , reibungsbehaftete | N 4 |
| – , turbulente | N 6 |
| Strombelastbarkeit | S 38 |
| – dichte | S 2 |
| – -Resonanz | S 21 |
| Stufensprung | R 1 |
| Sublimation | Z 1 |
| Sublimationswärme | O 2 |
| Substitutionsmethode | I 2 |
| Synchronmotor | S 34 |
| Tangens-Satz | E 6 |
| Tangentialspannungen, Zusammensetzung | P 26 |
| Taylorsche Reihe | D 18, D 19 |
| t-Bereich, Laplace-Transform. | D 27 |
| Teilbruch | D 3 |
| Tellerfedern | Q 7 |
| Temp. Differenz, mittlere logarithmische | O 11 |
| Temperatur-Koeffizient, elektrischer | S 4, Z 21 |
| Tetmajer-Formel | P 22 |
| Therm. Zustandsgleichung | O 4 |
| – Zustandsgrößen | O 9 |
| Tiefziehen | R 6, R 7 |
| Tilgungsformel | D 31 |
| Toleranzband, vereinbartes | T 8 |
| Torr, Druck-Einheit | A 3 |
| Torsion | P 20, P 21 |
| – sstäbe | P 20 |
| – strägheitsmoment | P 21 |
| Toxitätsäquivalente | W 15 |
| Träger, Biegung | P 15 |
| – , gekrümmt | P 25 |
| – , gleichbleibender Querschnitt | P 11 |
| – , gleicher Biegebeanspruchung | P 16 |
| – , veränderlicher Querschnitt | P 15 |
| Trägheitsformel, axial | P 10 |
| – , Flächen- | I 17, P 10 |
| – , Körper- | I 19 |
| – , Linien- | I 16 |
| Transformator | S 28 |
| – -Schaltgruppen | S 36 |
| Trapez | B 1 |
| – -Regel | I 15 |

| | |
|---|---|
| Trapez, Schwerpunkt | K 7 |
| Trennen | R 8, P 18 |
| Trigonometrische Funktion | H 5 |
| Tripelpunkt | O 1 |
| Trockendrossel | S 27 |
| Trocknungsmittel | U 6 |
| Turbulente Strömung | N 6 |
| | |
| Überdruck | O 1 |
| Übergangsfunktion | T 3, T 14...T 17 |
| Überlagerungssatz | S 8 |
| Überschwingweite | T 2, T 8 |
| Übersetzungsverhältnis | K 14, M 4 |
| Überstromschutzeinrichtung | S 38 |
| Übertragungsfunktion | T 2, T 3, T 14...T 17 |
| – glieder | T 1, T 14...T 17 |
| Ultraviolett-Strahlung | V 3 |
| Umformtechnik | R 6...R 8 |
| Umformung gewöhnlicher algebraischer Ausdrücke | D 2 |
| Umgebungsdruck | O 1 |
| Umkehr-Funktionen | E 7, H 4 |
| Umkreis-Radius | E 6 |
| Umlaufgetriebe | Q 26 |
| Umschalter | S 38 |
| Umschlingungswinkel | K 13 |
| unbestimmte Systeme, stat. | P 17 |
| Universalmotor | S 35 |
| | |
| Varianz | G 3 |
| Variationen | D 5, D 6 |
| Vektoren | F 7...F 9 |
| Vektorielle Differenz | F 8 |
| – Gleichung | F 7 |
| – Summe | F 8 |
| – s Produkt | F 9 |
| Venn-Diagramm | G 1 |
| Verbindungen, Kraftschlüssige | Q 3 |
| –, Formschlüssige | Q 3 |
| –, Klemm- | Q 3 |
| –, Kegel | Q 3 |
| Verdampfungswärme | O 2, Z 10 |
| Verdrehspannung | P 20 |
| Verdrehspannungen, zulässige | Z 17 |
| Vergleichsglied | T 6 |
| Vergrößerung, optische | V 4 |
| Verlustfaktor | S 17 |
| Verlustwinkel | S 17 |
| Vertauschungen | D 5 |
| Verteilung, binominal | G 4 |
| Verteilung, exponential | G 5 |
| – Gauß- | G 4, G 5 |
| – Gleich- | G 4, G 5 |
| –, hypergeom. | G 4, G 9 |
| – – kumulativ | G 4, G 9 |
| Verteilung, Poissen | G 4, G 10 |
| Verteilungsfunktion | G 2, G 4, G 5 |
| Verwirklichung d. Betragsreservebildung | T 27 |
| – d. Phasen – – | T 26 |
| Verzögerung | L 5 |
| Verzögerungsglied | |
| – 1. Ordnung | T 1, T 14 |
| – 2. Ordnung | T 1, T 15 |
| Verzögerungszeit | T 1 |
| Verzugszeit | T 2 |
| V-Getriebe | Q 20 |
| V-Räder | Q 20 |
| Vieleck | B 2 |
| Vierte Proportionale | D 24 |
| Viskosität | N 1, Z 12, Z 14, Z 15 |
| Viskosität, Gase | Z 15 |
| –, Motoröle | Z 12 |
| –, SAE-Öle | Z 12 |
| –, Wasser | Z 14 |
| Volumen-Ausdehnungskoeff. | Z 11 |
| Volumen, molares | O 1 |
| –, spezifisches | O 1 |
| Volumen-Ausdehnungs- | |
| – Koeffizient | Z 11 |
| –, Einheiten | A 2 |
| Vorhaltzeit | T 20, T 00 |
| Vorschubantrieb | R 2 |
| – geschwindigkeit | R 2 |
| – kraft | R 2 |
| – leistung | R 2 |
| | |
| Wärme | O 2 |
| – abfuhr, Gleitlager | O 13 |
| –, abgeführte | O 7 |
| – Volumen-Änderungsarbeit | O 7 |
| –, zugeführte | O 7 |
| – durchgang | O 10 |
| – -s-Koeffizient | Z 11 |
| – kapazität | O 9, Z 13 |
| –, mittl. spez. | O 5 |
| –, massebezogene | O 2 |
| – leitung | O 10 |
| – leitfähigkeit | O 10, Z 1...Z 6 |
| – strahlung | O 10, O 12 |
| – tauscher | O 11 |

| | |
|---|---|
| Wärme | O 2 |
| – – Gleichstrom-Schaltung | O 11 |
| – – Gegenstrom-Schaltung | O 11 |
| – übergang | O 10 |
| – – s-skoeffizient | O 10, O 12 |
| – übertragung | O 10 |
| Waagerechter Wurf | L 8 |
| Wälzlager | Q 10 |
| Wahl d. Regelgliedes | T 20, T 21 |
| Wahrscheinlichkeit, bedingte | G 1 |
| Wahrscheinlichkeits-Axiome | G 1 |
| – -Dichte | G 4 |
| – -Integral nach Gauß | G 5, Z 26, Z 27 |
| – Netz | G 5 |
| Walzenfräser | R 2 |
| Wasserhärte | U 6 |
| Wasserhaushaltgesetz | W 3, W 10 |
| Watt, Einheit | S 1 |
| Wechselfluss, magnetischer | S 18 |
| – schalter | S 38 |
| – strom | S 18 |
| Wechselstrommotor | S 35 |
| – – kreis | S 16 |
| – – -Messbrücke | S 22 |
| Weg-Zeit-Diagramm | L 3 |
| Wellen | P 28, Q 2 |
| Welle-Nabe-Verbindung | Q 5 |
| Wellenlängen | Z 3 |
| Wendepunkt | H 3 |
| Werkzeugmaschinen, Aufbau | R 1 |
| Wheatstonesche Messbrücke | S 11 |
| Wickelraum | S 24 |
| Widerstandsarten, elektrische | S 19, S 20 |
| Widerstandsbeiwert | N 6, Z 8 |
| Widerstandsmoment, axial | P 10 |
| – , polar | P 20 |
| Widerstand, spez. elektr. | Z 21 |
| Widerstandszahlen für Hydrodynamik | Z 8 |
| Winkel-Beschleunigung | L 2 |
| – -Funktionen | E 4 |
| – -Geschwindigkeit | L 2 |
| – -Summen | E 4 |
| – -Zählpfeil | S 16 |
| Wirbelströme | S 25 |
| Wirkleistung | S 18, S 31 |
| Wrkungsablauf | T 1 |
| Wirkungsgrad, Beleuchtungs- | Z 25 |
| – , mechanischer | M 4 |
| Wirkungspfad- | |
| – Boden-Grundwasser | W 15 |
| – Boden-Mensch | W 14, W 15 |
| – Boden-Nutzpflanze | W 15 |
| Wirkungsplan | T 3, T 4 |
| – – , Elemente | T 4 |
| – – , Grundstrukturen | T 4 |
| – – , Regeln für Darstellung | T 4 |
| Wölbspiegel | T 3 |
| Würfel | C 1 |
| Wurf, schiefer | L 8 |
| – , senkrechter | L 8 |
| Wurf, waagerechter | L 8 |
| Wurfzeit | L 8 |
| Wurzelrechnungen | D 1 |
| | |
| Zahnbreite | Q 23 |
| Zahnfuß-Tragfähigkeit | Q 21 |
| Zahnradgetriebe | Q 18 |
| Zeigerbilder | S 19, S 20, S 36 |
| Zeit-Einheiten | A 2 |
| Zeitfuktion | D 28 |
| – verhalten | D 26 |
| – verschiebung-Fourier | D 23 |
| Zentraler Grenzwertsatz | G 3 |
| Zentrifugmoment | I 17 |
| Zerfalls-Konstante | V 5 |
| Zerspanung | R 1…R 5 |
| – , Kenngrößen | Z 17 |
| Zick-Zack-Schaltung bei Trafos | S 34 |
| Zielgröße | T 5 |
| Zielwert | W 3, W 6 |
| Zinseszins-Rechnung | D 31 |
| Zinsfuß | D 31 |
| Zufallsgröße | G 2, G 3 |
| Zugbeanspruchung, zulässige | P 2 |
| Zugfeder | Q 9 |
| Zugfestigkeit | P 2 |
| Zugkraft, magnetische | S 15 |
| Zugspannungen | P 2 |
| – , zulässige | Z 16 |
| Zustandsänderungen von Gasen und Dämpfen | O 4, O 5 |
| Zustandsgrößen, kalorische | O 9 |
| Zuverlässigkeit | G 12, G 13 |
| Zylinder | C 2 |
| – , Drehmasse | M 3 |
| – , Hohl- | C 2 |
| – -huf- | C 4 |
| – , schief, abgeschnitten | C 4 |

# Technische Formelsammlung

ist auch erschienen
in den Sprachen

Chinesisch
Englisch
Französisch
Indonesisch
Japanisch
Koreanisch
Niederländisch
Portugiesisch
Spanisch
Thailändisch